Specialised Shield Machine
异形断面隧道掘进机技术

李建斌 等 编著

人民交通出版社股份有限公司
北 京

内 容 提 要

本书主要介绍异形断面隧道掘进机及其施工技术，具体内容包括：异形断面隧道掘进机概论、矩形顶管技术、矩形盾构技术、马蹄形盾构技术、多圆盾构技术、U形盾构技术、悬臂掘进机技术、异形断面隧道掘进机生命周期的信息化、总结与展望等。

本书可供掘进机设计人员，隧道与地下工程设计、施工人员，以及相关科研人员参考。

图书在版编目(CIP)数据

异形断面隧道掘进机技术 / 李建斌等编著. — 北京：人民交通出版社股份有限公司，2020.6

ISBN 978-7-114-16312-8

Ⅰ. ①异… Ⅱ. ①中… Ⅲ. ①掘进机 Ⅳ. ①TD421.5

中国版本图书馆CIP数据核字(2020)第014449号

Yixing Duanmian Suidao Juejinji Jishu

书　　名：异形断面隧道掘进机技术
著 作 者：李建斌　等
责任编辑：刘永超　石　遥　李　农
责任校对：孙国靖　龙　雪
责任印制：张　凯
出版发行：人民交通出版社股份有限公司
地　　址：(100011)北京市朝阳区安定门外外馆斜街3号
网　　址：http://www.ccpress.com.cn
销售电话：(010)59757973
总 经 销：人民交通出版社股份有限公司发行部
经　　销：各地新华书店
印　　刷：北京印匠彩色印刷有限公司
开　　本：787×1092　1/16
印　　张：28.5
字　　数：640千
版　　次：2020年6月　第1版
印　　次：2020年6月　第1次印刷
书　　号：ISBN 978-7-114-16312-8
定　　价：120.00元
(有印刷、装订质量问题的图书由本公司负责调换)

编 委 会

序　一

伴随新中国70年的发展，城市化水平不断提升，人民群众对美好生活的向往迫使城市朝着立体化方向发展，人们也开始把目光逐步转入地下，从最早的地铁建设，到城市综合管廊建设，再到城市地下综合体建设，无不对地下空间开发装备提出迫切需求。《异形断面隧道掘进机技术》一书正是基于异形断面隧道建设这一需求应运而生的，国家"973"项目首席科学家、国家科技进步奖获得者李建斌先生及其他编委们，以其敏锐前瞻的眼光和勇于创新创造的胆识，发明了一批用于地下空间开发建设的异形断面隧道掘进机，他们秉承知识无国界的理念，依托上述创新成果、并网罗行业最新相关技术形成本书。

本书编委都是在隧道掘进机设计与隧道施工一线的技术专家，积累了大量丰富的装备设计经验和工程施工经验。书中不仅对比分析了异形断面隧道掘进机各系统不同类型的结构形式及其特点，还分系统详述了其一般设计过程，如多刀盘组合回转切削、偏心刀盘摆动切削、异形刀盘仿形切削等各种开挖系统，再如多曲率管片拼装机、合口式管片拼装机、环规式管片拼装机等各种管片拼装系统；不仅囊括了双圆盾构机、悬臂掘进机等传统异形断面隧道掘进机设计及其施工技术，还汇编了全球首台马蹄形盾构机、超大断面矩形顶管机设计及其应用等行业最新成果。以理论为依据，以解决工程技术问题为切入点，从工程问题返引出装备技术问题，从新型装备演绎对应隧道施工工法，通过理论设计与工程实际相结合，做到了图文并茂、内容翔实、循序渐进、通俗易懂。

总体上，该书系统全面地介绍了国内外最新的异形断面隧道掘进机装备设计技术及其对应施工关键技术，不仅工程实用性强，且具有很强的学术性，对异形断面隧道掘进机装备研发工程师及异形断面隧道施工建设者来说是一本不可多得的指导书；对异形断面隧道施工及其施工装备的教学、科研来说也是一本极其重要的参考书。我相信本书的出版必将进一步推动我国隧道掘进机技术的跨越式发展，必将对提升我国异形断面隧道建设水平起到积极的推动作用。

前人种树，后人乘凉，有感于作者的辛勤劳动，在本书付梓成册之际，我谨以此序向该书的作者祝贺。愿此书在异形断面隧道掘进机设计、制造及其施工中发挥重要作用。

中国工程院院士

2019 年 12 月

序　二

21世纪是隧道与地下工程大开发的世纪，地下交通、地下综合管廊、地下停车场、防洪地下水道、地下综合体等工程建设如火如荼，隧道施工装备也得到快速发展。21世纪第一个十年，经过业内同仁的共同努力，圆形断面隧道掘进机技术已经比较成熟，穿江入海、开山采矿、地下通轨、水下疏淤，无不可见圆形断面隧道掘进机的身影；21世纪的第二个十年，圆形断面隧道掘进机在智能化、大型化方面快速发展，使得“中国盾构”成为中国的一张“制造名片”，并批量出口至金砖国家、“一带一路”沿线国家，甚至包括具有“盾构机发源地”之称的欧洲腹地。

但就隧道结构而言，异形断面隧道具有空间利用率高、功能匹配性强等显著优点，可以减少土方开挖和空间浪费，达到降能耗、减成本、提效率的目的。在圆形断面隧道掘进机快速发展的同时，我国异形隧道断面掘进机也得到了长足发展。中国异形断面隧道掘进机技术经历了从模仿跟随到同步突破再到创新引领的发展历程，特别在异形断面隧道全断面开挖技术、异形管片拼装技术、测控技术、施工技术等方面均取得了显著成就。伴随国防、能源、交通、水利、城市立体开发等领域异形断面隧道建设的重大需求，相信下一个十年异形断面隧道掘进机及其施工技术更将迎来一片大有可为的天地。

本书正是在这样一个承前“技术总结”、启后“推动行业发展”的关键时期，凝聚国内外本领域前沿技术编写而成：第1章概述了异形断面隧道掘进机，第2到7章分别详述了异形断面隧道掘进机技术，主要包括矩形顶管技术、矩形盾构技术、马蹄形盾构技术、多圆盾构技术、U形盾构技术及悬臂掘进机技术6种类型异形断面隧道掘进机技术要点，结合工程案例对设备的研制技术、设计技术及施工技术进行了全面详细的介绍。第8章介绍了异形断面隧道掘进机生命周期的信息化，依托大数据云平台更好地实现隧道智能化施工。

《异形断面隧道掘进机技术》不仅全面阐述了国内外异形断面隧道掘进机的最新技术，更是结合大量异形断面隧道掘进机施工案例，展示了异形断面隧道掘进机所施工的诸个第一工程，通俗易懂、图文并茂、精彩纷呈，具有较强的实用性与学术性，为本领域科学研究及施工应用提供了一定的技术指导。我相信本书的出版必将进一步推动我国乃至世界异形断面掘进机领域的跨越式发展。

异形断面掘进机是“中国盾构”的深入发展，也是中国装备制造业转型升级的缩影。风雨兼程二十载，我国的科技界在国家863、973重点研发计划的支持下，通过紧密的“政产学研用”的协同创新，在我国隧道掘进机实现从无到有、从有到优、从优秀到卓越的历史进程中发挥了不可替代的作用，实现了技术的再创新，支撑了产业的跨越式发展，助推我国成为隧道掘进机的世界强国。

中国工程院院士 

2019 年 12 月

前言

随着我国海绵城市、城市立体交通、人防战备等基础设施建设的深入推进，隧道断面多样化需求急剧增加。未来5年，除每年2000km的综合管廊建设任务外，还有地下物流、地下商场、地下停车场等大量异形地下空间开发需求。以往，异形隧道及异形地下空间开发多采用明挖法、矿山法、新奥法、浅埋暗挖法等传统工法施工，不仅安全性差、施工效率低(仅为盾构法的1/3)、施工环境恶劣，而且严重破坏环境、影响民众日常生产和生活；另一方面，常规圆形盾构机难以满足狭窄地下空间、浅覆土、高空间利用率等隧道施工需求。为克服传统异形断面隧道施工工法与设备的不足，满足巨大市场需求，异形断面隧道掘进机应运而生，目前已成功应用于城市地下综合管廊、城市过街通道、双线地铁、地铁出入口、地下停车场、山岭公路铁路双线隧道建设等领域。

异形断面隧道掘进机源于圆形断面隧道掘进机，它是集机、电、液、传感、通信于一体，涉及多学科多领域的高端智能装备。但又不同于圆形断面隧道掘进机，隧道断面由圆形到非圆的改变，使装备面临异形全断面切削、异形护盾结构设计、复杂位姿测控、异形断面渣土改良及排出、异形管片拼装、异形断面隧道掘进机施工技术等诸多难题。本书正是着眼于上述问题，结合编者多年研究成果，并综合国内外本领域前沿技术编写而成，系统全面地介绍了异形断面隧道掘进机及其施工技术，以期给读者在异形断面隧道掘进机的发展现状与趋势、基本原理、产品开发、设备选型、施工应用等方面提供一定的指导，为推动国内外掘进机领域的发展作出微薄贡献。

本书介绍了异形断面隧道掘进机相关技术，具体内容包括：异形断面隧道掘进机概论、矩形顶管技术、矩形盾构技术、马蹄形盾构技术、多圆盾构技术、U形盾构技术、悬臂掘进机技术、异形断面隧道掘进机生命周期的信息化、总结与展望等。

本书的主要特点如下：

(1)设备原理介绍与实际应用相结合，实用性强本书针对异形断面隧道掘进机进行了全面的阐述，有异形断面隧道掘进机的一般系统详述，有典型异形断面隧道掘进机设计的关键技术，有异形断面隧道掘进机的施工技术及针对性工程案例，还有异形断面隧道工程工法与结构设计要点等，全方位多角度地为读者展示了各种异形断面隧道掘进机的设计、施工等过程。

(2)图文并茂、脉络清晰，可读性强

本书依托大量典型设备及翔实的工程案例，以图作架，以文为结，简明扼要地介绍了异形断面隧道掘进机的工作原理、结构特点、一般设计方法和选用原则等；针对典型异形断面隧道掘进机，每部分均按照异形断面隧道掘进机设计技术、异形断面隧道设计技术、异形断面隧道掘进机施工技术、工程案例分析总结的思路编写，条理清晰，方便读者阅览。

本书承中国工程院院士、国家最高科学技术奖获得者钱七虎教授，隧道掘进机行业领头人、中国工程院院士杨华勇教授，龚国芳、朱国力、夏毅敏、刘成良、孙伟、蔡宗熙、谢海波等专家学者的精心审阅，提出了若干建设性的修改意见，编者特此表示衷心感谢。

向热心支持和帮助编写本书的领导、同事和朋友表示诚挚的感谢。

本书参考了部分相关文献，在此谨向文献的作者致以衷心的感谢。

由于时间和编者水平的限制，误漏欠妥之处在所难免，竭诚欢迎同行和读者批评指正。

编 者
2019 年 11 月

目　录

第1章　概　　论

1.1　异形断面隧道及其施工工法概述

在人类发展的历史长河中，伴随着人类自身生活、生产、安全等方面的需要，发明了形式各样的隧道，从上古时期人类为遮风挡雨、躲避野兽而开凿的洞穴到今天为用于地下交通、地下商场、地下综合管廊而开发的大型地下空间，汇聚成了一部丰富多彩的隧道发展史。隧道按照所在的位置可分为山岭隧道、水底隧道及城市隧道等；按照用途可分为交通隧道、水工隧道、市政工程隧道、国防工程隧道、矿山隧道等；按照隧道断面的形状可分为圆形断面隧道和异形断面隧道（非圆隧道）。

异形断面隧道是除圆形断面之外的其他所有断面类型隧道的统称，包括拱形隧道、椭圆形隧道、矩形隧道、马蹄形隧道、多圆隧道（双圆、三圆等）等。本书中把隧道分为圆形断面隧道和异形断面隧道的主要依据有：

（1）圆形断面隧道与异形断面隧道有各自明显不同的特点。在力学性质方面，圆形断面的结构受力合理，承载能力较强，荷载分布均匀。理想情况下，如果所有方向所受荷载相同，圆形结构每一处都能达到两边的合力相互抵消；而矩形、马蹄形等异形断面的受力均不如圆形断面好。在空间利用方面，异形断面可根据实际的工程需要灵活设计断面形状，空间利用率一般要比圆形断面高出15%以上（图1-1），可大大节省建造成本。在功能匹配性方面，异形断面更能适应浅覆土和狭小空间的要求，如图1-2所示。

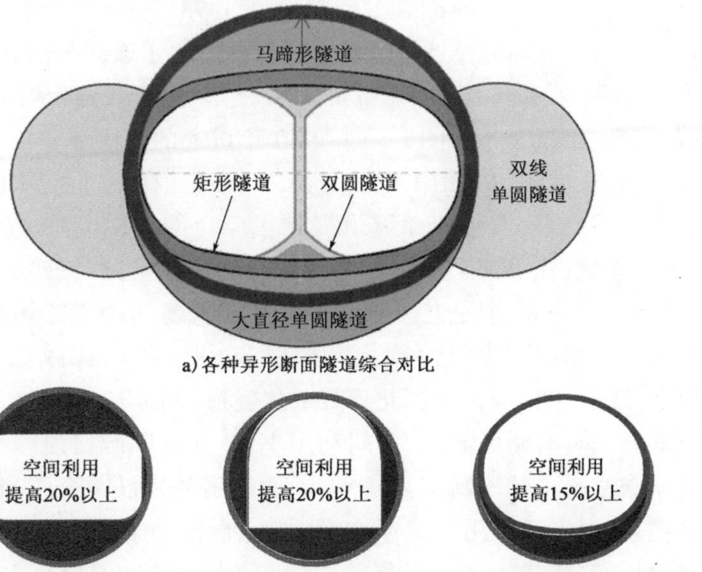

a）各种异形断面隧道综合对比

b）矩形断面与圆形断面对比　c）拱形断面与圆形断面对比　d）马蹄形断面与圆形断面对比

图1-1　圆形断面与异形断面的空间利用率对比分析

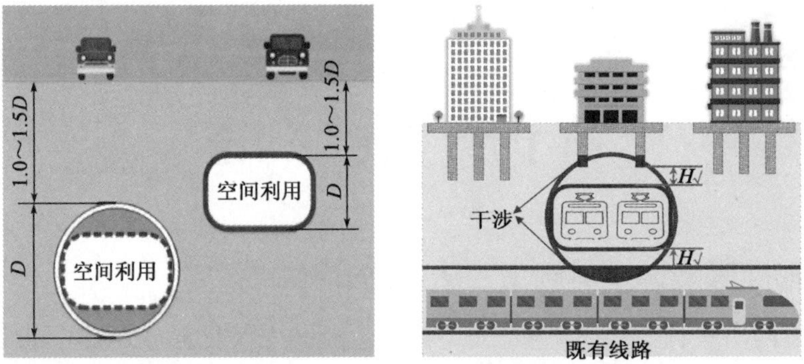

a)浅覆土适应能力对比　　b)狭小空间适应能力对比

图 1-2　圆形断面与异形断面的功能匹配性对比分析

(2)圆形断面隧道与异形断面隧道在机械化施工的难易程度与工艺水平方面存在明显差异。圆形断面隧道由于力学特性好,形状规则简单,更容易实现机械化、自动化施工。目前圆形隧道的机械化施工技术已经非常成熟,在某种程度上可以认为圆形隧道的快速推广就是得力于盾构工法及圆形隧道掘进机的发展。而异形断面隧道形状不规则,结构受力复杂,如果要实现机械化施工,就需要克服结构强度差和定位控制难等难题,在管片的设计与拼装、掘进机设计制造等方面的难度要远大于圆形隧道,对施工工艺技术水平也有着更高的要求。所以目前绝大部分异形断面隧道施工仍是采用的明挖法、钻爆法、新奥法等传统工法,异形断面盾构法施工还处于发展和推广的初级阶段。

纵观世界隧道发展史,早期的隧道绝大部分都是异形断面,应用领域非常广泛,如地下墓室,灌溉、给水、排水隧洞,采矿巷道及地下粮仓等。公元前2180—公元前2160年,古巴比伦人在幼发拉底河底挖出了世界上第一条人行通道,隧道长3000ft(914.4m),拱形,明挖砖砌而成(图1-3)。我国东汉永平年间(公元58—公元75年),曾修建了长14m、宽3.95~4.25m、高4~4.75m的石门隧道,拱形,是世界上最早的用于通行车辆的穿山隧道(图1-4)。1890年建成的狮球岭隧道,是中国最早建成的铁路隧道,位于我国台湾地区基隆经台北至新竹的窄轨铁路线,拱形,全长261m(图1-5)。1930年贯通的美国锡安山卡梅尔隧道,采用矿山法开凿的拱形隧道,长度约5613ft(1710.8m)(图1-6)。在19世纪中叶以后,随着盾构工法和圆形隧道掘进机的出现,圆形断面隧道得到了广泛的推广应用,特别是在城市轨道交通、市政管网隧道等领域,几乎都采用圆形断面隧道。但在公路、铁路等山岭隧道等其他领域,仍有许多项目为异形断面,但是几乎都是采用矿山法等传统工法修建而成,其中包括许多世界上知名的隧道,如中国秦岭终南山公路隧道(图1-7)、挪威拉达尔隧道(Laerdal)(图1-8)、日本青函隧道(图1-9)、美国艾森豪威尔隧道(图1-10)等。

由于异形断面隧道具有断面灵活、空间利用率高、功能匹配性强等特点,随着人类社会的快速发展和科学技术水平的不断提高,异形断面隧道的发展契合了当今社会对地下空间开发日益增长的需求,可广泛应用于大型交通隧道、地下综合管廊、地铁车站、地下停车场、国防工程等众多领域,必将进入高速发展阶段,这种必然的发展趋势主要体现在以下几个方面:

图 1-3 幼发拉底河人行通道

图 1-4 中国石门隧道

图 1-5 中国台湾狮球岭隧道

图 1-6 锡安山卡梅尔隧道

图 1-7 秦岭终南山公路隧道

图 1-8 挪威拉达尔隧道

(1)圆形断面隧道施工一般需要 1 倍洞径以上埋深，许多城市地下空间开发项目无法满足该要求，而异形断面隧道能够适应更浅覆土的施工，更能适应现代化都市核心区大断面地下工程的建设要求，具有更显著的经济和社会效益，如地下商场、综合管廊等市政隧道工程等。

图 1-9　日本青函隧道

图 1-10　美国艾森豪威尔隧道

(2)采用异形断面可减少开挖面积,减少切削土量和渣土处理量,同时避免了多余空间的回填,既节省了地下空间资源,又降低了造价。

(3)在复线铁路、公路隧道中,异形断面可以一次性获得合理的隧道断面,避免平行推进两条隧道的施工情况,更加经济、高效。

(4)近年来异形断面隧道掘进机技术及异形断面机械化施工技术都得到了快速发展,为异形断面隧道的发展提供了技术保证。

目前异形断面隧道施工工法主要有明挖法、盖挖法、矿山法、新奥法、浅埋暗挖法、掘进机工法等,每种工法都有各自的特点和适用范围,如图 1-11 所示。

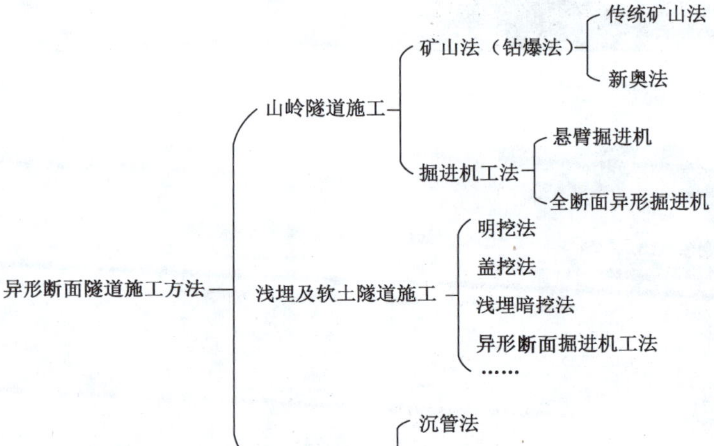

图 1-11　异形断面隧道施工工法

明挖法隧道施工是指先将隧道部位的岩(土)体全部挖除,然后修建洞身、洞门,再进行回填的施工方法(图 1-12)。明挖法的优点是施工技术简单、快速、经济及主体结构受力条件较好等,但易受到地形地貌限制,需要长时间中断交通和大量的拆迁工作,城市各项功能的正常运行受到严重干扰,城市居民的正常生活受到影响,造成不良的社会影响,同时大规模的扬尘和土方卸载问题也会对城市环境和既有建筑的保护造成严重的影响。明挖法多用于软土地层浅埋隧道工程，如综合管廊、地下停车场等。

图1-12 明挖隧道施工

盖挖法是指由地面向下开挖至一定深度后，采用钢筋混凝土结构或者钢结构将其顶部封闭，在封闭的顶盖下完成下部工程的施工方法(图1-13)，最早在20世纪60年代用于西班牙马德里城市隧道工程。20世纪80年代以后，盖挖法在我国市政工程、地铁等领域得到了广泛应用，近年来在铁路和公路隧道施工中也被灵活运用。盖挖法兼具明挖法与暗挖法的优点，盖挖结构的水平位移较小，能够有效控制周围土体的变形和地表沉降。相比于明挖，盖挖对地面的影响小，只在短时间内封锁地面交通，施工受外界气候的影响小，有利于环境保护。但是后续开挖土方需要水平运输，出土不方便，施工空间较小，大型设备难以展开，施工速度慢、工期长，费用较高。盖挖法适用于松散的地质条件、隧道处于地下水位以上的地区，可应用到浅埋隧道、地铁车站、道路下穿等工程。

图1-13 盖挖隧道施工

矿山法是一种传统的暗挖工法，主要采用钻眼爆破、机械爆破等方法开挖断面而修筑隧道及地下工程，也称钻爆法(图1-14)。施工时按分部顺序采取分割式一块一块地开挖，边开挖、边支撑。常用的方法有台阶法、CD工法(中隔壁法)、CRD工法(交叉中隔壁法)、双侧壁导坑法、联拱隧道中洞法。随着喷锚支护的出现，使分部数目得以减少，进而发展成新奥法。它适用于各种地质条件和地下水条件，具有适合各种断面形式(单线、双线及多线、车站等)和变化断面(过渡段、多断面等)的高度灵活性，通过分部开挖和辅助工法，可以有效地控制地表下沉和坍塌。与明挖法比较，矿山法可以极大地减少对地面交通和商业活动的影响，避免大量的拆迁。但是一次性投资较大,成本较高,施工速度较慢,噪声、灰尘较大,施工环境差。该工法是山岭隧道最常用的施工方法,我国早期的铁路、水路、公路等地下通道绝大多数都采用此种方法修筑。

图 1-14　矿山法隧道施工

新奥法(New Austrian Tunnelling Method-NATM)是利用围岩本身所具有的承载能力,采用毫秒爆破和光面爆破技术,进行全断面开挖施工,以锚杆和喷射混凝土为主要支护手段,及时对围岩进行加固,约束围岩的松弛和变形,并通过对围岩和支护结构的监控、测量来指导地下工程的设计与施工(图 1-15)。开挖方法可分为全断面开挖法、台阶开挖法、分部开挖法等,遵循的原则为"少扰动、早喷锚、快封闭、勤测量"。与明挖法相比它可以避免对地表的干扰性,与盾构法相比又具有对地层较强的适应性和高度灵活性,尤其在施工场地受限制、地层条件复杂多变、地下工程结构形式复杂等情况下用新奥法施工尤为合适,但也有不方便机械化作业、工人劳动强度高、工作条件恶劣、风险大等缺点。早期在山岭隧道中应用广泛,在修建下坑、西坪、大瑶山、军都山等铁路隧道以及中梁山、二郎山、西山坪等多座公路隧道中取得了成功的应用。目前已广泛应用于城市地铁区间隧道、车站、地下过街通道、地下停车场等工程,如根据新奥法的基本原理,采用"群洞"方案修建的广州地铁 2 号线越秀公园站及南京地铁一期工程南京火车站站。近年来随着技术的发展,在岩石地层中越来越多地采用悬臂掘进机开挖代替人工爆破,很大程度上提高了施工效率,本书将在第 7 章对悬臂掘进机进行详细介绍。

图 1-15　新奥法异形断面隧道施工

浅埋暗挖法是在距离地表较近的地下进行各种类型地下洞室暗挖施工的一种方法。该工法是中国工程师在新奥法基本原理的基础上,结合中国国情创立的,于1987年被正式命名。与新奥法的不同之处在于,它适合于城市地区软弱地层浅埋深条件下的地下工程,如黏性土层、砂层、砂卵石层等地质,具有造价低、拆迁少、断面灵活多变、无须太多专用设备及不干扰地面交通和周围环境等特点。施工时遵循"管超前、严注浆、短开挖、强支护、快封闭、勤量测"十八字原则,以改造地质条件为前提,以控制地表沉降为重点,以格栅(或其他钢结构)和喷锚作为初期支护手段,突出时空效应对防塌的重要作用,提出在软弱地层快速施工的理念。目前在全国地铁隧道、地铁车站、地下车库、过街通道等各种地下工程中得到广泛应用(图1-16)。

图1-16 浅埋暗挖隧道施工

矿山法、新奥法、浅埋暗挖法有着紧密的内在联系,主要相同点是新奥法由矿山法发展而来,浅埋暗挖法由新奥法发展而来,三种方法的基本原理都是先使岩体或者土体松动,然后开挖并架设支撑;均采用钻爆法开挖;衬砌结构类似,均为现浇。主要不同点有以下几个方面:

(1)新奥法采用光面爆破技术,力求减少超挖,对围岩破坏小;矿山法采用普通爆破,对围岩损害较大。

(2)浅埋暗挖法要求支护刚度及承载力较大,并提前架设,靠支护为围岩提供承载力,保持稳定,对支护时间要求严格,即"随开挖,随支护",工程施工段多而短;而新奥法采用柔性混凝土层及锚杆作为支护,力求将岩石、混凝土和锚杆结成一个整体,依靠围岩的自承载力,矿山法在爆破、清空后架设支护(撑),两种方法对每一段的施工速度均没有严格要求。

(3)浅埋暗挖法对土质要求较高,对不良地质要求预先通过注浆等方式改良,而矿山法和新奥法无此要求。

本书要讲述的异形断面隧道掘进机工法不同于传统施工工法,是利用隧道专用掘进机装备完成隧道的暗挖施工,最大特点是实现了隧道施工的机械化、自动化。掘进机工法根据施工原理及采用的机械装备不同又分为异形盾构法、异形顶管法、悬臂掘进机法等。

异形盾构法(图1-17)是通过异形盾构机的外壳和衬砌结构支撑四周围岩土体防止发生隧道内的坍塌,采用切削装置通过建立开挖舱的压力平衡实现土体的稳定开挖,或分台阶敞开式开挖,开挖的渣土通过搅拌和渣土改良,由排渣系统排出洞外,掘进机本身靠安装在盾体后部的千斤顶作用在已成型衬砌结构上,提供的推力不断向前移动,并通过管片拼装系统等进行衬砌结构的安装,完成隧道的一次成型的一种机械化施工方法。该工法除工作井施工外,施工作业均在地下进行,开挖、排渣、推进、衬砌等作业均在护盾的保护下进行,安全、高效、环保,既不影响地面交通,又可减少对附近居民的噪声和振动影响。盾构推进、出土、拼装衬砌等主要工序循环进行,施工易于管理,施工人员也比较少。穿越河道时不影响航运,施工不受风雨等气候条件的影响。在地质条件差、地下水位高的地方建设埋深较大、距离较长的隧道,盾构法有较高的技术经济优越性。

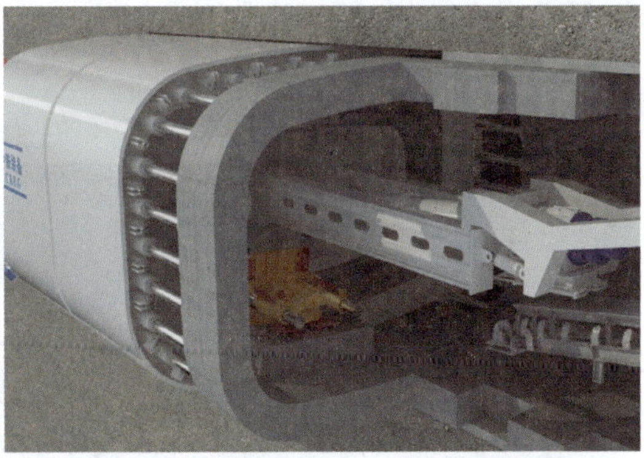

图 1-17　异形盾构法隧道施工

异形顶管法(图 1-18)也是隧道施工的一种常用工法,大部分系统的工作原理与异形盾构法相同,通过刀盘等切削装置实现土体开挖的同时使用排渣系统将开挖的渣土排出洞外,不同点在于设备的推进系统不在主机后部,而是安装在整个隧道始发井的位置,工作时通过顶推系统将主机与整体预制的管片一起向前推进完成隧道的同步支护,实现隧道的开挖、掘进、出渣、支护一体化施工。具有施工占地面积小、施工工艺简单等特点,适用于距离短、施工场地狭小的工程,可广泛应用于过街通道、地铁出入口、地下停车场、综合管廊等市政工程领域。

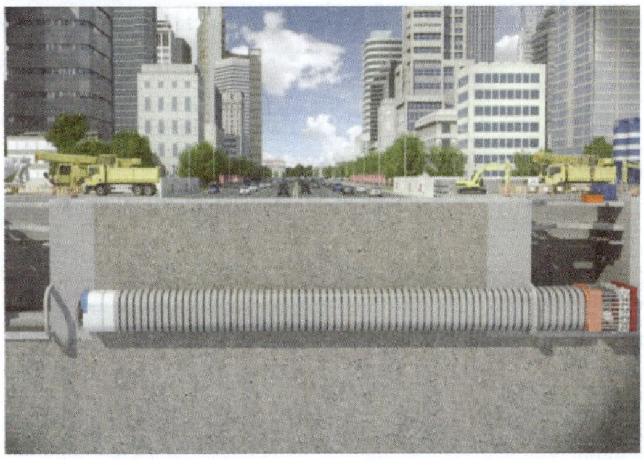

图 1-18　异形顶管法隧道施工

通过以上对比分析可知,明挖法施工工艺简单,成本低、风险低,但是大面积的开挖会对地面建筑、交通及环境带来严重的影响,只适用于荒野区浅埋深工程,在绿色发展的大环境下明挖法必将会逐步被淘汰。盖挖法及传统矿山法、新奥法、浅埋暗挖法在一定程度上解决了隧道施工对地面的影响,具有对地层较强的适应性和断面形状的高度灵活性的特点,但施工工艺复杂,不方便机械化作业,施工效率低,工人劳动强度高,工作条件恶劣,安全风险大,存在很大的局限性。掘进机工法实现了机械化与自动化施工，并正在向智能化发展，具有安全、高效、经济、环保、成洞质量稳定等优点。虽然异形断面隧道掘进机技术的发展还处于初级阶段，还有许多难题需要去研究和解决，传统的工法还将长期被应用，但地下工程施工向机械化、智能化发展的趋势是不会变的，异形隧道掘进机工法也必然会得到更加广泛的应用和发展。

1.2 异形断面隧道掘进机概述

1.2.1 异形断面隧道掘进机在国内外的发展与应用

隧道掘进机工法的推广与隧道掘进机技术的发展是密不可分的。1825 年法国人 Marc Isambard Brunell（布鲁内尔）发明的人类历史上第一台盾构机就是矩形断面，断面尺寸为 11.4m×6.8m，采用手掘式开挖，1826 年开始应用于 396m 长的泰晤士河隧道，两次被河水淹没，1835 年进行了盾构机改良，于 1843 年贯通，拉开了盾构法隧道施工的序幕。图 1-19 所示为世界首例手掘式盾构隧道——泰晤士河隧道。

图 1-19 世界首例手掘式盾构隧道——泰晤士河隧道

此后，受限于当时混凝土技术以及机械设计制造技术的不成熟，异形盾构技术发展缓慢，而圆形盾构隧道由于衬砌结构具有受力均匀、内力较小、经济性好和便于实现机械化开挖和衬砌拼装等优点迅速成为发展的主流，在此后的 100 余年内，几乎所有的盾构开挖的隧道都采用圆形断面。直到 20 世纪中叶以后，随着经济的发展，城市建成区地下空间开发利用需求快速增加，同时由于材料技术、结构设计技术、工程机械技术的巨大进步，异形断面隧道又重新进入历史发展的舞台。不同断面盾构的发展历史见表 1-1。

不同断面盾构的发展史 表 1-1

年 份	国 家	盾构断面类型
1834	英国	方形盾构
1869	英国	铸铁管片圆形盾构
1939	日本	圆形盾构
1953	日本	半圆形盾构
1954	中国	小直径圆形盾构
1989	日本	双圆盾构

续上表

年份	国家	盾构断面类型
1994	日本	矩形盾构
2003	中国	双圆盾构
	日本	类矩形盾构
2015	中国	类矩形盾构

1)异形断面隧道掘进机及工法在国外的发展情况

从世界范围来看,目前已进行异形断面盾构研发并付诸实际应用的主要是中国和日本。究其原因是由于东西方城市发展模式的差异导致市场需求的差异,除纽约外,美国大多数城市结构比较疏散,地下空间开发的强度并不高;欧洲城市往往面临极其严格的古建筑保护法规,城市核心区地下工程总量也不大,更加趋向于建设新城。日本由于受国土资源的限制,对地下空间的开发非常重视,于20世纪60年代开始对异形断面隧道建设与异形隧道掘进机技术展开研究,并于20世纪90年代开始快速推广。经过几十年的发展,日本的异形断面隧道掘进机技术已比较成熟,设备种类齐全,包括矩形、椭圆形、马蹄形、自由断面、多圆等多种异形断面隧道掘进机,并在市政、过街通道、综合管廊等领域的多个项目得到了广泛的应用,整体技术水平处于世界领先。

1965—1968年,日本的名古屋和东京采用手掘式矩形盾构掘进了2条断面尺寸约为4.29m×3.09m、长分别为534m和298m的电力、电信、电话共同沟工程。1981年,日本名古屋中部电力公司还采用5.23m×4.38m的手掘式矩形盾构掘进了1条长374m的矩形电力隧道。该类型矩形盾构采用的是悬臂起重机式管片拼装机,操作方法类似于采用起重机安装设备部件。但是采用该方法进行管片拼装时,拼装作业几乎占据了整个隧道断面,导致内部的管路、管线布置困难,更无法布置螺旋输送机等设备,只能采用手掘式,出于安全考虑,无法实现大断面隧道的施工。于是日本将研究方向转向了顶管机和更容易实现管片拼装的多圆盾构机的研发,日本先后开发的多圆盾构工法主要包括DOT(Double-O-Tube)盾构法、MF(Multi-Face)盾构法、H&V(Horizontal Variation & Vertical Variation)盾构法(对于各种多圆盾构的详细介绍请见第5章"多圆盾构技术")。随着管片拼装技术的进步,随后以矩形盾构为代表的其他异形盾构机也得到了快速发展。

1981年,日本申请了DOT隧道的相关专利,1987年进行了横向DOT盾构的掘进试验,采用的是断面尺寸为ϕ2.5m×W4.185m的双圆盾构机,地质条件为粉土、粉细沙,覆土3.5m,掘进长度50m。1988年又进行了竖向双圆盾构机掘进试验。通过以上试验,证明了双圆盾构隧道工法的可行性,解决了双圆盾构掘进中的刀盘同步控制、地表沉降控制、管片拼装及盾构姿态控制等关键技术。

1989年10月,在日本广岛54号国道盾构工程建设中,首次采用石川岛(IHI)设计制造的断面尺寸为ϕ6.09m×W10.69m的双圆盾构机,施工了世界上第一条DOT隧道,该隧道总长850m,于1994年5月完工。之后日本又相继建设了多条DOT隧道,截至2017年,日本至少有18例铁路、公路、下水道等隧道采用DOT盾构法修建,其中最大断面尺寸达到ϕ9.36m×W15.86m,目前DOT盾构法在软土地层的施工技术已非常成熟。DOT盾构机及隧道如图1-20所示。

图 1-20　DOT 盾构机及隧道

1986 年，世界首台双圆泥水加压式盾构机由日本日立造船株式会社制造完成，断面尺寸为 $\phi 7.42\text{m} \times W12.19\text{m}$（图 1-21），1988 年成功应用于由日本熊谷组承建的日本东京京叶线京桥隧道（长 620m），开创了 MF 双圆盾构法的施工先例（图 1-22），在 5.5.2 中有详细的工程案例介绍。

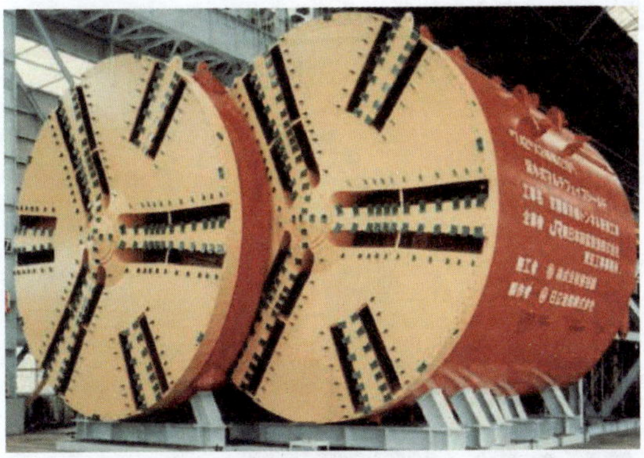

图 1-21　全球首台 MF 双圆盾构

图 1-22　全球首例 MF 双圆盾构工程

1992 年，三圆泥水加压式盾构在日本问世，并于 1994 年成功应用于大阪市地铁 7 号线“商务公园站”车站工程，如图 1-23、图 1-24 所示，在 5.5.3 中有详细的工程案例介绍。

图 1-23　全球首台 MF 三圆盾构机图

图 1-24　全球首例 MF 三圆盾构修建的地铁车站

1994—1998 年，在东京帝都高速交通 7 号线白金台二工区工程中，熊谷・青木建设工程共同体开创了装卸式三圆盾构施工地铁车站工法。首先用大直径单圆盾构机掘进至车站始发井中，将单圆盾构的两侧装配上小型盾构，改造成三圆盾构，随后掘进车站部分的整个断面，到达接收井后，拆卸掉两侧的两台小盾构，恢复成单圆盾构继续掘进另一段区间隧道。该工程中，车站盾构隧道长 120m，双线盾构隧道长 418m，隧道断面尺寸为 ϕ10.04m × W15.84m，工程地质为东京砾石层、东京黏性土层，覆土厚度 15 ~ 22m，如图 1-25 所示。

图 1-25　日本东京帝都高速交通 7 号线白金台二工区三圆盾构及施工情况

四圆以上 MF 多圆盾构在地铁车站等项目施工中也有应用，如图 1-26、图 1-27 所示。

图 1-26　四圆 MF 盾构及其应用

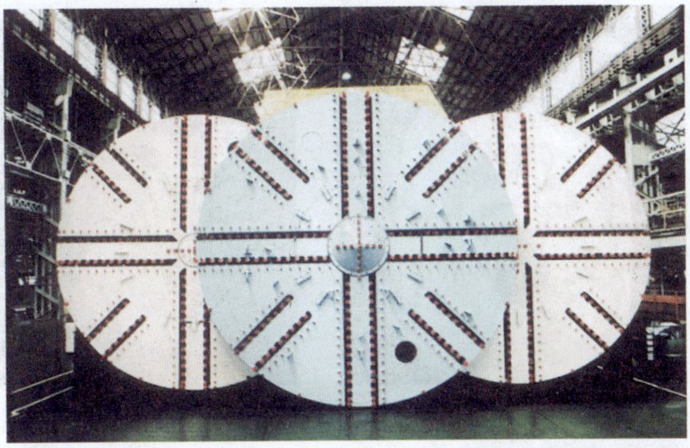

图1-27 多圆MF盾构

1989年,日本开发了H&V盾构工法,并成功进行了应用和推广(图1-28)。

图1-28 H&V盾构机及隧道施工

多圆盾构机工法在部分工程应用中施工效果良好,但也发现其存在控制技术相对复杂、对施工管理要求较高、隧道空间使用弹性不大、泵房施工烦琐等问题。所以在多圆盾构机发展的同时,矩形、类矩形、马蹄形等异形盾构关键技术也在不断取得新的突破。

1992—1994年,自由断面盾构工法成功应用到东京都大田区下水道新大森干线隧道工程,盾构机开挖断面尺寸为$W3.16\text{m} \times H4.66\text{m}$,隧道长度565m,覆土厚度8.8~12.8m,最小曲线半径20m。该工法的主要原理是在主刀盘作圆形断面切削时,同时驱使行星式切刀仿照主刀盘周边的切削断面形状边自转边公转,可实现马蹄形、矩形、椭圆形、卵形等各种断面的开挖。自由断面盾构机及其应用工程如图1-29所示。

1994年,石川岛播磨重工研制了DPLEX偏心多轴刀盘式土压平衡矩形盾构(图1-30),开启了刀盘全断面切削矩形盾构的先河。

1994年,日本大丰建设株式会社在千叶县习志野市菊田川2号干线采用该设备掘进了2条并列的断面尺寸为$W4.38\text{m} \times H3.98\text{m}$的矩形排水隧道(该工程在3.5.5中会进一步介绍)。1998年,鹿儿岛市草牟田排水管道改建工程采用了一台$W2.95\text{m} \times H2.35\text{m}$偏心多轴刀盘式土压平衡矩形盾构,该工程长773m,砂土地层。

a）纵向椭圆形盾构机　　b）试验施工隧道（直线段）　　c）实际工程隧道（曲线）

图 1-29　自由断面盾构机

图 1-30　DPLEX 偏心多轴刀盘式土压平衡矩形盾构

1997 年，鹿岛建设株式会社采用摇摆式仿形矩形盾构工法（图 1-31）修建了光辉大街地下通道建设工程，所用的矩形掘进机断面尺寸为 $W7.81\mathrm{m} \times H4.98\mathrm{m}$，覆土 4.8m，施工长度 120m。

图 1-31　摇摆式仿形矩形盾构

1999年10月~2003年10月,鹿岛-奥村-大丰-吉村-冈野特定共同体采用一台小松设计制造的 $W10.24m \times H6.87m$ 摇摆式矩形盾构机施工完成了日本京都地铁东西线醍醐至六地藏延伸工程,该工程在3.5.1中会进一步介绍。

2001年,青木·吉村共同企业体采用断面尺寸 $W4.9m \times H4.3m$ 的摇摆式仿形矩形盾构修建了京都市今出川分水管道改建工程。

2008年,日本鹿岛建设和川崎重工联合开发出了阿波罗盾构工法即APORO-CUTTER (All Potential Rotary Cutter)工法。其研制的首台矩形断面阿波罗掘进机在阪神难波线得到成功应用,掘进机断面尺寸为 $W4.76m \times H4.42m$,工程长576m,如图1-32所示。

图1-32 首台阿波罗盾构机外形及施工图

2009年,双联型的阿波罗矩形盾构机成功应用于东京地铁13号线连接东急东横线的涉谷站到代官山站之间的地铁隧道工程。该工程由鹿岛建设、西松建设、铁建建设组成的联营体承建,长576m,隧道地质为固结粉砂、砂砾、细砂,覆土浅,存在急曲线,所以工程采用了矩形盾构机,这是日本国内首个矩形断面地铁隧道。管片外尺寸为 $W10.3m \times H7.1m$,盾构机的开挖尺寸为 $W10.64m \times H7.44m$,机长8.95m。该双联型的阿波罗矩形盾构机外形如图1-33所示。

图1-33 双联型的阿波罗矩形盾构机外形图

2011 年,鹿岛建设开发了 R-SWING 工法,即 Roof@ SWING cutting 工法的简称,该工法使用矩形摆动式掘进机实现连续开挖,能够实现地表始发及地表到达(贯通)。既适用于顶管施工,又适用于盾构施工。鹿岛建设采用 R-SWING 工法双联掘进机($W4.85m \times H3.6m$)完成了东京千代田区神田骏河台新御茶之水站联络通道工程的施工,通道长度 29m。并于 2016 年研制了用于新日比谷项目大楼与东京地铁日比谷站之间地下联络通道施工的三联摆动式掘进机,该设备是在既有双联掘进机的基础上,通过安装 1 组新的掘进机单体进行改造而成,施工掘进距离约为 40m。R-SWING 工法三联式掘进机如图 1-34 所示。

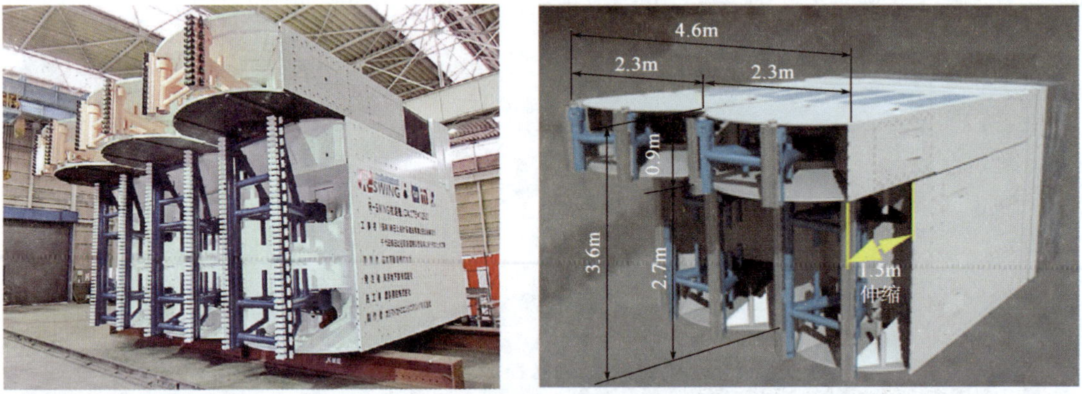

图 1-34　R-SWING 工法三联式掘进机

2013 年,清水建设和 Kayaba System Machinery 株式会社共同开发了矩形桨叶式盾构机(图 1-35),该桨叶式盾构机是通过使横向配置的滚筒状截割头旋转实现开挖,通过组合多个截割头能够应对任意大小的矩形断面。该设备成功应用于千叶县合同长生送水管施工,隧道长 70m,横断面外尺寸为 $W2.1m \times H2.1m$。

图 1-35　矩形桨叶式盾构机

1995 年,日本开始了 MMST 工法的研究开发,MMST(Multi-Micro Shield Tunnel)工法,是通过多个微小断面盾构机在主隧道的外壳部位开挖出多条小型隧道,然后完成相互之间的连接,构筑成主隧道的外壳受力结构,再进行主隧道内部大断面开挖的隧道工法,如图 1-36 所示。

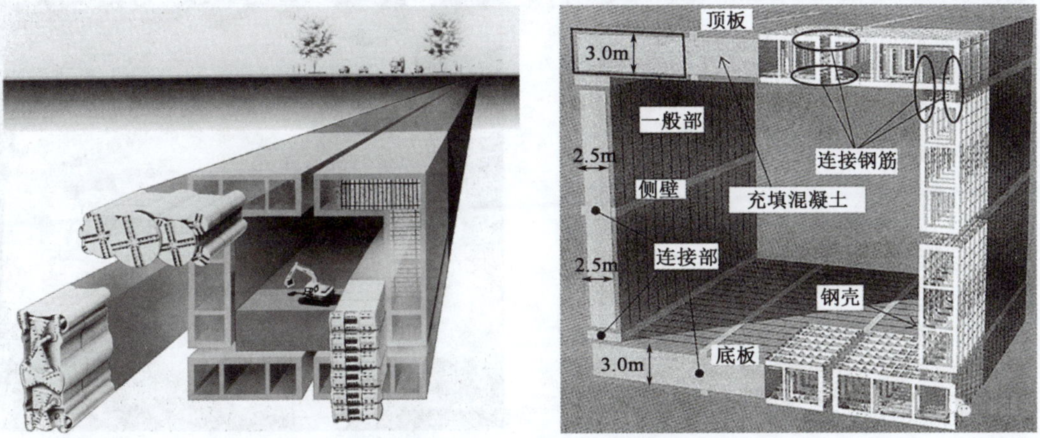

图1-36 MMST工法原理示意图

1996年,MMST工法在纵贯高速川崎线和大师换乘站内连接用的通风隧道工程进行了试验,1999年试验段顺利贯通。2000年正式应用于首都高速神奈川6号川崎线大师隧道(在3.5.6中对该项目进行详细介绍)。

1996年,日本三菱重工开发了 *W*5420mm × *H* 7950mm 的鼓形断面土压式盾构机,该盾构机通过中央部位的主旋转刀盘和周边的摆动刀盘联合开挖的方式实现全断面的开挖,在名古屋市内国道302号小田井山田共同沟工程中得到了应用,共完成2个区间,长度分别为530m、976m,如图1-37所示。

图1-37 鼓形盾构及其施工

1998年,日立造船株式会社开发了OHM(Omnisectional Hedge Tunneling Method)工法并进行了试验。该工法利用了“圆内旋轮线”的数学原理,采用行星齿轮式偏心结构,使刀盘的运行轨迹拟合成带圆角的正方形,从而实现正方形断面的全断面开挖,如图1-38所示。2002年成功应用于横断石田地下人行通道建设工程,该工程采用盾构机的断面尺寸为 *W*4.28m × *H*3.83m(图1-39),隧道长度142.4m,覆土10~15m,主要地质为砂砾、黏性土。

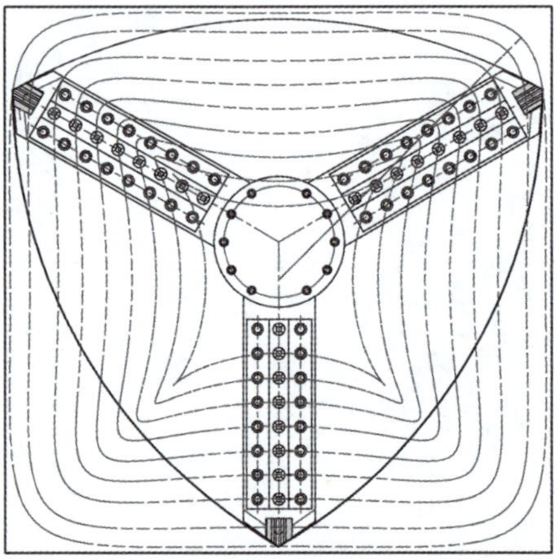

图 1-38　OHM 盾构刀盘轨迹拟合示意图

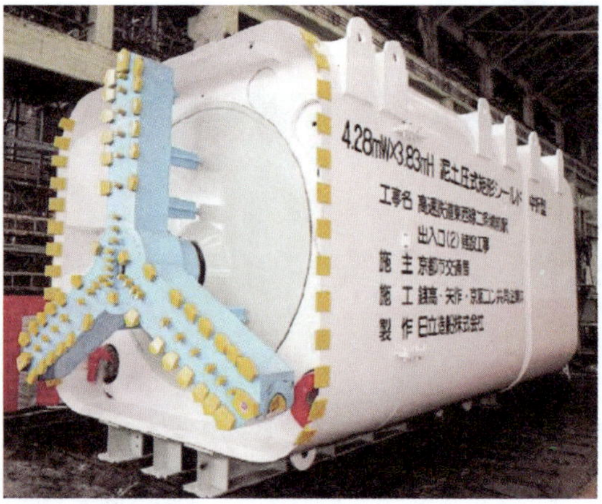

图 1-39　OHM 盾构机

2001 年,日本三菱重工山下一彦等提出了“可变幅盾构工法”的概念并进行了一些基础试验和研究。盾构机预先使刀盘外周的一部分重叠,在掘进中通过使重叠部伸缩而实现开挖断面的连续性的扩大、缩小。但该工法仍处于前期研究阶段,还未见实际案例。

2008 年,在日本 20 号新宿地下步行通道工程中,采用了一种配备新型的串联机械臂的敞开式异形盾构机,如图 1-40 所示。该项目在 3.5.2 中有进一步的介绍。

图 1-40　串联机械臂敞开式异形盾构机

2009 年,日本相模纵贯川尻隧道工程也使用了敞开式矩形盾构机进行掘进(图 1-41 所示),该工程从相模原市绿区城山一丁目起,止于三丁目,全长 417m,隧道断面尺寸为 $W11.0\text{m} \times H7.08\text{m}$,衬砌管片共分 8 块,管片形式为 SFRC 管片(钢纤维增强高流动混凝土管片),采用错缝拼装。

德国海瑞克公司也开发了一种箱形敞开式隧道掘进机(图 1-42),是对部分断面开挖技术的进一步发展,适用于在交通要道下方修建短距离通道,有顶管或现浇混凝土两种衬砌方法。目前仍处于研究阶段,没有应用案例。

图1-41 日本相模纵贯川尻隧道工程敞开式矩形盾构施工

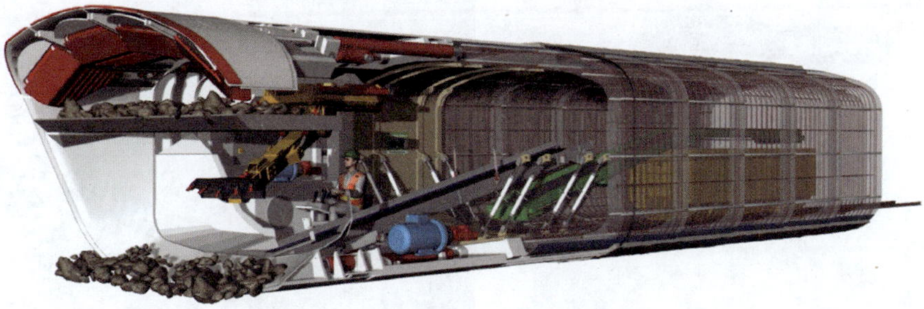

图1-42 海瑞克箱形敞开式隧道掘进机

2)异形断面掘进机工法在国内的发展情况

我国在异形断面掘进机工法方面的研究稍晚于日本,于20世纪90年代开始进行技术研究与工程验证,随后进行了快速地推广应用。在短短十几年的时间里,完成了关键技术从引进消化吸收到自主研发创新的转变,应用范围从软土小断面到复合地层超大断面的拓展,装备类型实现了从单一矩形断面到双圆、马蹄形、U形、类矩形等多类型的转变。实现了世界最大断面矩形顶管机、世界首台砂卵石层矩形顶管机、世界首台超大断面马蹄形盾构机等首创的装备研发与施工工艺的创新。

20世纪90年代初,我国开始对矩形顶管机工法进行技术研究与工程验证,为我国矩形顶管机和矩形盾构技术的发展奠定了基础。1995年,上海隧道股份完成了2.5m×2.5m可变网格式矩形断面掘进机设计,并于1996年2月完成了工程试验,如图1-43所示。该试验工程位于南汇县航头地区,施工距离60m,覆土深度6.45m,顶管机所穿越的土层为灰色淤泥质黏土、灰色淤泥质粉质黏土和灰色砂质粉土。

1999年,上海地铁2号线陆家嘴站5号出入口地下人行通道工程采用了我国自主研制的3.8m×3.8m土压平衡矩形顶管机进行施工,40天完成了2条62m长的矩形隧道施工,如图1-44所示。随后该型号顶管机又陆续完成了上海地铁4号线浦东南路站过街人行地道、昆山市长江南路地下人行通道和上海上中路箱涵排管等多项工程。

图 1-43　可变网格式矩形隧道掘进机

图 1-44　人行通道及土压平衡矩形顶管机

2004 年 6 月，新疆乌鲁木齐市辰野名品广场地下商业街二期工程，采用大断面敞开式矩形盾构掘进和现浇混凝土衬砌的方法完成了施工，其管片结构断面为 $W19.8\text{m} \times H6\text{m}$，盾构断面为 $W20\text{m} \times H6.2\text{m}$。

20 世纪初，为了节约地下空间，减少盾构施工对地面建筑物影响的范围，解决两条单体隧道之间存在的相互不利影响，我国开始对双圆盾构错缝拼装衬砌进行试验研究，尝试推广双圆盾构技术。上海隧道工程股份有限公司 1999 年对双圆衬砌先后进行了 3 次通缝拼装和 3 次错缝拼装的模型试验(模型比例 1∶3)，2002 年对轨道交通杨浦线(M8 线)双圆盾构管片进行 1∶1 的力学加载试验：管片采用错峰拼装，由上半环、中全环、下半环三部分组成，环与环之间用纵向螺栓连接，并施加一定的纵向力，采用 28 套千斤顶装置施加水平等效荷载，对错缝拼装双圆盾构衬砌环的变形、强度和抗裂性能开展了研究。同年上海隧道工程股份有限公司从日本引进 $\phi6.52\text{m} \times W11.12\text{m}$ 双圆盾构机，并在上海地铁 8 号线开鲁路站—嫩江路站—翔殷路站—黄兴绿地站区间隧道工程首次采用了双圆盾构施工，隧道全长 2688m，最大坡度 2.8%，最小平曲线 $R = 495\text{m}$，隧道覆土 5.2 ~ 12m，如图 1-45 所示。由此，中国成为世界上第二个拥有此项技术的国家。

图 1-45 双圆盾构施工

2004 年上海市又在轨道交通 6 号线 3 个标段进行了双圆盾构施工，均采用 $\phi6.52\text{m} \times W11.12\text{m}$ 的辐条式双圆盾构机进行施工。国内双圆盾构隧道工程汇总见表 1-2。

中国双圆盾构的工程实例 表 1-2

工程		埋深(m)	总长(m)	工期
上海轨道交通 8 号线	黄兴绿地站—翔殷路站	5.7 ~ 13.2	872	2003.8 ~ 2003.12
	翔殷路站—嫩江路站	5.2 ~ 11.0	911	2004.6 ~ 2004.11
	嫩江路站—开鲁路站	5.2 ~ 10.5	708	2004.6 ~ 2004.12
上海轨道交通 6 号线 10 标	民生路站—北洋泾路站	6.0 ~ 10.0	395	2004.4 ~ 2004.7
	北洋泾路站—德平路站	6.0 ~ 12.0	1196	2004.8 ~ 2005.2
	德平路站—云山路站	6.0 ~ 11.0	893	2005.3 ~ 2007.12
上海轨道交通 6 号线 9 标	云山路站—金桥路站	5.5 ~ 10.0	998	2004.6 ~ 2004.12
上海轨道交通 6 号线 11 标	民生路站—源深体育中心站	5.9 ~ 9.37	480	2004.7 ~ 2004.12
	源深体育中心站—世纪大道站	3.63 ~ 9.01	623	2004.7 ~ 2006.6

双圆盾构虽然可实现双线隧道一次成型，土体开挖面小，效率高；但由于其大海鸥形管片"背土"较为严重，双剪刀辐条式刀盘开口率较大，不利于扰动和沉降控制，小半径曲线施工能力差，设备购置费用高等原因，双圆盾构在我国并没有得到更多的推广应用，而是逐步向矩形、类矩形、马蹄形等异形盾构施工方向发展。

21 世纪第一个 10 年，矩形隧道机械化施工的少量应用案例主要集中在长三角、珠三角等沿海发达地区，主要特点为适用于淤泥软土地层，隧道断面小，施工装备主要为矩形顶管机。

2010 年后，矩形掘进机技术逐步在全国其他城市推广开来，应用领域进一步拓展，工程条件更加复杂多样，截至目前已有数十项施工案例。

2012 年，我国首台泥水平衡矩形顶管机应用到佛山市南海区桂城站过街通道项目，该项目管片断面尺寸为 $W6\text{m} \times H4.3\text{m}$，施工距离 43.5m，淤泥质土地层。

2012 年，在佛山市南海大道下穿工程中（图 1-46），采用土压平衡顶管机完成了 4 条 60.5m长的隧道，隧道断面尺寸为 $W6.9 \times H4.9\text{m}$，隧道间距 0.5m，穿越地层为粉细砂、中粗砂,实现了矩形掘进机小间距砂层掘进技术的突破。

图 1-46　佛山市南海大道下穿工程

2014 年,中铁隧道股份有限公司在郑州市红专路下穿中州大道隧道项目中,采用了中铁工程装备集团自主研发的当时世界最大断面矩形顶管机进行施工,取得了巨大成功,如图 1-47所示。该项目为 4 条隧道平行布置,中间 2 条机动车道断面尺寸为 $W10.1\text{m} \times H7.25\text{m}$,两侧非机动车道断面尺寸为 $W7.5\text{m} \times H5.4\text{m}$,攻克了超大断面、超浅覆土(3.2m)、超长距离(105m)、超小间距(1m)的世界性难题,标志着我国矩形顶管机的装备研发与施工技术达到国际领先水平。该项目获得了中央电视台、人民日报、新华社等主流媒体的高度关注,研究开发的世界最大断面矩形顶管机荣获 2017 年度中国好设计金奖,并入选“庆祝中华人民共和国成立 70 周年大型成就展”。工程的详细情况将在 2.5.1 中进一步介绍。

图 1-47　郑州市红专路下穿中州大道隧道工程

2014 年,上海市政院联合同济大学进行了双钢板-混凝土组合矩形盾构隧道衬砌结构整环足尺试验,对该矩形盾构隧道衬砌结构的受力机制和设计方法进行了研究,并于 2015 年在上海福泉北路下穿项目进行了工业性试验(图 1-48),工程的详细情况将在 3.5.7 中进一步介绍。

2015 年,由中铁工程装备集团设计研发的矩形顶管机成功出口到新加坡,这是我国首台出口到海外的矩形顶管机,整机性能达到了国际最高标准的要求。该设备被应用到新加坡地铁汤申线 T221 地铁出入口项目(图 1-49),由中铁隧道股份新加坡分公司施工,该项目克服了距离长、隧道与重要建筑物间距小、地层软弱等施工难题,荣获新加坡 2016 年项目管理奖最高奖(金奖)。工程的详细情况将在2.5.2中进一步介绍。

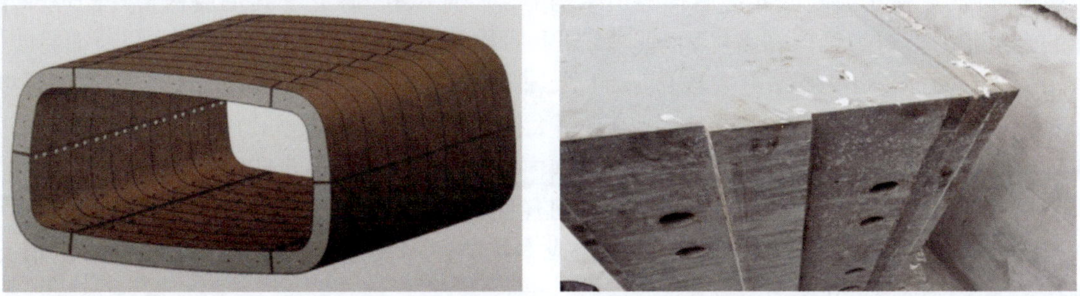

图1-48 矩形盾构隧道衬砌结构受力机制研究

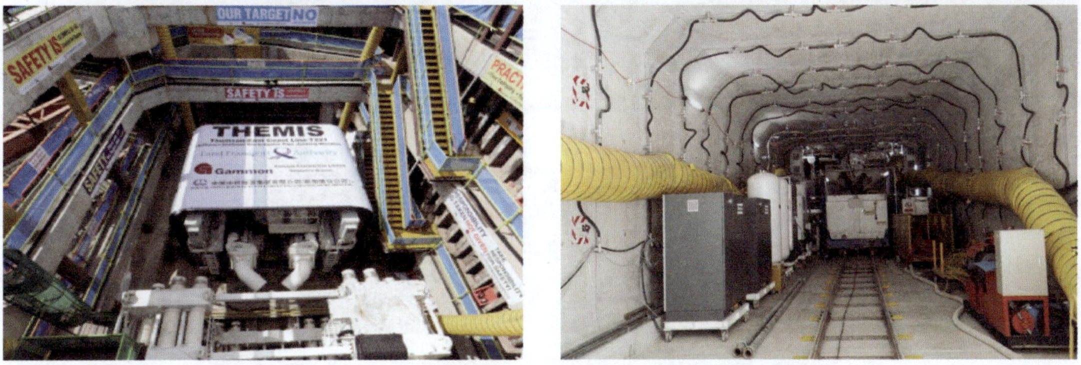

图1-49 新加坡T221地铁出入口项目

2015年,济宁市市北110kV电缆隧道工程采用一台“合口式”矩形盾构完成了施工,为我国首个类似工程。工程的详细情况将在3.5.9中进一步介绍。

2016年,由中铁工程装备集团自主研发设计和制造的世界首台应用于砂卵石层的矩形顶管机,成功应用于成都川大停车场下穿人民南路人行通道项目(图1-50)。该项目在装备制造及矩形顶管机适用于卵石层施工过程中的渣土改良、沉降控制、减摩注浆等工艺方面取得了关键技术突破和宝贵的施工经验,扩展了矩形顶管机的地质适用范围,促进了矩形顶管机的技术发展。工程的详细情况将在2.5.3中进一步介绍。

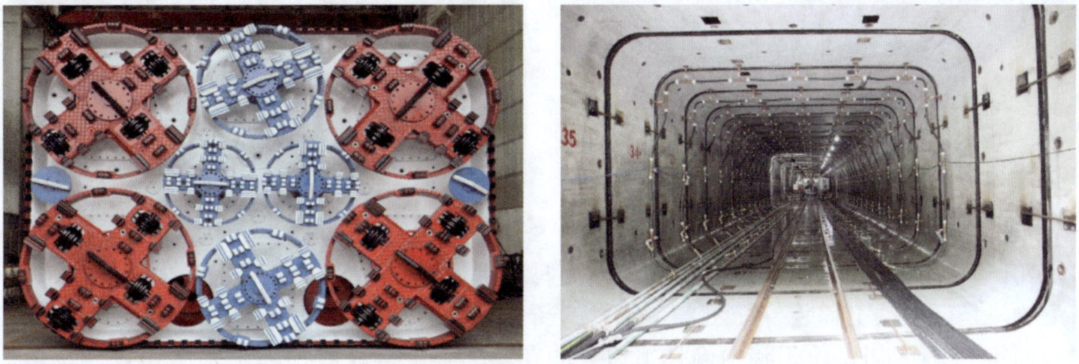

图1-50 成都川大停车场下穿人民南路人行通道项目

2016 年，上海隧道股份联合上海盾构设计试验研究中心、同济大学、上海隧道工程轨道交通设计院，进行了大断面异形盾构隧道结构力学特征试验，研究了异形盾构管片随埋深增加的全过程力学行为规律和破坏机理。该异形盾构管片结合矩形和圆形隧道的断面特点，采用类矩形断面，尺寸边界由多段圆弧组成。管片外尺寸为 $W10.7\text{m} \times H8.2\text{m}$，管片厚度 0.5m，环宽 1.2m，采用 C50 混凝土，并掺有超大掺量钢纤维（156kg/m^3）。在此基础上，通过与日本小松合作，上海隧道股份设计生产了国内首台类矩形盾构，并在宁波市轨道交通 3 号线一期工程地铁车站出入段进行了工业性试验（图 1-51）。该试验工程在拼装式类矩形盾构领域进行了工程试验的探索，但施工效率与成本控制还需要进一步提升。工程的详细情况将在 3.5.8 中进一步介绍。

图 1-51　宁波市轨道交通 3 号线一期工程类矩形盾构隧道项目

2017 年，由中铁工程装备集团研制的装配式矩形顶管机（$W5.74\text{m} \times H5.02\text{m}$）成功应用于地下停车场项目（图 1-52）。该项目是国内首次将矩形顶管机推广应用到地下停车场领域，在装备与工法联合创新方面取得了突破，示范效应显著，推广应用前景广阔。

图 1-52　矩形顶管机工法应用于地下停车场

2016 年 7 月 17 日，世界首创的超大断面马蹄形盾构机在郑州经开区成功下线，该马蹄形盾构机是由中铁工程装备集团自主研发的新型异形盾构机，可进行马蹄形隧道全断面切削。同年 11 月 11 日，位于陕西榆林靖边县的在建工程蒙华铁路白城隧道采用该马蹄形盾构掘进机“蒙华号”进行施工（图 1-53），并于 2018 年 1 月 16 日全线贯通。该项目先后成功穿越了浅埋层、天然气管道、包茂高速公路等重大风险源地带，成功规避了安全风险源，最快月掘进 308.8m，较传统施工工法同等地质条件下提高工效 4 倍以上，在实现自主化和智能化的同时，创新了铁路山岭隧道开挖模式，在我国异型盾构施工的发展史上具有里程碑的意义。工程的详细情况将在 4.5 中进一步介绍。

图 1-53　世界首台超大断面马蹄形盾构在白城隧道应用

2017 年 6 月，由中铁工程装备集团自主研发的 U 形盾构成功下线，2017 年 10 月开始应用于海口市综合管廊项目（图 1-54），为综合管廊的机械化施工提供了新的解决方案。U 形盾构的详细情况将在第 6 章中进一步介绍。

图 1-54　U 形盾构在海口综合管廊的应用

1.2.2　异形断面隧道掘进机的分类

异形断面隧道掘进机可以根据开挖断面形状、工作原理、适应的不同地质等进行类型划分。与圆形断面隧道掘进机相比较，异形断面隧道掘进机的主要特点还是由于开挖断面形状的变化而引起掘进机的工作方式的不同。

1）按开挖断面形状分类

如表 1-3、图 1-55 所示，按所开挖的断面形状异形断面隧道掘进机可分为矩形、马蹄形、双圆、多圆、自由断面等类别。各种形状的掘进机都有自己的特点，适用于不同功能需求的工程。如矩形掘进机开挖的矩形隧道能最大限度地提高空间利用率，但是结构受力条件较差，故一般适用于城市浅覆土隧道工程；马蹄形断面结构受力优于矩形断面，空间利用率优于圆形断面，同时更符合流体力学，适用于长距离的山岭隧道，也可用于城市深埋地下空间开发；地铁隧道采用双圆断面或类矩形断面可同时修建左右线，提高空间利用率和施工效率；三圆掘进机非常契合地铁车站特殊的结构形式；悬臂掘进机等自由断面异型掘进机小巧、灵活，不局限于特定的形状，能够实现矩形、半圆形、马蹄形等多种异形隧道断面的开挖，适用于采矿隧道或者结合传统工法进行山岭隧道施工。

按开挖断面形式分类　　表 1-3

类　　别	开 挖 断 面	适用隧道类型
矩形掘进机	矩形、类矩形等	地铁出入口、道路下穿、综合管廊、地下商业街、地下停车场、浅覆土交通隧道等
马蹄形掘进机	马蹄形、拱形等	山岭公路隧道、双线铁路隧道、国防工程、综合管廊等
双圆掘进机	双圆形组合	城市双线地铁隧道等
多圆掘进机	多圆形组合	地铁车站、地下空间开发等
自由断面掘进机	矩形、圆形、马蹄形等	采矿隧道、功能隧道等

a)矩形掘进机　　b)马蹄形掘进机　　c)双圆掘进机

d)三圆掘进机　　e)多圆组合掘进机　　f)自由断面掘进机

图 1-55　不同断面形状异形隧道掘进机

2）按工作原理分类

如表 1-4 所示，按工作原理的不同异形隧道掘进机可分为保压式掘进机、部分敞开式掘进机、全敞开有护盾式掘进机、全敞开无护盾式掘进机等。

按工作原理分类 表1-4

类 别	特 点	适用隧道类型
异形保压式掘进机	保压掘进，有护盾，分为泥水平衡、土压平衡等类型	适用于沉降控制要求高、围岩不能自稳的工程
异形部分敞开式掘进机	分为挤压式掘进机、网格式掘进机等，构造简单、造价低	适用于流塑性高、无自立性的淤泥层、软黏土层和粉砂层等
全敞开有护盾式掘进机	无封闭压力舱，机械敞开式开挖，护盾临时支护，工艺简单，造价低	适用于稳定地层
全敞开无护盾式掘进机	无封闭压力舱，无护盾，多为悬臂掘进机形式	适用于围岩自稳性好的地层

保压式掘进机、全敞开有护盾式掘进机、全敞开无护盾式掘进机比较常见，如图1-56、图1-57所示。

图1-56 全敞开有护盾式掘进机

图1-57 全敞开无护盾式掘进机

部分敞开式掘进机案例相对较少，在此做简单介绍。部分敞开式掘进机主要分为挤压式掘进机、网格式掘进机。

(1)挤压式掘进机

挤压式掘进机一般包括挤压式盾构机和挤压式顶管机。挤压式掘进机的开挖面用胸板封起来，把土体挡在胸板外，当掘进机向前推进时，胸板挤压土层，土体从胸板上的局部开口处挤入掘进机内，然后搬运出隧道，如图1-58所示。主要特点是：不需要土体开挖，掘进效率高，施工成本低，可以有效降低发生地层坍塌和水土涌入掘进机内部的风险，更加安全可靠。

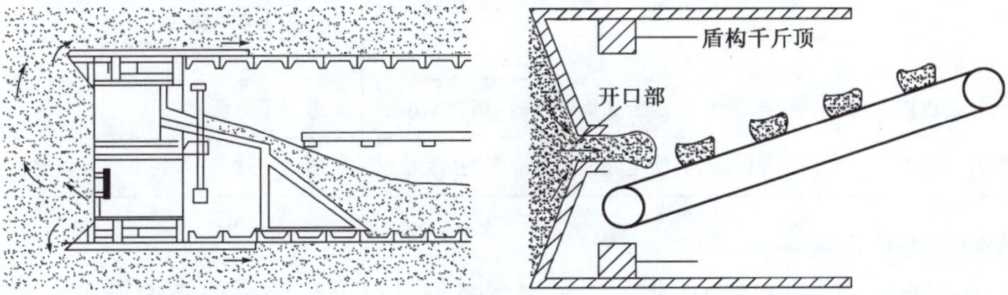

a)开口在上部 b)开口在中间

图1-58 挤压式盾构

但挤压式掘进机可适用的地层范围比较窄，只适用于淤泥、软黏土、粉砂等软弱地层。在挤压推进时，对地层土体扰动较大，地面容易产生较大的隆起变形，所以在地面有建筑物的地区不能使用，只能用在空旷的地区或江河底下、海滩处等区域。

（2）网格式掘进机

在局部挤压式掘进机的基础上加以改进，可形成一种胸板为网格的网格式掘进机，如图1-59所示，其构造是在盾构切口环的前端设置网格梁，与隔板组成许多小格子的胸板，借土的凝聚力，用网格胸板对开挖面土体起支撑作用。当掘进机推进时，土体克服网格阻力从网格内挤入，把土体切成许多条状土块，在网格的后面设有提土转盘，将土块提升到盾构中心的刮板运输机上并运出隧道。当掘进机停止推进时，网格起到支护土体的作用，从而有效地防止开挖面的坍塌。但网格式掘进机也仅适用于松软可塑的黏土层，当土层含水率大时，尚需辅以降水等措施。

a）网格式顶管机

b）网格式盾构机

图1-59　网格式掘进机

3）按适应的地质分类

如表1-5所示，按适应的地质异形隧道掘进机可分为软土掘进机、硬岩掘进机、复合掘进机。

按适应的地质分类　　表1-5

类　别	特　点	适用隧道类型
异形软土掘进机	软土刀盘，允许存在开挖盲区，开挖方式多样，技术成熟	适用于软弱地层
异形硬岩掘进机	破岩刀盘，只能全断面开挖，仍属技术难题	适用于岩层
异形复合掘进机	复合刀盘，只能全断面开挖，仍属技术难题	适用于软硬不均、上软下硬等复合地层

4）按管片安装方式分类

如表1-6所示，按支护结构形成方式异形隧道掘进机可分为异形盾构掘进机、异形顶管掘进机、异形推盾掘进机等。

按支护结构形成方式分类　　表1-6

类　别	特　点	适用隧道类型
异形盾构掘进机	支护结构通常采用同步管片拼装衬砌、钢管片浇筑混凝土衬砌、“初支+二衬”等形式	适用于长距离，直线或曲线
异形顶管掘进机	同步进行管片整体移动式衬砌，可分为管片顶进和箱涵顶进	适用于短距离，直线
异形推盾掘进机	始发及前部直线段采用顶管掘进机模式，后部转弯段切换到盾构掘进机模式	适用于各种距离，直线或曲线

1.2.3　异形断面隧道掘进机主要系统简介

异形断面掘进机虽然存在多种类型，但其系统组成大致相似，一般包括开挖系统（切削装置与驱动装置）、支护系统、出渣系统、衬砌系统、推进系统、流体液压系统、电气控制系统、导向系统等（表1-7）。其中与单圆盾构机相比，主要的区别体现在开挖系统、支护系统、衬砌系统、导向系统等方面。

异形掘进机的系统介绍　　表1-7

<table>
<tr><th colspan="2">异形掘进机类型</th><th>支护系统</th><th colspan="2">开挖系统</th><th>出渣系统</th><th>衬砌系统</th><th>导向系统</th><th>推进系统</th></tr>
<tr><td rowspan="3">异形盾构</td><td>土压</td><td rowspan="3">钢结构护盾</td><td rowspan="3">旋转刀盘、摆动刀盘、滚筒刀盘、仿行刀盘</td><td rowspan="3">电驱/液驱</td><td>螺旋输送机+皮带机+渣土车编组</td><td rowspan="3">管片拼装机同步拼装</td><td rowspan="3">激光靶法</td><td rowspan="3">液压推进系统</td></tr>
<tr><td>泥水</td><td>泥浆泵送</td></tr>
<tr><td>双模</td><td>土压模式与泥水模式可切换</td></tr>
<tr><td rowspan="2">异形顶管</td><td>土压</td><td rowspan="2">钢结构护盾</td><td rowspan="2">旋转刀盘、摆动刀盘、滚筒刀盘、仿行刀盘</td><td rowspan="2">电驱/液驱</td><td>螺旋输送机+皮带机+渣土车</td><td rowspan="2">管节同步移动支护</td><td rowspan="2">激光靶法</td><td rowspan="2">液压顶推系统</td></tr>
<tr><td>泥水</td><td>泥浆泵送</td></tr>
<tr><td rowspan="2">悬臂掘进机</td><td>有护盾</td><td>钢结构护盾</td><td rowspan="2">铲斗、截割头、旋挖刀盘</td><td rowspan="2">液驱</td><td rowspan="2">皮带机/渣土车</td><td>管节同步顶入/模板台车</td><td rowspan="2">棱镜法</td><td>液压顶推系统</td></tr>
<tr><td>无护盾</td><td>无</td><td>模板台车</td><td>履带自行走</td></tr>
</table>

1)开挖系统

开挖系统设置在掘进机的最前端,包括切削装置和驱动装置,可实现隧道岩土的挖掘和搅拌。形象地说,开挖系统就是掘进机的“牙齿”。对人工掘削式掘进机而言,主要采用鹤嘴锄、风镐、铁锹等开挖机构;对半机械式掘进机而言,主要采用铲斗、掘削头等开挖机构,图1-60为悬臂掘进机常用的开挖系统;对机械式、封闭式(土压式、泥水式)掘进机而言,则主要采用切削刀盘开挖机构。本书仅对以盾构为代表的机械式掘进机刀盘开挖系统做重点介绍。

图1-60　悬臂掘进机开挖系统

(1)刀盘的构成及功能

盾构掘进机的切削刀盘是一种做转动或摆动的盘状刀盘,由切削土体的刀具、稳定切削掌子面的面板、出土槽口、转动或摇动的驱动机构等组成。根据开挖原理不同,切削刀盘包括旋转开挖刀盘、摆动切削刀盘、滚筒式刀盘等;根据使用地质不同,刀盘可分为软土刀盘、硬岩刀盘、复合刀盘等。开挖系统的形式种类繁多,但归纳起来,开挖系统具有三大功能:在刀盘切削力和掘进机推进力的共同作用下切削土体;在开挖和停机时支撑开挖掌子面;在开挖过程中采用搅拌棒和改良剂对切削下的土体进行改良。

(2)刀盘的形状

刀盘的纵断面形状有垂直平面形、突芯形、穹顶形、倾斜形和缩小形5种。其结构示意如图1-61所示。

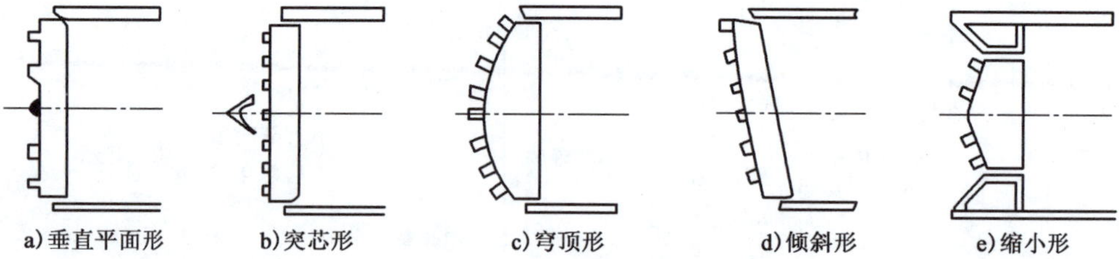

图1-61　刀盘的纵断面形状

刀盘的正面形状为轮辐形或面板形。

(3)刀盘的支承形式

掘削刀盘的支承方式可分为中心支承式、周边支承式和中间支承式3种(图1-62),以中心支承式、中间支承式居多。

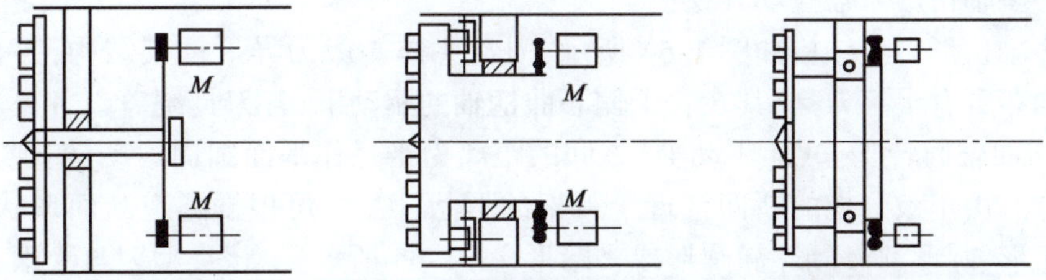

a) 中心支承式　b) 周边支承式　c) 中间支承式

图1-62　刀盘支承方式构造示意图

采用单个定轴回转圆形刀盘无法实现异形断面的开挖，为达到异形断面开挖的目的，可采用平行轴多刀盘旋转开挖、仿形刀盘摆动开挖、多圆刀盘组合开挖或其他异形断面开挖形式。异形断面隧道开挖方式的选择，除需考虑隧道断面、覆土、地质等工况以外，还需综合考虑隧道功能用途、施工成本、工期等因素。例如：平行轴多刀盘旋转开挖、仿形刀盘摆动开挖适用于建造城市过街通道、地铁出入口等矩形断面、马蹄形断面隧道；双圆盾构适用于建造双线地铁隧道；三圆组合开挖方式适用于建造地下车站；掘进头敞开式开挖适用于地层比较稳定、不需要支护掌子面的隧道等。下面就对不同形状断面的刀盘开挖方式进行简述。

①平行轴多刀盘旋转开挖

平行轴多刀盘旋转开挖，以最大切削率、最大搅拌率为原则来考虑异形断面多刀盘布置。平行轴式多刀盘旋转开挖异形掘进机的刀盘系统可分为多刀盘前后错开布置和多刀盘在同一切削平面内布置两种形式。图1-63a）为三前三后"品"字形布置等径多刀盘矩形断面掘进机；图1-63b）为三前六后非等径多刀盘马蹄形断面掘进机，这两种产品的刀盘系统为多刀盘前后错开布置，刀具一般只配置鱼尾刀和刮刀，适用于软土地层；图1-63c）所示的为多刀盘同平面布置矩形顶管机，该产品的刀具除鱼尾刀和刮刀外还布置有滚刀，适用于砂卵石地层。

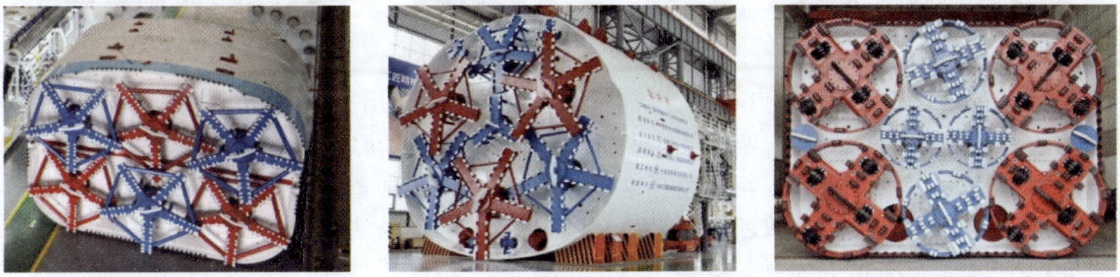

a)前后布置多刀盘　b)前后布置多刀盘　c)同平面布置多刀盘

图1-63　平行组合式多刀盘

多刀盘组合旋转开挖具有地表扰动小、渣土搅拌好、沉降易控制等优点，但其缺点也比较明显，不能单独通过多刀盘组合实现全断面开挖，存在一定开挖盲区。可通过在盲区位置对应的盾壳切口环布置盾壳切刀，实现软土或砂卵石层异形全断面的开挖，同时可在开挖盲区对应的土仓隔板上预留处理接口，连接高压水冲洗管路或风钻，对加固区和可能存在的障碍物有一定的处理能力。

②偏心多轴仿形刀盘摆动开挖

偏心多轴仿形刀盘结构如图 1-64 所示，刀盘主体一般为异形框架结构，刀盘的掘进端面及四周均布置有十字刀具，其在若干偏心曲柄轴的驱动下，各刀具绕着以各自支撑圆心点（固定轴）与曲轴回转支撑点（驱动轴）之间的距离为半径作平面圆周运动，实现刀盘平面摆动切削土体。由于被开挖的断面接近于刀架的形状，因此，可根据隧道断面形状要求，把刀架设计为矩形、圆形、圆环形、椭圆形或马蹄形（图 1-65 所示）。该类型刀盘受滚刀破岩机理限制，刀盘上不宜布置常规滚刀，因而该类型刀盘也只能适用于软土地层。

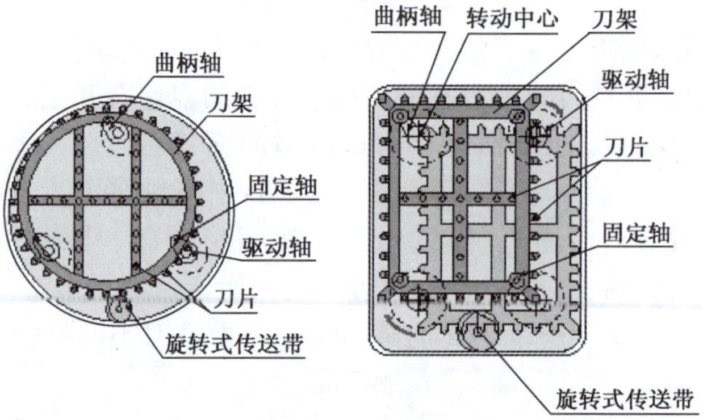

图 1-64　DPLEX 偏心多轴摆动刀盘开挖原理

图 1-65　偏心多轴式刀盘形状

偏心多轴仿形刀盘的优点在于：可根据开挖的断面设计出类似形状的刀盘结构，附以一定的曲柄长度，即可做到任意断面的全断面切削。无切削的盲区，可以大大减少掘进时的推力。由于刀盘平动，每把刀的切削路径都很相似，刀具的切削量和磨损量比较均匀。由于每把刀具运动的轨迹都很短，故还具有刀盘切削扭矩小、驱动马达动力小、不用大轴承、周边刀具磨损小、制造成本低等优点。但其缺点也是明显的：地层扰动大，渣土搅拌效果差，结构受力较差。

③伸缩摆动刀盘

伸缩摆动式刀盘通过使两个或两个以上的刀盘在一定的角度内进行咬合式摆动实现开挖，再配合超挖刀开挖隅角部，实现异形全断面开挖。由于摆动式刀盘无须使刀盘旋转一周，所以通过油缸的伸缩驱动刀盘成为可能，即通过油缸作为动力输出带动刀盘在一定的角度内边摆动边开挖，相对于“马达 + 齿轮”的常规驱动方式，摆动式刀盘的驱动部分由液压千斤顶、连接环及销子构成，具有结构简单、成本低廉的优点，如图 1-66 所示。

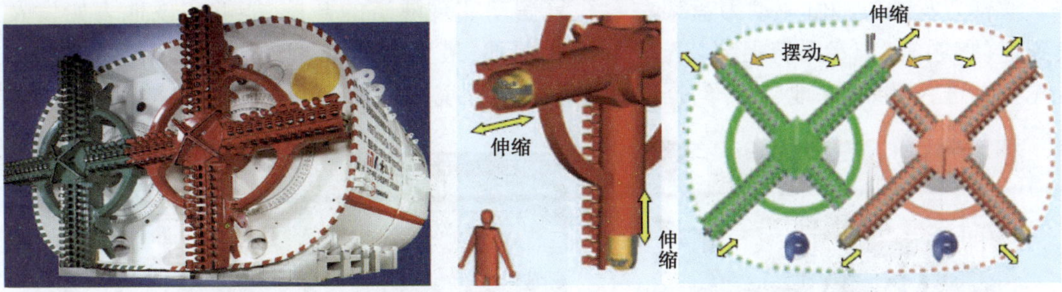

a)设备实物　　b)超挖摆动原理示意图

图1-66　伸缩式摆动刀盘

④滚筒式刀盘

滚筒式刀盘(或称截割头)是在滚筒状的横轴上布置刀具,通过液压马达驱动滚筒旋转切削土体,切削系统是由多个滚筒状刀盘纵向排布组成。滚筒式刀盘切削系统具有可伸缩式截割头和独立搅拌装置(图1-67)。上部截割头可实现掘进方向1环管片宽度的伸缩,通过使其反复超前移动,形成浅覆土支护,有效控制地表沉降。开挖舱内布置有独立的滚筒式螺旋搅拌装置,确保了较高的搅拌性能。

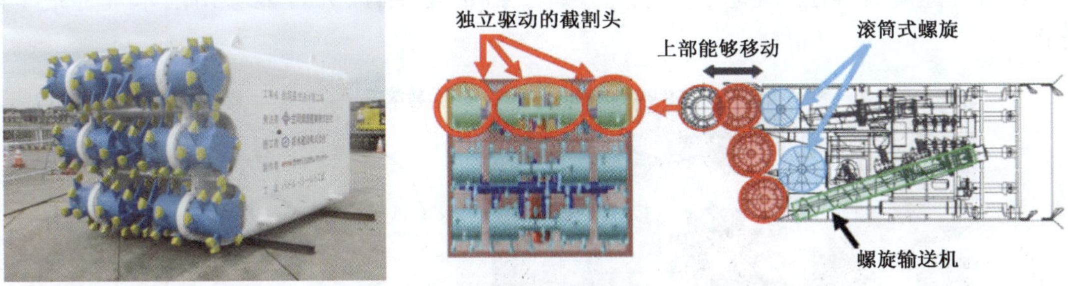

图1-67　滚筒式刀盘

⑤行星齿轮驱动勒洛三角形刀盘(图1-68)

通过调整偏心轴距和行星齿轮齿数比,来实现勒洛三角形刀盘旋转切削正方形隧道断面,并可通过刀盘自由组合得到不同断面隧道。

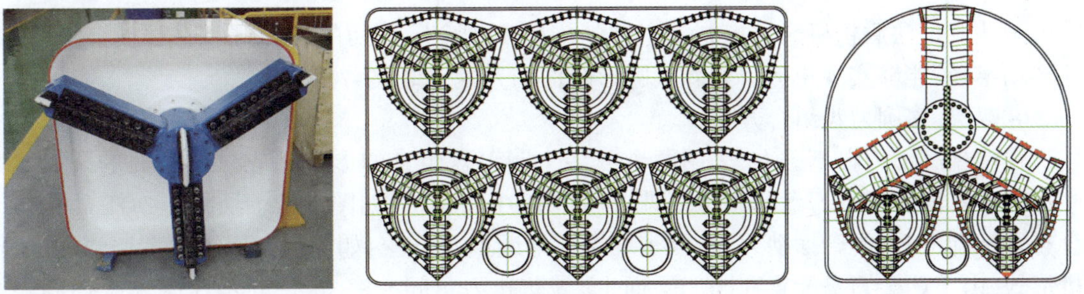

图1-68　行星齿轮驱动勒洛三角形刀盘

⑥摆臂刀盘(图1-69)

摆臂刀盘通过油缸驱动刀盘架左右往复摆动实现隧道的开挖,能够实现地表始发及地表到达(贯通)。刀盘系统上部装配有伸缩式顶部,最大可伸出1.5m,通过顶部结构伸出进行先行掘进,能够确保地层沉降,据此可把对周边环境的影响降至最低。

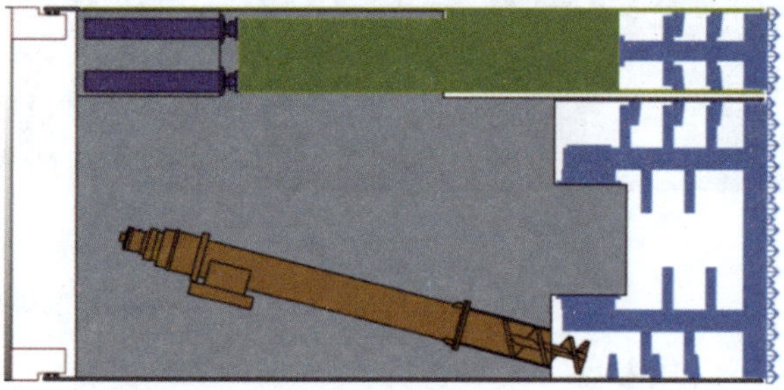

图1-69　摆臂式刀盘

⑦“阿波罗”刀盘

如图1-70所示,阿波罗刀盘由刀盘盘体、摇动构架、公转圆筒三部分组成。在刀具高速旋转(自转)的同时,通过摇动构架及公转圆筒的旋转使刀盘在所要求的轨迹上移动(使其公转),进行任意断面的掘削。与常规圆形刀盘的单轴旋转结构不同,阿波罗刀盘结构很小且能够高速旋转,在硬质地层中也能发挥良好的切削性,并且能够切削木桩等地下障碍物。

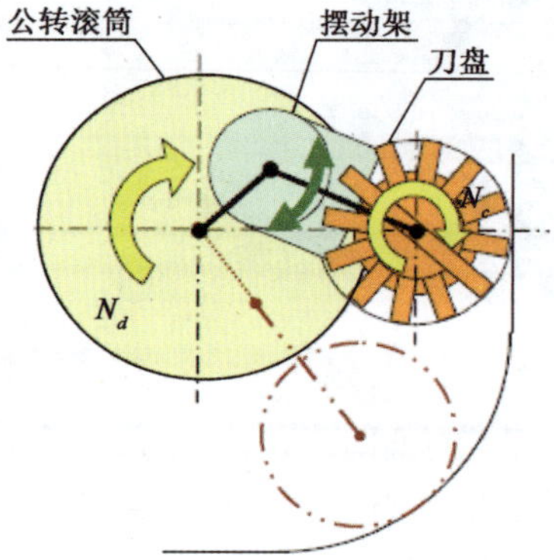

图1-70　“阿波罗”刀盘

阿波罗工法盾构机通过控制3个轴的旋转实现全断面切削,同时摆动架能够改变刀盘的转动半径,能够实现矩形、马蹄形、圆形断面的开挖,如图1-71所示。

⑧双圆、多圆刀盘组合开挖

在常规圆形刀盘基础上,采用两个或多个圆刀盘组合的形式完成异形断面的开挖。其中在同一平面布置双刀盘的土压掘进机称作DOT盾构机,如图1-72所示;在DOT盾构机刀盘布置基础上,再配合摆动刀盘,可实现类矩形断面的开挖,如图1-73所示。以上两种盾构机形式,由于两个刀盘配置在同一平面上,为防止刀盘间冲突,采用同步控制系统控制刀盘旋转位移与速度。多个刀盘在前后不同平面布置的掘进机称作MF盾构机,由多个圆形断面的错位重合而成，可提供任意断面形式的隧道，如图1-74所示。

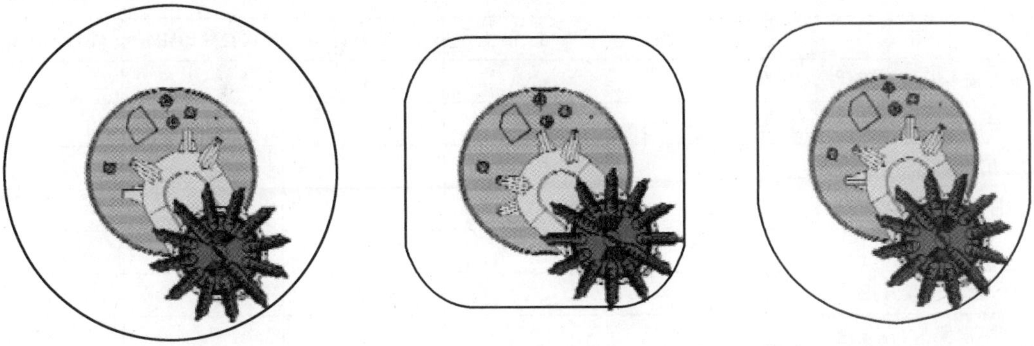

a）圆形　　b）矩形　　c）马蹄形

图1-71 刀盘切割断面拟合轨迹

图1-72 DOT盾构机开挖形式

图1-73 类矩形开挖形式

图1-74 多刀盘组合（MF盾构机）开挖形式

总体上，当前异形断面掘进机主要的开挖方式有：多刀盘旋转开挖、偏心多轴仿形刀盘摆动开挖、伸缩摆动刀盘开挖、滚筒式刀盘开挖、行星齿轮驱动勒洛三角形刀盘开挖、摆臂刀盘开挖、“阿波罗”刀盘开挖和多圆刀盘组合开挖等。异形断面开挖系统在实现全断面开挖的基础上，需要具备较强的地质适应性，并考虑隧道施工质量的控制（如对地层的扰动与地面沉降控制等），开挖形式的选用应重点考虑施工地质及沉降控制要求，开挖形式选择与所施工隧道工程的地质关系参见表1-8，开挖形式选择与所施工隧道工程的沉降要求关系参见表1-9。

开挖方式选择与施工地质关系　　表1-8

开挖形式	地质条件				
	淤泥质黏土	软土、砂土	砂卵石	软岩≤20MPa	硬岩>20MPa
平行轴多刀盘旋转开挖	√	√	√	×	×
行星齿轮驱动刀盘开挖	√	√	√	√	×
仿形刀盘摆动开挖	√	√	√	×	×
伸缩摆动刀盘开挖	√	√	√	×	×
滚筒式刀盘开挖	√	√	√	√	×
摆臂刀盘开挖	√	√	√	×	×
“阿波罗”刀盘开挖	√	√	√	√	×
双圆、多圆刀盘组合开挖	√	√	√	×	×

开挖方式选择与沉降关系　　表1-9

开 挖 形 式	开 挖 特 点	沉 降 要 求
平行轴多刀盘旋转开挖	旋转运动，盲区辅助措施处理，搅拌较充分	沉降要求严格的隧道工程
行星齿轮驱动刀盘开挖	公转+自转，全断面切削，搅拌充分	沉降要求严格的隧道工程
仿形刀盘摆动开挖	偏心多轴同步摆动，全断面切削，搅拌不充分	沉降要求一般的隧道工程
“阿波罗”刀盘开挖	公转+自转，全断面切削，搅拌不充分	沉降要求一般的隧道工程
双圆、多圆刀盘组合开挖	旋转运动，搅拌较充分	沉降要求严格的隧道工程
其他（滚筒式、摆动刀盘式、摆臂式）	滚动或摆动，全断面切削，搅拌不充分	沉降要求一般的隧道工程

2）支护系统

除少数特殊机型不需要支护结构外，其他异形掘进机的支护系统都是采用横断面与隧道断面形状一致的钢结构壳体（护盾或盾体），在推进系统的作用下向前移动，对挖掘出还未衬砌的隧道段起着临时支护作用，承受周围地层的水土压力，将地下水挡在壳体外侧，同时作为掘进机开挖系统、驱动系统、推进系统等结构的支承载体。盾体的结构组成与单圆盾构掘进机基本相同，作者在此不再详细叙述，只简要说明一下异形掘进机盾体的特点：

（1）异形断面的受力条件要远差于圆形断面，在控制盾体重量的前提下保证结构的刚度和强度是重难点，往往需要采用箱形结构、竖向支撑梁等结构形式。

（2）多采用主动铰接结构，便于姿态的控制与调整。

（3）异形断面掘进机施工过程中更容易产生“背土”，盾体结构要充分考虑防“背土”措施，如设置减摩泥浆注入装置、顶部压力实时测量装置等。

3）衬砌系统

异形断面掘进机衬砌系统，依据施工工法不同一般可分为四种衬砌模式：①异形预制管片拼装机同步拼装；②异形预制管节同步顶入；③挤压混凝土衬砌；④初期支护+二次衬砌。四种衬砌模式对比而言，拼装机同步拼装具有施工效率高，能够适应长距离隧道施工等优点,但由于异形隧道断面没有圆形断面的中心对称优势,导致每个分块管片内表面曲率大小不一、形状各异,拼装过程存在运动轨迹多样、重心不统一等特点,造成异形管片拼装工艺复杂、难度较大;预制管节同步顶入具有施工工艺简单等优点,但只适用于短距离顶进施工;挤压混凝土衬砌具有防水好、寿命长、无须二次衬砌的优点,其缺点是施工效率较低;初期支护+二次衬砌的方式同样具有防水好、寿命长的优点,比较经济,但是工序比较复杂,效率较低。目前异形断面顶管掘进机多采用预制管节顶入衬砌模式,异形断面盾构掘进机多采用管片拼装衬砌模式(也有项目采用挤压混凝土衬砌方式),初期支护+二次衬砌的衬砌模式多应用于使用悬臂掘进机开挖的矿山法施工隧道。

(1)异形断面管片拼装同步衬砌

单圆隧道的管片抓取和拼装一般采用单吊点机械式或真空吸盘式管片拼装机,具体采用哪种方式主要取决于管片强度、管片重量、管片形状、管片运动轨迹等因素。而异形断面隧道的管片形状复杂,多为变曲率,拼装时单块管片的运动轨迹复杂,上述两种拼装方式均不能满足使用要求。同时,异形断面掘进机往往需要采用双螺旋输送机出渣,盾体内部净空较小,对拼装设备的结构紧凑性要求极高。所以异形断面掘进机管片拼装设备的适应性是影响异形隧道管片衬砌效率和安全性的关键因素。

目前异形断面拼装机的主要结构形式有适用于马蹄形盾构的曲率自适应"6+1"自由度管片拼装机、适用于矩形盾构的回转双提升臂式拼装机、适用于矩形盾构的立柱回转拼装机、适用于双圆盾构和类矩形盾构的6自由度单机械臂式管片拼装机、适用于类矩形盾构的环轨拼装式拼装机、适用于合口式矩形盾构的自由拼装式拼装机等,如图1-75所示。

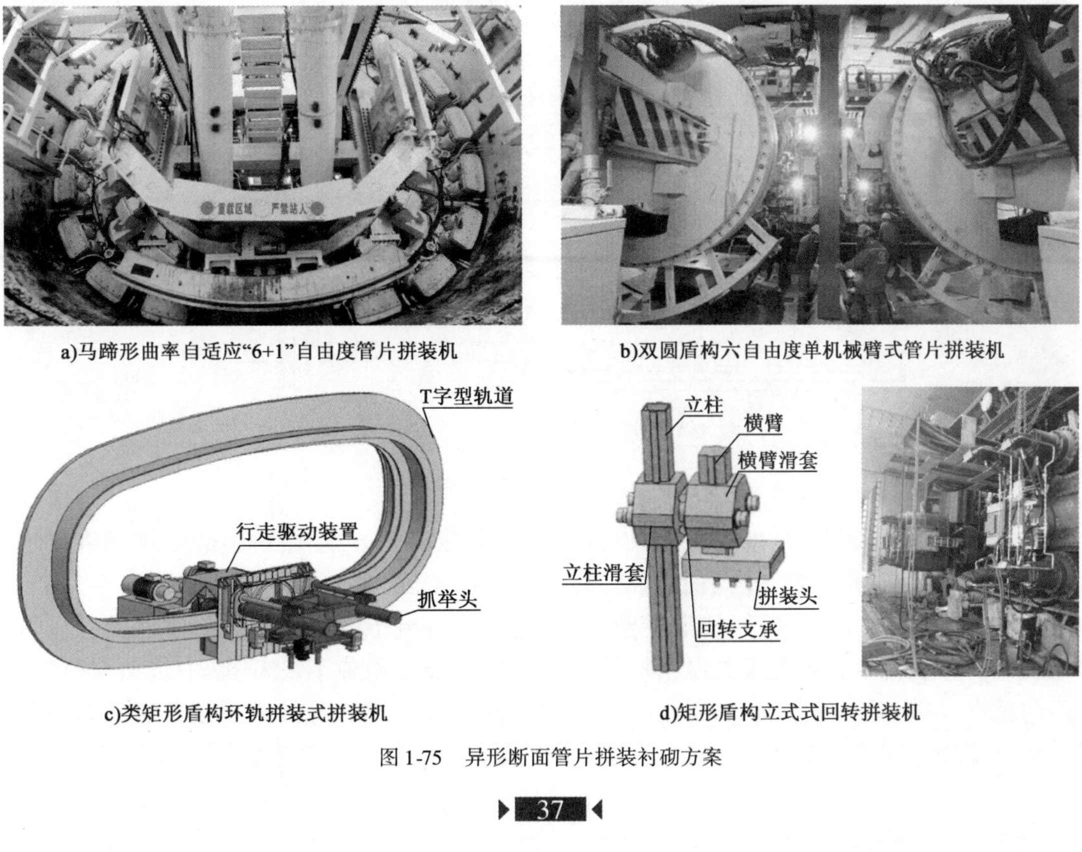

a)马蹄形曲率自适应"6+1"自由度管片拼装机

b)双圆盾构六自由度单机械臂式管片拼装机

c)类矩形盾构环轨拼装式拼装机

d)矩形盾构立式式回转拼装机

图1-75 异形断面管片拼装衬砌方案

(2)预制管节同步顶进衬砌

目前常用的预制管节同步顶入衬砌有两种方式,一种是分节拼装顶进,将在工厂或者预制场里预制好的管节分节拼装,然后依次顶进完成衬砌,如图 1-76 所示;另一种是整体预制顶进(箱涵顶进),在始发工作井里通过现场浇筑完成管节的整体预制,然后整体顶进完成衬砌,如图 1-77 所示。

图 1-76　分节拼装顶进衬砌

图 1-77　箱涵顶进衬砌

(3)ECL(Extruded Concrete Lining)挤压混凝土衬砌

在盾构开挖隧道过程中,随着盾构机向前掘进,用一套衬砌施工设备在盾尾同步灌注混凝土或钢筋混凝土整体式衬砌,因其灌注后即承受盾构千斤顶推力的挤压作用,故称为挤压混凝土衬砌,如图 1-78 所示。

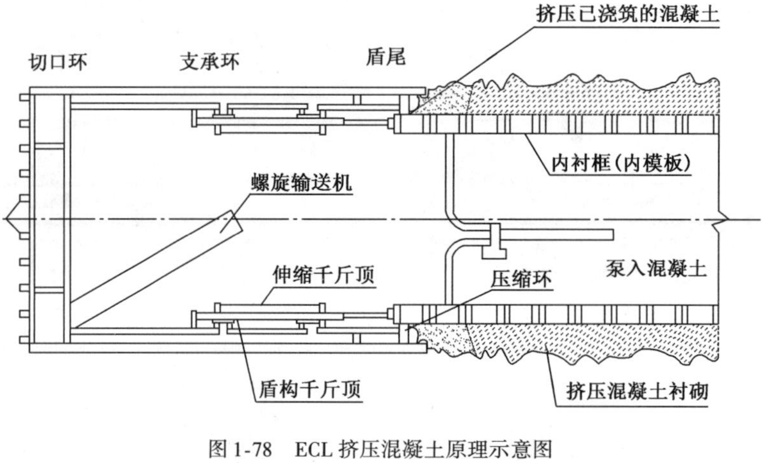

图 1-78　ECL 挤压混凝土原理示意图

挤压混凝土衬砌可以是素混凝土,也可以是钢筋混凝土,但应用最多的是钢筋混凝土。挤压混凝土的衬砌一次成型,内表面光滑,衬砌背后无空隙,故省去了管片安装与壁后同步注浆,减少了地表沉降。加压可使混凝土密实,提高了混凝土的强度和自防水性能,且对控制地层移动特别有效。但挤压混凝土衬砌施工时需要较多的施工设备,其中包括混凝土成型用的框模,拼拆框模的系统,混凝土配置车、泵、阀管等组成的混凝土配送系统。而且,混凝土制备、配送、钢筋架立等工艺较为复杂,在渗漏性较大的土层中要达到要求尚有困难,故挤压混凝土衬砌的应用尚不广泛。

(4)初期支护+二次衬砌

①一次衬砌

隧道施工中一次衬砌也叫作初期支护。为了适应围岩应力适量释放和变形,增加结构安全和方便施工,隧道开挖后立即施作刚度较小并作为永久承载结构一部分的结构层,称为初期支护。一般情况下初期支护都是喷锚支护,由锚杆、钢筋网、钢拱架、喷射混凝土组成。一次衬砌在初期施工后即成为永久性承载结构的一部分,它与围岩共同构成了永久的隧道结构承载体系。

②二次衬砌

二次衬砌就是模注混凝土,采用模板台车浇筑,根据设计情况,有的部位是钢筋混凝土,有的部位也可是素混凝土。根据施工现场实际情况以及围岩监控测量结果,选择好二次衬砌的施作时间,能使结构处于最佳的受力状态。模板台车二次衬砌如图1-79所示。

图1-79 模板台车二次衬砌

4)导向系统

导向系统是异形断面掘进机保障隧道施工质量的重要组成部分,目前应用到圆形隧道施工领域比较成熟的导向系统有全站仪与激光标靶导向系统、多棱镜测量导向系统和陀螺仪导向系统等。其中陀螺仪导向系统目前应用较少,其余两种均需采用激光全站仪,统称为激光导向系统。激光导向系统是综合运用激光传感技术、测绘技术、机械电子技术以及计算机技术等指导掘进机隧道施工的有机体系,多以激光束作为准直线,控制隧道掘进机前进方向,一般由用于控制其掘进方向的激光导向仪、测定掘进机机头姿态的倾角仪和测距仪、靶盘、控制装置、屏幕监视器以及工控计算机等组成。激光导向系统可以随时将掘进机轴线相对于隧道设计轴线的准确位置以图形的形式显示在电脑显示屏上,为姿态控制提供判断依据,使掘进机的轴线接近隧道的设计轴线,保证隧道施工精度。

相比圆形隧道单维轴线控制,异形掘进机断面的几何形状不规则,需要断面的多点位姿测量和多维轴线控制。在穿越复杂地质时,异形开挖面荷载分布不均,加上异形断面掘进机多主轴作业形成的扰动,造成异形断面偏移预测更加困难,使得现有的位姿测量和单维轴线纠偏控制方法无法满足施工要求。因此,异形掘进机导向系统需要在圆形隧道导向系统基础上,构建标靶最优安装位置获取掘进机首、尾的多个测量点相对坐标,通过分光系统和传感系统直接利用全站仪的 ATR 激光进行盾构姿态测量，克服了原有测量方法中基准激光受隧道内温度梯度、湿度、灰尘等环境的干扰无法实现高精度测量的难题。通过电子标靶和多个棱镜位置信息融合的多传感器融合测量方法，提高测量系统的可靠性。在此基础上，采用蒙特卡罗算法对测量系统的误差进行溯源和分解，建立倾角仪的神经网络方法误差模型，并基于小波变换的滤波器减少振动造成的非平稳随机误差，通过标定平台补偿多传感器之间的安装误差，实现盾构位姿的高精度高可靠测量。

需要指出的是，异形曲线顶管机施工的导向系统又不同于异形盾构掘进机，由于整条隧道随时都是在运动中，在隧道内不可能找到一个固定不变的参考点作为测量的基准点。一种方法是每次都采用始发井作为测量的零点，但随着顶进长度的增加，测量的工作量会越来越大，同时只有在停止顶进时才能进行，即不能进行同步测量，使得测量结果有一定的滞后。另一种方法是在异形盾构导向系统的基础上增加简易激光靶或者棱镜链，通过靶链进行位置和姿态传递，从而间接求取设备的位置和姿态信息。

目前国内掘进机导向系统除了全站仪等个别核心部件仍需要进口外，其他零部件及系统集成、软件开发、监视系统开发等方面已实现了国产化。其中，监视系统具备所有数据采集监视系统的测量基本功能，如设计轴线导入与查询、移站基本操作、初始通信设定与零位标定、历史数据查询与曲线展示、日志记录与显示等所有功能之外，还具备中英文语言切换、账户与权限管理、恢复出厂设置等功能。盾构机位置姿态以图形和文字的方式为盾构机司机的推进操作提供实时的导向信息，为盾构机的准确快速掘进提供有力保障。监视系统底层采用数据库管理，一切中间过程测量数据、测量结果、按钮操作等均被实时记录。系统自动进行测量数据备份，数据安全得到保证，且可进行历史数据查询、分析等工作。

1.3 适用于掘进机施工的异形断面隧道结构设计概述

适用于掘进机施工的异形断面隧道的设计流程及包含的主要内容与单圆掘进机隧道总体相似，但断面形状的改变也产生了许多新的设计技术难点。

1）隧道几何设计

异形断面隧道的几何设计主要包括平面设计、纵断面设计、横断面设计等，在平面与纵断面设计过程中，需要重点考虑的是轴线转弯半径的设计，由于受到结构形状的限制，异形盾构隧道的转弯能力明显弱于单圆盾构隧道，故原则上要多采用直线或者大半径曲线。横断面设计时，除了考虑建筑限界需求和照明、通风、排水、消防、通信设施等布置空间外，还要重点考虑断面形式对力学模型的影响、隧道施工的经济性与异形盾构机械化施工的可行性等。以矩形隧道为例，一般有直墙直底、直墙曲拱、曲墙曲拱、类椭圆 4 种断面形式（图 1-80）。直墙直底断面的内力最大，直墙曲拱断面的内力次之，曲墙曲拱断面的最大负弯矩最小，而类椭圆断面的最大正弯矩及剪力最小，各种断面形式的轴力变化很小。所以结构断面形式的改变对管片弯矩和剪力影响较大。从受力角度看，曲墙曲拱断面控制弯矩效果较优，而类椭圆断面控制剪力较优；从空间利用率看，曲墙曲拱断面形式较适宜。具体设计时应综合考虑使用功能和受力条件，合理选择管片断面形式。

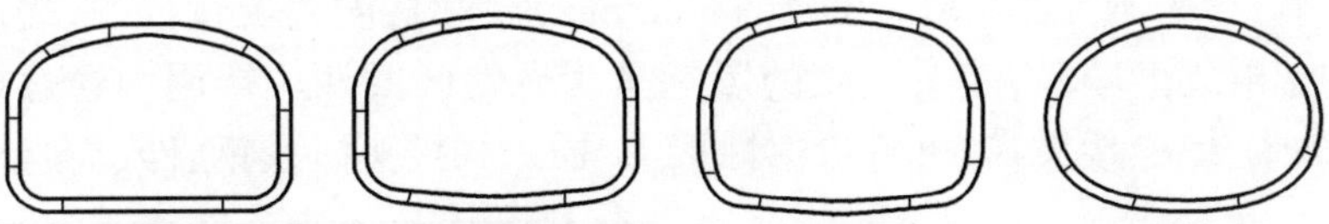

图1-80 矩形断面隧道结构断面形式

2)隧道结构设计

相比于圆形断面隧道,异形断面隧道的结构稳定性较差,对分块设计、接头设计、强度设计等方面的附加条件更加苛刻;同时衬砌结构更加复杂,对异形盾构的机械化拼装提出了更高的要求。所以在异形隧道结构设计时要注意以下几点:

(1)分块设计要点

①管片环分块数量的改变对内力影响较小,但接头位置对内力影响较大。

②从工程设计角度看,管片分块数量越多,接缝越多,衬砌的整体性减弱,防水处理要求越高,同时影响了施工效率及加大了运营养护难度。而分块数量少,意味着单块管片重量增大,会增加管片运输与拼装难度,设计时需进行综合考虑。

由于断面形状复杂,为了保证管片拼接的整体刚度,需要结合土体压力对管片进行受力分析,并根据断面剪力图将管片环向拼装接缝设置于剪切力最弱处。图1-81为马蹄形隧道管片与合口式拱形隧道管片拼装方案,两种断面采取的拼装方案在保证整体强度的同时又能兼顾拼装效率。

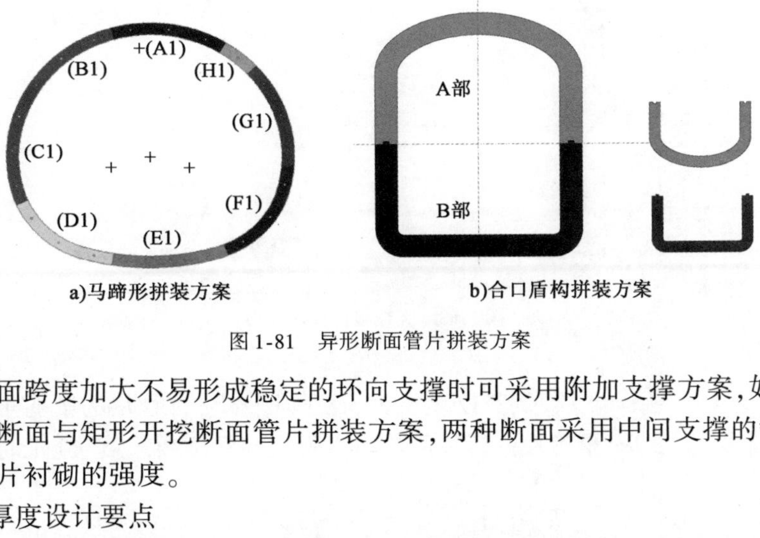

图1-81 异形断面管片拼装方案

当开挖断面跨度加大不易形成稳定的环向支撑时可采用附加支撑方案,如图1-82所示为双圆形开挖断面与矩形开挖断面管片拼装方案,两种断面采用中间支撑的管片方案保证了整个断面管片衬砌的强度。

(2)管片厚度设计要点

比较而言,管片厚度的改变对负弯矩、剪力的影响最明显,而对正弯矩和轴力的影响小。改变管片厚度,意味着衬砌整体刚度的变化,虽然管片厚度的增加会增大管片内力,但明显改善了管片受力状态。

(3)接头设计要点

管片接头主要对管片不同分块起连接作用,并对管片拼装后的整体强度具有重要的影响。接头刚度的改变对管片弯矩的影响较大,对剪力的影响次之,对轴力的影响小。通过对实际案例的分析,接头刚度在 100~300MN·m/rad 范围时,内力变化较快,之后接头刚度的变化对内力的影响逐渐减弱,接头刚度的影响呈明显的区段性。常用的管片接头的连接形式有:无连接头式、螺栓接头式、可弯折柔性接头、插入式接头以及钢管式插入接头等。

a)双圆盾构管片拼装方案

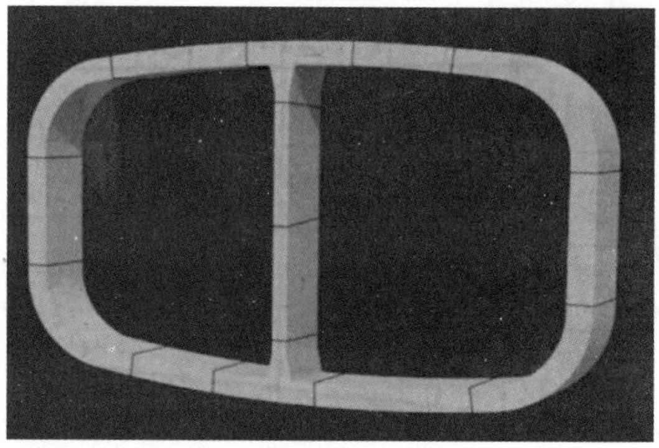

b)矩形盾构管片拼装方案

图 1-82　带中间支撑的管片拼装方案

①无连接件接头

如图 1-83 所示,无连接件接头安装方便,施工速度快且造价低廉,但它的抗剪、抗弯、刚度性能都比较差,单凭结构本身是无法稳定的,必须依靠周围围岩的抗力达到自身的受力平衡。因此仅适用于对于防水要求不高或围岩良好的隧道。

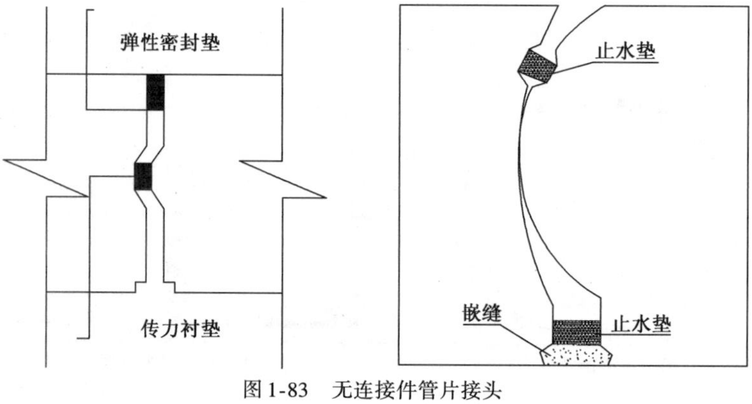

图 1-83　无连接件管片接头

②螺栓接头

单弯螺栓接头如图 1-84 所示,其刚度较大,且手孔较小,对管片的削弱很小。但它与直螺栓相比,用料多且弯螺栓及管片钢模在制作时对弧度与精度要求高,施工时螺栓穿孔较困难,耗时耗力。

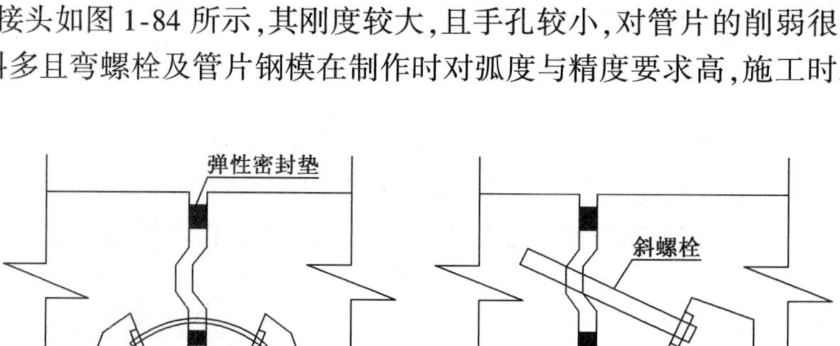

图 1-84　带螺栓管片接头

③可弯折柔性接头

如图1-85所示,可弯折柔性接头通过防水橡胶保证其密闭性,同时可以应付很大幅度的弯曲、剪切和拉压,适用于对于隧道的变形有较高预估的地方,但造价也很高。

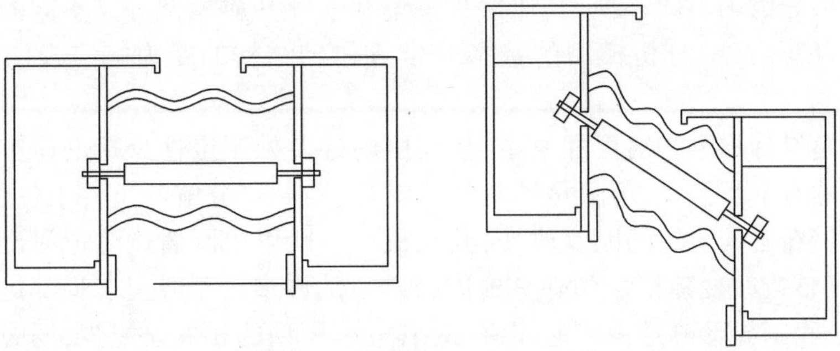

图1-85 可弯折柔性管片接头

④插入式接头

该种接头广泛应用于日本的隧道管片环缝的连接,分为锁扣接头和摩擦接头,如图1-86所示。它们都是靠千斤顶直接将雌雄接头推牢,前者依靠锁扣的力量产生接头需要的拉力,后者由其摩擦力、咬合力锁住。插入式接头安装快捷方便,省掉了大量拧螺栓的人工及时间;由于连接件相当短,所以变形长度很小,刚度较大;另外由于没有手孔和露在外面的金属件,不用削弱管片结构,减少了渗水途径,防水和防腐蚀的能力强。

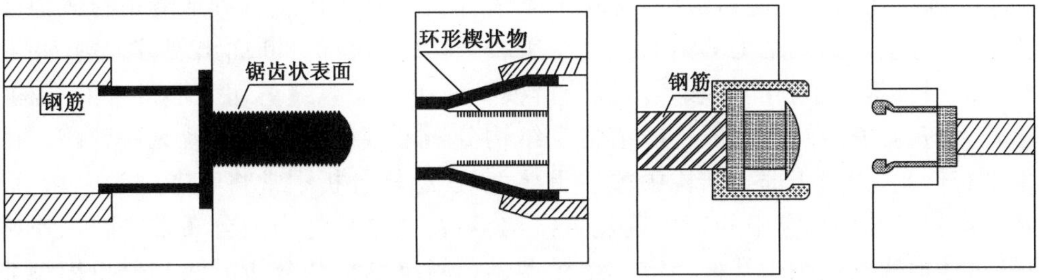

图1-86 插入式接头

⑤钢管插入式接头

钢管插入式管片接头,如图1-87所示。它包括插入杆和接收管,接收管的内面包裹了一层聚乙烯,插入时用来吸收膨胀力以避免外面管片混凝土的破裂。该类型接头拼装自动化程度高,减少了手孔,避免了二次衬砌。

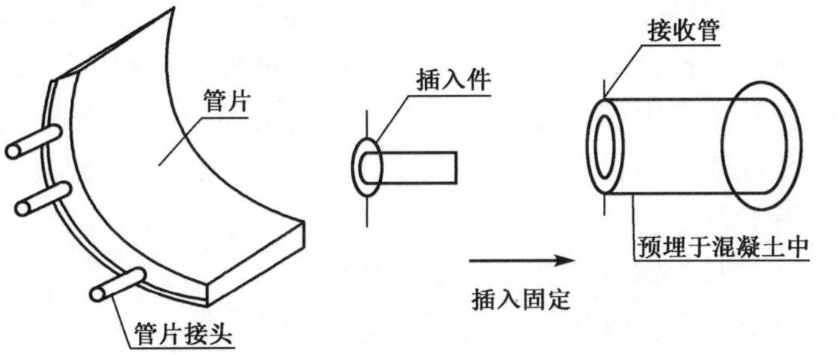

图1-87 钢管插入式接头整环预制管节

3)异形盾构隧道衬砌结构的计算理论与分析模型

盾构隧道衬砌结构计算模型和设计理论是隧道设计方法研究的基础,直接关系到所设计隧道的安全性、经济性与合理性,是盾构隧道研究和发展的关键点。目前的盾构隧道衬砌结构分析模型可分为匀质圆环模型、弹性铰模型和连续介质模型等。不同的分析模型形成了不同的结构计算方法,分析模型的选择对推算衬砌结构的受力响应及防水具有重要的影响。

但异形隧道设计模型相对更加复杂,目前国内外多处于定性分析的研究阶段。双圆盾构隧道目前虽然有解析公式,但只是针对结构对称、荷载可分解的条件下进行的解析,且没有考虑不同接缝在不同阶段的刚度改变;其他机型一般以单圆盾构隧道衬砌设计方法为基础,经过适当调整或改变建模。国外其他国家建设的许多大型隧道工程都进行了1:1的试验研究,但由于我国异形隧道研究起步晚,对其分析模型的相关研究少,同时由于1:1整环试验成本较高,我国仅进行了少量的验证性试验和示范工程。根据已有的研究成果,异形盾构隧道衬砌模型研究过程中需要注意以下问题:

(1)异形盾构隧道衬砌结构设计目前主要还是参照圆形隧道衬砌结构的分析模型和设计方法,常用的是利用均质圆环类比计算法(修正惯用计算法)和梁-弹簧模型,然后通过异形盾构隧道衬砌进行结构试验和拼装试验,验证衬砌结构的受力性能和施工工法,在满足其运营和施工要求后,再进行工程实践。而对异形盾构隧道衬砌结构实际设计模型的研究关注较少,由于异形盾构隧道的断面形式多样,圆形隧道的设计模型是否均可应用到异形隧道值得商榷。如类矩形盾构隧道带有中柱(中隔墙)时,有别于传统的圆形隧道衬砌以受压和受弯为主,中柱会对衬砌结构的内力分布带来较大影响,使部分断面出现较大剪力,对断面设计和接缝设计提出了新的要求。传统分析模型较少考虑纵缝剪切变形带来的结构变形,而由于较大剪力的存在,异形盾构隧道衬砌结构分析模型中这一因素就无法忽略。由于中柱端部带有倒角,类似于框架结构中梁柱重叠部位,结构分析中常将其考虑为刚域,而这一概念在隧道衬砌结构计算中并未出现过,这也会对衬砌结构的内力分布带来较大影响。所以,有针对性地建立适用于某种特定类型异型隧道衬砌结构的分析方法和分析模型非常有必要,能更有效地指导设计、施工以及运营维护。

(2)异形隧道受力形态多变,比如对盾构机姿态偏转、周边卸载等情况需要特别关注。

(3)异形盾构隧道断面尺寸一般较大,相较于传统的单圆盾构隧道,其衬砌结构所受内力较大,接缝所受内力也随之提高,接缝弯矩在一个较大的范围内分布,提高接缝刚度也是一个技术要点。一般分析模型仅在一定较小的范围内对接缝刚度进行取值,且未考虑不同位置的接缝刚度可能存在的不同。因此需要提出能够考虑不同接缝位置在不同内力作用下具有较为精确接缝刚度的设计模型来对衬砌结构进行准确分析和进一步优化。

异形断面隧道顶管施工中开挖面的衬砌方式为将提前预制好的管节通过顶推系统依次顶进开挖隧道内。预制管节连接不像盾构管片,而是一整圈的整体结构,而端部采用防水密封,没有环与环之间的螺栓连接。

目前常用的管片材料为钢管片和混凝土管片。

钢管片强度高、没有接头,焊接质量易保证,不存在接头漏水和破坏问题。但是钢管节纵向刚度大,顶进纠偏施工困难,施工技术要求高。预制矩形管节如图1-88所示。

a)钢制矩形管节

b)混凝土矩形管节

图1-88 预制矩形管节

钢筋混凝土管节在施工期间能够承受较大的推力,并且能够承受内外水压力、土压力,具有一定强度和良好的抗渗性能。但是混凝土管节重量大,不易运输,碰撞易造成破损。按生产工艺可分为离心管、立式振导管、悬滚管三大类,按其接口形式可分为平接口式、双插口式和F形接口(钢承口式)3种。平接口式和双插口式,构造简单,但密封性较差,在顶管施工中很少使用。F形钢承口式目前使用最多,很适用于曲线顶管,在一定张角下不会产生接口渗漏,可靠性好,在2.2.4中会进一步介绍。

1.4 异形断面隧道掘进机施工技术要点

异形掘进机隧道施工的工艺、流程与单圆盾构隧道施工基本类似,主要包括准备工作(地质勘察等)、工作井施作、端头加固、盾构机组装调试、始发掘进、土体开挖、注浆管理、衬砌支护、渣土运输、达到接收等环节,但是各个环节的施工方法与技术要求与单圆盾构隧道施工却不尽相同,特别是在管片拼装技术、沉降控制技术、姿态控制技术、渣土改良技术等方面具有显著的差异。

1)衬砌支护技术要点

目前异形掘进机隧道施工的衬砌支护方式主要有分块管片拼装式、整体管片顶进式、挤压混凝土(ECL)、喷锚支护+二次衬砌等,前两种最为常见。

其中分块管片拼装式又分为回转拼装、滑轨式拼装、合口式拼装等,其技术要点主要有以下两点:

(1)由于不同分块管片的曲率不同,管片拼装过程中的路径规划与精度控制、管片抓取时的变曲率自适应控制是施工的要点。

(2)受到不规则形状的限制,拼装过程一般需要多个拼装机组合完成,故管片的供应流程控制、拼装机的匹配性控制是保证高效拼装的关键点。

整体管片顶进式主要是应用在异形顶管机施工领域,一般是整环预制的管片,在工作井安装，然后跟随主机整体顶进形成有效支护，施工过程中要注意以下几点：

(1)安装前管片一周要涂抹石蜡，以减小顶进过程中的摩阻力。

(2)管片整体吊装下放时，由于空间有限，要保证慢、稳、准，避免碰坏承插接头。

(3)承插口对接前，要在上一环管节钢套筒内侧和本环承插口一圈的密封处涂抹油脂，以降低承插口对接的难度；同时过程中一定要注意密封的状态，防止密封被压烂；此外，要密切观察刚套环的变形情况，防止因安装姿态的不准确导致的挤压破坏。

(4)在完成上一环推进，进行下一环安装时，在顶推油缸退回前，要安装止退装置，避免因管节密封压缩量的反弹导致管节倒退。

2)沉降控制技术要点

(1)做好掘进机的选型

设备选型对沉降控制的影响主要体现在两个方面，一是掘进机类型的选择，目前常见的掘进机类型有土压平衡掘进机、泥水平衡掘进机、敞开式掘进机、多模式掘进机等，类型的选择主要依据的是水文地质条件和沉降控制要求，不同的工程项目要有针对性的具体分析对比；二是掘进机本身的系统设计，如目前异形掘进机的开挖方式有多刀盘组合回转开挖、摆动仿形开挖、行星仿形开挖等，不同的开挖方式都有各自的优缺点和适用范围，对沉降控制的影响也各不相同，需要进行比选。

(2)做好开挖舱压力平稳性控制

泥水平衡模式掘进时，相对于单圆泥水盾构施工，进浆和排浆的位置点要更多，泥水压力平衡控制的难度更大，要高度关注。土压平衡模式掘进时，由于异形断面掘进机开挖断面形状不规则，横向跨度大，不利于渣土流动，影响水土压力的传递，极大增加了土压控制的难度，所以需要通过强化渣土改良提高渣土的流塑性；同时，异形断面掘进机多采用多个螺旋输送机联合出渣，排渣量控制的难度大，容易造成超挖和欠挖，进而产生土压波动，对沉降控制带来很大的影响，所以施工过程中，做到出渣的精细化管理非常有必要。

(3)保证减摩泥浆的注入效果。

矩形、类矩形、双圆等异形断面掘进机顶部形状不规则或者横向宽度大，特别是在浅覆土的工程中，很容易产生“背土”现象，造成地表沉降或者隆起，而向壳体外注入减摩泥浆减小盾体、管节与土体之间的摩擦力是解决该问题最有效的措施。

(4)施工过程中必须加强实时沉降和后期沉降的监测，及时发现问题，并通过二次注浆、黏土注入等方式进行有效控制。

3)姿态控制技术要点

异形断面掘进机的偏转同样分为水平偏转、竖直偏转、滚转。掌子面或者侧向力的分布不对称易造成轴线的水平偏转，如矩形掘进机、双圆掘进机由于横向跨度大，土仓左右侧的渣土搅拌不均或者地质分布不均，会造成掌子面土压力大小分布不均，进而导致左右水平偏转。在上软下硬的复合地层中则容易造成上下竖直偏转。与单圆掘进机相比，异形断面掘进机一般不容易发生滚转。但是一旦产生滚转，就不易纠正，同时会差生严重的后果，因为圆形隧道滚转以后不会影响隧道的形状，而异形滚转以后会造成隧道形状的改变，直接影响后期的使用功能或者给后期的施工带来风险。姿态控制的要点是土压的均匀控制、勤监勤测、及时纠偏，水平与垂直方向纠偏主要是通过纠偏油缸实现，滚转可通过黏土压注、配重、刀盘转向等方式进行纠正。

4)渣土改良技术要点

目前,圆形单刀盘掘进机的渣土改良技术已相对成熟,但异形断面掘进机大部分采用多刀盘联合开挖,对渣土改良技术提出了新的要求,特别是砂卵石层、上软下硬复合地层等复杂地质条件下的超大断面多刀盘异形断面掘进机的渣土改良技术还处于摸索总结阶段。在上软下硬等复合地层中掘进时,每个刀盘所处的地层情况不尽相同,开挖时每个刀盘需要注入改良剂的种类也会不同;多刀盘掘进机用于排渣的螺旋输送机进料口不处于结构上的最低点,大粒径渣土很难流动到排渣口,进而造成局部堆渣影响掘进;多刀盘掘进机多用于浅覆土开挖,顶部透水性大,透气性强,易造成地表沉降与冒浆。所以异形断面掘进机渣土改良要遵循多点小流量注入、立体搭配改良的原则,既要保证每个刀盘和流动性差的位置都要有充分的改良,又要能够根据地层的变化随时调整各个注入点注入改良剂的种类,提高改良效率。

本章参考文献

[1] 关宝树. 地下工程[M]. 北京:高等教育出版社,2011.

[2] 赵运臣. 浅谈新奥法在我国城市地铁设计与施工中的应用[J]. 隧道建设,2004,24(1):9-10,14.

[3] 孙统立. 异形盾构工法研究现状及其应用[J]. 铁道科学与工程学报,2017,14(9):1959-1966.

[4] 郑晓燕. 盾构技术在城市地铁施工中的应用研究[D]. 哈尔滨:哈尔滨工程大学,2007.

[5] 陈东海. 砂卵石地层区间隧道盾构施工数值模拟及盾构选型研究[D]. 长沙:中南大学,2013.

[6] 贾连辉. 矩形顶管在城市地下空间开发中的应用及前景[J]. 隧道建设,2016,36(10):1269-1276.

[7] 孟祥波,魏晓龙,刘恒杰,等. 盾构激光自动导向系统开发[J]. 自动化应用,2016,(12):86-89.

[8] 李向红. 结构参数对异形断面盾构隧道管片力学特性的影响研究[J]. 施工技术,2017,46(8):68-71.

[9] 严佳梁. 盾构隧道管片接头形式的探讨与选择[J]. 建筑技术,2009,40(3):269-272.

第2章　矩形顶管技术

2.1　矩形顶管技术概述

顶管法是隧道施工的一种常用工法，其工作原理与盾构法类似，即通过刀盘等切削装置实现土体开挖的同时使用排渣系统将开挖的渣土排出洞外。不同点在于顶管设备的推进系统不在主机后部，而是安装在整个隧道始发井的位置，工作时通过顶推系统将主机与预制好的管片一起向前推进完成隧道的同步支护，实现异形断面隧道的开挖、掘进、出渣、支护一体化施工。具有施工占地面积小、施工工艺简单等特点，适用于距离短、施工场地狭小的工程。顶管一般分为圆形顶管和异形顶管，其中圆形顶管技术起步较早，目前已经非常成熟，常用于污水、燃气、电力等市政工程；与圆形顶管相比较，异形顶管具有空间利用率高、浅覆土适应能力强等优点，目前已广泛应用于地铁出入口、道路下穿等工程，并正在快速推广应用到地下停车场、地下商场、地铁车站、综合管廊等众多领域。异形顶管根据开挖断面形状可分为矩形、马蹄形、拱门形等，其中矩形最为常见，本章主要介绍矩形顶管机及其施工技术。

2.1.1　矩形顶管技术的发展

矩形顶管技术是在圆形顶管技术的基础上发展而来的。20世纪70年代，日本最早开发了矩形顶管机，并逐步应用到地下联络通道、地下管线共同沟、人行隧道、铁(公)路隧道、地铁隧道和排水隧道的施工中。20世纪90年代，日本将信息技术应用到顶管施工工法中，操作人员在地面控制室中通过闭路电视和各种仪表进行遥控操作，对普遍采用人工开挖的顶管施工技术进行了重大革新。近30年来，矩形顶管施工技术在日本得到了广泛的应用与发展。

在20世纪90年代以后，矩形顶管技术逐渐在我国得到推广。1999年4月，我国自主研制的3.8m×3.8m矩形顶管机成功应用于上海地铁2号线5号出入口通道，开创了国内矩形隧道研究和设备推广应用的先河。2010年以前，少量应用案例主要集中在长三角、珠三角等沿海发达地区，主要特点为适用于淤泥软土地层，隧道断面小，为我国矩形顶管机技术的发展积累了经验。我国早期矩形顶管施工工程案例见表2-1。

我国早期矩形顶管施工工程案例　　表2-1

年份	工程名称	断面尺寸 $W \times H$(m)	顶进距离(m)	设备类型	用途	地层
2004	上海市中环线虹许路、北虹路下穿立交工程	3.42×7.85	130	土压平衡矩形顶管机	下穿公路隧道	淤泥质粉质黏土
2006	上海轨道交通6号线浦电路站出入口工程	6.24×4.36	42.7	土压平衡矩形顶管机	地铁站出入口	淤泥质粉质黏土

续上表

年份	工程名称	断面尺寸 $W \times H$(m)	顶进距离(m)	设备类型	用途	地层
2008	苏州市齐门路北延下穿沪宁铁路工程	9.1×7.4	37	土压平衡矩形顶管机	下穿铁路隧道	淤泥质粉质黏土
2009	上海轨道交通2号线东延伸段张江高科站工程	4×6	23	土压平衡矩形顶管机	地铁站出入口	淤泥质粉质黏土
2010	上海轨道交通2号线东延伸段金科路工程	4.2×6.9	49.1	土压平衡矩形顶管机	地铁站出入口	灰色淤泥质粉质黏土

2010年以后,随着我国城市发展理念的不断转变,安全、高效、经济、环保已经成为城市地下空间开发的基本要求,明挖等传统的施工工法已经无法满足社会发展的需要。矩形顶管技术逐步在全国推广开来,应用领域进一步拓展,工程条件更加复杂多样,截至目前已有施工案例数十项,其中比较典型的案例见表2-2。

国内最新典型矩形顶管施工工程案例　　表2-2

年份	工程名称	断面尺寸 $W \times H$(m)	顶进距离(m)	设备类型	用途	地层
2012	佛山市南海区桂城站过街通道工程	6.0×4.3	43.5	泥水平衡顶管机	过街通道	淤泥质土
2012	佛山市南海大道下穿工程	6.9×4.9	60.5	土压平衡顶管机	过街通道	粉细砂、中粗砂
2014	郑州市红专路下穿中州大道隧道	10.12×7.27 7.52×5.42	105	土压平衡顶管机	下穿主干道	粉土、粉细砂
2015	天津黑牛城道下穿隧道	10.42×7.57	96	土压平衡顶管机	下穿主干道	粉土、粉质黏土
2016	成都人民南路下穿隧道	6.02×4.52	57	土压平衡顶管机	过街通道	砂、卵石
2017	郑州市中铁装备地下停车场	5.74×5.02 2.87×5.02	62	组合式土压平衡顶管机	地下停车场	粉土、粉细砂

通过以上工程的实践,矩形顶管技术在多个方面取得了新的突破与创新:

(1)矩形顶管机的研发和制造水平大幅提升,主要体现在种类更多、功能更全、可靠性更高、成本更低。

(2)对泥水平衡矩形顶管机的适应性进行了验证。

(3)矩形顶管机的地质适应性从淤泥软土地层扩展到砂层、卵石层。

(4)攻克了超大断面、超浅覆土、超小间距、超长距离的顶进技术。

(5)减摩注浆技术水平得到较大程度提高。

(6)姿态控制、沉降控制技术日趋成熟。

(7)探索了组合式矩形顶管机的施工工艺。

2.1.2 矩形顶管机的分类

矩形顶管机可从开挖断面大小、掘进方式、顶进长度、掘进地质等不同的角度作不同的分类。

1)按照开挖断面大小分类

按照开挖断面大小分类,可把矩形顶管机分为超小断面、小断面、中等断面、大断面、超大断面,不同断面大小应用的工程领域各不相同。具体的分类情况见表2-3。

按开挖断面大小分类表　　表2-3

名　　称	断面面积 $S(m^2)$	应用领域	备　　注
超小断面矩形顶管	$S<2$	管幕及小型线缆性管廊等	面积在 $1m^2$ 以下的多用钢管
小断面矩形顶管	$2\leq S<15$	电力隧道等较小型管廊、联络通道等	多为钢筋混凝土管
中等断面矩形顶管	$15\leq S<50$	单舱与双舱管廊、地铁出入口、地下停车场、人行通道等	多为钢筋混凝土管
大断面矩形顶管	$50\leq S<100$	三舱等大型管廊、机动车道等	多为钢筋混凝土管
超大断面矩形顶管	$S>100$	三车道等大型隧道	多为钢筋混凝土管

2)按照开挖方式分类

根据开挖方式不同可分为人工敞开式、机械敞开式、机械保压式三大类,每种类型还可以进一步细分。具体的分类情况如图2-1所示。

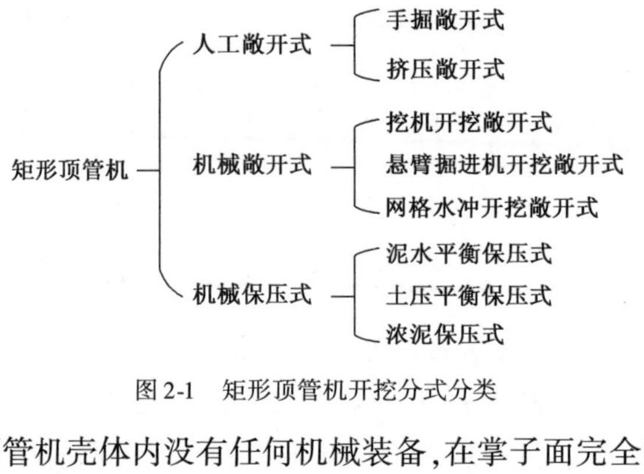

图2-1　矩形顶管机开挖分式分类

人工敞开式是指顶管机壳体内没有任何机械装备,在掌子面完全敞开的条件下,完全靠手工挖掘或者靠挤压排土的顶管方式。该类型顶管机在早期有较多应用,由于要求地层无水,适用范围较窄,安全性差,效率低,目前已逐步被淘汰。

机械敞开式是指顶管机壳体内安装有独立的挖掘臂或高压水冲刷装置,在掌子面完全敞开的条件下,用挖掘机、机械臂挖土或者靠高压水冲击破碎土体的顶管方式。由于是敞开式掘进,同样要求地层不能有水,且土体稳定性要好。当地层为软土时,多采用普通铲斗式挖掘机进行开挖或者水冲网格式开挖；当地层为软岩时，需要采用悬臂掘进机等装备进行开挖。

机械保压式是指采用一块胸板将顶管机的开挖区域与后部的壳体内部空间隔离开，使开挖区域形成一个密闭空间，密闭空间内采用刀盘等开挖机构进行自动开挖，同时利用渣土、泥水、浓泥等介质的挤压力平衡开挖区域周边的水土压力，进而完成隧道开挖的顶管方式。

3）按照顶进距离分类

根据一次顶进距离的长短可分为短距离顶管、普通距离顶管、长距离顶管、超长距离顶管，具体分类见表2-4。

按顶进距离分类表　　表2-4

名　称	顶进距离 L(m)	备　注
短距离顶管	$L<50$	目前矩形顶管机的应用大部分在普通距离，长距离和短距离也有少量应用，超长距离目前还没有案例
普通距离顶管	$50\leq L<150$	
长距离顶管	$150\leq L<300$	
超长距离顶管	$L\geq300$	

4）按照掘进的地质分类

按照掘进的地质可分为普通矩形顶管机（土和砂）、砂卵石矩形顶管机、岩层矩形顶管机三种，具体分类见表2-5。

按掘进的地质分类表　　表2-5

名　称	适应的地层	备　注
普通矩形顶管机	淤泥、软土、砂层等	应用最为广泛，施工难度较低
砂卵石矩形顶管机	无水或富水砂卵石层	技术已比较成熟，但案例较少
岩层矩形顶管机	各类型岩层	仍处于技术研究阶段，尚无案例

2.1.3　矩形顶管机的选型

1）选型原则及依据

矩形顶管机选型总体原则：以开挖面稳定为中心，以工程地质和水文地质为基本点，以地层粒径、渗透系数、地下水压为依据，并综合考虑具体工程实际，确保所选择的顶管机满足稳得住（平衡工作面）、掘得进（切削工作面）、排得出（排出土仓渣土）的总体目标。

2）选型的步骤及方法

上面已经提到，矩形顶管机根据开挖方式不同可分为人工敞开式、机械敞开式、机械保压式三大类。三种类型设备的选型均遵从上述原则，此处作者重点介绍机械保压式矩形顶管机的选型方法。根据以上选型原则，选型主要涉及开挖系统选型、压力平衡及排渣形式选型。

（1）开挖系统选型

开挖系统是矩形顶管机实现矩形隧道开挖功能的核心部件之一，具有切削土体、支撑开挖面、渣土改良等功能，根据适用地质不同，矩形顶管机开挖系统可分为软土刀盘、砂卵石刀盘、岩石刀盘、复合刀盘。针对粉土、粉质黏土、淤泥质粉土和粉砂等软土地层施工可选用前后布置多刀盘组合式、摆动仿形式、滚筒式等软土刀盘；针对圆砾、卵石地层一般选用同平面布置的多回转刀盘组合式;针对岩石地层,一般可用行星齿轮形式刀盘或多刀盘配合滚筒类型的刀盘。

(2)压力平衡及排渣形式选型

机械保压式又分为泥水平衡保压式、土压平衡保压式、浓泥保压式,前两种最为常见。泥水平衡保压式是通过在开挖仓内充满一定压力和浓度的泥水来平衡开挖面的水土压力,实现开挖面的稳定;土压平衡保压式是通过顶管机推进速度和螺旋输送机排渣速度的变化来调节土仓里渣土堆聚量来进行开挖面平衡的。两种类型顶管机主要依据所施工地质的地层粒径、渗透系数、地下水压类型来选型。

①依据地层粒径选型

土压平衡顶管机在不进行渣土改良及泥水平衡顶管机在不使用添加剂时,顶管机选型与地层粒径的关系如图 2-2 所示。

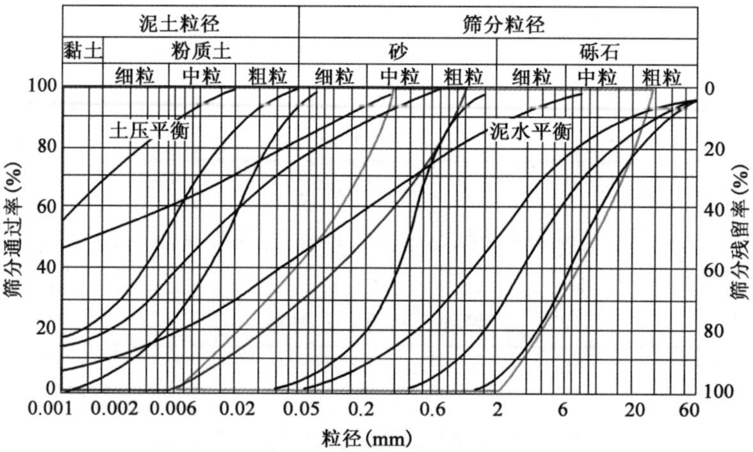

图 2-2 顶管机类型与地层粒径关系曲线

土压平衡顶管机主要适宜于粉土、粉质黏土、淤泥质粉土和粉砂等黏稠土壤地层施工(地层粒径范围为 1.5mm 以下),泥水平衡顶管机主要适宜于砂、砾石、卵石等地层施工(地层粒径范围为 0.01 ~40mm);一般来说当岩土中粉粒和黏粒的总量达到 40% 以上时,通常选用土压平衡顶管机,否则选择泥水平衡顶管机比较合适。但若土压平衡顶管机进行渣土改良或泥水平衡顶管机使用适当的添加剂时,则土压平衡顶管机和泥水平衡顶管机适用范围可以有较大范围的重叠。

②依据渗透系数选型

依据渗透系数选型如图 2-3 所示,当地层的渗透系数小于 10^{-7}m/s 时,宜采用土压平衡顶管机;当地层的渗透系数小于 10^{-4} m/s 时,宜采用泥水平衡顶管机;当渗透系数在 10^{-7}m/s ~ 10^{-4}m/s 之间时,既可采用土压平衡顶管机,又可采用泥水平衡顶管机。

特别注意的是,在依据渗透系数进行顶管机选型时,还应考虑具体的工程地质情况,当地层中黏土含量不足 10% 时,泥膜很难形成,开挖面易坍塌。这时,不宜采用泥水平衡顶管机,而应采用土压平衡顶管机施工。

③依据地下水压选型

土压平衡顶管机采用螺旋输送机排渣,地层的压力经过土仓、螺旋输送机逐步衰减后,需要在到达螺旋输送机排渣口前降为大气压,否则就会发生喷涌。而泥水平衡顶管机前有泥膜防止地层中水的流失,后有排泥泵保压出渣,所以泥水平衡顶管机较为适应高水压、高渗透性的地层。

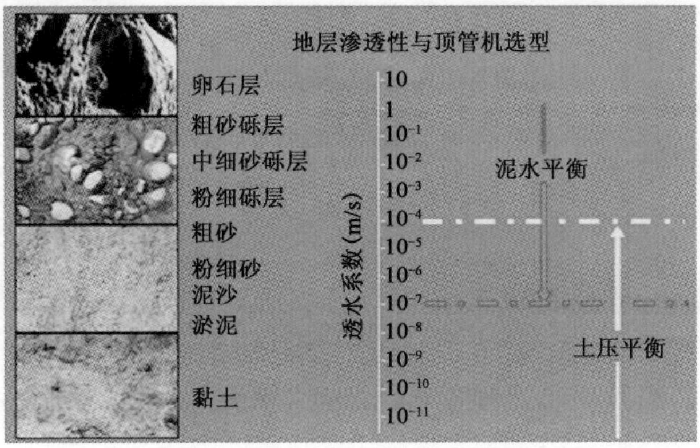

图2-3　顶管机类型与地层渗透系数关系

根据地下水压进行选型时,一般地,当地下水压小于0.3MPa时,宜采用土压平衡顶管机;当地下水压大于0.3MPa时,宜采用泥水平衡顶管机。但选型过程同时还应考虑具体的工程地质情况:当地下水压大于0.3MPa时,如果地质原因需要采用土压平衡顶管机,则需增大螺旋输送机的长度,或采用二级螺旋输送机;当渣土改良效果不能满足土塞效应时,即使在地下水压小于0.3MPa时,也不宜采用土压平衡顶管机。

3)小结

土压平衡顶管机的优势是排渣能力强、土仓压力平衡直观、设备和操作相对简单;缺点是对高水压适应能力差,很难保持不稳定开挖面的稳定和防止渗透性强的地层中水的流失。

泥水平衡顶管机在控制地层沉降和防止地层水流失方面具有比土压平衡顶管机较明显的优势,可以在高水压、高渗透性地层工作;缺点是黏土地层容易结泥饼、易堵塞、难分离,在有大量粒径物体地层中容易滞排、易受碎石器能力和寿命的限制。另外相对土压平衡顶管机,泥水平衡顶管机的采购成本、场地要求和施工水平要求较高。

无论是土压平衡顶管机还是泥水平衡顶管机,在其适宜的地层里均能发挥其应有的功效。其选型最根本的依据是地层粒径、渗透系数、地下水压,但具体选型时,应结合工程的具体情况进行选择,需要解决理论的合理性与实际的可能性之间的矛盾,必须考虑环保、地质和安全因素,必须根据地层粒径大小和分布、地层渗透系数、地下水压、开挖尺寸、开挖面稳定性、埋深、成本、工期、场地、地层是否采取降水处理等因素综合考虑而定。

2.2　矩形顶管机设计技术

矩形顶管机有多种类型,本章节将以土压平衡矩形顶管机为例介绍矩形顶管机的具体设计。如图2-4所示,矩形顶管机主要包括开挖系统、驱动系统、盾体系统、出渣系统、流体系统、电气系统等。在设计中,既要考虑单个系统的性能,又要考虑各个系统的整机集成;既要考虑可靠性、安全性,又要考虑适用性、经济性。矩形顶管机在应用中面临着全断面开挖难、沉降控制要求高、轴线高精度控制难等技术难题,这是在矩形顶管机设计中要重点解决的问题。

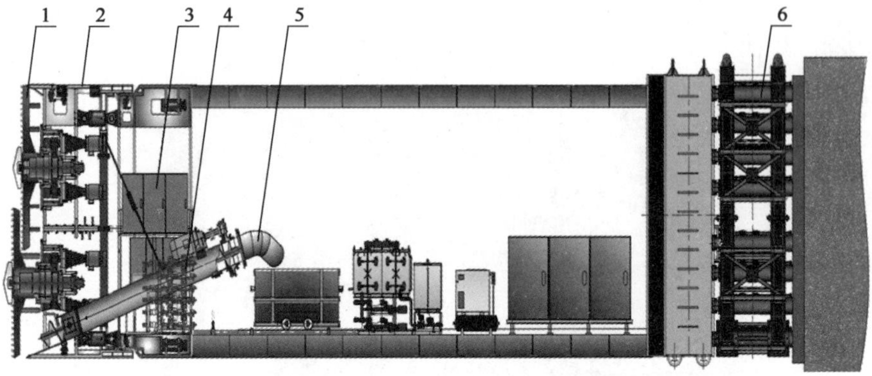

图 2-4　矩形顶管机整机示意图

1-开挖系统;2-盾体系统;3-电气系统;4-流体系统;5-出渣系统;6-顶推系统

2.2.1　开挖系统设计

矩形顶管机可以采用的开挖系统类型较多,在 1.2.3 中已进行表述,本节将重点对国内采用较多的几种开挖形式做介绍。

2.2.1.1　平行轴多刀盘旋转开挖系统设计

平行轴多刀盘旋转开挖系统,包括前后分层多刀盘布置形式和同平面多刀盘布置形式,前后分层布置形式主要依靠前后刀盘错位布置(图 2-5),通过开挖面的相互叠加,来尽可能地减少矩形断面区域的开挖盲区;同平面刀盘布置形式(图 2-6)主要通过大小刀盘的相互匹配,尽可能拟合出矩形断面的开挖,使开挖盲区最小化、均匀化。多刀盘旋转开挖组合式刀盘的设计形式明显减小了单个刀盘的开挖直径,其驱动结构多采用中心轴驱动形式(本节后面有具体介绍),该结构简单、可靠、经济。多刀盘开挖过程中,刀盘的切削反力可以相互抵消,刀盘的线速度小,因此对周围土体的扰动较小,地面沉降比较容易控制。

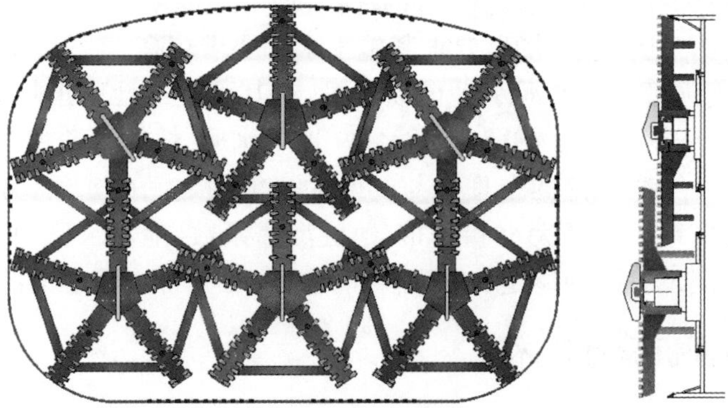

图 2-5　前后分层多刀盘布置形式

1)设计原则和要点

矩形顶管机平行轴多刀盘旋转开挖系统设计原则:保证开挖率最大化、搅拌充分、左右对称布置。此外,为保证刀盘、驱动的通用性,降低设计生产成本,还应充分考量各刀盘尺寸设计，使其尽量统一。

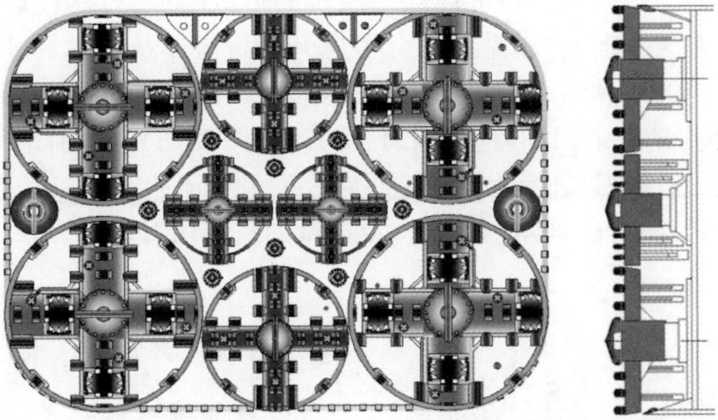

图2-6　同平面多刀盘布置形式

设计要点：

(1)矩形顶管机平行轴多刀盘布置满足上述设计原则的同时，刀盘最外侧刀具安装位置应满足开挖轮廓尺寸偏差要求，同时单个刀盘刀具布置应能满足全断面切屑、切削力矩平衡等原则。

(2)刀盘的布置形式应综合考虑地质情况。针对淤泥、粉土、粉质黏土、淤泥质粉土和粉砂等软土地层施工宜选用前后布置的多刀盘组合开挖方式，尽量减小开挖盲区；针对砾石、卵石等地层施工宜采用同平面多刀盘组合开挖方式，对开挖掌子面实现有效支撑，同时避免大粒径块石造成刀盘之间的卡顿。

(3)刀盘后部设置渣土搅拌棒。刀盘转动时搅拌棒对土仓中的土体进行搅拌，配合注入的添加剂实现良好的渣土改良，增强渣土的流动性、塑性、止水性，土压平衡顶管机的刀盘转速较低，横向跨度大，排渣口不是结构最低点，所以渣土的搅拌效果至关重要。在满足搅拌扭矩要求下，应尽量保证刀盘具有较大的搅拌率，同时使搅拌棒具有足够强的抗冲击性与耐磨性。

(4)刀盘宜设置一定数量用于渣土改良的注入孔。刀盘箱体内部的管路为土体改良剂提供注入通道，减少切削土体的扭矩，并对土体进行改良，便于出渣。

(5)为方便确认刀盘在土仓内位置，并为人员进舱提供便利，刀盘应设置运动位置指示装置，一般在驱动中心轴后端设计有旋转标盘。

(6)多刀盘设计时底部刀盘尽量大于上部刀盘。由于土仓隔板的存在，在土仓内的渣土可形成微土压环境，下部刀盘位置渣土容易堆积密实，较高渣土压力给刀盘搅拌旋转带来较大阻力，对下部刀盘提出了较大的扭矩需求。而在刀盘设计时，一般随刀盘直径的缩小驱动扭矩系数需求也会增大，若顶管机底部布置刀盘过小，受结构空间限制，驱动能力无法配置太大，特别是在砂卵石地层中，刀盘将面临过载风险。

2)刀盘、刀具设计

刀盘设计主要内容包括刀盘的结构设计、刀具选型布置和渣土改良装置设计，具体设计应满足上述设计要点，下面以典型的前后分层布置的刀盘设计为例进行介绍。

(1)刀具设计

矩形顶管机的刀盘切削原理与常规圆形盾构的刀盘类似,刀具设计在常规圆形盾构机刀具选取与布置的方法基础上,还需要综合考虑开挖盲区以及刀盘尺寸等限制因素。根据不同的地层选取不同的刀具组合,如在软土地层中,刀具常采用切刀、刮刀、中心鱼尾刀等[图 2-7a)];在砂卵石地层常用刮刀、撕裂刀、滚刀等[图 2-7b)]。刀高、刀间距、刀具材料等其他设计要点与圆形盾构刀具的设计方法基本一致,此处不再详述。需要注意的是,为了应对多刀盘的开挖盲区,还需在盾体上设置一定数量的盾体切刀。

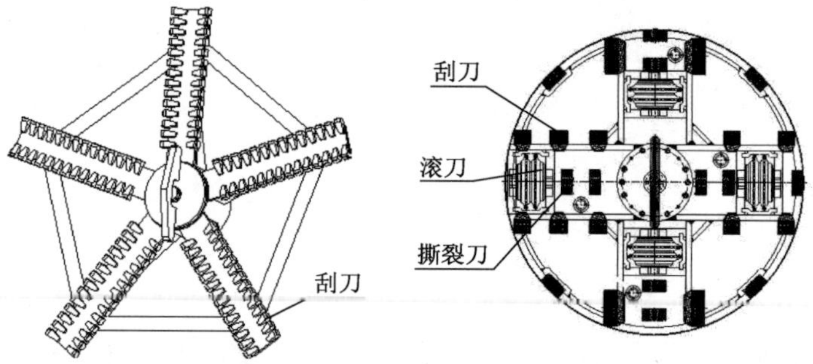

a)软土地层常用刀盘示意图　　b)砂卵石层常用刀盘示意图刀盘

图 2-7　不同类型刀盘刀具安装形式

(2)刀盘本体设计

刀盘本体设计需满足结构强度与功能需求,由于开挖面的形状特性以及矩形断面开挖技术所能适应的地质特性(目前只能实现软土、砂层、卵石地层的全断面开挖),平行轴多刀盘旋转开挖形式的矩形顶管机刀盘一般采用辐条式刀盘。刀盘本体结构的强度校核,需根据施工环境确定刀盘所受推力以及扭矩等荷载边界条件,采用理论计算与有限元分析相结合的方法,保证受力薄弱点满足强度要求。另外,在满足结构强度的同时,刀盘结构设计还需考虑刀盘开口率和渣土流动等因素。下面具体以常用的辐条式刀盘计算校核为例,说明常用刀盘的计算校核流程。

①刀盘推力的计算

刀盘受到的推力主要是掌子面土体传递过来的土压力,常规算法为实际埋深下土体的侧压力乘上刀盘的开挖面积,如式(2-1)所示。

$$F_{推} = P_0 \times S \times K_a = \gamma h \times \left(\frac{\pi d^2}{4}\right) \times K_a \tag{2-1}$$

式中:$F_{推}$——刀盘受到的轴向推力,kN;

P_0——刀盘前方(掌子面)土压力,kPa;

S——刀盘的开挖面积,m^2;

γ——土体的重度,kN/m^3;

h——埋深,m;

d——刀盘开挖直径,m;

K_a——主动土压系数,一般为$\tan^2\left(45° - \frac{\varphi}{2}\right)$,其中 φ 为土层内摩擦角。

②刀盘扭矩的计算

刀盘的驱动扭矩主要克服刀具的切削力矩、刀盘结构的摩擦力矩、刀盘结构的搅拌力矩和驱动组件的惯性及摩擦力矩等。

通常直径 3m 以上的刀盘扭矩计算可参照日本盾构隧道标准规范建议的土压平衡式盾构刀盘扭矩经验公式(2-2)。而对于矩形顶管多刀盘开挖系统,刀盘多在 3m 直径以下,传统扭矩系数经验公式已不再适应,中铁装备依据大量矩形顶管机小刀盘(直径 3m 以下)经验设计数据,针对刀盘直径对扭矩系数的影响系数,进行回归分析,得出直径 3m 以下的扭矩系数修正经验公式,如式(2-3)所示。

$$T = \alpha \times D^3 \tag{2-2}$$

式中:T——刀盘驱动总扭矩;

α——扭矩系数,$\alpha = \alpha_1 \cdot \alpha_2 \cdot \alpha_3$;

α_1——支撑系数:由刀盘支撑方式决定,对中心支撑刀盘而言,取 0.8 ~ 1,对中间支承刀盘而言,取 0.9 ~ 1.2,对周边支承刀盘而言,取 1.1 ~ 1.4;

α_2——土质系数:对密实、泥岩,取 0.8 ~ 1,对固结粉砂、黏土,取 0.8 ~ 0.9,对松散砂而言,取 0.7 ~ 0.8,对软粉砂土,取 0.6 ~ 0.7;

α_3——稳定掘削扭矩系数:土压平衡顶管取 14 ~ 23,泥水顶管取 9 ~ 18;

D——刀盘开挖直径,m。

直径 3m 以下小刀盘驱动扭矩系数及扭矩计算公式分别为:

$$\alpha = \alpha_0 + \alpha_{传统} = -14 \times D + 42 + \alpha_1\alpha_2\alpha_3 \tag{2-3}$$

$$T = \alpha \times D^3 = (-14 \times D + 42 + \alpha_1\alpha_2\alpha_3) \times D^3 \tag{2-4}$$

式中:α_0——刀盘直径对扭矩系数的影响系数;

D——刀盘直径;

$\alpha_{传统}$——传统计算中的扭矩系数,$\alpha_{传统} = \alpha_1 \cdot \alpha_2 \cdot \alpha_3$,$\alpha_1$、$\alpha_2$、$\alpha_3$分别与刀盘支承方式、土质条件、平衡形式相关的扭矩系数,取值参见式(2-2)注解。

③刀盘的强度的计算与校核

刀盘强度刚度校核通常采用有限元分析计算,目的在于校核设计结构是否满足强度要求,如果不满足强度要求,则根据计算结果进行结构优化,以使其满足强度要求。

a. 模型简化及三维建模

将刀盘结构做适当简化(图 2-8),并在三维软件中进行三维建模。

b. 网格划分

将三维模型导入有限元分析软件进行网格划分,如图 2-9 所示。

c. 约束及边界条件加载

工作中刀盘主要承受两种荷载:轴向推力和扭矩,参照式(2-1) ~ 式(2-4)计算。轴向推力以均布荷载方式施加于辐条面板上,刀盘扭矩作用在整个辐条面板上,约束刀盘筒体圆环内表面全部自由度。施加边界条件如图 2-10 所示。

d. 计算结果

采用有限元分析软件计算出材料等效应力与最大形变量,与刀盘材料屈服应力和刀盘刚度要求比较,使其满足强度与刚度要求(图 2-11)。

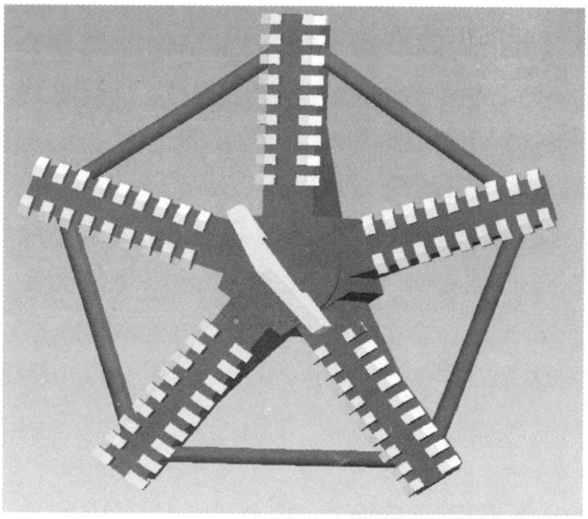

图 2-8　刀盘简化模型

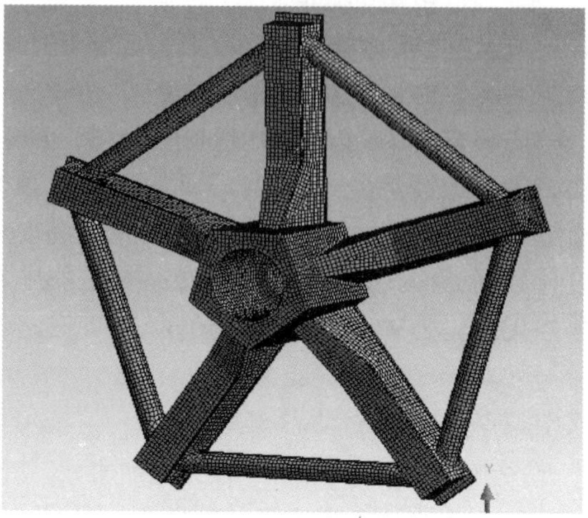

图 2-9　刀盘网格划分

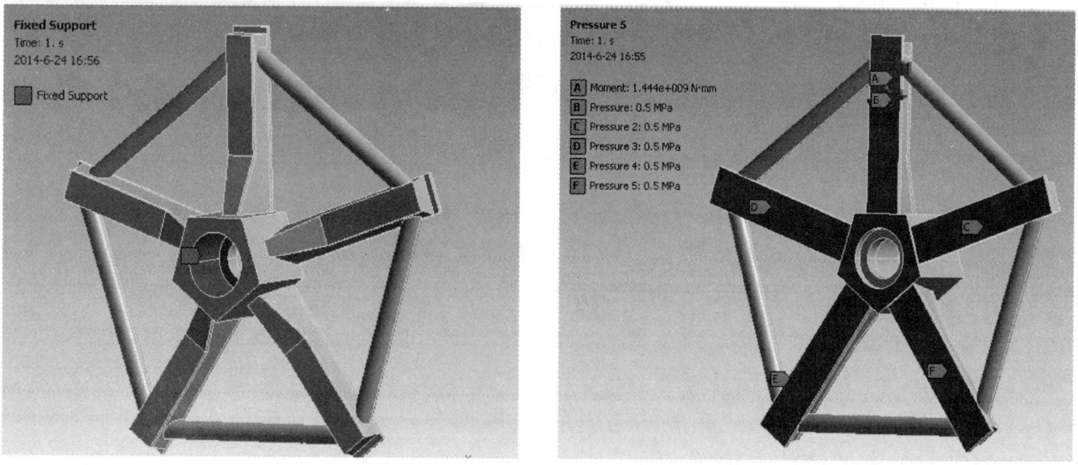

图 2-10　施加边界条件

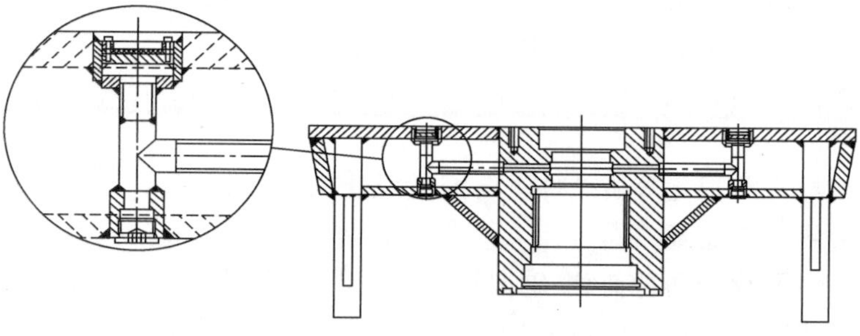

图 2-11　刀盘喷口结构示意图

e. 连接强度校核

除对刀盘体强度、刚度进行校核外，还应对刀盘连接花键、螺栓与销轴的连接强度等进行校核，保证花键、螺栓等部件符合强度要求（具体参考机械设计手册）。

(3)刀盘渣土改良装置设计

①刀盘喷口设计

为了保证渣土得到充分改良，需要在刀盘面板设置添加剂(泡沫、水、膨润土等)注入口(图2-12)，用于保证添加剂均匀的注入开挖面，改善渣土的流塑性，喷口在设计时重点要考虑使用寿命和避免堵塞的能力。

②刀盘搅拌棒设计

刀盘转动时搅拌棒对土仓中的土体进行搅拌，使注入在开挖面上或土仓中的添加材料(泥、水、泡沫)与切削下来的土体进行充分混合，提高土体的塑性、流动性、止水性。在满足搅拌扭矩的条件下，应尽量保证刀盘具有较大的搅拌率，同时使搅拌棒具有足够强的抗冲击性与耐磨性。

(4)开挖盲区处理

平行轴多刀盘切削矩形断面存在刀盘开挖盲区，虽然在盲区对应的盾体切口环上安装有切刀，对一般的软土地层不会产生开挖的影响，但隧道的端头加固区有一定的强度，而且控制精度会有偏差，当加固强度较高时(大于5MPa)，盾体切刀就会比较吃力，所以需要考虑辅助盲区处理措施。目前常见的盲区处理措施包括：开挖盲区隔板位置预留高压水接口及连接风钻的万向接口，特殊情况下可通过人工处理盲区位置的积渣；开挖盲区位置设置油缸驱动前后往复推土机械装置；开挖盲区位置设置油缸驱动摆动切削装置等。最终目标就是使矩形断面开挖率达到近似100%。

3)中心轴驱动设计

多刀盘组合开挖驱动系统设计需解决布置空间受限、高扭矩和变频控制难度大等难题。由于矩形顶管机空间比较紧凑，需要预留人孔、螺机、铰接油缸支撑等空间，且每组刀盘驱动由多台电机驱动，受到整体布置空间的限制，对驱动的尺寸空间提出了很严格的要求。为适应不同地质，提高掘进效率，主驱动需要具有较高扭矩，同时矩形顶管机一般由多组驱动组成，每组驱动有多台电机，在实际工程使用中需要实现多刀盘多电机的同步运动以及正反转等不同的刀盘控制模式，因此对多电机的变频控制提出了新的要求。

多刀盘中心轴驱动的中心为轴式结构，轴式结构由多个滑动轴承或滚动轴承进行支撑，轴通过花键或者平键与刀盘进行连接，轴上具有一系列轴系零件，如齿轮结构、密封、紧固螺母等，一般通过多个小齿轮共同驱动大齿轮进行扭矩传递(图2-12)。

中心轴驱动方式具有占用空间小、传递力矩平稳、传递扭矩较大、采用小轴承成本低等特点，能够调整结构形式，具有较强的空间适应性(图2-13)。因此，中心轴式驱动也成为矩形顶管机组合刀盘驱动的最常用形式。

驱动的设计内容主要包括刀盘推力、扭矩及转速的计算，根据计算得到的参数确定驱动总功率、电机功率与电机的个数及传动比的分配，其次是根据电机个数、传动比确定驱动各个零件的结构、尺寸，确定主轴的结构、轴承的型号、齿轮的计算校核、减速机选型、回转接头的设计、密封的设计以及其余各个零配件的设计及位置装配关系。刀盘驱动的主要设计流程如图2-14所示。

(1)驱动主要参数确定

驱动设计所需要的刀盘推力、刀盘扭矩，可参照式(2-1)～式(2-4)计算。

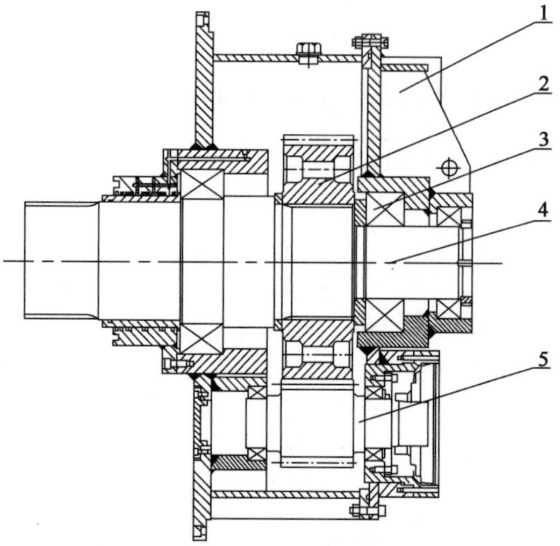

图 2-12　中心轴式驱动结构形式

1-驱动箱体；2-大齿轮；3-轴承；4-中心轴；5-小齿轮轴

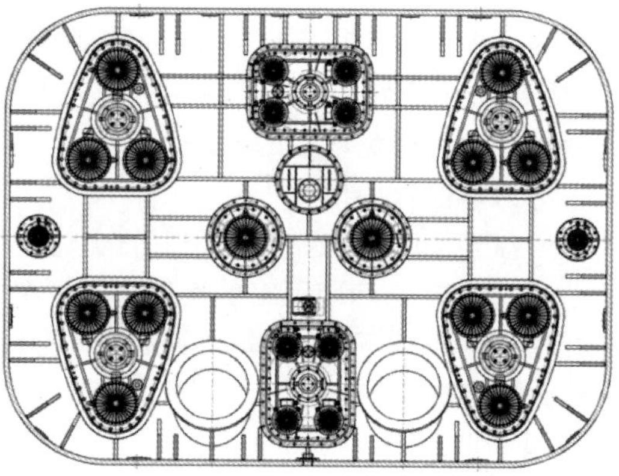

图 2-13　中心轴式驱动分布形式

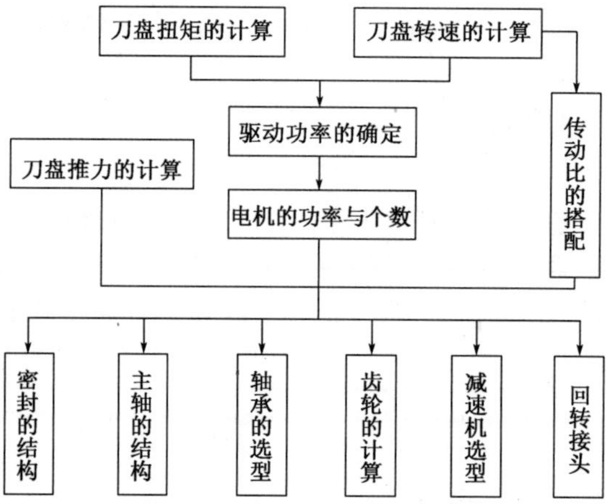

图 2-14　主要设计流程

①刀盘转速的计算

为了减少刀盘上刀具的磨损，刀具的安装形式一般采取焊接。对于矩形顶管来说，刀盘转速的设计一般根据最外周的刀具线速度来确定，通常取最外周刀具线速度为 10 ~ 15m/min。

$$n = \frac{V}{\pi d} \tag{2-5}$$

式中：V——刀盘最外周线速度，m/min；

d——刀盘的开挖直径，m；

n——刀盘的转速，r/min。

②驱动功率的计算及电机选型

根据计算得到的刀盘扭矩和刀盘转速，可以确定驱动的总功率，如式(2-6)所示：

$$P_{总} = \frac{Tn}{9.55\eta} \tag{2-6}$$

式中：T——刀盘扭矩，kN·m；

n——刀盘转速，r/min；

η——传动效率。

然后根据总功率确定电机的功率和个数，通常情况下选用 7.5kW、22kW、30kW、37kW 的四级变频电机。

(2)驱动主要零部件设计

根据电机的输出转速及刀盘切削转速需求，算出减速机需要的减速比，对减速箱采用常规设计方法完成对驱动主轴、轴承、齿轮的设计及校核。此外，中心轴式驱动 2 个重要的结构——回转接头、密封的设计如下：

①回转接头设计

由于主轴在刀盘转动过程中处于旋转运动状态，因此渣土改良用的泡沫、膨润土或水需通过回转接头连接到主轴内，从而送到刀盘前面的喷口。矩形顶管机的回转接头结构设计形式如图 2-15 所示，主要分为回转部分、转子及固定部分、定子，定子通过法兰连接在主驱动的驱动箱上固定或者通过限位卡块限制其转动，转子则通过螺钉连接与主轴一起转动。

②密封系统设计

密封系统设计的主要目的是防止土仓内的泥土进入到驱动箱内，影响齿轮及轴承使用寿命。目前隧道掘进机常用的刀盘驱动密封润滑结构形式主要有两种，一种是油脂挤出式密封结构，另一种是密闭式密封润滑结构。盾构机多采用前者，顶管机多采用后者。中心轴驱动密封系统比较成熟的设计方案是采用 3 道唇形密封、3 道格莱圈、迷宫密封、O 形圈密封组合的方式（图 2-16）。在 3 道唇形密封之间形成的 2 个密封腔，在靠近齿轮箱一侧，唇形密封与格莱圈密封之间的是检测腔。

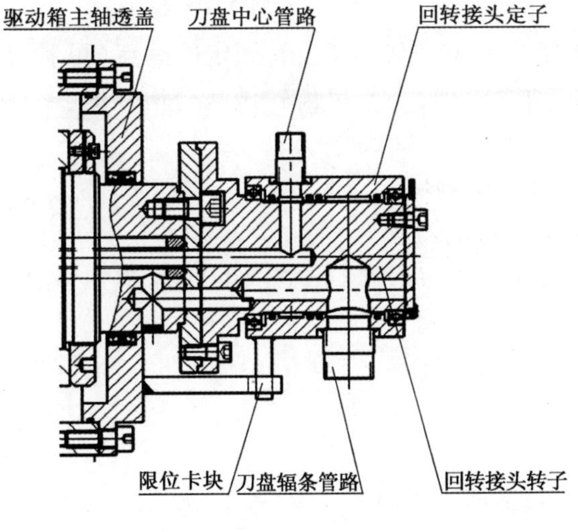

图 2-15　回转接头示意图

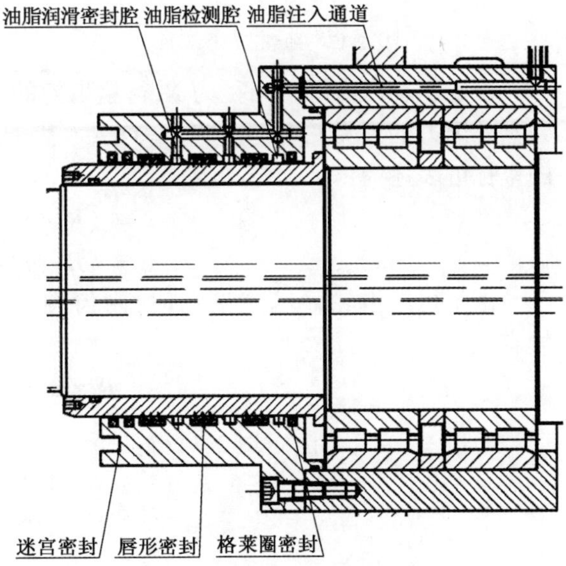

图 2-16　常用主轴承密封系统结构图

2.2.1.2　行星齿轮驱动勒洛三角形刀盘开挖系统设计

勒洛三角形作为定宽曲线的一种,具有能够在两条平行线之间运转的特点,其在边长为其宽度的正方形内旋转时,每一角点走过的轨迹均近似正方形状。勒洛三角形的上述性质,无疑对解决盾构、顶管刀盘矩形断面开挖给出了相关启示。但为得到正方形旋转轨迹,勒洛三角形刀盘转动时中心并非固定不动,而是在做圆周运动,对此,提出了采用行星齿轮偏心轴驱动方式来带动勒洛三角形刀盘旋转,该新型刀盘既做到了矩形全断面切削,又能使整个矩形断面内的渣土得到充分搅拌,也使软岩地层矩形隧道施工成为可能。勒洛三角形刀盘结构示意如图 2-17 所示。

勒洛三角形刀盘是依托内啮合行星齿轮式驱动来实现正方形切削的,如图 2-18 所示,行星齿轮 O_1 沿着一个比它大的内齿圈 O 进行运动,行星齿轮沿着内齿圈公转的同时自身做自转运动。

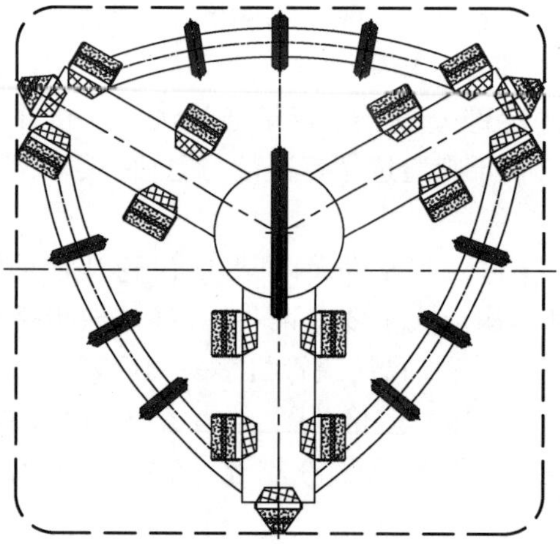

图 2-17　勒洛三角形刀盘

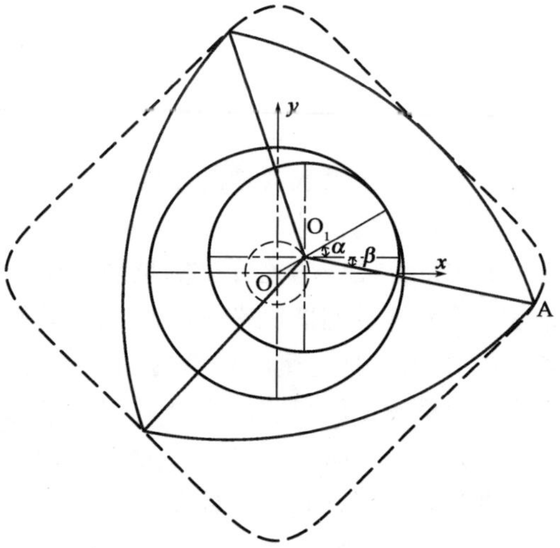

图 2-18　行星齿轮驱动勒洛三角形刀盘模型

设定驱动内齿圈的半径为 R,行星齿轮的半径为 r,A 是与行星齿轮固定的一点(可看成刀盘外周刀的刀尖),其距离为 $e = O_1A$。基于运动学原理,当行星齿轮做啮合滚动时,A 点的坐标可表述为:

$$\begin{aligned} x &= (R - r)\cos\alpha + e\cos\beta \\ y &= (R - r)\sin\alpha - e\sin\beta \end{aligned} \tag{2-7}$$

由于行星齿轮做啮合滚动时,内齿圈节圆的弧长与行星齿轮节圆的弧长是相等的,故有:

$$R \times \alpha = r(\alpha + \beta) \tag{2-8}$$

即:$\beta = \dfrac{R - r}{r}\alpha$,带入式(2-7)得:

$$\begin{aligned} x &= (R - r)\cos\alpha + e\cos\left(\frac{R - r}{r}\alpha\right) \\ y &= (R - r)\sin\alpha - e\sin\left(\frac{R - r}{r}\alpha\right) \end{aligned} \tag{2-9}$$

令 $\xi = \frac{R}{r}, \eta = \frac{e}{r}$，即可得到勒洛三角形刀盘刀具轨迹数学模型：

$$
\begin{aligned}
x &= (\xi - 1)\cos\alpha + \eta r\cos(\xi - 1)\alpha \\
y &= (\xi - 1)\sin\alpha - \eta r\sin(\xi - 1)\alpha
\end{aligned}
\tag{2-10}
$$

为探究勒洛三角形刀具轨迹与行星齿轮大小径比 ξ、刀具安装位置半径系数 η 的相关关系，经仿真分析，只有当 ξ 取 4 或 4/3 时，A 点轨迹形状为正方形。其中，当 ξ 取 4 时，行星齿轮与内齿圈的尺寸比例相差太大，结构设计不现实（当按内齿圈的几何尺寸确定了驱动壳体的尺寸以后，发现行星齿轮以及与之连接的刀盘主轴的尺寸过小，强度需求不能满足；反过来，若先确定了行星齿轮以及与之连接的刀盘主轴的尺寸，就会发现此时内齿圈的几何尺寸已远远大于驱动壳体）；若 ξ 取 4/3 时就不存在上述问题了。

变换刀具安装位置半径系数 η 发现，η 的取值须由两方面的因素所决定：第一，由结构所决定：若 η 取值太小，A 点缩在行星轮 O_1 或内齿圈 O 以内，即刀盘的最外侧刀具也无法完成需求开挖面的切削，这是施工所不允许的；第二，由线形所决定：若 η 取值过小或过大，A 点运动轨迹都不理想。如图 2-19 所示，当 $\eta = 1.5$ 时，A 点轨迹四边均向内凹陷；当 $\eta = 3.5$ 时，A 点轨迹四边均向外凸起；只有当 $\eta = 2.5$ 时，其 A 点轨迹线形比较理想，最接近正方形。

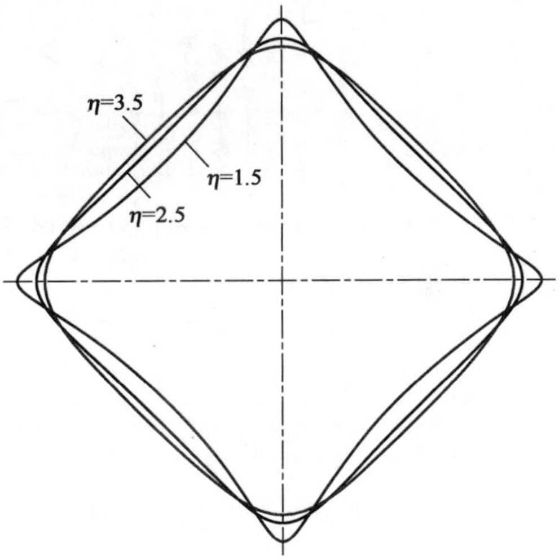

图 2-19　不同安装半径系数下刀具轨迹图

1）设计原则和要点

行星齿轮驱动勒洛三角形刀盘开挖驱动系统，利用行星式的运行原理实现矩形断面的开挖。刀盘与驱动之间采用花键进行连接，电机提供的扭矩通过减速机、偏心轴、齿轮轴、花键传递给刀盘。

设计要点：

（1）行星齿轮驱动勒洛三角形刀盘结构设计时，刀梁的起始角度与齿轮轴的公转起始角度应严格控制，两者相差 180°，否则得不到水平放置的类正方形。

（2）正方形中心进行公转的同时又绕着刀盘中心自转，刀盘刀具需要具备 360°范围内的切削能力。

（3）刀盘连接梁及刀具的布置范围不能超过刀盘 3 个刀梁最外围刀具顶点所形成的勒洛三角形区域。

2）刀具、刀盘设计

（1）刀具设计

该刀盘运行原理与传统圆形中心回转刀盘有很大差异，刀盘的中心与盾体不同心，刀具在绕着盾体中心公转的同时，仍要绕着刀盘的中心进行自转。刀具运行轨迹如图 2-20 所示。

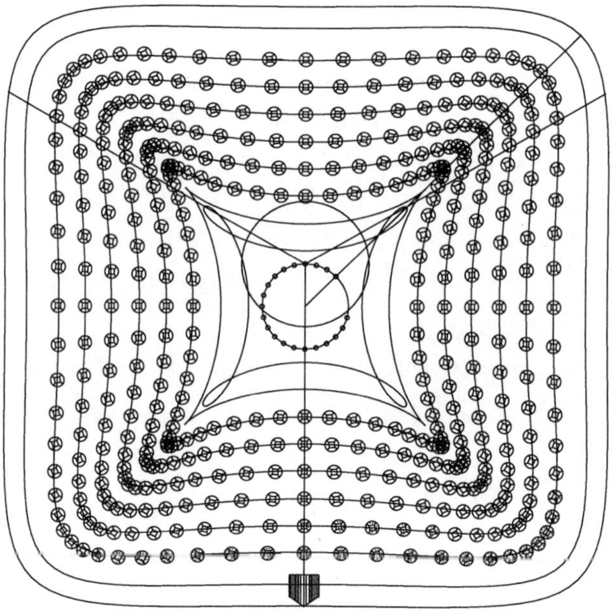

图 2-20　刀具运行轨迹图

因此,滚动刀具不适用,设备刀具应选择中心鱼尾刀、切刀、边缘切刀形式。

其中中心鱼尾刀(图 2-21)采用常规盾构及顶管上的形式,焊接在刀盘筒体上,对切削中心区域起到支撑作用及引导定心功能。

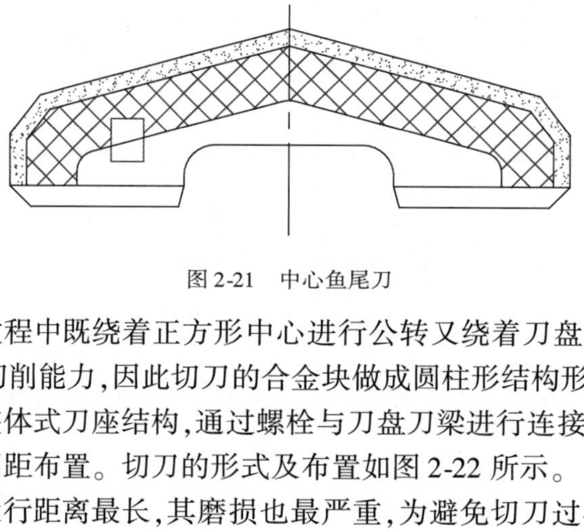

图 2-21　中心鱼尾刀

切刀考虑到运行过程中既绕着正方形中心进行公转又绕着刀盘中心自转,切刀合金块需要 360°范围都具备切削能力,因此切刀的合金块做成圆柱形结构形式,然后在 4 个面进行倒角处理。刀具采用整体式刀座结构,通过螺栓与刀盘刀梁进行连接,并采用不同的刀间距设计来寻求最合适的间距布置。切刀的形式及布置如图 2-22 所示。

边缘切刀的切削运行距离最长,其磨损也最严重,为避免切刀过早地磨损及损坏,需要加大刀具的合金量,同时还应增强其对扩挖区域的切削能力。由于边缘切刀受力较大,因此与刀梁的连接采用焊接形式。边缘切刀的形式如图 2-23 所示。

(2)刀盘本体设计

考虑到圆内旋轮线参数方程的特点,当刀梁的起始角度和齿轮轴的公转起始角度都在零位时,其形成的图形为旋转 45°后的类正方形。因此需要调整刀梁的起始角度与齿轮轴的公转起始角度,当两者相差 180°时,刀梁上的各点形成的轨迹才能为水平放置的类正方形。

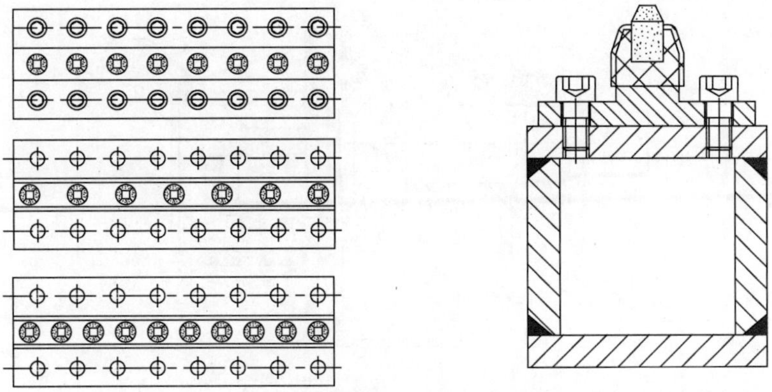

图 2-22　切刀的形式及布置

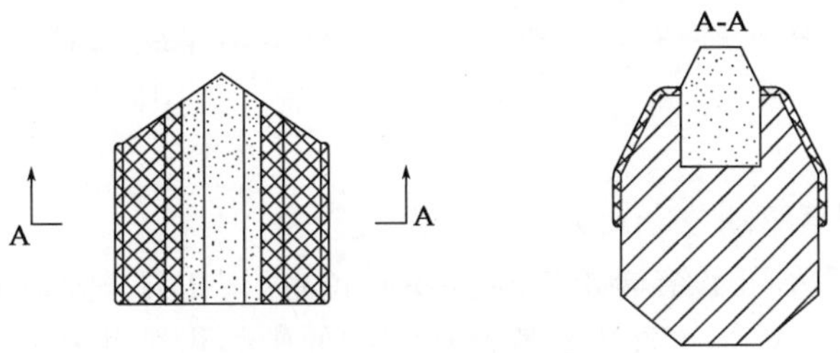

图 2-23　边缘切刀的形式

同时,该参数方程具备另外一个特点,当刀梁间的夹角为 2π/3 时,其上等半径的点所形成的图形完全相同,即刀梁呈 120°均分后,各个刀梁上相同半径上的刀具所切削的轨迹重合。

综合上述两个特点,刀盘主体的布置,其刀梁应严格按照 120°均分来布置结构,且刀盘的初始安装位置与齿轮轴的公转角度夹角为 180°。另外,在各刀梁间的位置,也可以布置连接梁及刀具,但要遵循所布置的连接梁及刀具的范围不能超过刀盘 3 个刀梁最外围刀具顶点所形成的勒洛三角形区域。刀盘的主体结构如图 2-24所示。

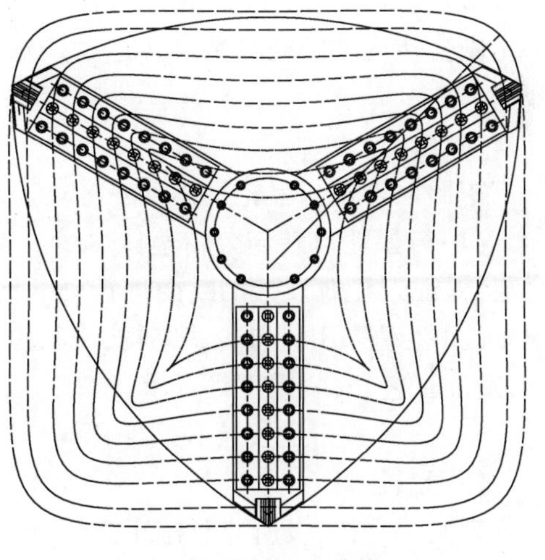

图 2-24　刀盘的主体结构

3)偏心轴式驱动设计

勒洛三角形刀盘采用偏心轴式驱动(图 2-25),该驱动主要包括行星式的齿轮机构、偏心轴机构和内啮合齿轮箱体等组成,通过齿轮轴的自转与公转来完成矩形的仿形切削动作,实现矩形全断面开挖。该驱动方式结构紧凑,在软岩地层切削过程中能够实现大扭矩传递,运行可靠。并且在大断面矩形开挖系统的设计中,可采用仿形单刀盘组合的形式,实现多组偏心刀盘对大断面矩形开挖面的切削。

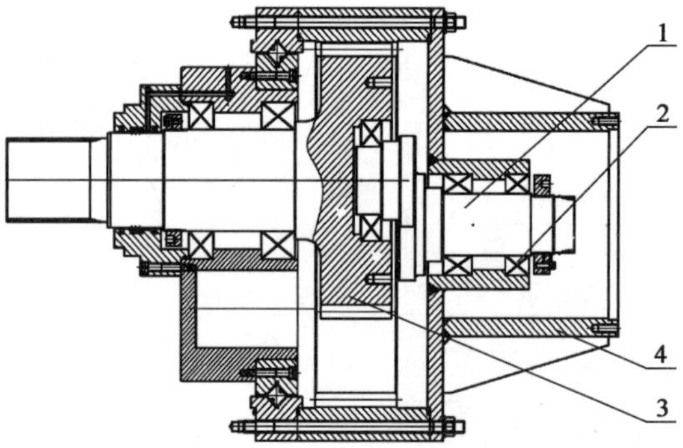

图 2-25 偏心刀盘驱动结构形式

1-曲轴(输入);2-轴承;3-齿轮轴(输出);4-箱体

其中齿轮轴的支撑采用圆锥滚子轴承成对支撑,采用背靠背的安装形式,尽量增加支点之间的距离,增强轴的强度。驱动环则采用交叉滚子转盘轴承进行支撑,来承担前方刀盘传递过来的轴向力、径向力以及弯矩,偏心轴也采用圆锥滚子轴承背靠背的安装形式。

2.2.1.3 行星轮系驱动三叶草刀盘开挖系统设计

行星轮系驱动三叶草刀盘结构如图 2-26 所示,刀盘由 3 个小刀盘组成,既可以围绕小刀盘的中心轴做自转运动,又可以围绕设备的总体中心轴线做公转运动。为实现刀盘的自转和公转功能,驱动部分采用行星轮式结构,太阳轮和壳体连接固定,3 个小刀盘和行星轮在同一根输出轴上和行星架相连,行星架在输入齿轮轴的带动下旋转,进而驱动输出轴围绕太阳轮做公转运动的同时做自转运动。通过设置不同刀盘形状可实现圆形、矩形不同断面的开挖。

1)设计要点

矩形顶管机行星轮系驱动三叶草刀盘开挖系统设计要点:

(1)行星轮自转与公转速比尽量为整数,同时不小于一定数值,数值选取根据刀盘数量决定,保证刀盘对设计的断面进行全断面开挖。

(2)驱动采用行星轮式结构,要根据行星轮式结构特点设计,考虑多轮结构受力、材料选取、安装工艺、安装精度等要求。

(3)三叶草刀盘安装必须保证同样的角度,否则运转时会干涉。

2)刀盘设计

为便于分析,设所要开挖正方形断面边长为 $2L$,刀盘中心距为 R,刀盘公转转角为 α,刀盘展角为 θ,刀盘半径为 r。根据轮廓相切的仿形原理,可知刀盘轮廓 MFN 应与 X′A 相切并重合,刀盘 180°展角与 45°公转转角相映射,得关系式 $r = L/\cos 0.25\theta - R$。此时刀盘转动 45°,刀盘自转 135°,太阳轮-行星轮传动比 $n_S/n_P = 1/3$,如图 2-27 所示。

刀盘轮廓方程为:

$$\begin{cases} x_0^2 + y_0^2 = \{r - h_{\max}[\theta \operatorname{sgn}(\theta)]\}^2 \\ r = L/\cos 0.25\theta - R_0 \end{cases}, \theta \in (-\pi, \pi] \tag{2-11}$$

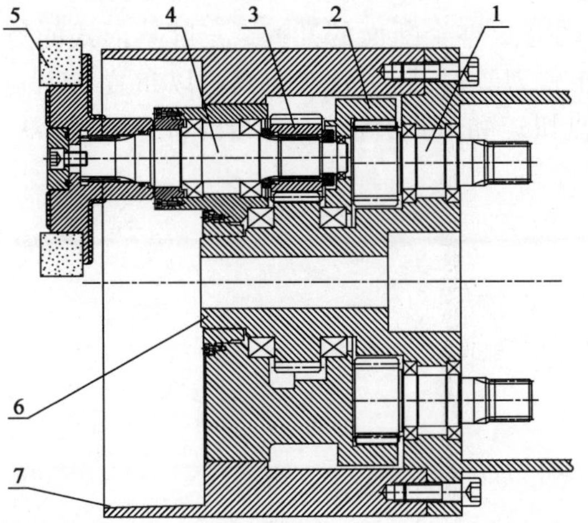

图2-26 行星齿轮驱动三叶草刀盘结构示意图
1-输入轴；2-行星架；3-行星齿轮；4-输出轴；5-刀盘；6-太阳轮；7-壳体

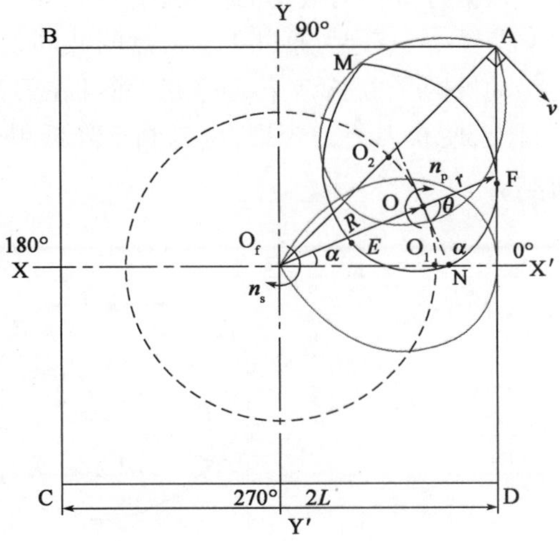

图2-27 仿形开挖工作原理示意图

刀盘轮廓如图2-28所示。

刀盘轨迹方程为：

$$\begin{cases}x = R_0\cos\alpha + r\cos(3\alpha - \theta)\\ y = R_0\sin\alpha - r\sin(3\alpha - \theta), \theta \in (-\pi, \pi]\\ r = L_0/\cos 0.25\theta - R_0 - h_{\max}[\theta\operatorname{sgn}(\theta)]\end{cases} \tag{2-12}$$

$h_{\max}(\theta) = l$ 时，刀盘 $h_{\max}(\theta)$、l 均为0，实现对边长 L，圆角 r_c 的圆角矩形的全断面开挖，开挖断面如图2-29所示。

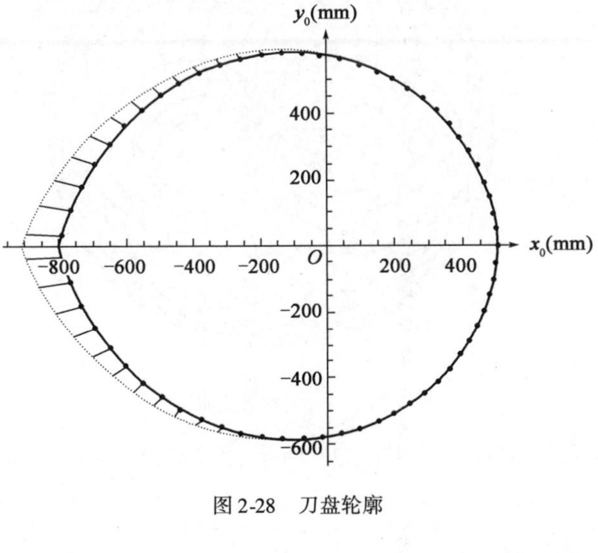

图2-28 刀盘轮廓

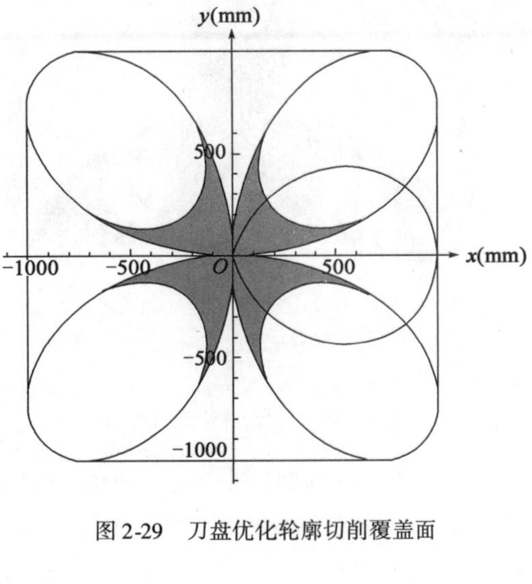

图2-29 刀盘优化轮廓切削覆盖面

根据行星传动机构的传动比分析，单个刀盘公转一周时，则自转三周。据此可以每隔120°设置一个刀盘，通过3个刀盘的共同切削运动完成整个断面的开挖。三叶草形式的行星传动机构受力平衡、传动平稳，而且在刀盘上布置刀具时，同一轨迹刀具可以布置在不同刀盘上，使布刀更为合理，也有利于降低单个刀盘扭矩和刀具磨损，刀盘结构布置如图2-30所示。

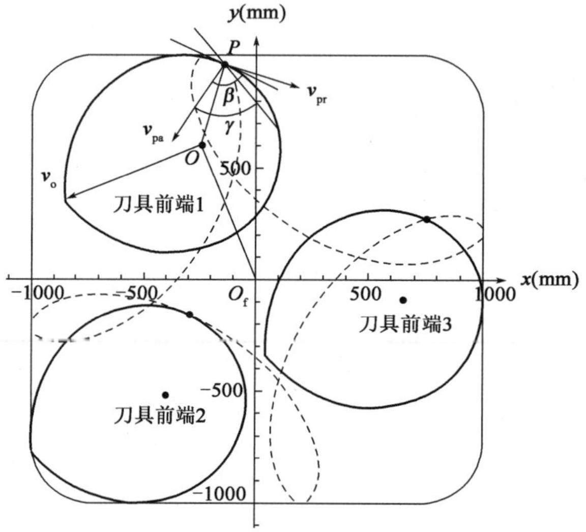

图2-30　刀盘结构

若刀盘采用椭圆形，驱动主轴与刀盘中心重合，则可实现圆形断面的切削，刀盘结构及布置如图2-31所示，刀盘轨迹如图2-32所示。

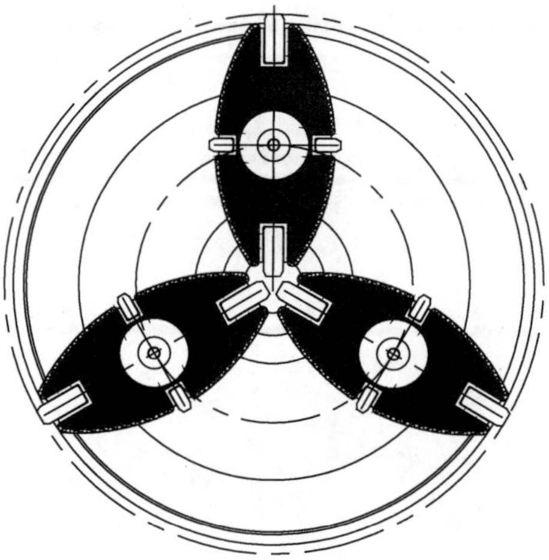

图2-31　刀盘结构及布置图

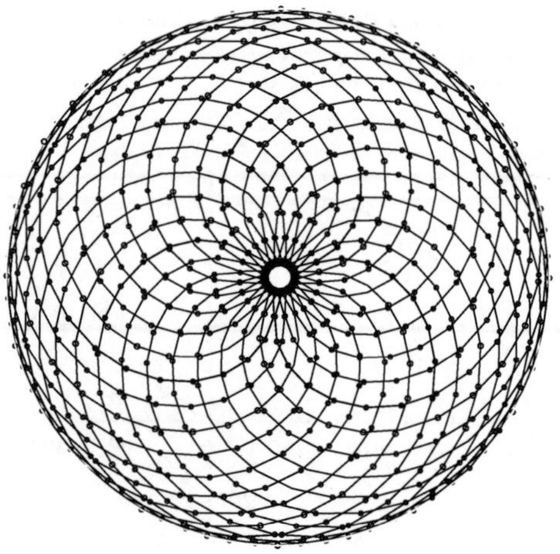

图2-32　刀盘轨迹曲线图

当3个刀盘旋转到一定位置时（轴线夹角为120°），如图2-33所示，刀盘可回缩到盾体内部，具备刀盘驱动整体回收功能。

3）行星轮系驱动设计

实现圆形断面切削，一般是由1个圆刀盘实现：而该开挖驱动结构区别于这种常规设计，通过3个刀盘的仿行运动实现圆形断面切削，3个刀盘通过行星轮系驱动装置进行驱动，驱动结构原理如图2-34所示。

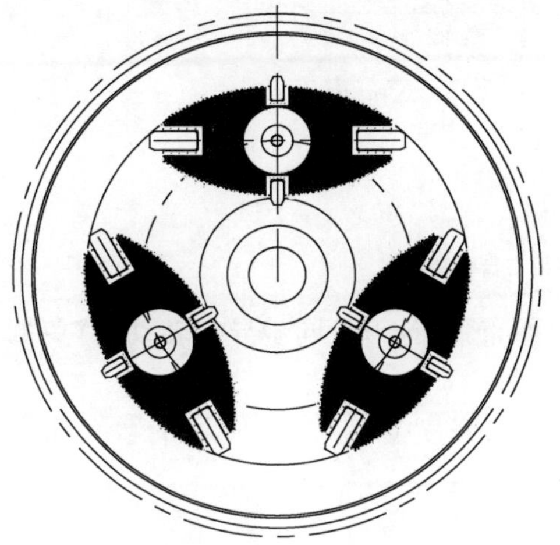

图2-33　小刀盘回收状态

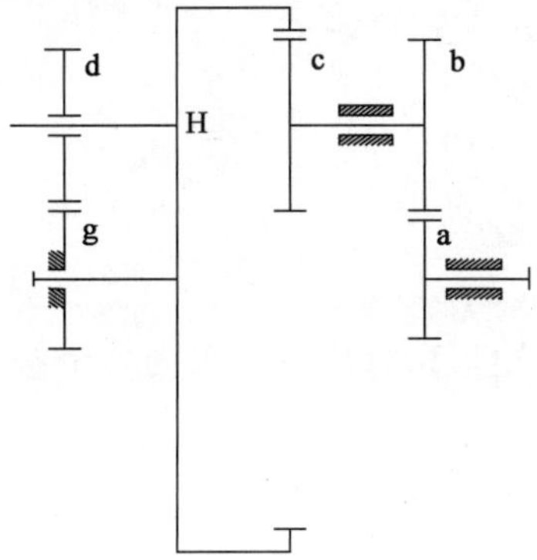

图2-34　驱动结构原理图

行星轮d和刀盘直接相连作为自转输出，行星架H作为公转输出。驱动装置可划分为定轴轮系和行星轮系两部分，其中a、b、c作为定轴轮系，c、H、d、g是行星轮系，主要工作原理如下：定轴轮系a作为输入端，经由齿轮b传递到太阳轮c，作为行星轮系的输入，驱动行星架H运转，行星轮d围绕行星架H做公转运动，同时和固定太阳轮g相啮合，实现其本身的自转运动。根据本行星轮系传动特点，刀盘自转与公转的速比为：

$$i_{\mathrm{dH}} = \frac{z_{\mathrm{d}} + z_{\mathrm{g}}}{z_{\mathrm{d}}} \tag{2-13}$$

根据上述行星轮系驱动装置原理图，其中行星轮和行星架可采用圆锥滚子轴承成对支撑，来承担前方刀盘传递过来的轴向力、径向力以及弯矩。

2.2.1.4　偏心摆动刀盘开挖系统

偏心多轴摆动刀盘驱动的原理和结构如图2-35a）所示，在与4根旋转轴连接的偏心块上，分别设有偏于同一方向且偏心距相等的偏心轴，矩形刀盘框架的4个端点与各个偏心轴连接。这样，当4根旋转轴［图2-35b）］朝同一方向旋转时，刀盘的切削轨迹就是一个比刀盘框架的宽和高都大2个偏心距的矩形，且4个圆弧角的半径与偏心距相等。

1）设计原则和要点

矩形顶管机偏心摆动刀盘开挖系统设计原则：全断面开挖、搅拌尽量充分、左右对称。此外，为保证刀盘、驱动的通用性及降低设计生产成本，设计还应充分考虑各刀盘尺寸尽量统一。

设计要点：

（1）单个摆动刀盘的各偏心曲柄（偏心轴）应能做到同步控制、同步运转，避免断轴。

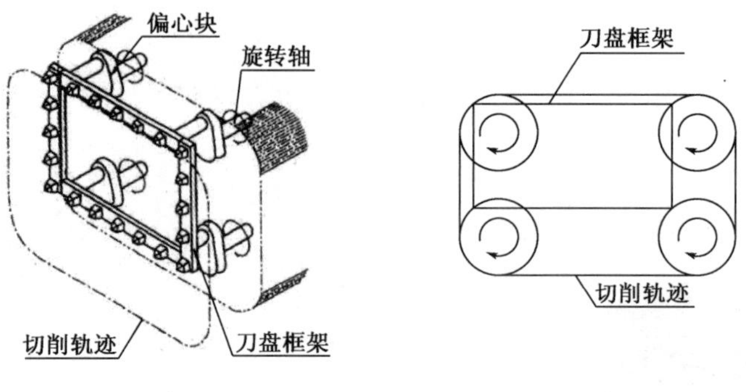

a)　　b)

图 2-35　矩形偏心多轴顶管机刀盘驱动原理

(2)矩形顶管应尽量采用多个偏心摆动刀盘对称布置,各刀盘同步异向转动,避免掘进机滚转。

(3)为提高渣土搅拌效果,在保证刀盘、驱动结构强度的基础上,应尽量增大曲柄偏心距。

2)刀盘设计

偏心多轴刀盘切削土体的反力对顶管机壳体的稳定性影响比较大。这一点在矩形顶管机上表现特别明显,当刀盘往下压时,顶管机壳体会往上抬,且上抬量与刀盘的超挖量正相关。超挖量大,壳体周围松散的土体形成空间大,壳体变动的幅度也大,反之则相反。正因为如此,我们在设计刀盘时超挖量不要太大,应控制在 10mm 左右比较好,同时还应把刀盘向前伸出壳体的长度适当减小。

由于偏心距一般都比较小,所以搅拌棒对土体的搅拌不太充分。在设计时偏心距的取值主要是根据不同的土质需要来选取。如果是在软黏土中,它对搅拌的要求不高,此时偏心距可取小些,相对来说,驱动功率也可小些。如果是在砂性土中,它对搅拌的要求高,此时偏心距应取大些,相对来说,驱动功率也大些,部件的强度也大。最大偏心距不宜超过 400mm。

在设计刀盘的转速时,有一个前提,即刀盘运动的线速度应控制在 5m/min 左右,不宜太大。有了这个前提和偏心距,便可以确定刀盘的转速。

传统圆形旋转刀盘设计中,在确定刀盘转矩大小时会引入一个 α 系数;偏心多轴刀盘设计中,在确定刀盘转矩大小时也会引入一个 β 系数。于是,偏心多轴刀盘的转矩 T 为:

$$T = \beta \cdot r \cdot D^2 \tag{2-14}$$

式中:T——偏心多轴刀盘的转矩,kN · m;

β——偏心多轴刀盘的转矩系数,kN/m^2;

r——偏心距,m;

D——等效圆的直径,m。

式(2-14)中,β 系数的取值范围在 45 ~ 100 之间,软土取小些,砂砾土取大些。等效圆 D 的直径可以通过下式求得:

$$D = \sqrt{\frac{4A}{\pi}} \tag{2-15}$$

式中：A——顶管机切削的断面面积，m^2。

由于偏心多轴矩形顶管机的刀盘不是做单纯的旋转，所以它的主切削刀应选用十字刀具形式，如图 2-36 所示，类似 4 刃的钻头。

由于偏心多轴刀盘有能仿形切削出任意形状的断面特点，但又有搅拌不足的缺点，故该偏心摆动刀盘常与圆刀盘组合在一起，设计成各种断面的开挖系统。这样，不但能很好地发挥它们各自的优点，又能弥补它们各自的不足。

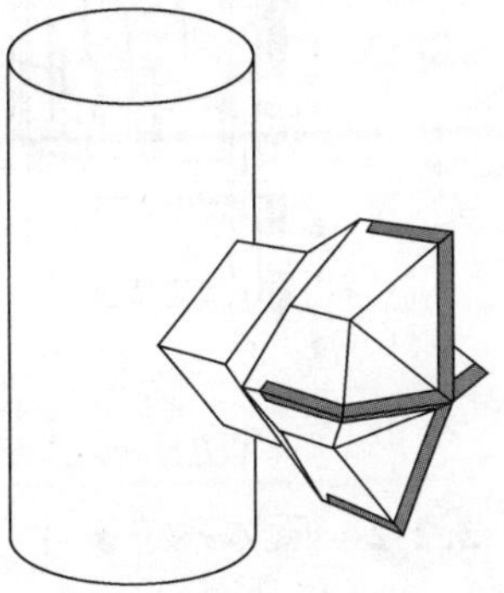

图 2-36　偏心多轴矩形顶管机主切削刀

3）驱动设计

偏心摆动刀盘采用偏心轴式驱动（图 2-37），该驱动结构简单，主要包括偏心轴以及支撑它的轴承组成，偏心轴输入端连接电机、减速机，偏心轴输出端连接摆动刀盘。其中偏心轴的支撑采用圆柱滚子轴承成对支撑，增强主轴的径向承力能力；偏心轴后端采用圆锥滚子轴承背靠背的安装形式进行支撑，来承担前方刀盘传递过来的轴向力。

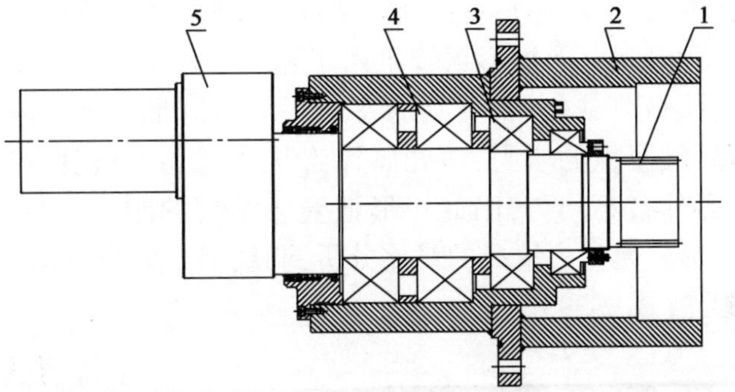

图 2-37　偏心多轴刀盘驱动

1-偏心轴输入端；2-箱体；3-推力轴承；4-滚子轴承；5-偏心轴输出端

有时，偏心多轴刀盘只是作为辅助刀盘，如正方形的 4 个角上的刀盘等。这时，它只需一台电动机驱动就可以了，如图 2-38 所示。电动机通过行星减速器减速后带动设在齿轮箱内的一个主动齿轮旋转。这个主动齿轮同时又带动设在齿轮箱内的另外 3 个从动齿轮旋转，也就带动设在这 3 个从动齿轮上的偏心轴一起转动，继而带动刀盘框架的转动。

该驱动设计时必须注意偏心多轴顶管机刀盘的驱动轴可以是如图 2-36 所示的 4 根。但驱动轴也可以是对角布置的 2 根，此时，另外对角的 2 根偏心轴可以是没有动力驱动的从动轴。每一个刀盘至少须有如图 2-38 所示的 3 根偏心轴支承。若偏心多轴刀盘只设 2 根偏心轴支承，在软土中使用没问题，在硬一点的土中则存在断轴的风险。

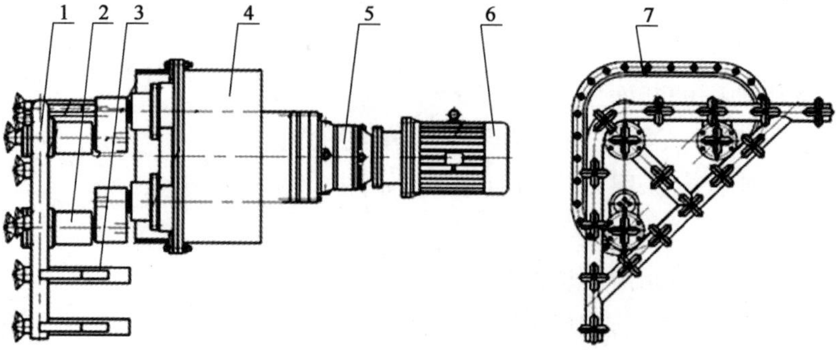

图 2-38　偏心多轴刀盘的单电机驱动机构

1-刀盘框架;2-偏心轴;3-搅拌棒;4-齿轮箱;5-行星减速器;6-电动机;7-切削刀具

2.2.2　盾体系统设计

1)盾体结构设计

矩形断面主机在原状土体中,通常因为覆土较浅,导致无法形成自然拱,上部土体荷载直接作用到薄壳体上,主机承载力较大,施工过程中盾体一旦变形将会导致沉降不可控、顶进阻力加大、姿态及轴线无法测量等严重后果,直接影响正常的施工。

对于圆形掘进机,圆形薄壳体综合力学性能良好,各个方向的抗剪、抗弯能力相同,且始终为对称结构,当顶部或底部受到的土体压力可通过圆弧形成的拱桥结构使顶部一部分荷载逐步分散到受土体侧压力较小的左右两侧,使这个圆形断面受到的压力平均化,则外荷载引起的弯矩随圆弧变化舒缓。而矩形顶管机由于宽度在水平跨度方向上较长,且受到其上部土体的压力造成的均布荷载作用,受到的弯矩相对于圆形薄壳体较大,故刚度也随之下降,此外由于与土体接触面积的增大,薄壳体无论从宽度还是高度方向上承受荷载变化更快,促使其产生摩擦力分布不均匀,因此矩形薄壳体结构的刚度、强度设计显得尤为困难。通过对圆形盾壳及矩形盾壳受力情况的对比分析,明确了矩形壳体受力的薄弱环节,为结构的研究设计提供了参考(图 2-39)。

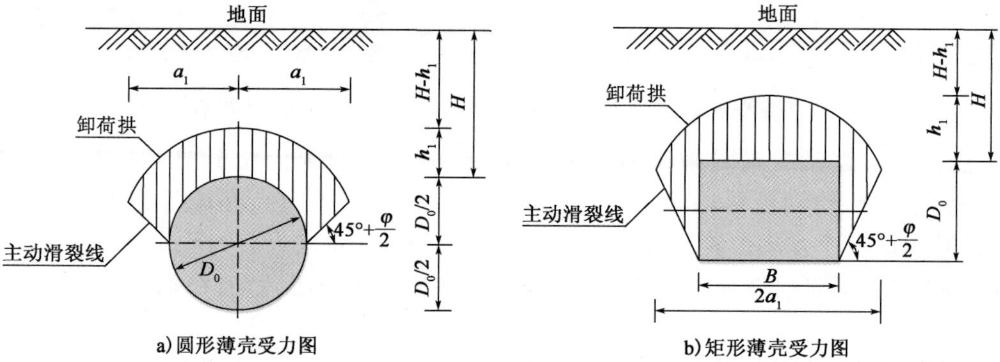

图 2-39　盾体受力图

地基承受矩形顶管机荷载的作用后,内部应力发生变化,表现在两方面:一种是由于地基土在荷载作用下产生压缩变形,尤其是在淤泥质软土等承载力较小的地层中,容易引起基础过大的沉降量或沉降差,造成设备下沉;另一种是由于矩形顶管机的荷载过大,超过了基础下持力土层所能承受荷载的能力而使地基产生滑动破坏。

基于以上分析,矩形顶管机壳体的设计在保证刚度强度的基础上,整个结构的重量必须小于地基承载力,一旦盾体的重量超过地基承载力,一定程度上会造成矩形盾构栽头,甚至会造成盾体变形,影响到泥浆套的形成质量。因此,充分结合各种结构的受力特点,减轻盾体的重量,满足设备正常使用的实际要求显得尤为重要。

综上所述,合理设计主机的超薄壳体结构,满足实际施工过程中强度、刚度要求将是今后急需解决的问题。

矩形顶管机盾体顶部中间位置挠度最大,为了保证薄壳体结构的刚度,在有限元分析基础上,采用箱形结构设计,并合理布置加强筋以及应力释放点,有效地减轻了盾体的重量,在保证结构强度的同时节省材料,同时在跨度较大时可采用中间支撑梁,保证结构刚度,图 2-40 为一种典型箱形结构设计形式,加强筋主要由盾体加强筋、隔板加强筋和环形隔板组成。

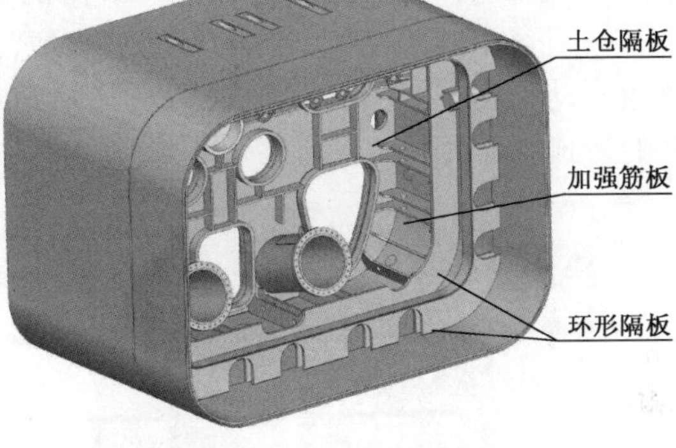

图 2-40　盾体结构示意图

矩形顶管机盾体在满足强度设计的前提下根据工程使用要求进行具体设计,与常规盾构机盾体结构类似,矩形顶管机盾体主要由前盾、尾盾以及盾体附件等组成,前盾根据具体设计要求可拆分为前盾和中盾,前盾与尾盾通过铰接系统连接。盾体各个部分根据运输要求可分为上下两半、左中右三半等多种分半形式。前盾与尾盾属于承插式配合,在尾盾装有密封装置,其与前盾薄壳体内表面有相对运动,为了保证承插处结构强度,前盾的尾部设计成箱体结构,满足设备的整体使用性能(图 2-41)。

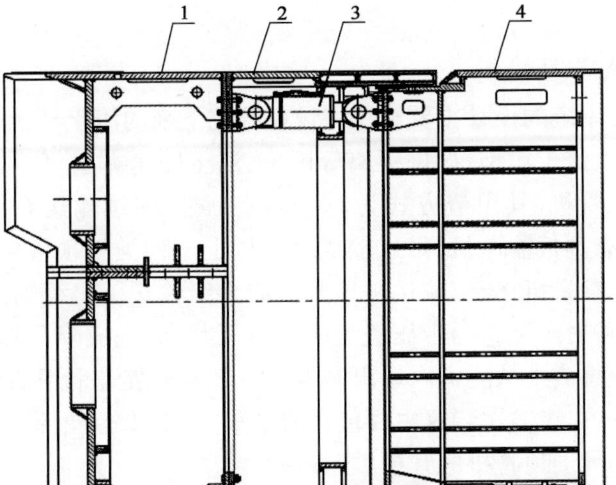

图 2-41　盾体总体结构示意图

1-前盾;2-中盾;3-铰接油缸;4-尾盾

2)盾体功能设计

(1)防背土设计

由于矩形顶管不能形成土拱效应,主机顶部跨度大,土体直接作用到主机上表面,当土体与主机摩擦力大于迎面阻力和土体黏聚力时,容易产生“背土”现象(图2-42)。为应对该问题,在前壳体靠近切口环的位置布置有帽檐,确保盾体与土体之间具备一定的间隙,同时隔板内部设有减摩泥浆注入口(图2-43),向该间隙注入减摩泥浆,降低土体与盾壳的摩擦力,防止设备“背土”现象发生。帽檐的作用非常重要,一方面能够避免减摩泥浆注入口被上部土体堵塞;另一方面促使减摩泥浆从注入口流出后沿着壳体外表面向后分散性流动,既扩大了泥浆覆盖面积,又可避免减摩泥浆向前流动到土仓,更有利于泥浆套的形成。

图2-42　背土示意图

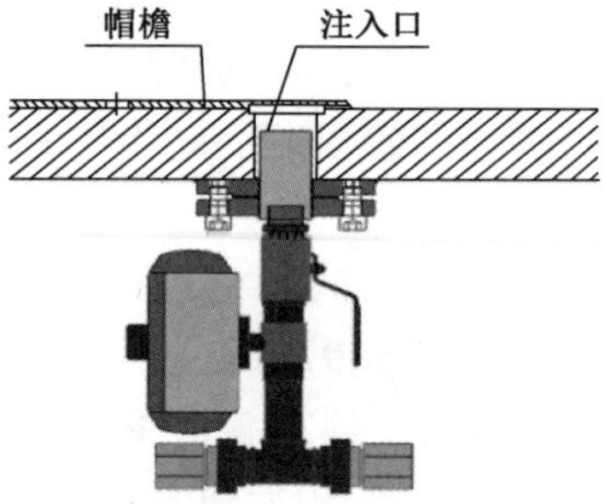

图2-43　减摩结构示意图

(2)出洞油缸设计

矩形顶管机由于顶推系统设置在始发井内,顶管机在出洞时,为了能使主机能够与管片顺利脱离,在盾尾后部与管节接触面设置若干分离油缸,依靠油缸顶推力使主机出洞。

2.2.3　出渣系统设计

矩形顶管机出渣系统的设计主要解决将设备开挖下来的渣土从土仓隔板转移到地面的问题。根据地层特点、渣土类型、掘进距离等因素,渣土输送方式可分为连续出渣和间歇作业。对于泥水平衡顶管机,其出渣方式为泥水环流,属于连续输送系统。针对敞开式顶管机,其出渣方式主要有刮板输送机、带式输送机。以上两种类型顶管机,在这里都不做详细讨论。针对土压平衡顶管机,渣土输送一般都需要多级输送。一级输送装置主要适应土仓隔板前后的压力差,将封闭土仓的带压渣土降至常压状态,完成降压输送;二级输送装置主要接力前级输送装置将渣土从隧道内运出洞外。一级输送装置采用的形式一般包括螺旋输送机和浓泥挤压管等;二级输送装置主要包含渣土车、渣土转运泵、带式输送机等,两种输送装置主要根据地层和异形顶管机的开挖类型选择。

一级输送装置作为掘进机的重要组成部分,其在设备开挖中主要有以下功能:

①输出土仓中的土;

②形成土塞,阻止水的流出,保持土仓压力的稳定;

③调节转速或压力,控制排土量,防止掌子面的隆起与沉降。

各种出渣组合优缺点对比见表2-6。

各种出渣组合优缺点对比　　表2-6

出渣组合	出渣类型	出渣效率	成本	适应渣土类型
螺旋输送机+渣土车	间歇作业	低	低	软土、卵石
螺旋输送机+转运泵送	连续出渣	高	高	软土
螺旋输送机+带式输送机/刮板输送机	连续出渣	高	高	软土、卵石
浓泥挤压管+渣土车	间歇作业	低	高	软土、卵石
浓泥挤压管+带式输送机/刮板输送机	连续出渣	高	高	软土、卵石

本节主要讨论一级输送装置中螺旋输送机出渣，以下对螺旋输送机进行详细介绍。

螺旋输送机顾名思义就是主要通过螺旋运动为土压平衡顶管机等掘进机提供渣土排出功能，并对掘进机土仓起到一定保压作用的输送机械。螺旋输送机的主要构造由圆筒状壳体和中心螺旋杆（或带状叶片）组成，工作时螺旋杆旋转，把充满机壳内的渣土沿螺旋杆轴线平移向上输送。渣土不与螺旋杆一起做旋转运动，是由于渣土重量和泥土与机壳之间产生的摩擦阻力所致。

螺旋轴设计参数主要包括：螺旋叶片直径、螺距、螺旋轴直径以及叶片厚度。根据输送能力、物料综合特性系数与密度来确定上述设计参数，同时需考虑螺旋输送机的倾斜角度。螺旋输送机设计流程如图2-44所示。

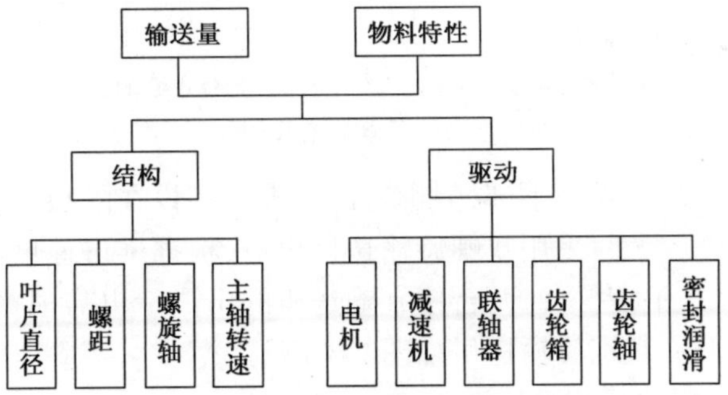

图2-44　螺旋输送机设计流程图

（1）形式的选择

根据螺旋杆有无中心轴，螺旋输送机主要分为轴式（图2-45）和带式（图2-46）。螺旋输送机形式选择主要针对开挖地层类型及渣土粒径大小采取轴式或带式，这也主要影响螺旋输送机出渣粒径的大小。

轴式螺旋输送机主要适用砂层、粉质黏土层；带式螺旋输送机主要适用于粒径较大的砂卵石地层。带式螺旋输送机其主要特征为允许渣土粒径大。图2-47为螺旋轴示意图。

（2）螺旋输送机的数量与位置

当矩形顶管机跨度大时，采用在多个位置布设螺旋输送机，以达到出渣量的匹配和掌子面的土压平衡控制。

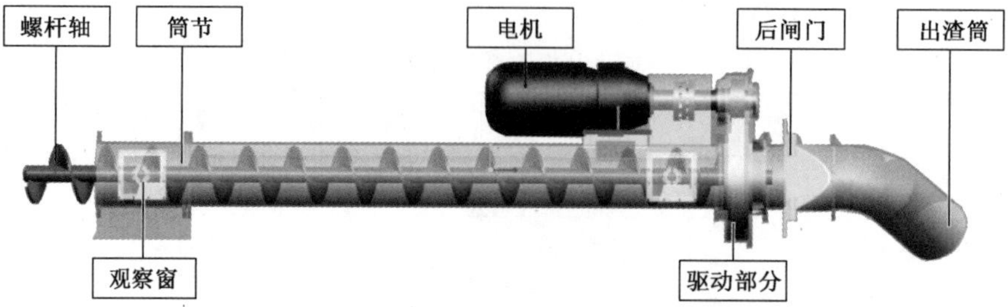

图 2-45　轴式螺旋输送机

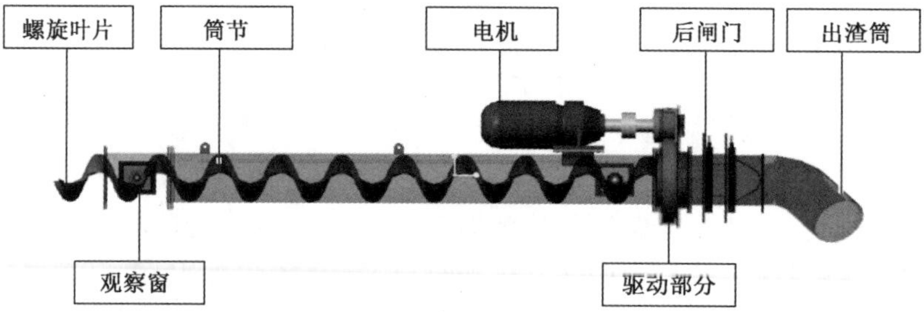

图 2-46　带式螺旋输送机

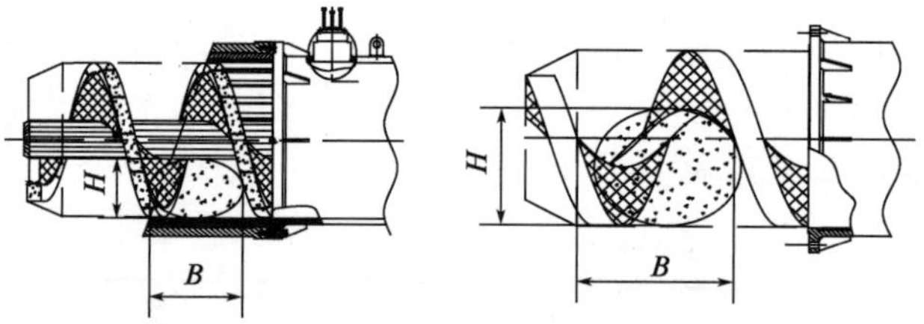

a)轴式螺旋轴　　b)带式螺旋叶片

图 2-47　螺旋轴示意图

螺旋输送机一般布设在隔板下部，但也有部分设备布设在隔板中部。

矩形顶管机在跨度较大时采用双螺旋输送机出渣，根据推进速度的变化，实时调整旋转速度，来达到渣土的输送平衡，同时两台螺旋输送机的出渣量也需根据左右的土仓压力以及推进速度进行综合调节。双螺旋输送机如图 2-48所示。

（3）螺旋输送机的驱动系统设计

螺旋输送机的驱动方式大致分为两种，分别是轴驱动方式和外筒驱动方式。根据整机方案要求，确定采用合适驱动方式，以及对应的出渣形式。轴式驱动在驱动箱发生故障时，可以在不拆除驱动箱时进行维修；而外筒式驱动则在驱动发生故障时需要整体拆除螺旋轴。

图 2-48　双螺旋输送机示意图

螺旋输送机驱动设计，应根据工作时转速计算消耗的功率以及扭矩，螺旋输送机消耗功率主要由下列部分组成：物料与筒体之间的摩擦消耗的功率、物料对螺旋的摩擦消耗的功率、物料倾斜向上输送时消耗的功率、物料被搅拌所消耗的功率、轴承的摩擦阻力消耗的功率、物料与筒体之间的摩擦消耗的功率。

如图2-49a)所示为矩形顶管机常用的螺旋输送机驱动结构示意图,该驱动方式结构集成度高,使用可靠,设计制造成本低于常规盾构螺旋输送机驱动。图2-49b)所示为矩形顶管机常用的螺旋输送机驱动密封结构示意图,即在驱动箱前后分别采用2道唇形密封、1道格莱圈密封、迷宫密封组合的结构形式,在唇形密封之间各形成1道密封腔。

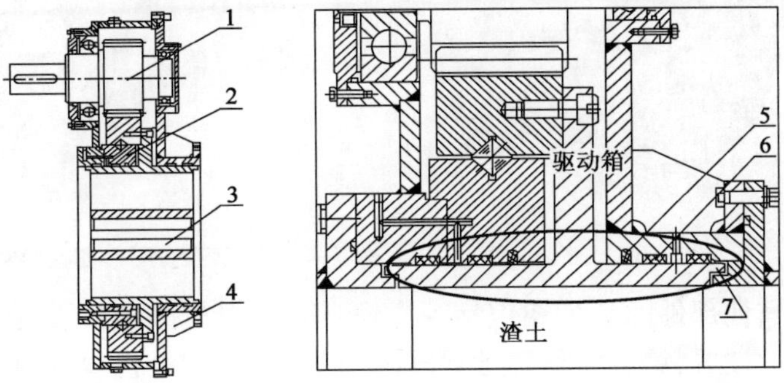

a)螺旋输送机驱动结构示意图　　b)螺旋输送机驱动密封结构示意图

图2-49　螺旋输送机驱动及驱动密封结构示意图

1-小齿轮轴;2-转盘轴承;3-驱动盘;4-箱体;5-格莱圈密封;6-唇形密封;7-迷宫密封

(4)筒节内径与节距选择

筒体作为螺旋输送机的外层壳体,主要承担的功能是与螺旋轴配合形成封闭的输送腔体。螺旋输送机筒节内径取值主要跟设备出渣量和地层的渣土粒径相关。

考虑到螺旋输送机在隧道内的检修,一般筒节进行分段设计,并在首段出渣节内筒壁上增设耐磨筒,方便更换。

对易喷涌的地层,螺旋轴往往具备伸缩功能,而伸缩功能的实现往往通过筒节的伸缩来实现。

首个筒节上一般也需要布设土压传感器,以监测土仓中的渣土进入螺旋输送机的状态。

(5)倾斜角度

一般在满足使用要求的前提下,螺旋输送机应尽量避免倾斜布置,最好采用水平布置;若工艺需要采用倾斜布置,为了提高输送效率,倾斜角度也不宜过大,一般倾斜角度为18°~25°。若一级不能满足要求,采用多级倾斜布置,以减少损耗。

倾斜角度的另外影响因素就是下一级的匹配。矩形顶管机的倾斜角度需要跟渣土车高度相匹配;盾构机的倾斜角度也需要跟盾构皮带机相匹配。

(6)出渣闸门设计选择

螺旋输送机出渣闸门在不同地质使用时应考虑其封堵性能,目前软土地质使用插板式闸门(图2-50),而在砂卵石地层中,考虑到常规插板式闸门在卵石地层中常由于闸门位置的卵石堆积,造成闸门不能完全关闭,将螺旋输送机插板式密封闸门结构优化为弧形密封闸门(图2-51),闸门位置由螺旋输送机筒节中部移动至筒节端部,位移形式由直线运动改为旋转运动，根据工业试验的验证，采用弧形密封闸门能够起到更好的渣土封堵作用。

图 2-50　插板式密封闸门

图 2-51　弧形密封闸门

螺旋输送机其他部件的设计还包括观察窗、筒节、电机减速机设计等，观察窗根据施工地质进行针对性的设置，筒节根据尺寸要求进行灵活调节，电机要求具有一定的调速范围，以满足出渣量的实时调节。

(7)隔板收料口的设计

按照螺旋输送机和土仓隔板的相对关系，螺旋轴有伸入土仓和不伸入土仓两种形式，如图 2-52 所示。

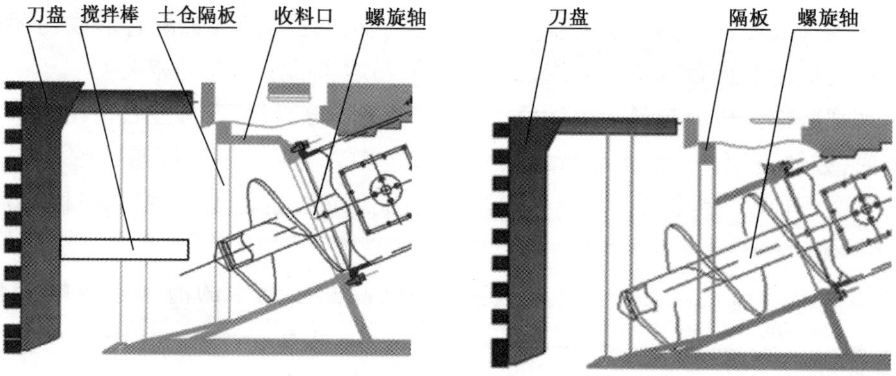

a)不伸入土仓　　b)伸入土仓

图 2-52　螺旋轴与土仓的位置关系

螺旋轴与土仓位置关系的设计，主要根据不同地质条件进行适应性设计。在粉土、黏土等软土地层中，螺旋轴不伸入土仓，这样刀盘背面增设搅拌棒，提高渣土改良效果，并且在螺旋轴周围增加梯形收料口，依靠前方的掌子面压力进行挤压式出渣。在砂卵石地层中，大粒径卵石往往在下方沉积，需要螺旋轴伸入土仓，增强螺旋输送机的携渣能力，一般不设收料口，防止卵石堆积。

(8)观察窗的设计

螺旋输送机一般在筒体外侧布设有数个观察窗，以清除从土仓进入筒体内部的不明障碍物。筒节上首个观察窗要靠近出渣口布置，以方便及时处理进入筒节的障碍物。观察窗的设计如图 2-53 所示。

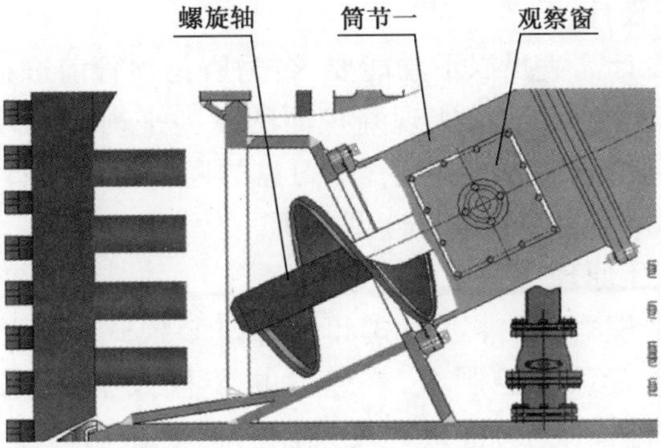

图 2-53　观察窗的设计

2.2.4　电液控制集成系统

矩形顶管机电液控制系统包括顶推系统、纠偏系统，在掘进过程中，顶推系统提供掘进顶推力，同时与螺旋输送机协同工作调节土仓压力，纠偏系统需要根据隧道的设计要求，实现实时的调向、纠偏，因此要求液压推进系统对压力和速度能实时进行调整，来实现盾构顶管机的纠偏和不同地层推力的调整。

为了实现上述功能，中铁装备集团对应用于矩形顶管机的电液控制系统集成技术进行了研究设计，保证电液系统的稳定性与实时响应，矩形顶管机机电液控制系统如图 2-54 所示。

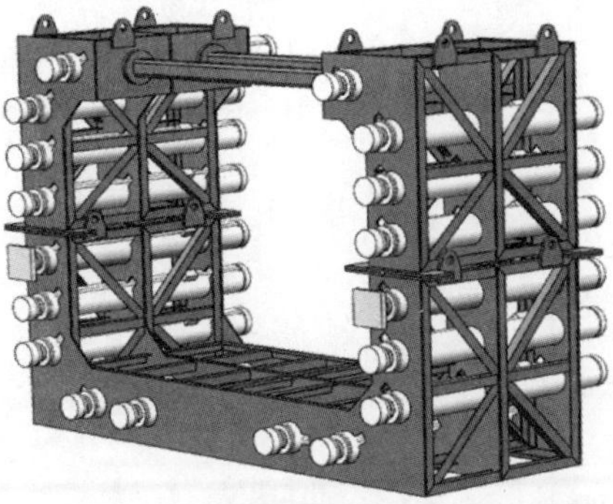

a）顶推油缸

b）顶推系统液压泵站

c）纠偏系统液压泵站

d）其他液压系统集成阀块

图 2-54　机电液控制系统

(1)顶推系统的研究设计

顶管机顶推系统的设计需满足以下功能要求:为盾构顶管前进提供足够动力,控制盾构顶管前进速度,并与出渣速度相配合,实现开挖面的压力平衡,矩形盾构顶管在顶进的过程中,阻力主要由两部分组成,分别为掘进过程中刀盘的迎面阻力和盾体及管片与土体之间的摩擦力,根据阻力计算对顶推力油缸进行选型分析。

(2)顶推系统控制液压原理

顶推系统有两种控制模式,即推进模式和管片拼装模式。矩形顶管机为了方便现场安装管片,在始发井内设置顶推控制盒,在管片拼装模式下,主控制室和现场能够对油缸进行联合操作。在推进模式下,推进速度及压力需要跟出渣量匹配,达到土压平衡的目的。

顶推泵是由压力和流量复合调节的,一般在压力允许的情况下,泵出口的流量是无极可调的,当压力和流量的调节出现冲突的时候,优先保证压力。顶推泵的反馈控制如图2-55所示。

由图2-55可以看出,为了让矩形盾构顶管液压系统的压力和流量控制更精准,该系统采用了反馈控制策略,实现PID闭环控制,其特点是:控制精准、响应速度快,且受外界影响较小。调节控制台电位计,输出信号至PLC控制模块,PLC通过运算分别输出2个电流信号给比例调速阀和比例溢流阀,用以控制泵出口的压力和流量,从而控制油缸的掘进速度及推进压力。

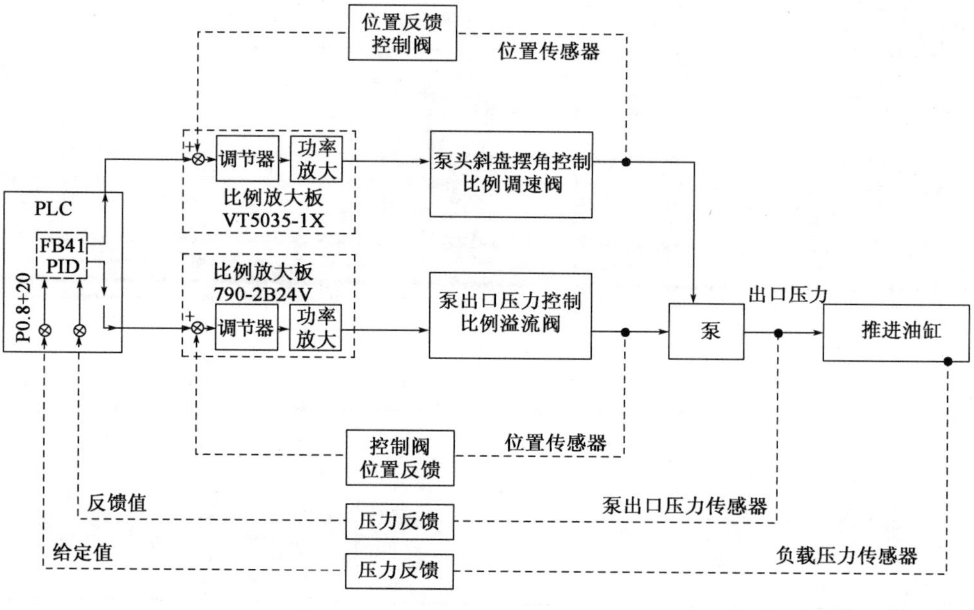

图2-55 顶推泵的反馈控制

矩形盾构顶管的顶推系统是一个压力和流量复合控制系统,推进速度的决定因素是推进压力和流量。矩形盾构顶管的顶推系统采用了电液控制技术,实现了盾构顶管机推力、位移的复合控制,能使盾构顶管顶推系统适应各种复杂工况要求,实现了盾构顶管推进的压力和速度连续可调。

2.2.5　流体系统设计

矩形顶管机流体系统主要包括:油脂润滑系统、水系统、减摩泥浆系统、泡沫系统、工业空气系统、改良膨润土系统、消防系统等。由于顶管机施工工艺与盾构机有明显差别,所以矩形顶管机的流体系统设计具有较高的针对性,本节将对部分流体系统的设计进行简要介绍。

2.2.5.1　油脂润滑系统设计

矩形顶管机作为一种隧道开挖重型机械,有大量的传动系统和相对转动的运动机构,所以润滑系统的设计极其重要。矩形顶管机最重要的润滑部位有刀盘驱动箱润滑、刀盘驱动密封润滑、螺旋输送机驱动箱润滑、螺旋输送机驱动密封润滑、刀盘以及螺旋输送机驱动减速机润滑、铰接密封润滑等。

1)润滑方式的选择

(1)驱动箱润滑

矩形顶管机需要润滑的驱动箱主要包括刀盘驱动箱(图2-56)与螺旋输送机驱动箱(图2-57),驱动箱内部主要是传动齿轮和支撑轴承,由于传递扭矩大,对散热有较高的要求,故驱动箱一般采用稀油润滑(齿轮油润滑)。常用的稀油润滑方式主要包括:油浴润滑(浸油润滑、飞溅润滑)、循环喷淋润滑、油雾润滑、离心润滑。盾构机由于驱动扭矩大,单区间掘进距离长,连续工作时间较长,洞内散热不好,多采用"喷淋+油浴"润滑。而矩形顶管机适用的隧道一般小于300m,连续工作时间相对较短(出渣与安装管节需要停机),刀盘驱动与螺旋输送机驱动的转速一般小于15r/min,对散热的需求不是非常苛刻,同时为了简化系统、节省成本,应综合考虑选择油浴润滑的方式。

驱动箱润滑的油品一般采用黏度等级320的齿轮油,推荐油品为壳牌Shell OMAOLA OIL 320或者长城L-CKC 320等。

(2)减速机润滑

减速机输入转速高,空间小,易产生热量,常采用稀油润滑。由于减速机润滑对散热要求更高,故常采用黏度等级220的齿轮油,考虑到高速重载的工况,油品等级比驱动润滑油品高,推荐油品为Shell OMAOLA OIL HD220或者长城AP 220。

(3)驱动密封润滑

顶管机的驱动密封主要包含刀盘驱动密封与螺旋输送机驱动密封,驱动密封的主要作用有两方面,一方面是润滑橡胶密封唇口,另一方面是阻挡外部泥土侵入到驱动箱并防止齿轮油泄漏。以中心轴式驱动为例,其润滑方式主要是向2道密封腔内注入油脂(图2-58),同时在检测腔外接透明软管,用于检测两边密封的完好性(图2-59),如果检测腔内出现的是油脂,则左侧格莱圈以及唇形密封全部损坏;如果检测腔内出现齿轮油,则靠近右侧齿轮箱的格莱圈密封损坏。同样,螺旋输送机驱动密封润滑方式也是向唇形密封之间形成的密封腔注脂(图2-60)。

考虑到对橡胶密封的润滑与散热要求,驱动密封注入的油脂一般采用EP0或

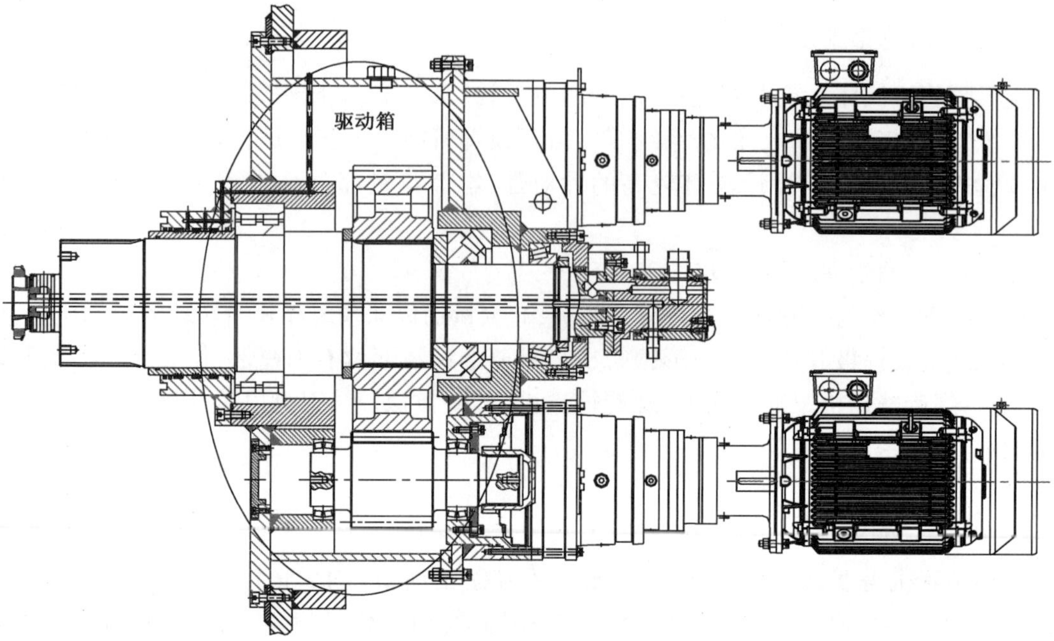

图 2-56　刀盘驱动箱结构

者 EP1。

(4)铰接密封润滑

为了实现掘进过程中顶管机机头姿态的控制和调整,前盾与尾盾通常采用主动铰接结构。在铰接结构运动的过程中,前盾体与尾盾体会有相对的位移,为了避免相对移动过程中外部的水土进入到设备内部,需要设计铰接密封结构和油脂密封系统。

如图 2-61 所示,铰接密封结构由 1 道可调节的馒头形密封和 1 道唇形密封组成。施工时,通过 A 口与 B 口定期注入油脂,在对密封进行润滑的同时也起到一定的密封作用,以防止外部的土体侵入内部。

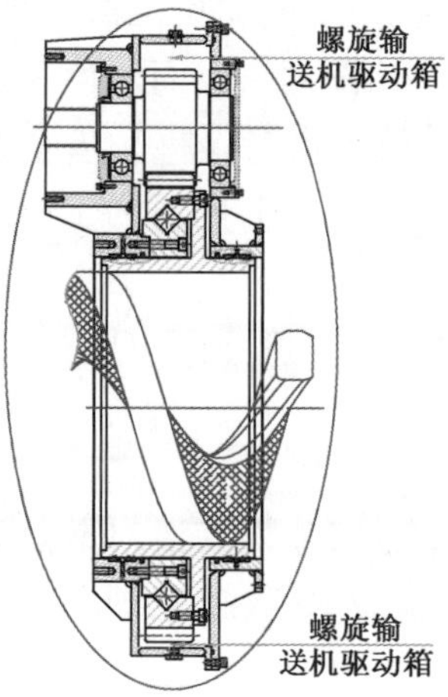

图 2-57　螺旋输送机驱动箱结构

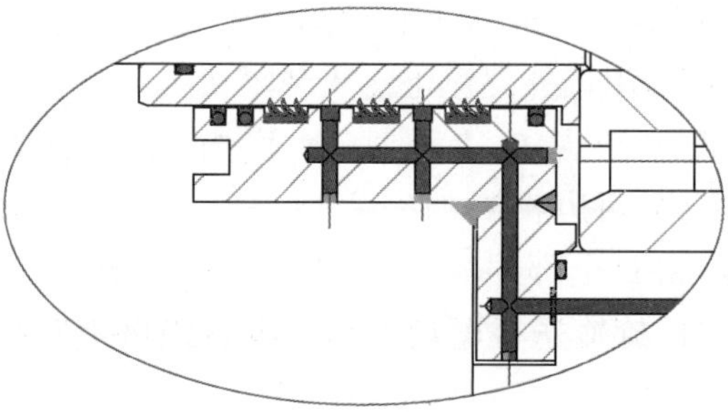

图 2-58　刀盘驱动密封腔注脂示意图

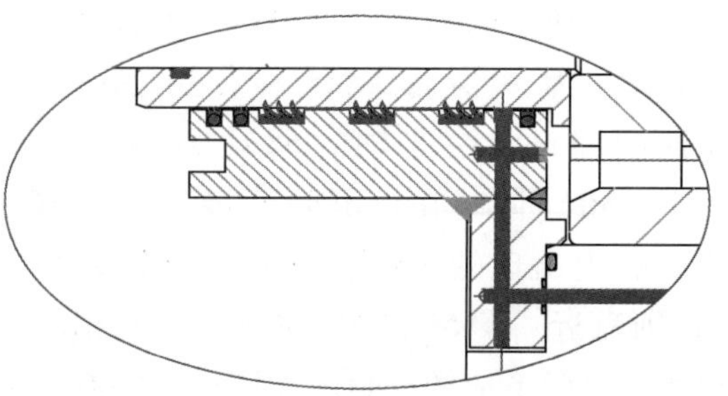

图 2-59　刀盘驱动检测腔示意图

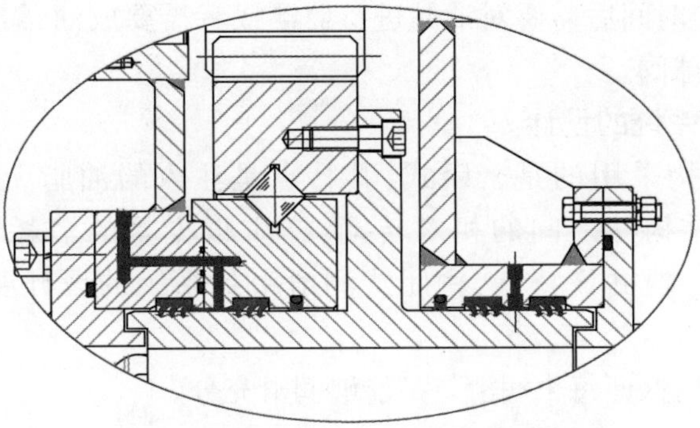

图 2-60　螺旋输送机驱动密封腔注脂示意图

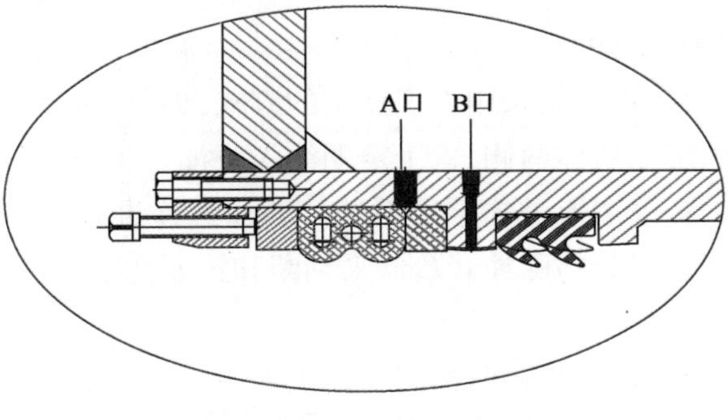

图 2-61　铰接密封及润滑结构示意图

考虑到注入油脂的主要作用是密封作用，故宜采用甘油润滑方式，油脂的黏度要稍黏稠一些，一般采用 EP2 油脂。

2）润滑密封系统的设计

（1）驱动箱润滑系统的设计

由于驱动箱润滑采用的是油浴润滑，不需要外部系统设计，只需要考虑齿轮油的添加量、添加方式、液位检测、温度检测、油品检测等，具体设计如下：

①齿轮油的添加量一般根据驱动箱高度的 1/2 ~ 2/3 来推算，注意不能加满，因为驱动箱在工作过程中会产生热量，油品温度升高后会膨胀，所以需要预留一定的空间，顶部的传动机构可通过齿轮的旋转将齿轮油带上去。

②考虑到齿轮油的添加，需要在驱动箱结构设计上预留 2 寸（0.067m）以上的接口，齿轮油泵将油品泵送到驱动箱内部。

③施工过程中需要时刻关注驱动箱齿轮油液位的变化，液位太低或太高都不行，故在驱动箱外部需要设计液位透明管或者液位传感器的安装接口。

④在高温或者低温地区设备驱动箱需要安装温度传感器，对齿轮油的温度进行实时监测。

⑤考虑到温度变化对体积造成的影响，为平衡气压，需要在驱动箱顶部安装呼

吸器。

⑥考虑到工作一定时间后需要对油品进行监测或者需要放油,需要在驱动箱底部设计放油接口,并安装放油球阀。

(2)驱动密封润滑系统的设计

由于驱动密封结构采用的是密闭式,其特点是注入的油脂无法被挤出,油脂腔注满以后,只有密封与结构件之间的相对转动,产生很少量的消耗,同时矩形顶管机一般包括多个刀盘驱动,根据该特点,密闭式润滑密封系统的设计要点主要有以下几个方面:

①润滑点数多,如何保证每个润滑点都能够润滑充分。

②每个点位的注入压力如何设定和监控。

③每个点位的油脂消耗量是多少,油脂泵如何选型。

④如何实现集成控制。

(3)铰接密封润滑系统的设计

国内的矩形顶管机铰接密封多采用人工注脂的方式,即管路的一端连接到注脂点,另一端安装黄油嘴,并集中固定在盾体两侧,人工定期注入黄油。

国外自动化要求高,多采用递进式泵送系统。即通过递进式分配阀将油脂均匀分配到各个注脂点,通过分配阀上安装的脉冲计数器来判断和控制注油的量。

2.2.5.2　水系统设计

矩形顶管机在施工过程中很多环节都需要提供水源,如主推进液压泵站冷却、主推进液压泵站泡沫灭火系统、泡沫改良系统、水幕消防系统、土仓与螺旋输送机冲刷、施工冲洗等。各个系统对水的需求各不相同,同时位置也比较分散,所以需要从设备配置条件与施工方案等方面综合考虑水系统的设计。

水系统一般由水泵、控制阀门、过滤装置、流量检测、压力检测、管路、控制系统等组成。其设计思路主要为“以需求为设计依据、以先局部后总体为路线、以简单实用为目标”,先完成总体方案设计,再进行相关参数的设计计算,然后完成主要元器件的选型,最后进行控制系统的设计。

在具体实施过程中,膨润土泥浆的制备、隧道冲刷、泡沫管路冲洗等需求简单,只需要通过管路引入水源,安装手动球阀进行控制即可;螺旋输送机进渣口冲刷、土仓渣土改良、泡沫的混合等用水频率高,需要安装气动或者电动球阀进行自动开关控制,同时对压力、流量等参数有很高的要求,需要安装相关的传感器进行实时监测;水幕消防用水等属于特种需求,需要安装消防专用雨淋阀等配件。如果设备配备的泵站、驱动、电机、变频器等核心部件需要水冷,则需要设计冷却水系统,与上述各系统的主要区别是冷却水系统是一个循环系统,冷却水通过水泵泵送到需要冷却的位置后,升温后的水会回流到储水装置或者冷却塔进行降温,然后再次被泵出。由于冷却液压油与齿轮油等油品时需要使用板式冷却器,该装置对水质的要求较高,否则容易堵塞,因此,冷却水系统需要安装高精度过滤器。

2.2.5.3　减摩泥浆系统设计

1)减摩泥浆系统的必要性

矩形顶管施工最大的特点就是所有管节要与主机一起沿掘进方向向前移动,移动过程中主机外壳及管节外壁会与土体产生巨大的摩擦力,从而会带来两个问题:一是增大顶推力,二是产生“背土”。

如果顶推力过大,一方面会在很大程度上增加顶推系统的设备成本与后靠墙的制作成本,降低了设备的安全性和可靠性;另一方面,一旦推力超过混凝土管的承受极限,混凝土管就有可能被破坏。所以在矩形顶管施工过程中,有效降低顶推力是保证工程顺利实施的一个关键因素。

“背土”是一种矩形顶管机在顶进过程中上部的土体跟随盾体或者管节一起向前移动的现象。一旦产生“背土”,就会造成地面的塌陷或者隆起,以及管线破坏等问题,对施工的影响巨大。产生“背土”的主要原因就是上部覆土层受到的主机外壳及管节外壁与土体之间的摩擦力大于其两侧剪切力及正面压力的和,即 $F_{摩阻} > F_{剪切} + F_{压缩}$,机理如图2-62所示。

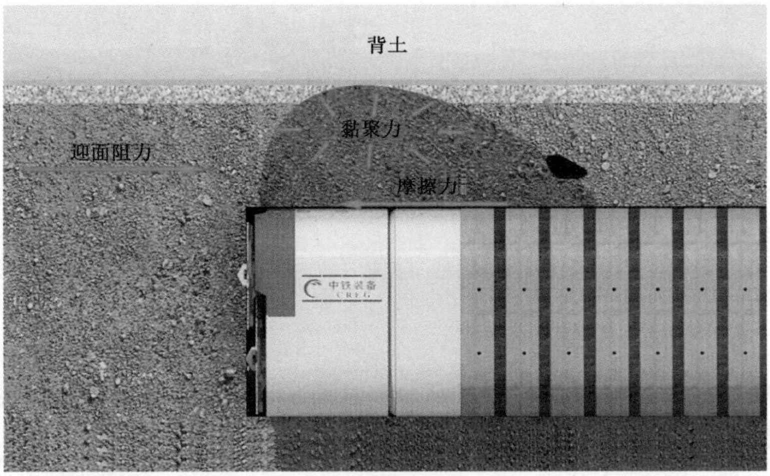

图2-62　背土机理分析

降低顶推力和避免“背土”的产生,最有效的措施是最大限度地降低管壁与土壤之间的摩擦阻力,特别是在浅覆土、长距离顶管施工中和曲线顶管中更为关键。降低顶进摩擦阻力最有效的方法是向盾体及管节外壁注入减摩泥浆,形成完整的润滑浆套,将干摩擦滑动变成湿润滑滑动,从而降低顶进时的摩擦阻力,通过既有施工案例的对比,注入减摩泥浆的综合摩擦阻力比没有注减摩泥浆时低1/3～1/2。在中铁装备地下停车场项目施工过程中,开展了减摩泥浆对矩形顶管机施工影响的研究。研究的总体思路为选取相邻的两条隧道作为研究对象,保证这两条隧道的地质条件、断面大小、覆土深度等边界条件一致,其中隧道一不注入减摩泥浆,隧道二向盾体四周与管节四周均匀注入减摩泥浆,通过对比相同顶进距离情况下的顶力大小与地面沉降控制情况来判断减摩泥浆注入系统对矩形顶管施工的影响,对比结果见表2-7。

减摩泥浆对矩形顶管机施工影响的数据对比 表2-7

管片环数		11	12	13	14	15	16	17	18	19	20
顶推力（kN）	隧道一	15120	16600	18841	19958	18450	18217	18550	19002	19000	20176
	隧道二	9296	9366	9683	10438	10788	10700	11868	12090	12856	14200
	降低比	38.5%	43.6%	48.6%	47.7%	41.5%	41.2%	36%	36.5%	32.3%	29.6%
沉降情况	隧道一	地面出现了明显的前部隆起与后部沉降，确定产生背土									
	隧道二	地面未出现明显的隆起与沉降，沉降值控制在±20mm内									

由表2-7可知，矩形顶管施工中，加入减摩泥浆的效果是显而易见的。泥浆套形成的机理如下：

减摩泥浆与土体接触后，在注浆压力的作用下，泥浆中的自由水向孔壁的裂隙或孔隙中渗透，使泥浆失水。泥浆在渗透过程中会变成凝胶体而充满土体的空隙，进而与土体形成混合体。随着浆液渗透越来越多，会在泥浆与混合土体之间形成致密的渗透层，泥浆中的固相颗粒便附着在致密的渗透层上形成渗透性减小的泥皮，降低泥浆的失水性。泥皮和致密的渗透层称为泥浆套。

2）减摩泥浆系统的设计

（1）总体设计

减摩泥浆系统主要由制浆设备、储浆膨化设备、注浆泵、管节注浆口、减摩泥浆注入单元及注浆管路组成。泥浆注入单元均匀地分布于盾体与管节一周，其数量和间距依据开挖尺寸和浆液在地层中的扩散性能而定，同时注入单元具有足够的耐压和良好的密封性能，在注浆单元中设置了一个可更换的塑料单向阀，避免浆液管外的土倒灌而堵塞注浆孔，从而影响注浆效果。

减摩泥浆系统分为同步注浆系统与补浆系统。同步注浆的目的是在设备掘进的同时及时填充开挖间隙形成泥浆套，主要包括前盾、尾盾、前3~5环管节的减摩泥浆注入。补浆是因为地层的渗透性，同步注浆形成的泥浆套会随着时间有一定的水分流失，为防止造成泥浆固化，所以需要定期补充注入浆液，维持泥浆套的完整性，主要包括同步注浆以外的所有管节的减摩泥浆注入。注浆时，浆液从地面膨化好的储浆箱中由注浆泵通过管路注入管节周围布置的注浆口，即为补浆系统。补浆系统主管路的末端接有一个气动球阀，连接在隧道内的储浆箱，该储浆箱的浆液通过注浆泵注入盾体上与前几节管节的注浆口，即为同步注浆。当隧道内的储浆箱内减摩泥浆液位低时，会通过上位机打开球阀，自动进行泥浆的补充。

管节上泥浆孔的位置宜设在管节密封插口一侧靠近边缘处（靠近插口侧），这样在管节拼接后注浆孔就完全被前一节的钢环所遮盖，压出的浆液会先在钢套环与混凝土管节外壁之间形成浆套后再被挤出，这样泥浆套就更容易形成，减摩效果更明显。减摩泥浆系统如图2-63所示。

（2）设计计算

①每环的注浆量

计算公式：

$$Q_{每环} = \frac{\pi}{4}(D^2 - d^2) \times L \times 注入比 \quad (2\text{-}16)$$

式中：$Q_{每环}$——每环需要的注浆量，m^3；

D——开挖直径，m；

d——管节外径，m；

L——管节长度，m；

注入比——注入率/100。

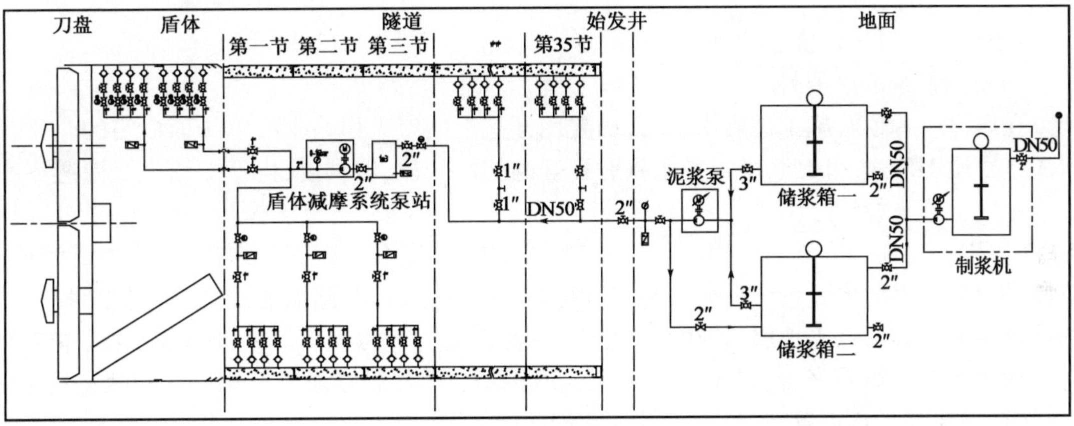

图2-63　减摩泥浆系统

②每分钟的注浆量

计算公式：

$$Q_{每分} = \frac{\pi}{4} \times (D^2 - d^2) \times V_{max} \times 注入比 \quad (2\text{-}17)$$

式中：$Q_{每分}$——每分钟需要的注浆量，m^3；

D——开挖直径，m；

d——管节外径，m；

V_{max}——最大掘进速度，mm/min；

注入比——注入率/100。

注：用该式计算注浆量时，结果还要考虑补浆量。

施工过程中，减摩泥浆的用量主要取决于管道周围间隙的大小及周围土层的特性，由于泥浆的流失及地下水等的作用，泥浆的实际用量一般取理论值的3～5倍，在施工中还需根据土质情况、顶进状况及地面沉降的要求等做适当的调整。

③注浆压力的计算

根据经验公式：

$$P = (0.8 - 1.2)\gamma H \quad (2\text{-}18)$$

式中：γ——土的重度，N/m^3；

H——管道顶部以上覆盖土层的厚度，m。

注浆压力不宜太高，否则会产生冒浆，不宜形成浆套，过高的压力作用在管子上会增加管子周边的正压力，从而使推力增大，对于注浆压力要经常进行检测。

一般注浆压力取0.1～0.3MPa。

④储浆池容量

根据一环开挖、出渣、下放管节、测量等时间，推算出一环所需总时间。减摩泥浆需要的静置膨化时间为6h，据此计算出膨化静置时间内掘进的环数、浆量，从而计算出储浆池容量。一般设置2个储浆池，1个掘进使用，1个静置膨化。

2.2.5.4　泡沫系统设计

1）泡沫系统的必要性

在盾构或者顶管施工过程中，一方面要用开挖出的渣土作为支撑掌子面稳定的介质，同时渣土要便于传送。因此，渣土要求具有良好的塑性变形、软稠度，内摩擦角小及渗透率小。由于一般土壤不能完全满足这些特性，所以要进行渣土改良。泡沫作为一种渣土改良的材料，在盾构中得到了广泛的应用，但是在国内已知的顶管施工案例中，有大部分项目的渣土改良采用的是聚丙烯酰胺等高分子材料，没有使用泡沫改良和膨润土改良，主要原因是以往的项目绝大部分为软土地层，使用高分子材料能起到一定的改良效果，同时原料成本更低。但是从盾构施工经验来看，对于黏土地层、砂卵石层等大部分地质使用泡沫改良效果会更好，能够起到以下几点效果：

①改善渣土特性，使盾构前方土体均匀便于施工；

②稳定掌子面；

③降低土的渗透系数，起到隔水的作用；

④降低刀盘扭矩，减少机具磨损；

⑤减少土的黏性，防止“泥饼”现象；

⑥不需要专门的分离设备来对泡沫进行分离，暴露在空气中很快就消失，对环境影响小。

2）泡沫系统的设计

（1）总体设计

泡沫系统一般由1台泡沫原液泵、若干泡沫混合泵、1个泡沫原液箱、1个泡沫混合箱、水源、气源、原液流量计、混合液流量计、空气流量计、压力传感器、泡沫发生器、泡沫喷口及泡沫管路等元器件组成（与圆形盾构机泡沫系统原理一样，不再详述），其中泡沫混合液泵的数量根据开挖面积、刀盘的数量以及喷口的数量来确定，一般不超过6台。系统运行时，清水与由泡沫原液泵提供的泡沫原液进入混合箱搅拌混合，混合均匀后通过泡沫混合泵泵送到泡沫发生器，与空气混合后形成泡沫（泡沫发生原理见图2-64），分别被泵送到各个刀盘面板上及隔板上的泡沫喷口喷出。在每路管路中预留了膨润土的注入接口，必要时可接入膨润土注入管路。

泡沫混合液和压缩空气的流量，由流量传感器进行检测，PLC控制电控阀门的开度（该阀门设置在气体回路上），得到最佳的混合比例。泡沫发生器出来的泡沫压力由压力传感器进行检测，反馈到PLC，使泡沫的注入压力低于设定的土水压力（防止发生穿透土壤的情况)。该系统可实现半自动、自动、手动3种控制模式。

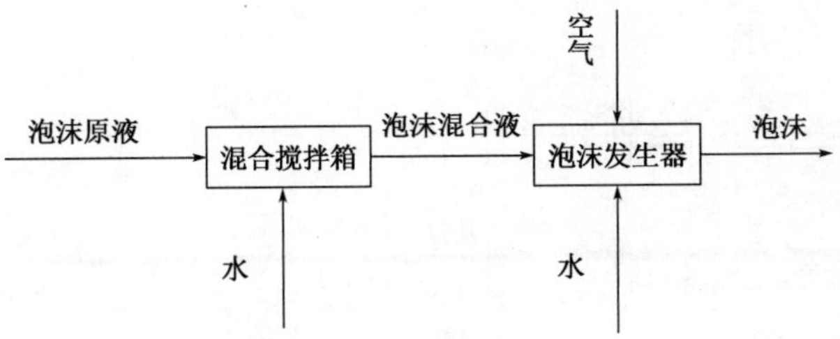

图2-64　泡沫发生原理示意图

由以上元器件构成的主要部件为泡沫泵站(图2-65)与泡沫发生管路总成(图2-66)。

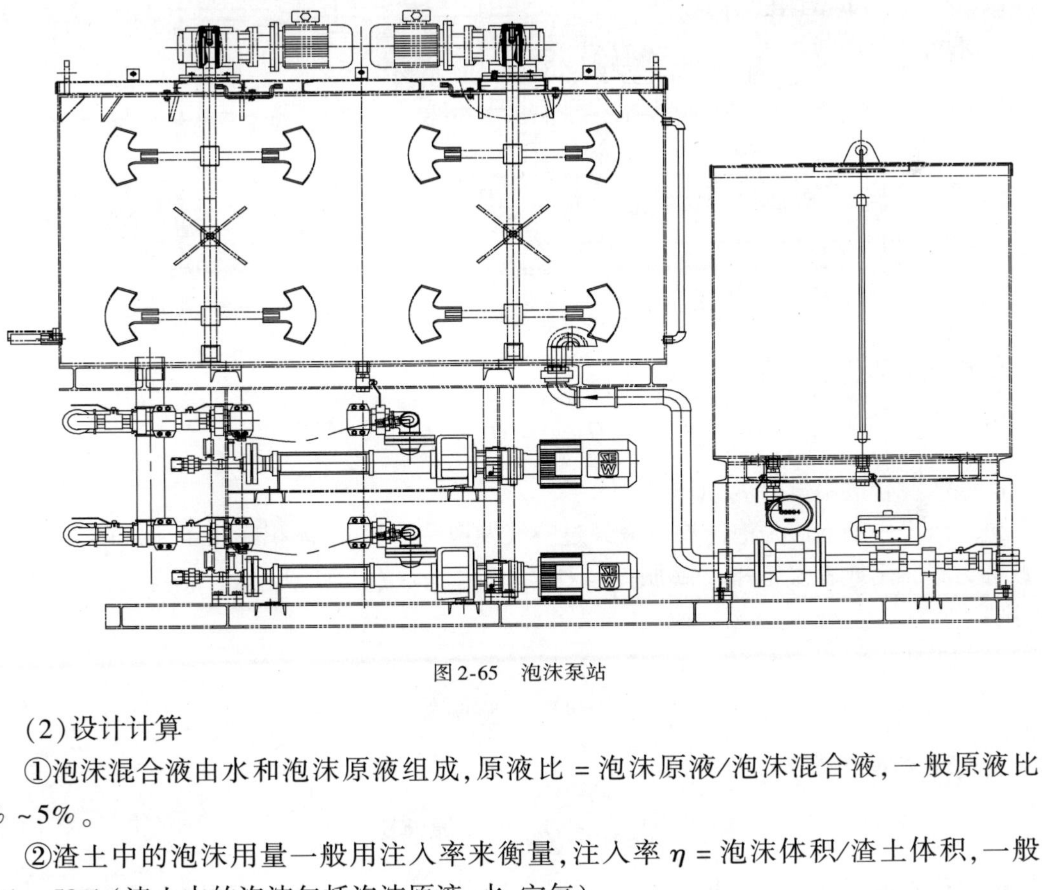

图2-65　泡沫泵站

(2)设计计算

①泡沫混合液由水和泡沫原液组成,原液比 = 泡沫原液/泡沫混合液,一般原液比取1% ~5%。

②渣土中的泡沫用量一般用注入率来衡量,注入率 η = 泡沫体积/渣土体积,一般取30% ~50%(渣土中的泡沫包括泡沫原液、水、空气)。

③泡沫用量计算。

a. 开挖量 $Q_{\pm}$(m^3/h):

$$Q_{\pm} = \frac{\pi \times D^2}{4} \times v \tag{2-19}$$

式中:D——开挖直径,m;

v——最大掘进速度,m/h。

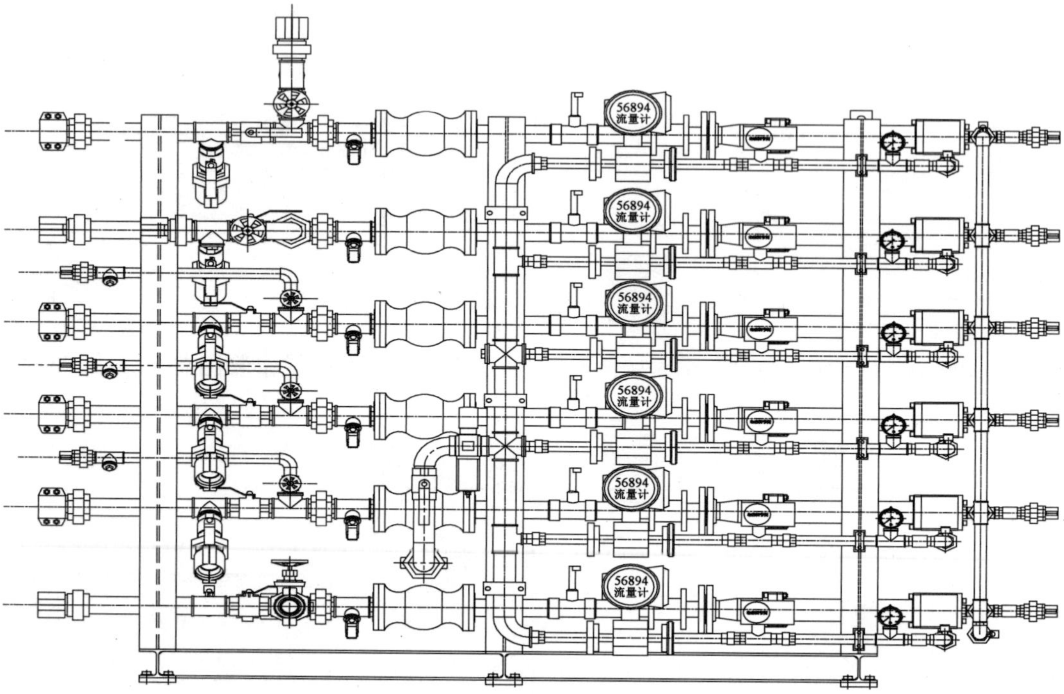

图 2-66　泡沫发生管路总成

b. 渣土中的总泡沫量 $Q_{发泡}$(m^3/h):

$$Q_{发泡} = Q_{土} \times \eta \tag{2-20}$$

c. 泡沫混合液用量 $Q_{混合液}$(m^3/h)。

进入渣土中的泡沫是泡沫混合液经过空气发泡后的状态,体积膨胀了一定的倍数,这个倍数称为膨胀率或者发泡率。膨胀率 $= Q_{发泡}/Q_{混合液} = (Q_{空气} + Q_{混合液})/Q_{混合液}$,一般取 10 ~ 15,则:

$$Q_{混合液} = \frac{Q_{发泡}}{膨胀率} \tag{2-21}$$

d. 泡沫原液用量 $Q_{原液}$(m^3/h):

$$Q_{原液} = Q_{混合液} \times 原液比 \tag{2-22}$$

e. 泡沫用水量 $Q_{清水}$(m^3/h):

$$Q_{清水} = Q_{混合液} \times (1 - 原液比) \tag{2-23}$$

f. 进入土仓的空气量 $Q_{空气1}$(m^3/h):

$$Q_{空气1} = Q_{发泡} - Q_{混合液} \tag{2-24}$$

g. 空压机的排气量 $Q_{空气2}$(m^3/h)。

由于空压机的排气量是标况下的数值,进入土仓的空气流量计算值是基于存在一定土仓压力情况下的,故有:

$$P_1 Q_{空气1} = P_2 Q_{空气2} \tag{2-25}$$

式中：P_1——土仓内空气绝对压力，10^5 Pa；

$Q_{空气1}$——土仓内空气流量，m^3/h；

P_2——标况压力，10^5 Pa；

$Q_{空气2}$——标况空气流量，m^3/h。

2.2.5.5　其他系统设计

除以上系统外，还有工业空气系统、改良膨润土系统、消防系统、保压系统等，与常规圆形盾构机对应系统的设计区别不大，不再一一叙述。

2.3　矩形顶管隧道设计技术

2.3.1　总体设计

顶管隧道的总体方案应根据工程水文、地质条件、城市的总体规划、周边既有建筑物、管线、道路交通等条件，通过经济、技术、环保、使用功能等方面的综合比较，选择合理的工程方案及结构形式。

1）总体线路设计

（1）线路方案应综合考虑地形、地貌、地质、气象、社会人文和环境等因素，合理选择隧道各轴线方案的走向、平纵线性、工作井装置。

（2）顶管隧道断面穿越的地层、转弯半径、纵坡应结合顶管设备的掘进能力和顶管隧道的功能需求综合考虑。

（3）隧道线路应避开断层、滑坡、泥石流、地震断裂等严重不良地质，同时避免穿越工程地质极为复杂的地段。

2）管节设计

（1）在管节设计中，在满足隧道使用功能决定的安全性能、使用性能、耐久性性能的前提下，应优先采用性能优越、方便施工的管节结构形式及规格。

（2）管节结构设计采用以概率论为基础的极限状态设计方法，以可靠指标度量结构构件的可靠度，采用分项系数的设计表达式进行设计。

（3）管节设计应统筹考虑管节预制、吊装、翻身、拼装、掘进等施工工艺，优化繁琐的施工工序。

3）工作井及洞门设计

（1）工作井应根据周边场地条件，考虑排水、出渣运输的便捷性，并结合顶管隧道的功能统筹考虑。

（2）工作井的支护、结构形式应安全、可靠。

（3）工作井的结构尺寸应满足顶管设备始发、接收的需求。

2.3.2　线路及断面设计

1）线路走向

顶管具体位置的选择与当地的工程地质条件、水文地质条件、地形地貌条件、工程难易程度、投资数额、工期要求及现有的施工技术水平和今后运营条件等因素有关。最根本的是地质条件和地形条件。

顶管隧道的位置选择应根据城市规划,功能需求,结合地形、地质、环境及对邻近建筑物和公共设施的影响进行全面分析、综合比较后确定。

顶管隧道的位置尽量避免穿越工程地质和水文地质极为复杂以及严重不良的地质地段,当必须通过时,应有切实可靠的工程措施。

隧道位置应与燃气输送管道、输油管道、易燃、易爆和有毒气体等危险品工厂、车间、仓库保持一定安全距离。

2)覆土厚度

顶管最小覆土一般要求管顶覆土大于2.5倍的管道外直径,其最小不得小于1.5倍的管道外直径。在场地条件较好情况下,其覆土厚度可减小至3m左右。

3)断面形状

矩形隧道断面有以下特点:

(1)一般板和边墙采用等厚度设计。

(2)为便于顶管机全断面无死角切削土体,外侧由直角做成圆弧形等。

(3)尺寸较大,在保证土体稳定情况下,顶管隧道的埋深会相应加深,为保证在上覆土层和地表荷载的作用下管节结构安全、管节不过于粗笨,管节结构普遍采用角部采取加腋补强构造。

4)结构类型

顶管管节类型基本上分为型钢管节、铸铁管节、钢筋混凝土预制管节等。

球墨铸铁管节:强度高、延性好、重量轻、精度高、防水性好。但加工设备要求高,造价较高。

钢管节:采用钢板焊接加工而成,其强度高、延性好,运输安装方便。但精度稍低,施工时在施工应力作用下易发生变形,在地层内也易腐蚀。

钢筋混凝土管节:具有强度高、耐腐蚀、宜加工、造价低等特点,是最常用的管节形式。但较笨重,在运输、安装施工过程中易损坏。

2.3.3 荷载

(1)水土压力

将上部的土体作为竖向压力作用于管节。土压力大小与上覆土体厚度、地层条件、管节外径等有关。顶管的垂直土压力有两种计算方法,一种是地表到顶管顶部的距离,另一种是地表到顶管轴线的距离。

(2)松弛土压力

顶管上部覆土厚度相较顶管外径较大,一般在砂层中为2.5倍外径,黏土层中2倍外径条件下,管节受到的土压力通常按松弛土压力考虑,应用太沙基公式计算。

(3)水平土压力

水平土压力是作用在管节两侧的因土体自重应力产生的侧向荷载,其大小通常采用竖向的自重土压力乘以侧向土压力系数来计算。在实际工程中可通过扁铲侧胀试验或旁压试验得到其侧向土压力系数。

(4)土压力计算中对水的处理

土压力计算时,有两种处理方法,一种是把土体与水当作整体来考虑其对管节的作用,另一种是分别考虑土体与水对管节的作用。对水有亲和作用的黏性土通常按水土合算考虑,对于砂性土,通常按水土分算考虑。

水土分离计算时,地下水位以上采用天然重度,地下水位以下采用浮重度。水土合算时,地下水位以上采用天然重度,地下水位以下采用饱和重度。侧向土压力系数与地层反力系数见表2-8。

侧向土压力系数与地层反力系数　　表2-8

水土处理方式	土的种类	λ	K(MN/m^3)	N值标准
水土分离	非常密实砂质土	0.35~0.45	30~50	$30 \leq N$
	密实砂质土	0.45~0.55	10~30	$15 \leq N < 30$
	松散砂质土	0.50~0.60	0~10	$N < 15$
	固结黏性土	0.35~0.45	30~50	$25 \leq N$
	硬质黏性土	0.45~0.55	10~30	$8 \leq N < 25$
	中等程度黏性土	0.45~0.55	5~10	$N < 15$
水土一体	中等程度黏性土	0.65~0.75	5~10	$4 \leq N < 8$
	软黏性土	0.65~0.75	0~5	$2 \leq N < 4$
	非常软黏性土	0.75~0.85	0	$N < 2$

(5)隧道抗浮验算

管节位于地下水位以下时,会受较大浮力,需判断管节上覆土体和管节自重之和与管节所受到浮力的关系。

2)可变荷载

(1)地面超载

地面超载为地面上交通、轨道的荷载或建筑物的基础反力等。在顶管设计时,必须对地面超载的影响作出合理的评价。地面超载的影响程度,因荷载的种类、顶管的覆土厚度、荷载的位置与范围、建筑物与构造物的基础形式、作为应力传递媒体的地层特性而不同。为此,原则上要考虑土中应力传递特性来评价地面超载的影响。

(2)施工荷载

将施工时作用于正在拼装或拼装完成后的管节上的临时荷载总称为施工荷载。施工过程中管节可能受到损伤,会降低顶管的耐久性能。所以应当在参考施工实例及试验结果的基础上,慎重地验算施工荷载的影响。

3)其他应该考虑的荷载

(1)临近施工

在预测到顶管完成后其他的构造物要进行邻近施工时,应充分验算邻近结构物及其施工带给顶管的影响,有必要确认施工的安全性,这时的计算不限于施工时段,如果对顶管的影响长期残留在顶管上时，有必要将其作为设计荷载来考虑。在判断出邻近施工的影响较大时，要在合理评价荷载的同时，有必要采用考虑荷载随着时间变化的计算方法来进行评价。

(2)内部荷载

内部荷载是顶管完成后，来自顶管内部作用的荷载，当这些荷载作用在顶管隧道上时也必须保证顶管结构的安全性。这些荷载依据隧道的使用目的而异，要根据各自使用目的，进行合理设定。

(3)其他荷载

其他荷载还包括管节的储藏和运输，或者由于特殊的拼装方法而引起的临时荷载，地形及土质状况引起的作用在隧道上的偏压等。

2.3.4 管节设计细节

1)接头形式

在顶管隧道的设计中，管节接头质量好坏对隧道影响很大。接头设计既要考虑所承受的荷载、周围的地质情况及防水等要求，又要综合考虑施工便捷度、经济合理性、工期压力、养护维修难度等诸多因素。

目前常用的钢筋混凝土管管节接头形式主要有承插式、企口式、平口式，又可细分为承插式填料接口、承插式橡胶圈接口、企口管填料接口、企口管橡胶圈接口、平口管套环接口5种形式。而顶管机施工常用的是F形钢承口管接头，如图2-67所示。

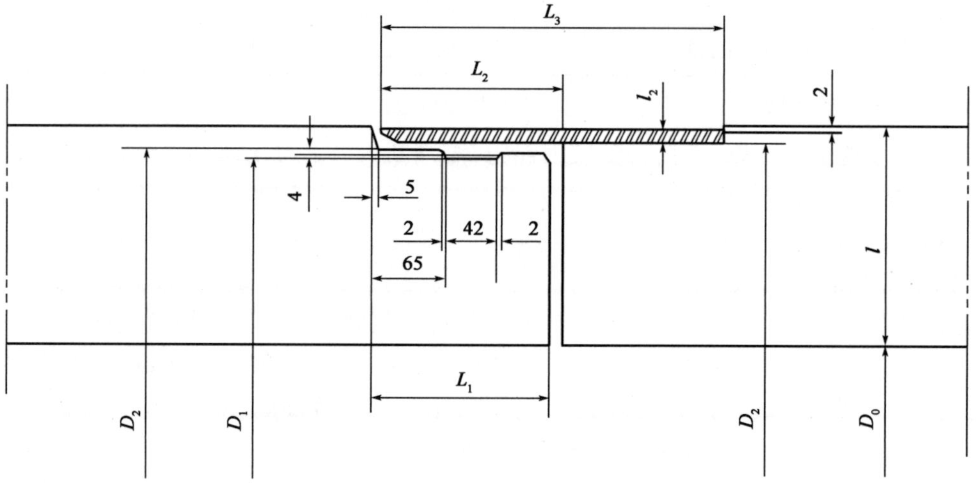

图2-67 F形钢承口管接头结构(尺寸单位:mm)

2)防水设计

地下结构防水设计应遵循“以防为主，刚柔相济，多道设防，因地制宜，综合治理”的原则。

混凝土结构具有优良的自防水性能，从经济、实用角度考虑，在管节防水设计时，应优先考虑管节的钢筋混凝土自防水体系，并在管节接缝位置考虑辅助防水措施。管节防水体系见表2-9。

管节防水体系　　表2-9

类型		内容
结构自防水	混凝土抗渗等级	混凝土管节采用 C50、P12 混凝土
	裂缝控制	裂缝宽度不大于 0.20mm，且不得有贯穿裂缝
	耐腐蚀要求	处于侵蚀性介质中的防水混凝土的耐侵蚀要求应根据介质的性质按有关标准执行
接缝防水	管节接缝、注浆孔及吊装孔不得渗水	
管节外注浆	同步注浆、二次注浆	

顶管隧道由于结构和施工的特殊性，其防水设计有别于现浇明挖隧道和矿山法隧道，不能采用外包式防水。顶管管节因是钢筋混凝土材料，其结构抗渗自防水性能良好，管节防水问题主要体现在管节间的柔性接头上，目前常用的防水做法是在管节接缝设置遇水膨胀橡胶与压密止水橡胶。

以常用的 F 形钢承口管接头为例，如图 2-68 所示。该管接口是把钢套环预埋在前一环管节端部，为了防止钢套环与混凝土管接合面产生渗漏，该处设了 1 道密封圈，构成一封闭圆环，该橡胶止水圈不是用普通橡胶，而是采用了雨水膨胀橡胶，该橡胶在吸收水分以后体积会膨胀 1 ~3 倍。同时在管节与钢套环间形成的槽道内采用发泡聚氨酯密封胶填注。

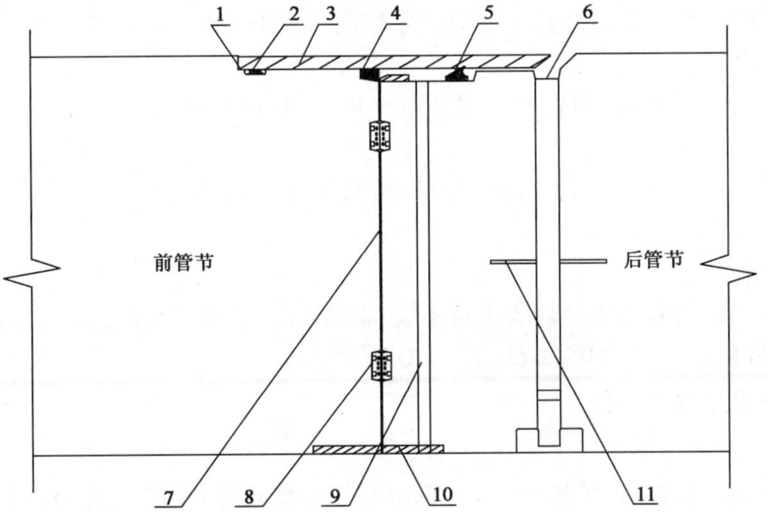

图 2-68　F 形钢承口管接头防水系统

1-止水钢环；2-单组分水膨胀密封胶 SM；3-接口钢套环；4-发泡聚氨酯密封胶；5-鹰嘴形橡胶密封圈；6-DN25 钢管减摩注浆孔；7-丁腈软木橡胶垫片（或多层胶合板）；8-弹性橡胶密封垫；9-防水压浆孔；10-钢环；11-止水钢环

管片结合面的防水部分包含径向防水与轴向防水：

径向防水，就是在 F 形承插口内安装鹰嘴形密封，类似于单唇形密封，材质为氯丁橡胶或氯丁橡胶与水膨胀橡胶复合体，并以黏结剂粘贴于管节基面上。在管片安装时，后面管节的插口顶到前面的承口里，密封由于压缩变形使得其紧贴在前面管节的钢套筒（承口）内。根据水土压力的情况，可设置 1 道也可设置 2 道。

轴向密封，也就是端部密封，主要起密封作用的是 1 ~2 圈多孔型密封，材料多为三元乙丙橡胶。在钢筋混凝土管节的端部,留有沟槽,在现场粘贴多孔型密封。这样,在管节与管节接触的时候,由于顶推力的原因,会使得前一个管节端部的密封和后一个管节端部的密封紧贴在一起。在多孔型密封之外的其他位置一般要粘贴丁腈软木橡胶垫片或多层胶合板,起到缓冲的作用,对密封也有一定的保护作用。

另外,在鹰嘴形密封靠近端部的位置还留有聚氨酯注入口,用于紧急情况下的封水。聚氨酯遇水膨胀,能起到很好的防水密封效果。

图 2-68 所示防水设计的优点:

(1)集成了以往管节接缝防水设计的经验成果,采用了设置多道防水的设计。

(2)防水设计与顶管施工工艺结合,设计简单易于施工。

缺点如下:

(1)大断面矩形顶管工程设计使用年限一般大于 50 年,F 形承插钢环在地下水位常年变化区域易腐蚀,影响使用期间的防水效果。

(2)大断面矩形顶管施工精度较圆形或小型顶管精度偏低,接口预留缝隙大,密封橡胶圈普遍采用水膨胀橡胶,而又没有合理的约束膨胀措施,水下顶进施工期间,止水条遇水膨胀,长度发生变化,易在矩形管节拐角部位发生弯曲扭转而形成渗漏通道,起不到施工期间应有的防水效果。

(3)F 形接口为柔性接口,管节就位后有一个随土体沉降稳定过程下的自稳过程,嵌缝密封胶一般采用聚氨酯、聚硫或硅硐嵌缝防水密封胶,耐气候能力差,3 ~5 年即出现渗漏问题,不能作为永久防水措施。

(4)水膨胀橡胶具有可逆性,在干湿交替环境下,界面易被污染,无法保证接触面密贴,从而失去效果。

(5)由于水膨胀橡胶止水条使用年限较短,对于其耐久性有待考证,对于不可更换的防水措施,具有一定的风险。

3)其他设计

结合施工的需要,管节设计还要考虑吊装(翻身)孔、减摩注浆孔、置换注浆孔、预应力孔等孔道和预埋件的设计等,如图 2-69、图 2-70 所示。

2.3.5 始发及接收设计

(1)工作井设计

顶管线路两端均需设置工作井,分别为始发井和接收井;顶管掘进端由始发井进入,顶推至接收井,完成整个推进过程。始发井与接收井的尺寸需综合考虑顶管工艺,如顶铁、油缸、后靠等尺寸,同时预留设备吊入、吊出条件。工作井尽量考虑与主体结构结合设置,实在没有条件的情况下可以单独设置。顶管进出工作井尚需考虑洞门土体的加固,加固形式通常为搅拌桩、旋喷桩、冷冻加固等。

(2)后座墙设计

后座墙为顶管顶进提供反力,需承担顶管顶进施工期间主顶设备的作用力。后座墙应具有一定的强度与刚度,满足顶管设备顶进需求。

后座墙尽量保持表面平直且材质均匀。后座墙的强度取决于千斤顶在顶进过程中施加给后座墙的最大后坐力,最大后坐力与最大推力相等。

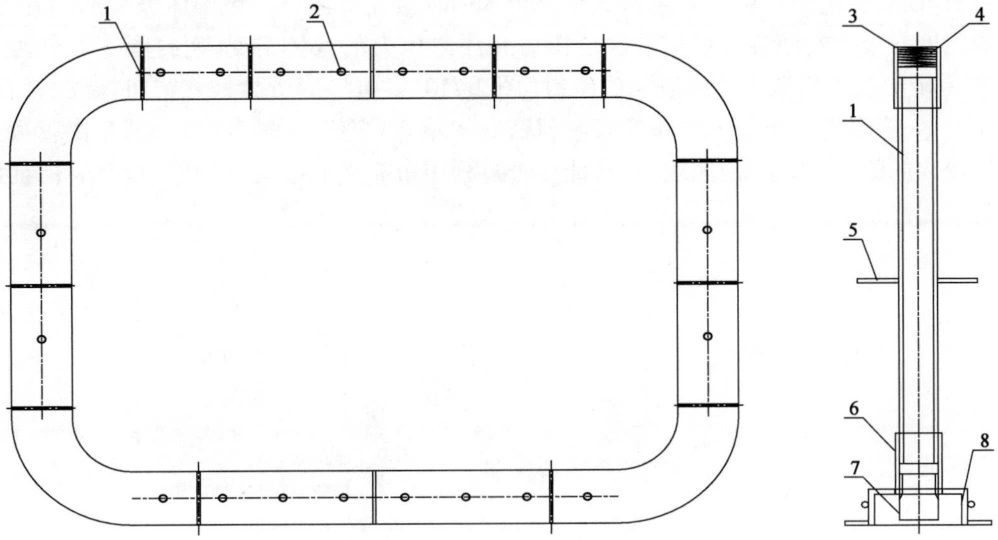

图 2-69 减摩注浆孔设计细节

1-DN25 钢管减摩注浆孔;2-预埋 ϕ60mm 预应力孔道;3-堵头螺纹套管;4-止回阀;5-止水钢环圈;6-堵头螺纹套管;7-外力堵头;8-凹槽成型预埋件

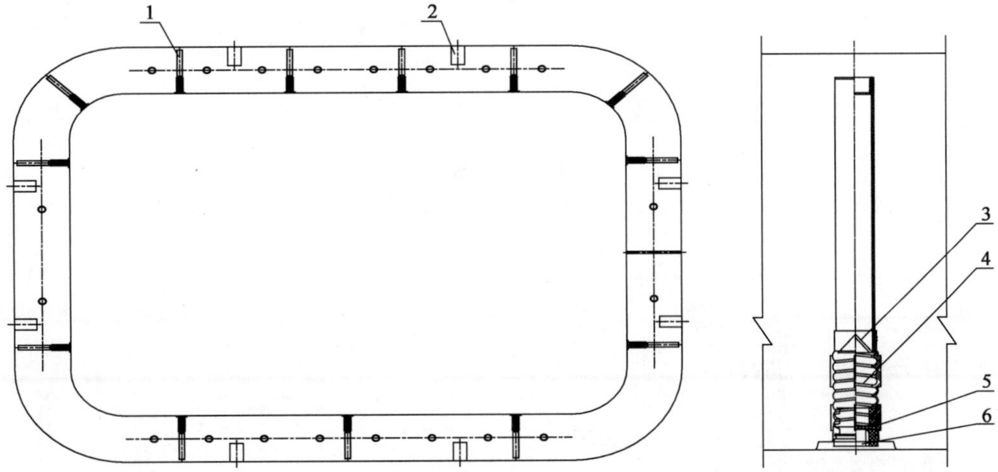

图 2-70 置换注浆孔设计细节

1-置换注浆孔(兼地层注浆孔);2-吊装孔;3-止回阀;4-水膨胶圈;5-注浆孔预埋件;6-螺旋盖

后座墙一般有以下几种形式:覆土较浅、土体性质较差的工程,可采用土体加固,利用加固后的土体作为后座墙;在工作井内施作混凝土三角反力墙,把反力传递给基础;对既有建筑物的结构进行加固后,利用既有结构作为反力墙。

(3)洞门设计

顶管工程中,为使顶管机和管节能顺利从工作井内进洞和出洞,顶管与洞口之间要留有一定的间隙(一般 100mm 左右)。在顶进过程,地下水和泥沙可从次缝隙进入工作井内,严重时可导致洞口上方地表发生塌陷,造成安全事故。因此洞门设置洞门密封,保证顶进施工期间的安全。

目前,顶管机进出洞施工时采取的主要止水措施是先对洞口区域土体进行加固处理,然后在洞门处安装密封圈装置。根据水土压力和注浆压力的具体情况,密封圈一般分为3种形式:1道扇形折页板式帘布橡胶洞门密封(图2-71)、2道扇形折页板式帘布橡胶洞门密封(图2-72)、2道扇形折页板式帘布橡胶洞门密封+钢丝刷密封(图2-73)。帘布橡胶板一般与刚性较大的折页压板配合使用,可保证顶进过程中帘布橡胶板与顶管管节密贴,保证洞门的密封。

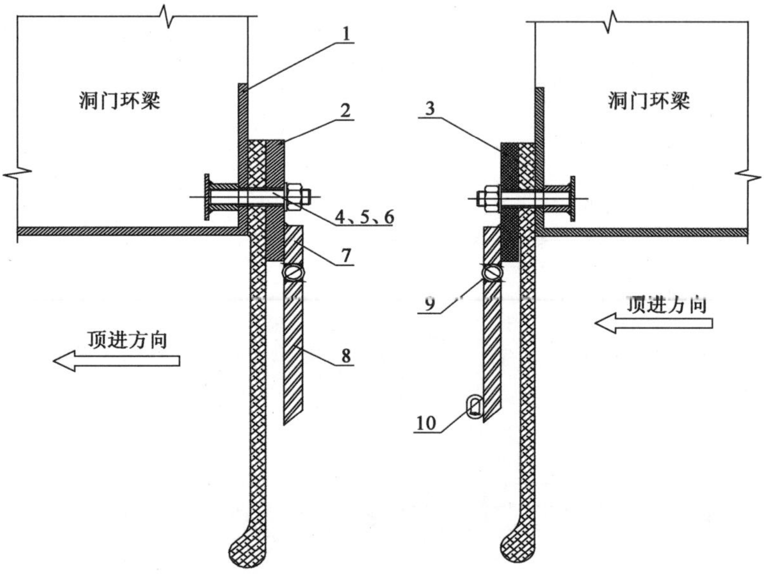

图2-71　1道扇形折页板式帘布橡胶洞门密封

1-预埋钢环;2-压板;3-帘布橡胶板;4-双头螺柱;5-垫圈;6-螺母;7-固定板;8-翻板;9-销套;10-钢筋环

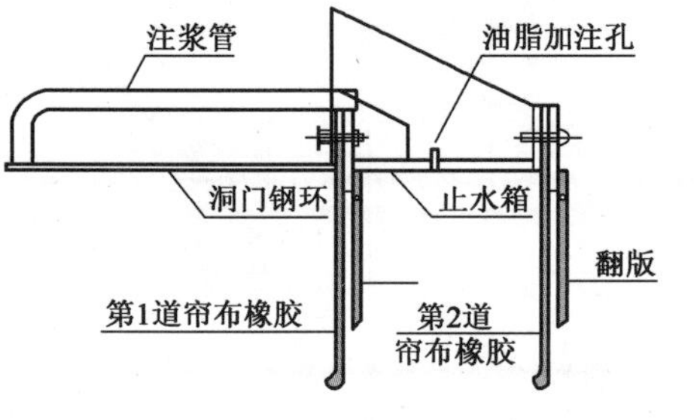

图2-72　2道扇形折页板式帘布橡胶洞门密封

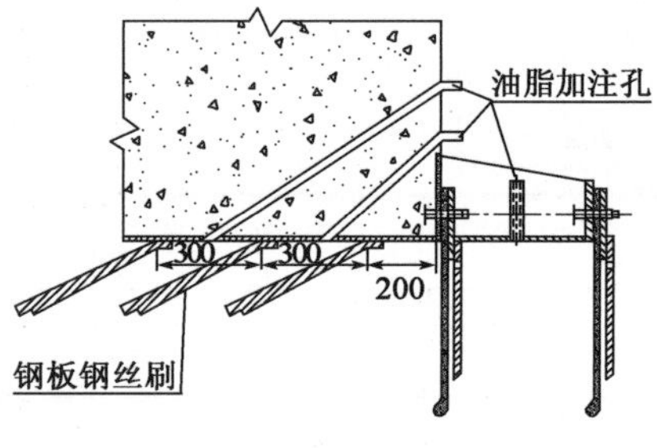

图2-73　折页板式帘布橡胶+钢丝刷密封

2.4　矩形顶管隧道施工技术

2.4.1　土压平衡矩形顶管施工技术概述

矩形顶管施工是一门涉及知识面广、施工管理要求高、施工作业要求严格的综合性施工技术,主要包含施工准备、管节生产、工作井施工、设备安装调试、始发顶进、注浆减摩、渣土改良、土仓压力动态平衡控制、沉降控制、姿态测量与控制、设备接收等工艺。土压平衡顶管施工工艺流程如图2-74所示。

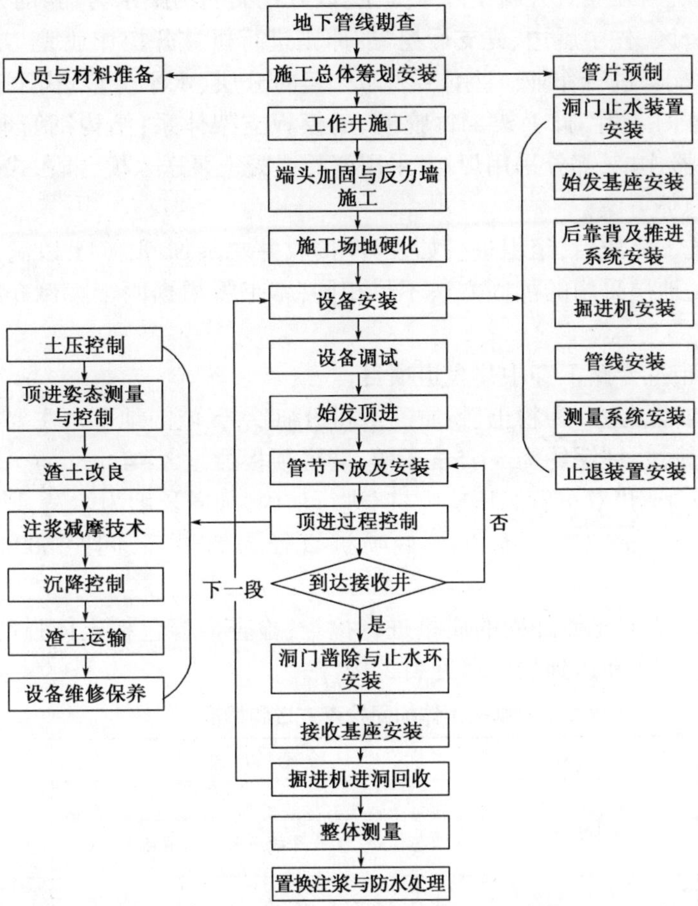

图2-74 土压平衡顶管施工工艺流程

2.4.2 施工准备

1)地质与地下管线勘察

矩形顶管隧道工程一般为浅覆土掘进,浅覆土层中往往存在各类错综复杂的市政管线、回填不明障碍物等,对矩形顶管机施工的影响非常大,同时矩形断面开挖对地质情况要求比较高,特别是对上软下硬复合地层、硬岩地层适应性较差,施工的难度与风险较大。因此,项目实施前必须要进行详细的地质勘查与管线情况的摸排,为后期的可行性分析、重难点针对性设计与施工组织总体方案提供参考。

2)施工总体筹划安排

根据施工现场的工程条件,分析工程面临的重难点,提前做好工序设计方案、场地布置方案、物质保障方案、工作井施工方案、隧道施工总体方案、管节生产方案、风险应急方案等。

3)工作井施工总体方案

在软土地层,工作井通常采用明挖顺作法施工。水压较大时,围护结构一般采用地下连续墙结构;水压较小时,围护结构采用"排桩支护+支撑体系+止水帷幕+坑内降水"的设计,支撑系统可采用内支撑也可采用锚撑。

基坑降水以"坑内独立管井疏干降水为主,以开挖面明沟集水为辅"的方式,基坑开挖以"纵向分层、水平分区、先中后边、先支后挖"的原则进行机械开挖作业,土方开挖采用"小型挖机+长臂挖机"配合进行作业。主体结构按"竖向分层、水平分段、由下往上、平行顺筑"进行施工。衬砌结构采用"脚手架+竹胶板"的模板支架体系;结构钢筋现场加工,人工绑扎,接头采用接驳器连接,部分采用焊接,采用商品混凝土泵送入模,插入式振捣器振捣。

4)端头加固总体方案

工作井结构施工完成后,组织进行始发井/接收井端头加固施工,以满足顶管始发与接收的需求。不同的地层采用的加固方法不尽相同,本书将根据两个案例介绍一下常用的端头加固方案。

案例一:郑州市红专路下穿中州大道项目。

该项目穿越的地层主要为粉土、粉质黏土和粉细砂,区域内地下水主要为松散岩类孔隙水,地下水位埋深较浅,埋深约为3~5m不等,隧道顶板覆土3~4m。

本标段端头均采用"双重管高压旋喷桩"进行加固,加固长度为始发、到达端各5m,加固范围到隧道上、下各3m,左、右各3m。旋喷桩直径为800mm,间距500mm,相邻两桩咬合300mm。

在凿除洞门前,需对土体加固的质量进行检查,检查内容包括土体强度、抗渗性能均匀性。各指标的检查方法和达到的要求见表2-10。

端头土体加固检查方法和标准 表2-10

检查项目	标准	检查方法	备注
加固土体强度	≥1MPa	在每条隧道开挖线外侧2m处施工2个钻孔取芯检查(钻孔深度至开挖线底部)	取岩土芯进行抗压强度试验
加固体渗透性	≤1m^3/d不得漏泥沙	在洞门范围上下左右及中心各施工钻孔1个,检查其渗水量	钻孔要打穿围护结构
加固体匀质性	加固体均匀	利用钻孔岩土芯进行检查	现场判定

若加固土体达不到质量要求,可从地面钻孔和洞门垂直钻孔,采用压密注浆的方式进行补充加固。

案例二:天津黑牛城道下穿隧道项目。

该项目主要穿越粉土、粉质黏土层,初见水位埋深2.10~2.40m,静止水位埋深1.10~1.50m,水压较大,隧道顶板覆土9m。

始发井端头加固范围长8.5m、宽20m,有效加固深度均为17.5m,加固形式采用"三轴搅拌桩+两排三重管双高压旋喷桩"或"两排三重管双高压旋喷桩"设在地连墙与搅拌桩之间。三轴搅拌桩桩径为ϕ0.85m,间距为0.6m,水泥掺量不少于25%,采用四搅四喷法施工。三重管双高压旋喷桩桩径为ϕ0.8m,间距为0.6m,加固区域如图2-75所示。

接收井端头加固范围长7m、宽20m,有效加固深度均为17.5m,加固形式采用"三轴搅拌桩+两排三重管双高压旋喷桩"或"两排三重管双高压旋喷桩"设在地连墙与搅拌桩之间。三轴搅拌桩桩径为ϕ0.85m,间距为0.6m,水泥掺量不少于25%,采用四搅四喷法施工。三重管双高压旋喷桩桩径为ϕ0.8m,间距为0.6m,加固区域如图2-76所示。

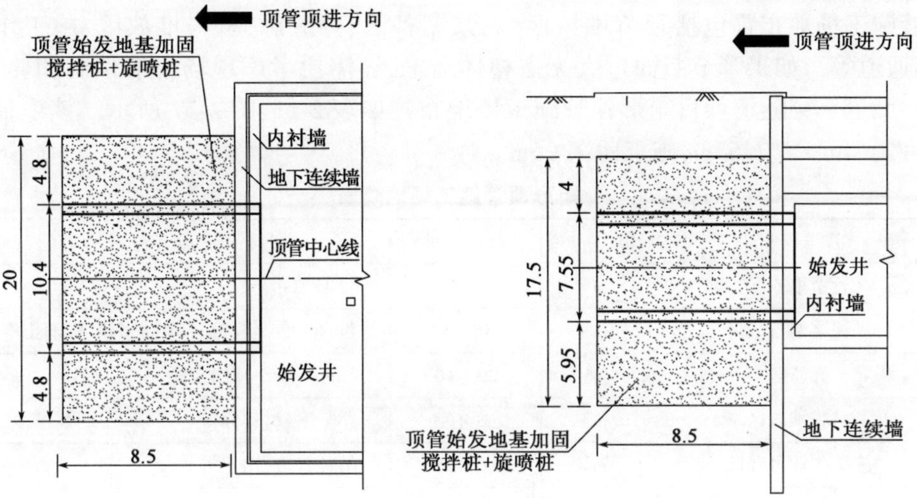

图2-75　始发端头加固平、立面布置图(尺寸单位:m)

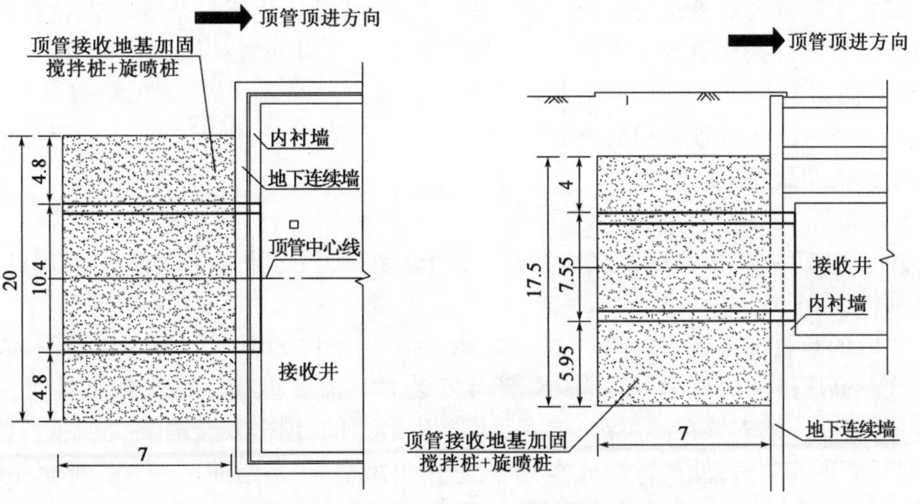

图2-76　接收端头加固平、立面布置图(尺寸单位:m)

5)顶进反力墙施工总体方案

反力墙根据设计的最大推力要求,可利用既有土体进行注浆加固,又可采用钢筋混凝土墙或钢结构反力墙。

6)施工场地硬化及布置

门吊、供水电系统及渣坑等要集中、合理布置。设备安装前,根据操作要求及施工方便的原则确定设备安装位置、各种管线和电缆的铺设位置及走向等,对设备的吊运、安装顺序进行计划和安排。

场地一般采用300mm厚C30钢筋混凝土硬化,钢筋网片采用双层$\phi12@200mm\times200mm$的钢筋网片双向布置。

(1)井上场地布置

顶管施工场地布置包括管节堆放区、泥浆制备区、弃渣区、材料堆放区、施工作业吊装区、施工通道等。如果管节断面过大无法整体运输,还需要考虑现场管节预制和养护区域。天津黑牛城道下穿隧道项目矩形顶管施工场地布置如表2-11、图2-77所示。该项目管节外尺寸为$W10.4\text{m}\times H7.55\text{m}$,施工距离96m。

矩形顶管施工场地简表　　表2-11

序号	项　目	单　位	数　量	备　注
1	管节堆放区	m^2	7000	62环管节
2	泥浆制备区	m^2	16×8	包含1台制浆机、4个储浆箱、膨润土堆放区等
3	弃渣区	m^2	20×10	保证至少3环出土量
4	材料堆放区	m^2	6×6	办公室、材料库等
5	施工作业吊装区	m^2	10×15	吊装管节、出土等
6	施工通道	m^2	4000	材料运输、出土等

(2)井下布置

井下布置主要考虑顶管机、始发台、后靠板、主顶油缸架、液压泵站等顶进设备的布置,工作井边侧设置下井扶梯供施工人员上下。矩形顶管工作井布置如图2-78所示。

(3)管片内布置

管片内主要考虑矩形顶管机后配套系列设备、轨道、渣土车、供配电箱、泥浆管、水管、供电线路等设备的布置(图2-79)。

(4)水电布置

矩形顶管施工用水,主要用于浆液拌制、文明施工等,根据现场需要采用市政自来水接入各用水部位。

施工用电的布置根据施工距离、主机总功率等工程条件的不同分为高压进洞和低压进洞两种形式。高压进洞的优势是压降小,管节安装时只需要拆接一根高压线即可,更加快捷,但是需要将变压器安装在隧道内,要有足够的安装空间,用电安全需要更加重视,适用于长距离、大断面顶管项目;低压进洞成本更低,适用于短距离、小断面项目。天津黑牛城道项目中,顶管自带一台1600kVA箱式变压器,采用35mm^2高压电缆实现高压进洞。根据施工现场用电设备布置情况,采用电缆穿管埋地敷设,采用三级配电,两级防护。按照《施工现场临时用电安全技术规范》(JGJ 46—2005)制定施工组织设计,用电设备带有避雷设施,接地电阻$R\leqslant 4\Omega$。地面上的低压供电主要用于主控制室、液压油泵站、泥浆搅拌、注浆及照明等部位,总用电量约200kW,主电缆配置1根90mm^2低压电缆。顶管通道及危险工作区域的照明必须配有应急照明装置,在潮湿和易触及带电体的场所照明供电电压不应大于36V且照明变压器应设置在干燥、安全处。

7)施工进度计划(天津黑牛城道项目为例)

顶管管节最好在顶进施工实施前基本预制完成,顶管机根据施工现场情况统一安排进场,施工进度计划如下:

(1)顶管机组装、调试:30d;

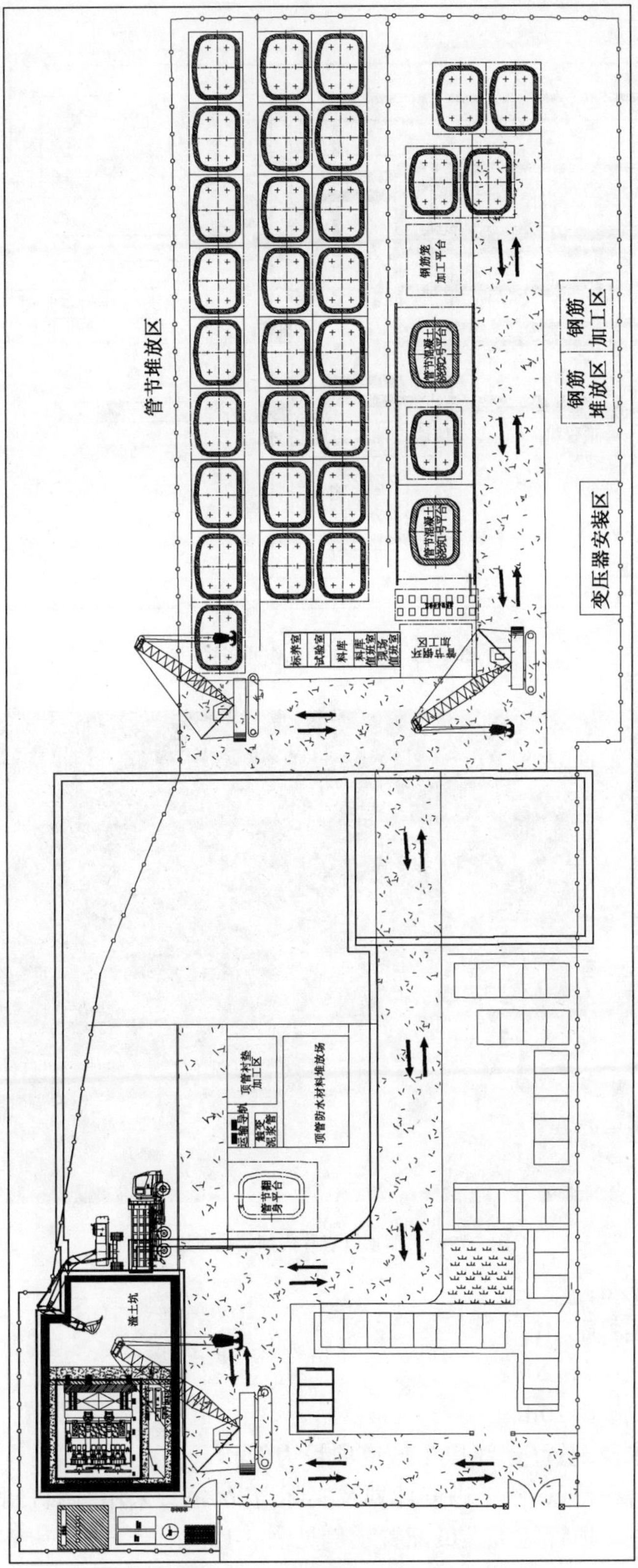

图2-77　矩形顶管施工场地平面布置图

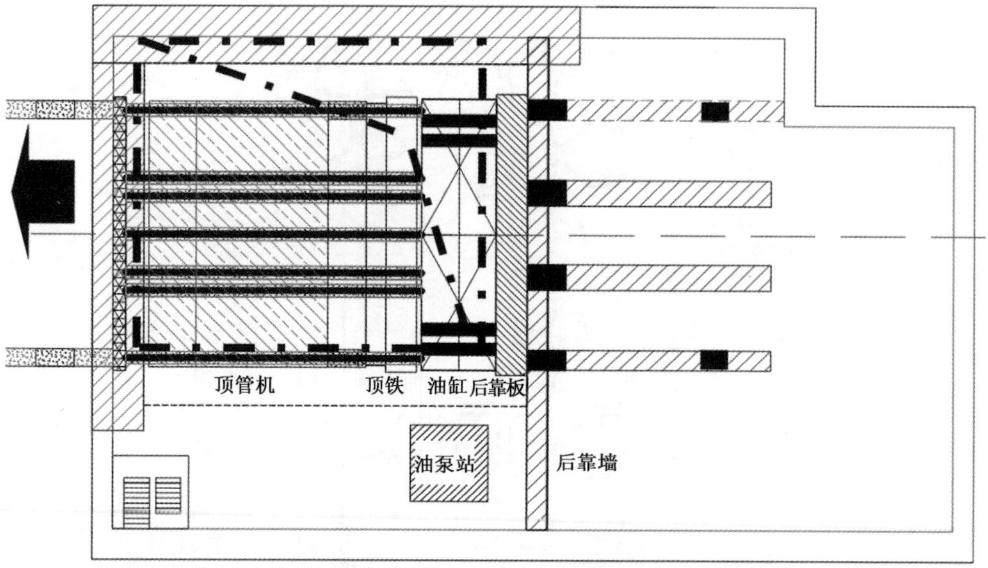

图 2-78 矩形顶管工作井布置图

图 2-79 矩形顶管管片内部管线布置图

(2)加固区:1 环/d;

(3)正常掘进段:2 环/d;

(4)顶管机接收、拆解:20d;

(5)管节后防水施工:20d。

8)人力资源需求及配置(天津黑牛城道项目为例)

根据本工程的工程特点、施工进度计划及实际情况,每日采用"两班制连续不间断"的施工形式进行顶管掘进。顶管施工人员配置示例见表 2-12。

顶管施工人员配置示例 表 2-12

序号	岗 位	数 量	工 作 范 围	备 注
1	总负责人	1	总体管理、协调施工	
2	技术负责人	1	技术管理	
3	机械负责人	1	机械管理	
4	现场带班	2	现场负责人(白、夜班各 1 人)	
5	测量	4	负责施工中测量工作	
6	技术员	4	负责施工现场技术、机械等	
7	顶管司机	2	机头操作工(白、夜班各 1 人)	
8	吊车司机	4	白、夜班各 2 人	
9	泥浆系统	6	泥浆拌制、注浆(白、夜班各 3 人)	
10	辅工	30	顶管施工顶进、出土、管节安装等	
11	电工	2	现场用电工作	
12	机修工	4	现场维保工作	
13	合计	57	—	

9)设备需求及配置(天津黑牛城道项目为例)(表 2-13)

顶管施工机械设备配置 表 2-13

序号	设 备 名 称	型 号 规 格	数量	用 途	设 备 来 源
一	主要施工设备				
1	土压平衡矩形顶管机	10.42m × 7.57m	1 台	顶管施工	新购
2	履带吊	450t	1 台	顶管机组装、拆解	租赁
3	履带吊	350t	1 台	管节吊装、出土	租赁
4	液压反铲挖掘机	PC200	2 台	弃土外运	—
5	17t 自卸汽车	CQ30290E	2 台	弃土外运	—
6	平板车	—	1 台	管节运输	租赁
二	小型设备				
1	土砂泵	DTYB2	2 台	渣土改良	购置
2	高压水泵	3XB	1 台	井底抽水	购置
3	灰浆搅拌系统	—	1 套	制浆	自制
4	螺杆泵	5.5kW	4 台	注浆	购置
5	砂轮机	2.2kW	1 台	冷作	购置
6	电焊机	500kVA	2 台	焊接	购置
7	自拌式浆车	1.5m^3	1 台	转浆	购置
8	灰浆搅拌机	2.0m^3	1 台	拌浆	购置
三	辅助设施				
1	始发架	—	1 套	—	购置
2	接收架	—	1 套	—	购置

续上表

序号	设备名称	型号规格	数量	用　途	设备来源
三	辅助设施				
3	后靠背	—	1套	—	购置
4	U形顶铁	—	2套	—	购置
5	环形顶铁	—	2套	—	购置
6	吊具	—	2套	—	购置
7	出土后配套	—	2套	—	购置

10)材料供应(天津黑牛城道项目为例)(表2-14)

顶管施工材料用表

表2-14

序号	材　料	单　位	数　量	备　注
1	管节	环	62	含配套
2	膨润土	t	800	含渣土改良、减摩泥浆
3	油脂	t	3	—
4	泡沫	m^3	10	—
5	CMC	t	10	—
6	纯碱	t	10	—
7	水泥	t	400	泥浆置换

2.4.3 管节的预制与供应

1)管节的供应方案

管节的生产分为现场预制和厂房预制,在管节尺寸不超宽、不超重的情况下,建议尽可能采用厂房内车间流水化生产,生产效率高,质量有保证。如果管节超宽、超重,不便于远距离运输,则需要考虑现场预制。

2)管节生产场地要求

生产场地应开阔,地面需硬化。根据场地条件,分别设置原材料堆放区(水泥、掺合料、外加剂等需要专用筒仓储存)、钢筋加工区、混凝土生产区和管节生产车间。

3)管节预制

(1)管节生产工艺流程

管节生产工艺流程如图2-80所示。

(2)管节预制施工方案

①管节模具设计与制造

管节模具一般由专业模具生产厂家进行加工,钢模具由底模、外模和内模组合而成,其中内外模分别由四片组成,如图2-81。模具采用液压油缸收、支模板,侧模包底模,上下均设有双向定位螺栓拉杆,保证管节预制的精度。

a.钢筋混凝土管节精度是以钢模加工和合拢振捣后的精度作保证的,因此钢模在正式投入管节制作前必须经过四阶段检测,即加工装配精度检测、钢模定位后的精度复测、试生产后的钢模精度同实物精度对比检测和管节三环水平拼装精度的综合检测。各项检测指标均在标准的允许公差内，经现场工程师批准，方可投入正常生产。

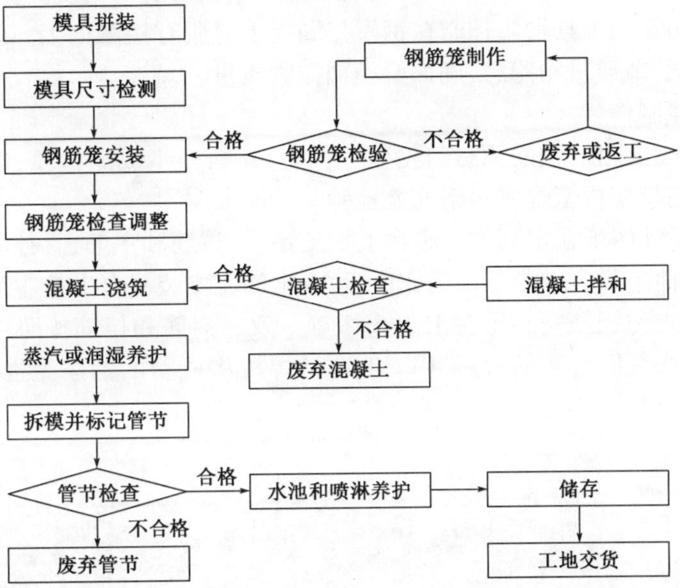

图 2-80　管节生产工艺流程图

图 2-81　管节预制钢模板

b. 在正常生产状态下，对钢模实施两种检查的管理，即浇捣前的快速检查和钢模定期检查。浇捣前的快速检查是指用专用的快速测量工具对钢模中心宽度和能显示钢模正确合拢的指标进行测试，测试工具必须保持完好状态，并要妥善置放在可靠的地方；钢模定期检查是保证钢模在允许公差之内进行管节制作。如有特殊情况，可缩短其检查周期或作针对性检查，超标必须上报和及时修正，复检达标后方可继续进行管节制作。

c. 钢模检查的各项目检测值都应及时准确清晰地填写在规定的钢模检查表中，确保记录有效性和可追溯性。

d. 对管节脱模和起吊后的钢模,必须在不损伤钢模本体的前提下进行彻底清理。确保钢模内表面和拼接缝不留有残浆和微小颗粒,以保证钢模合拢的精度。

e. 脱模剂应用专门工具均匀抹刷在钢模与混凝土的所有接触面上。抹刷后应有专人检查,不要留有影响管节质量的隐患,确保脱模剂抹刷质量。

②管节钢筋笼制作

钢筋笼制作工艺流程:钢筋原材料检验→调直、断料→半成品弯弧、弯曲→部件检查→半成品安装→钢筋骨架成型焊接→钢筋笼检验。

钢筋笼按照设计图纸在定制加工平台上加工箍筋、拉筋和主筋,且控制半成品的下料长度、起止弧点和弯曲半径。半成品加工完成后,在钢筋笼安装平台上按主筋控制槽定位主筋位置,主筋起止弧点与钢筋安装平台上起止弧点一致。箍筋和拉筋按照主筋上的间距标记点一一对应安装、绑扎固定。最后,采用 CO_2 保护焊机将成型的钢筋笼进行焊接加固,箍筋与主筋之间采用点焊(图 2-82)。

图 2-82　管节钢筋笼制作平台加工钢筋笼

③钢套环、钢筋笼、预埋件入模定位

入模的顺序:承口钢环入模→钢筋笼吊装入模→预埋件定位、固定→模板定位固定检查→插口钢环安装、固定→浇捣准备。

管节钢模在每次拆模后应清理干净,均匀涂抹脱模剂。

承口钢套环在定制的模具加工平台上焊接、固定,安装预埋注浆孔、钢滑槽和吊装孔对应钢模具上的预留孔,如图 2-83 所示,并用定制固定件固定,确保制作过程中不出现漏浆及移位现象。

钢筋骨架入模前必须先将保护层垫块固定在内外圈主筋上,保护层垫块设置间距为每米一个,钢筋骨架在吊装时必须由专用吊具进行吊装,钢筋笼起止弧点与钢模具底座弧点对应,应专人指挥,人工配合缓慢下放至钢模板的底座上,如图 2-84 所示。

④管节混凝土浇捣

a. 混凝土强度等级需满足设计需求,灌注的混凝土不得有离析、凝结等现象,当垂直高差不满足时,需有其他辅助浇筑措施。

b. 振捣可采用辅助振捣或者振动棒直接振捣,浇捣混凝土时,可以按管节的高度方向分层。各层浇筑的时间间隔不得大于初凝时间。

图2-83　管节插口钢环和预埋件安装

图2-84　管节钢筋笼入模

c. 两斗料的间隔浇筑时间不得超过5min，边浇筑、边振捣，直至混凝土不再下沉或出现气泡冒出时停止振动。

d. 振捣过程应避免碰撞钢筋，钢筋密集的部位应多振和缩短插点的间距，避免漏振和不密实。

e. 为保证混凝土的密实度，应适当控制混凝土的和易性和坍落度，坍落度一般控制在140～160mm。

管节混凝土振捣如图2-85所示。

图2-85　管节混凝土振捣

f. 振捣成型后的混凝土表面应压实抹光，抹面次数不得少于3次，端面要求确保光滑平整。粗抹面：使用压尺，刮平去掉多余混凝土（或填补凹陷处），使结构表面平滑。中抹面：待混凝土表面收水后使用灰匙进行光面，使管节表面平整光滑。精抹面：以手指轻按混凝土有轻微凹痕时，进行精工抹面，力求使管节外弧面光亮顺滑。

⑤脱模

混凝土强度达到18MPa以上后方可脱模。脱模顺序：松开灌浆孔固定螺杆，打开模具侧模板,打开模具端板,将吊具连上管节,振动脱模。

脱模必须使用专用吊具,地面操作应四人配合进行,将吊具与管节的起吊预埋件相连,由专人向门吊司机发出起吊信号,一人稍微开启中间振动阀,使管节与模具脱离。

⑥管节水池养护和喷淋养护

将放置管节的有轨平板车牵引到养护池边,用走行式门吊起吊管节,将管节放置于水池中进行养护。管节在水池中养护7d后,用门吊起吊管节,放置在翻转架翻转后用叉车转运到临时堆放厂的喷淋养护区。

⑦成品尺寸检验

用游标卡尺分别测量管节的宽度和厚度,每环管节都进行外观质量检验,管节表面应光洁平整,无蜂窝、露筋、无裂纹、缺角。如有轻微缺陷需要进行局部修饰,止水带附近不允许有缺陷,灌浆孔应完整,无水泥浆等杂物。管节预制、拼装允许误差见表2-15。

管节预制、拼装允许误差表

表2-15

序号	项目		允许误差(mm)	备注
1	单节预制允许误差	管节净空尺寸	±2	
2		管节厚度	±1	
3		管节长度	±5	
4		上下平面矩形外框对角线	±3	
5		侧向平面与上下平面的垂直度	±2	
6		管节接头尺寸	±1	
7		管节预埋件定位尺寸	±1	
8	拼装允许误差	环向缝间隙	±1	
9		管节间错台	±1	

(3)管节的运输及堆放

①运输(工厂预制)

管节转运时,管节应采用专用支架的运输车辆;在同一车装运两层以上管节时,各管节之间应附有柔性材料;管节运输时,应避免磕碰,对于运输过程中已损坏的管节,应按技术负责人的指示处理;运输时,对混凝土管节的棱角部位,应采取适当的防护措施,以防损坏。管节接头等附件,必须分类打包,注明类型、数量后运输;运输和搬运过程中损坏的管节,必须按技术负责人的指示,作废、修理等处理。

②储存及堆放

管节应按生产日期及型号排列堆放整齐,并应搁置在柔性垫条上,垫条厚度要一致,搁置部位上下一致。管节堆场要坚实平整,堆放整齐,堆放高度在生产地点不超过一层。管节储存时,注意不要让管节产生有害的裂纹或永久性变形等,需要选择适当的储存场所和储存方法,以免因其自重造成的储存场所不均匀下沉和垫木变形而产生异常应力和变形。储存时注意不要让油类、泥等污损管节。管节接头附件必须分别打包,保管在固定地方,以免丢失,保管时必须注意,不要让这些附件接触到雨水和露水等产生的潮气,不要出现锈蚀,不要黏附灰尘、砂粒等,以防降低品质。

2.4.4　设备组装

1)土压平衡矩形顶管机组装顺序

始发台定位安装→前盾→尾盾→螺旋输送机→刀盘→后靠背→顶进油缸→顶环→连接各种管路→准备调试→试推进。

2)始发姿态的设计

一般先根据管节拼装里程、顶进油缸长度、土压平衡矩形顶管组装位置要求、始发竖井、后靠背支尺寸、隧道线路高程,确定顶管机始发姿态和洞门预埋钢环的位置,然后反推出始发支座的空间位置,提前调整好始发井底板的高程、坡度等。

3)始发基座安装

(1)为防止进洞磕头,在拟合线路始发的基础上整体抬高10~20mm。始发台基座安装位置按照测量放样的基线进行混凝土结构施工,基座上的导轨按实测洞门中心居中放置。

(2)始发基座采用钢筋混凝土结构,结构上部安装钢轨作为导轨(也可采用整体式始发基座)。主要承受设备及管节的重力和推进时的摩擦力,顶管机在组装时需进行姿态调整,因此基座还需考虑顶管机移动施工的便捷和结构受力。

4)后靠背及推进系统安装

后靠背应具备足够的强度与刚度,保证顶进期间后靠背的稳定。同时为了保证后靠背结构的平整度,通常会在结构表面预埋钢板。

后靠背安装完成后安装推进系统和推进油缸,推进系统下部采用混凝土基座,竖向通过焊接钢板与后靠背进行连接。

5)顶管机安装

吊放顶管机至始发基座,测定始发基座的偏差,并做好记录,顶管机与导轨的接触面必须平稳、密贴。安放到位后对电路、油路、气路、泥浆管路等设备进行调试,确保各部件连接牢固,不得渗漏,安装正确。

6)组装的总体要求

应编制有关的基础知识读本并对职工进行培训。组装开始前应向所有参加组装的人员进行技术交底。

组装前需要弄清其各机械部件结构及安装尺寸的关系,螺栓连接的紧固具体要求等机械安装的基本常识。

清洁工作直接关系到液压件工作寿命。组装前必须先检查泵、阀等液压件的封堵是否可靠,如有可疑情况,必须进行现场清洗,管件在组装前如没有充满油液,也必须进行严格清洗。

高低压设备和电气元件的安装,严格执行制造厂所提供的有关标准和我国电力电气安装的有关规定和标准。

组装前必须对所使用设备、工具进行安全检查,杜绝一切安全隐患,保证组装过程的安全顺利进行,该项工作是组装过程中极为重要的内容。

7)组装的组织安排

组装对大件运输的总要求是首先组装的部件先行运输,再结合施工场地的具体情况合理安排土压平衡矩形顶管的组装顺序。

在运输的同时进行设备的组装工作以减缓工作场地的压力,考虑运输和临时场地安排的矛盾,需要在工作现场准备一定的缓冲存储场地,对场地的要求按照设备和现场的情况予以综合考虑。

组装人员组织按二班制进行,每班10人,每班10h。人员安排的主导思想是在确保人员和设备安全的前提下,保证组装质量和组装进度。

8)组装技术措施

组装班组必须是有经过培训的有组织经验的人员,组装前必须制订详细的组装方案。大件组装时应对工作井结构墙件进行监测,防止其产生过大变形。

9)组装注意事项

(1)组装前必须熟知所组装部件的结构、连接方式及技术要求。

(2)组装工作必须本着由后向前,先下后上,先机械后液压、电气的原则。

(3)液压管线的连接必须保证清洁,禁止使用棉纱等易脱落线头的物品擦拭。

(4)组装过程中严禁踩踏、扳动传感器、仪表、电磁阀等易损部件。

(5)组装场内的氧气、乙炔瓶必须定点存放、专人负责。

(6)组装工具必须由专人负责,专用工具必须严格按照操作规程进行使用。

(7)顶管所有部件的起吊,必须保证安全、平稳、可靠,严禁野蛮操作。

2.4.5 土压平衡矩形顶管机调试

1)空载调试

设备组装完毕后,对设备各系统进行认真检查,确认安装和连接无误后,即可进行空载调试。空载调试的目的主要是检查设备是否能正常运转,主要调试内容包括:刀盘驱动系统、油脂润滑系统、螺旋输送机、顶推系统、液压系统、减摩注浆系统、渣土改良系统、水系统、配电系统以及各种仪表的校正等。

2)负载调试

空载调试完毕后可进行负载调试。负载调试的主要目的是检查管线及密封的负载能力;进一步确认设备的运行性能及状态,确保机器的各个工作系统和辅助系统达到满足正常生产要求的工作状态。通常负载调试在试推进期间进行。负载调试时需采取严格的技术和管理措施保证工程安全、工程质量和工作精度。

负载调试的主要内容如下:

(1)高压系统的测试:高压电缆、接头、高压开关柜及变压器的绝缘及功能调试。

(2)低压供电系统的调试:照明系统(含紧急照明)、动力系统、弱电供电系统。

(3)刀盘驱动系统测试:正反转功能、最大速度、速度调节、制动等是否正常。

(4)油脂密封系统测试:系统工作是否正常,将油脂注满密封腔,测量压力是否达到要求,控制部分功能是否正常,油脂桶液位连锁功能是否正常。

(5)齿轮油润滑系统测试:油温及液位报警功能等是否正常。

(6)液压泵站测试:检查油箱油位传感器、油温传感器、液压油过滤、循环系统以及各泵的工作压力是否正常。

(7)其他辅助液压系统测试:动作、压力、油温是否正常。

(8)顶推装置测试:推进速度、油缸压力、油缸行程的检测。

(9)泡沫系统测试:水泵、气路、泡沫发生器功能检测,泡沫压力、流量以及各泡沫注入点阀门启闭控制检测,泡沫发生剂发泡性能和注入管路工作情况等的测试。

(10)螺旋输送机系统测试:包括螺旋输送机转速、油压、正反转和出土闸门启闭等的测试。

(11)顶管机铰接功能的测试:各铰接油缸动作和铰接功能的测试。

(12)整机联动控制检测:设备各个环节控制情况检测。

(13)顶管机故障显示测试:显示是否准确、及时。

2.4.6　洞门探水与降水

1)洞门探水

下面以天津黑牛城道下穿项目为例,介绍一下洞门探水的要点。在富水地层,洞门凿除前,要开孔检查加固区的加固情况,开孔采用水钻钻机取孔,取孔深度3.5m左右,取孔的数量及位置如图2-86所示。

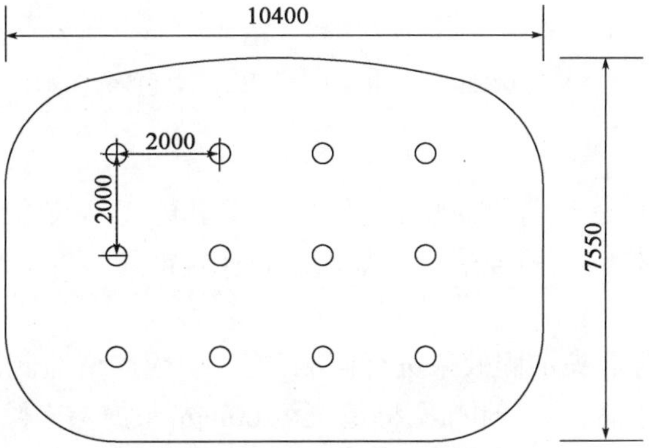

图2-86　加固区探水孔开孔图(尺寸单位:mm)

采用岩芯钻机进行水平探孔作业,成孔直径50mm。钻孔过程中,分3个阶段进行,第一阶段钻孔穿越围护结构地连墙;第二阶段钻孔至旋喷桩加固区域;第三阶段钻孔至搅拌桩加固区域。在各个阶段可通过孔口装置观察地层富水情况。

水平探孔施工应先四周后中心,先施作沿顶管钢环四角布置的孔,再施工中心孔。

洞门加固土体质量若不满足要求,出现洞门水平探孔漏水的情况,应根据地质条件采用1:1的单或双液浆进行压密注浆,补充加固。注浆方法为从地面钻孔和洞门水平钻孔进行补充注浆。

(1)注浆压力:注浆初压力0.2~0.3MPa,注浆终压力1MPa。

(2)注浆材料:采用42.5级普通硅酸盐水泥。

(3)浆液配制:水灰比W(水):MC(水泥)=1:1,由试验室提供每盘浆水泥用量。

(4)注浆结束标准:注浆压力逐步升高,当达到设计终压并继续注浆10min以上。

2)始发端头备用降水井(图2-87)

为了确保始发安全,在始发端头加固纵向两侧各布置两口备用降水井,共4口。降水井深度从地面开始，至加固底部以下1.5m，约23.5m。其中，在端头加固竖向深度和加固底部以下1m采用滤网式钢管，其他位置采用平管。

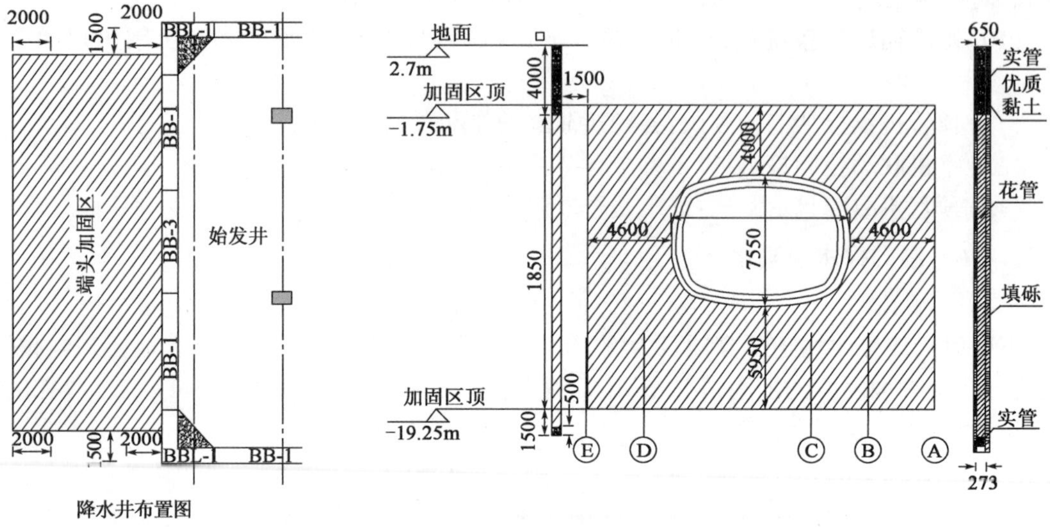

图2-87　始发端头备用降水井布置图(尺寸单位:mm)

2.4.7　洞门破除

洞门凿除应分层分块逐步凿除，施工顺序为：探测孔施工→破除钻孔桩混凝土保护层→割除桩体内侧钢筋→破除钻孔桩混凝土→割除桩体外侧钢筋→拆除脚手架，清理场地。

注意事项：

(1)洞门凿除前应对端头加固效果进行监测，施工中应严格监测洞门的渗漏水情况。

(2)采用人工高压风镐，施工时首先将基坑侧60mm保护层破除，待所有的保护层破除完毕后，将第一道钢筋彻底割除，然后进行临时封堵墙主体的凿除，保护层的凿除工作由上至下完成，钢筋的割除应由下至上切割，切割要彻底，保证洞门直径足够顶管机通过。

(3)对临时封堵墙进行凿除应分块进行，通过观察破除表面的渗漏水和洞口变形情况，确认安全后按照该顺序进行下一块封堵墙的凿除，直至第二道钢筋完全露出。应加强观测和监测力度，一旦出现渗漏水现象，应立即采取相应措施，并向相关负责人上报，根据实际情况，采取措施后，方可继续进行破除工作。整体完成破除后，逐块进行扩孔检查渗漏水情况，若无渗漏水现象方可进行第二道钢筋的割除及混凝土的破除工作。

(4)洞门凿除平台用脚手架搭设，脚手架采用ϕ48钢管。脚手架下部须垫实，脚手架侧面必须用钢管斜撑撑实，正面与顶管机支撑结实，上人横支撑上面均铺设木板，用铁丝固定在横支撑上。为防止脚手架失稳，在破除过程中应派人检查脚手架是否牢靠，如发现有扣件松动应及时进行紧固，如发现脚手架部分地方发生弯曲变形，应增加钢管数量，并架设剪刀撑。

(5)破除土体的清理由普通工人另外组成专职队伍，洞门凿除工作与凿除渣土工作应轮替进行。洞门凿除人员每进行4h的凿除工作，清理人员则进行2h的清理工作。不得出现大量土体积存于洞门前的情况，每班工作12h。

(6)洞周圈渗漏水时,若存在明显的裂缝或孔洞,可埋设注浆管,并用快硬水泥封堵,然后注入聚氨酯或双液浆。

(7)如发生大量涌水时,立即开动水泵进行强排,防止涌水浸泡使土体失稳加剧,并防止顶管机上各种零部件被水浸泡造成难以弥补的损失,并在涌水点埋设注浆管注浆。

(8)在洞门全面破除后,顶管机应抓紧始发,刀盘迅速靠上洞口掘进工作面,并调整洞门密封止水装置。

(9)在土压平衡矩形顶管机确定始发推进前(刀盘推至距洞门密封装置0.6m左右位置),应检查洞门净空尺寸,确保不得有残留的钢筋侵入洞门净空。同时在洞门基坑外侧凿除时,注意观察掌子面土体的稳定情况,发现问题应立即采取应对措施,及时用方木或喷射混凝土等对掌子面土体进行支护。

(10)凿除工作完成后,要确保硬块与钢筋清理干净,否则会带来卡螺旋输送机等后续隐患。

2.4.8　洞门密封装置安装

1)洞门密封

为了防止顶进时泥沙、地下水、减摩泥浆等从设备壳体和洞门的间隙处流失,需安装洞门临时密封装置,根据洞门密封的要求,可采用数道橡胶板+钢板的组合形式。在施工端墙时,需预埋安装密封装置的预埋件,预埋件必须与端墙结构钢筋连接在一起;端墙结构施工完毕后,在预埋件安装洞门密封。

2)防水辅助措施

由于顶管顶进过程中在管节与土体之间的缝隙中充满了带压的减摩泥浆,减摩泥浆一旦从洞门密封处泄漏,将造成很大的危害,如影响泥浆套的形成增加顶推力并增大背土的风险、泥浆携带上部土体流失造成地表沉降等,因此为确保施工安全,加强顶进施工过程动态防水体系很有必要。

(1)高水压地层施工时,洞门圈防水装置可参照盾构盾尾刷原理,于结构侧墙洞门预埋钢圈内侧设置2道钢丝刷,并通过预埋管道不断注入填充油脂,确保洞门动态防水。

(2)顶管机进入预留洞门前在刀盘外围和帘布橡胶板外侧涂润滑油脂防止顶管机刀盘磨损帘布橡胶板,从而影响密封效果。

(3)为了加强洞门密封牢固性,防止在洞门注浆密封时内部压力过大,压板螺栓折断造成洞门密封装置失效,须采用型钢或钢管对洞门压板进行加固,型钢或钢管一侧支撑在压板上,另一侧可支撑在工作井侧墙混凝土面。

(4)当顶管刀盘全部进入洞门密封后,开始向土仓内加压,压力仅满足泥浆充满土仓,然后在2道密封间利用预留注浆孔注入黏度、稠度较大的膨润土黏土,为防止帘幕橡胶处漏浆,可适当在膨润土泥浆中加入少量稻壳。

2.4.9　顶管始发

1)空推顶进

顶管设备完成调试后,可进行始发,顶进时先把机头顶进洞圈内距加固层10cm左右。注意事项:

(1)始发基座轨道及延长轨道涂抹黄油,减小阻力。

(2)对称、缓慢启动上下左右4台顶进油缸,确保初始受力均匀。

(3)刀盘要在距离土体10~20cm时启动,避免破坏洞门防水装置。

2)加固区顶进

加固区的土体强度较大,为保护刀盘,顶进速度应适当减慢,使刀盘和切刀能对加固土体实现全断面的彻底切削;另外由于加固区土体过硬,土仓中应加适量清水及改良剂软化和润滑土体。注意事项:

(1)当顶管机壳体完全压住2道钢丝刷后,开始注入洞门油脂,保压不小于0.2MPa。

(2)启动刀盘,注入渣土改良剂,确保土体与渣土改良剂的混合物逐步充满整个土仓,启动顶进油缸,顶推速度控制在5~10mm/min,正面土压力0.06~0.1MPa。

(3)当顶部土压建立后,可逐步开启螺旋机,初始出土速度要求慢,待顶进与出土达到平衡后,出土性状具有良好的塑性、流动性和止水性后,方可逐步提升出土速度。

3)刀盘出加固区

刀盘进入原状土体后,根据螺旋输送机出渣情况及时调整渣土改良浆液配比和注入量。当顶进至8环左右时,开始同步注入减摩泥浆。顶进速度控制在10~20mm/min,正面土压力设置为0.16MPa。顶进过程中,不断注入洞门圈防水密封油脂,确保密封效果。

4)始发防磕头

始发基座安装时,应将基座导轨延伸至洞口,使得顶管机在出洞阶段不会产生"磕头"现象。顶管机定位时,可稍微将机头垫高5mm左右,保持出洞时顶管机有一定向上角度。及时调整后座主推千斤顶的合力中心,始发时实时测量顶管机的偏差,发现有轴线偏移趋势应立即用纠偏油缸进行纠偏。顶进顶管机到穿墙管内,顶管机与前3~5节混凝土管采用刚性联结,避免顶管机"磕头"。

5)止退装置与防后退技术

在初始顶进阶段顶管设备正面水土压力远大于设备及管节周边的摩擦阻力,拼装管节时主推油缸回缩时,机头和管节会一起后退;在后续顶进阶段管节之间的端面密封存在较大的反弹力,故即便顶进了较长里程后,在每次主顶油缸回缩时,部分管节在密封弹力作用下仍会后退。管节的后退会导致洞口密封装置受损,同时会导致土层流失及前舱土压下降,土仓的土压平衡受到破坏,土体得不到稳定的支撑,易引起机头前方的土体坍塌,对地面交通和管线安全构成威胁。因此,在前基座上安装一套止退装置,将管节和机头稳住,从而使地面沉降量明显减少,如图2-88所示。

6)始发推进注意事项

(1)始发基座、后靠背定位时,要严格控制始发基座、后靠背的安装精度,确保土压平衡矩形顶管始发的轴线与设计线路重合。

(2)始发前在始发基座上涂抹油脂,可减少始发的顶进阻力。在洞门帘布橡胶板上涂抹油脂,可避免始发时损坏橡胶板。

(3)在始发阶段,由于地层受加固影响相对较硬,而土压平衡矩形顶管始发基座相对不会变形,所以要特别注意土压平衡矩形顶管姿态控制,尽量避免土压平衡矩形顶管低头与偏离。始发推进时采取低推力、低速度向前推进,尽量减少对加固体和土体的扰动。

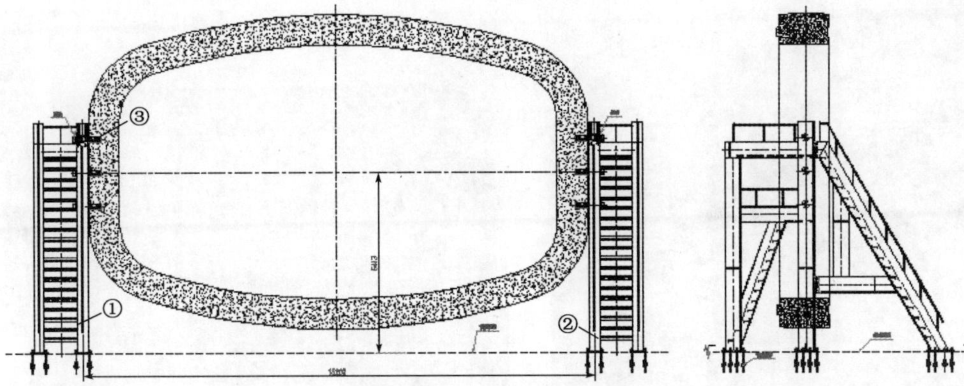

图2-88 止退装置示意图

(4)土压平衡矩形顶管在始发基座上向前推进时,通过控制推进油缸行程和加配重等方式使土压平衡矩形顶管基本沿始发基座向前推进。

(5)顶管出洞的施工存在一定的风险。顶管穿墙时要防止顶管机“栽头”,在始发初期,因设备入土较小,顶管机的自重仅由两点支承,其中一点是导轨,另一点是入土较浅的土体。因此,顶管机穿墙时,一方面要带一个向上的初始角(约5′),另一方面延长基座导轨可考虑连接首环管节与设备,使设备重心后移。

(6)在盾构出洞时,刀盘作用在土体上会产生一个扭矩,根据相互作用原理,土体对顶管机也会产生扭矩。顶管设备仅靠自身重力很难平衡这个扭矩。为克服此现象,在顶管机两侧焊接上一块板,并考虑连接首环管节与设备,提高设备的抗扭能力。

(7)穿越加固区:加固土体强度大,顶进速率不能过快,否则会损坏刀盘或造成设备姿态扭转,一般顶进速度宜控制在20mm/min以下。

2.4.10 管节安装

1)防水材料的安装(图2-89)

管节防水施工包括弹性橡胶密封止水圈施工、聚氨酯密封胶施工和管节端面衬垫施工。

(1)弹性橡胶密封止水圈采用酚醛黏结剂粘贴于管节对应的凹槽内,粘贴前确保粘贴基面干燥、整洁,防止安装后剥离、脱落。安装时应特别注意,止水圈必须精确的粘贴在凹槽的正中位置,以保证管节拼装时止水圈能以最大面积接触。一般在承插口的周向安装1~2道鹰嘴形弹性密封止水圈,端面上安装1~2道三元乙丙弹性橡胶密封。

(2)接口刚套环与钢筋混凝土结构连接处的凹槽需要涂抹聚氨酯密封胶。涂抹前需要用棉纱清除涂胶部位表面的尘土、油污,如果表面有易剥落锈蚀,应事先用金属刷清除,必要时还可用酒精、丙酮等有机溶剂擦拭表面。聚氨酯密封胶涂抹应连续、均匀,并充满整个凹槽。聚氨酯密封胶也可替换为双组分聚硫密封胶。

(3)管节与管节之间采用中等硬度的木质材料——胶合板作为衬垫,胶合板采用模板取孔器取孔,切割完成后用射钉固定于管节基面,板接头采用企口方式连接。胶合板也可替换为丁腈软木橡胶垫片。

图 2-89 防水材料的现场安装

2）减摩泥浆注浆管安装

矩形顶管管节要预留沿环向均布的减摩泥浆孔，大小一般为 25mm。管节吊装下井前，须安装减摩泥浆管路，管路由“直通 + 三通 + 注浆软管”组合而成，每个注浆孔设置 1 个开关球阀，在外侧设置单向阀，防止减摩泥浆逆流。环向的减摩泥浆孔串联以后接入减摩泥浆主管路，主管路一般为 DN50mm 的硬管，长度与单节管节的长度相同，在每一节管节安装完成后依次连接。减摩泥浆管路如图 2-90 所示。

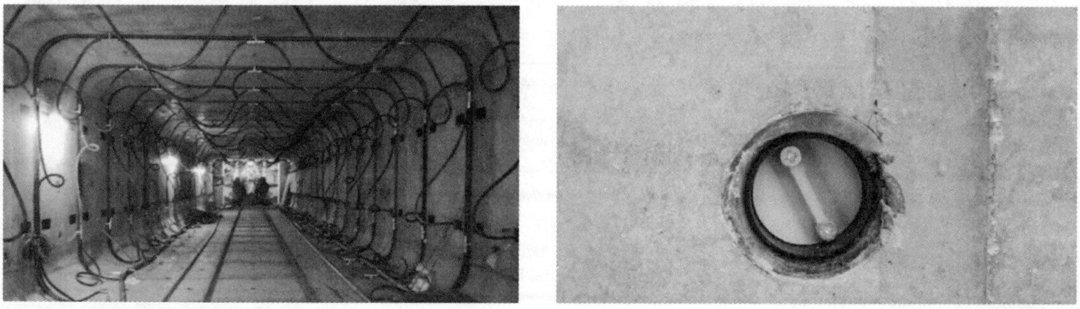

图 2-90 减摩泥浆管路

3）管节打蜡减阻

为了减少管节与周边土体的摩擦阻力，需要对整个管节外壁进行打蜡，以降低推进力，增加顶进距离。一般采用颗粒状工业石蜡（建议采用 54 号半精炼石蜡），打蜡的厚度在 0.5mm左右。

（1）管节打蜡施工步骤

将石蜡倒入电热熔蜡锅→加热熔化并加热至沸腾→用毛刷涂在管节的表面→晾干→用煤气喷加热石蜡，使管节表面石蜡均匀光滑→晾干→存放→下井运输→管节安装。

（2）注意事项

石蜡应采用半精炼颗粒状的工业石蜡，石蜡加热熔化后必须加热至沸腾，并迅速将沸腾的石蜡刷在干净的管节的表面，刷石蜡时需自上而下、环向均匀地刷在管节的表面。用煤气喷灯自上而下对管节表面的石蜡进行加热，使石蜡均匀光滑地附着在管节的表面，加热时煤气喷灯的火力不能过猛,火苗最好与管节表面相切。

管节预制完成后,承口朝上,集中水平堆放于施工现场,一般采用四点吊具吊装至翻身架进行翻身作业(图2-91)。

a)管节吊装孔 b)管节吊装 c)管节翻身

图2-91 管节翻身示意图

4)管节吊装下井

管节翻身完成后,利用特制两点吊具进行管节吊装下井(图2-92)。

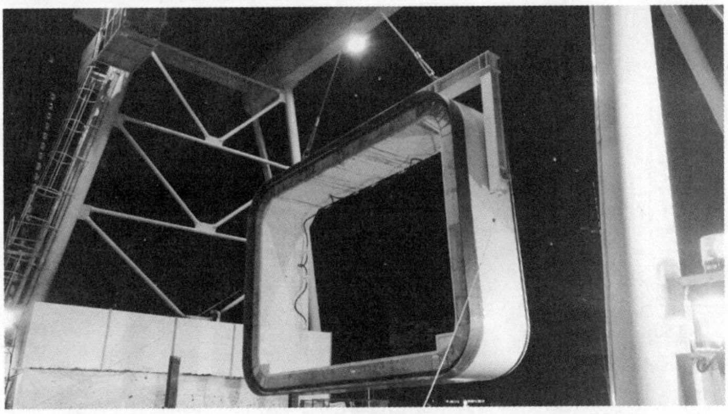

图2-92 管节吊装下井图

5)管节安装

将管节直接吊放到始发台的基座上,定位准确后缓慢推进到已经安装好的管节处靠拢,使承插口对位准确,尽量保证管节与机体处于同心同轴状态,确保防水圈安装准确后开始推进。管节相连后,应在同一轴线,不应有夹角、偏转,受力面应均匀。管节安装定位完成后,及时恢复电缆、水管及注浆管理,安装小车轨道、恢复顶进。管节安装工艺流程如图2-93所示。

6)管节洞内连接

为了更好地控制顶进姿态及避免顶进油缸缩回时管节后退,一般要对管节进行临时紧固。常用的做法是在顶管管节制作时预埋4块20cm×20cm的钢板,顶进中采用大螺栓对管节进行纵向连接(图2-94),防止接缝渗漏。需要注意的是启动铰接油缸进行纠偏时,需要将连接的螺栓松开。

7)管节拼装注意事项

(1)千斤顶回缩前,为防止管节后退,先安装止退架。

图 2-93 管节安装工艺流程图

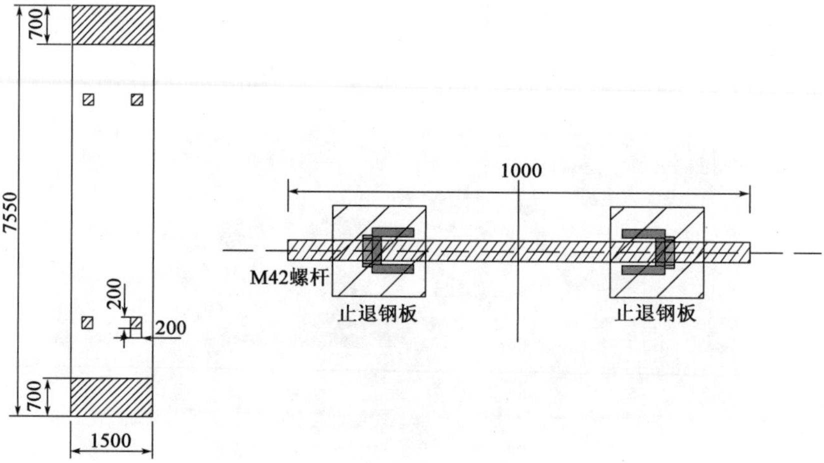

图 2-94 管节纵向连接图(尺寸单位:mm)

(2)管节吊装前,需要技术人员详细检查管节防水施工情况,合格后方可进行吊装作业,吊装前须有监理工程师签发的吊装作业令。

(3)管节设计有吊装预留孔,吊装采用专用吊具进行,吊机、钢丝绳、卸扣、吊具、吊点等均需进行检验。

(4)管节吊装过程中,管节下方严禁站人,并采用绳索进行牵引。吊装作业由专人指挥,并应该缓慢进行,严禁大幅度升降。

(5)在井口设置 1 个电缆接驳电箱,便于拆解主电缆。

(6)在井口设置各流体管路的高压连接软管,便于拆解管路。

(7)管节下放应缓慢,不得大幅度摆动、冲撞。

(8)管节安装定位完成后,需及时恢复电缆、水管及注浆管理,安装小车轨道。

2.4.11 顶进方向与姿态的控制与调整

由于矩形顶管机断面横向跨度大、地层不均、土仓压力分布不均、隧道曲线和坡度变化以及操作等因素的影响,土压平衡矩形顶管机推进不可能完全按照设计的隧道轴线前进,而会产生一定的偏差,这种偏差主要体现为方向偏差与滚转偏差。这种姿态的偏差会对工程造成严重影响,必须要足够重视。

施工过程中,方向与姿态控制与调整的基本原则是平稳推进、精细控制、勤于测量、随偏随纠。总的思路是不要轻易让设备有方向偏差,保证测量,一旦偏离要及时发现,及时进行小幅度纠偏。如果出现较大偏离后,纠偏会比较困难。常用的方向与姿态控制方法主要有以下几种:

(1)自动导向系统和人工测量辅助进行土压平衡矩形顶管机姿态监测

由于目前矩形顶管机施工的距离较短且均为直线,考虑到成本因素,多采用直线激光导向系统实现掘进方向的监测,根据监测数据实时调整土压平衡矩形顶管机的推进方向,使其始终保持在允许的偏差范围内。

该直线激光导向系统原理简单,精度相对较低,随着土压平衡矩形顶管的推进,必须通过人工复测进行修正,为保证推进方向的准确可靠,一般每1～2环进行一次人工测量,以校核测量系统的测量数据并复核土压平衡矩形顶管的位置、姿态,确保土压平衡矩形顶管推进方向的正确。

对于滚转偏差,盾壳上设计有水平倾角传感器,实时监测滚转姿态,并设有预报警系统。

(2)通过铰接油缸控制土压平衡矩形顶管机推进方向

超大断面矩形顶管施工过程中,铰接油缸纠偏(图2-95)是最直接、最有效的姿态控制方法之一。铰接油缸位置的放置需考虑两方面的要求:调向的灵敏性和调向的稳定性。

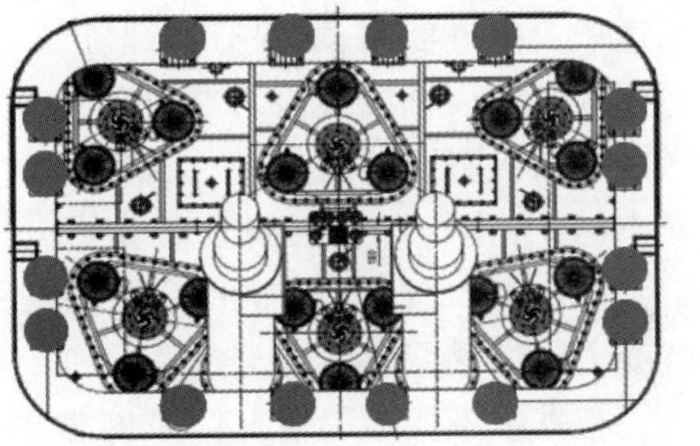

图2-95　铰接油缸纠偏

正常掘进时,调向铰接油缸全部回收。当姿态发生偏差时,将发生偏差一侧的铰接油缸伸出,调整顶管姿态;同时松开顶管机与管节的连接装置,以便顶管机调整姿态。铰接油缸的伸长量应根据盾构姿态、地层情况、偏差量综合确定。

(3)打泥纠偏

当顶管机发生中线偏差或滚转、铰接油缸纠偏能力不足时,可通过盾体及管节上预留的置换注浆孔及黏土注入系统进行辅助纠偏,在偏转反方向的位置向地层注入黏土,如图2-96所示,依靠地层的微量压缩性产生的反作用力进行纠偏。

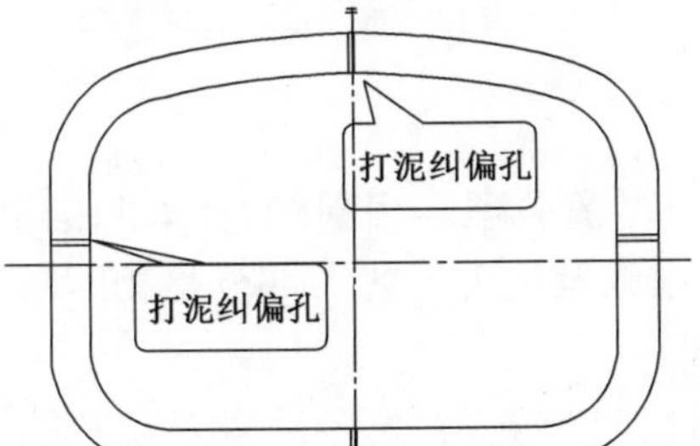

图2-96　打泥纠偏图

(4)顶进纠偏

在顶进的初期,可通过调整主顶油缸的位置与数量,实现推进方向的调整。

(5)刀盘转向组合纠偏(图2-97)

多刀盘矩形顶管机每个刀盘的旋转速度及方向都可调,可通过变换刀盘转向的组合模式,利用刀盘与土体切削的反作用力实现盾体滚转纠偏。

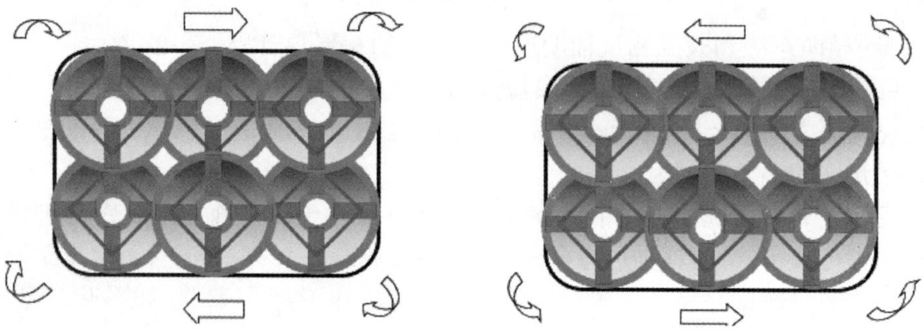

图2-97 刀盘旋转纠偏图

(6)双螺旋输送机出渣联合控制纠偏

一般情况下,矩形顶管机为保证土仓各点压力的连续性和均匀性,排渣系统采用双螺旋输送机。掘进期间,要保持双螺旋输送机出土的同步性,防止土仓内土体出现不均匀现象,造成顶管隧道轴线偏差。当顶管出现姿态偏差,可通过调整双螺旋输送机的转速,实现左右螺旋输送机不同的出土量,控制土仓左、右侧或上、下侧压力差,进行姿态调整。

(7)方向控制及纠偏注意事项

在切换刀盘转动方向时,应保留适当的时间间隔,切换速度不宜过快,否则可能造成管节受力状态突变而使管节损坏。

根据掌子面地层情况应及时调整推进参数,调整推进方向时应设置警戒值与限制值。当土压平衡矩形顶管机姿态接近警戒值时就应该实行纠偏程序。

管节蛇形修正及纠偏时应缓慢调整,采取勤测量,小修正,勤纠偏的方式纠偏。在直线推进的情况下,应选取土压平衡矩形顶管机当前所在位置点与设计线上远方的一点作一直线,然后再以这条线为新的基准进行方向修正。

推进油缸油压的调整不宜过快、过大,否则可能造成管节局部破损甚至开裂。

土压平衡矩形顶管机始发、到达时方向控制极其重要,应按照始发、到达推进的有关技术要求,做好测量定位工作。

2.4.12 渣土改良

矩形土压平衡顶管机与土压平衡盾构的土压平衡原理是相同的,要求开挖出的渣土要有较好的流动性、塑性、止水性,对渣土改良的要求以及施工工艺大部分是相同的,但矩形顶管机施工的渣土改良系统更加复杂,要求更高。

矩形顶管机一般用于浅覆土施工,矩形断面横向跨度大,大多是多刀盘开挖,存在搅拌盲区,搅拌效果不均,渣土改良存在很大的不均匀性。渣土改良效果直接影响到沉降的控制、掘进方向与姿态的控制、掘进效率等多个方面,关系到工程的成败。

矩形顶管机的渣土改良主要具有以下特点和要求：

(1)断面宽、掘进速度慢，需要小流量多点位注入。

(2)多刀盘开挖时，一般要求单刀盘单泵系统。

(3)断面跨度大，复合地层掘进时，要分区进行改良剂的选择与注入。

下面以四川大学华西校区地下停车场下穿人民南路矩形顶管工程为例，简单介绍一下土压平衡矩形顶管机在砂卵石层施工时渣土改良的工艺。

该项目开挖断面为6.02m×4.52m，覆土厚度4.8m，主要穿越的地层由上往下依次穿越细沙层、中粗砂层、松散～密实卵石层。细砂层的层厚为1.5m～2.7m，中砂层的层厚为0.8～1.1m，细砂层和中砂层均由长石、石英及砂岩的硬质颗粒组成；松散卵石层的卵石含量50%～55%，卵石粒径一般为2～4cm；稍密卵石的卵石含量55%～60%，卵石粒径一般3～5cm，最大粒径大于8cm；中密卵石的卵石含量60%～70%，卵石粒径一般4～6cm，最大粒径大于10cm；密实卵石的卵石含量大于70%，卵石粒径一般5～8cm，最大粒径大于12cm。刀盘布置如图2-98所示。

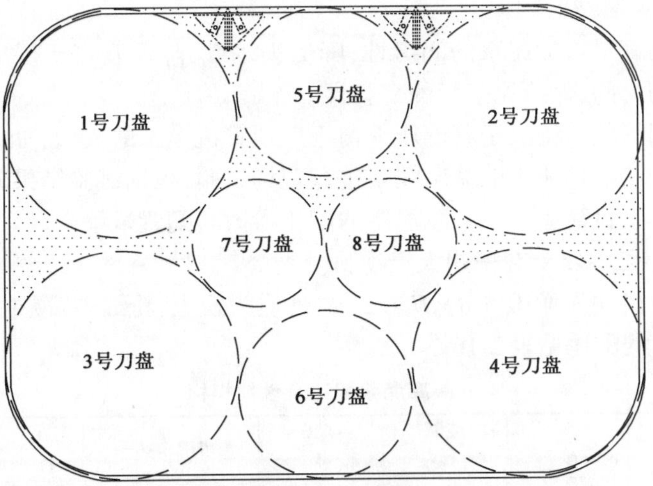

图2-98 刀盘布置图

在该地层中掘进时，渣土改良面临着以下难点：

(1)顶部为砂层，刀盘开挖很容易造成对砂层的扰动。

(2)卵石被开挖进入到土仓后，流动性差，会堆积在底部，影响出渣，增大刀盘的扭矩。

(3)覆土较浅，进行泡沫改良时气泡很容易穿透顶部的砂层，带来地面击穿与垮塌的风险。

因此该种地质条件下需要考虑综合渣土改良措施，通过工程验证最佳的方案为：在顶部通过刀盘面板注入膨润土改良剂，通过隔板向土仓顶部切口环的位置注入黏土，在顶部形成泥膜，支撑顶部的砂层，同时降低泡沫的渗透性；在底部刀盘面板注入泡沫改良剂，形成的气泡会自动上串到上部刀盘面板的位置，与上部刀盘喷出的改良膨润土相互配合，形成了立体的改良系统，大大降低了刀盘的开挖扭矩，提高了渣土的流塑状态。通过顶部及左右开挖圆角处注入的黏土，能够很好地包裹卵石，增强整体流动性，避免卵石的堆积。

2.4.13 注浆减摩技术

1)注浆材料的配比及制备

(1)注浆材料

矩形顶管机减摩泥浆的制作材料包括:水、钠基膨润土、各种添加剂等。其中,添加剂包括纯碱、CMC、聚丙烯酰胺等。

CMC又称羧甲基纤维素,是一种胶类的物质(增黏剂),可以使液体长时间不分层,增加黏性,不易渗透。在减摩泥浆中使用CMC可使膨润土长时间处于悬浊液的状态,不分层,使其黏性、润滑性增大,不易往土层里渗透,在注入盾体及管节周围时,不容易破裂,更容易形成泥浆套,增强减摩效果。

聚丙烯酰胺更有助于絮凝剂在悬浮液体中的分散,取得更好的絮凝效果。聚丙烯酰胺的加入会使得其中的大分子相互缠绕成絮状,直接的体现就是使溶液黏度的增加。

目前国内部分项目也有采用万能王、增黏王、悬浮王等钻采助剂作为添加剂的,一般黏土层采用"万能王+分散宝",砂层、粉砂层采用"万能王+增黏王",砂砾层、砂卵石层采用"万能土+悬浮土+增黏土"。

添加剂的作用都是增加泥浆的润滑性,降低失水性,降低其在土层中的渗透性,延长减摩泥浆悬浮状态的时间,保持泥浆套的完整性。

减摩泥浆的润滑效果将决定着土压平衡矩形顶管机施工的成败,如果没有经验数据时,需要取地质原状土与准备使用的减摩泥浆进行现场试验,根据试验结果动态的调整其参数。

下面根据具体项目简述一下减摩泥浆的配比参数与配置过程。

项目1:郑州市红专路下穿中州大道项目。

该项目管节外尺寸为 $W10.1\text{m} \times H7.25\text{m}$,地质为粉土、粉细砂,覆土厚度3~4m,顶进距离105m,减摩泥浆的配比见表2-16。

减摩泥浆配比及性能指标 表2-16

密度(g/cm^3)	膨润土(%)	水(%)	纯碱(%)	CMC(%)	PHP	漏斗黏度(Pa·s)	析水率(%)	失水量(%)
1.1	6	93.4	0.3	0.1	0.2	45.6	0	14

注:此配比为体积比。

项目2:四川大学停车场下穿人民南路项目。

该项目管节外尺寸为 $W6\text{m} \times H4.5\text{m}$,地质为密实砂卵石层,覆土约5m,顶进距离为57m。该项目使用的膨润土为厂家配置好的高黏钠基顶管专用膨润土,只需要与水及少量添加剂搅拌均匀即可使用,减摩泥浆的配比见表2-17。

减摩泥浆配比及性能指标(体积比) 表2-17

密度(g/cm^3)	膨润土(已含纯碱、CMC)(%)	水(%)	万能王(%)	漏斗黏度(Pa·s)	析水率(%)	失水量(%)
1.06	4.76	95.2	0.04	48	0	15

(2)注浆材料的制备

①制备浆液时,为节省时间通常采用高速制浆机,纯碱和CMC应预先化开(CMC可以边搅拌边添加),再加入膨润土搅拌3~5min,要充分搅拌均匀。

②高速制浆机出料后先注入储浆桶,拌制后的浆液在储浆桶中需经过一定时间的膨化方可通过注浆泵泵送至井下。储浆池一般有2个,1个进行静置膨化,1个供掘进使用[减摩泥浆需要静置(膨化)的原因:刚混合后的膨润土,还没有稠化好,各成分还没有混合好,注入土壤里,水分容易丢失,致使泥浆固化,起不到润滑减阻的作用,反而会由于失水造成泥浆固化,增加阻力]。目前市场上有提前配置好的顶管专用膨润土,搅拌后不需要膨化可直接使用。

(3)注浆设备选型

①注浆泵的选型

注浆减摩系统中常用的注浆泵主要有三类:往复活塞式注浆泵、螺杆泵、软管泵。往复活塞式注浆泵:脉动大,不能在掘进速度慢的情况下很好地形成一个完整的浆套,降低了注浆效果,但是注浆能力强、压力大、成本低、适应性强,适用于长距离施工。

螺杆泵:构造简单、无脉动、自吸能力强、流量稳定、允许转速高、噪声低。但浆液里不能有较大颗粒和尖锐的杂质,否则就很容易把橡胶套损坏,从而使泵的工作效率下降或者无法工作;不能在无浆的情况下干转,否则就会磨损、损坏。

软管泵:国内顶管项目中使用很少,国外则应用得很普遍。具有脉动小、可输送颗粒含量高、颗粒大、黏度高的浆液,经久耐用,保养方便,空转不会损坏、维修方便等特点,但是价格相对较高。

目前国内矩形顶管机项目的施工距离大都小于200m,对注浆能力与压力要求不高,同时为更好保证泥浆套形成的效果,一般采用螺杆泵。

②制浆机

为提高制浆效率,减少设备的占地面积,推荐采用高速制浆机,如黑旋风ZJ-800型制浆机(制浆能力:800L/3min,15kW)。

2)注浆工艺

同步注浆要求边掘进、边注浆,压力控制在0.1~0.15MPa。

补浆时,在每一节管节顶进结束时进行,先关闭机头同步注浆,然后从机头往后压,一环一环的进行补压浆,先开后一环再关前一环,防止压力过高而产生的泥浆套击穿等破坏,保持在0.1MPa左右。

拼装新管节时,最后拆浆管,最先接浆管,停机较长时间后,每一节管节顶进前再进行一次补浆。要坚持"先压后顶,随压随顶,及时补浆""注浆为主,补浆为辅"的原则。实际顶进时,可根据顶推力的变化情况实时注浆。

在注浆过程中,应尽可能使浆液均匀地分布于管道的外表面,对于注浆压力、浆液的黏度和用量要经常进行检测,在选择这些参数时,要避免对管道和相邻的建筑物造成损害。

3)减摩泥浆系统控制

(1)隧道内的储浆箱液位到达低液位时,隧道内同步注浆泥浆泵停止工作,上位机报警,储浆箱进口气动球阀自动打开,地面注浆泵启动;高液位时,储浆箱进口气动球阀自动关闭。

(2)地面注浆泵控制要求:主控室上位机显示泵出口的流量与压力值,泵出口压力$P<0.1$MPa时泵启动,$P>0.5$MPa(上位机可设置数值,根据掘进距离调整)时延时5s时泵停止。

(3)自动减摩注入系统控制

手动控制模式时,可通过上位机人工操作来选取注入的点以及注入的时间。

自动控制模式时,每一环为独立的注入单元,相互不产生干扰,当该环某一个注入点的压力检测值达到 $P>A(10^{-2}\text{MPa})$(上位机可设置)时,延时 t_1(s)该点气动球阀关闭,切换到下一个点的注入;同时辅助时间控制,为避免某一点因为浆液流失等因素造成注浆压力困难而使其他点不能得到有效注入,当该点的注入时间 $t>t_2$(s)时,同样自动切换,压力控制优先。

4)注意事项

根据顶进情况控制注浆时间及注浆量,注浆过程中应密切关注注浆压力的情况,当注浆压力发生突变,应立即停止注浆,检查分析原因后方可继续注浆。

2.4.14 沉降控制技术

1)矩形顶管机沉降控制难点

(1)存在持续扰动,覆土浅,工况复杂,沉降控制要求高

矩形顶管机掘进时,管节要与主机一起向前移动,会对土体造成持续性的扰动,不仅要考虑开挖区域的沉降控制,更要考虑后期的二次沉降。

矩形顶管机一般用于主干道下穿、过街通道、地铁出入口、地下停车场、综合管廊等项目,绝大部分项日覆土较浅。一方面管线众多且错综复杂,存在不明障碍物的可能性大;另一方面土拱效应大大减弱,土体自稳能力差,容易出现"背土"现象。

矩形顶管项目一般都在繁忙的都市区,交通繁忙,人流量大,如果地面出现大的沉降后果将非常严重,因此必须要对沉降进行严格控制。

(2)土仓压力控制难度大

矩形断面横向宽度大,存在一定的搅拌盲区,渣土改良存在严重不均匀性,土仓内各点的土压力会产生差别,给开挖面的稳定带来不利影响。同时由于是两台螺旋输送机联合出渣,大大增加了出土量控制的难度,开挖面有可能出现局部超挖或者后期沉降。

2)地面沉降原因的分析

经过对矩形顶管机掘进机理和施工工艺的分析,可能引起地表沉降的因素主要有以下几个方面:

(1)为了便于在管壁四周形成减摩泥浆套,刀盘开挖直径比管节直径一般大 10 ~ 20mm。当浆液填充不充分时,会有适量的沉降。

(2)矩形顶管机顶部大跨度的矩形平面直接与土层接触,顶板上部土体不容易形成稳定自然拱,当顶管运动时,会产生很大的摩擦力,顶板上部覆土层两侧剪切力及正面压力无法平衡摩擦力时,即 $F_{摩阻}>F_{剪切}+F_{压缩}$,就造成"背土"现象。

(3)掘进时螺旋输送机出土量大于刀盘开挖量,土仓不满仓,形成超挖沉降。

(4)螺旋输送机出土量小于刀盘开挖量时,土仓顶部会形成隆起,隆起后的土体在后期会沉降。

(5)矩形顶管机进洞及出洞时,土仓里的渣土不是满仓或者洞门密封性不好,容易造成开挖仓失水或者土体流失形成沉降。

(6)刀盘运转时对土体的扰动大,造成开挖面沉降。

3)沉降控制措施

经过对沉降产生机理的研究分析,沉降控制与盾体设计、刀盘设计、螺旋输送机设计、土压力管理、减摩泥浆注入工艺、洞门密封技术、掘进操作都有着直接的关系,因此需要从设备

设计制造与施工工艺上同时进行考虑,对每个细节都要进行细致的分析研究,采取科学有效的控制措施。

(1)设备选型

盾体结构的设计。严格控制刀盘的超挖量,盾体尺寸与刀盘开挖尺寸保持一致,同时为了保证泥浆套形成的空间,盾体尺寸比管节尺寸大20mm(图2-99)。

盾体结构要有足够的强度与刚度,确保盾体顶部矩形平面结构在土压力作用下不变形或变形在允许范围内,保证泥浆套的平滑和连续。

刀盘开挖尺寸及前盾切口设置的辅助切刀高度不超过前盾切口外表面,在前盾切口上半部分设置一圈帽檐(图2-100),帽檐与径向开挖面紧密接触,使减摩泥浆从喷口喷出后沿帽檐空隙向后部扩散,防止减摩泥浆套前窜进入土仓,非常有利于泥浆套的形成。

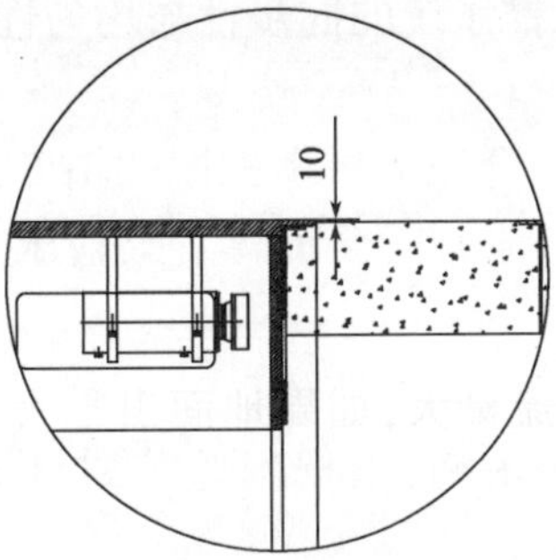

图2-99 盾体尺寸关系图(尺寸单位:mm)

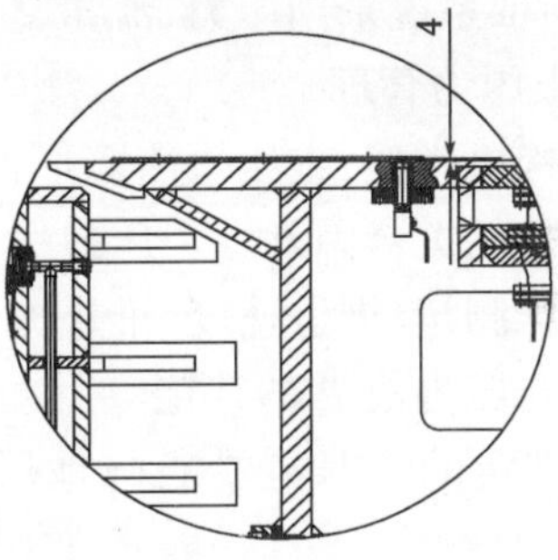

图2-100 前盾帽檐结构(尺寸单位:mm)

在纠偏调向和转弯的过程中,盾体铰接密封与管节密封由于相对运动容易漏浆,进而破坏泥浆套的完整性,故铰接密封与管节密封必须具备较高的密封性和可靠性。

减摩泥浆系统的设计要求。以上在背土的形成机理中我们已知背土取决于$F_{摩阻}$与$F_{剪切}+F_{压缩}$之间的大小关系,$F_{剪切}+F_{压缩}$只与地质条件有关,因此避免"背土"现象发生的唯一途径是减小$F_{摩阻}$,其中最有效的方法就是通过向盾体和管节外壁注入减摩泥浆,形成一圈泥浆套,使盾体及管节在泥浆套中浮动顶进,所以减摩泥浆系统的设计是关键。

开挖系统的设计要求。目前国内、外矩形顶管机开挖形式主要有两种,一种是多刀盘旋转开挖,另外一种是异形刀盘摆动仿形开挖。刀盘开挖形式如图2-101所示。

a)多刀盘旋转开挖形式

b)异形刀盘摆动开挖形式

图2-101 刀盘开挖形式

多刀盘旋转开挖特点：切削扭矩大、搅拌扭矩低，对周围土体扰动小，盾体跳动小，有利于顶管姿态控制及地表沉降控制，设备本身制造加工简单，设备后期的运行可靠性高。存在的缺点是开挖面存在一定的开挖盲区，因此不适合岩石等较硬地层掘进，若在较硬地层掘进需要增加辅助措施对盲区进行预处理。

摆动式刀盘开挖特点：每把刀切削轨迹小，切削扭矩小、搅拌扭矩大，开挖无盲区，可实现全断面开挖；缺点是对周围土体扰动大，不利于顶管姿态控制及地表沉降控制，设备本身加工制造复杂，运行可靠性差。

通过比较，多刀盘旋转开挖对土体的扰动更小，有利于姿态控制。

推进系统荷载顺应性设计要求。由于顶推系统由数根油缸组成，在推进的过程中，每一根油缸可能会出现不同步的现象，造成土仓各处压力不均匀，不利于沉降控制。为了满足使用要求，顶推系统采用压力、流量复合泵控系统，保证了顶推系统的同步性与均匀性。

(2)土压力管理

与盾构机类似，土压平衡矩形顶管机在施工过程中，土仓压力平衡控制的精度是直接影响工程成败的关键因素。土压过大地面会隆起，土压过小地面就会沉降。土仓压力的控制精度与土压测量、推进速度、推进力、出渣量密切相关。

①土仓压力值 P 的选定

P 值选定的依据是要能与地层土压力和静水压力相平衡，根据经验公式计算理论值如下：

$$P = krz \tag{2-26}$$

式中：k——土层的侧向压力系数；

r——土的重度；

z——覆土深度。

施工过程中土仓压力要根据试推进时取得的经验参数并结合顶管机所在位置的埋深、土层状况及地表监测结果进行调整与控制。

②土仓压力测量

为了准确测定和反映掌子面真实的土压力，在矩形顶管机土仓隔板的不同位置设置了土压实时监测系统，通过设定多个土压力计来保证土压力测定的有效性和准确性，从而更加准确地反映开挖面上不同位置处的土压力变化以指导施工参数的设定。

目前土压实时监测系统的设计主要有两种方式，一种是通过隔膜压力表进行土压测量，通过摄像头将数据传递给主控室，该种方式成本低廉，但是精度很低，压力表很容易损坏，且无法通过 PLC(可编程逻辑控制器)实现连锁控制，仅适用于地质条件非常好对土压控制要求不高的项目。另一种是采用高灵敏度的土压传感器，能精确监控土仓压力并进行智能化的土压管理，更加安全可靠。

土压传感器的布置以均布为原则，重点保证顶部切口环向下 0.5～1.5m 的水平位置及下部 1/3 处水平位置的土压测量。

③推进速度控制

为保持土仓压力的稳定，推进速度必须与螺旋输送机的转速相符合，同时必须兼顾减摩泥浆的注入量，确保减摩泥浆能均匀填实管节与地层的空隙，保证减摩效果。根据施工的实际情况确定并调整推进油缸的推力，控制推进速度。

在排土量不变的条件下，推进速度快则土压力上升，反之则下降。用这种方法调节土压时，曲线变化的斜率较大，特性较硬。

始发、接收阶段不宜过快，一般控制在 5 ~ 10mm/min，正常施工阶段可控制在 10 ~ 40mm/min。

④推进力的控制

矩形顶管机的顶力大小由设备前端掌子面的迎面阻力和管壁外周摩阻力决定，在正常推进中，顶进距离与摩擦阻力一定时，推力大小的变化会直接反映到土仓的压力变化。因此，推力不允许有突变。

⑤出渣量的控制

矩形顶管机施工过程中，螺旋输送机的出土量要与顶进的取土量相一致，出土量大于顶进取土量时，地面容易沉降，出土量小于顶进取土量时，地面容易隆起，这都会造成管道周围的土体扰动，给施工带来安全隐患。因此，做好出渣量的控制与管理至关重要。

施工过程中要根据地层的松散系数、重度及油缸的伸长量，通过控制推进速度与螺旋输送机转速，严格控制每斗渣量对应的推进距离，具体参数可根据试推进阶段的数据进行修正。

⑥渣土改良

渣土改良也是控制土压平衡的重要因素，矩形顶管机开挖面横向跨度大，多刀盘同时开挖，搅拌效果不均，同时存在搅拌盲区，渣土改良存在很大的不均匀性，渣土的流动性、塑性差相对较差，会导致土仓压力分布不均衡。因此需要根据具体的地质条件制订完善的渣土改良方案。

4）施工控制技术

施工前要对地层进行详细勘测，基坑开挖过程中应对地层进行详细统计，对比地勘报告的地质参数，为配备减摩泥浆、渣土改良液、设备掘进提供基本数据。

通过地质、水文情况计算出参考土仓压力值，施工过程中要严格控制土仓压力，严格控制出渣量和推进速度，使两者高度匹配，并及时做好出渣量和推进距离的统计分析。严格控制减摩泥浆的注入量与注入压力，完善减摩泥浆注入工艺。管节制作过程中确保外壁光滑，必要时可涂抹石蜡，石蜡能够有效地减少推进阻力和“背土”现象，有效控制沉降。严格姿态控制，避免蛇形纠偏。定时对勘探点进行勘测，实时掌握地表沉降信息，加强渣土改良。

顶管施工时，由于在顶管推进的过程中，地层始终没有稳定，长期处于一种泥浆支撑下的平衡，长期受到扰动，当隧道上部有管线时，在顶管推进的时候要予以特别注意，在确保地面沉降的同时，还要做好以下注意事项：

（1）前期做好管线调查，详细了解管线的性质（雨水、污水、燃气、电力、热力、光缆、给水、通信等）、是否带压（有压、无压区分对待）、埋深、材质（钢、铸铁、混凝土、塑料等）、接口形式（焊接、承插口、栓接等）、施工方法、施工时间、管道内流体的波动时间、有无替换管线等。

（2）严格监测管线的沉降情况，做好对应管线的沉降超限时的应急预案。如果后部管节出现二次沉降，可在相应点位对应的管节上预留的注浆孔接入黏土注入系统（与打土纠偏系统可共用),利用高压注入的黏土填充沉降空隙,有效控制沉降值。

2.4.15 渣土运输

矩形顶管机施工的渣土运输可采用有轨渣土车、土泵泵送、皮带机输送等方式。

有轨渣土车出渣是将一定体积的渣土车放置于螺旋输送机出渣口下方,渣土堆满后的渣车在卷扬机的牵引下通过轨道移动至始发井内,再通过吊装系统转运至地面出渣池。该出渣方式工艺简单、价格低廉,但是受到渣车空间大小的限制,每掘进一环需要完成多次渣土转运的循环,出渣过程中设备无法正常掘进,严重影响了施工效率。目前国内矩形顶管项目绝大部分距离较短,对施工速度的要求相对宽松,同时为了节省成本,几乎都采用该方式。

土泵泵送是将螺旋输送机排出的渣土加水稀释,由土泵或者渣浆泵通过管路泵送至地面。该出渣方式出渣连续、效率高,但是转换工序过程中泥浆的黏度不易控制,渣土太稠时泵送难度很大,容易堵塞管路,严重时经常造成爆管;渣土太稀时,输送到地面后需要增加泥水分离装置,占用场地且成本大大增加,否则渣土外运难度很大。

皮带机输送可通过连续皮带机将渣土输送至始发井位置,通过渣车或者垂直皮带机提升至地面弃渣池。该出渣方式出渣连续、效率高,但成本有所增加,适合距离较长、工期要求紧的项目,目前国内尚无应用案例。

2.4.16 土压平衡矩形顶管机到达施工

土压平衡矩顶管机到达施工根据水文地质条件的不同有不同的施工工艺,其中最关键的因素是地下水的情况,下面主要针对无水地层或水压较小地层与富水高水压地层进行简要的描述。

1)无水地层或水压较小地层到达施工

(1)到达施工流程

土压平衡顶管到达施工工序主要包括安装接收基座、洞门凿除、到达洞门密封安装等,施工流程如图2-102所示。

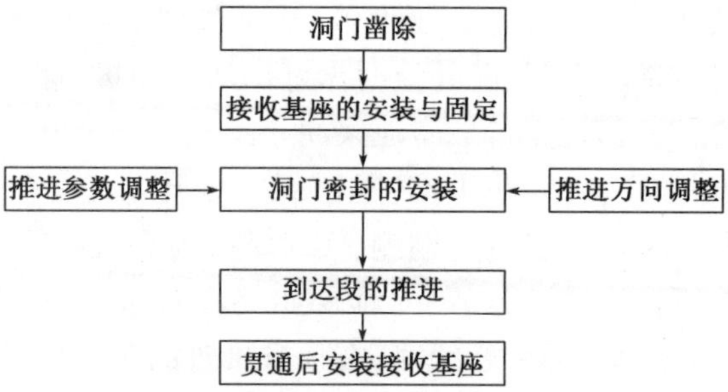

图2-102 到达施工步骤示意图

(2)土压平衡矩形顶管机定位及接收洞门位置复核测量

土压平衡矩形顶管机推进至洞门端头加固范围时,对土压平衡矩形顶管机的姿态、位置进行准确的测量,对接收洞门位置进行复核测量,确定土压平衡矩形顶管机的贯通姿态及推进纠偏计划。在考虑土压平衡矩形顶管机的贯通姿态时须注意两点:一是土压平衡矩形顶管机贯通时的中心轴线与隧道设计轴线的偏差,二是接收洞门位置的偏差。

纠偏要逐步完成,一环纠偏一般不大于4mm。顶管进入接收加固区,仍应缓慢匀速通过,控制顶进速度在5~10mm/min。

(3)土压平衡矩形顶管机到达洞门处基坑围护结构凿除

围护结构凿除方式与始发一样,关键是做好加固体的质量检测工作,确保在加固体土体指标满足设计要求的前提下凿除围护结构,时间安排在土压平衡矩形顶管机到达前一周开始,预留内侧钢筋不割除。

(4)洞门防水装置安装

当土压平衡矩形顶管机刀盘被推至接收洞门时调整压板使其尽量压紧帘布橡胶板,并将翻板焊接在洞门的预埋钢板上,以防止洞门泥土及浆液漏出。

(5)接收基座的安装

接收基座中心线与隧道轴线在平面上应重合,还需考虑土压平衡矩形顶管机的到达姿态。接收基座的轨面高程除适应于线路情况外,为保证土压平衡矩形顶管机刀盘贯通后拼装管节有足够的反力,可考虑将接收基座以土压平衡矩形顶管机到达方向+0.5%的坡度进行安装。

(6)土压平衡矩形顶管机到达段管节纵向拉紧装置

在接收段因顶管机掌子面的土压力减少,为防止相邻管节应力松弛,需设置管节纵向拉紧装置。

(7)土压平衡矩形顶管机到达段的推进

顶管设备到达段的推进一方面需完成设备姿态的纠偏,另一方面需首先做好到达准备工作,如洞门密封、接收基座、洞门凿除、端头加固等工作,进入加固体推进后要加强洞门水位的观测与沉降监测。

根据到达段的设备姿态、地质参数作出书面交底,总的要求是:低速度、小推力、合理的土仓压力和及时饱满的回填注浆。土压平衡矩形顶管机进入端头加固地层时要根据具体情况调整推进参数。在贯通前0.5m时,对盾尾处注浆封堵。尽量出空土仓中的渣土,减小土压平衡矩形顶管机推进对开挖面的挤压,以免引起掌子面的坍塌以及造成工作井端墙的损坏。洞门混凝土清理完后土压平衡矩形顶管机应尽快推进并拼装管节,尽量缩短土压平衡矩形顶管机到达时间。

(8)土压平衡矩形顶管机到达施工注意事项

工程师应明确土压平衡矩形顶管机实时的里程及刀盘距洞门的距离,并按确定的测量、监测、推进、管节拉紧、注浆等施工技术方案进行施工。

土压平衡矩形顶管机到达前应检查加固土体、地下水位情况是否达到要求。

增加地表沉降监测的频次,并及时反馈监测结果指导施工。

到达前6环的推力应适当降低,以确保工作井端墙的稳定和防止地层坍塌。在土压平衡矩形顶管机刀盘距洞门掌子面0.5m时尽量出空土仓中的渣土,减小对洞门及基坑端墙的挤压以保证安全。

到达前6环的注浆材料配合比要进行调整,必要时可通过土压平衡矩形顶管机壳体设置的孔向盾壳外注入特殊的止水材料,以防涌水、涌泥而引起地层坍塌。在隧道贯通后安装的几环管节,一定要保证注浆饱满密实,防止引起管节下沉与错台。

(9)置换注浆施工

为了确保管节壁后的土体后期沉降减少,同时为了隧道整体防水,需要从预留的注浆孔中注入一定压力、量的水泥浆,置换推进过程中注入的减摩泥浆,固结隧道。

(10)嵌缝施工

在完成了置换注浆、拉紧后按设计要求对土压平衡矩形顶管机之间的缝隙进行嵌缝。

(11)中继间

为了确保顶管的推进,在总推力达到中继间油缸额定总推力的40% ~60%时安装一台中继间(图2-103),而当主推进千斤顶的推力达到中继间总推力的90%时,开始使用中继间。

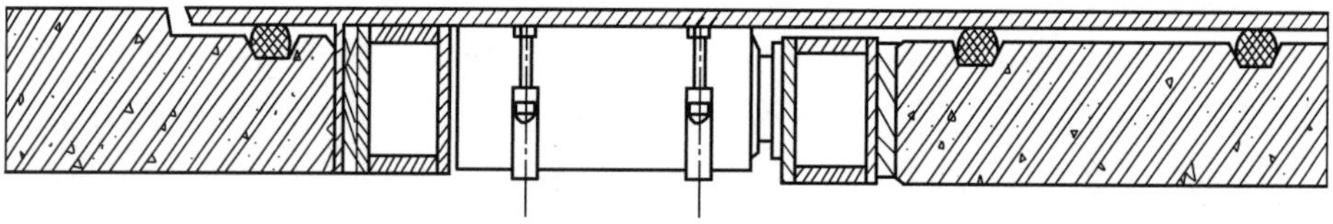

图2-103　中继间示意图

2)当地层水压比较大时,应适当采用明洞接收

(1)破除地连墙

当顶管机进入接收区段后,立即组织进行接收洞门探水作业,破除地下连续墙。洞门探水、地连墙破除方式同始发工作井。

(2)明洞回填

为确保顶管机接收安全,顶管接收采用明洞施工(图2-104),明洞采用钢筋混凝框架结构,利用施工完成的底板、侧墙施工而成,施工总长度根据盾体长度确定。

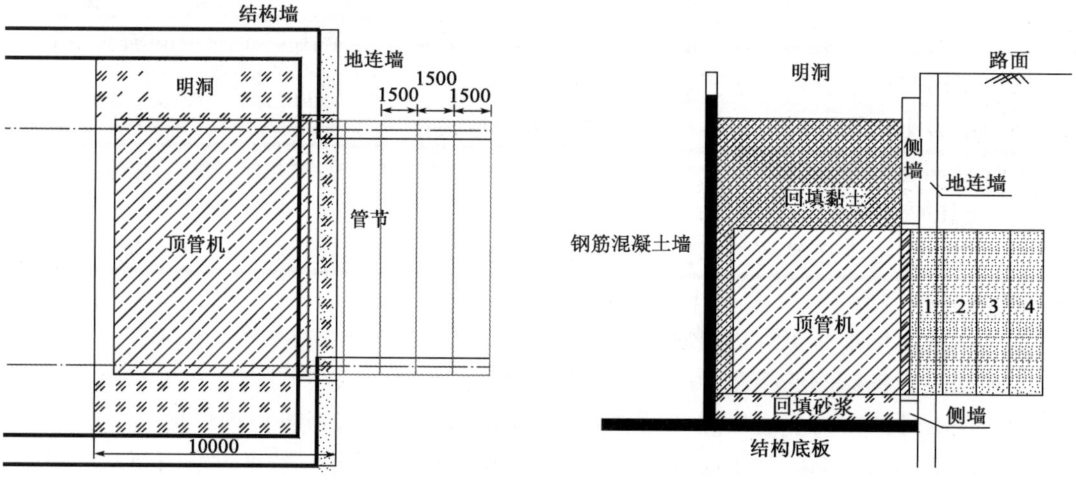

图2-104　顶管明洞接收图(尺寸单位:mm)

明洞回填分两步进行:

①接收井底板面至接收洞门预埋钢圈底面高度范围内采用M1砂浆进行填充;

②砂浆回填至计算高程,达到一定强度后,分层回填、分层碾压黏土至地面,回填中可适

量加入部分水泥等胶凝材料。

地下连续墙破除完成,清理干净后,立即组织进行明洞黏土回填。

(3)延长环顶进

负环管节制作、拼装同正常结构管节,可不施作预埋板和预埋管等部件。钢支撑采用倒“L”形“钢板+膨胀螺栓”进行水平固定于负环管节上,钢支撑之间连接采用高强螺栓连接,如图2-105所示。也可制作钢结构负环,如图2-106所示。

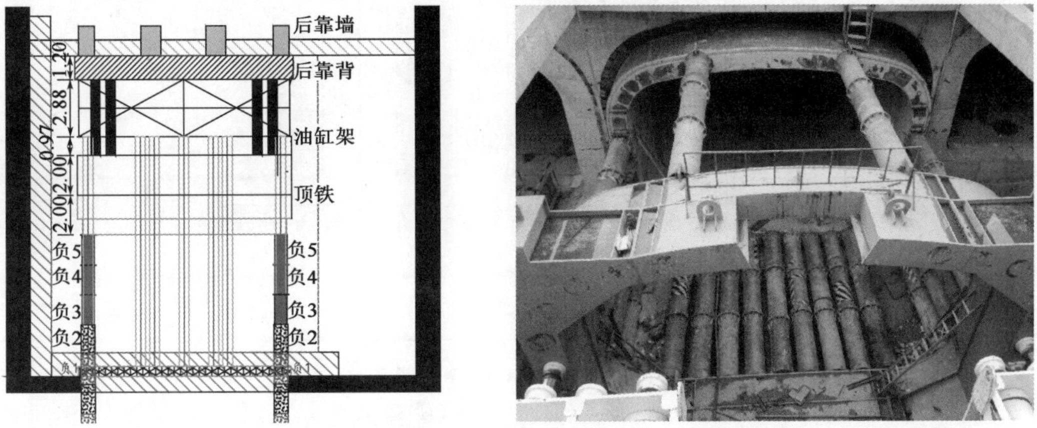

图2-105　顶管负环顶进图

图2-106　钢结构负环顶进图

(4)浆液固结

矩形顶管机进入明洞,首环管节顶进至设计管位后(图2-107),通过预埋注浆管注入水泥浆对管节背后减摩泥浆进行置换和固结。

浆液固结采用1:1的水泥浆液,通过注浆孔固结管节外壁浆液,根据不同的水土压力确定注浆压力。

(5)拆除明洞

浆液固结完成后,开孔检查注浆效果,确保无渗漏后,拆除接收井明洞结构。

(6)管机分离

利用顶管机自带出洞油缸顶进脱离首环管节,顶管机脱离管节后,距洞门圈混凝土浇筑存在较长时间,且该部位管节周边空隙较大,顶管机脱离后须立即采用钢板封堵管节与洞门钢环之间的间隙,封堵完成后浇注混凝土环梁封闭洞门,如图2-108所示。

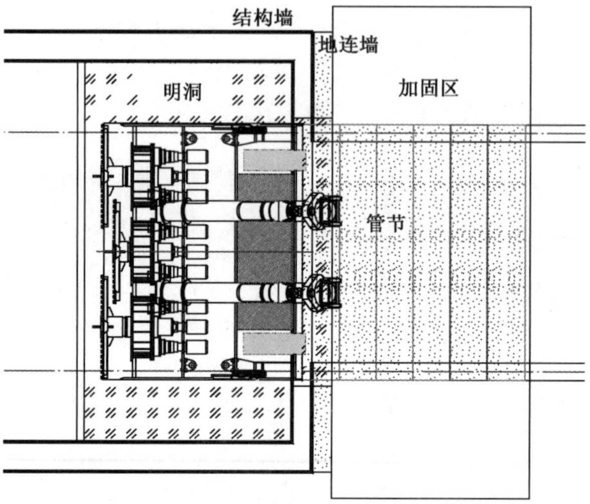

图2-107　顶管顶进到位图

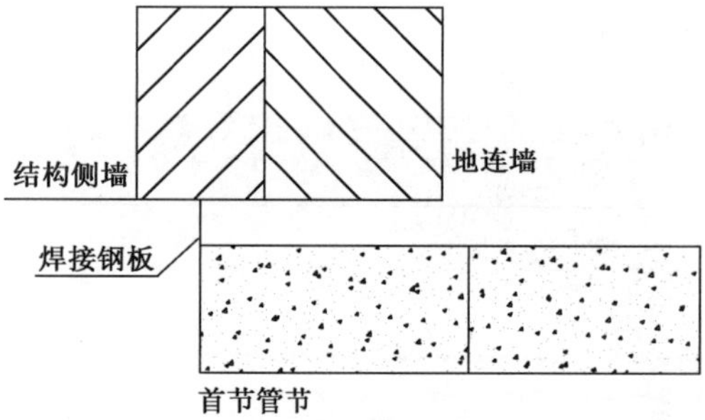

图2-108　顶管洞门封堵图

(7)洞门圈施工

顶管首环插口端面和尾环承口端面设计有预埋钢环,顶管机和负环管节拆除后,进行洞门圈施工。其中始发井处洞门圈施工前,须先割除承开口钢套环,再按设计要求焊接洞门圈钢筋,施工洞门圈混凝土。

(8)管节后防水

管节后防水施工包括双组分聚硫密封胶嵌缝施工、浆液置换、管口封堵等施工。

顶管顶进完成后,管节下部采用双组分聚硫密封胶进行嵌缝,聚硫密封胶涂抹应连续、均匀,并充满整个凹槽。

浆液置换完成后,对管节上所有预留浆孔进行封堵,先用外方管堵封堵,再用M10水泥砂浆填平管节面。

2.4.17　管节防水

1)土压平衡矩形顶管机隧道防水

一般土压平衡矩形顶管机隧道防水等级为二级,要求管节结构达到无渗漏、无湿渍,隧道上半部达到无渗漏可有偶见湿渍,下半部允许少量渗漏水,但渗漏水量小于0.1L/(m^2·d)。防水设计为:管节混凝土抗渗等级不小于P8;拼装缝采用三元乙丙密封橡胶或遇水膨胀橡胶防水。

2)管节自防水

严格按照技术要求与措施进行管节生产,确保管节混凝土自防水达到设计要求。主要从以下几方面加强控制：

(1)选择合适的原材料、设计科学合理的配比、采取严格的生产过程控制措施、按照规定加强检测，保证管节成品的抗渗等级、强度和各项质量指标符合设计要求。

(2)管节堆放要控制堆放层数，运输中要加强管理和检查，防止管节开裂或在运输中磕碰。

(3)管节进场和下井前应作外观检查，确保有缺陷的管节不得进工地和下井。

(4)土压平衡矩形顶管机推进过程中，尽量减小各组顶进油缸对管节产生不均匀的推力，避免对拼装好的管节造成较大的压力差，使管节产生纵向或环向裂纹，影响管节防水能力。

3)管节拼装缝的防水

管节拼装缝的防水是非常关键的环节，施工中主要应做好以下几方面工作：

(1)选购专业厂商生产的性能优良、耐久性好的防水密封条、黏结剂，并对进场的防水材料进行严格的检验，确保检验频次不少于有关规范的要求，对照设计和橡胶制品的相关质量检验评定标准，确保其质量合格。

(2)防水密封条采用粘贴安装，其粘贴步骤为：根据管节计划选型→基面清理→槽内涂黏结剂→密封条涂黏结剂→粘贴→用木槌或橡胶锤打压密贴。

(3)在现场地面堆放场粘贴施工，每环管节防水密封条的粘贴应在安装前 12 ~ 24h 内完成。在粘贴防水密封条时同时进行管节衬垫和保护密封条角部的自黏性未硫化丁腈橡胶薄片的粘贴。待粘基面需在粘贴前检查，确保其无油、无污、干燥，以保证粘贴质量。

(4)对粘贴好防水密封条的管节，在运输和装拼中应避免擦碰、剥离、脱落或损伤。

(5)管节之间采用预埋钢板焊接或螺栓连接，加强了防水能力，提高了管节刚度及整体性。

4)注浆加强防水措施

管节后背的置换注浆可作为附加防水层，置换注浆时连续不间断，确保置换注浆层的完整性、耐久性以及填充的密实性，注浆完毕后可继续保持压力一段时间。

5)洞门连接缝防水

隧道洞门与土压平衡矩形顶管机隧道的连接部位，结构复杂，是防水工作的难点。主要采取将管节的承插口与预埋的钢环焊接在一起进行防水。

2.4.18　顶管施工应急处置措施

1)铰接漏水处置措施

(1)通过铰接密封环的注脂口加大油脂的注入量，并不停压注。

(2)通过调节螺栓，压紧压块，来调节密封的高度，从而起到密封效果。顶管铰接密封如图 2-109 所示。

(3)通过铰接处减摩泥浆孔，注入浓稠膨润土，从而起到止水效果，必要时可注入聚氨酯等快速止水材料。

(4)随时监测路面和管线变形情况，如果变化较大，可能发生危险，则采取路面开裂、管线开裂时相应的应急措施。

2)螺旋输送机被卡处置措施

(1)首先要排查造成被卡的原因，一般可能出现的原因有钢筋、铁块、孤石、混凝土块等不明障碍物。

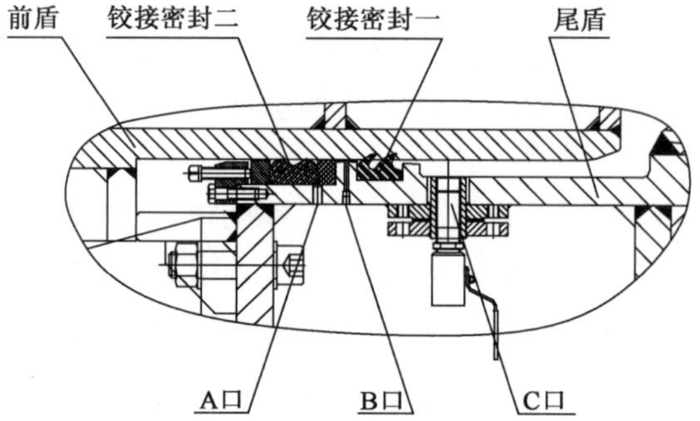

图 2-109　顶管铰接密封图

(2)加强渣土改良,通过螺旋机的正反转将障碍物带出。

(3)如果正反转没有效果,则需要制订处理专项方案,并经专家论证通过后才可实施。在富水地层则需要关闭螺旋输送机前闸门,并向土仓内注入聚氨酯,防止涌水。在无水地层可直接进行下列操作:

一般螺旋输送机最容易被卡住的位置为进渣口处与排渣口处驱动环的格栅处,排渣口处可通过卸除导流筒后进行排除;进渣口处可通过拆除螺旋输送机安装支座上的观察窗进行初步的处理。

如果以上措施均无法解决,则需要将螺旋输送机从安装座拔出进行处理,处理完后将螺旋输送机恢复。

3)顶进轴线偏差

(1)顶进轴线的控制要以预防为主,在顶管机组装中,认真复核顶管始发姿态,包括轴线、高程、旋转角等,确保初始顶进的位置符合设计要求。顶管机组装、调试完成后,因运输或其他原因会造成顶管机姿态显示未归零,顶管设备的倾斜仪读数是个很重要的原始数据,必须记录在案,以便在今后顶进过程中进行分析顶管设备的姿态。顶进过程中,要随时观察导向系统的数据变化,并加强人工复测的力度,测量组每 2 环对顶管机姿态和成形管节进行测量,以复核修正管位,根据检测结果及时纠偏。

(2)当轴线偏差量较小时,可通过控制刀盘的转向、双螺旋输送机的出渣量进行微量纠偏;当轴线偏差较大时,在以上措施的基础上启动纠偏油缸,逐步纠偏,纠偏的基本原则是勤纠、微纠和看趋势进行预纠偏,先上下、后左右,同时可辅助通过盾体和管节上预埋的纠偏孔进行打土纠偏。

4)顶管上方管线沉降、开裂处置措施

(1)预防措施

①提前对沿线管线情况进行详细调查,查清管线的埋深、接头形式、材质、现使用状况,为制订专项方案提供依据。对重点保护的管线与建设方,地方相关管理部门,设计、监理等各单位提前沟通,制订合理可行的保护方案。

②在顶管穿越管线之前设置试验段,在试验段掘进过程中分析顶管所在地层的地质条件,不断优化调整掘进参数,掌握此类地层顶管推进的施工方法。

③在顶管顶进之前，对顶管机进行机械设备和压浆管路的检查和维护，对于存在故障和故障隐患的机械一律进行维修，对压浆管路进行一次彻底的清洗，保证施工过程中不发生机械故障和压浆管路堵塞情况。

④在顶管顶进时穿越管线过程中，要严格控制顶管机各项施工参数，实际土压力比理论土压力略高 0.1MPa 左右，会使顶管切口处的地层有微小的隆起量，出土量控制在理论值的 98%。控制顶管姿态，减少对土体的扰动，保持匀速掘进，连续施工，避免长时间停机，优化减摩泥浆液的配比，控制注浆压力，做到及时补充浆液。

⑤顶管机穿越管线前应确定沉降控制标准。项目部成立风险管理小组，24h 值班，每天举行碰头会对监测数据和现场施工状况进行分析，及时调整各项参数，并采取有效措施控制沉降。

⑥实行信息化施工，穿越期间加强监测频率，并对监测数据进行分析，优化施工参数。

⑦针对可能出现的风险提前制订应急预案，进行演练，准备充足的应急设备物资。

(2) 应急措施

管线损坏应立即通知管线所有权单位进行应急处理。提前掌握管线上下游阀门位置，管线破坏后应立即关闭上下游阀门。如雨水、污水、热力、自来水等管线破损后应及时组织人员进行修复，如导致煤气管道、电力管线沉降应马上组织人员观测现场，要立即对周边人员进行疏散，对事故范围进行封闭警戒，保护现场，防止引发火灾，避免事态扩大，立即通知管线单位进行抢修。管线破除对交通产生影响，应立即通知交管部门，对道路进行影响区临时封闭，并在可行走车道上长距离铺设钢板，修复管线时，应停止地下通道顶管顶进施工，待管线修复完成后，应查明管线破坏原因，并制订出处理方案后方可继续顶管顶进。

5) 顶管始发漏水处置措施

(1) 预防措施

①端头加固施工中应加强控制施工参数，严格按照施工方案施工，并对加固效果进行取芯、探水验证。

②在端头地层加固施工完毕之后，对加固区域进行垂直取芯以及在洞门处布置水平探孔，用以检测土体加固效果。如有问题应及时进行补充加固，确保顶管始发的安全。

③做好洞口防水密封。顶管始发前，在原有防水设计的基础上，增加外延防水钢箱，钢箱与洞门钢环之间和钢箱端部各设置 1 道橡胶帘布。始发时，不间断地往洞门钢箱内注入克泥效。

④当水压比较大时，在上述措施的基础上，在洞门钢环上焊接 2 道钢丝刷，并在钢丝刷上满涂手涂型盾尾油脂。顶管始发时，不间断地注入盾构油脂，确保洞门动态防水。

⑤为了确保始发安全，在始发端头加固纵向两侧各布置两口降水井。

⑥始发时顶管机进入洞门钢圈 2 ~ 3 环后开始减摩泥浆，减少渗漏。

⑦加强顶管在始发的顶进速度和姿态的控制。顶进速度宜控制在 5 ~ 10mm，同时控制好顶管姿态，在保证出土量正常、减摩注浆及时的前提下，尽量快速完成顶管的始发。同时，充分考虑到由于对端头地层进行了加固处理，地层物理力学性质所发生的改变，掘进时应防止顶管姿态突然变化。

(2) 应急措施

①确定注浆孔位置和深度，启动注浆孔注浆，并控制注浆参数。

②现场立即在洞门钢圈外打孔注入惰性液浆，在惰性液浆不能止水的情况下注入聚氨酯。

③现场启用始发端头井设置的应急降水井进行降水，降低水位。

④立即与交管部门联系，临时封闭周围道路。

⑤立即与管线单位联系，派人来现场，一旦发生管线破坏立即关闭相关闸阀。

⑥物资保障组立即联系应急物资，确保物资供应正常。

⑦监控量测组立即监测，随时提供路面和管线变形数据。

6）顶管接收漏水处置措施

（1）预防措施

①端头加固施工中加强控制施工参数，严格按照施工方案施工，并对加固效果进行取芯、探水验证。

②在端头地层加固施工完毕之后，对加固区域进行垂直取芯以及在洞门处均匀布置12个水平探孔，用以检测加固效果。如有问题及时进行补充加固，确保顶管接收的安全。

③水压较大时，顶管机接收采用明洞法接收。在接收工作井内设置1道0.7m厚钢筋混凝土隔墙，墙高从底板开始，至地面齐平。明洞内填入优质黏土，黏土回填高度至洞门以上3m（图2-110）。

④顶管机进入明洞后，监测管节周边的土压力，控制土压力不大于0.1MPa。

⑤顶管机进入明洞后，及时通过二次注浆孔注入水泥浆固结顶管隧道。固结完成后，尽快施工洞门钢筋混凝土圈梁。

（2）应急措施

①当黏土上方出现漏水情况，在黏土顶面开始回填清水，清水高度比坑外静止水位高0.5m，如图2-111所示。

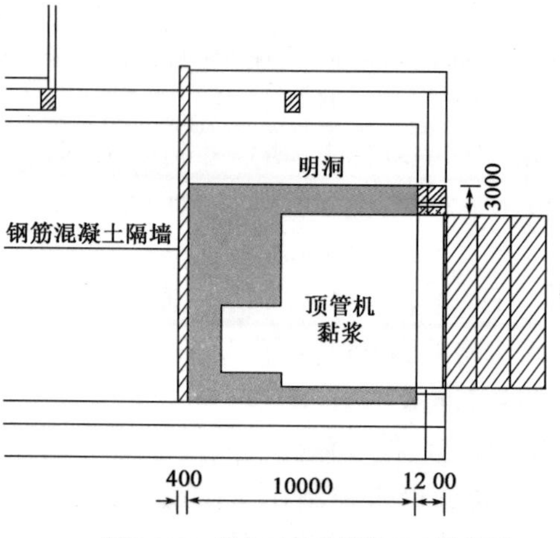

图2-110　接收工作井明洞黏土回填图（尺寸单位：mm）

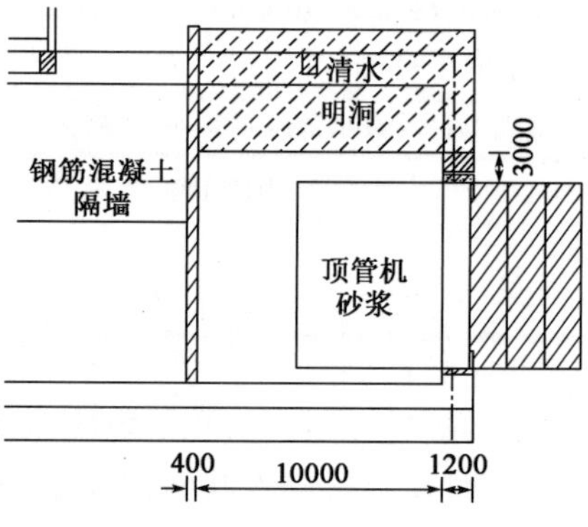

图2-111　接收工作井明洞黏土上回填清水图（尺寸单位：mm）

②明洞内回填清水后，渗漏未能控制，及时往洞内浇注水下混凝土进行反压。

③及时补充减摩注浆孔的减摩注浆量，增大减摩浆液的稠度，起到防水作用。

④监控量测组立即监测，随时提供路面和管线变形数据。

⑤若监测数据异常，危及管线自身安全，对外协调组应立即与交管部门联系，临时封闭周围道路，并且与管线单位联系，派人来现场，一旦发生管线破坏应立即关闭相关闸阀。

⑥物资保障组应立即联系应急物资，确保物资供应正常。

2.4.19　土压平衡矩形顶管机的管理和保养维修

为使土压平衡矩形顶管机的性能得以充分发挥，防止事故、故障于未然，对土压平衡矩形顶管机实行日常和定期的维护和保养，认真执行“清洁、检查、紧固、润滑、调整”十字方针。检查项目根据各种机械的特性及现场情况，严格执行《操作和维修保养规程》，不应遗漏。

成立专门的土压平衡矩形顶管机状态诊断小组，随时监控、分析土压平衡矩形顶管机的状态，同时加大配件的储存，加强保养的力度和质量，确保土压平衡矩形顶管机正常运转。

1）日保

（1）各部位螺母松弛检查、紧固。

（2）润滑油、润滑脂、水、空气异常泄漏检查。

（3）润滑油脂常规检查。

（4）工作油箱的液位检查。

（5）电源电压常规检查。

（6）操作盘的按钮、指示灯常规检查。

（7）液压系统过滤器检查、更换及回路内通气孔检查。

2）月保

（1）电动机类精密检查（轴承给油、测定绝缘阻抗、滴水检查等）。

（2）检查控制盘和配线器具（清点消耗情况、绝缘阻抗测定、配线管及导管损伤等）。

3）长期运转后停机时的保养

（1）各种装置的无负荷运转（隔10～15d）。

（2）油箱液面标尺检查。

（3）滑动面露出部分给油。

2.5　矩形顶管隧道工程案例

2.5.1　郑州市红专路下穿中州大道隧道工程

1）项目概况

中州大道为郑州市南北主干道，双向十车道，红线宽度100m，阻断了多条东西向连接老城区与郑东新区的道路。为缓解郑州东西向的交通压力，连接新老城区交通网络，拟修建红专路下穿中州大道隧道工程。由于中州大道车流量非常大，要求施工过程中不能影响中州大道的正常交通，同时该隧道工程具有断面大、覆土浅、距离长、隧道间距小的特点，传统的明挖法、人工暗挖工法都无法满足施工要求。经过专家组的多次论证，最后决定在下穿中州大道段采用超大断面矩形顶管法，两边的明挖暗埋、U形敞口段采用明挖顺作法施工，工法分布的平面如图2-112所示。

下穿中州大道的顶管段设计为4条隧道，隧道设计长度为105m，覆土厚度3.2～4m，中间两条为机动车道，管片的外尺寸为$W10.1\mathrm{m}\times H7.25\mathrm{m}$，两侧的隧道为人行通道，管片的外

尺寸为 $W7.5m \times H5.4m$，各条隧道之间的间距为 1m。顶管段设计的效果图如图 2-113 所示，横断面如图 2-114 所示。

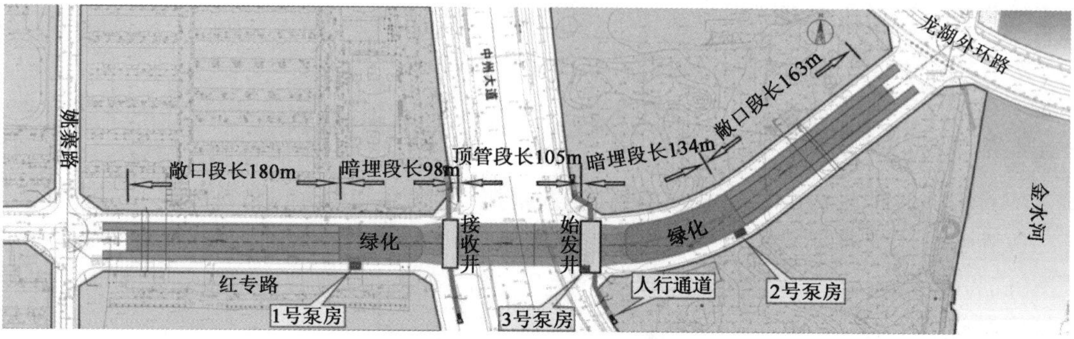

图 2-112　线路俯视图

图 2-113　顶管段隧道设计效果图

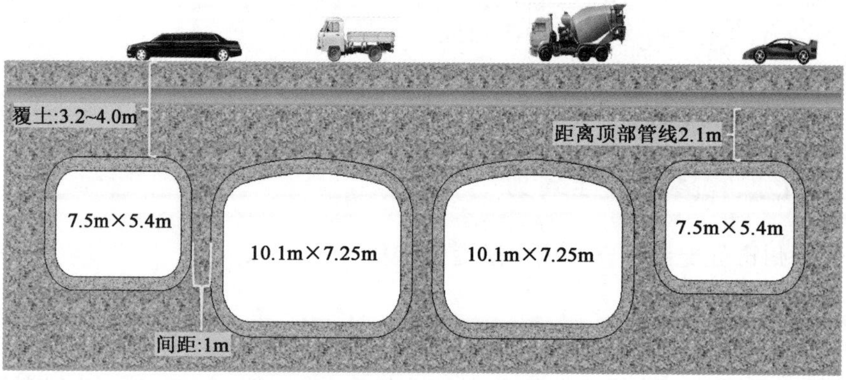

图 2-114　顶管段横断面图

隧道穿越的地层主要为粉土，地下水位埋深 8m，地层的渗透系数在 1.38×10^{-4} m/s ~ 1.15×10^{-6} m/s，属于弱透水地层。

2）项目重难点分析

本项目主要面临超大断面、超浅覆土、超长距离、超小间距的世界性难题，会给施工带来以下问题：

（1）超大矩形断面掘进时土压平衡控制问题

①开挖断面的宽度达到 10.12m，无法像圆形盾构施工那样使土体能够形成稳定的自然

拱,会造成土压的不稳定。

②采用多刀盘开挖,对土仓压力扰动大。

③存在较大面积的搅拌盲区,渣土改良均匀性差,会造成土仓压力分布不均衡。

④采用双螺旋输送机联合出渣,出土量不易控制,土压平衡控制困难。

(2)姿态控制问题

①开挖断面横向跨度大,掌子面左右两侧压力分布不均匀,会造成轴线的偏转。

②隧道间距只有1m,当第一个隧道完成后,相邻隧道施工时会造成两侧土压力不等,导致矩形顶管机产生方向偏转。

③矩形断面一旦发生轴线偏转,很难纠正,若纠偏过猛会造成土体扰动及增大顶进阻力,对工程施工影响很大。

④地质的不均匀性会造成机头的滚转,会对管节质量及最终隧道成型造成很大影响。

(3)超大断面、超浅覆土矩形顶管机施工沉降控制问题

①由于矩形顶管机顶部10m宽、4.6m长的平面直接与土层接触,而最小覆土只有3.2m,顶板上部土体不能形成稳定自然拱,上部土体产生的剪切力及正面压力较小,当小于顶管机与管片向前移动时产生的摩擦力时,就会造成"背土"现象,严重时造成地面及管线的破坏。

②土压平衡控制难度的增加会对开挖面的稳定性带来不利影响。

③减摩泥浆注浆压力的控制会给沉降带来风险。

3)项目施工情况

用于该项目施工的两台设备于2013年12月下线,于2014年2月开始始发掘进,于2014年8月整个项目顺利贯通,项目实施过程如图2-115所示,隧道贯通后的情况如图2-116所示。

a)设备下线 b)始发 c)掘进

d)换管节 e)螺旋输送机出渣 f)出洞

图2-115 项目实施过程

项目实施过程中,各项参数正常,均达到了预期目标和规范要求。

图 2-116　隧道贯通后的情况

(1)掘进速度

掘进速度最快为 6m/d,平均 4m/d,各条隧道施工的节点见表 2-18。

隧道施工的时间节点　　表 2-18

节点及名称	1 号隧道	3 号隧道	2 号隧道	4 号隧道
通道总长(m)	105	105	105	105
始发时间	2014.2.16	2014.3.16	2014.8.6	2012.6.26
贯通时间	2014.5.26	2014.6.6	2014.8.31	2014.7.26
平均掘进(m/d)	1.91(1 号和 3 号同时施工)		4.0	3.5

(2)顶进推力控制

中铁 88 号开挖尺寸为 $W10.12\text{m} \times H7.27\text{m}$,设计最大推力 112000kN,实际最大推力 57000kN;中铁 87 号开挖尺寸为 $W7.52\text{m} \times H5.42\text{m}$,设计最大推力 72000kN,实际最大推力 39000kN。图 2-117 为 1 号、3 号、4 号隧道总推力的数据分析,其中 3 号隧道为大断面,1 号、4 号为小断面。

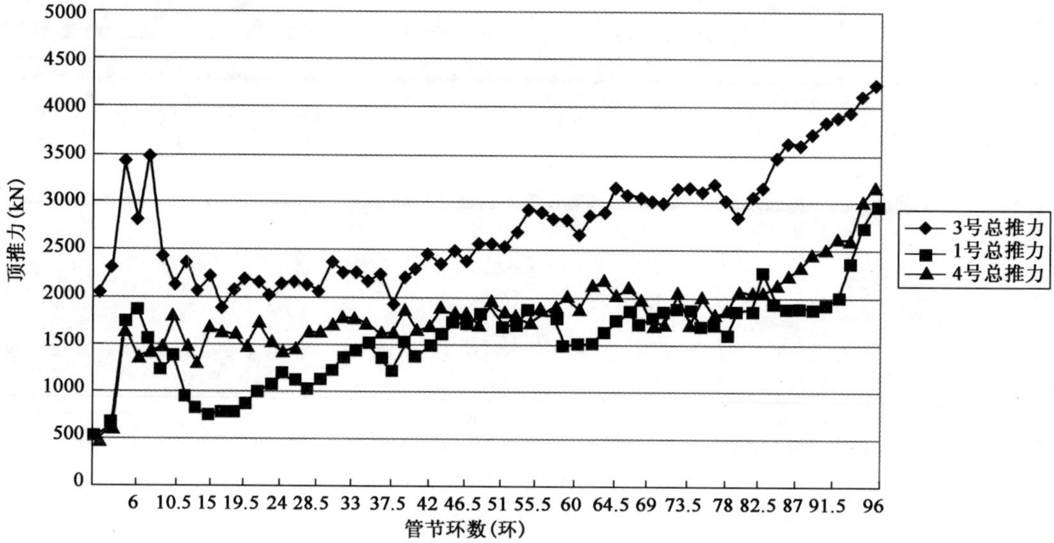

图 2-117　顶推力数值曲线

(3)地表沉降控制

4 条隧道先后的施工对土体造成了多次扰动，地面出现了一定的沉降，但均在规范及设计要求范围以内，最大沉降为 28.2mm，无地表隆起，未对地面交通带来任何影响。具体沉降数值曲线如图 2-118 所示。

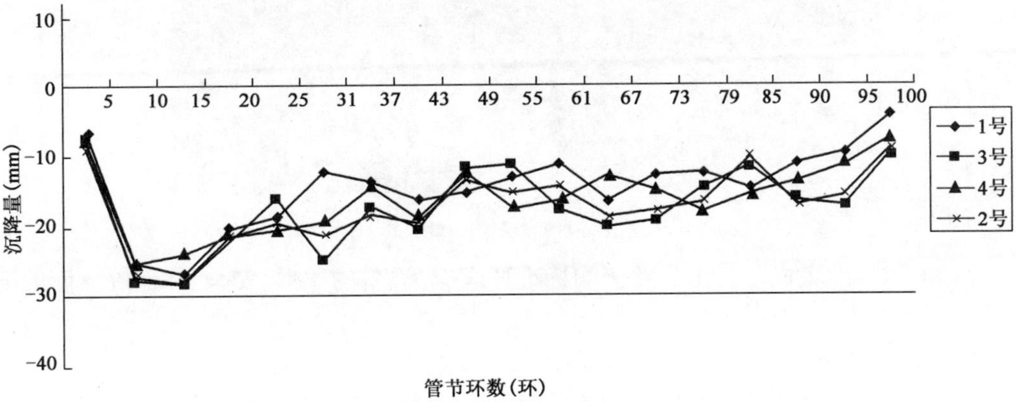

图 2-118　沉降数值曲线

(4)轴线控制

实测轴线最大高程偏差为 +15mm，最大水平偏差为 +26mm；管节接头无渗水，工程实体各项指标均符合设计及相关规范要求。

4)项目施工经验总结

①进一步验证了矩形顶管机与矩形盾构对浅覆土有很强的适应能力。

②超大断面长距离施工过程中，姿态控制要以预防监测为主，做到随测随纠，一旦发生大的偏差，很难进行纠正，会影响整个隧道的质量。

③减摩泥浆的配比与注入系统的控制是影响长距离矩形顶管机施工的关键因素，在减摩泥浆套形成良好的情况下，可降低 1/3 ~ 1/2 的顶推力。

④该项目的成功实施具有重要的示范性意义，超大断面长距离矩形顶管机设备研发与施工技术的突破为城市交通隧道和城市地下空间开发提出了新的解决方案。

2.5.2　新加坡 T221 地铁出入口矩形顶管机项目

1)项目概况

该项目名称为新加坡地铁汤申线 T221(HavelockStation)地铁出入口项目，位于新加坡的南部红杉区繁华地段，靠近新加坡河。

该项目顶管段设计长度 156m，覆土厚度 5.4 ~ 7.2m，断面尺寸 $W7.62\text{m} \times H5.645\text{m}$；隧道主要穿越碳泥/海相淤泥($N = 0 \sim 10$)、全风化花岗岩($N = 6 \sim 24$)，分布长度分别为 60m 和 96m。现场实景如图 2-119 所示。

2)项目重难点分析

(1)156m 的隧道长度为当时已知的世界最长距离的矩形顶管项目，超长距离掘进对减摩工艺提出了很高的要求。

(2)隧道穿越海相淤泥软弱地层，设备姿态控制难度大。

(3)隧道覆土浅，距离高层建筑物近，对地表沉降控制要求高。

图 2-119　现场实景图

(4)新加坡标准集成了美国与欧盟的标准要求,对设备的质量、安全、环保等方面的要求非常苛刻。

3)项目施工情况

中铁装备针对项目的情况和客户的要求设计了我国首台出口的矩形顶管机,设备于 2015 年 10 月 28 日下线,2016 年 5 月 11 日正式开始掘进,2016 年 11 月 08 日顺利贯通。设备及施工概况如图 2-120 所示。

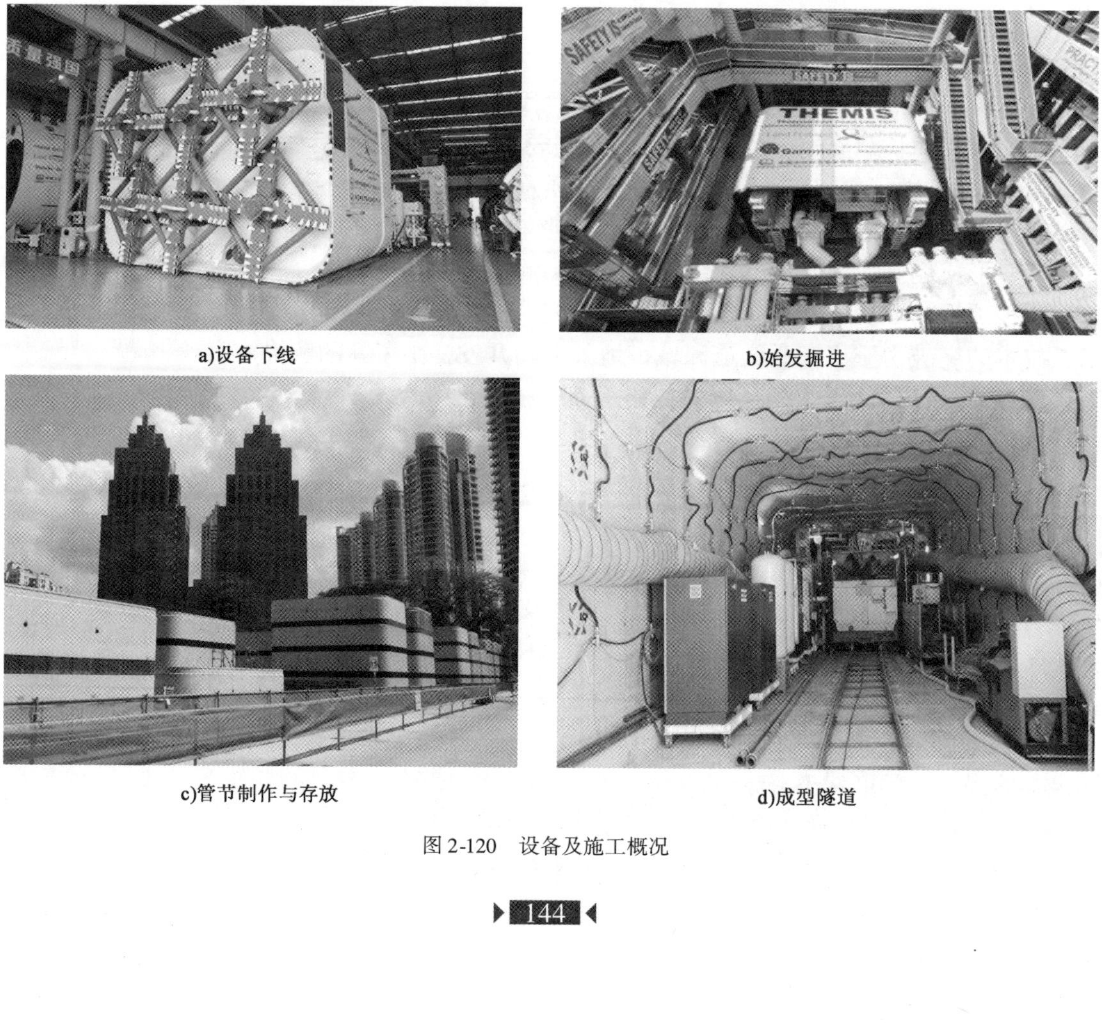

a)设备下线　b)始发掘进　c)管节制作与存放　d)成型隧道

图 2-120　设备及施工概况

在掘进里程15～45m范围内出现了施工前未能探测到的铸钢水管，该水管壁厚0.02m，直径约1.5m，掘进过程中通过螺旋输送机排出数百块的铁块以及挖钻钻头等异物，其中最大尺寸超过0.4m×0.3m，创造了辐条式软土刀盘成功破除铸钢管道的典型案例。排出的铸钢管道碎片如图2-121所示。

图2-121 排出的铸铁管道碎片

整条隧道施工过程中消耗的最大顶推力约为38000kN，地表沉降控制在15mm以内，无地表隆起，均在规范及设计要求范围以内。顶推力与掘进环数曲线如图2-122所示。

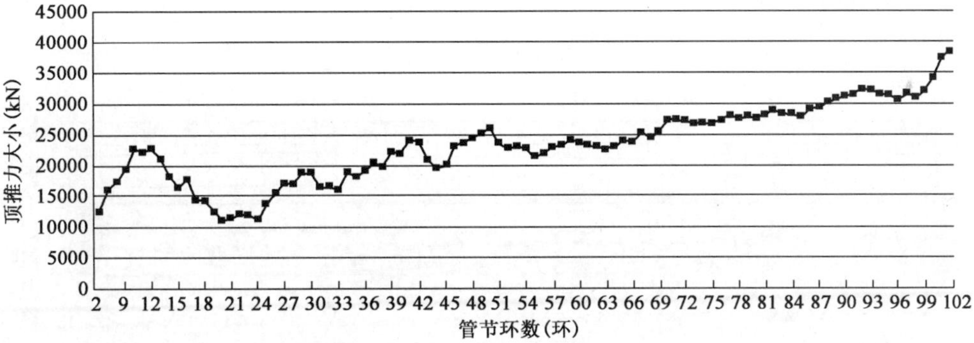

图2-122 顶推力与掘进环数曲线图

4)项目施工经验总结

(1)矩形顶管机在遇到不明障碍物时，需要第一时间停机检查，确认障碍物的大概情况。在确认不会造成重大安全事故的基础上，可通过低刀盘转速试探性掘进，时刻观察刀盘扭矩。如果障碍物包含有钢筋、钢板等，需要重点关注螺旋输送机的扭矩，一旦扭矩产生波动，就需要停机反向旋转，避免螺旋输送机卡死。

(2)该项目证明了矩形顶管机安装入舱的必要性，由于矩形顶管项目大部分为浅覆土，存在很多不明的回填物，一旦遇上障碍物就需要带压进舱进行检查处理。但是由于覆土浅保压效果较差，对保压系统的设计有特殊要求，进舱前需要实施人造泥膜等辅助工艺。

2.5.3 成都川大停车场下穿人民南路人行通道项目

1)项目概况

该项目名称为成都川大华西校区地下停车场下穿人民南路人行通道项目,项目位于成都市人民南路三段,人行通道主要用于连通四川大学华西校区体育场地下停车场与华西第四医院。该人行通道顶管段长度为56m,埋深4.8m,施工断面尺寸$W6.02m \times H4.52m$。隧道顶部垂直方向有约15条各类市政管线,距最近的一条管线仅0.5m,并垂直上跨正在运营的地铁1号线,距地铁隧道顶板仅3.1m。项目效果图如图2-123所示。

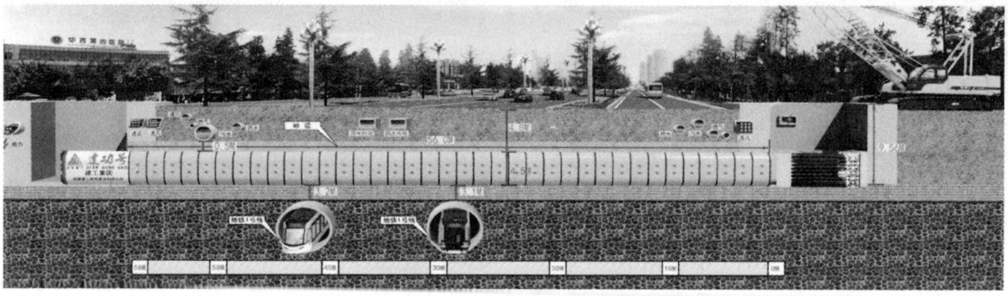

图2-123　下穿人民南路人行通道效果图

根据地勘资料,顶管机所穿越的地层以中密卵石为主,局部密实卵石,夹杂中砂、稍密卵石,隧道顶部分布着约2m厚的细砂层,卵石含量为60%～70%,粒径以0.04～0.1m为主,填充物为细砂、圆砾及局部漂石,最大的卵石粒径超过0.4m,地下水静止水位埋深为4～5m。地质分布情况如图2-124所示。

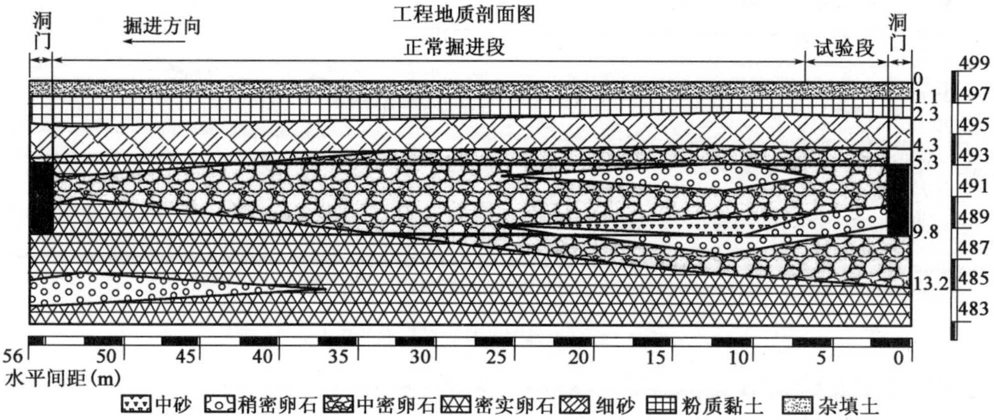

图2-124　地质断面图

2)项目重难点分析

(1)卵石含量高、粒径大,渣土流动性差,容易造成螺旋输送机的卡顿;同时矩形顶管机底部为平面结构,卵石极易堆积到底部,一方面会造成底部刀盘扭矩增大,另一方面会导致螺旋输送机出渣不畅。

(2)埋深只有4.8m,路面交通流量非常大,一直存在动载的扰动。同时隧道顶部分布着各类市政管线以及约2m厚的细砂层,地层稳定性非常差,掘进过程中顶部容易产生垮塌形成空腔,进而造成地表沉降和管线的破坏。

(3)局部分布的大粒径卵石会造成设备受力不均匀，容易造成姿态的偏转。

(4)砂卵石层中摩擦系数比较大，摩阻力更大，对减摩技术的要求更高。

3)项目施工情况

针对本项目的工程概况，中铁工程装备集团研制出了世界首台砂卵石层矩形顶管机(图 2-125)。

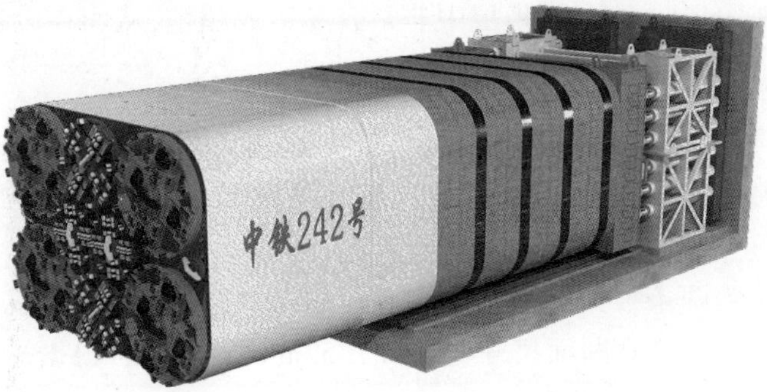

图 2-125　世界首台砂卵石矩形顶管机效果图

项目于 2016 年 6 月 18 日始发，同年 8 月 19 日顺利贯通，最大的地表沉降值小于 15mm，最大推力 16000kN，摩阻系数控制在 $12kN/m^2$ 以内。成功实现了上保路面交通不中断，中保市政管线不渗漏，下保地铁运营不停止，施工概况如图 2-126 ~ 图 2-128 所示。

a)出渣情况

b)成型隧道

图 2-126　施工概况

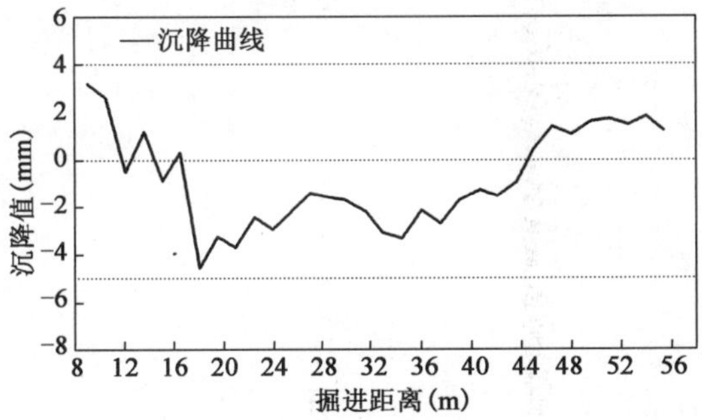

图 2-127　开挖沉降监测统计

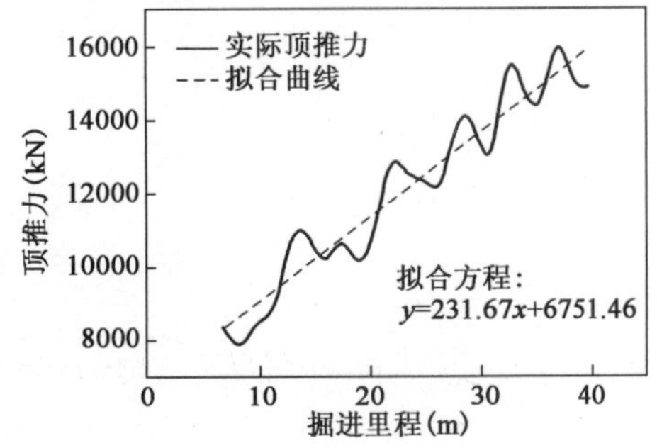

图 2-128　顶推力与掘进里程曲线图

4)项目施工经验总结

(1)多刀盘矩形顶管机在砂卵石地层中掘进时,对底部刀盘扭矩的要求非常高,需要将传统的刀盘扭矩系数经验值提高2倍以上。

(2)渣土改良需要采用"泡沫+膨润土+黏土"的综合改良方案,多点注入,立体布置。

(3)对渣土管理要求非常高,该地层中非常容易造成超挖,从而在设备顶部形成空洞。

2.5.4 杭州德胜路综合管廊项目

杭州市德胜路综合管廊西起东宁路,东至九环路,全长约5.35km,沿线上跨规划地铁4号线,下穿杭甬高速公路及三污干管,其中杭甬高速公路及三污干管段采用矩形顶管施工。

两处顶管工程均为两条独立的双舱管廊并行施工,杭甬高速公路段管廊间距为9m,三污干管段管廊间距为3m,管廊断面尺寸均为$W7.52\text{m}\times H5.42\text{m}$,根据矩形管节中隔墙位置及内部管线布置的不同,管节分为A、B、C三种型号(管片长度1.5m,管片厚度0.55m,中隔墙厚度0.3m),如图2-129所示。杭甬高速公路顶管段隧道长度154.6m(2条),覆土厚度8.6m;三污干管顶管段隧道长度106.5m(2条),覆土厚度8.6m。地层均为砂质粉土层、黏质粉土层。项目主要难点为长距离顶进,下穿高速公路与污水管道,对沉降控制要求高。

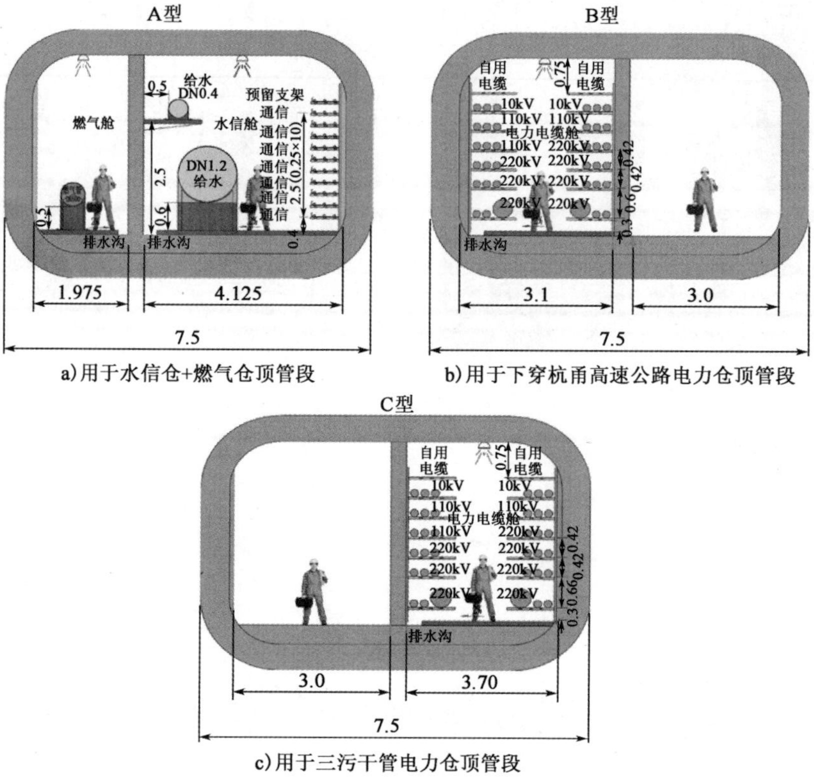

a)用于水信仓+燃气仓顶管段

b)用于下穿杭甬高速公路电力仓顶管段

c)用于三污干管电力仓顶管段

图2-129 管廊分仓结构示意图(尺寸单位:m)

项目施工过程总体比较顺利，但是在第一条隧道施工过程中，始发工作井的端头加固强度平均超过了 5MPa，最大超过 10MPa，由于设备开挖系统存在开挖盲区，加固强度过大会造成盾体切刀无法完成切削，推力增大，甚至无法推进。所以，针对多刀盘旋转开挖类型的矩形顶管机，在没有特殊处理措施时，端头加固强度最好要控制在 2MPa 以内，最大不能超过 5MPa。施工过程如图 2-130 所示。

图 2-130　设备及施工概况

本项目的成功实施，将矩形顶管技术推广到了综合管廊领域，为海绵城市、智慧城市建设提供全新的解决方案。

2.6　其他类型矩形顶管机及施工介绍

2.6.1　组合顶管机

1）组合式顶管机的发展现状

组合式矩形顶管机是以单个常规矩形顶管机为基本开挖单元进行模块化设计，通过不同数量的单元组合，实现不同断面开挖的需求，极大地提高了设备的利用率。

如在 1.2.1 中提到的，日本鹿岛建设分别于 2011 年和 2016 年研制出 R-SWING 工法双联式掘进机（$W4.85\text{m} \times H3.6\text{m}$）（图 2-131）和三联式掘进机（$W7.25\text{m} \times H4.275\text{m}$）。该类型掘进机的基本结构由主机部和伸缩顶部组成，均采用油缸驱动摆动刀盘实现开挖，针对隧道断面的尺寸，能够通过组合多个基本单元进行灵活设计。顶管机上部装配有伸缩式顶进装置，最大可伸出 1.5m，通过顶部结构伸出进行先行掘进，能够确保地层沉降，据此可对周边环境的影响降至最低，可实现地表始发、地表到达。

R-SWING 工法掘进机伸缩顶部左右之间、主体部与伸缩顶部上下之间、主体部左右之间均采用螺栓连接,所以组装时无须焊接作业以及拆机时的气体切割作业,可节省一半的拆装机时间。各基本结构能够分体运输,提高运输效率。此外,在各基本结构单元之间插入垫块,更换相应尺寸的摆动刀盘,可实现掘进机开挖尺寸的微调。R-SWING 掘进机不仅适用于顶管施工,同样适用于矩形盾构(图 2-132),可应用于大断面、浅覆土、施工沉降要求较高的工况。掘进机尺寸微调方法如图 2-133 所示。

a)未伸缩顶部　　b)顶部伸出

图 2-131　R-SWING 工法掘进机

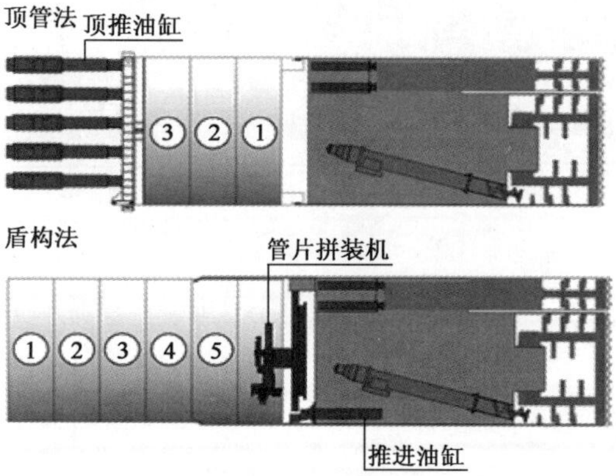

图 2-132　R-SWING 工法适用顶管法和盾构法

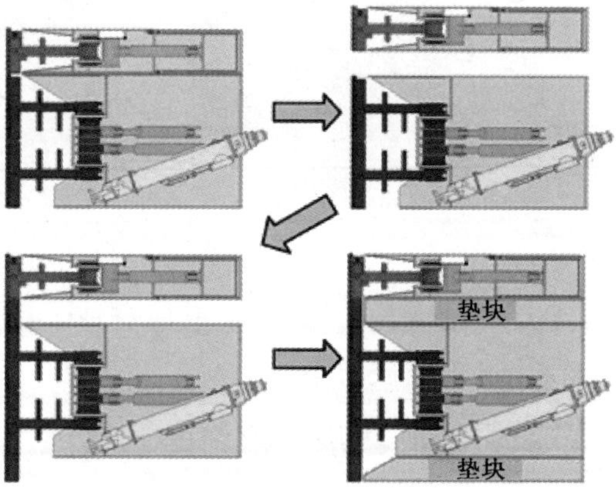

图 2-133　掘进机尺寸微调方法图

在第 1 章里提到的日本清水建设和 KayabaSystem Machinery 株式会社于 2013 年共同开发的桨叶式(滚筒式)矩形掘进机也采用了组合式设计。该类型设备的开挖舱是由最上层的截割头对应的 1 个开挖舱,以及第二层(含)以下的多个截割头共用的 1 个开挖舱构成,在各开挖舱安装滚筒式螺旋,进行强制性搅拌,提高渣土改良效果,使用螺旋输送机进行出渣,滚筒式掘进机示意如图 2-134 所示。

在埋深较深的地层中掘进时,可以采用上层截割头收缩姿态进行掘进,在浅埋深时,可以伸出最上层的截割头,通过使用截割头反复超前掘进,可控制地表沉降。所以其综合地质适应能力强,可应用于软土、软岩条件下的开挖工程。

滚筒式矩形掘进机开挖结构简单,通过变更截割头的尺寸,增加截割头的层数,不同截割头通用部件的组合和简单的开挖结构,能够开挖出任意尺寸的矩形断面,降低了成本。滚

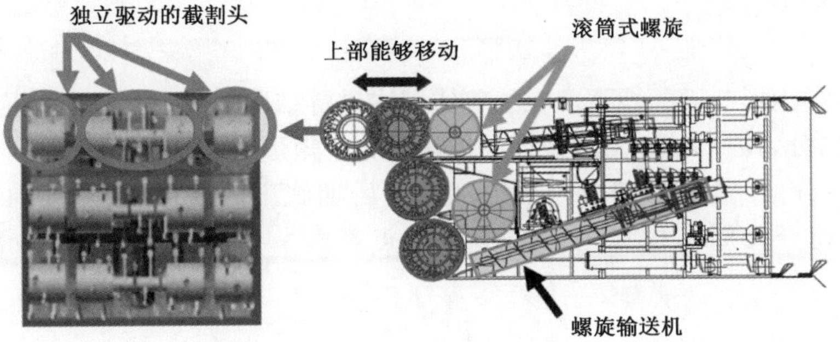

图2-134　滚筒式掘进机示意图

筒组合式掘进机不仅适用于顶管，也可用于矩形盾构，具有较强的适用性。滚筒式掘进机掘进形式示意如图2-135所示。

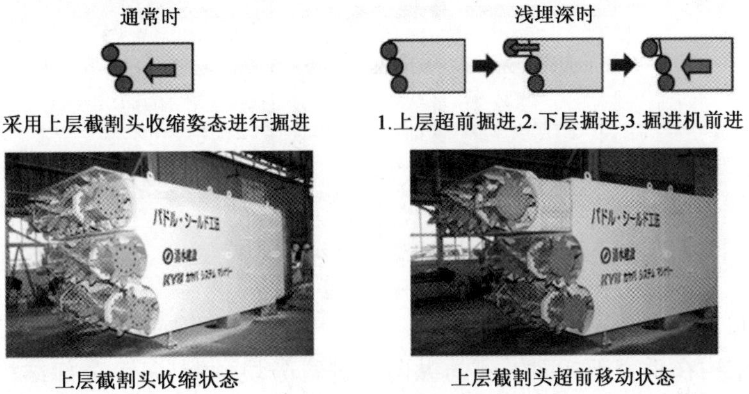

图2-135　滚筒式掘进机掘进形式示意图

在国内，上海市机械施工集团、广东省基础工程公司先后提出了采用多台同一标准矩形断面的矩形顶管掘进机按不同的组合排列方式拼装组成不同尺寸的大形矩形顶管掘进机的概念，但均未实施。2016年12月，中铁工程装备集团有限公司研制出国内首台组合式矩形顶管机，用于地下停车场施工。该组合式矩形顶管机开挖尺寸为$W5.74\text{m} \times H5.02\text{m}$，由两台相同的分体矩形顶管机（$W2.87\text{m} \times H5.02\text{m}$）组装而成，每台分体矩形顶管机也可单独掘进。

2）新型组合式顶管机械分部暗挖工法

（1）基本思想

新型组合式顶管机械分部暗挖工法，是将整体结构划分为若干分部结构，采用掘进设备进行各分部结构的开挖，同时顶进分部结构的分块预制件，各分部结构施工完成后，形成整体结构的外周结构，再施作内部结构，最后按照合理的顺序分段拆除分块预制件的临时结构构件，完成结构的受力体系转换，形成最终整体结构。本新型工法以“先分后合、由外到内”为指导思想，通过机械化分部施工化整为零，把大断面的掘进转化为易于控制且施工技术和设备技术均较为成熟的常规断面尺寸进行开挖，然后施作内部永久结构，实现结构的整体受力转换，最后拆除内部临时结构，合并各个分部，完成最终的地下空间结构。该新工法的综合运用对机械化施工技术和模块化建造技术提高到新的台阶，可实现施工阶段的化整为零，随后通过受力转化，再实现结构上的由零到整。

(2)实施步骤

①结构划分

对矩形或类矩形断面的地下工程的整体结构进行结构划分。迎土面结构划分为外周结构,其余结构划分为内部结构。将外周结构用垂直于矩形及类矩形断面的剖切面划分为若干分部结构。分部结构划分时,为了内部结构后期施工的便捷性,对外周结构进行划分时,剖切面宜避开外周结构和内部结构的节点部位。结构单元的划分示意如图 2-136 所示。

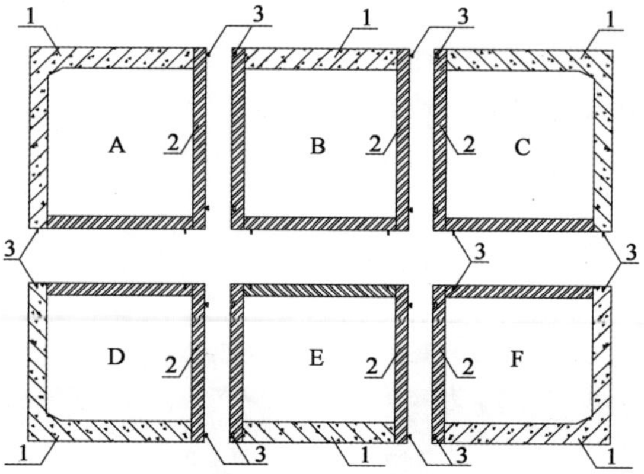

图 2-136　结构划分示意图

1-永久构件;2-临时构件;3-导向装置

②分块预制

对各分部结构在垂直于断面平面的纵向上进行分块预制,每个分部结构均得到若干分块预制件;所述分块预制件由永久结构构件和临时结构构件组成,永久结构构件为分部结构分块,并与临时结构构件可拆卸式连接;相邻分块预制件之间对应设置有导轨和导轨槽,导轨插入导轨槽之中实现相邻分块预制件的密贴和顶进过程中的导向定位。导轨和导槽组成的导向装置如图 2-137 所示。

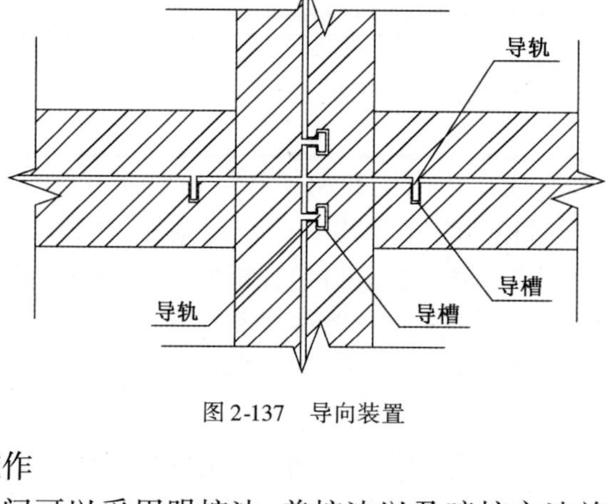

图 2-137　导向装置

③始发接收空间施作

始发空间和接收空间可以采用明挖法、盖挖法以及暗挖方法施工,视具体环境条件确定。所述始发空间和接收空间位于整体结构的两端,始发空间应满足掘进设备吊入组装、预制件吊入、推进施工和渣土运出的需求，接收空间应满足掘进设备吊出以及物料进出的需求。在一些情况下，如果需要在接收空间内进行掘进设备始发，则接收空间也应满足设备始发要求。

④顶进施工

对各分部结构的分块预制件进行顶进施工，顶进的施工工艺与 2.4 中介绍的普通矩形顶管机施工工艺基本一致，不再详述。一个分部结构的分块预制件全部顶进施工完成后，掘进设备进入接收空间，在接收空间内将掘进设备吊出，完成一个分部结构的顶进施工。重复以上作业，完成各分部结构的顶进施工，顶进过程如图 2-138 所示。当各分块预制件的断面尺寸相同时，则采用与断面尺寸相匹配的一种掘进设备进行施工，当存在至少两种分块预制件断面时，则采用与之相匹配的至少两种掘进设备进行施工。施工时，宜采用先施工中部分部结构再施工两侧的分部结构、先施工下层的分部结构再施工上层分部结构的施工顺序。当采用多台设备同时作业时，应充分考虑同时施工的相互影响，采取必要的施工措施，确保施工安全。

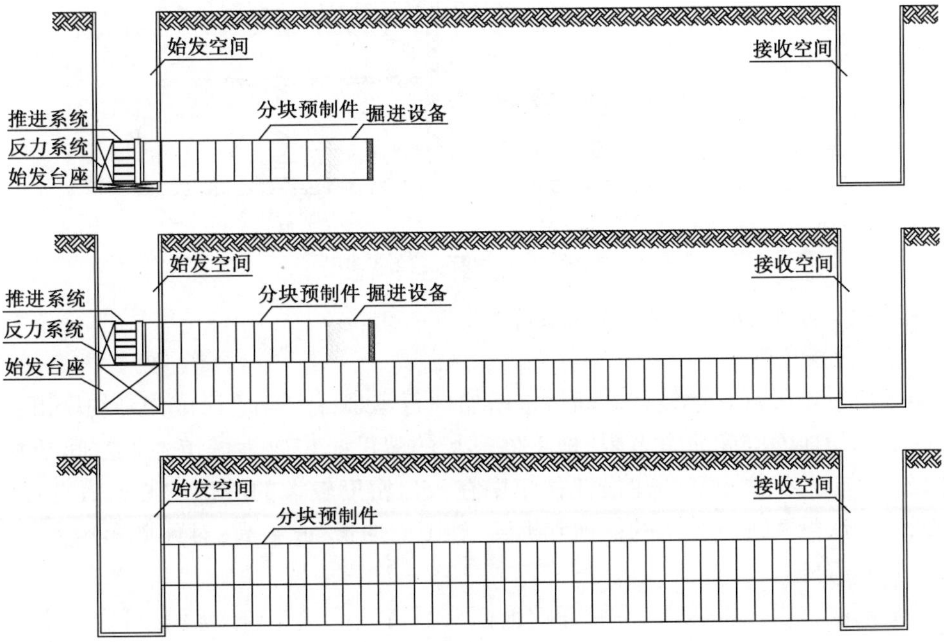

图 2-138　顶进过程示意

⑤临时结构拆除

各分部结构顶进施工完成后，施作内部结构，内部结构施工完成后，按照合理的顺序分段拆除各分块预制件的临时结构构件，并将相邻分块预制件之间由于临时结构构件的拆除产生的间隙进行连接处理，完成受力体系的转换，形成最终整体结构，整个断面的施作过程从组合到拆除，如图 2-139 所示。一般情况下，需待内部结构施作完成后方可拆除临时结构构件，但当内部结构施作需先拆除临时结构构件时，需在满足安全的前提下进行，必要时应增设临时支撑。

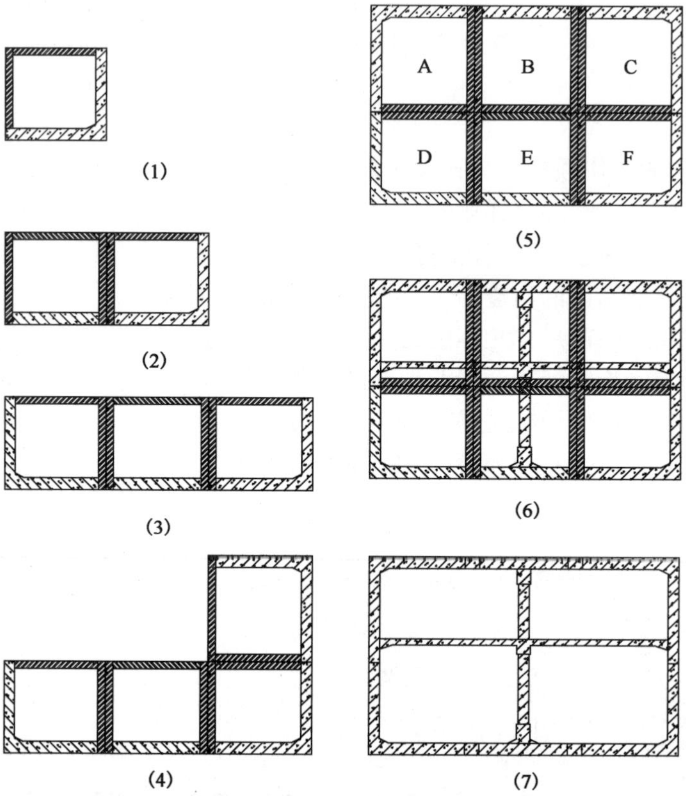

图 2-139　结构断面的施工步序

3）用于地下停车场施工的组合式顶管机

（1）项目背景及概况

近年来由于城市汽车数量在不断快速增加，“行车难，停车难”已成为制约城市发展的一个重要因素。而地面空间非常有限，地下停车场的建设必将成为城市地下空间开发的重要组成部分。由于地下停车场的建设往往集中在人口密度较大的城市中心或者老城区，明挖等传统施工方法需要进行大量的征地和拆迁，施工周期长，成本高，对环境影响大，已无法满足社会发展的需要。

机械暗挖法不用大量拆迁、不用开挖地面、无噪声、无尘土、不扰民，可实现安全、高效、经济、环保施工。但由于地下停车场的空间结构布置受制于地面建筑物布局的影响，设计往往面临差异较大的断面约束条件。为了提高设备对不同断面地下停车场的适用性，研究开发的分体组合式矩形顶管机能有效降低设计、制造及施工的成本。

2015 年中铁工程装备集团有限公司筹划在自己办公楼前广场下面采用机械暗挖工法修建地下停车场，停车场主体为地下一层结构，断面尺寸约为 W 34.38m × L83.7m，停车约 92 辆，如图 2-140所示。

为了使地下空间利用最大化，停车场共设置 2 个停车单元，每个停车单元包括两侧的停车区与中间的行车道，采用两种不同的开挖断面，共开挖 7 条隧道，隧道理论设计间隙为 3cm，覆土厚度均为 3m，地层为粉土、粉细砂，单条隧道设计长度 61.58m，中部（管节 2 ~ 6）

采用装配后的矩形顶管机（$W5.74\text{m}\times H5.02\text{m}$）进行顶进施工，两侧（管节1、管节7）采用单体矩形顶管机（$W2.87\text{m}\times H5.02\text{m}$）进行掘进。各个管节之间相邻部位采用可拆卸钢结构组成，待相邻管节顶进完成后，在每个管节的中部做纵梁及立柱结构，再拆除型钢支撑结构，进而形成大断面的地下停车场。组合式矩形顶管机的研发为地下停车场的建设提供了一种新型的思路。结构分块示意如图2-141所示。

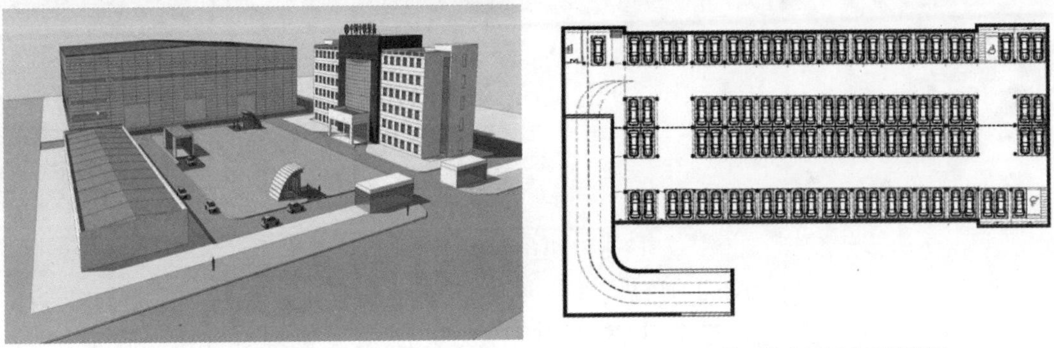

a)项目整体布局图　　　　b)地下停车平面布置示意图

图2-140　地下停车场

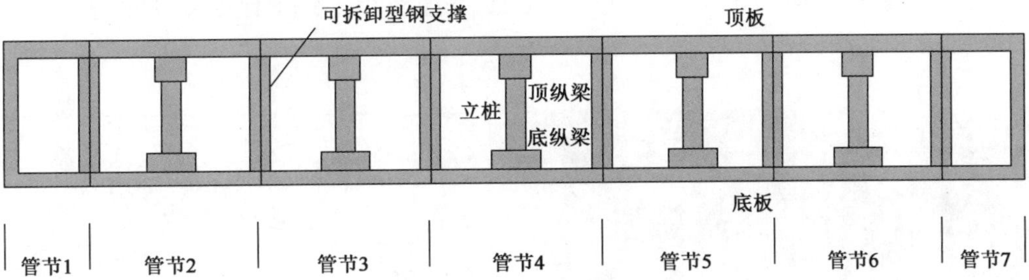

图2-141　结构分块示意图

（2）项目重难点分析

①用顶管法修建地下停车场是一种工法上的创新，各节点之间如何衔接及处理是工法研究首要的难点。

②相邻隧道距离仅有3cm，间隙接近为零，如果施工产生较大的轴线偏差会直接影响下一条隧道的施工成型，同时增加相邻隧道间接缝的处理难度。

③覆土厚度只有3m，施工时易引起周边土体的松动和变形，产生地表沉降。

④管节是由混凝土结构与钢结构连接而成，由于接缝的存在，管节端面之间难以实现整环密封。

（3）组合式矩形顶管机的设计

由于组合式矩形顶管机开挖方式很多，对应多种设计方案，本书在这里不再对每种设计方案一一赘述，将根据中铁工程装备集团有限公司自主研发的组合式顶管机（图2-142）介绍其中的一种方案设计。

组合式矩形顶管机和一般矩形顶管机的系统构成基本一样，本节在这里只针对组合式顶管设计的突出关键技术即刀盘设计、组合纠偏及组合连接部分详细讲解，其他系统的设计可参照2.1中对各系统设计的详细讲解。

图2-142　组合式矩形顶管机

地下停车场工程地质为粉土、粉砂，含水率极低。根据地质适配性原则，该组合式顶管机选用土压平衡式。此台设备既要满足组合式施工，又要实现单台独立施工，为实现功能最优化、适用性最大化。经过方案研究比选，此台设备采用中间一个ϕ2850mm大刀盘，周边4个ϕ1420mm小刀盘平行轴式前后布置形式，相邻刀盘的切削区域相互交叉，刀盘开口率大，渣土搅拌均匀流动性好，对地面的扰动小，有利于姿态控制，如图2-143、图2-144所示。

图2-143　组合式顶管机刀盘

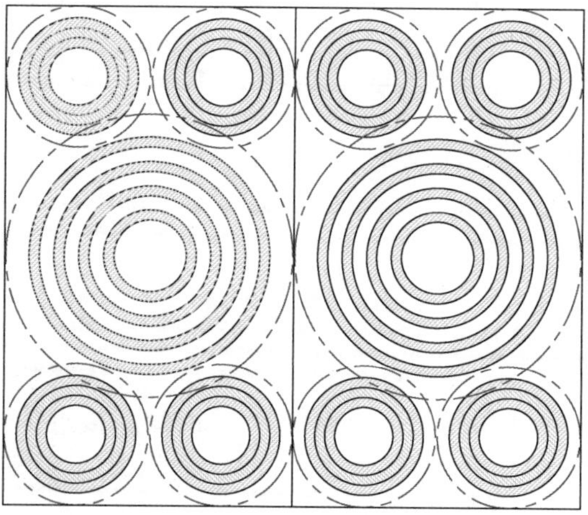

图2-144　组合式顶管机搅拌区域

由于相邻两管节的间隙仅有3cm，近似零间隙施工，对组合式顶管机的姿态控制、轴线偏差控制能力提出了较高的要求，为此需要进行针对性设计。此台设备采用组合式调向方式，盾体采用主动铰接结构，设置有16根纠偏油缸，实行分组控制，可用于上、下、左、右纠偏，纠偏角度为左右1.2°，上下2.1°。单个顶管模块施工时配置13根纠偏油缸，其中下部布置3根纠偏油缸，比上部多一根，主要是为了在设备有下沉趋势时能够提供较大的向上纠偏力，预防施工发生较大的地表沉降。组合式顶管机纠偏油缸布置如图2-145所示，单元式顶管机纠偏油缸布置如图2-146所示。

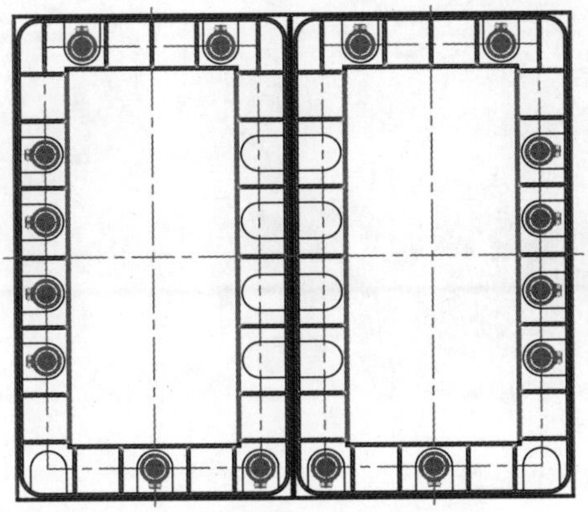

图 2-145　组合式顶管机纠偏油缸布置

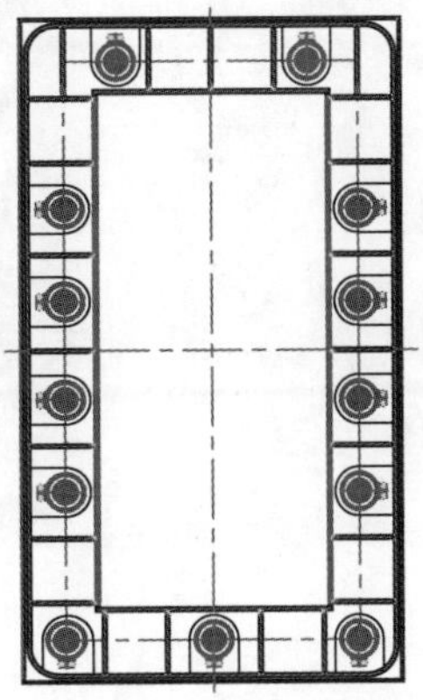

图 2-146　单元式顶管机纠偏油缸布置

组合式顶管机顾名思义就是单元模块化顶管的组合,设计的要点也是如何实现在组合状态时能够实现快速组装、有效密封、灵活调向等功能要求。此台组合式矩形顶管机的 2 个单元模块通过高强度螺栓连接,通过定位销和卡块连接定位,并通过橡胶进行密封,保证组合式顶管机的整体性及密封性要求。设备在相应位置开设圆孔,用于 2 个单元模块之间的电气、液压、流体管线的对接,实现设备一体化。

(4)项目实施情况

项目于 2016 年 4 月 28 日起正式启动,同时开始土建与设备的研究设计。设备于 2016 年 12 月下线,2017 年 4 月 15 日举行始发仪式,于 2017 年 12 月 15 日整个项目顺利贯通,项目实施过程如图 2-147 所示。

a)设备下线

b)始发

c)第1条隧道施工

d)第1条隧道贯通

e)第4条隧道施工

f)顶进施工结束后的内部结构

图　2-147

g)建成后的地下停车场

图 2-147　地下停车场项目实施过程

(5)施工参数与数据

①掘进速度

掘进速度最快 6m/d,平均 3m/d,各隧道的施工节点见表 2-19。

隧道施工的时间节点　　表 2-19

节点及名称	1 号隧道	2 号隧道	3 号隧道	4 号隧道	5 号隧道	6 号隧道	7 号隧道
通道总长(m)	63	63	63	63	63	63	63
始发时间	2017.4.27	2017.6.12	2017.8.3	2017.8.30	2017.9.28	2017.10.24	2017.11.17
贯通时间	2014.5.21	2017.7.19	2017.8.21	2017.9.20	2017.10.15	2017.11.12	2017.12.15
实际掘进天数(d)	22	23	19	18	18	20	21
平均掘进(m/d)	2.86	2.74	3.3	3.5	3.5	3.15	3

②顶推力控制

设备设计最大顶推力 26800kN,实际最大顶推力 26000kN,1 号 ~5 号隧道是由两台设备组合后施工所形成,6 号、7 号隧道由两台小设备单独施工所形成。图 2-148 是 7 条隧道施工时的顶推力变化曲线。

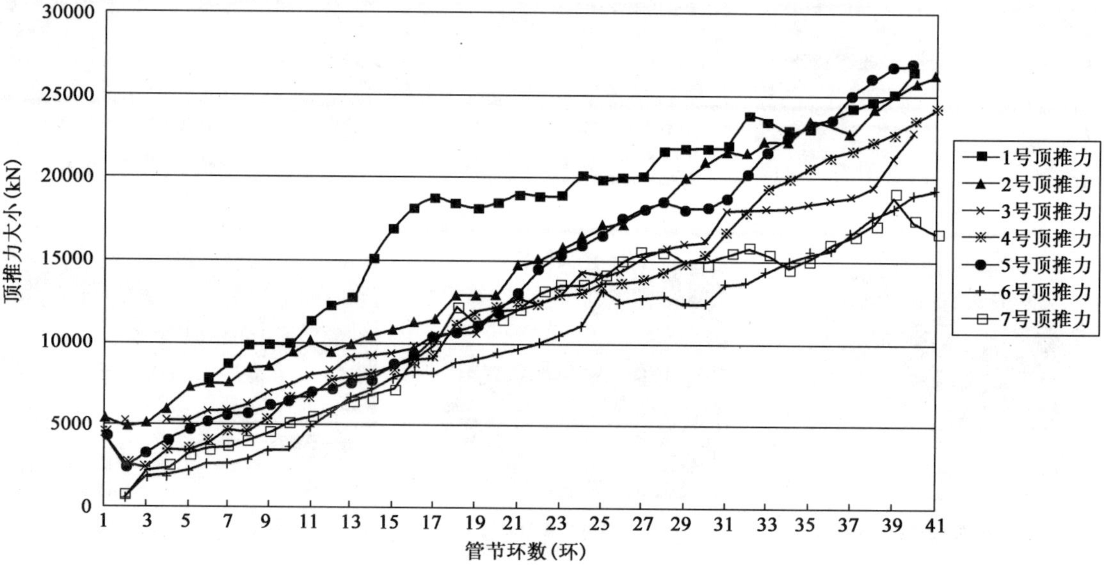

图 2-148　顶推力与掘进环数曲线图

项目利用第 1 条隧道进行了矩形顶管浅覆土施工“背土”效应及顶推力影响因素的研究，即不注减摩泥浆与注减摩泥浆对顶推力和“背土”效应的影响。得到的结论是注减摩泥浆能够降低 1/3 以上的顶推力，不注减摩泥浆会产生明显的“背土”现象，如图 2-149。同时还进行了在无水地层不安装洞门密封的尝试，通过验证发现会造成减摩泥浆的泄漏，影响减摩效果。

图 2-149　不注减摩泥浆时的背土情况

③轴线偏差及地表沉降

由于每条隧道之间接近零间隙，对水平轴线偏差要求较高，实际施工过程中，水平轴线最大偏差控制在 30mm 以内，满足设计要求。除了第 1 条隧道进行试验研究造成了明显的“背土”，后面 6 条隧道的沉降均控制在 30mm 以内，其中最大的沉降是由于受环保管控影响，不允许施工出渣，造成设备长时间停机，施工时地表有部分隆起和凹陷，但不影响整体施工效果。

④项目施工总结

减摩效果的好坏是造成“背土”的最直接原因，是影响顶管施工成功与否的关键因素；验证了洞门密封的重要性，洞门密封能够防止减摩泥浆的外泄，能有效形成减摩泥浆套，大幅度降低顶推力；密贴型隧道群施工要时刻关注整体姿态，做到勤测量勤纠偏，以防造成很大的偏差，给后续节点处理带来很大难度；设备长时间停机时要做好预防措施，避免因长时间停机顶推力急剧增大或者顶板上部土壤固结到顶板上，使施工造成地表隆起和凹陷。

2.6.2　超短顶管机

1）超短矩形顶管机概述

由于部分矩形顶管工程的始发和接受空间极其有限，需要尽可能地缩短设备的整体尺寸，从而超短矩形顶管机应运而生。超短矩形顶管机与常规矩形顶管机的工作原理与主要组成部分基本相同（图 2-150），主要区别在于盾体、排渣、顶推、管片等系统的设计更加小巧，使其适应始发空间的长度从 9 ~ 12m 缩短到 3 ~ 5m。

2）超短矩形顶管机的设计要点

为了减小主机的长度，在刀盘设计、主驱动选型、主机纠偏系统、排渣系统、顶推系统、管片环宽设计等方面均需要针对性考虑。

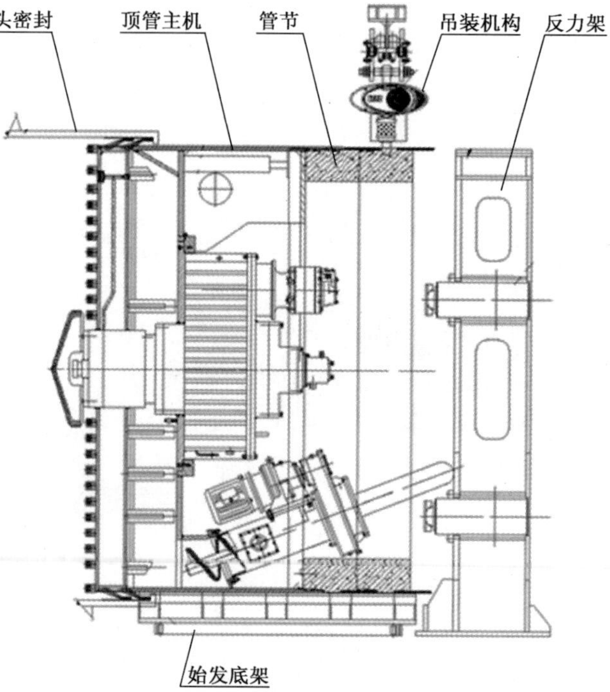

图 2-150 超短矩形顶管机示意图

(1)刀盘设计时要重点考虑定心功能,由于主机较短,易造成主机栽头,较长的鱼尾刀设计可很好地起到定心作用。

(2)在主驱动驱动形式的选择上,为缩短驱动的整体长度,没有采用传统的减速机 + 电机/马达的结构形式,而是采用低速大扭矩马达直接驱动。

(3)由于盾体比较短,当遇到软弱地层时,地层的承载能力有限,主机在顶推的过程中易发生栽头,如果只通过后部的顶推机构去调节,操作困难,起到的效果有限。在这种条件下,较为可行的方法有:

①牵引法。在超短矩形顶管机施工前,可利用超前钻机预先完成导孔的施工。在接收端设置牵引机构,顶管端在刀盘的中心设计牵引点。通过顶进机构和牵引机构的配合,辅助主机导向,并且可以缓解推力不足的问题。此种方案适合联络通道等短距离的工程项目。

②模块化纠偏机构设计。当既要满足长距离施工又要尽量缩短主机的长度时,可采用模块化纠偏机构设计,先正常始发,然后待主机完全进入地层前,拆除 1 ~ 2 个管片环件,安装纠偏模块继续施工。以此类推,可根据需要安装推进模块、顶铁模块等,图 2-151 为列举的常见几种模块化结构示意图。

(4)出渣系统设计。若采用土压平衡掘进模式,正常的螺旋输送机长度无法满足紧凑空间始发的要求,缩短螺旋输送机长度又会严重影响土仓的保压,在富水软弱地层中施工有很大的局限性。若采用泥水平衡掘进模式,能够很好地控制土仓压力,但其成本较高。具体的项目要进行具体的选型设计。

(5)超短矩形顶管机管片设计。为了控制始发的长度,超短矩形顶管机管片的宽度远远小于常规矩形顶管机。

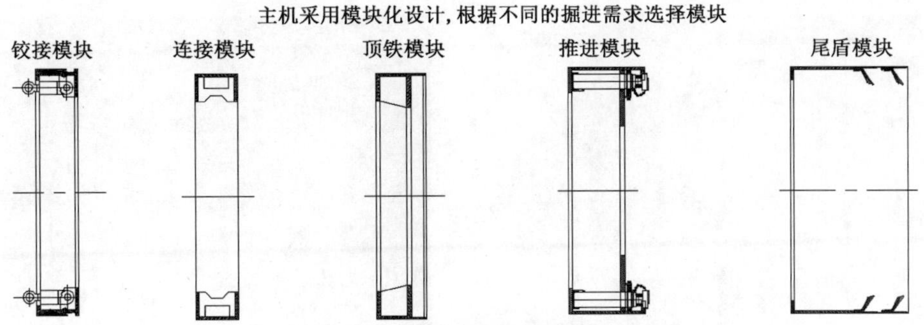

图 2-151　模块化盾体结构示意图

3) 超短矩形顶管机在联络通道隧道施工领域的应用

(1) 联络通道施工技术概述

如图 2-152 所示，支线隧道（联络通道）是设置在两条并行主隧道之间的通道，实现两条隧道的相互连通，在隧道排水、维护、检修、消防、逃生等方面起着至关重要的作用，一旦一侧隧道出现问题，在抢修、救援时可从另一条隧道快速到达事发位置。为了实现隧道内临时储水、紧急排水的功能，一般会在地势较低的联络通道内设置泵房。

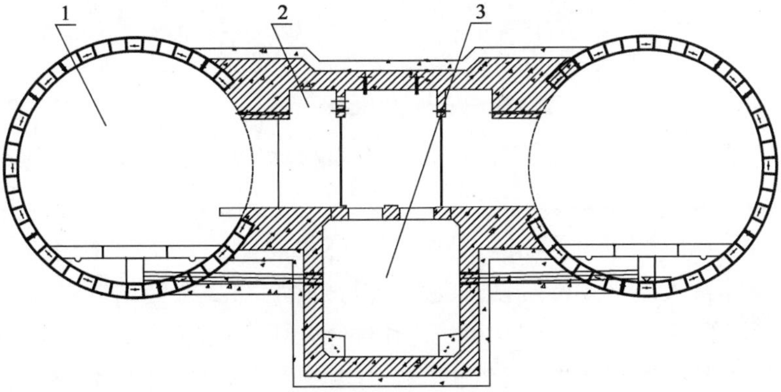

图 2-152　联络通道结构示意图
1-主隧道；2-联络通道；3-泵房

为尽量减少开挖量，通常情况下联络通道断面会采用马蹄形，即底部为平面，便于车辆和人员通行，侧部为直墙，顶部为弧形，有利于空间的利用和隧道结构的稳定，如图 2-153 所示。但是根据施工工法的不同，圆形、矩形等也有不少应用。

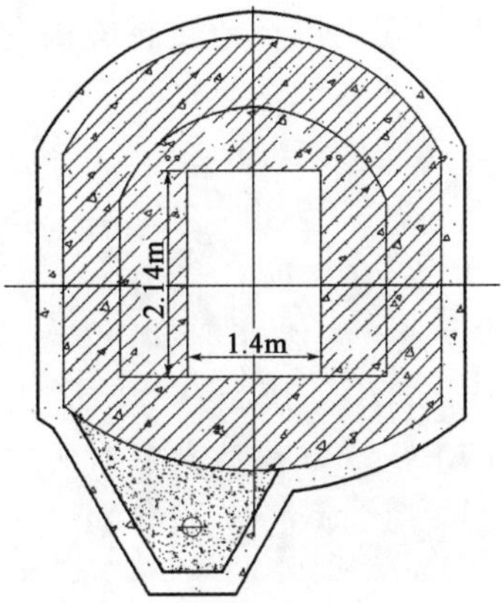

图 2-153　联络通道断面示意图

联络通道具有断面小、施工距离短、与主隧道有较高的匹配性等特点，施工过程中不仅要考虑自身结构和地面构筑物的安全，更要确保主隧道的安全稳定。目前隧道联络通道的施工主要以矿山法、半机械法为主（图 2-154）。但地质预报和地质勘探都有一定的局限性，不能完全、完整地揭露地质情况和风险点，致使在一些复杂地层施工时容易出现事故。为降低施工的风险，在高水压、软弱、破碎等不良地层，需要采用辅助加固的方式。

图 2-154　联络通道传统工法施工

常采用的地层加固方式有注浆加固、冷冻加固等方式，这两种方式有各自的优缺点见表 2-20。

注浆加固与冻结法优缺点　　　　表 2-20

项目	注 浆 加 固	冻 结 加 固
优点	注浆加固对土体的加固是永久性的，结构受力特性好，后期沉降小	工作面在隧道内，不占用施工场地，在含水地层冻土帷幕的密封性极好，尤其适用于流砂淤泥等及不稳定地层，对周边环境影响小
缺点	需要较大的施工场地，会遇到道路封堵、房屋拆迁、保护和地面管线拆迁的问题，另外土体加固均匀性难以保证	不能永久性加固，冻融后引起的后期沉降较大，持续时间较长，需采取措施予以弥补

以南京某地铁项目为例，主隧道内径为 5.5m，共设计了 8 个联络通道，主要地质为板砂，遇水后流动性非常大。采用冷冻法对地层进行加固，在 2 条隧道间共水平打入 50 多根直径 15mm 的冷冻管，冷冻液采用氯化钙，采用两台大功率冷冻机连续工作 40 多天，将温度降低至 −29℃，实现联络通道周围 2 ~ 2.5m 的土层的稳定加固。为保证冷冻效果，设置多个测温孔及检测点，实时监控土体温度的变化。为了进一步保证施工安全，还针对性设置了安全门。虽然通道的内部空间高约为 2.2m，宽约为 2m，但实际开挖时高度达到了接近 4m，然后通过钢筋混凝土进行支护、加固，最后通过 43d 才完成联络隧道的主体施工，并在未来的 3 个月时间内进行地质解冻情况的监测工作。联络通道冷冻加固方式如图 2-155 所示，冷冻加固法示意如图 2-156 所示。

图 2-155　联络通道冷冻加固方式

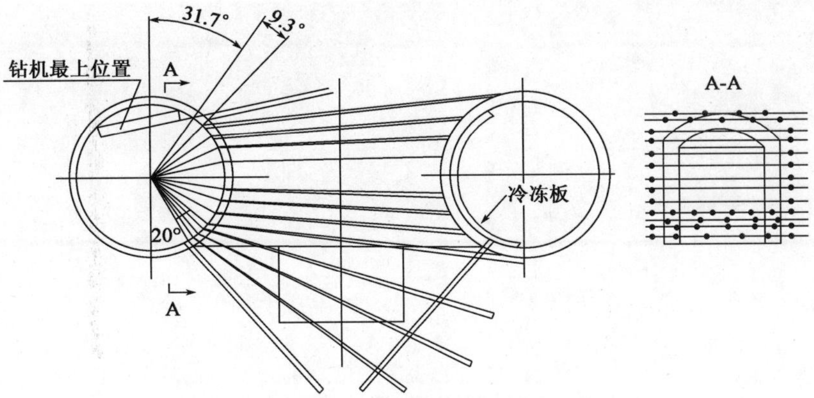

图 2-156　冷冻加固法示意图

对于更为复杂的地层，通过冷冻法无法完成稳定加固的，只有通过大面积的地层灌浆加固，通过彻底改变地层的特性，达到施工条件后才能开挖。

综上所述，传统的联络通道施工工法机械化程度较低，具有施工周期长、前期准备工作及辅助工法的投入多、安全风险高等特点。所以，联络通道机械化施工装备及工法的研究十分有必要。

在国外，德国汉堡第四易北河救援通道、墨西哥 EMISORORIENTE 污水隧道联络通道、香港屯门至赤鱲角连接线联络通道等项目中均采用了机械法施工。

2004 年，在南京地铁某盾构区间首次尝试采用顶管法完成一净空宽 2m、高 2.14m、长约 13m 的联络通道施工，积累了初步的经验。但未能对联络通道泵房的配套、端头密封设计、始发与接收方案等关键技术方面进行进一步深入的研究。

2016 年，宁波地铁、中铁上海局、中铁工程装备集团、宁波大学等单位组成的联合体，对采用盾构法和顶管法施工地铁联络通道的施工工法、施工设备、施工工序进行了深入研究。目前已在宁波地铁、无锡地铁、青岛地铁等多个项目得到推广应用。

隧道联络通道采用顶管掘进机施工，具备以下几点优势：

①施工安全可控：在富水不稳定地层中，采用土压平衡、泥水平衡等保压式掘进机施工，可实现掌子面的实时支撑，预防水土流失和塌方，并将开挖面与主线隧洞隔离，将人的施工环境与地层隔绝开来，保证了施工人员的安全。在无水且比较稳定的地层，可采用敞开式掘进机，在同样实现地层的稳定支撑的同时提高开挖效率。机械化施工更能有效预防地层沉降，尤其是对上部存在构筑物、河流等适应性更强。

②在经济性方面：在不稳定地层内施工，采用掘进机配合对应的联络通道端头密封技术，始发、接收工艺，对地层的处理相对简单，对地质的适应性强。就单一联络通道来讲，投入掘进机将增加施工成本，相对传统地层加固的方式优势并不明显，但一个项目存在多个联络通道，批量化应用后将极大程度地降低成本。

③在成洞质量方面：掘进机施工，采用的预制管片，其结构强度、质量更有保证，隧道整体成型后洞壁完整、光滑、美观，如图 2-157 所示。

④在工期把控方面：采用掘进机施工能够缩短施工时间，提高工作效率。在宁波地铁项目中，施工工期提前了 3 个月。

图 2-157　机械法施工联络通道成型隧道

⑤在地质适应性方面：针对不同的地质情况，可针对性设计不同的设备。由于掘进机技术在各个领域的广泛应用，积累了大量在各类软土、软岩、破碎、复合地层的施工经验，保证了掘进机在不同地质条件下施工的可能性。

⑥环境友好方面：掘进机施工，受地面建筑物、隧道深度、覆土深浅等因素的影响较小。通常情况下无须对地层进行加固处理，减少冷冻设备、灌浆设备对地层的干预。因噪声、振动引起的环境影响小，改善了人员在洞内的工作条件，减轻了体力劳动量。

⑦自动化、信息化程度高：掘进机集成了开挖、监测、控制、通信技术，是集机、电、液、气、传感、信息技术为一体的成套施工设备。

隧道联络通道采用掘进机施工存在以下不足之处：

①隧道数量少时，施工投入成本高，前期设备准备周期长。

②受联络通道长度、主隧道直径等多方面因素影响较大，针对性设计较强，导致通用性差。

③对于设置有泵房的联络通道，无法实现泵房和排水池的同步施工。

（2）支线隧道掘进机设计技术

无论是圆形还是异形，支线隧道掘进机主要由：掘进机主机、支撑平台、始发导台、反力架、顶推系统、液压泵站、临时支护系统、物料输送系统、出渣系统、注浆系统、导向系统、电气系统、控制系统、端头密封系统、接收导台等组成，如图 2-158 所示。

掘进机主机：掘进机的主机主要由开挖系统、盾体结构、驱动系统、排渣系统等组成。

支撑平台：支撑平台为联络通道掘进机各个系统的布置提供支撑平台，满足渣土外输及环片、油脂等物料输入的需求。主体结构为框架式，受联络通道在主隧道内多处分布的特性，需要支撑平台具备快速移动、及时稳固的特性。

始发导台、接收导台：在掘进机主机设备未进入地层时，可通过支撑平台上的始发导台精准定位联络通道掘进机主机，并引导设备沿预定的方向前进；接收导台为贯通后支撑端头接收密封系统，并为掘进机设备提供平台，接收完成后可将设备平稳运输出隧道，开展下一个施工循环。

反力架、顶推系统：为掘进机掘进及调向提供推力。

导向系统：为精准监测、控制掘进机姿态，确保掘进机能够精准到达接收端，需要提供一整台精准的导向系统。

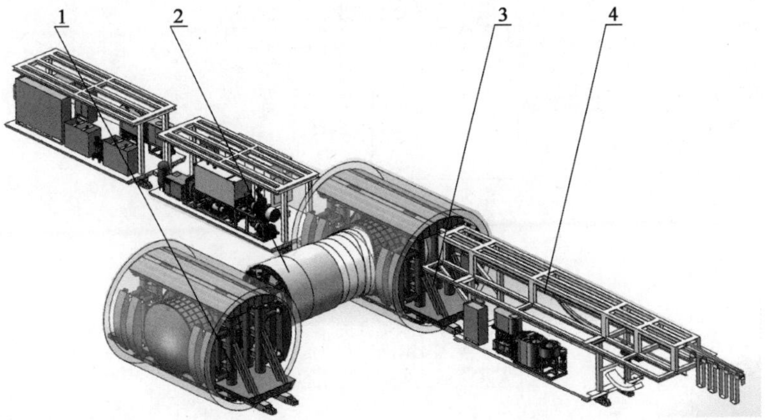

图2-158　支线隧道掘进机

1-接收导台；2-掘进机主机；3-始发导台；4-支撑平台

端头密封系统：端头密封系统是联络通道施工最为关键的系统之一，其主要功能是保证设备始发与接收的安全。

与常规的掘进机或者顶管机相比较，支线掘进机的设计要点如下：

①因为需要在既有隧道内始发，空间非常有限，缩短主机的长度十分必要。同时要实现快速拆装和快速移动，所以实现集约空间模块化整机集成设计十分必要。

②因为既有主隧道曲面管片破除开挖难，开挖系统的设计要重点考虑主隧道管片的可切削性能，一般采用双锥形阶梯切削仿形刀盘。

③在主隧道管片开洞施工，应力会产生大的变化，如何保证施工过程中主隧道的稳定性非常重要。管片预应力支撑及监控系统的设计非常关键。

④微加固环境下，始发、接收掘进难度大，所以需要解决曲面连接的套筒始发接收密封技术。

(3)支线隧道掘进机施工技术

①施工流程

一般采用的施工流程如图2-159所示。

②支线隧道掘进机法施工要点

a.泵房的处理：传统暗挖工法施工时，泵房一般设置在支线隧道的下方(图2-160)，一次整体施工成型。但是采用机械法施工时，隧道与泵房还无法整体施工，如果先施工支线隧道，再采用传统暗挖施工泵房的话，就失去了机械化施工的意义，而采用向下支线盾构施工，施工工艺会比较复杂。所以目前采用的方式是将泵房转移至主隧道内，如图2-161所示。

b.可切削洞门的设计：掘进机在主隧道内始发掘进与达到接收时需要穿过主隧道内既有的管片衬砌结构，而常规的管片一般采用的为钢筋混凝土材料，目前掘进机的开挖系统还无法实现高效切除，所以需要对施工位置3环左右的管片进行特殊设计，目前常用是刚管片＋玻璃纤维筋混凝土的设计方案。图2-162为圆形支线隧道的洞门设计，矩形基本类似。

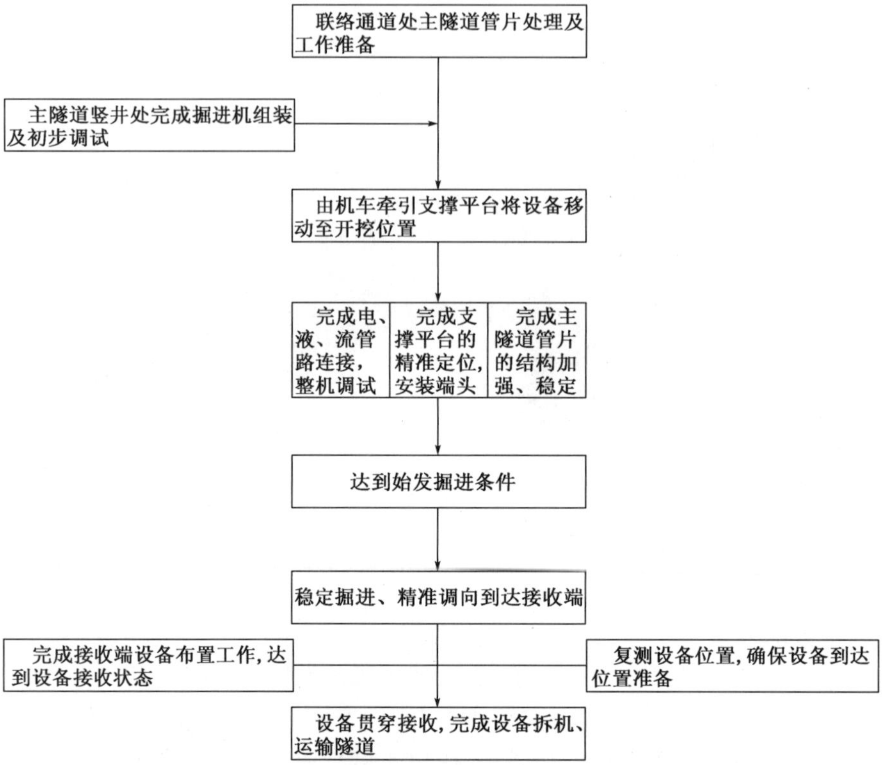

图 2-159　联络通道施工流程

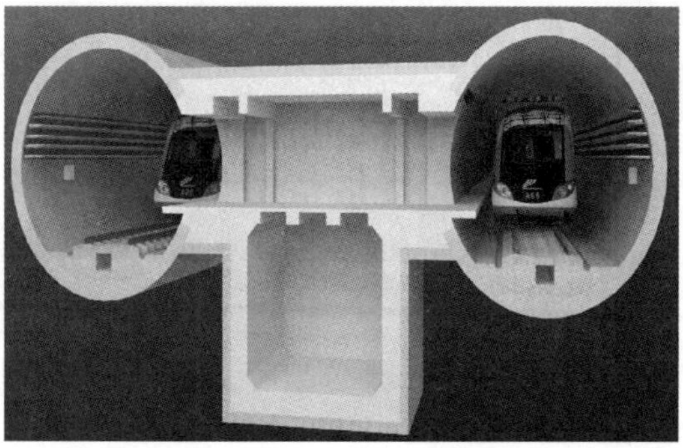

图 2-160　传统工法施工泵房的位置图

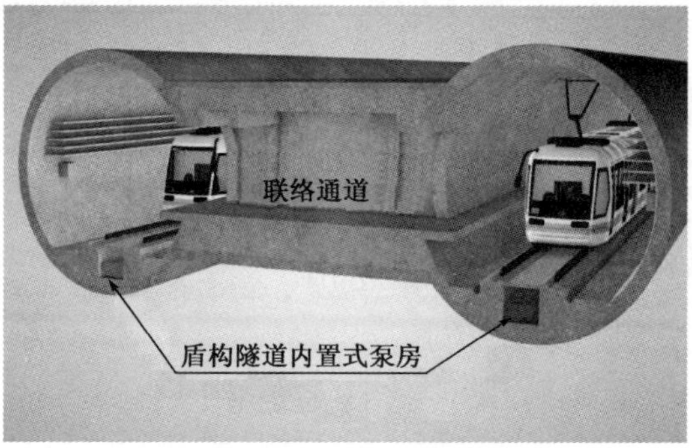

图 2-161　机械法施工泵房的位置

c. 始发、接收端头密封的处理：在不对地层进行全面加固的前提下，需要预防地层水土流失及防止地层渣土、水涌入主隧道，端头密封的设计至关重要，如图 2-163 所示。

d. 主隧道结构处理：在掘进机掘进的过程中，需要主隧道足够稳定，以提供前进所需的推力。需要对支线隧道处的地质进行勘测，了解地质情况，必要时做一定的地层加固处理。同样需要针对性地设计此处的管片，对始发、接受处开挖面处理，保证刀盘可以稳定开挖。

e. 由于联络通道直径较小，设备布置的空间有限，为维持掌子面地层的稳定，对于土压平衡掘进机来说，简单通过有限长度的螺旋输送机节距无法实现压力的保持，泥水环流系统能够很好地实现排渣,但配置又太过复杂,投入分离设备昂贵。针对此种情况,当前较为合理的排渣方式是通过"螺旋输送机+渣泵"进行排渣。

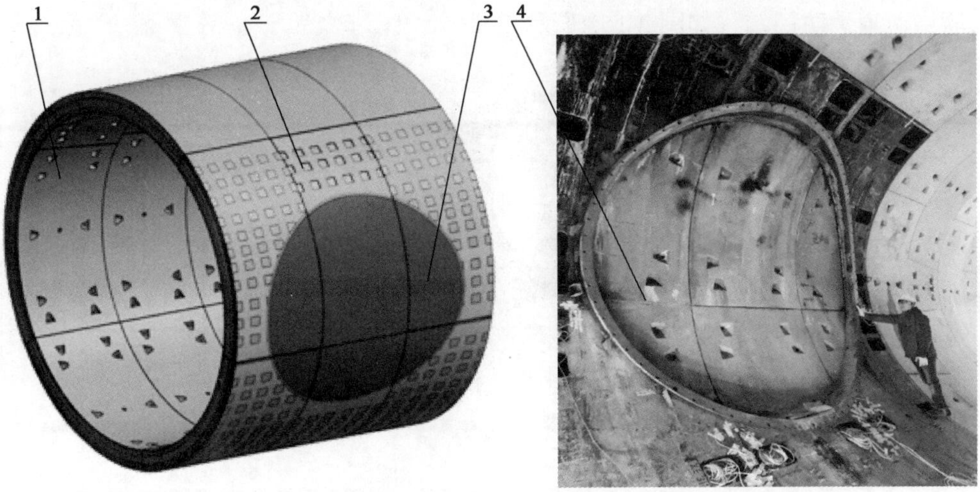

图2-162　可切削洞门的设计

1-常规钢筋混凝土衬砌;2-钢-混凝土复合衬砌;3-始发切削区域;4-玻璃纤维筋混凝土

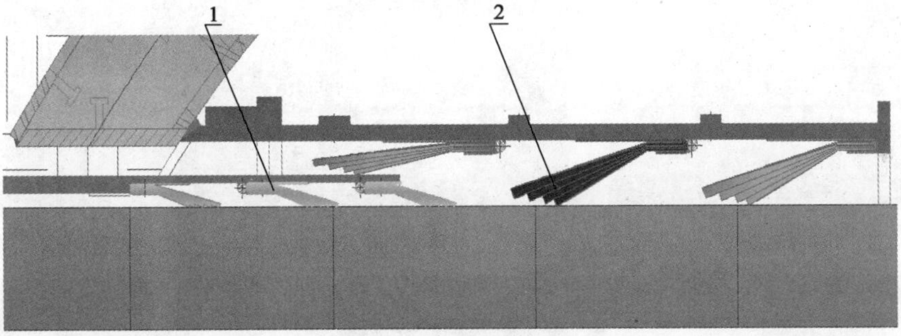

图2-163　密封示意图

1-掘进机与管片之间的密封;2-端头密封与管片间的密封

f. 姿态控制:由于联络通道两端都需要做好端头密封工作,为防止设备贯穿后出现泄漏造成地面沉降,要求掘进机到达时能够实现精准定位;其次,由于联络通道长度较短,有几米至几十米不等,一旦发生偏差,纠偏的条件十分有限。基于上述要求,顶管机需要配置精准的导向系统及纠偏系统。

(4)支线隧道掘进机施工案例

①宁波地铁联络通道项目

该项目虽然采用的是圆形掘进机施工,但却是我国首个真正意义上的机械法施工联络通道项目,对于矩形支线掘进机的施工有一定的参考意义。

该项目依托于宁波地铁2号线、3号线、4号线,共有26座联络通道。最短区间10.79m,最长区间36m。先后尝试了盾构法和顶管法进行施工。

其中首条盾构法联络通道试验段为3号线鄞南区间,区间长度为17.04m,覆土埋深约

16m，主要地质为粉质黏土、淤泥质黏土。主隧道管片为 $\phi6.2/5.5$m（外径/内径），环宽1.2m（联络通道处环宽1.5m）。联络通道管片为 $\phi3.15/2.65$m（外径/内径），环宽0.55m，管片分5块，单块质量0.6t。成型消防通道高2.05m，宽1.4m。地铁联络通道结构模型如图2-164所示，联络通道消防门结构如图2-165所示。

图2-164　地铁联络通道结构模型

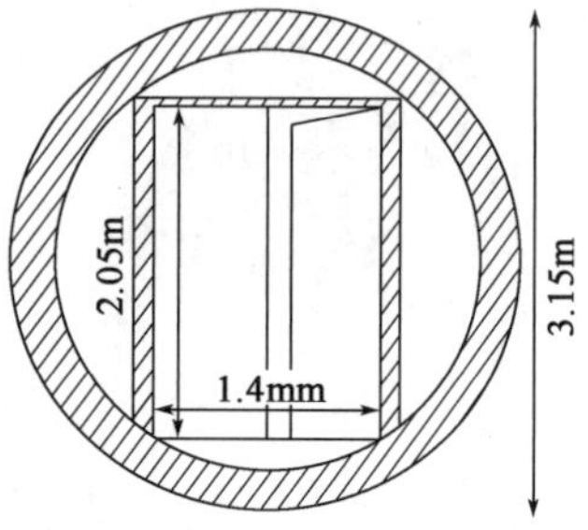

图2-165　联络通道消防门结构

施工流程如图2-166所示。

a）设备组装　b）设备运输与调试　c）施工

d）设备接收　e）洞门处理　f）工程竣工

图2-166　施工流程

在始发切削主隧道管片时，刀盘全接触掘进时控制转速在1r/min左右，贯入度较大时，推力、扭矩明显增大且波动较大；贯入度3～4mm/r时，能取得较为理想的掘进效果。

项目平均日进度1.5m，最快日进度2m，相比较冷冻工法可节约工期80d以上，具体节点用时情况见表2-21。

各节点用时情况　　表2-21

工　　序	用时(d)	工　　序	用时(d)
区间隧道施工准备（铺轨、隧道照明等）	15	设备拆机撤场	5
设备下井组装	5	洞门处理	15
施工掘进	18	总工期	58

与传统冷冻法施工相比，单条通道施工节约成本50万元，仅人工成本可节约20万元。

②西部干道矩形联络通道项目

本项目采用矩形顶管法施工，主隧道内径14.1m，联络通道管片外尺寸为2.3m×3.475m，管节长度为1.2m与1.7m两种。地层以黏土层、粉质黏土为主，局部含有中风化玄武岩，密实度高，透水率小，相对比较稳定。项目模型如图2-167所示，管片结构如图2-168所示。

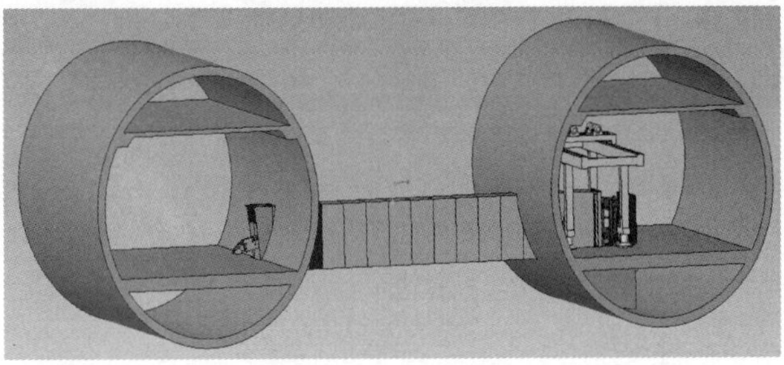

图2-167　项目模型图

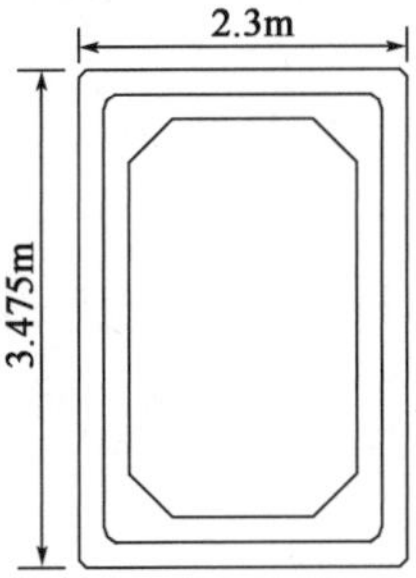

图2-168　管片结构示意图

本项目采用的是敞开式矩形顶管机，由中铁工程装备集团有限公司生产制造，如图2-169所示。

图2-169　用于联络通道施工的敞开式矩形顶管机

2.7 矩形顶管技术的展望

随着我国城镇化建设的快速推进,地下空间开发领域发展的前景广阔,这也为矩形顶管机技术的发展提供了巨大的机遇。但是矩形顶管技术目前仍存在以下问题:

(1)地质适应性的问题。目前包括矩形在内的异形顶管机已应用于淤泥、黏土、粉土、砂层等软土地层及砂卵石地层,但对于硬岩地层或复合地层尚未成功应用,仍处于试验研究阶段。

(2)施工效率问题。矩形顶管机的施工工艺与管理还不够完善,出渣方式多采用矿车出渣,极大影响了效率,所以新型出渣方式的研究和应用十分必要。

(3)成本控制问题。目前的矩形顶管项目的成本比圆形盾构项目高出很多,主要原因是矩形顶管项目的距离一般比较短,工作井、管片、设备的摊销很高;同时各个项目的断面尺寸各不相同,严重影响了设备的通用性,间接提高了设备摊销。所以需要尽快推动断面的标准化设计。

(4)曲线适应能力差。目前国内的矩形顶管项目全是直线,曲线的施工工艺仍未能完全掌握,需要进一步研究。

(5)认识不足的问题。目前政府、规划部门、设计部门以及施工单位对矩形顶管机了解还不全面,需要转变观念,进行更多的推广应用。

本章参考文献

[1] 彭立敏,王哲,叶艺超,等.矩形顶管技术发展与研究现状[J].隧道建设,2015,35(1):1-8.

[2] 贾连辉.矩形顶管在城市地下空间开发中的应用及前景[J].隧道建设,2016,36(10):1269-1276.

[3] 范磊,蒋鹏鹏,薛广记.分体组合式矩形顶管机关键技术探究——结合中铁装备地下停车场项目[J].隧道建设,2019,39(3):504-510.

[4] 王小涛,薛广记,贾连辉.盾构顶管用正方形切削断面勒洛三角形刀盘探究[J].建筑机械,2017,(11):85-88,91.

[5] 贾连辉.超大断面矩形盾构顶管设计关键技术[J].隧道建设,2014,34(11):1098-1106.

[6] 许顺海.超大断面矩形盾构电液控制集成技术研究[J].流体传动与控制,2015,(2):7-9.

[7] 简崇林,马孝春.长距离顶管工程中注浆减摩作用机理及效果分析[J].探矿工程(岩土钻掘工程),2010,37(12):65-67,73.

[8] 王杜娟,陈馈.复合式土压平衡盾构泡沫系统的研制[J].建筑机械化,2009,30(2):66-68.

[9] 谈永泉,杨鼎宜,俞峰,等.我国预制混凝土衬砌管片生产技术及标准现状[J].混凝土与水泥制品,2011,(2):25-30,34.

[10] 袁凯,顾建平.大型顶管变形控制技术探讨[J].江苏建筑,2017,(5):56-58.

[11] 张凤祥,傅德明,杨国祥.盾构隧道施工手册[M].北京:人民交通出版社,2005.
[12] 牛宏荣.矩形顶管在地铁出入口施工中的应用[J].技术与市场,2016,23(8):5-7.
[13] 晏子雄,朱爱珍.大断面矩形管节预制技术研究与应用[J].混凝土,2008,(6):98-100,128.
[14] 荣亮,杨红军.郑州市下穿中州大道超大断面矩形隧道顶管姿态控制技术[J].隧道建设,2015,35(10):1097-1102.
[15] 辜长军.广州地铁复合地层盾构掘进施工技术[J].工程科技,2008,(1):49-59.
[16] 周明.矩形盾构顶管施工技术在城市隧道中的应用[J].科技创新与应用,2014,(15):190-191.
[17] 赵权威.盾构下穿京广线郑州站的地表沉降预计及控制技术研究[D].长沙:中南大学,2011.
[18] 张书玉.地铁盾构隧道管片防水技术措施探索[J].中国新技术新产品,2012,(10):101-102.

第3章　矩形盾构技术

3.1　矩形盾构技术概述

矩形断面隧道具有空间利用率高、功能匹配性强等显著优点，可以减少土方开挖和空间浪费，降能耗、减成本、提效率。对具有空间狭窄、覆土浅、距离短、周围建筑物密集、地下管线繁多等复杂环境特点的工程具有独特的优势，可广泛应用于城市地下人行通道、车行地道、地铁设施、共同管沟等地下空间开发领域。由于之前矩形掘进机技术还不成熟，矩形隧道建设只能采用明挖法、矿山法等传统工法，存在高风险、高污染、低效率等重大社会、环境、经济问题。所以矩形掘进机的开发意义重大。

矩形盾构原理与圆形盾构及其他异形盾构原理基本相同，此处不再详细介绍。与矩形顶管机相比较，矩形盾构一般用于长距离（>300m）的矩形断面隧道施工，具有一定的曲线适应能力。矩形盾构技术于20世纪80年代起源于日本，并得到了快速发展与广泛的应用，目前已研发出矩形、类矩形盾构机十余种。我国矩形盾构技术起步于21世纪初，2004年，新疆乌鲁木齐采用了20m×6.2m×7.8m三联体组装形式的矩形盾构机、履带式行走模板拼装机和现浇衬砌箱体钢模施工了超大断面矩形隧道；2015年，上海虹桥临空11-3地块地下连通道工程采用W10.1m×H5.3m矩形盾构机完成施工；2017年宁波地铁3号线出入段采用W11.83m×H7.27m类矩形盾构完成了试验段施工。总体上我国矩形盾构技术仍处于研究和推广阶段，未来发展前景广阔。

矩形盾构的分类也可按照矩形顶管机的分类方式，即可从开挖断面大小、掘进方式、掘进长度、掘进地质等不同的角度作不同的分类。此外基于矩形盾构机自身的特点，根据支护结构成型方式不同可分为双回转拼装机式矩形盾构机、环轨式矩形盾构机、合口式矩形盾构机、钢管片浇筑混凝土衬砌矩形盾构机等。各种机型都有自己的特点和适用范围，见表3-1。

矩形盾构机根据支护结构成型方式不同分类　　表3-1

类　型	特　点	应用范围
双回转拼装机式矩形盾构机	施工效率高，可在隧道中间拼装中隔墙，管片受力结构更好，拼装机结构简单	适用于断面宽高比接近2:1的大断面矩形隧道
环轨式矩形盾构机	环轨式管片拼装机结构复杂，中隔墙后装增加了工序，但可在不同断面的盾构机中重复使用	适用于宽、高比接近的大断面矩形隧道
合口式矩形盾构机	一环管片只有上下两块管片，拼装工作量小，接缝少	适用于宽、高比接近的小断面隧道（一般单边最大尺寸小于6m）
钢管片浇筑混凝土衬砌矩形盾构机	衬砌密实，整体性好，衬砌质量高，造价低，断面适应能力强，对地层具有广泛的适应性等	可应用范围比较广，既适用于城市地铁隧道和市政管沟工程，对埋深和荷载都很大的铁路、公路隧道工程也适用

矩形盾构机的设计选型依据与矩形顶管机选型原则基本一致，具体要根据地质情况、开挖尺寸、埋深、成本、工期、场地等因素综合考虑而定。

3.2　矩形盾构机设计技术

矩形盾构机主要由主机、设备连接桥、后配套等系统构成，其中主机部分与矩形顶管机结构类似，包括刀盘、驱动、盾体、螺旋输送机等，主要区别在于推进系统由始发工作井移至尾盾内，并增加了衬砌结构拼装系统；后配套系统与传统圆盾构机类似，只是设备桥和拖车结构针对矩形断面做了适应性设计。综合而言，矩形盾构研发的关键技术在于矩形衬砌结构拼装系统的技术突破。因此，本章将重点对不同类型矩形盾构机的衬砌结构拼装系统进行介绍。

3.2.1　双拼装机式矩形盾构机

双拼装机式矩形盾构机（图 3-1），主要特点是管片的拼装是通过两个并行布置的拼装机构协同完成，可实现隧道中隔墙的同步拼装，适用于断面宽高比接近 2∶1 的矩形隧道，并且可应用于双线地铁隧道、综合管廊等领域。

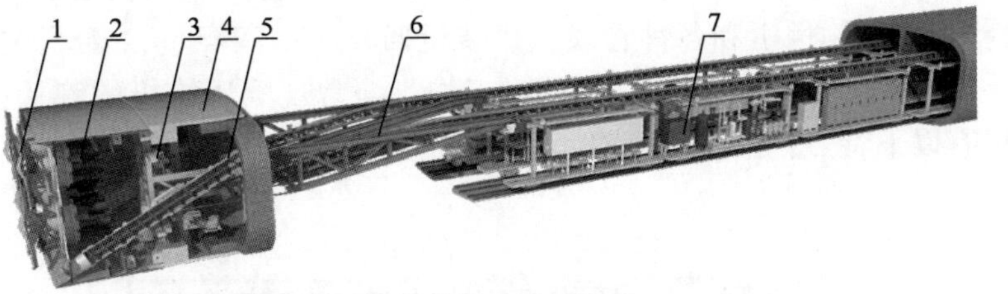

图 3-1　双拼装机式矩形盾构机

1-刀盘；2-驱动；3-管片拼装机；4-盾体；5-螺旋输送机；6-设备桥；7-后配套拖车

由于中隔墙的存在，后配套分为两部分，每个管片拼装机后面配置有 1 个设备桥和 1 列拖车，设备桥和拖车机构与常规圆形盾构机后配套类似，管片和渣土运输车也分为两组，分别负责左右两侧的管片和渣土运输。

其中主机的设计可参照矩形顶管机主机各系统的设计，推进系统、后配套等系统设计可参照圆形盾构机，下面主要介绍双管片拼装机结构的设计。

1）双拼装机设计难点

适用于双回转拼装机的矩形隧道管片形状如图 3-2 所示，不同分块的管片曲率各不相同，有单一圆弧的，有两段圆弧的，中立柱管片为直线，拾取点处圆弧为非统一圆心，拾取点为非质心。所以管片拼装机的设计面临以下难点：

（1）曲率不同、重心不同造成抓取锁紧的位置和姿态各不相同，抓取头需要具备多曲率自适应能力。

（2）不同曲率的管片安装时的空间路径复杂，特别是中隔墙的拼装难度很大，拼装机需要具备狭小空间复杂路径规划与运动能力。

（3）若采用回转式拼装，由于内部空间为非圆，回转中心距离最远的管片安装点（长边）与距离最近的管片安装点（短边）的差值很大，机械臂的行程范围远超过常规单圆回转拼装机，承担力矩更大，结构强度要求更高。

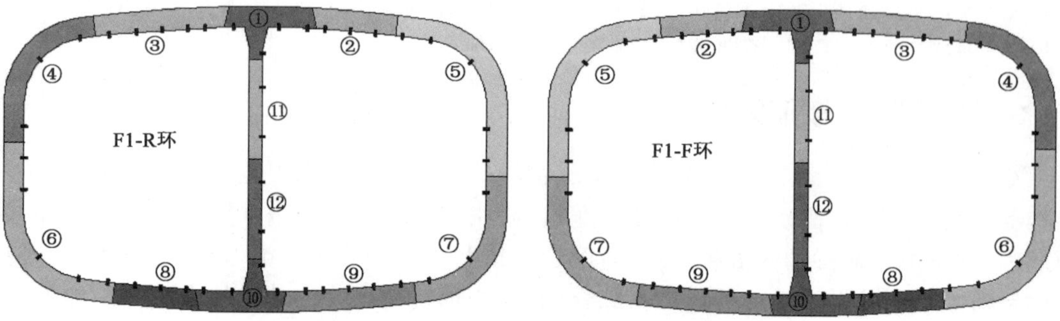

图 3-2　双回转拼装机适用的管片形式

2)双拼装机的分类及简介

目前应用到矩形盾构的双拼装机有 3 种形式,分别为回转双提升臂式拼装机、立柱式回转拼装机、6 自由度单机械臂式管片拼装机。

3.2.2　回转双提升臂式拼装机

回转双提升臂式拼装机结构如图 3-3 所示,2 个拼装机分别布置在位于尾盾左右对称布置的 4 根立柱上,螺旋输送机和各种管线从拼装机回转架中间穿过,2 台拼装机和螺旋输送机均对称安装。2 台拼装机可单独操控,同时工作。与常规圆盾构机的管片拼装机相比较,该类型拼装机有以下特点:

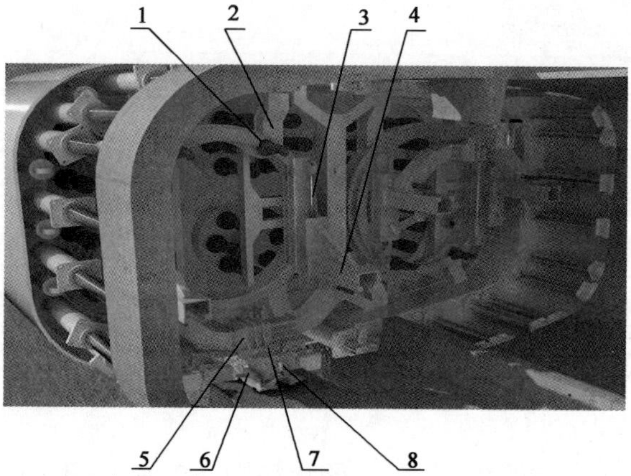

图 3-3　回转双提升臂式拼装机

1-回转马达;2-盾体立柱;3-变径(升降)油缸;4-纵向行走油缸;5-横移油缸;6-横摇油缸;7-旋转马达;8-俯仰油缸

(1)在具备常用的 6 个自由度,完成旋转、升降、滑移、俯仰、横摇、偏转等各种动作并进行精准定位的同时,抓举头能够根据抓取位置不同的曲率形状自动锁紧(图 3-4),具备曲率自适应能力。故可称之为曲率自适应“6 + 1”自由度管片拼装机。

(2)常规圆形盾构机的管片拼装机的纵向位移是拼装机构整体在行走梁上实现的,而该类型拼装机受到安装空间的限制,无法实现整体纵向移动,回转架是固定在盾体内的,纵向行走机构悬臂固定在回转架上(图 3-5),所以当纵向行走油缸伸出时,抓取管片时的悬臂力矩较大,故该类型拼装机适用于轻型管片的拼装。

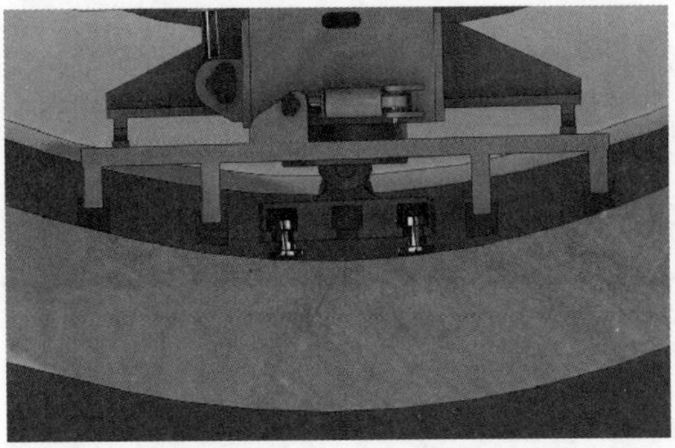

图 3-4　自适应锁紧机构

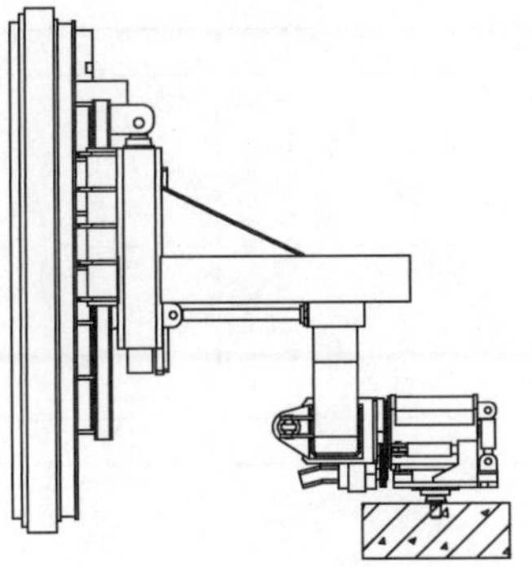

图 3-5　纵向行走机构

(3)常规圆形盾构机的升降油缸(红蓝缸)为单独控制,通过行程差可实现拼装角度的调整,而该类型拼装机为更好地适应水平和竖直方向拼装要求,增加了横移机构,升降油缸采用同步控制。

该拼装机的拼装过程按照“先下后上,先周边后中间”的原则,管片拼装过程演示如图 3-6 所示。

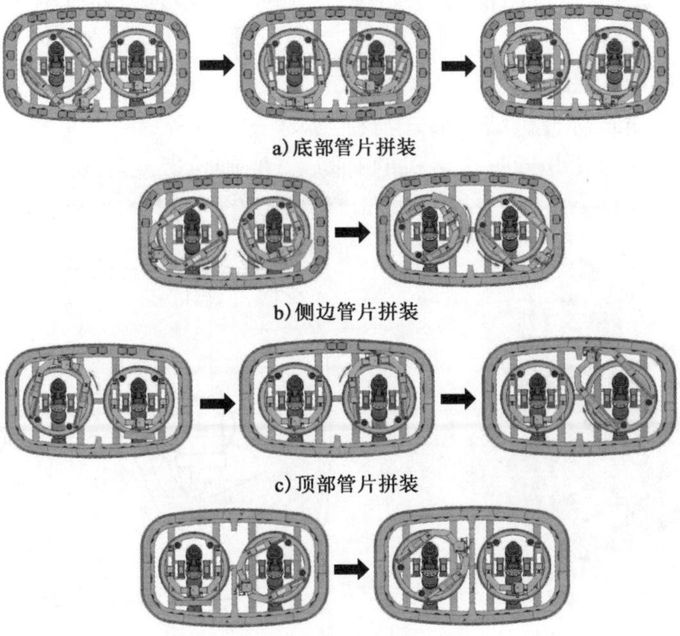

a)底部管片拼装

b)侧边管片拼装

c)顶部管片拼装

d)中隔墙拼装

图 3-6　双管片拼装机拼装示意图

3.2.3　立柱回转拼装机

当矩形盾构隧道管片的宽高比大于 2 时,隧道形状较为扁平,在受到土压力后,隧道结构的受力条件恶劣,抵抗弯矩和剪力是设计中主要考虑的因素,当土压力较大时,需要采用拱形设计。同时为了防止隧道发生漏水,隧道衬砌分块数量不宜过多,如常用的几种隧道衬砌的分块类型如图 3-7 所示。

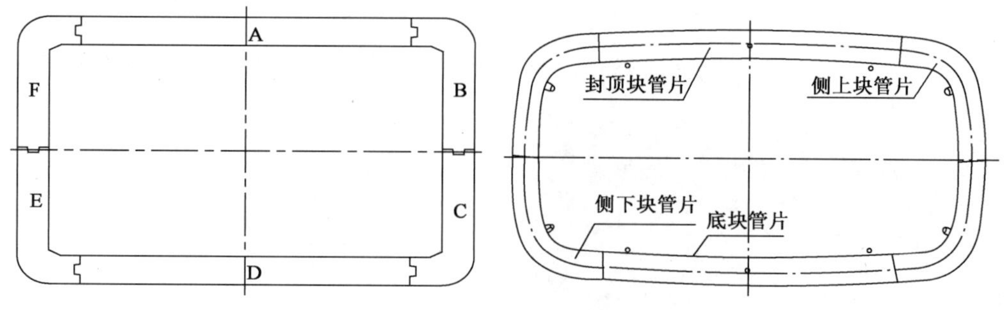

图 3-7　扁平状矩形隧道衬砌分块示意图

在图 3-7 中,矩形隧道衬砌共分为 6 块管片,分别是底块管片 1 块、侧下块管片 2 块、侧上块管片 2 块和封顶块管片 1 块。上述管片分块方式受力合理,接缝少于同类型的其他矩形隧道衬砌结构,隧道发生渗漏的可能性大大降低。

但由于内部空间过于扁平,常规类型的拼装机的应用存在较大的困难。同时,由于矩形隧道断面尺寸多变,要求拼装机对不同断面尺寸的衬砌结构有很好的适应性,而立柱式回转拼装机能很好地满足这些要求。

立柱回转拼装机结构相对比较简单,目前已知的成熟方案主要有两种,分别是回转伸缩式和回转摆动式。

1)立柱回转伸缩式拼装机

(1)立柱回转伸缩式拼装机结构形式与特点

立柱回转伸缩式拼装机是通过拼装机的升降运动、旋转运动和径向伸缩运动将管片运送到位。拼装机主要由立柱、立柱滑套、回转支承、横臂滑套、横臂和拼装头组成,如图 3- 8 所示。

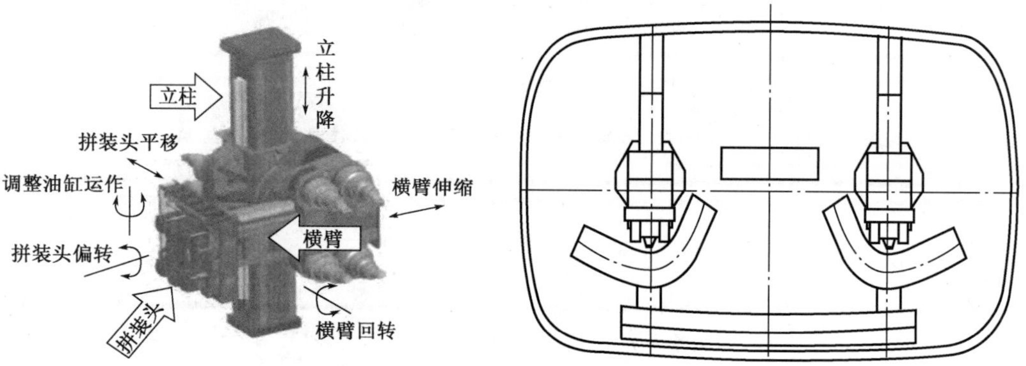

图 3-8　立柱回转伸缩式拼装机结构与安装示意图

(2)立柱回转伸缩式拼装机拼装方法与过程

该类型拼装机在上海虹桥临空 11-3 地块地下连接通道工程中得到了实际应用。为了实现对矩形隧道的各种类型管片进行有效的安装,一般需要使用 2 台上述拼装机,组成双立柱式拼装系统,2 台拼装机分别安装在盾构机的左右两侧。左侧的拼装机负责左侧管片的拼装,右侧的拼装机负责右侧管片的拼装,使用左拼装机和右拼装机以双机抬吊的方式安装底块管片和封顶块管片。立柱回转伸缩式拼装机拼装过程示意如图 3-9 所示。

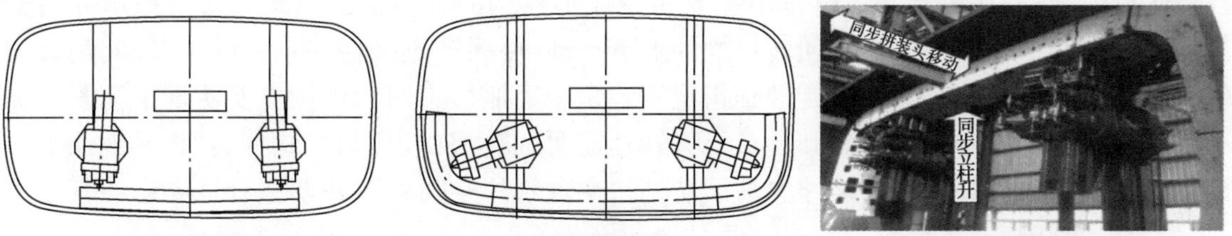

a）底块安装　　b）侧块安装　　c）顶块安装

图3-9 立柱回转伸缩式拼装机拼装过程示意图

2）立柱回转摆动式拼装机

立柱回转摆动式拼装机是通过拼装机的升降运动、旋转运动和伸缩摆动运动将管片运送到位。拼装机主要由滑动系统、立柱回转机构、立柱升降油缸、立柱、立柱滑套、摆动机构和抓举头等组成，如图3-10所示。

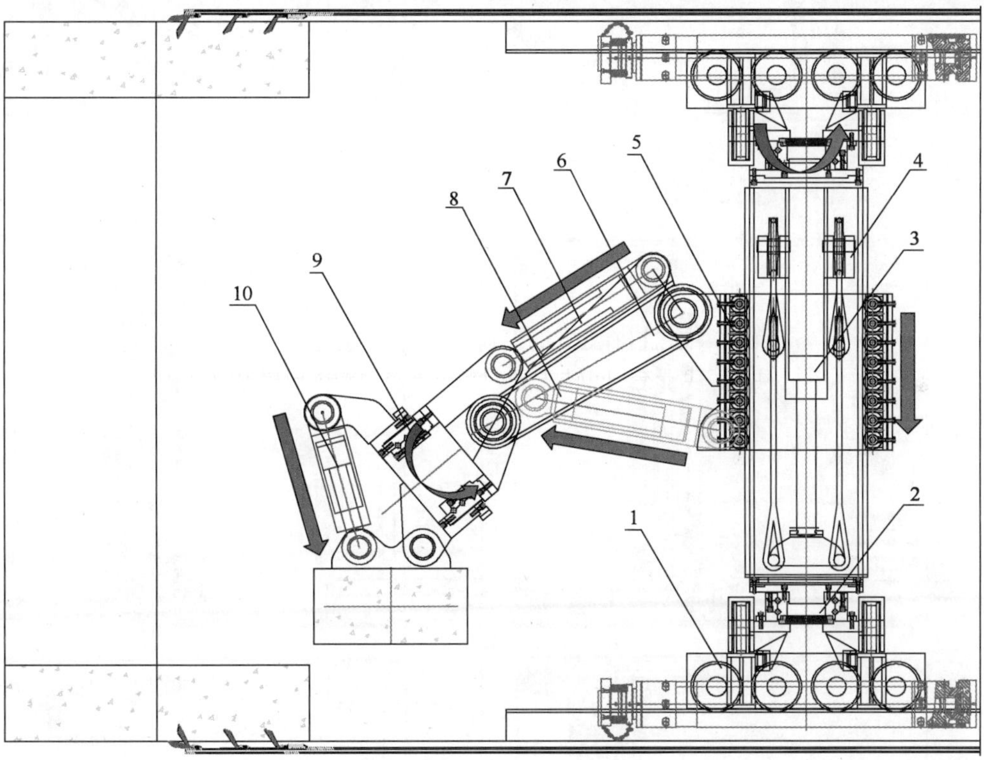

图3-10 立柱回转摆动式拼装机

1-滑动系统；2-立柱回转机构；3-立柱升降油缸；4-立柱；5-立柱滑套；6-摆动大臂；7-抓举回转机构摆动油缸；8-大臂升降油缸；9-抓举头回转机构；10-抓举头调整油缸

（1）立柱回转摆动式拼装机结构形式与特点

拼装机立柱安装在盾构机尾盾壳体内部，立柱上下安装滑动系统，滑动系统直接与底部和顶部管片的内表面接触撑紧，不仅为壳体提供支撑作用，还为拼装机提供移动功能。在立柱与滑动系统之间安装有回转机构，实现拼装机的回转功能。拼装机的上下升降运动通过立柱滑套沿立柱上下滑动实现，滑动由立柱升降油缸提供动力。通过大臂升降油缸的伸缩控制大臂的升降，在拼装管片过程中主要实现抓举机构的整体上下运动。通过抓举回转机构摆动油缸的伸缩控制抓举头回转机构的上下摆动，使回转机构在一定范围内摆动，配合回转机构的旋转运动使每片管片旋转到指定安装角度。抓举头回转机构主要实现下侧管片抓举完成后，使管片旋转到位，尤其是最上方管片需要翻转180°，回转结构回转时，其他油缸协助工作。抓举头调整油缸的伸缩协助回转结构实现管片空间旋转并调整管片姿态使其水平或竖直，以便准确安装到位。

(2)立柱回转摆动式拼装机拼装方法与过程

底部管片拼装过程如图3-11所示。

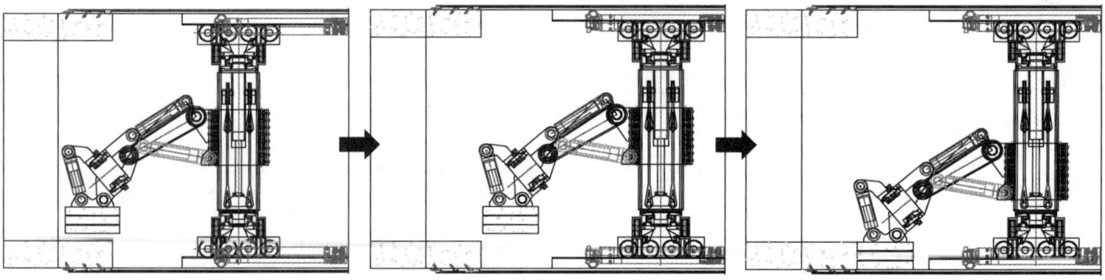

图3-11　底部管片拼装过程示意图

左下与右下管片拼装过程如图3-12所示。

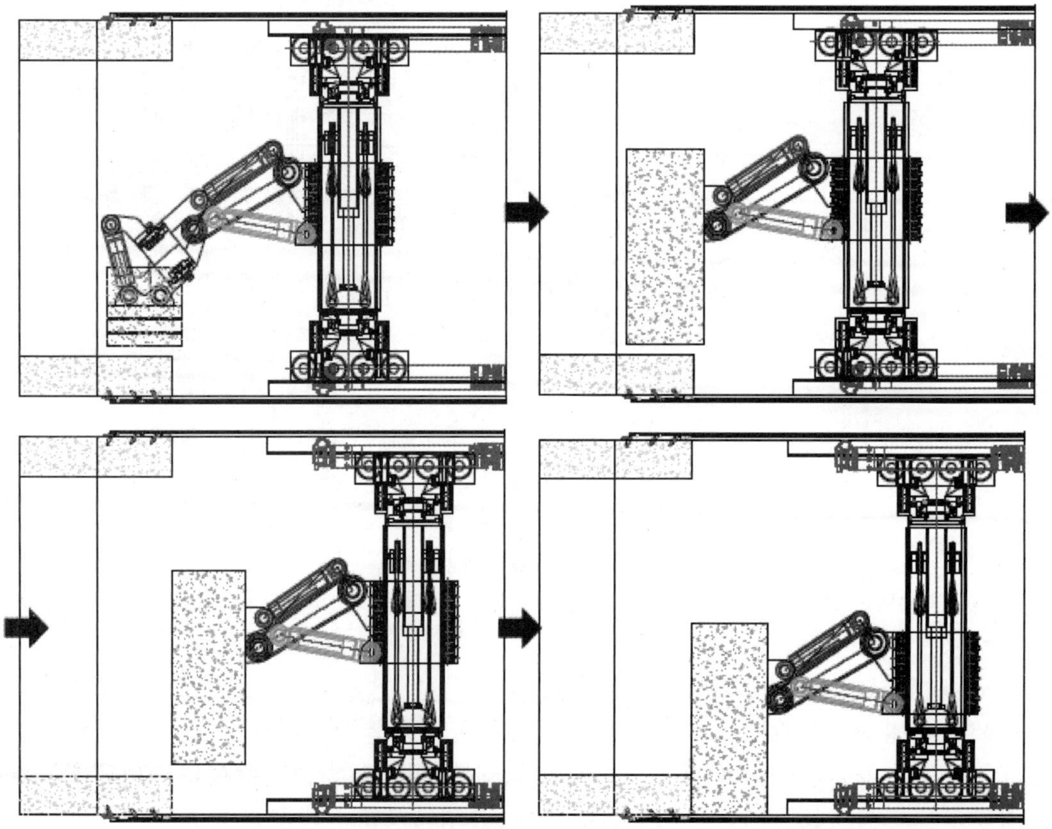

图3-12　左下与右下管片拼装过程示意图

左上与右上管片拼装过程与左下与右下管片拼装过程基本类似。

顶部管片拼装过程如图 3-13 所示。

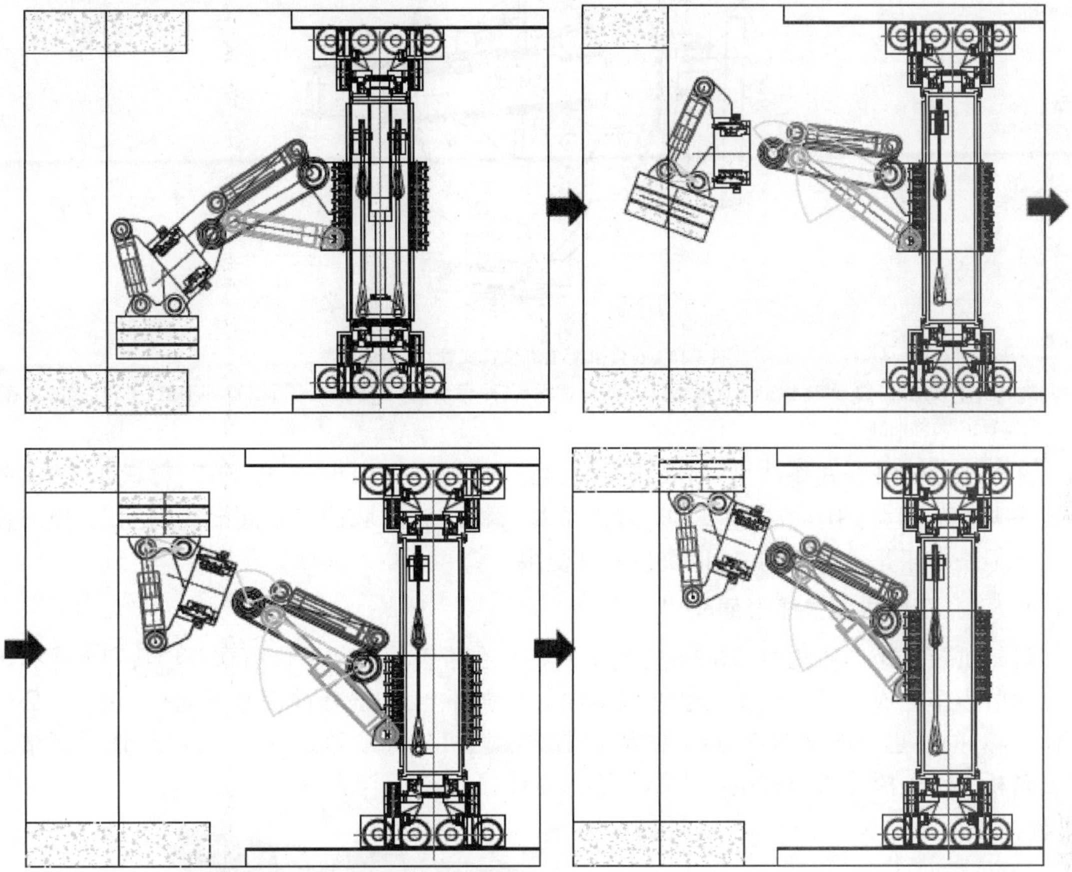

图 3-13　顶部管片拼装过程示意图

3.2.4　6 自由度单机械臂式管片拼装机

6 自由度单机械臂式管片拼装机应用较少，目前国内典型的案例是上海隧道股份联合上海交通大学以宁波轨道交通 3 号线一期工程的类矩形盾构机项目为依托开发的了一种 1P5R 串联型拼装机。

如图 3-14 所示，该 6 自由度单机械臂式管片拼装机（1P5R 串联型）主要由平移系统、回转系统、机械臂系统、机械手系统、管片抓取装置、大臂油缸等部分构成。其中平移系统主要由 1 个双作用平移油缸和 2 根水平导杆组成，实现拼装机整体沿隧道轴线（Z 轴）平移；回转系统主要是通过回转油缸提供管片拼装过程中的回转力矩，实现拼装机绕隧道轴线（Z 轴）的回转运动，并且为整个拼装系统提供支撑作用；机械臂系统主要通过大臂油缸和小臂油缸来工作，大臂油缸驱动机械臂摆动，小臂油缸驱动机械手装置整体在机械臂上摆动，回转马达和大臂、小臂油缸共同作用管片沿 X、Y 向的位置以及绕 Z 轴转动的姿态；仰俯油缸和平转油缸分别驱动机械手系统带动管片绕 Z 和 Y 轴转动的姿态调整。以上 6 个执行机构完全约束拼装机的 6 个自由度。

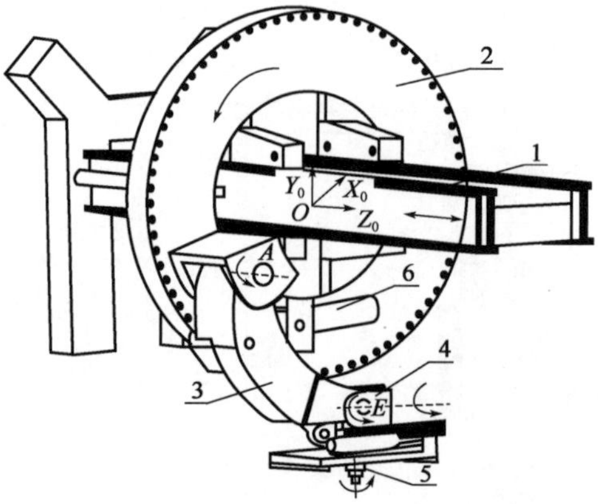

图 3-14 6 自由度单机械臂式管片拼装机

1-平移系统（平移油缸）;2-回转系统（回转油缸）;3-机械臂系统（小臂油缸）;4-机械手系统（俯仰油缸、平转油缸）;5-管片抓取装置;6-大臂油缸

相对于双提升臂式拼装机，串联式拼装机结构紧凑，体积小，动作灵活，移送距离长，管片姿态调整范围大，相比立式拼装机，避免了对盾构前后区域造成空间隔离的问题，更方便施工。但是由于是单臂结构，抓取重量非常受限。

3.2.5 环轨拼装式矩形盾构机

环轨拼装式矩形盾构机（图 3-15）的主要特点在于管片拼装工作由在环形轨道上运行的管片拼装小车完成。环形轨道安装在盾体内的加强环上，加强环前部装有立柱，立柱给盾体提供支撑，同时也是横梁的着力点，横梁和螺旋输送机从环形轨道的中间穿过，横梁尾端连接设备桥，液压、流体管道和电缆沿横梁进入盾体。

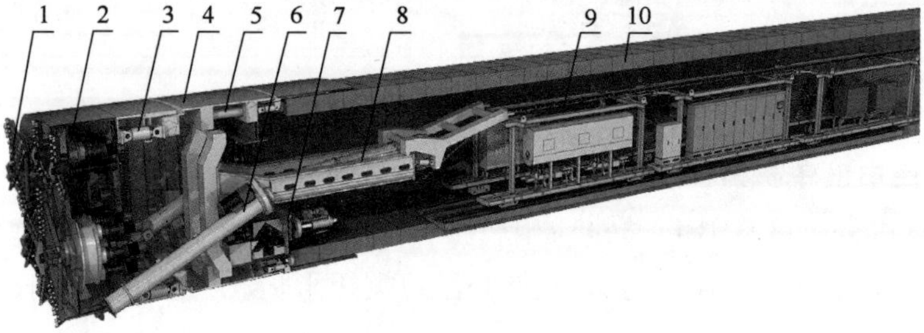

图 3-15 环轨拼装机式矩形盾构机

1-刀盘;2-驱动;3-铰接油缸;4-盾体;5-推进油缸;6-螺旋输送机;7-环轨式拼装机;8-设备桥;9-拖车;10-成型隧道

主机的设计可参照矩形顶管机主机各系统的设计，推进系统、后配套等系统设计可参照圆形盾构机，下面主要介绍环轨式管片拼装机的设计。

1）环轨式管片拼装机总体设计

如图 3-16 所示，环轨式管片拼装机分为导轨和拼装小车，拼装小车由驱动系统、承载系统、抓举系统等部分组成。

（1）拼装小车的驱动系统包括液压泵站、液压马达、减速机、传动轴、链轮等部分组成，液压马达提供动力，链轮沿轨道上的固定式链条前进或后退。拼装小车水平运动时仅需克服支撑轮与轨道之间的摩擦力，拼装小车垂直运动时除需克服摩擦阻力外，还要克服拼装小车和管片的重力。拼装小车拼装侧边管片时,要悬停在拼装位置,要求液压马达具备可靠的制动功能,拼装小车垂直向下运动时要保证匀速行驶,不能失速。拼装小车沿轨道运行一周,对驱动力的要求和对液压马达和减速机的要求较高。

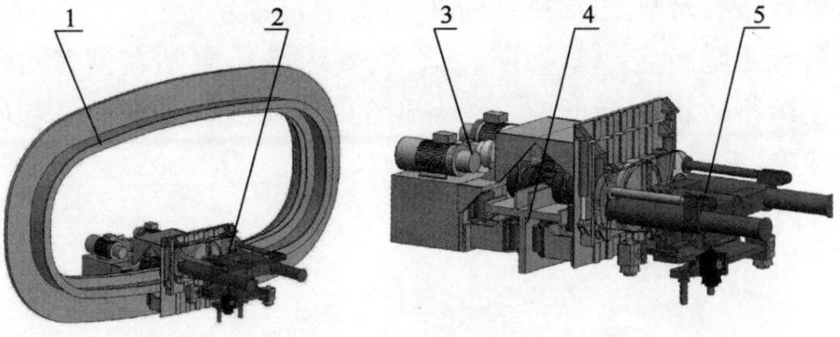

图3-16　环轨拼装机

1-轨道;2-拼装小车;3-驱动系统;4-承载系统;5-抓举系统

(2)拼装小车承载系统主要包括车架、支撑轮、侧向支撑轮等部分,车架作为整个拼装小车的承载结构,在车架上对称布置8套支撑轮,在小车水平运动时提供倾覆力矩的反力矩;两侧对称布置4套侧向支撑轮,在小车垂直运动时提供倾覆力矩的反力矩。拼装小车的支撑轮和侧向支撑轮共同夹持在T形轨道上,使拼装小车只能沿轨道环向运行。

(3)抓举系统通过升降油缸、平移油缸、俯仰油缸、横摇油缸、偏转油缸实现6个自由度,能完成旋转、升降、滑移、俯仰、横摇、偏转等各种动作,进行精准定位。各自由度情况如图3-17所示。

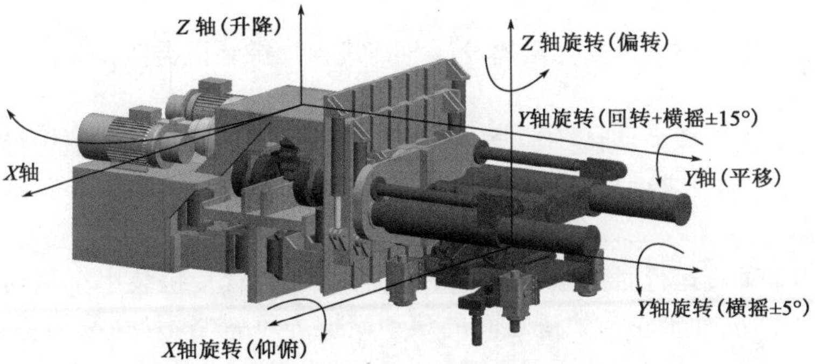

图3-17　拼装机自由度示意图

①回转:拼装小车沿环形轨道运行一周,升降机构的轴线会随之实现360°回转。

②升降:升降滑板分为两级,分别由2根液压油缸驱动。

③平移:2根液压油缸驱动抓举头沿导向柱平移。

④横摇:两级升降机构之间设置有回转轴承,回转轴承两侧布置有2根液压油缸,油缸推动第二级升降机构转动(15°)。

⑤偏转:抓举头由1根油缸控制偏转。

⑥抓举撑紧装置:抓举头下的耳板与管片吊装销铰接,4根调节油缸顶紧管片,即可抓持管片;4根调节油缸均可单独控制,通过控制各个油缸的伸出长度实现管片横摇(微调±5°)、俯仰。

2)环轨式管片拼装机设计要点

(1)行走小车两侧的防倾覆轮之间有一定距离,当小车抓举管片时两侧的防倾覆轮受到的倾覆力矩不同,同时轨道存在变曲率,设计时需要重点考虑防倾覆轮的卡顿问题。

(2)行走小车要具备在环轨任意拼装位置的安全自锁功能。

(3)液压动力系统跟随行走小车做回转运动,要求液压泵站在倒置时也能正常工作。

(4)拼装小车在运行过程中会形成一个环形的工作区域,在设计过程中要注意拼装小车的工作区域与横梁和螺旋输送机是否干涉。

3)拼装机的设计计算

(1)技术指标及可靠性要求

①技术指标

a. 安装速度:50min/环;

b. 动作精度:管片平移 <10mm,管片回转 $<0.2°$。

②可靠性要求

与液压系统、电控系统配合,实现以下保护:

a. 确保回转架转角不超限;

b. 超压保护;

c. 确保回转架停车制动可靠;

d. 管片扣紧状态检测采用压力和位置双重检测;

e. 回转马达带制动器;

f. 管片机设无线遥控装置;

g. 仰俯、偏转、抓举撑紧及横摇结构设计与日式管片拼装机类似,不再赘述。

(2)回转机构

环形轨道安装在盾壳内,轨道上安装有销轴,相当于固定式链条,小车行走驱动装置安装有链轮,链轮链条啮合带动拼装小车沿环形轨道回转运行。

①驱动功率

管片拼装小车垂直运行时链轮承受的外部荷载最大,管片拼装小车驱动主要克服小车自重和管片重力做功,而辊轮与轨道之间的滚动摩擦力可忽略不计(滚动系数 $\mu = 0.006$),驱动功率为:

$$P = K \times G \times v \tag{3-1}$$

式中:P——驱动功率,kW;

K——链轮传动工况系数;

v——拼装机旋转速度,m/s;

G——整个拼装机和重量最大管片的重量,kN。

②马达、减速机选型

链轮转速 $n = v/(\pi d)$(r/min),再由驱动功率 P,确定马达、减速机选型。

③链轮链条

链轮链条依《传动用短节距精密滚子链、套筒链、附件和链轮》(GB/T 1243—2006)选用相应型号,抗拉荷载需满足管片拼装机动负载,并考虑一定安全系数。

(3)升降机构

升降动作由两级升降滑板实现,两级升降滑板两侧分别布置一根油缸,油缸伸缩带动滑板滑动。前后两块升降滑板之间安装有倒梯形滑块和燕尾槽连接,滑块和燕尾槽限制了两块滑板相对扭转和一个方向的相对位移,是升降机构中的关键零件,其数量、大小、间隙及强度均需校核。

①受力分析

拼装小车位于轨道最低点时,升降机构轴线垂直向下,对升降机构进行受力分析如图 3-18所示。

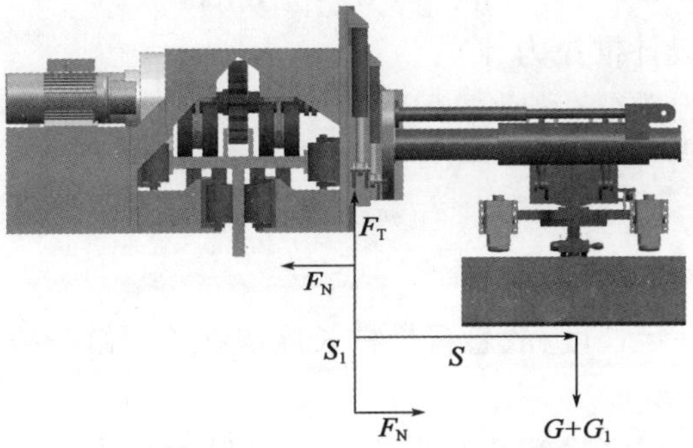

图 3-18　拼装机竖直提升时受力分析

由扭矩平衡可得燕尾槽倾覆力 F_N:

$$F_N \times S_1 = (G + G_1) \times S \tag{3-2}$$

由竖直方向受力平衡得油缸提升力:

$$F_T = G + G_1 + F_N \times \mu \tag{3-3}$$

式中:G——管片自重,kN;

G_1——抓举头自重,kN;

S——管片及抓举头距滑板之间的距离,m;

S_1——滑板力臂长度(一级油缸最大行程),m;

F_N——滑板上滑块与燕尾槽之间的摩擦力,kN。

②燕尾槽强度

燕尾槽强度需满足倾覆力 F_N的作用。

③油缸行程

2 组提升油缸行程之和及 2 组油缸行程分配需满足拼装需求及预留一定安全余量。

④油缸提升力

拼装机在 6 点钟方向时,油缸动作荷载需求最大,此时,油缸拉力为管片、管片升降装置、旋转装置及导向柱的重力之和。

(4)平移机构

平移机构由固定在二级滑板上的 2 根导向柱、抓举头移动架、液压油缸等部分组成,移动架在油缸带动下沿导向柱移动,油缸行程及导向柱悬臂长度需考虑抓举头移动架长度、管片环宽、"K"块拼装搭接量及安全余量。根据常规盾构拼装经验,"K"块拼装搭接量一般为环宽的 2/3。

①油缸行程

平移液压缸最小行程 S_p 需满足拼装需求及预留一定安全余量。

$$S_p = \frac{2}{3}b + C_p \tag{3-4}$$

式中：b——管片环宽，m；

C_p——平移行程安全余量（安全距离），m。

②油缸推拉力

平移液压缸推拉力需满足管片抓举头移动架与导向柱之间的摩擦力。

$$P = (G_{max} + G)\mu \tag{3-5}$$

式中：P——平移液压缸设计推拉力，kN；

G——管片抓举头自重（含移动架），kN；

G_{max}——管片最大重量，kN；

μ——摩擦系数。

③悬臂导柱长度

因为移动架自身有一定长度，故悬臂导柱长度应在液压缸行程基础上再加移动架长度。

④悬臂导柱直径

悬臂导柱的强度要求需满足管片抓举头及重量最大管片移动至最远端时荷载的作用，并考虑一定的安全系数。

4）管片拼装工序

以图 3-19a）所示管片的拼装为例，拼装顺序如图 3-19b）～h）所示。

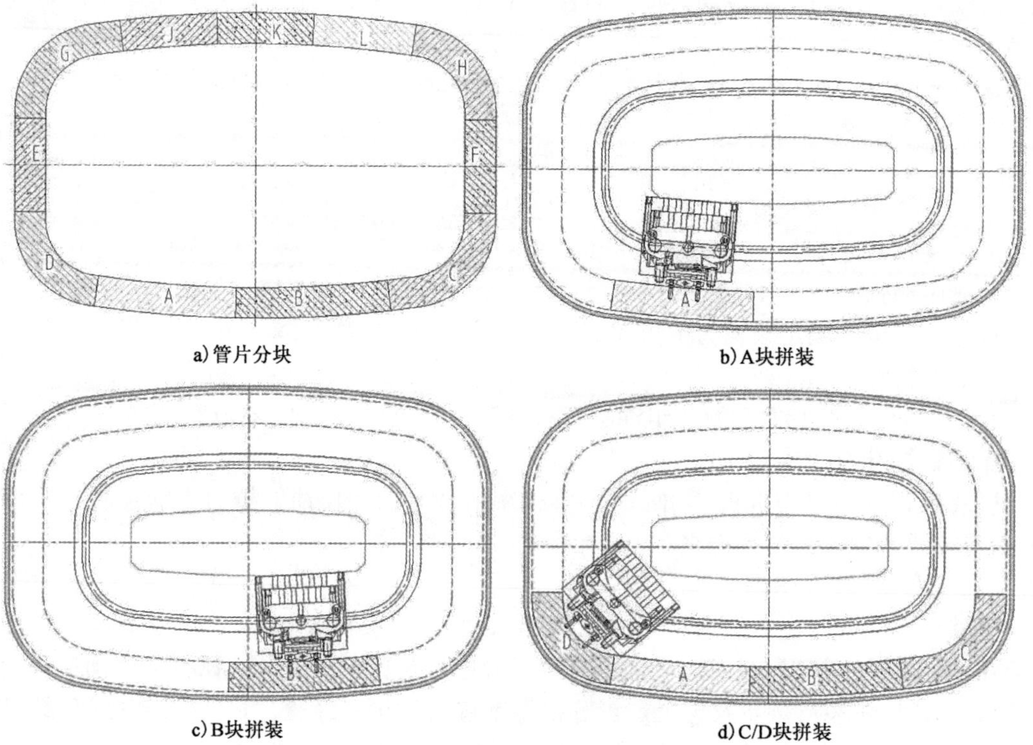

a）管片分块　　b）A块拼装

c）B块拼装　　d）C/D块拼装

图 3-19

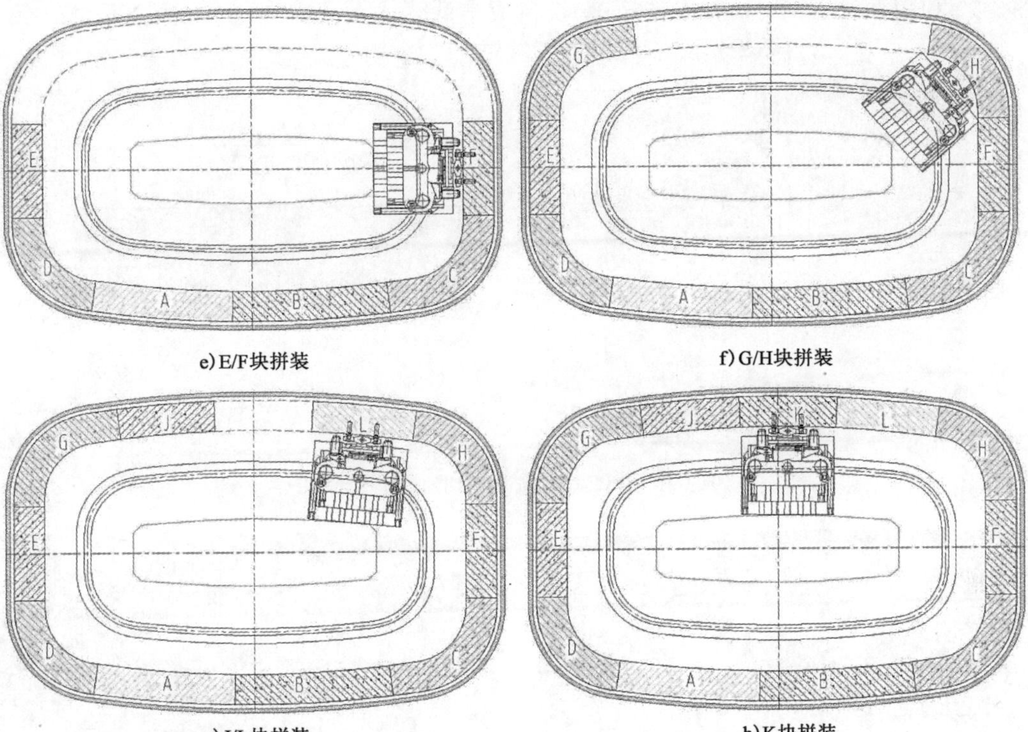

e) E/F块拼装　　f) G/H块拼装

g) J/L块拼装　　h) K块拼装

图 3-19　管片分块及拼装示意图

3.2.6　合口式矩形盾构机

合口式矩形盾构是指用于管片采用上下两半分块形式的隧道施工的矩形掘进机(图 3-20)。与其他类型矩形盾构机的主要区别在于管片拼装机构的不同。一般用于 6m 级以下小断面、长距离矩形隧道的施工,适应的地层主要为淤泥、软土、砂层、砂卵石层等,可应用于综合管廊、电力隧道等领域。

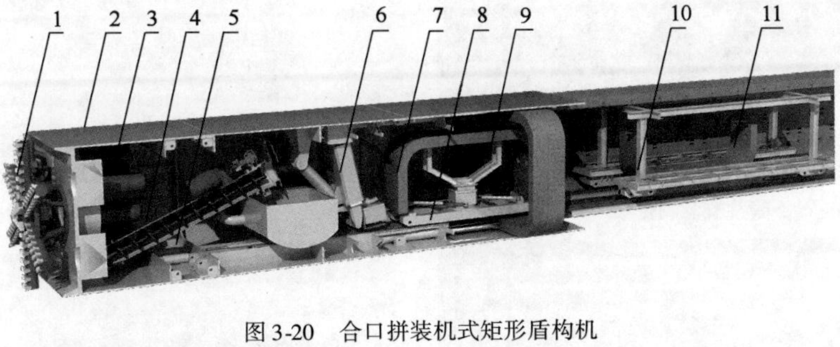

图 3-20　合口拼装机式矩形盾构机

1-刀盘系统;2-盾体;3-驱动系统;4-螺旋输送机;5-铰接油缸;6-拼装机械手;7-上管片;8-推进油缸;9-管片运输小车;10-拖车;11-下管片

合口式矩形盾构使用的管片如图 3-21 所示,一般为斜缝错缝拼接,既保证了管片的强度,同时又实现了上下管片共用一套模具,降低了成本。同时要注意,为了实现管片在尾盾旋转时与盾体不干涉,需要对管片实行削边处理。

合口式管片拼装机构常用的有悬臂式拼装机械手、立式拼装小车等类型,拼装原理分别如图 3-22 和图 3-23 所示，具有操作简单、设备成本低等优点。

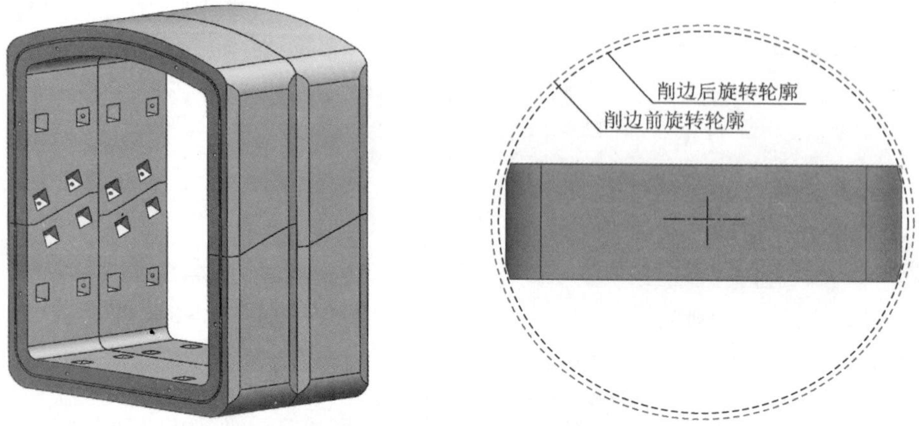

图 3-21　合口式矩形盾构适用的管片示意图

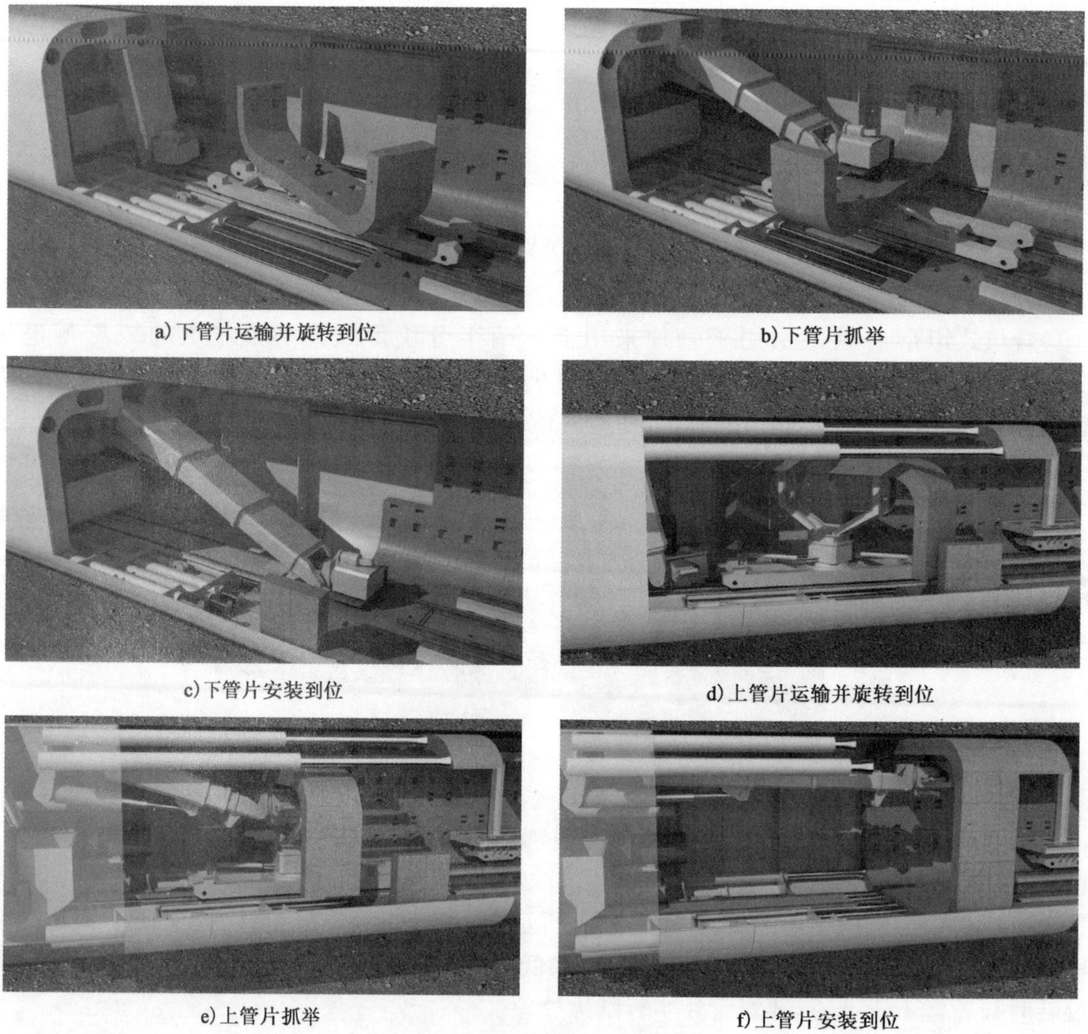

a）下管片运输并旋转到位

b）下管片抓举

c）下管片安装到位

d）上管片运输并旋转到位

e）上管片抓举

f）上管片安装到位

图 3-22　悬臂式拼装机械手拼装示意图

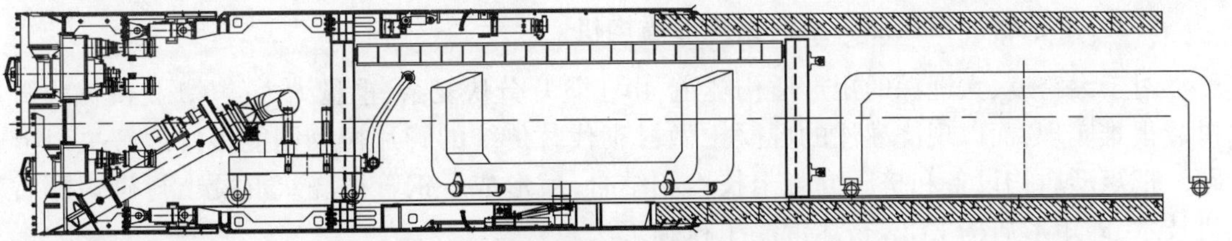

a)下管片运输并旋转到位

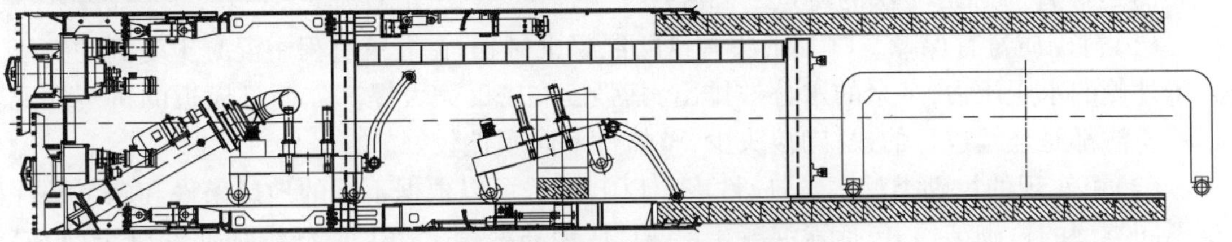

b)管片小车跨过上管片并连接固定

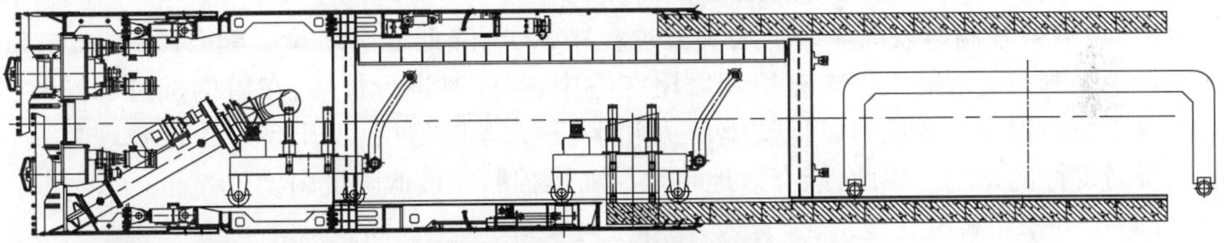

c)管片小车通过滑动将管片安装到位

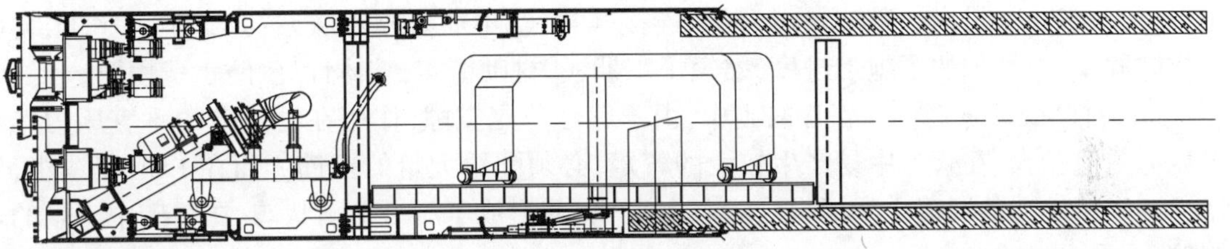

d)上管片运输并旋转到位

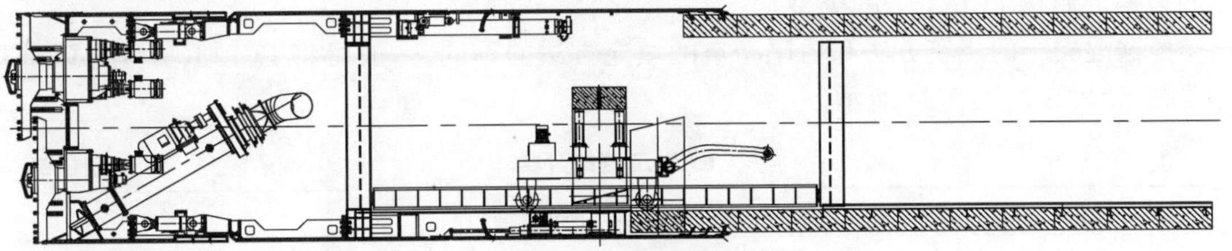

e)管片小车与上管片连接固定

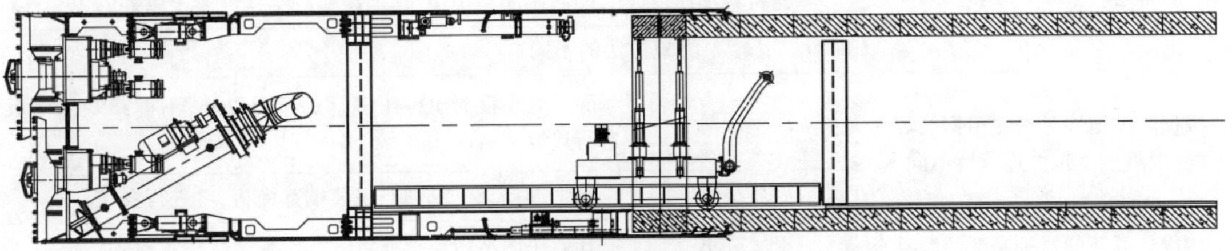

f)管片小车通过顶升将上管片安装到位

图 3-23　立式拼装小车拼装示意图

3.2.7 钢管片挤压混凝土衬砌矩形盾构机

对于大跨度、大埋深的矩形盾构隧道，由于管片分块复杂、重量太大等原因，机械式管片拼装很难实现，而以现浇灌注的混凝土做衬砌代替传统的管片衬砌则能很好地解决以上问题。把矩形盾构设备和挤压混凝土技术相结合，就形成了钢管片浇筑混凝土衬砌矩形盾构机技术，即矩形盾构 ECL(挤压混凝土衬砌工法)。

1)矩形盾构 ECL 工法的特点

(1)衬砌质量有保障。ECL 工法构筑的混凝土衬砌，在灌筑过程中混凝土受到的挤压力大于外侧的水土压力，多余的水分被排出，其强度和密度大大提高。而且模板的拼装和混凝土的压注都是连续进行的，衬砌接头少，整体性和防水性较好。

(2)可实现的衬砌类型多，适应性广。ECL 工法可以根据不同的地层条件和施工条件构筑不同类型的衬砌结构，包括素混凝土(NRC)、钢筋混凝土(RC)、纤维加筋混凝土(FRC)、型钢加强混凝土(SRC)、预应力混凝土(PC)结构等。

(3)可有效控制地表沉降。工法实施过程中，无须降低地下水位。配合盾构掘进，ECL 工法将尚未凝结的混凝土逐次充填到盾尾空隙中，并同时进行挤压，在盾构推进的同时，衬砌混凝土始终保持恒定压力以抵抗土压力和水压力，紧贴地层，不出现地层松弛现象，从而起到及时支撑的作用。因此，能有效地将地层变形控制在最低限度内。

(4)全部采用机械化施工，节省人力，作业环境好，安全性高。

(5)可以降低工程造价。主要表现在以下几个方面：①采用一次衬砌作业方式，材料用量少，如节省了大量纵、环缝防水材料和连接螺栓；②不需要同步注浆；③施工工序少，衬砌与拼装同步进行，加快了施工进度，缩短了工期；④衬砌密实，整体性好，防水费用低。

(6)衬砌受力合理。在管片衬砌中，由于存在盾尾空隙，作用在管片上的垂直压力和水平压力差值较大，在管片中易产生较大的弯矩，必须配置大量的钢筋。而在 ECL 工法中，盾尾连续加压灌注的混凝土与围岩(土)接触紧密，并形成了压力平衡状态，在衬砌中产生的弯矩较小，受力形式合理。

2)矩形盾构 ECL 工法的类型

根据混凝土的浇筑方法和盾尾净空的填充方法的不同，一般可将 ECL 工法分为以下几种类型，如表 3-2，图 3-24 所示。

ECL 工法的分类 表 3-2

填充方法的不同		
填充盾构掘进时产生的盾尾净空，使衬砌结构紧贴地层，进行支撑	混凝土加压	加压、顶出衬砌结构的生混凝土，填充盾尾净空
	填充材料加压	向盾尾净空中浇筑、加压衬砌结构混凝土以外的填充材料
浇筑方法的不同		
根据衬砌结构是否使用钢筋等的不同，混凝土浇筑的连续性不同	连续浇筑	除了处理混凝土施工缝部的情况以外，不拆卸端部模板，进行连续浇筑
	循环浇筑	每个循环，都要拆卸、组装端部模板，再进行浇筑
构成各循环的衬砌厚度的混凝土的浇筑方法	单层浇筑	在盾尾内从内模板或者端部模板一次浇筑衬砌结构
	复合浇筑	盾尾内和掘进时分两次浇筑衬砌结构

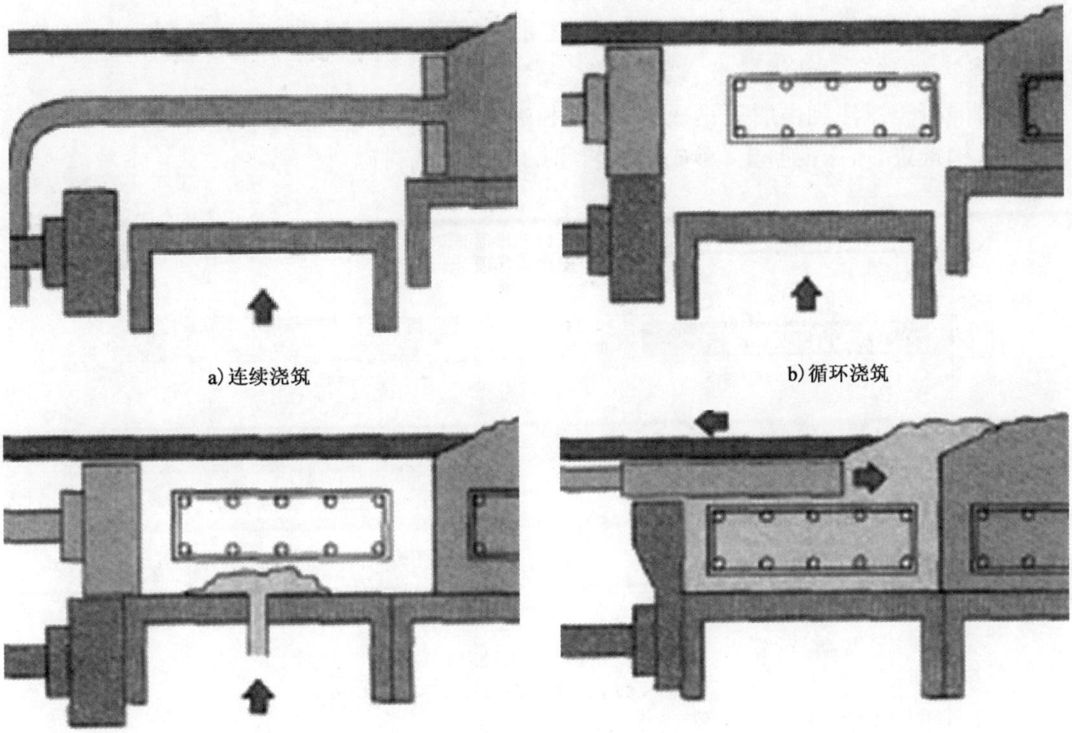

a)连续浇筑　b)循环浇筑

c)单层浇筑　d)复合浇筑

图 3-24　几种典型的浇筑工法

3)矩形盾构 ECL 工法的施工流程

施工流程主要根据衬砌的加固方法的不同而不同,钢筋混凝土衬砌和素混凝土衬砌的基本施工流程如下。

(1)素混凝土衬砌施工流程(连续浇筑,图 3-25)

①盾构开挖推进结束,混凝土养护后,拉回盾构顶推千斤顶;

②拆除、转移和安装内模板;

③将混凝土压注到由盾尾钢板、内模板和端部模板围成的密闭空间内;

④盾构推进,挤压混凝土,形成与围岩密贴的混凝土衬砌。

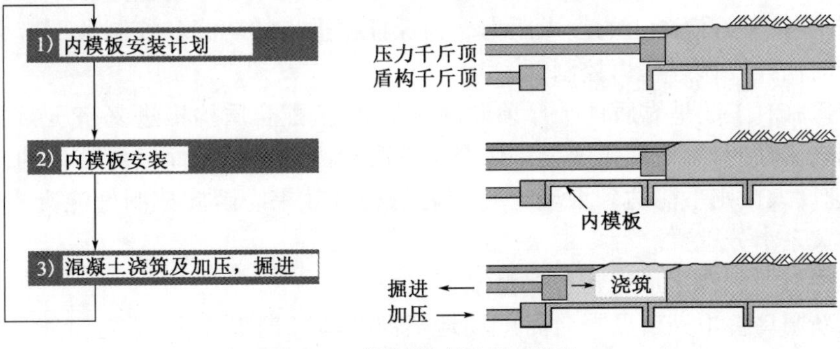

图 3-25　素混凝土衬砌施工流程

(2)钢筋混凝土衬砌施工流程(循环浇筑,图3-26)

①盾构开挖推进结束,混凝土养护后,拉回盾构顶推千斤顶和挤压千斤顶;

②拆除、转移和安装内模板、端部模板,安装钢筋;

③将混凝土压注到由盾尾钢板、内模板和端部模板围成的密闭空间内;

④盾构推进,挤压混凝土,形成与围岩密贴的混凝土衬砌。

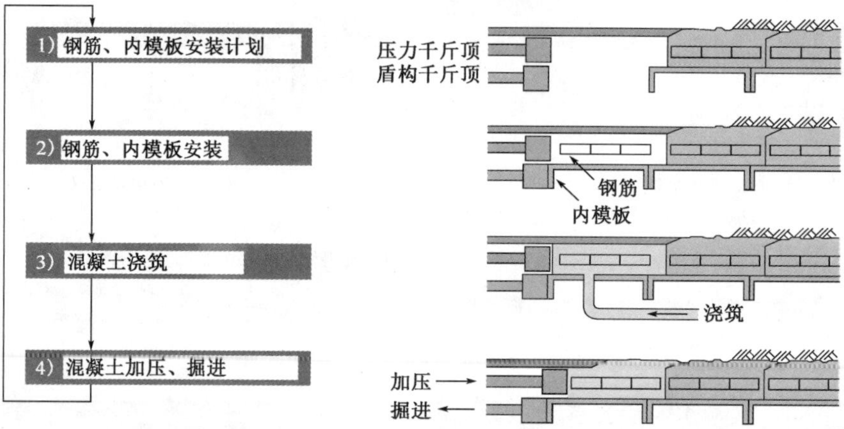

图3-26 钢筋混凝土衬砌施工流程

4)矩形盾构ECL工法的特殊要求

(1)在挤压混凝土衬砌施工过程中,盾构推力是通过模板和混凝土之间的摩擦力来传递的。因此,混凝土的性质要满足如下要求:

①为了避免混凝土搅拌后在管道内硬化,同时为保证混凝土能压注到密闭空间的每个角落,要求搅拌后的混凝土在规定时间内具有良好的流动性和抗离析性。

②对于要求用钢纤维加强的混凝土,则必须满足其搅拌性、凝固性等相应的要求。

③为了提高施工效率,挤压形成的混凝土衬砌在等强24h脱模后要承受全部土压和水压,因此还要求被压缩的混凝土具有较高的强度和早强性、抗渗性和耐久性。

综上,ECL工法使用的混凝土,既要求有长时间的流动性,又期望有早期强度,为此需要选定适于现场使用的高性能减水剂。为保持一定压力,灌注混凝土要求泵送性好,同时注意集料的颗粒分布。

(2)ECL工法靠混凝土压力所产生的反力加上模板台车所产生的反力来抵消地层的水土压力,因此要控制好混凝土的注入压力。为保证掘进机的功能和控制地层应力释放,在工序短期中断时同样要做好压力控制。

(3)由于ECL工法是靠盾构千斤顶向混凝土加压、配合盾构推进来挤压新浇混凝土,从而形成与围岩密贴的衬砌;加压速度太快会使混凝土因脱水压密而破坏其流动性,导致不能压注;加压速度太慢则不能达到混凝土与围岩的密合效果。因此控制好混凝土挤压速度和推进速度的关系十分重要。

5)挤压混凝土衬砌矩形盾构机典型案例

下面以新疆乌鲁木齐市辰野名品广场地下商业街二期工程为例,对钢管片浇筑混凝土衬砌矩形盾构机进行简要介绍。

新疆乌鲁木齐市辰野名品广场地下商业街二期工程,为新疆中辰地下城开发公司与上海隧道工程股份公司联合实施,其结构断面尺寸为 $W19.8\text{m} \times H6\text{m}$(图3-27),全长328m,位于新疆乌鲁木齐市繁华地段解放北路的地下,埋深10.75m,覆土厚度4.75m,路面交通繁忙,地下有各种管道、管线,不可能采用大开挖的施工方法,也不适合用箱涵法和管幕法施工,最后采用的是敞开式矩形盾构+ECL工法(图3-28)进行施工。

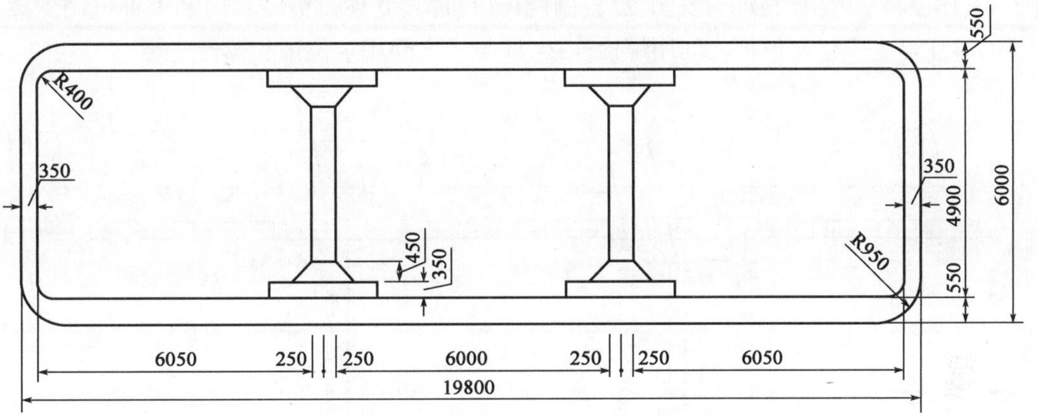

图3-27 主体结构断面(尺寸单位:mm)

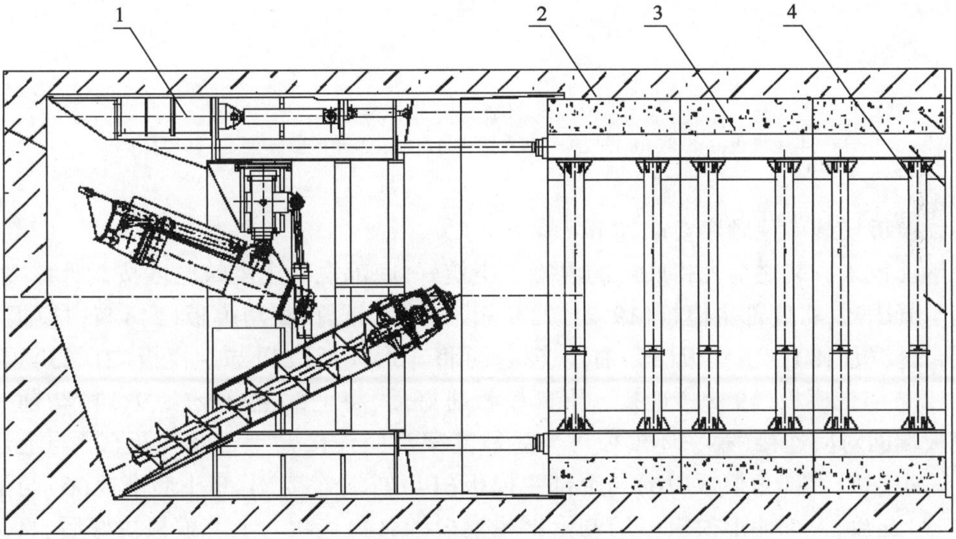

图3-28 合口拼装机式矩形盾构机

1-矩形盾构主机;2-混凝土;3-钢模支撑系统;4-可调支撑

钢管片浇筑混凝土衬砌矩形盾构机主机的设计与其他类型矩形盾构主机的设计基本类似,所以不再对各种类型的主机进行详细介绍。由于ECL工法要求在盾构推进的时候,在它的尾盾内部用钢模板拼装成一个矩形环状的支撑环,在支撑环与壳体间的空间形成挤压混凝土衬砌区,通过挤压注入混凝土形成最终的衬砌结构。所以该类型矩形盾构的特点和设计的重难点在于钢模系统与模板拼装机构的设计。

由于该矩形隧道断面横向尺寸达19.8m,模板结构顶部为平面,受力状况差;同时还要承受混凝土的自重和浇筑压力以及周围土层的土压力和地面荷载;此外还要能够承受盾构的巨大推力。所以,为了满足上部衬砌结构的强度和刚度,在矩形隧道断面中部沿纵向每间隔6m设置2个立柱,使此矩形隧道断面结构自然形成3跨单元,每跨长度约6.5m,每环的宽度为2m。根据隧道的结构,衬砌模板支撑系统有两种形式:有柱钢模板支撑系统(图3-29)和无柱钢模板支撑系统,共有6种不同形式的模板:主模板Ⅰ(4、14、19、23)、主模板Ⅱ(9、21)、角模板(2、16、18、24)、斗形模板(6、12、20、22)、侧模板(1、17)、立柱模板(7、11)和1种可调支撑(3、5、8、10、13、15)。模板与模板之间用螺栓连接,环与环之间用定位销和螺栓连接。

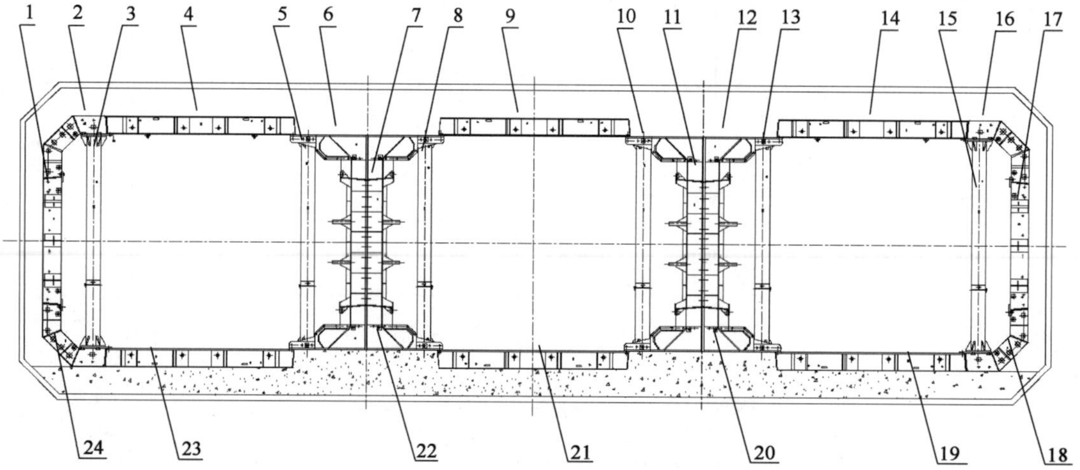

图3-29 钢模板支撑体系

1、17-侧模板;2、16、18、24-角模板;3、5、8、10、13、15-可调支撑;6、12、20、22-斗形模板;4、14、19、23-主模板Ⅰ;9、21-主模板Ⅱ;7、11-立柱模板

各种模板安装就位顺序要求如下:

在钢模板未拼装之前先将底部的混凝土浇筑好,底部混凝土浇筑厚度按设计厚度,等混凝土基本凝固后,将底部主模板(19、21、23)按设计尺寸铺好,将角模板(24)与主模板(1)左端连接,角模板(18)与主模板(19)右端连接,再将斗形模板(22)与主模板(21、23)连接,斗形模板(20)与主模板(19、21)连接。下部模板拼好后,将上部主模板(4、9、14)与前一环上部主模板端面对应连接(第一环模板可与后靠支架对应连接),上部角模板(2)与上部主模板(4)左端连接,上部角模板(16)与上部主模板(14)右端连接,上部斗形模板(6)与上部主模板(4、9)连接,上部斗形模板(12)与上部主模板(9、14)连接。上部模板拼好后,将侧模板(1)插入角模板(2、24)中,侧模板(17)插入角模板(16、18)中,立柱模板(7)插入斗形模板(6、22)中,立柱模板(11)插入斗形模板(12、20)中。最后用可调支撑将上下模板撑住,连接好所有的紧固件,整个钢模板支撑系统拼装完毕。接着用端模板将环形混凝土浇筑区封住,在上部端模板上有3个混凝土浇筑口,用于浇筑混凝土。

施工时为了防止地面下沉,钢模板上还设有同步注浆孔,其作用原理与普通的盾构施工法一样。

由于受力条件差,模板设计的厚度大、尺寸大、重量也大,模板的拼装位置有水平、侧向、上下角向、空间水平等多方位要求,模板拼装空间小、拼装精度要求高。上述的要求给模板的移动、就位拼装与拆检设备的设计带来了相当大的难度。

衬砌模板拼装机设计时需要重点考虑以下几个方面:行走机构设计要重点考虑稳定性;拼装机要具有使模板上、下、左、右移动与回转的功能,以及安装时微调的功能;要具有一定的刚度,承载能力强,使其结构能承受一定的超载,能在模板多次移动、装配与拆卸中不变形,保证使用寿命;要尽量使结构简单合理、工作可靠安全、便于制造、便于使用、便于维护,缩短模板拼装机的设计与制造周期。

基于以上设计要求,该项目设计了一台专用拼装台车(图3-30)。拼装台车主要由模板拼装器、回转平台、伸缩臂、支架油缸、变幅油缸、液压动力站、配重、液压系统、电气控制装置和履带行走式底盘组成。

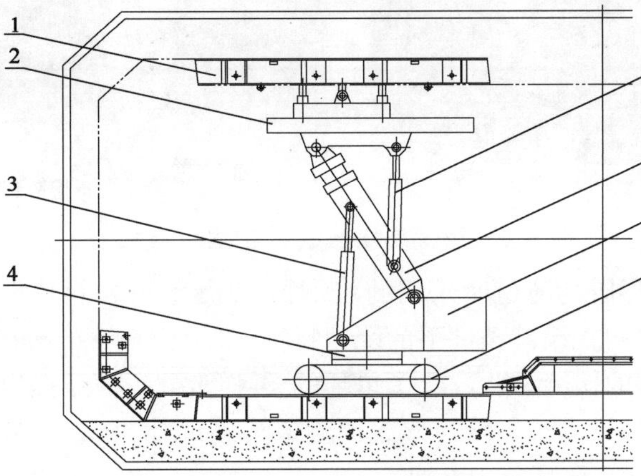

图3-30　模板拼装机结构示意图

1-模板;2-模板拼装器;3-变幅油缸;4-回转平台;5-支架油缸;6-伸缩臂;7-配重;8-履带式行走底盘

3.3　矩形盾构隧道设计技术

在国外,矩形盾构隧道的应用主要在日本,其对矩形盾构隧道衬砌结构的研究比较深入。Hiroshi Nakamura 等基于京都高速铁路东西线矩形隧道工程进行了矩形盾构隧道衬砌整环足尺试验研究,根据不同使用要求采用了两种类型的管片,设计模型采用了梁-弹簧法,一种为组合管片,另一种为球墨铸铁管片,带有中柱。设计方法采用梁-弹簧法组合管片隧道结构试验将试件水平放置在反力深坑内,试件环向进行8点加载,其反力由坑壁承担;球墨铸铁管片隧道结构试验将试件放置在地面,加载方法采用对张拉自平衡系统集中3对点加载。两组试验均采用3个环错缝拼装,如图3-31所示。通过将试验实测的内力与变形和分析模型进行对比,虽然存在部分偏差但整体较为符合,从而验证了梁-弹簧设计方法的可应用性。

T. Tamura 提出一种刚性管片模型用于矩形衬砌结构分析,该模型假定完全刚性管片由所有接头处的成对弹簧连接,隧道的变形完全由弹簧承担。采用3环管片结构进行整环足尺试验,并与刚性管片模型模拟的计算结果进行对比分析。

矩形盾构隧道在我国应用较晚,对其分析模型的相关研究较少,仅进行了少量的验证性试验和示范工程。相关设计计算理论也不完善。

杨方勤以上海隧道股份有限公司进行的矩形盾构隧道管片1:1三环结构试验为背景,建立了等刚度计算模型,对比分析得出以千斤顶集中荷载代表均布荷载进行整环试验设计的可行性,并以整环试验结果提出了 0.5 的刚度折减系数。同时,尝试建立考虑错缝拼装效应的梁-弹簧分析模型,但由于缺乏接缝的相关设计参数,研究仅进行定性分析,并未结合整环试验进行分析验证。该试验衬砌管片尺寸为 W5.84m × H3.84m,共分 7 块,管片形式为钢筋混凝土管片,采用错缝拼装,管片厚度为 0.42m,环宽为 1m,该管片最终没有应用于工程实际。

a)组合管片试验　　b)球磨铸铁管片试验

图 3-31　日本京都高速铁路隧道试验示意图

刘鑫对国内首条矩形盾构隧道所采用的双钢板-混凝土组合管片结构进行 1:1 足尺试验,得到了该类型衬砌结构在设计条件下的受力特性,极限荷载下的衬砌结构的受力路径以及破坏过程,并根据进行的接缝试验建立了单环的梁-弹簧分析模型提出了矩形盾构双钢板-混凝土组合管片的断面设计方法。该矩形盾构隧道衬砌尺寸为 W9.75m × H4.95m,管片采用钢-混凝土组合管片结构,全环分为 6 块。

朱叶艇对大断面异形盾构隧道结构进行了力学特征试验,该管片外包尺寸 W10.7m × H8.2m,管片厚度 0.5m,环宽 1.2m,采用掺有超大掺量钢纤维的混凝土管片,进行错缝拼装并直立加载。通过试验获得了该新型衬砌结构达到安全使用极限状态下的荷载水平,明确了其在设计荷载作用下的力学性能,验证了其在使用阶段的安全性,根据试验结果采用惯用法和修正惯用法建立了分析模型,提出了模型在水平和竖向的刚度折减系数以及错缝拼装下的弯矩传递系数。

对矩形盾构隧道整环试验进行汇总见表 3-3。

矩形盾构隧道整环试验汇总　　表 3-3

工程/单位名称	加载系统	断面尺寸(W×H)	荷载分组	试验工况	分块及管片形式
日本京都高速铁路东西线	深坑反力墙	9.9m × 6.5m(3 环错缝)	8 组千斤顶 3 组荷载	设计工况	7 块,6 面钢板组合管片
日本京都高速铁路东西线	对称张拉自平衡体系	9.9m × 6.5m(3 环错缝)	3 组千斤顶 3 组荷载	设计工况	11 块,球墨铸铁管片
上海隧道股份	对称张拉自平衡体系	5.84m × 3.84m(3 环错缝)	14 组千斤顶 3 组荷载	设计工况极限工况	7 块,钢纤维高流动混凝土管片
上海市政院	对称张拉自平衡体系和竖向反力架	9.75mm × 4.95m(单环)	16 组千斤顶 3 组荷载支座弹簧群	设计工况极限工况	6 块,双钢板-混凝土组合管片
上海隧道股份	竖向反力框架	10.7m × 8.2m(3 环错缝)	22 组千斤顶橡胶柱	设计工况极限工况	6 块,掺有超大掺量钢纤维混凝土

3.3.1 管片分块与接头形式

矩形盾构隧道衬砌的分块分为通缝和错缝两种。错缝拼装受矩形隧道特点限制，不能像圆管隧道那样通过旋转拼装来实现错缝，只能通过如下两种分块方式实现错缝拼装：

方式一：

黄毅在对矩形断面地下结构的技术特点和国内外矩形隧道施工设备与技术进行了分析与总结后，提出了一种预制的矩形钢筋混凝土管片分块方式，管片形式为错缝拼装，采用不同的A、B型管片设置，其中A型管片分为6块，B型管片分为8块，A、B型管片相隔拼装，通过前后环分块数不同实现接缝位置不同，进而实现错缝拼装。具体分块如图3-32、图3-33所示。

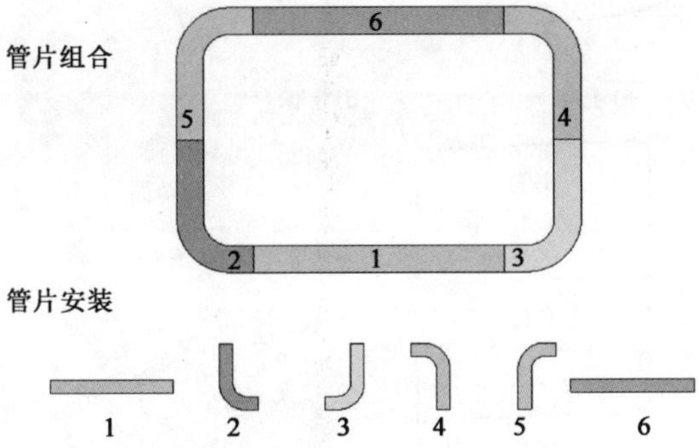

图3-32 A型管片结构(6块分隔拼装)

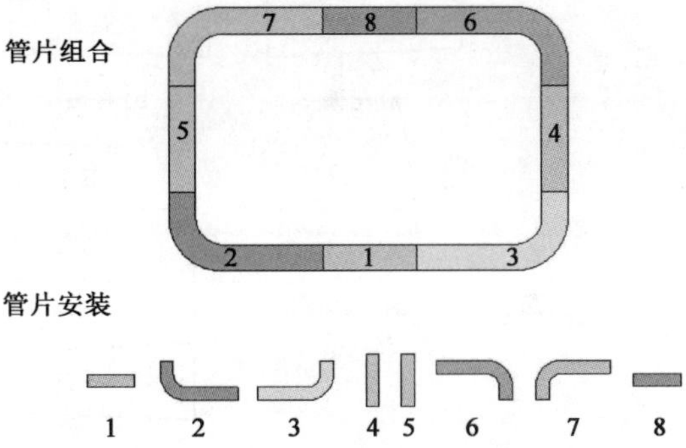

图3-33 B型管片结构(8块分隔拼装)

方式二：

张冠军结合国内首例6m×4m(宽×高)大断面矩形隧道拼装式管片的结构承载力试验，其中列举了一种错缝拼装形式的管片，采用平面对称形式的R、F型管片设置，其中R型管片分为1个K块、1个RA块、2个RB块、2个RC块、1个RD块，合计7块；F型管片同样分为1个K块、1个RA块、2个RB块、2个RC块、1个RD块，合计7块，由于R、F型管片同名块不在相同位置，如果要实现错缝拼装，受千斤顶方向及楔形量限制，其R型的K块实际上不同于F型的K块，具体分块如图3-34、图3-35所示。

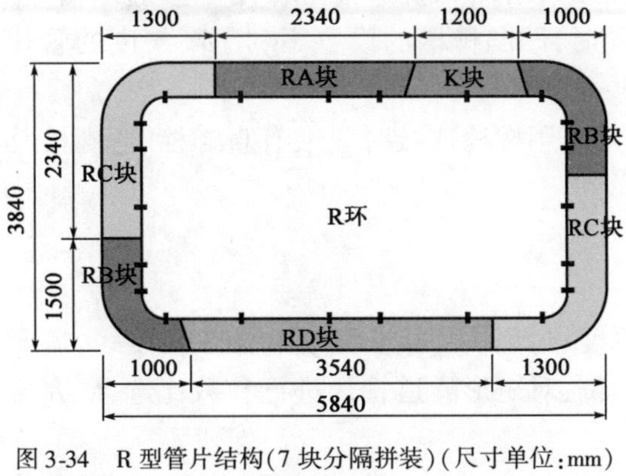

图3-34 R型管片结构(7块分隔拼装)(尺寸单位:mm)

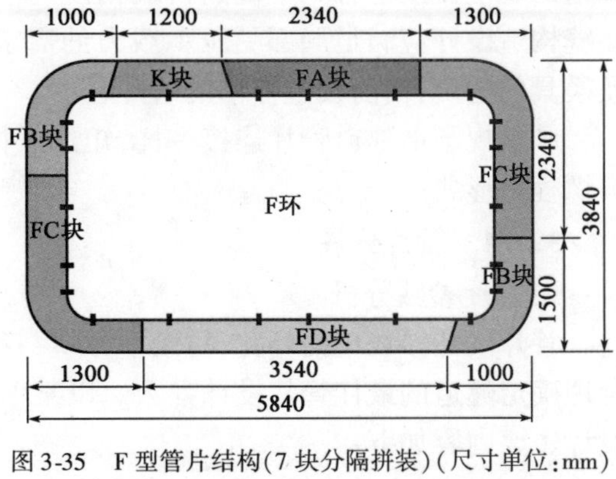

图3-35 F型管片结构(7块分隔拼装)(尺寸单位:mm)

3.3.2 管片组合方式

矩形隧道无法像圆隧道那样旋转拼装，即在进行线路拟合时，无法通过旋转盾构管片来实现纠偏等要求,为了达到类似于圆隧道那样的纠偏,必须对应于直线段、平曲线段、竖曲线段采用不同的管片衬砌形式来实现。

结合前述错缝拼装中方式二中的管片形式的分析可知,在确定基本型 A 块、B 块之后,因为要实现左右、上下纠偏的同时实现错缝拼装,A 块需要细分为 A 左、A 右、A 上、A 下 4 种管片环;同样 B 块也需要细分为 B 左、B 右、B 上、B 下 4 种管片环。管片通过不同的型号进行组合,结合一定的施工措施,在错缝拼装的前提下,实现线路的拟合及纠偏,如图 3-36 所示。

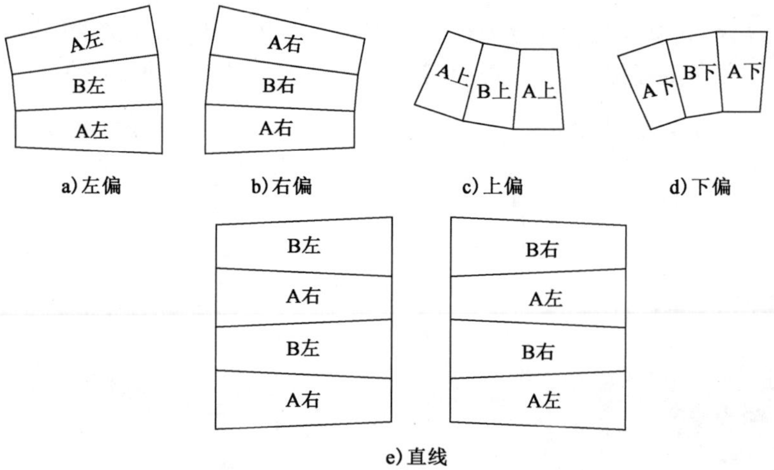

图 3-36 矩形隧道管片衬砌拼装图

3.3.3 管片连接接头

管片接缝应满足防水构造及盾构施工要求,并根据通用楔形环的特点为管片拼装提供一定的定位功能。管片防水构造通常是接缝设置一道密封垫,并在管片内侧预留嵌缝措施。

管片环缝通常根据盾构管片拼装的工艺及受力特点,设置凹凸榫槽或者千斤顶凸台,一方面在环面上提高环间抗剪能力,控制环间踏步,增加管片整体刚度。同时环、纵缝内凹凸榫槽的定位作用也有利于提高拼装精度。环缝在设置时盾构掘进油缸作用于接缝凹槽内,接缝构造设计应满足局部受压承载力的需求。同时,凹凸榫槽的设置不利于高精度的管片及模具的生产,当前设置榫槽的管片较少。

和常规圆形隧道管片连接一样,矩形盾构管片采用螺栓连接时一般有直螺栓、弯螺栓及斜螺栓等形式。

3.3.4 管片分块

1)管片参数分析

管片设计参数包括环宽、衬砌环分块、管片厚度、封顶块的接头角度和插入角度等,需要合理确定隧道的最佳管片设计参数。以某项目为例,对矩形隧道管片进行参数比选,研究与设计主要内容如下:

(1)衬砌环分块方案:通过对两种错缝拼装方式的对比,采用错缝拼装,考虑以下两种分块方式,一种封顶块大小一致,一种封顶块大小不一,均采用错缝拼装,如图 3-37、图 3-38 所示。

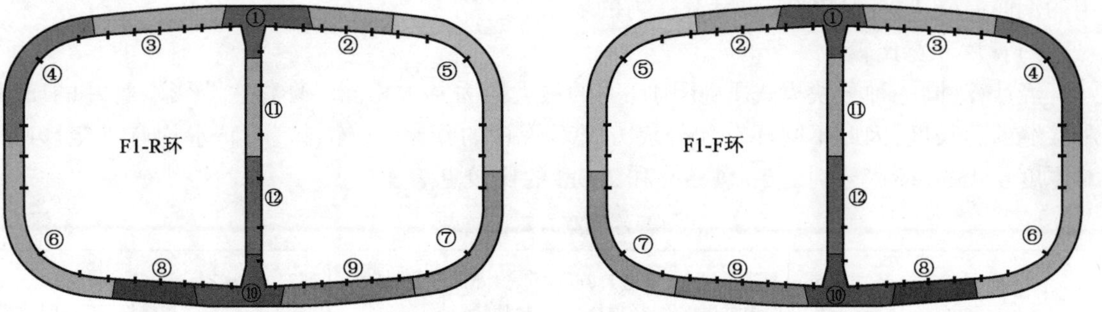

图3-37　FK1(封顶块大小一致)分块示意图

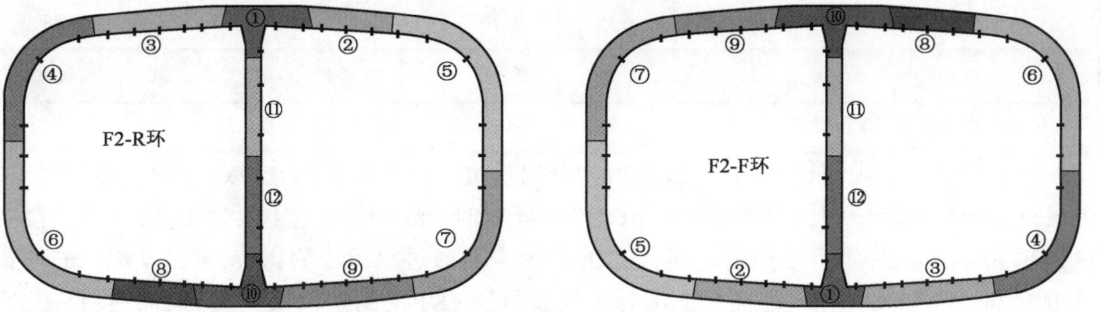

图3-38　FK2(封顶块大小不一致)分块示意图

(2)环宽方案:考虑了1.2m和2.0m两种环宽方案。

(3)管片厚度方案:考虑了0.35m、0.45m和0.50m三种厚度方案。

2)管片受力比较

针对上述设计的两种管片分块方案,选取覆土厚度15m进行管片结构内力和变形分析,以此来确定推荐管片分块形式。在计算中:管片的厚度取为0.45m,幅宽取为1.2m,拼装方式为错缝拼装方式,即R环+F环+R环。计算编号以及单点最大变形量、最大正负弯矩和相应的轴力见表3-4,表中内力和变形值皆为一环管片内的值。

确定管片分块方案的结构内力和变形分析　　表3-4

编号	对应分块形式	单点最大变形量(mm)	最大正弯矩(kN·m)	最大正弯矩对应轴力(kN)	最大负弯矩(kN·m)	最大负弯矩对应轴力(kN)
FK1	封顶块大小一致	6.48	247.15	753.39	-477.324	753.99
FK2	封顶块大小不一	7.21	222.43	678.05	-429.59	678.60

就拼装条件而言,FK1模式因为中隔墙拱顶和拱底的块质量一致,拼装条件较好;而FK2模式因为R、F块的封顶块大小不一,其中大块比小块增重60%以上,给拼装带来不小的难度。而且,就整体刚度来说,FK1模式比FK2模式受力更均匀,特别是拱顶位置,当FK2模式小块在拱顶时,其刚度较小,故其变形较大,不如FK1模式。

总体上来说,FK1模式的整体刚度较大,对结构变形的控制是有利的,由于隧道结构本身的变形小了,对结构的防水也是有利的。同时,所增加的结构内力也不是太大,结构所采用的钢筋混凝土材料能够满足承载能力的要求。

3)管片环宽比较

经计算,同一种分块模式下,不同环宽的最大内力基本相同。环宽主要影响管片的质量和接缝的总长度,因此不同环宽和分块方式对管片的预制、运输、拼装、防水均有一定影响。对厚度0.45m,环宽分别1.2m、1.5m和2.0m的比较见表3-5。

管片环宽方案比较表 表3-5

分块方案	环宽1.2m 最重块质量(t)	环宽1.5m 最重块质量(t)	环宽2.0m 最重块质量(t)	环宽1.2m 封顶块质量(t)	环宽1.5m 封顶块质量(t)	环宽2.0m 封顶块质量(t)	环宽1.2m 隧道接缝全长(m)	环宽1.5m 隧道接缝全长(m)	环宽2.0m 隧道接缝全长(m)
FK1	6.76	8.45	11.27	3.76	4.70	6.27	39303	34036	28800
FK2	6.76	8.45	11.27	4.65	5.81	7.76	39303	34036	28800

注:接缝按隧道长1000m计。

从表中可以发现,FK1和FK2模式因为分块数量一样,接缝全长一致。而两种模式分块中最重块均在侧墙位置,质量也一样,但是2m环宽时,最重块超过10t,而1.2m环宽时,质量为6.76t,1.5m环宽介于两者之间,在10t以内。而通过封顶块的比较,可以发现,2m环宽接近1.2m环宽的2倍质量,且FK2的封顶块质量较FK1的封顶块重了25%,而封顶块的质量直接影响管片拼装精度和施工中的受力。由前面楔形量分析可知,环宽1.5m时,其楔形量为85mm,超过了40~70mm的最优范围;从接缝来看,环宽1.5m比1.2m管片接缝省13%,环宽2.0m比1.2m省26.7%、比1.5m省15.4%。经综合分析,环宽1.2m较其余两种优,FK1较FK2优。

4)管片厚度比较

取FK1模式下1.2m环宽,拼装方式为错缝拼装,对不同管片厚度0.35m、0.45m、0.50m进行内力与变形比较,其结果见表3-6。

确定管片厚度的结构内力和变形分析 表3-6

编号	幅宽(m)	计算条件	单点最大变形量(mm)	最大正弯矩(kN·m)	最大正弯矩对应轴力(kN)	最大负弯矩(kN·m)	最大负弯矩对应轴力(kN)
H1	0.35	FK1模式,环宽为1.2m	5.184	173.005	837.103	-338.901	828.560
H2	0.45		6.481	247.152	753.391	-477.324	753.99
H3	0.50		4.536	353.071	678.051	-662.95	693.671

由表3-6可以看出:随着管片厚度的增加,管片环的最大变形量先增大再减小、弯矩逐渐增大,这是由于随着管片厚度的增加,管片结构的整体刚度逐渐增大,从而减小了结构的变形。而最大正弯矩增加时,轴力减小,这样对结构的受力不利,说明管片的厚度不能太小,也不能太大。

如果管片的厚度设计得过小,则导致盾构隧道的变形量很大,对施工中的拼装和竣工后的使用都有影响,同时对结构的防水也有影响。如果管片厚度过大,盾构隧道最大正弯矩增加,轴力减小,为满足承载力需求,需增加配筋,总体上会增加工程造价。因此,应结合地质条件,隧道断面,选择合适的管片厚度。

5)封顶块接头角度及插入角度

①块应采用轴向插入方式以提高管片接头抗剪能力,同时在1.2m环宽的条件下,考虑施工机械的实际条件,封顶块拼装采用先径向搭接3/4后纵向插入。封顶块纵向插入角度选择时为避免管片纵向出现尖角,防止出现混凝土破碎的现象,根据盾构机械设备条件,选用14°41′23″,封顶块接头角度选用15°。

3.3.5 结构计算分析

1)设计参数及荷载取值

(1)管片环结构计算参数

以某双线地体隧道为例,管片环宽1.2m,一环由12块组成,块与块之间采用4根M30螺栓连接,共计52根M30环向螺栓,环与环之间共设置44根M30纵向螺栓。

(2)计算荷载及工况

计算中主要考虑的荷载有:结构自重,混凝土管片按25kN/m³考虑;垂直土压力与水平土压力;水压力,根据不同断面的地层;地面建筑荷载,地层反力;施工荷载(千斤顶推力、不均匀注浆压力等);结构内部荷载(列车荷载等);地震荷载;其他偶然荷载,如人防荷载、冲击荷载等。

结构设计时分别按施工阶段、正常使用阶段可能出现的最不利荷载进行组合,分别进行强度、刚度和裂缝宽度验算。特殊荷载阶段每次仅对一种特殊荷载进行组合,同时考虑材料强度综合调整系数,不进行裂缝宽度验算。

2)衬砌计算

(1)$\eta-\zeta$法(修正惯用计算法)

本计算方法按匀质圆环类比计算(图3-39、图3-40),抗力采用土弹簧模拟,但考虑环向接头存在,管片环整体的弯曲刚性降低,取管片环抗弯刚度为ηEI(η为<1的弯曲刚性有效率),然后考虑错缝拼装后整体补强效果,进行弯矩的重分配。

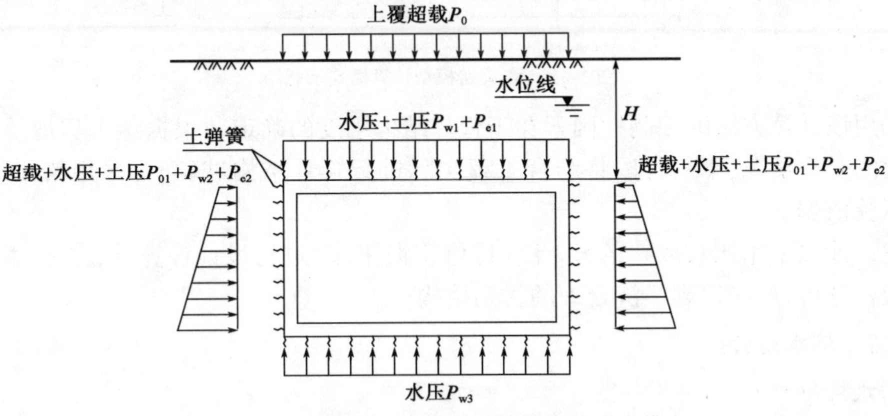

图3-39 矩形断面(日本修正的惯用法)下荷载模式

接头处内力:
$$M_j=(1-\xi)\times M, N_j=N \tag{3-6}$$
管片内力:
$$M_s=(1+\xi)\times M, N_s=N \tag{3-7}$$

式中：ξ——弯矩调整系数；

M、N——分别为均质圆环计算弯矩和轴力；

M_j、N_j——分别为调整后的接头弯矩和轴力；

M_s、N_s——分别为调整后管片本体弯矩和轴力。

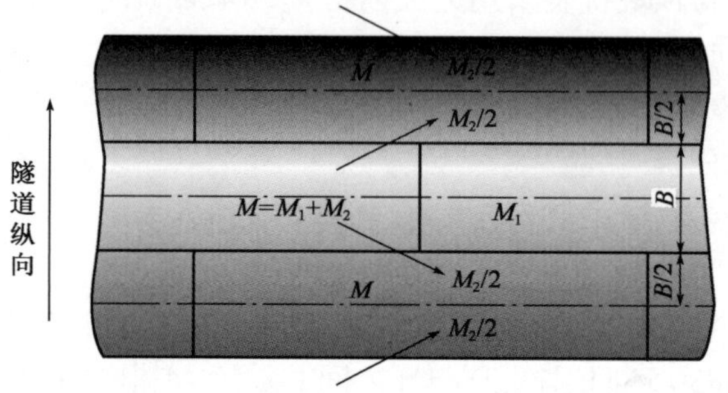

图 3-40　错缝拼装弯矩分配示意图

(2)梁-弹簧模型计算法(图 3-41)

对盾构隧道管片衬砌结构的截面内力计算,多以经验性的简化计算法为主。而接头的梁-弹簧模型计算考虑了环向和纵向接头的位置和刚度,以及错缝时的环间相互咬合效应等,采用较精确的计算方法对盾构隧道管片结构进行内力及变形分析。

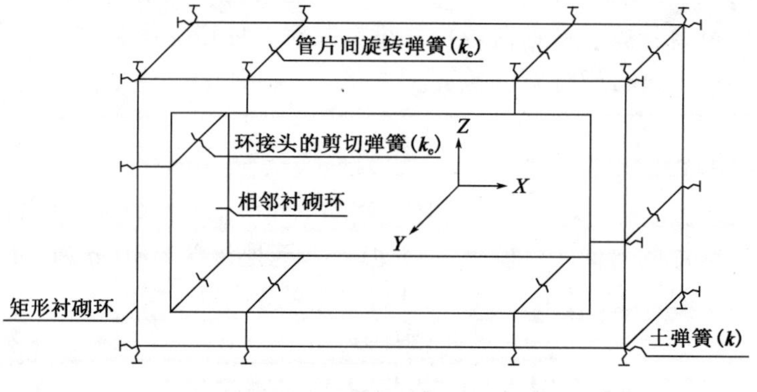

图 3-41　梁-弹簧模型计算模式示意图

但采用该计算方法的控制性因素在于管片结构刚度的确定。根据本工程地质条件及采用斜螺栓的受力情况,下一阶段将结合工程实际进行管片结构试验,为采用梁-弹簧模型计算提供试验依据。

方案设计除采用比较成熟的 η-ζ 法(即修正惯用法)进行设计计算外,并采用梁-弹簧模型进行校核分析,最终得到经济合理的衬砌结构。

3.3.6　防水设计

1)防水标准

区间隧道防水等级为二级,顶板不允许渗水,结构不允许漏水,结构表面可有少量湿渍。总湿渍面积不应大于防水面积的 2/1000,任意 100m^{2}防水面积上湿渍不超过 3 处,单个湿渍的最大面积不大于 0.1m^2。管片混凝土抗渗等级为 P10,裂缝宽度不大于 0.2mm。

2）防水设计原则

（1）应遵循“以防为主，刚柔结合，多道设防，因地制宜，综合治理”的原则，强调结构自防水为主。

（2）以混凝土自防水为主，管片接缝、管片与隧道接口、联络通道等接口部位的防水为重点，确保区间隧道的整体防水性能。

（3）设计年限按100年考虑，采用防水性能好，耐久性优良的框型弹性密封垫圈，以满足管片施工、运营阶段的接缝防水要求。

3）防水技术要求

管片混凝土抗渗等级为P10；管片裂缝应不大于0.2mm。

4）衬砌管片外注浆防水

因盾构施工的特点，在衬砌管片与天然土体之间存在环形空隙，通过同步注浆与二次注浆充填空隙，形成一道外围防水层，有利于区间隧道的防水。

同步注浆采用水泥砂浆，在管片拼装完成后进行，二次注浆主要采用水泥浆，但在隧道开挖对地表建筑物或管线影响较大地段，为即时回填空隙，减小地面沉降，可选择速凝型的双液浆（水泥-水玻璃浆液）。为避免浆材硬化收缩，从防水角度考虑，所有的注浆材料皆宜掺加一定量的微膨胀剂。

注浆压力施工中应根据地层特征进行调整，但需满足以下要求：应大于开挖面的水压力；不能使地面有较大沉降；不能使管片因受压而错位变形；不能使浆液经常或大量从管片间或盾构机与管片间渗漏；另外注浆时应采取合理措施保证注浆量。

5）衬砌混凝土结构自防水及耐久性设计要求

管片混凝土采用强度等级C50，抗渗等级P10，限制裂缝开展宽度≤0.2mm。

（1）原材料要求

①水泥：强度等级≥52.5MPa的低水化热型水泥，水泥用量为400～500kg/m^3。

②砂：质地坚硬的中粗砂，细度模数为2.3～3.0，粉细物质含量≤2%，含水率＜2%，氯离子含量≤0.04%，可溶性硫酸盐按质量计≤0.4%。

③碎石：粒径为5～20mm，质地坚硬，粉细物质含量≤2%，压碎值≤30%，氯离子含量≤0.03%，可溶性硫酸盐按质量计≤0.4%。

④粉煤灰：优质粉磨细煤灰，掺量≤20%。

⑤水：采用清洁的不含有害物质的自来水。

⑥混凝土：水灰比≤0.35，氯离子扩散系数≤8×10^{-13} m^2/s，碱含量不超过水泥质量的0.1%。

⑦钢筋：钢筋表面应清洁，不得有易脱落的锈皮、油漆等污垢；钢筋必须顺直，调直后表面的伤痕及锈蚀不应使钢筋截面积减少。

（2）其他措施

①在衬砌管片上预留应急注浆孔。

②封顶块纵向插入时要求采用减摩润滑剂，尽量减少对密封材料的损伤。

③盾构施工时加强同步注浆和二次注浆，约束隧道沉降，改良地层。

④使用高效减水剂，进一步减少混凝土的用水量和提高其流动性。

⑤控制好蒸养的温度梯度变化和蒸养温度，防止蒸养梯度大和温度较高造成管片早期水化反应过快，造成混凝土产生裂缝。

⑥控制脱模时的温度差和脱模后入池养护时间，避免出现蒸养降温后未与室温接近，造成管片突然受冷出现冷缩裂缝。控制脱模后的管片入池时间，避免管片的混凝土在初期水化反应时长时间处于无水状态，产生裂缝。

6）管片接缝防水

根据隧道所处工程地质及水文地质条件，根据国内大盾构施工经验，管片接缝防水推荐采用仅外侧设置1道三元乙丙橡胶弹性密封垫的方式（图3-42）。

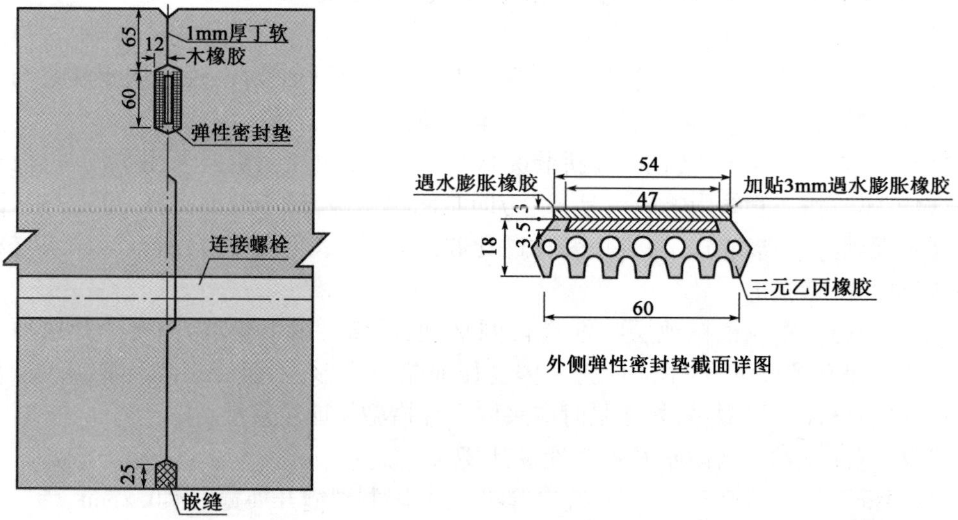

图3-42　管片接缝防水构造图（尺寸单位：mm）

7）嵌缝防水

嵌缝防水是构成接缝防水的第二道防线。在密封垫寿命期满之后，虽然无法更新密封垫，但作为内道防水线的嵌缝材料是容易剔除并重新嵌填的。

（1）嵌缝范围：洞门段30m、防洪堤处等变形量大的衬砌环段进行整环嵌填，其余区段则在拱顶110°范围内嵌填。

（2）嵌缝材料：嵌缝槽密封材料内部嵌填可采用聚合物水泥（如氯丁胶乳水泥砂浆），材料与混凝土结合面用界面处理剂进行处理。

（3）螺栓孔及注浆孔的防水

螺栓孔防水：采用遇水膨胀橡胶密封圈作为螺栓孔密封圈，利用压密和膨胀双重作用加强防水，而且材料到期可以更换。

注浆孔防水：为减少注浆孔作为隧道渗水的薄弱环节，在注浆孔的管片外侧留50mm的素混凝土，当需要进行衬砌背后二次注浆时，将素混凝土破开。注浆孔设置1道水膨胀螺孔密封圈加强防水。

（4）盾构进出洞时的防水

盾构进出洞时，由于推力减小，管片弹性密封垫难以压紧，施工中应采取管片拉紧措施，并加强注浆防水。

3.4　矩形盾构隧道施工技术

3.4.1　矩形盾构施工技术概述

矩形盾构隧道施工工法基本原理和圆形盾构相同,以土压平衡矩形盾构施工为例,同样是利用土压平衡控制原理实现撑子面的稳定,通过刀盘的几何运动实现土体切削,采用螺旋输送机出土,后部同步进行支护结构的衬砌,同时注入浆液填充加固。施工工序同样包括前期地质勘察等准备工作、工作井施作、端头加固、盾构机组装调试、始发掘进、土体开挖、注浆管理、衬砌支护、渣土运输、达到接收等环节。但矩形盾构法隧道在施工中却面临着地层环境更加复杂、隧道结构受力条件差、推进控制要求高、矩形管片拼装难度大等问题。下面主要把矩形盾构隧道施工技术中与单圆盾构隧道施工不同的地方和要注意的问题进行简述。

3.4.2　地质勘察

与矩形顶管机项目类似,矩形盾构项目在地质勘察时要重点注意以下问题:

(1)由于矩形结构的顶板受力条件较差,一般适用于浅覆土工程,勘察时要特别注意各类错综复杂的市政管线、建筑物桩基、回填层不明障碍物等。

(2)由于适用于上软下硬复合地层、硬岩地层的矩形断面开挖技术仍未完全突破,存在较大的施工难度与风险,因此,地层分布的勘察要精确。

3.4.3　支护结构衬砌技术

矩形盾构机支护结构衬砌方式目前常用的有机械式拼装管片支护和挤压混凝土支护。

机械式拼装管片支护方式中,由于矩形管片缺少传统圆形管片的中心对称的优势,又加之单环管片尺寸、重量与过渡圆角等参数不同,且存在管片分块差异大、形式多,以及在管片纵向与环向均需设置榫槽的特点,施工中需对管片拼装细微控制,以保证拼装精度与质量;另外,拼装机结构功能特殊、拼装区域空间小,总体上比圆形盾构管片拼装复杂很多。不同类型的拼装方法在 3.2 中已有简述。

3.4.4　同步注浆技术

矩形盾构同步注浆技术的原理与圆形盾构相同,即在矩形盾构掘进的同时,通过注浆泵将具备一定工作性能和强度的浆液注入盾尾的管片环外间隙之中,达到填充管片环外空隙和稳定管片的作用,是控制地面沉降和隧道稳定性的关键工艺。

矩形盾构同步注浆施工示意如图 3-43 所示,由于矩形盾构的顶部和底部建筑空隙呈水平状,浆液注入的流淌性、充填率和均匀性都较圆形隧道不利。同时,顶部为平面,成拱效应很差,同步注浆易引起地表变形,进而引起隧道变形。故矩形盾构同步注浆技术在注浆口布置、注浆材料、注浆压力控制等方面有更高的要求。

1)同步注浆孔的布置

考虑到矩形盾构顶部与底部是平面结构,浆液注入的流淌性、充填率和均匀性较差,故同步注浆孔在布置时要增加顶部与底部注浆孔的数量,实现多点均匀注入(图 3-43)。

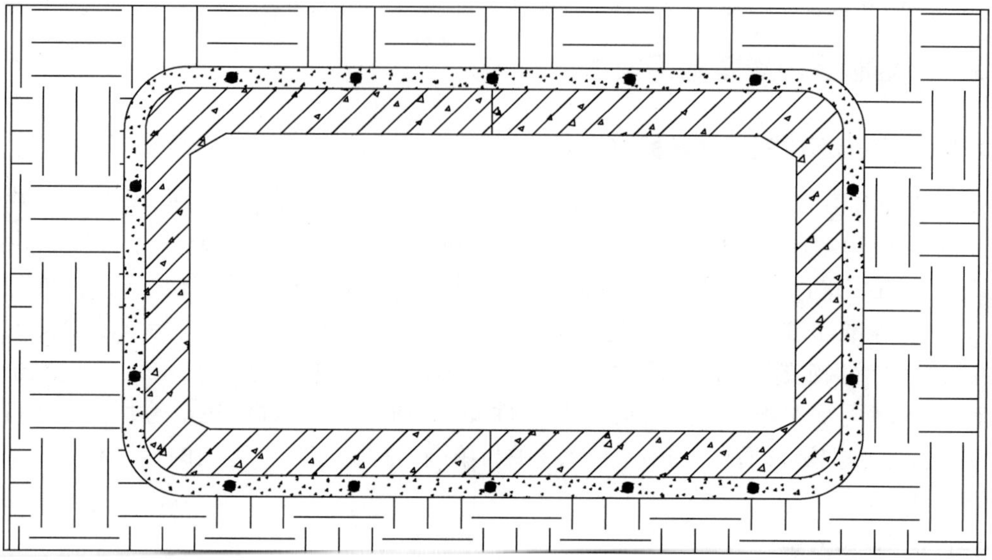

图 3-43　矩形盾构同步注浆施工示意图

2)注浆材料和注浆量

矩形盾构在周边环境保护与成环隧道稳定性方面有着比传统圆形盾构更高的要求,因此矩形盾构施工中注浆材料与传统圆形盾构施工所使用的浆液材料也有着显著差异,同时因断面形状改变导致受力状态发生变化,也要求矩形盾构施工中注浆材料在强度、流动性与力学性能等方面进行优化改进。

矩形盾构注浆材料与传统圆形盾构同步注浆材料的差异表现在以下几点:

(1)良好的流动填充性能。

(2)长时间不离析、不凝固(可使用时间 >20h)。

(3)具备高密度、低稠度、高抗剪性能。

(4)水灰比及泌水率低,利于长距离、长时间的泵送与储存施工。

(5)抗剪切屈服强度增长较快,利于矩形盾构盾尾脱出后的地表沉降与隧道稳定控制。

(6)可反复活化使用,且活化后不影响浆液材料的强度增长。

(7)浆液材料在 $0.3\times10^6 \sim 1\times10^6$Pa 注浆压力条件下,浆液介质的压力传导性需增强,避免局部点注浆压力应力集中导致类矩形隧道结构失稳或变形。

不同类型盾构同步注浆浆液性能指标设计值对比见表 3-7。

不同类型盾构同步注浆浆液性能指标设计值对比表　　表 3-7

性能指标	可硬性单液浆	抗剪型单液浆	矩形盾构设计值
坍落度	—	9~14cm	12~16cm
稠度	9~12cm	—	
密度	$>1.70g/cm^3$	$>1.90/cm^3$	$>2.00g/cm^3$
泌水率	<3%	新浆 <1%; 活化浆 <3%	<1%
流动度	>30cm	18~22cm	20~25cm
初凝时间	10~15h	>30h	>20h

续上表

性能指标	可硬性单液浆	抗剪型单液浆	矩形盾构设计值
抗压强度	$R_7=0.15$MPa； $R_{14}=0.30$MPa； $R_{28}=0.50$MPa	$R_7=0.08$MPa； $R_{14}=0.11$MPa； $R_{28}=0.15$MPa	$R_7>0.15$MPa
收缩率	<3%	<1%	膨胀率>1%
抗剪强度	0h，<200Pa	0h，>300Pa； 8h，>800Pa	0h，>300Pa； 4h，>800Pa

浆液配置的原料种类与传统同步注浆原材料相差不大，主要包括砂、粉煤灰、膨润土、石灰、水泥及外加剂等。主要区别在于原料的配比、注入率等，这需要根据具体的工程条件进行确定。

上海虹桥临空11-3地块地下连接通道工程采用单液浆进行同步注浆，该项目矩形盾构管片与土体间单边空隙为0.175m，每推进一环管片与土体之间的理论空隙量约为5.14m^3。由于压入衬砌背面的浆液会发生失水收缩固结、部分浆液会劈裂到周围地层中、超挖、曲线推进、纠偏或盾构机抬头等，所以同步注浆压入量为"建筑空隙"的140%～180%。

同步注浆浆液配比和材料性能要求见表3-8、表3-9。

同步注浆浆液配比(kg)　　表3-8

编号	砂	粉煤灰	膨润土	石灰	添加剂	水
Ⅰ	1180	300	50	80	3	285
Ⅱ	800	400	50	100	3	340

材料性能要求　　表3-9

材料名称	性能要求
石灰	消石灰，氢氧化钙含量≥85%，320目筛余量≤0.5%
粉煤灰	Ⅱ级或Ⅲ级，细度(0.045mm方孔筛筛余)不大于20%～45%
细集料	河砂，细度模数1.8～2.2，含泥量<3%
膨润土	95%通过200目筛，膨润土18～30mL/g
水	天然水，pH=7，无味
添加剂(SK-6)	密度(1.06±0.01)g/cm^3(20℃)，减水率20%～30%，水化控制能力>20h，水解度<30%

在宁波地铁类矩形盾构项目中，向浆液材料中添加HD干粉。HD干粉具有良好的黏结性、可活化与体积微膨胀，同时后期具有固化凝结性能。与传统水泥基胶结材料相比，HD干粉可有效提高同步注浆早期抗剪屈服强度，经历多次活化后其固化作用减弱不明显。含HD干粉的浆液原料组成见表3-10，类矩形盾构同步注浆性能控制指标见表3-11。

含 HD 干粉的浆液原料组成　　表 3-10

原材料	作用
砂	主要集料,起填充作用
粉煤灰	主要胶凝材料,与石灰组成粉煤灰-石灰胶凝体系
膨润土	提高和易性与泵送效果
石灰	活性催化剂,与粉煤灰组成粉煤灰-石灰胶凝体系
水泥	提高后期固结体抗压强度
HD 干粉	提高和易性与早起强度
外加剂	减水剂作用

类矩形盾构同步注浆性能控制指标　　表 3-11

坍落度(cm)		密度(g/cm^3)	泌水率(%)	抗剪强度(Pa)		可使用时间(h)	流动度(mm)	7d 强度(MPa)
0h	8h			0h	4h			
14	>5	>2.0	<1%	>300	>800	0~20	>200	>0.15

3)注浆时间和速度控制

注浆应与盾构掘进同步进行,即掘进与注浆同步开始,注浆在盾构停止掘进后也随即停止。注浆时间滞后,则注浆只控制了盾尾上部土体沉降速度,而没有达到控制上部土体突沉的作用,因此压入浆液的时间应与管片脱开盾尾同步最为合适,在采用手动控制时,则应根据盾构掘进速度与注浆量,计算出手动按压时间间隔与次数,以确保注浆与掘进同步进行。

3.4.5　矩形盾构机测量技术

1)施工准备阶段中的测量

(1)矩形盾构机始发架

矩形盾构机因其平面尺寸较为特殊,因此其始发台架也与常规圆形盾构机的不同,始发台架要依据始发井的具体情况进行专项调整,一般采用直接在始发工作井浇筑混凝土梁的方式。为了保证安放盾构机过程中的稳定,需要依据盾构机外形,将混凝土梁设置成一定角度。在混凝土梁达到设计强度后,通过预埋件焊接将梁与 43 号重轨连接起来,经过检查确定钢轨连接稳固后,在钢轨上部安放矩形盾构机。在混凝土梁及钢轨施工与安装过程中,应多次测量相关尺寸、平面位置及高程,确保盾构机的形心位置与设计轴线一致并保证盾构机的稳定性。

(2)限界型钢的安装

盾构机在始发架上前推的过程中,常规圆形盾构机在始发架稳定的情况下,基本上不会发生“跑偏”现象,而矩形盾构机因其形状尺寸较为特殊,在前推过程中较难控制其推进方向。因此对于底面较为平坦的矩形盾构机,通常采用在两侧安设限界型钢的方法,以保障其前推过程的稳定与方向准确。限界型钢安装中与盾壳外侧要留有一定距离,通常最小为 2cm,盾构机前推过程中可依据盾壳与限界型钢之间的距离变化,指导操作过程。限界型钢的使用有效地防止了矩形盾构机在始发架上前推过程中的“跑偏”现象。

(3) 导线点及吊篮的布置

矩形盾构机复杂的后配套系统使得隧道内测量视线空间变得十分有限。在施工推进前,应在满足测量的通视要求前提下,灵活设置固定导线点与盾构机导向系统仪器的吊篮。

(4) 盾构机姿态自动测量系统的安装

矩形盾构机自动测量系统的硬件组成包括计算机、全站仪、后视棱镜、目标棱镜、控制箱、通信电缆等。主要安装过程如下:

①由于矩形盾构机外形尺寸的特殊性,使其在后方测量中无法同时进行左、右两边的测量。所以,通常采用在左、右两侧分别安装 1 套目标棱镜并确定 2 套棱镜与盾构机的位置关系,依据实际情况选择任意 1 套棱镜进行测量,有效避免转弯时测量系统因频繁更换测站所产生的测量误差,以保证自动测量系统在掘进过程中左、右转弯情况下的测量精度。

②安装过程中,应将包含倾角传感器的控制箱牢固安装于盾构机内隐蔽部位,左、右 2 套目标棱镜则安装在盾构机内视线好且稳固的位置。自动测量系统中旋转角与坡度等参数应调整为盾构机始发前旋转角与坡度实测值。

③全站仪及后视棱镜应安装在盾构机后方可清楚观测到盾构机内左、右两侧目标棱镜的位置处,并将部件之间的通信与电源线路接通。

2) 矩形盾构机施工过程中的测量

与圆形盾构机相比,矩形盾构机施工过程中的测量主要有以下几点问题:

(1) 管片的形变测量

由于矩形隧道的断面呈扁平状,管片上下表面与土体接触面积大,管片极易发生变形。施工中,使用全站仪或手持测距仪测量管片中固定点的实际数据,然后与设计数据进行比较,以评价拼装质量,指导下一环拼装。图 3-44 中,4 条虚线即为所需测量尺寸的位置。在实际操作中,应针对每环管片不同变形情况,制订相应处理措施,以有效地控制管片变形。

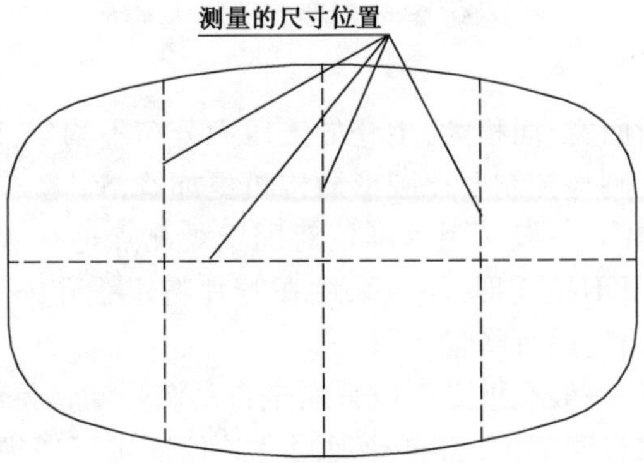

图 3-44　管片形状测量

(2) 管片姿态测量

管片姿态测量包括水平(左右)偏差测量、垂直(上下)偏差测量以及滚转测量。如水平偏差测量时,先利用全站仪测得平面中心点的坐标,将此数据与设计轴线相比较,得出的差值即为水平偏差。上下偏差测量时,将水准尺放在所测环的大里程的底部,根据隧道内的高程控制点测出该环大里程的高程,通过与设计高程比较得出该环管片的垂直偏差。通过以上测量,可以反映出管片的错缝情况、管片在盾构机内以及出盾构机盾尾后的变化情况、管片最近两天的偏差变化情况，以便于及时调整注浆量、推进速度等施工参数。

(3)矩形盾构机姿态测量

矩形盾构机的姿态测量同样包括水平(左右)偏差测量、垂直(上下)偏差测量以及滚转测量。一般采用盾构机自带的自动导向系统和人工辅助测量的方法进行盾构机姿态监测。自动导向系统能够实时在盾构机主控室动态显示盾构机当前位置与隧道设计轴线的偏差以及变化趋势。盾构机司机根据这些数据来控制调整盾构机掘进方向，使其始终保持在允许的偏差范围内。

随着盾构机的推进，导向系统后视基准点的前移必须通过人工测量来进行精确定位。每推进一环就需要进行一次人工测量，以校核自动导向系统的测量数据并复核盾构机的位置、姿态，确保盾构机掘进方向的正确。

盾尾间隙的测量主要是利用图形解析和摄影测量的原理，通过高分辨率的摄像机实时测定。矩形盾构姿态自动采集系统如图3-45所示。

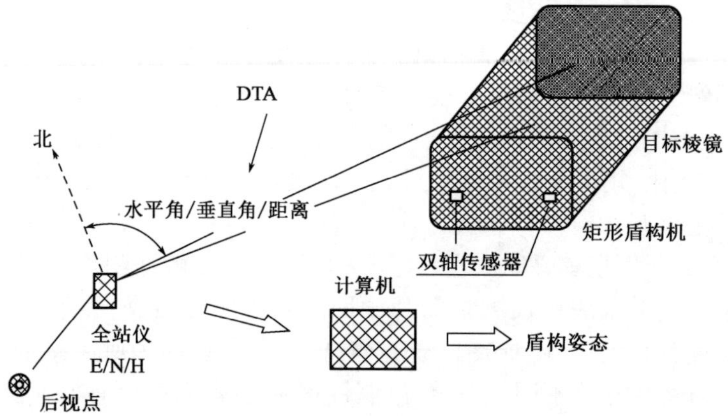

图3-45　矩形盾构姿态自动采集系统

(4)沉降观测问题

由于矩形盾构机的断面宽、面积大，土仓的土压力分布不均匀，顶部土体成拱效应差，故矩形盾构机施工的沉降监测与控制要比圆形盾构机更加严格。

对于隧道内的沉降监测，一般采用水准仪对固定观测点进行沉降测量的方法。如果衬砌结构采用钢管片，其本身不易变形，一般采用在管片特定手孔内做记号的方式，每次对同一位置进行沉降观测，得出隧道沉降量。

对于地面的沉降监测，一般在重点部位采用全自动沉降测量系统监测的方式，将目标棱镜底座牢固地安装在所需观测部位，将自动观测全站仪固定于通视良好的位置。全站仪要备有外接蓄电池，以保证断电时仪器的正常使用。

(5)矩形盾构机施工结束阶段的测量

①洞门测量

矩形盾构机洞门形状与常规隧道洞门相比更为复杂，测量时，根据其安装情况，在每一个单体块上分别取点，利用全站仪对所取点的三维坐标进行测量，最后拟合成各段圆弧。

②隧道轴线测量

矩形盾构机管片的横向尺寸一般比圆形管片更大，无法利用长尺居中的方法对管片中心坐标进行测量。在矩形盾构机轴线测量中,通常采用在同一管片左右相对称的位置做标记的方式,对管片平面坐标进行测量。管片高程依然采用水准仪测量。在计算管片三维坐标时,应充分考虑管片横纵径的测量数据。

3.4.6　姿态控制技术

1)滚转的控制

对于矩形盾构机施工,滚转(旋转角度)的控制最为关键,虽然圆形盾构机也会有滚转,但是其滚转后形成的隧道截面依然还是圆形,基本上对管片拼装及隧道线形没有大的影响。但是矩形盾构机发生滚转后,一方面,盾构机在进洞时与洞门密封装置之间的间隙发生了变化,有的位置间隙会过大,影响洞门密封的止水效果,给进洞带来很大的风险;另一方面,将直接影响管片的拼装;同时还会造成隧道底平面的倾斜,直接改变了成型隧道截面的形状,从而影响盾构机正常使用功能。因此,在矩形盾构机施工过程中需要不断地对滚转进行纠正,但过大的纠滚也会使周围地层扰动变形而引起额外的地表沉降。所以,滚转控制是矩形盾构机施工过程中的技术重点和难点。

在掘进过程中,要时刻留意滚转偏差发展的趋势,以勤测、勤纠为原则,采用高精度测量仪器进行实时测量,矩形盾构机每前进一段,进行一次左右两侧的高程对比,根据测量结果进行小幅度纠偏和预见性纠偏,使偏差只在小幅度范围内波动,避免大角度纠偏。纠正滚转的主要方法有:刀盘反力矩纠滚、推进油缸纠滚、打泥纠滚、单侧压重纠滚。

(1)刀盘反力矩纠滚法。刀盘在旋转开挖过程中与掌子面之间会形成巨大的摩擦力,进而会对主机形成反力矩,将所有刀盘的转向调整为与滚转方向一致,可起到纠滚的作用。

(2)推进油缸纠滚方法。通过推进油缸不同模式的组合配合加垫楔形块来调整油缸传力的方向,从而产生扭转分力,使盾构机侧转,但侧向力有时会对管片造成局部偏心受力,管片边缘会局部碎裂。

(3)打泥纠滚法。打泥纠滚技术的原理是在矩形盾构机滚转时,将高压泥流压入矩形盾构机顶面或底面的注入口,利用泥流与地层之间形成的相互作用为矩形盾构机提供一个纠偏力,进而形成一个纠滚力矩,实现纠滚目标。比如矩形盾构机向左产生了滚转,则向盾体的左下侧或者右上侧压入泥流即可。同时还可实现轴线纠偏的效果,如盾构机出现了“栽头”现象,则可向前盾底部的注入口压入高压泥流,连续一段时间后,可以使盾构机逐渐抬头。实际应用中,打泥纠滚的效果较推进油缸纠滚明显,而且操作简便,同时对推进中的地层损失也可以起到一定的补偿作用以及对盾构机壳体起到润滑的作用,可以有效地控制地面沉降,降低顶推力,一举三得。

(4)单侧压重法。这是一种最原始、最直接的方法,即在盾构机盾体内放置铅制压重块,利用重力迫使盾构机改变滚转方向。因为该方法见效比较慢且效果不是很大,同时占用原本就非常狭小的空间,所以一般只是辅助使用。

2)方向与轴线的控制

矩形盾构机施工轴线控制的总原则:严格按照设计要求的轴线进行推进,施工过程中要注意勤测勤纠,即偏即纠,小角度纠偏,不要大起大落。

(1)矩形盾构机若采用主动铰接结构,则主要依靠铰接油缸系统实现轴线纠偏,即通过按照上、下、左、右分组的铰接油缸的行程差来快速调整矩形盾构机的姿态。

(2)推进油缸纠偏。类似铰接油缸纠偏调向,也可利用推进油缸的分区操作控制盾构机掘进的方向。推进油缸按上、下、左、右分成4个组,根据需要调节各组油缸的推进力和行程,进而控制掘进方向。如在上坡段掘进时,适当加大盾构机下部推进油缸的推力;在下坡段掘进时,则适当加大上部推进油缸的推力;在左转弯曲线段掘进时,则适当加大右侧推进油缸推力;在右转弯曲线段掘进时,则适当加大左侧推进油缸的推力;在直线平坡段掘进时,所有油缸的推力与盾构机前方土压力保持平衡。但就纠偏效果而言,推进油缸系统不如主动铰接油缸系统。

(3)单次纠偏的角度要小,一般控制在0.5°以内。

(4)纠偏过程中不能大起大落,如果发现在某处产生了较大的偏差,这时要以适当的曲率半径逐步返回到轴线上来,不能一步到位,否则容易造成相邻两段形成大的夹角。

(5)要考虑到矩形盾构机的几何长度和运动惯性,不能等姿态的偏差值回到零时再回缩油缸,否则就会出现蛇形纠偏,带来极大的施工风险。

3.4.7 沉降控制技术

矩形盾构沉降控制主要与设备选型、土压管理、背土效应控制、注浆管理等方面密切相关。其中设备选型、土压管理、背土效应控制等方面与矩形顶管施工的沉降控制相似,在2.3.14中已有介绍。但主要区别在于以下几个方面:

(1)考虑到同步注浆的需要,矩形盾构的刀盘开挖超挖量要远大于矩形顶管机,所以对超挖间隙的及时填充非常重要。最有效的措施是向盾壳外同步注入黏稠膨润土,既能填充超挖间隙,又能起到壳体的润滑作用,降低背土的风险。

(2)在穿越管路等地下构筑物过程中,需要严格控制同步注浆的注浆量、注浆压力、浆液质量,减少施工过程中的土体变形。

(3)严格控制尾盾变形。由于盾尾密封的结构需要满足管片拼装的空间需要,由于尾盾壳体悬臂较长,同时矩形断面受力条件较差,容易发生变形,进而影响地表沉降。故结构设计上要重点考虑尾盾壳体的强度与刚度,系统设计上要配备盾尾间隙实时监测系统。

3.5 矩形盾构隧道工程案例

目前世界上矩形盾构的施工案例不是很多,主要集中在日本和中国,作者从既有分散的资料里整理了几个典型的案例,简述如下。

3.5.1 京都地铁东西线醍醐至六地藏延伸工程

1)地质概况

隧道穿越的主要地层从上往下依次为冲击黏性土砂砾层、洪积砂砾层,冲击黏性土砂砾层的N值为10~30,层厚约10m;洪积砂砾层的N值为20~50;砾石最大砾径在0.1m左右,砾石成分占40%~60%,粉砂土成分占10%~15%。地下水位在地面以下2~4m,透水系数在10^{-3}m/s左右。地层分布如图3-46所示。

2)工程概况

该工程为大断面矩形隧道,隧道断面外尺寸为9.9m×6.5m,适用于东京双线地铁。该区间地表为15m宽的狭窄道路,交通流量大;地下存在外径3.2m下水道管线以及引水管等大规模埋设物。隧道埋深为 8.2～14.4m，隧道总长 753.2m，其中道岔部分 57m，渡线部分 5m，一般行车部分 691.2m。针对不同埋深选用了两种管片形式，一种为组合管片，即内外侧为钢板，中间填充内芯混凝土，管片分块为 7 块，管片厚度 0.5m；另一种为球墨铸铁管片，管片分块为 11 块，管片厚度 0.35m，如图 3-47 所示。

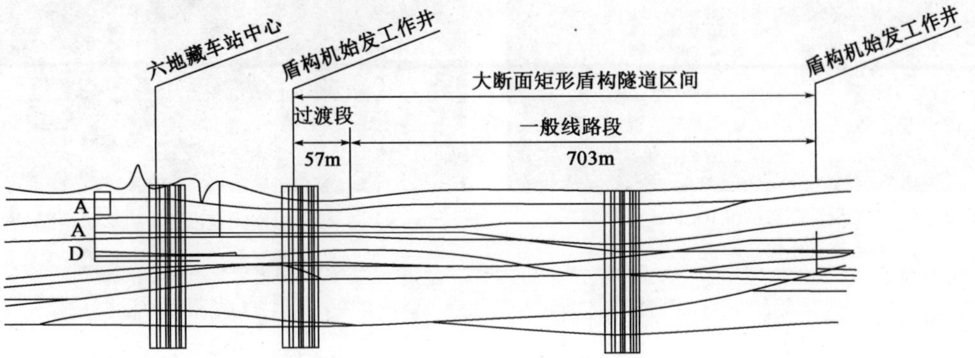

图 3-46　地层纵断面图

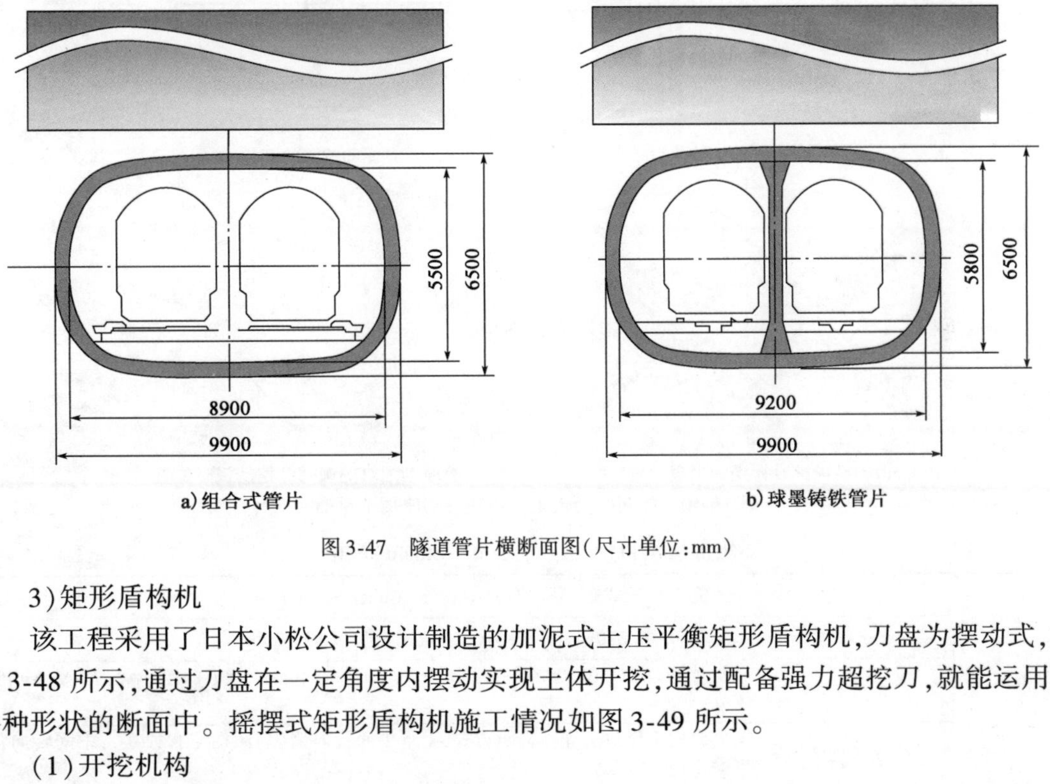

图 3-47　隧道管片横断面图(尺寸单位：mm)

3) 矩形盾构机

该工程采用了日本小松公司设计制造的加泥式土压平衡矩形盾构机，刀盘为摆动式，如图 3-48 所示，通过刀盘在一定角度内摆动实现土体开挖，通过配备强力超挖刀，就能运用到各种形状的断面中。摇摆式矩形盾构机施工情况如图 3-49 所示。

(1) 开挖机构

该驱动方式由液压油缸提供刀盘旋转扭矩，可实现刀盘在 95°范围内进行摆动，如图 3-50所示。与以往马达与齿轮驱动的高精度结构相比，由液压千斤顶、连接环及销子构成的驱动系统，结构简单、成本更经济。在主辐条未能直接切削的区域，则采用内置的液压千斤顶伸缩式仿形刀进行切削。仿形刀将配合刀盘摆动角度有规律地伸缩，并由其前端的刀具沿着盾构壳体外形线完成切削，如图 3-51 所示。矩形盾构机整机规格见表 3-12。

图 3-48　小松设计制造的 $W10.24\text{m} \times H6.87\text{m}$ 的摇摆式矩形盾构机

图 3-49　摇摆式矩形盾构机施工情况

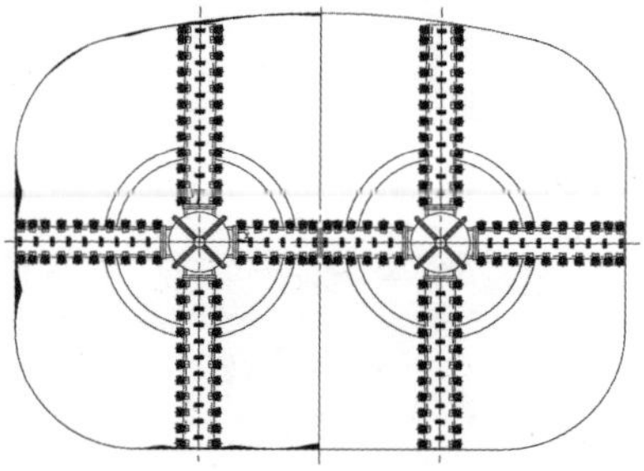

a) 刀盘的初始位置

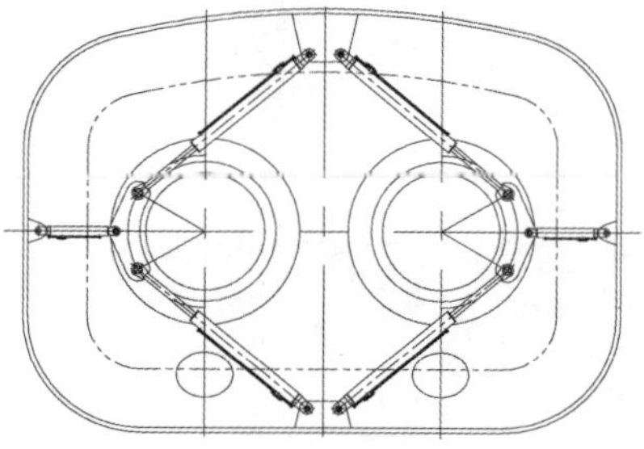

b) 驱动油缸的初始位置

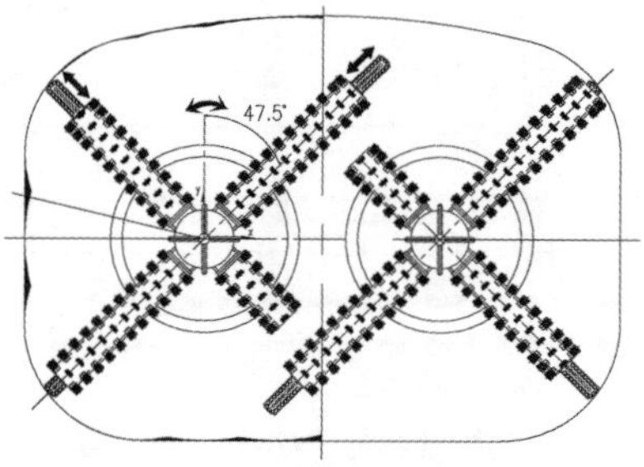

c) 刀盘的顺时针摆动极限位置

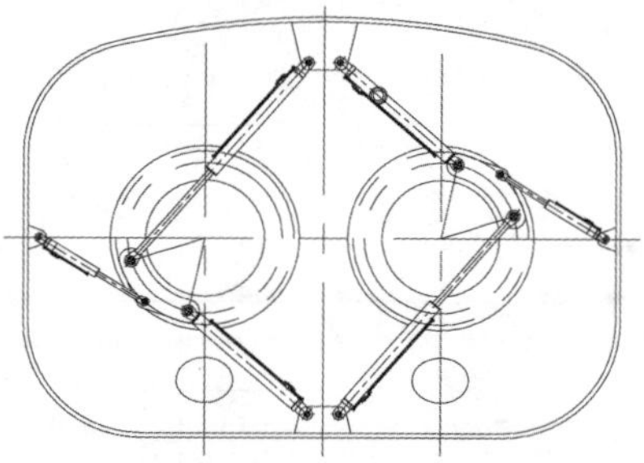

d) 驱动油缸的顺时针摆动极限位置

图 3-50　伸缩摆动式矩形盾构驱动原理示意图

矩形盾构机(Wagging Cutter Shield)规格　　表 3-12

盾构机主体	形式	泥土加压式矩形盾构机(Wagging Cutter Shield)
	外形尺寸	高(H)6.870m×宽(W)10.240m×机长(L)9.330m
	推进装置	总推力 77450kN[7900tf(125.4tf/m^2)]=2940kN(300tf)×8 台 2450kN(250tf)×2 台
	中间转向装置	盾构千斤顶后壳体支承方式,上下中间转向型(前盾构左右独立),中间转向角度 ±1°
切削刀盘	结构形式	双刀盘方式;面板部分:敞开式轮辐形;支承部分:中间支承方式
	驱动部分	油压千斤顶摆动驱动方式,摆动角度 95°; 摆动千斤顶 3432kN(350tf)×2 台+助推千斤顶 1961kN(200tf)×2 台; 最大扭矩 6082~10025kN·m; 常用 4865~8020kN·m
	超挖切刀	490kN(50tf)×650ST 2 台(上下用),470ST 1 台(左或右用)

续上表

螺旋输送机	形式和形状	带式螺旋机，叶片直径×螺旋输送机距×螺旋输送机长 =0.7m×0.65m×9m
	旋转扭矩	常用扭矩 68kN · m×最大 12.8r/min
	旋转速度	最大扭矩 101kN · m×最大 8.7r/min
拼装器	旋转部位	油压马达转动驱动方式(制动闸内藏形)
	升降部位	门形构架方式
	基座部位	前后滑动，左右滑动，转弯、微微滑动，定位
保持形状装置		上下扩张式×3 排，扩张力，扩张量 1961N(200tf) · 500mm
壁后注浆装置		油压千斤顶启闭式(附加检查注入压力用土压力表)，A、B 液端部混合(两种料量)方式，4 个(上部 2 处，左右各 1 处)

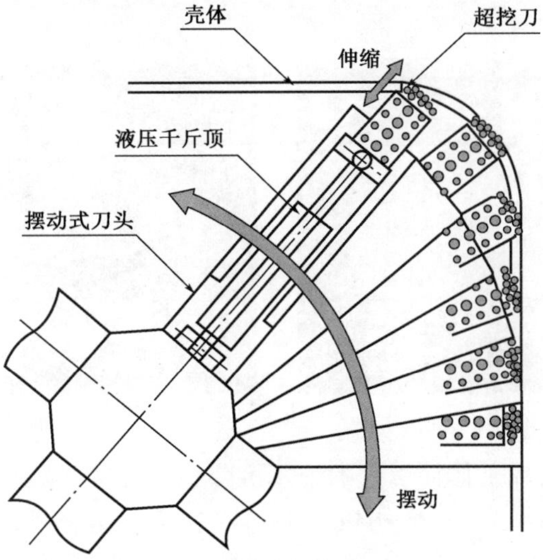

图 3-51　超挖刀运行状态

(2)衬砌构件拼装机

该项目采用的是回转双提升臂式拼装机(3.2.2 中已介绍)，能够适应形状和质量各不相同的复合、球墨铸铁两种类型的衬砌构件的拼装。

(3)形状保持装置

由于管片中间无立柱，在复合衬砌壁后注浆施工等荷载作用下容易产生变形，为了有效控制变形，设计了 6 台(左侧 3 台、右侧 3 台)形状保持装置。

(4)掘进管理系统

为了管理盾构机自身、加泥材料、壁后注浆等 340 余项数据资料，特引入了 KSCS(掘进管理系统)。该系统和测量系统联合在一起，还可以对移动迅速的超挖刀具的轨迹进行管理。

该工程于 1999 年 10 月 ~2003 年 10 月完成，取得了良好的施工效果，如图 3-52 所示。该项目不仅是第一例矩形盾构施工轨道交通单洞双线的工程，而且还首次实现了矩形盾构施工无立柱的渡线段，充分展示了矩形盾构技术的发展潜力。

3.5.2 日本20号新宿地下步行道工程

1)工程概况

该工程位于东京新宿区,是连接JR(日本铁路公司)新宿车站和地铁副都心线的地下人行道,长500m,属于新宿车站南口地区基础建设计划项目。隧道穿越地层从上往下依次为砂质黏土层、凝灰质黏土层,东京层砂土层,富含地下水,而且覆土浅(6~7m)。考虑到覆土浅的情况和隧道断面的经济性,工程采用了敞开式矩形盾构机施工,并且将管片作为最终完工面,省略二次衬砌。工程业主为日本交通省关东地方整备局,施工方为鸿池组、Aisawa工业组成的联营体。

2)矩形盾构机

工程采用的盾构机为敞开式矩形盾构机(图3-53),盾构机高4.72m,宽7.82m,机长为6.50m,总质量达到200t。上下对称安装有20根推进液压缸,每根推进液压缸推力为1500kN,总推力为30000kN。

图3-52　运营中的矩形隧道(渡线段)

图3-53　敞开式矩形盾构主机图

为了不发生因掘削破坏土体而引起的地基沉降,对掘削区域实施了地基改良;为了防止伴随着掘削产生的小规模坍方,在盾构机体上部安装了7组移动罩,每组推力1000kN。当掘削完上部后,马上将移动罩推到掘削面形成屋顶,由此确保下部掘削的安全实施。

此外,用于现场去除原有桥梁基础桩及地基改良用的作业脚手架安装在盾构中部的平台上,平台通过液压油缸可以实现前后伸缩。

为了控制盾构在停机中土体坍方的风险,在开挖面配置了8台开挖面临时挡土的千斤顶护板。作为控制盾构姿态(主要防止头部下倾)的措施,在机体前方配置了可移动千斤顶。

为了实现有效地掘削及渣土装载,在主机内左右各布置了1台敞开式盾构机专用的反向铲挖掘机。根据地质状况,掘削范围有可能发生部分残留,但基本是覆盖全断面掘削。反向铲挖掘机分"上/下""左/右""臂伸出""料斗刮入/卸载"4个动作,但左右2台的操作完全是独立的,可以同时进行掘削、装土作业。各个动作用操纵杆能自由地控制速度,可以有效地进行大断面掘削。图3-54是掘削中的开挖面状况。

拼装机装置的特征主要是左右对称配置了2台具有臂旋转功能、夹持旋转功能等复杂拼装功能的拼装机装置,完成被分割成8块的管片拼装。

3)施工情况

矩形盾构机在现场组装时,由于受到高架桥的影响,工作井净空高度存在4.5m的限制,故安装了桥式吊车,将分割成12块、单块质量控制在13t以下的机体投放到井下安装。

图3-54　开挖面的掘削状况

该工程已于2009年1月竣工，虽然是在浅覆土条件下敞开式施工，由于掘进管理到位，有效地控制了沉降，没有对地面交通、建筑产生影响。贯通后的隧道如图3-55所示。

图3-55　贯通后的隧道

3.5.3　东横线涩谷—代官山区间地下化工程

1）工程概况

东京急行电铁（简称"东急"）公司为了将自营的东急东横线与东京地铁副都心相连接，使两条线路相互直通，在涩谷站和代官山站之间的地下挖掘了一条约1.4km的地铁隧道。工程开挖区间为砾石层，覆土浅，存在急曲线，所以工程采用了矩形盾构机，这是日本国内首个矩形断面地铁隧道。

2）盾构机

在本工程中，考虑到浅覆土、急曲线、砾石层等工程条件后，采用了一台安装有阿波罗刀盘[APORO-CUTTER（All Potential Rotary Cutter）]的2连矩形盾构机，机长8.95m，高7.44m，宽10.64m，如图3-56所示。阿波罗刀盘工法是采用特有的掘削机构（由刀盘、摆动

图3-56　盾构机

机架、公转圆筒三部分组成），将刀盘高速旋转（自转），通过摆动机架及公转圆筒的旋转使刀盘在所要求的轨迹上移动（使其公转）进行任意断面的全范围掘削。

阿波罗刀盘开挖系统的特点：通过刀盘的形状，使掘削断面的外周部形成圆拱形状，即使在1倍圆拱直径的覆土以下施工，也能由圆拱效果来谋求掘削断面的稳定。由于公转圆筒以低速旋转，故刀盘能进行切实的位置控制，即使像本工程那样的复杂断面，也能在不使用仿行刀的情况下同样有效地切削通常的断面。为此，还能切实确保最小曲线半径160m的急曲线施工的超挖余量，并能形成满足施工要求的构造。此外，由于采用旋转式刀盘掘削超挖部分，故与伸缩刀盘超挖的方式相比，具有不受因砂砾产生的伸缩刀不能缩回等故障及动作不良影响的特征，如图3-57所示。

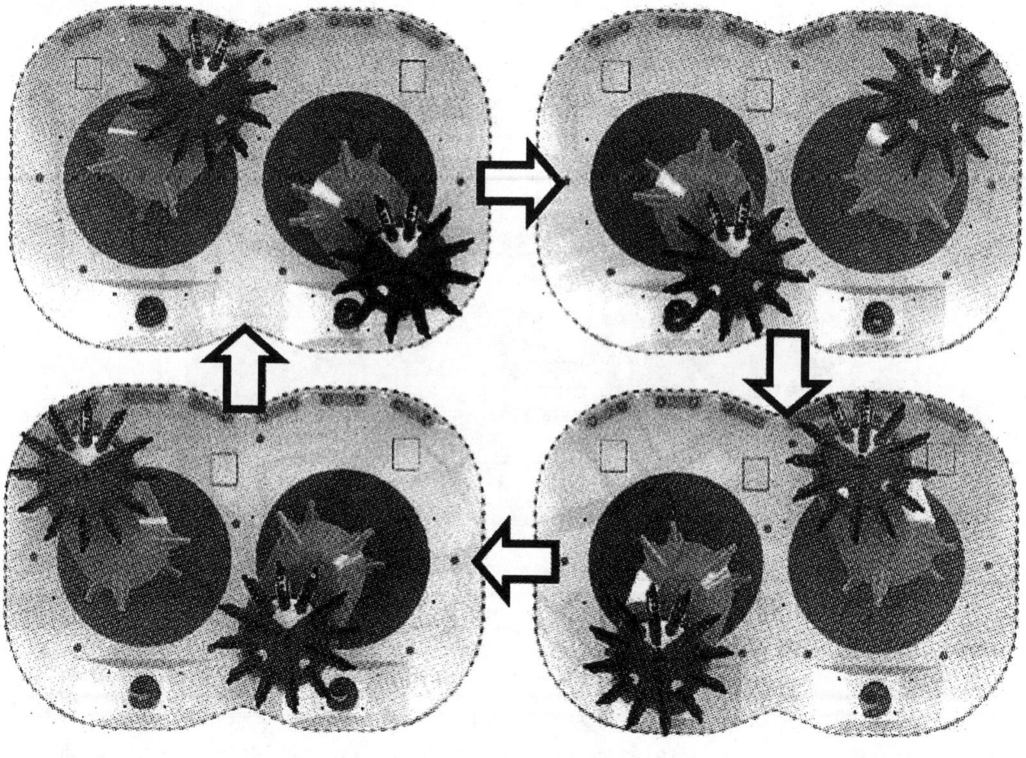

图3-57　掘削状态概况图

本项目由于是矩形断面，盾构偏转控制尤为重要，为此，配置了2台修正偏转用柔性纠偏装置。

3.5.4　明治神宫前—涩谷区间复线盾构隧道

1）工程概况

明治神宫前—涩谷区间隧道长738.5m，采用土压平衡式盾构机施工，盾构机始发于明治神宫前车站、到达涩谷车站。整个区间隧道顶部为非常稳定的硬质砂质土（$N>50$），而隧道下弦部在到达区域附近处呈现出全断面黏性土，其他区域为硬质砂质土。

覆土厚度在始发端部分约19.8m，中间部分约18m，终端部分约20.2m，并呈现出较为平坦的地形。

邻近建筑物情况:在隧道上部有与本隧道相平行的东电盾构隧道(ϕ2.8m),最小距离为7.9m;在下部则有城南河川引水管道(ϕ2.0m),以最小距离4.2m与之交叉相接。此外,在接收端附近,有千驮谷干线下水渠道和古川干线下水渠道相邻接,如图3-58所示。

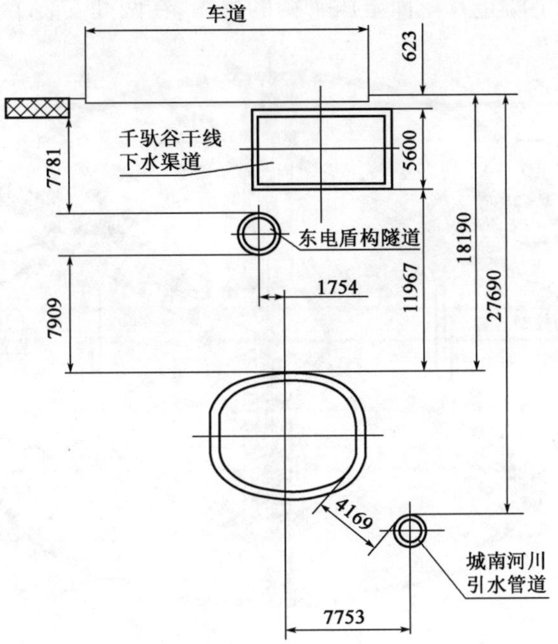

图3-58　大型埋设物的邻近关系断面示意图(尺寸单位:mm)

隧道断面为类矩形,外径高8.4m、宽9.7m,如图3-59所示。该断面的特点是:与圆形断面相比,在保证隧道内空间面积相同的同时,开挖面积减小10%,仰拱部混凝土比圆形减少了40%。

管片分块如图3-60所示,分割成8块,考虑通用性,在上部和下部分别配置了K型管片。一块管片质量约6t,最大形状为$L3.831\text{m}\times W1.6\text{m}\times H0.4\text{m}$(K型)。

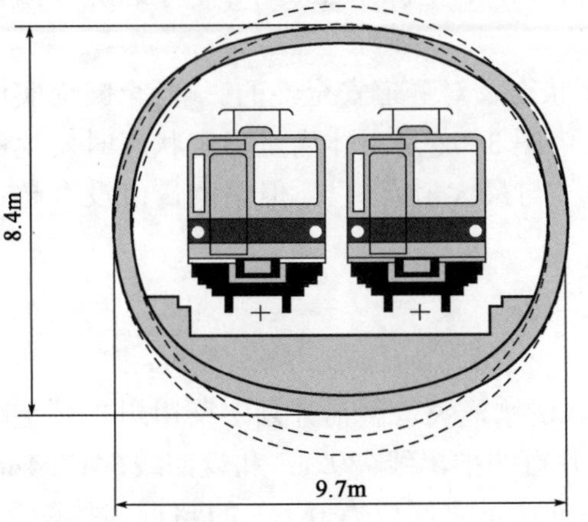

图3-59　断面形状图

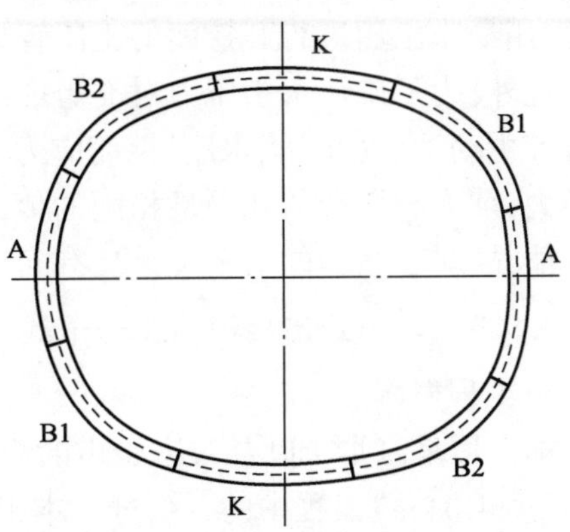

图3-60　管片分割图

2)盾构机

根据地质、管线等工程条件,盾构机采用了伸缩刀盘开挖系统,如图 3-61 所示,通过旋转使盾构刀盘(6 根辐条中的 4 根)进行伸缩来切削类矩形断面。由于伸缩刀盘的伸缩产生土仓内容积的变动,为了防止开挖面土压平衡的失衡,在两处安装了土压变动控制装置。

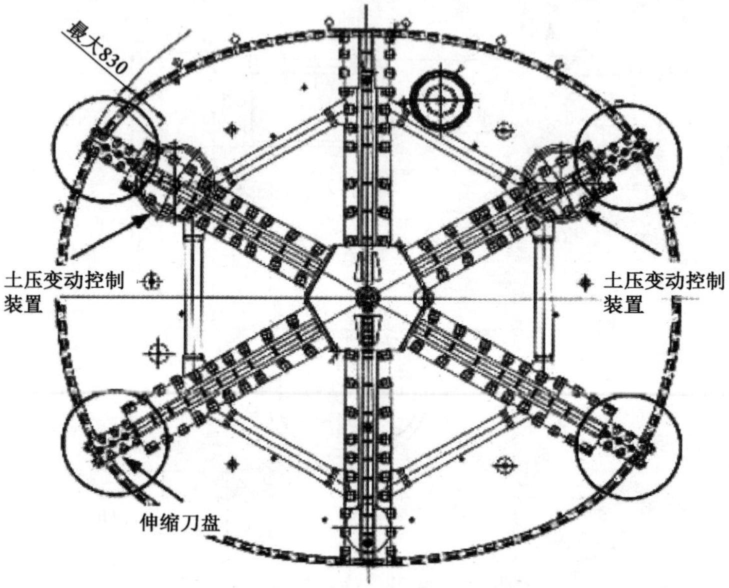

图 3-61　伸缩刀盘开挖系统

3)施工情况

在掘进初期的掘进速度为 4 环/日(6.4m),正式掘进时达到了 8 环/日(12.8m),最大掘进量确保在 320m/月。

在土压控制方面,考虑到上层黏性土的自立性较高,计划采用最小土压为空隙水压 + 预备压力(20kN/m^2),最大土压为主动土压 + 空隙水压 + 预备压力(20kN/m^2)进行管理。但是,由于在施工时得到的土压计上的值比钻孔数据算出的空隙水压要小,在考虑这一因素后,采用最小土压进行开挖面的土压管理。

此外,为了确认水土压力对类矩形断面的作用状态及对隧道安全性的影响,全断面实施了管片主动测量(土压、水压、钢筋应力、内空变形),图 3-62 是土体内呈稳定状态时发生的断面力,轴力与设计值几乎是相同的值,弯矩显示了与最大值有差异,但是测量值没有超过设计值,故对于结构的安全性是没有问题的。

3.5.5　习志野市菊田川 2 号干线

1)工程概况

本工程是日本千叶县习志野市的津田沼泽地区的水淹灾害整治计划中菊田川 2 号干线(总长度 4.1km)工程中的一部分。本工程线路由并行的推出线(392m)和返回线(417.4m)组成,总长度为 809.4m。受到道路宽度的制约,2 条隧道之间仅有 0.6m 的超近邻接距离。此外,受到东京湾潮位的影响和顶部电信、上水(ϕ600mm)及煤气管道等管线的影响,隧道轴线高程的设计受到极大限制,隧道顶部覆盖厚度仅有 2.4 ~ 3.7m。所以,受到狭小空间的限制，本项目采用了矩形断面、偏心多轴盾构机进行施工的方案。

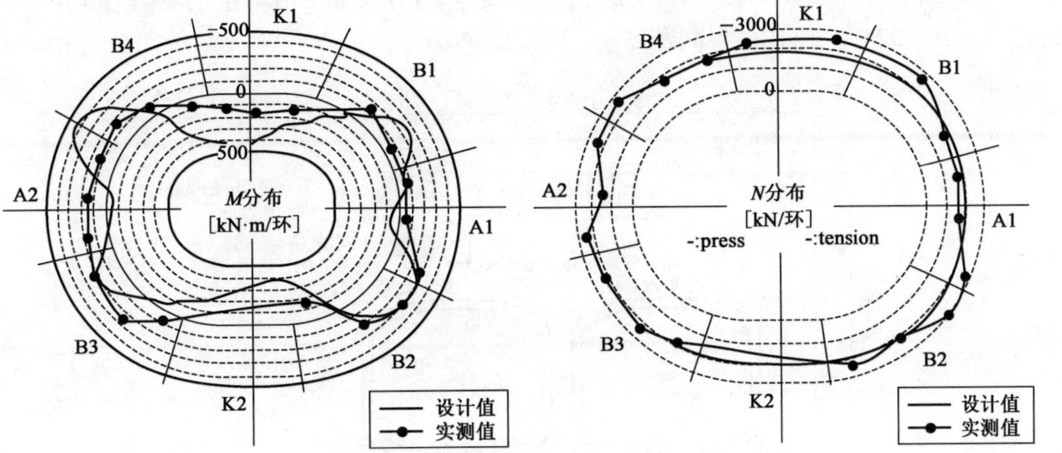

图3-62　管片发生断面力的测量结果

管道线路的平面图和隧道横断面，分别如图3-63和图3-64所示。由于该隧道的位置是设定在两侧的民房和道路之下，盾构机始发后不久，为了避让隧道上部一棵树龄达400年之久的大银杏树，规划工程线路时形成了一条半径 $R=70\mathrm{m}$ 的S形曲线。其后，又在横跨县级公路船桥旭线（东金街）部分，需要经过半径分别是72m、58m和102m的S形曲线路程后，方可到达盾构机掉头转向的工作井。这座工作井做成U字形转弯状，随后又经半径为98m、62m和68m的S形曲线横跨县级公路部分，最后做50m的小半径曲线施工后，方能到达目的地。纵向方向上，推出线为上坡 $i=0.13\%$，而返回线是下坡 $i=0.13\%$。

图3-63　管道线路平面示意图

本工程地段位于日本关东平原的东南部分、下总高地的中央部位的西端。这部分地域是属于高地开阔平原和受到侵蚀后堆积成为的高地部分，在长期沉积后成了背阴的湿土地带。如图3-65中所示，覆盖着地表面的大部分是日本关东垆坶和在此层下面厚厚堆积的洪积世成田砂层。线路的大部分是在成田砂层中掘削，只是在返回线临近终点附近处，隧道顶部有部分的垆坶层。成田砂物性指标，$N=10\sim25$，均质系数 $U=2\sim4$，“74μm”的含有量为 $12\%\sim18\%$，含水率 $w=30\%\sim33.5\%$，湿润密度 $\gamma=19\text{kN/m}^3$；垆坶层的物理性质，$N=1\sim2$，含水率 $w=92\%\sim124\%$，湿润密度 $\gamma=13\sim15\text{kN/m}^3$。

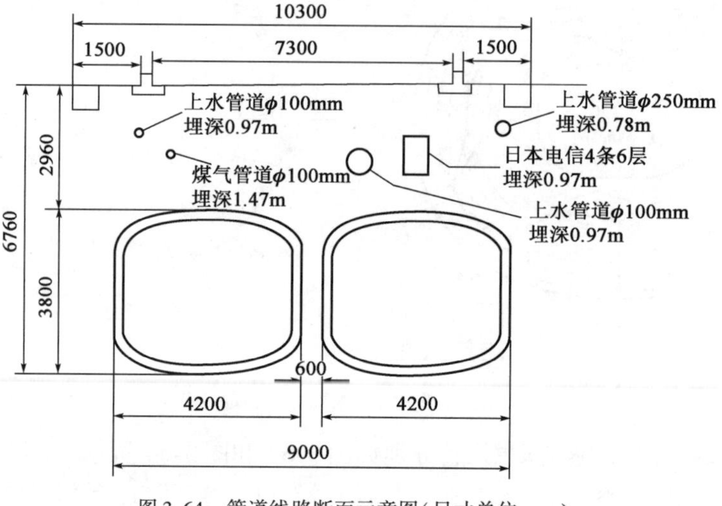

图 3-64　管道线路断面示意图(尺寸单位：mm)

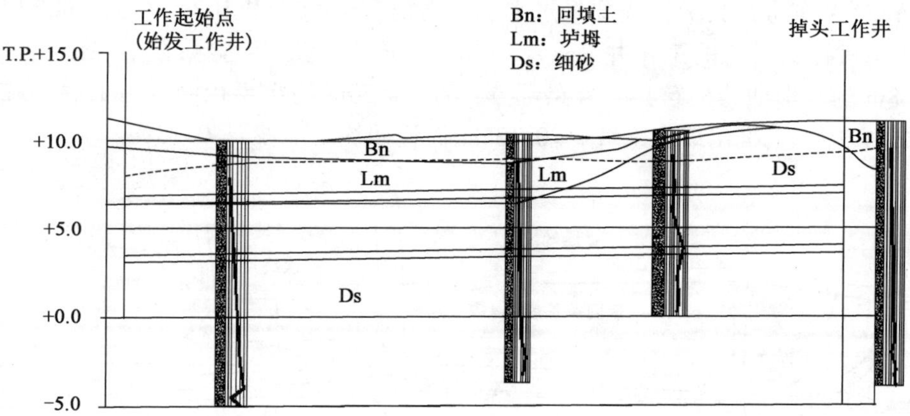

图 3-65　地质断面示意图

本工程中所采用的管片衬砌是圆弧状矩形管片衬砌，既能有效地利用圆弧形受力好的优点，又保持了作为矩形横断面空间利用率高的长处。和以往的直线形矩形断面相比，衬砌厚度和含筋量都可减少。

本工程中衬砌管片的种类：主线路的直线部分和曲线半径大的部分，使用宽度为 1m 的钢筋混凝土管片；在曲线半径小的部分，则采用宽度为 0.3m 和 0.5m 的衬砌管片；而在入口引流管处，用的是宽度为 1m 的钢制管片。管片外尺寸为 $W4.2\text{m}\times H3.8\text{m}$。

衬砌管片的分块如图 3-66 所示，分为 8 块，由 1～4 型的 4 种类型各 2 块组成 1 环衬砌结构。此外，考虑二次衬砌浇筑时要绑紧钢筋，故在各块管片中预埋了螺栓。

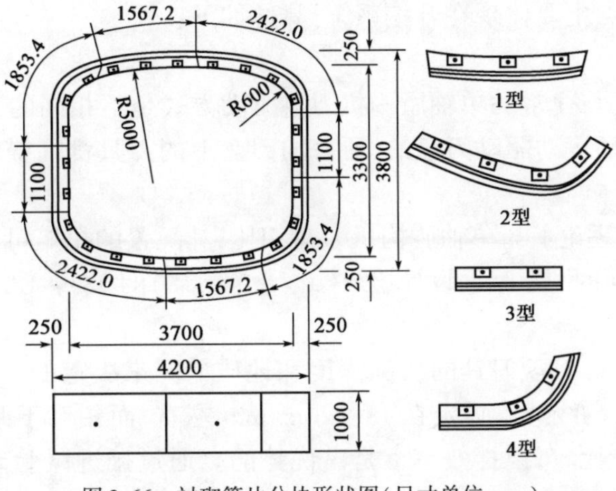

图3-66　衬砌管片分块形状图(尺寸单位:mm)

2)盾构机

本工程中使用的盾构机为圆弧状矩形土压平衡盾构机(DPLEX盾构机),如图3-67所示。此种盾构机装有4根旋转驱动轴,通过作平行环运动来掘削圆弧状矩形断面。而在格子状刀盘刀架上,安装着十字刀具和顶板刀具,借助这些刀具便可进行全断面的掘削。刀盘两侧边的辐条,可以在其左右50mm的范围进行超挖,以用于曲线段施工的超挖掘削。此外,为了对付小半径曲线段的施工,在盾构机内部装备了中间转向机构,可以做到的转动量为左、右4°、向上1°、向下0.5°的中间转向动作。

图3-67　整机外形图

本盾构机主要规格可见表3-13。

盾构机主要规格　　表3-13

盾构机外径	W4.38m×H3.99m
总长度	6.05m
千斤顶	1200kN×9台,1000kN×7台,共17800kN
中间转弯千斤顶	1200kN×12台
刀盘扭矩	最大值为880kN·m(油压21MPa)
刀盘转速	最大值为4r/min
螺旋输送机	ϕ0.47m
拼装器	环片式拱形拼装机
管片提升装置	2处
盾尾密封	钢丝刷型2层
超挖	2台(最大超挖距离量:50mm)

本设备的设计特点主要体现在开挖系统，具体如下：

(1)刀盘扭矩

在此种盾构机中，与往常的单轴盾构机刀盘驱动方式是不相同的，是通过安装在几根旋转轴上的刀架作平行环运动驱动刀盘的，所有的刀盘上的刀具都在描绘 $R=0.3\text{m}$ 的旋转轨迹切削开挖面上的土体。

这种刀盘的扭矩，理论上与单轴盾构机刀盘相比，其配置的扭矩可以小些。对本机来说，设计扭矩可作成同断面的圆形断面设计扭矩($\alpha=1.5\sim1.8$)的2/3～1/2，α 系数为0.98。

(2)刀盘的转速

刀盘的转速，是考虑刀盘刀具的切削深度和地质情况来决定的。通常的单轴型土压平衡盾构机，最外周刀具的线速度设定在18～20m/min左右，而相对于此种盾构的刀盘(多轴型)与上述单轴型刀盘比较，搅拌效率上是占优势的。通过掘进试验确认，设定的最大旋转数为4r/min(周速为7.54m/min)。

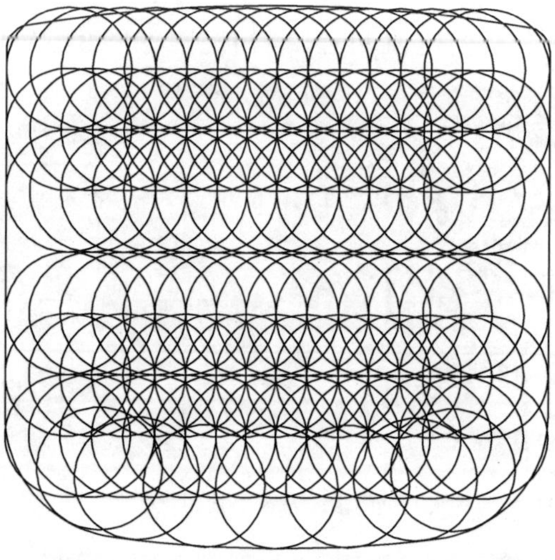

图3-68 刀盘刀具轨迹图

(3)刀盘的刀具

对于单轴型的圆形盾构机，刀盘刀具只有1个面，而此设备的刀盘刀具，是呈全方位的切削面。一般将十字刀具作为主刀具、顶板刀具作为辅助刀具配置；此外，在最外周部位、用刀盘无法切削的未掘削部位，是通过安装在盾构机切口环上的刀具实现切削功能；刀盘的掘削轨迹如图3-68所示。

此种十字刀具和顶板刀具的运动情况：各刀具都按0.6m的圆形描绘轨迹，运动距离每一周为1.9m长，相比相同面积的圆形盾构机刀具的运动距离远远要小。

本工程是采用往返施工，为了提高出土输送效率，渣土的外运是采用泥浆泵压送的。螺旋输送机的排土口处直接接上压送泵，通过 $\phi0.15\text{m}$ 排泥管道压送至后配套后方。对于推出线，再通过2次压送泵，经由 $\phi0.25\text{m}$ 排土管，压送到工作井上面。对于返回线，是再使用3次压送泵将土压送到设置在返回线隧道内的盾构机掉头处的工作井附近上方，做水平距离450m，垂直距离11m的全线压送。

在工作井上部设有废弃土改良装置，将泵送来的土砂进行改良，以高分子和石灰系的结硬材料予以混合改良，储存于土砂坑内(160m^3)，随后用自卸卡车运走。

3)施工情况与总结

(1)泥土压力管理

对于掘进过程中的泥土压力情况，是通过设置在隔板上的土压传感器进行管理的。根据土的覆盖厚度和地下水位，泥土压力设定在0.09～0.14MPa，在此范围内进行管理。

(2)排土量管理

在直接与螺旋输送机连接的泵送排土管道中，设置了应用RI(放射性同位素)原理的密度、水分表和流量计,实时测定排土量的密度、含水率和排土量。同时还要求根据盾构千斤顶的速度、螺旋输送机的转速、压送泵的行程量等数据测定排土量。对这些数据进行综合性的判断,实现排土量的管理。

(3)盾构机姿势控制

侧向倾斜设定的管理值最大为0.3°,发生侧向倾斜时可采用盾构千斤顶适度地作纠偏,此方法是可行且容易的。在曲线段施工时使用中间转向工序,容易发生侧向倾斜,对于曲线部分来说,应予以特别重视。

俯仰控制和圆形断面盾构机有所不同,由于刀盘驱动部分的重心位置靠前方,在盾构机推出线上,为了要保持0.13%的向上设计坡度,实际是按照0.5%纵坡掘进。

(4)刀盘掘进参数

在全断面砂质地层中掘进时,刀盘马达的油压力最大值为6MPa左右;在含有部分垆坶的砂层,取3.5~5MPa之间;而在腐殖质土层中,则稳定在3MPa。上述测量值为刀盘设计扭矩880kN·m;油压力21MPa的1/4~1/7。

(5)掘进速度

在掘进的初始阶段,将掘进速度控制在10~20mm/min;而在随后的正式掘进阶段中,则可以采用20~30mm/min进行掘进。在地质条件相同的情况下,可获得与圆形土压平衡盾构相同的掘进速度。

(6)推力参数

盾构机在掘进时的千斤顶总推力在6000~7500kN之间,单位面积上推力为400~500kN/m^2。这一推力值约占装备设计推力(17800kN)的1/3~1/2,由此可知在掘进时具有和圆形盾构机同等程度的推力。

(7)曲线段施工

本工程的特点是曲线段施工甚多,包括$R=70$m的S形曲线和58m、50m的小半径曲线段施工。为了对付这些曲线段的施工,特地装备了后体支承型的中间转向机构和超挖刀盘。按照理论的中间转向角度和超挖切土量,就可以比较容易地进行曲线施工。

(8)管片衬砌拼装

本工程中的衬砌管片,每环分成8块,并且是由直线构件和曲线构件相互搭配组合而成,相比往常圆形衬砌环要多耗费时间。1环钢筋混凝土衬砌管片拼装时间在1.5~2h,钢制衬砌管片则需1h。

(9)隧道掘进时的防护措施

本工程沿线的民房、商店、公寓等建筑物比较密集,施工环境恶劣。为此,在邻近民房的掘进施工时以双重管瞬时凝结工法,实施隔断影响的地基改良。除此之外,为了保持两隧道之间土体稳定,用相同工法进行防护性压注。

(10)沉降控制情况

盾构机主体通过时沉降在2mm左右,发生在盾构机尾部通过时的沉降为4mm,加上后来的后续沉降4mm,最大沉降值为10mm左右。

3.5.6 首都高速神奈川6号川崎线大师隧道

1)工程概况

该工程是一条包含公路及城市综合管廊的地下隧道,由首都高速道路公团神奈川建设局发包，大成、鹿岛、户田特定建设工程共同企业体施工。开挖区间地质有软土、固结黏性土。

隧道采用 MMST 工法开挖，区间长约 540m，隧道高 23 ~ 24m，隧道宽 26 ~ 28m，隧道断面如图 3-69 所示。采用两种矩形盾构机开挖，纵型盾构机用于开挖隧道的侧面部分；横型盾构机用于开挖隧道的顶部和底部。该工程施工条件复杂，埋深仅为 4.8 ~ 12.6m，是世界上首例应用 MMST 工法建设的隧道。

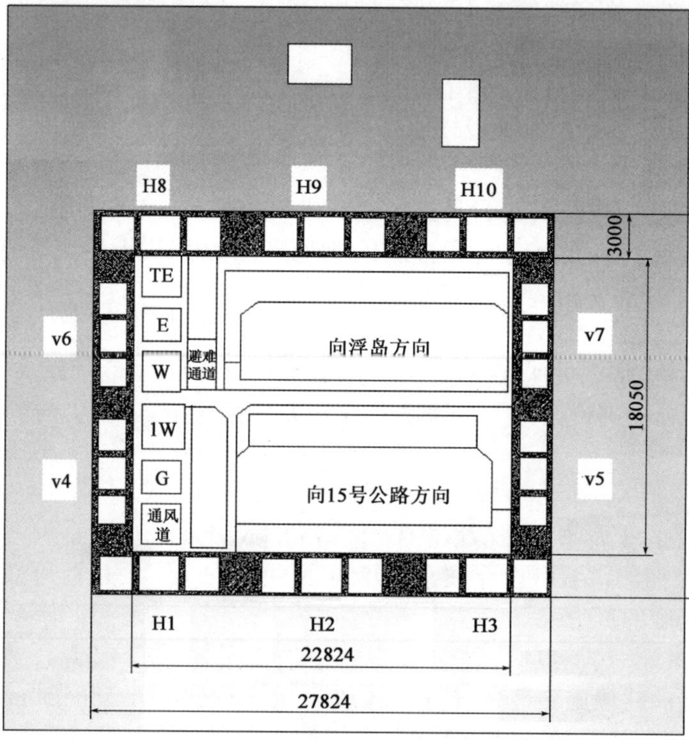

图 3-69　隧道断面图（尺寸单位：mm）

MMST（Multi-Micro Shield Tunnel）工法施工，即通过好多小断面盾构机先掘削隧道的外壳部位，然后将其相互连接、构筑成隧道外壳部位的躯体之后，再掘削内部土体，筑造起大断面的隧道工法（图 3-70）。该工法曾获得日本 1999 年度土木学会的技术开发奖。

该工法的特点：

（1）与明挖工法相比较，不需要地面部分的作业带和挡土墙等施工区域，不影响交通，不迁改管线。

（2）由于是采用较多的小型断面盾构机来构筑大断面的隧道，可适应的覆土更浅，工作井更小。

（3）通过变动小断面盾构间连接部分的间隔，就可以使隧道断面有某种程度变化。

（4）内部的大空间仍是采用传统挖掘机开挖，可以减少含有添加剂的工业废弃物的泥水或者泥土量。

2）盾构机

本项目使用的设备是由三菱重工为该工程制造的立式矩形盾构（H7.85m × W3.19m × L9.72m、质量 547t）和卧式矩形盾构（H3.90m × W8.80m × L10.09m、质量 670t）各 2 台，如

图 3-71所示。盾构机为土压平衡式,能应对浅覆土的掘削及从软弱粉砂土层到砾石层的较大范围地质的掘削。由 3 个在同一平面的刀盘以同步方式进行主要部分的掘削,由拐角刀、辅助刀及仿行刀的自动控制来进行剩下部分掘削。仿行刀的行程:卧式机为 0.425m,立式机为 0.31m。盾构机的主要参数见表 3-14 所示。

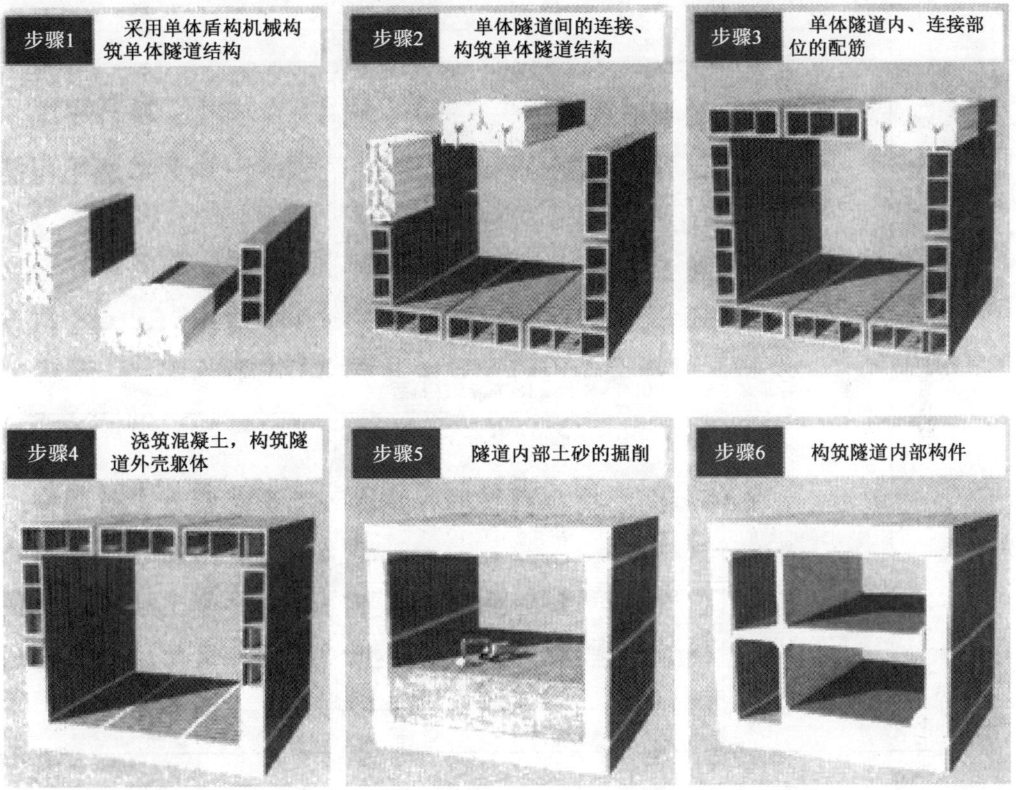

图 3-70　MMST 工法施工步骤

图 3-71　立式盾构机与卧式盾构机

卧式盾构机和立式盾构机主要参数 表 3-14

部件		机型	
		横向型盾构机	竖向型盾构机
制作台数		2 台	2 台
盾构机	盾构机机长	10.45m	10.02m
	外径尺寸	$W8.8m \times H3.9m$	$W3.91m \times H7.85m$
	掘削断面积	$32.7m^2$	$23.91m^2$
	总推力	50000kN	38220kN
中间转弯装置	中间转弯千斤顶(上部)	2500kN×7 台×310mm ST(行程)	1960kN×18 台×230mm ST(行程)
	中间转弯千斤顶(下部、侧部)	3000kN×9 台×310mm ST(行程)	
	中间转弯角度	左右 1.0°,上下 2.0°	左右 1.5°,上下 1.5°
侧倾修正	修正千斤顶	3000kN×8 台×180mm ST(行程)	—
	中间转弯方式	带中机体的前机体分 3 段×中间转弯方式	—
	中间转弯角度	上下 2.0°	前机体土层和下层容许中间转弯角度差 1°
主刀盘	旋转数	1.4r/min	1.8r/min
	掘削扭矩	885kN·m×3 台	636kN×3 台
	α 值	14.9	19.6
质量		670t	547t

3)施工情况与总结

该项目首先掘进的是覆土深、土体稳定的下半部分,盾构的掘进管理方法主要是边确认壁后注浆管理,边进行掘进管理。在 10 个单体隧道中,由立式、卧式各 2 台盾构从大师工作井及殿町工作井进行相互掘进的同步施工。施工效率在初期掘进时卧式、立式日进尺为 5~6 环,而正式掘进过程中的日进尺达到每日 7~8 环。

整个隧道由单体隧道连接而成,相邻隧道的掘进误差最终形成外壳结构的断面缺损,故盾构掘进的水平、垂直姿态控制精度对结构影响很大。盾构的管理目标值,相对每一台盾构设定了 ±50mm 水平、垂直的偏差量。为了减小钢壳的拼装难度,盾尾空隙的允许值设定 ±0.5°作为管理目标值。水平偏差量在立式机中大,垂直偏差量在卧式机中呈变大的趋势,但是,通过切实地施行盾构的姿态控制,几乎都达到管理目标值以内。施工情况如图 3-72 所示。

3.5.7 上海虹桥临空 11-3 地块地下连接通道工程

1)工程概况

上海虹桥临空 11-3 地块地下连接通道工程位于上海市长宁区虹桥地区,为下穿福泉北路的地下通道,连接福泉北路西侧 10-3 地块与东侧 11-3 地块地下车库(地下 2 层)。地下通道由盾构始发井、盾构接收井及矩形盾构段组成，全长约 52m，其中矩形盾构隧道段长度为 28m，盾构的推进方向由 11-3 地块推向 10-3 地块，平面图如图 3-73 所示。

图 3-72　施工情况

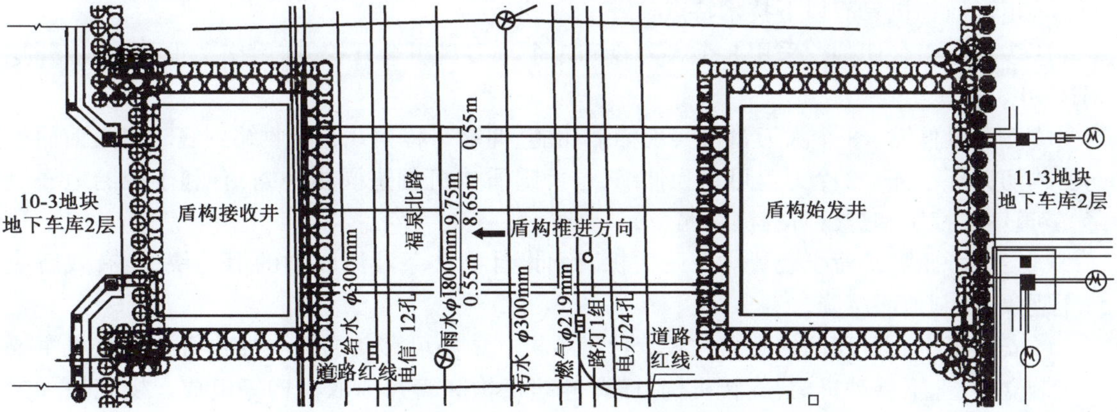

图 3-73　上海虹桥临空 11-3 地块地下连接通道工程平面图

福泉北路分布有给水、雨水、污水、燃气、电力等众多市政管线，其中埋深约为 3.0m、管径为 1.8m 的雨水管与矩形盾构隧道之间的净距仅为 0.965m。隧道的最大覆土厚度为

6.0m，属于浅覆土隧道工程。在隧道的顶部主要为杂填土、素填土及灰色淤泥质黏土，主要穿越③$_2$层灰色砂质粉土层与④层灰色淤泥质黏土层，地层参数见表3-15，工程纵剖面图如图3-74所示。

地层参数 表3-15

岩土编号	岩土名称	层厚（m）	重度 γ（kN/m^3）	黏聚力 c（kPa）	内摩擦角 φ（°）	压缩模量 E_s（MPa）	比贯入阻力（MPa）
②	黏土	2.1	18.5	20	19.5	5.16	0.66
③$_1$	淤泥	1.9	17.5	12	17.5	3.19	0.77
③$_2$	粉质黏土	1.65	18.7	4	29	9.04	2.41
④	淤泥质粉质黏土	12	16.8	11	11	2.21	0.64

隧道结构外尺寸为 $W9.75m \times H4.95m$，内净空尺寸为 $W8.65m \times H3.85m$，扁平率为0.44，环宽1.0m。为了提高管片的力学性能，拱顶设计了150mm的起拱量，拱腰设计了100mm的起拱量。整环管片由6块复合管片拼装而成，分别为拱顶块（F块）、左上块（LU块）、右上块（RU块）、左下块（LD块）、右下块（RD块）、拱底块（D块），中间无立柱支撑。通缝拼装，管片间共布置28根M30纵向螺栓，各块管片接缝处布置4根M39环向螺栓，都采用直螺栓的连接形式。管片采用钢-混凝土组合管片结构，管片内外表面及端面均为钢板，内部充填混凝土。管片采用工厂预制，侧立式混凝土浇筑方式，管片下部采用普通混凝土浇筑，上部采用自密实混凝土逐孔浇筑，最终注浆封闭。衬砌管片断面如图3-75所示。

2）矩形盾构机

本工程采用的盾构机为上海机械施工集团在矩形顶管机设计制造经验基础上，自主研发的国内第一台大断面矩形土压平衡盾构机。

该矩形盾构机宽10.1m，高5.3m，长9.05m，主要由主机与4节后配套台车组成，主机如图3-76所示。

该矩形盾构机具有以下技术特点：

①多刀盘组合切削。采用8个大刀盘和3个小刀盘组合开挖，前后交叉重叠，有效开挖率达90%以上。

②刀盘可伸缩。8个大刀盘可实现伸缩功能，伸缩行程为0.5m，收缩到底时刀盘前面板与盾构切口环平齐。8个刀盘可单独伸缩，也可随盾构机掘进同步伸缩，有利于控制地面沉降、隧道轴线控制和进行盾构机纠偏。

③设计了新型防背土装置。在盾构机背面设计有2条液压驱动的滑动块，能有效解决背土现象，控制地面沉降。

④安装了中心可移动的双立柱式管片拼装机。中心可移动的双立柱式管片拼装机主要由拼装立柱、上下移动机构、旋转机构、横臂伸缩机构和管片抓取机构等组成。拱底块和封顶块以双机抬吊的形式提起，然后放置于预定位置，标准块和邻接块单独抓取、拼装。双立柱式管片拼装机能有效解决扁长狭小空间条件下管片拼装难题，降低工人劳动强度，提高安全性（双立柱式管片拼装机具体设计在3.2.3中已描述）。

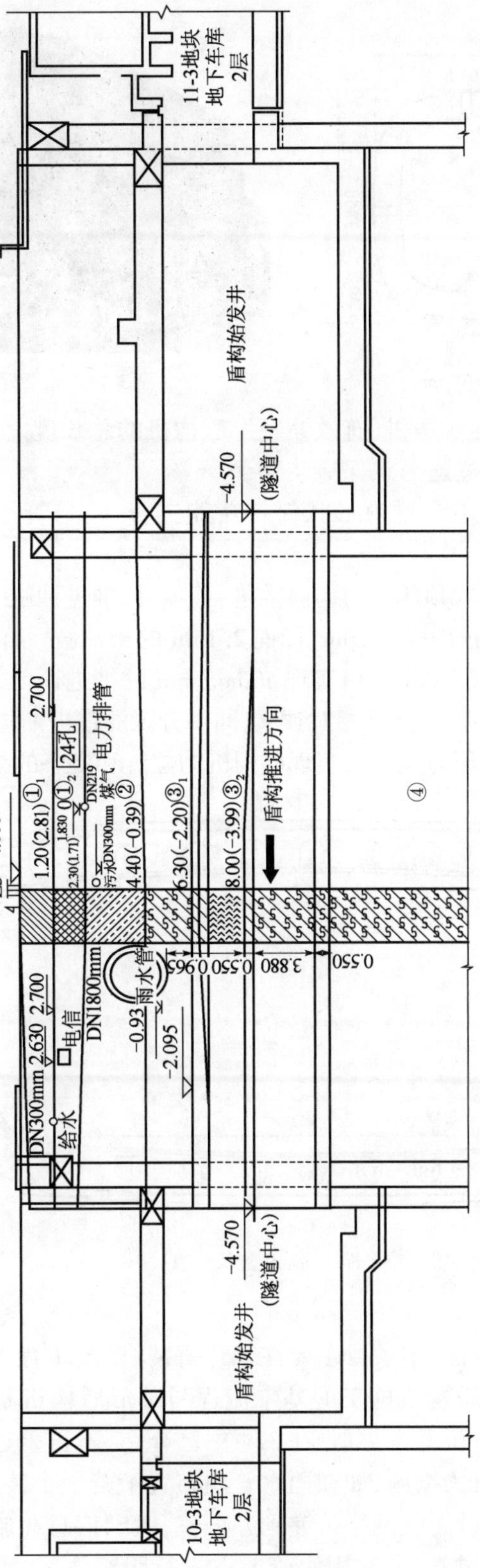

图3-74　上海虹桥临空11-3地块地下连接通道工程纵剖面图(尺寸单位：m)

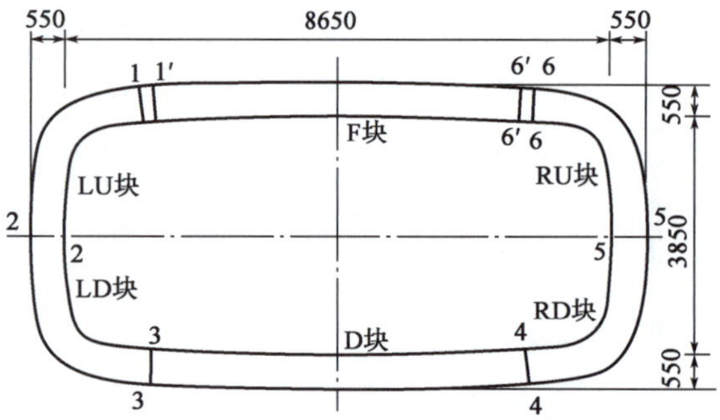

图 3-75　衬砌管片断面图(尺寸单位:mm)

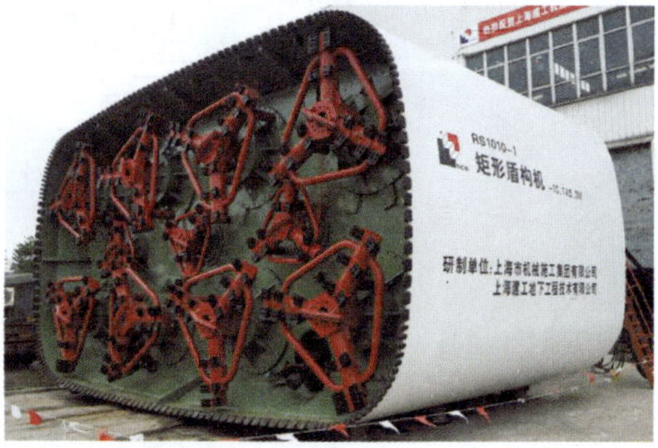

图 3-76　矩形盾构机主机图

⑤设计了可变螺距式的螺旋输送机,有效缩短了盾构机的总长度。

⑥安装了盾尾防变形装置、隧道形状保持装置。

⑦可实现管片运输、管片喂给和隧道形状保持功能三合一,与管片拼装机械臂无缝对接,提高隧道管片的拼装精度。

⑧该矩形盾构机主要依靠千斤顶的推力向前推进,共 30 根推进油缸,其中包含 23 根内径 0.26m、行程 1.4m 的短油缸和 7 根内径 0.26m、行程 2.15m 的长油缸。在标准工作压力下,单根油缸推力为 1750kN,总推力为 52500kN,可实现 50mm/min 的推进速度。推进油缸分置上下左右 4 个区,如图 3-77 所示,各区推进油缸相对独立,同一分区的推进油缸的动作是一致的,可通过设定盾构机各区推进油缸的压力调节来实现盾构机的位置和姿态的线形管理。

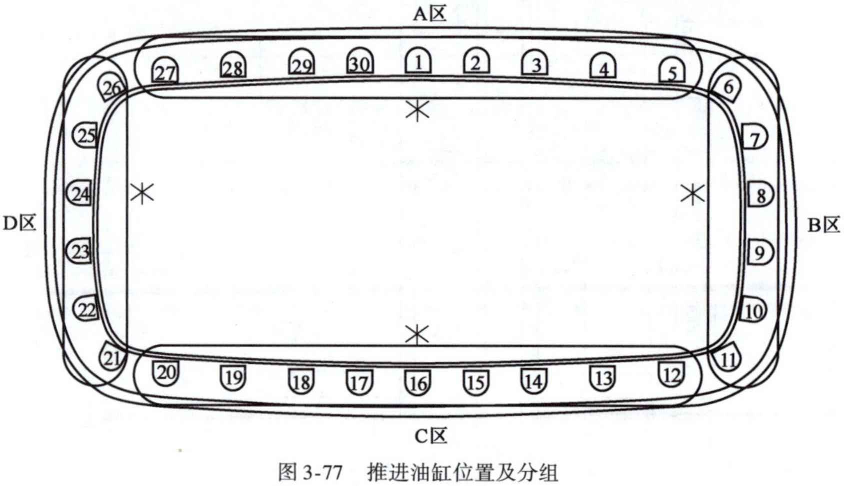

图 3-77　推进油缸位置及分组

3)项目总结

在矩形盾构机的设计制造方面,本项目主要在管片拼装机构、防背土装置等方面进行了创新。在施工方面,该类型矩形盾构机施工的基本流程与圆形盾构机基本相同,姿态控制、沉降控制等施工工艺与矩形顶管机基本类似,在 3.4 中已介绍,不再赘述。本项目在管线的沉降监测与保护等方面采取了有力措施,如在雨水管内布置了若干个传感器,可以实时反映雨水管的沉降和水平位移,并通过无线网络传递到办公室,做到信息化施工。在盾构机机头通过后,应及时充填可硬性注浆材料,并在雨水管节点进行跟踪注浆,确保雨水管的运营安全。但由于存在施工效率较低、施工成本高等问题，未能得到进一步的推广应用，还需要进一步深入的研究和改进。

3.5.8　宁波轨道交通3号线出入段工程

1）工程概况

在现有的盾构施工中，单圆盾构机进行双线隧道开挖时需要占用的地下空间较大，而双圆盾构机施工过程中容易引起管片顶部“海鸥块”处的“背土”现象。宁波地铁3号线一期出入段工程在建设时，为了更好地控制施工对周围环境的影响，建设单位决定采用类矩形盾构机进行施工。

宁波地铁3号线一期出入段矩形盾构施工段起点里程为RDK0+51.7，终点里程为RDK0+480。矩形盾构机出陈婆渡站后向南敷设，在RDK0+311位置以400m的曲线半径向西偏转至矩形盾构接收井，如图3-78所示。

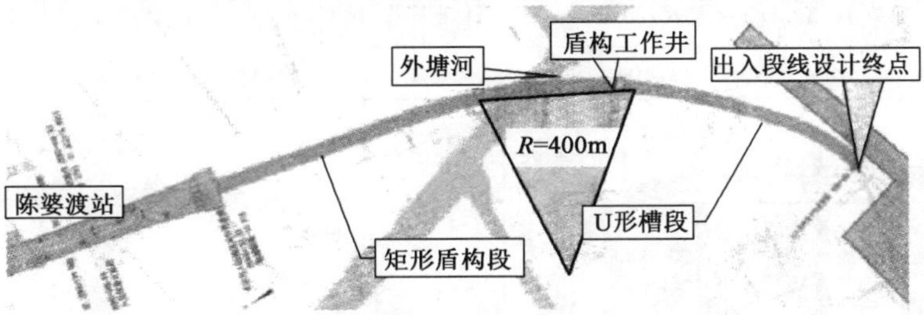

图3-78　宁波地铁3号线一期出入段平面示意图

类矩形盾构区间全长390.3m，区间隧道纵坡最大坡度3.5%，最小平曲线半径400m，盾构接收井长17m，宽15m。

本标段施工场区主要位于农田内，地形平坦开阔，地貌类型单一。类矩形盾构主要穿越土层为②2a层淤泥及②2b层淤泥质粉质黏土，如图3-79所示，类矩形盾构段各土层物理力学指标统计见表3-16。

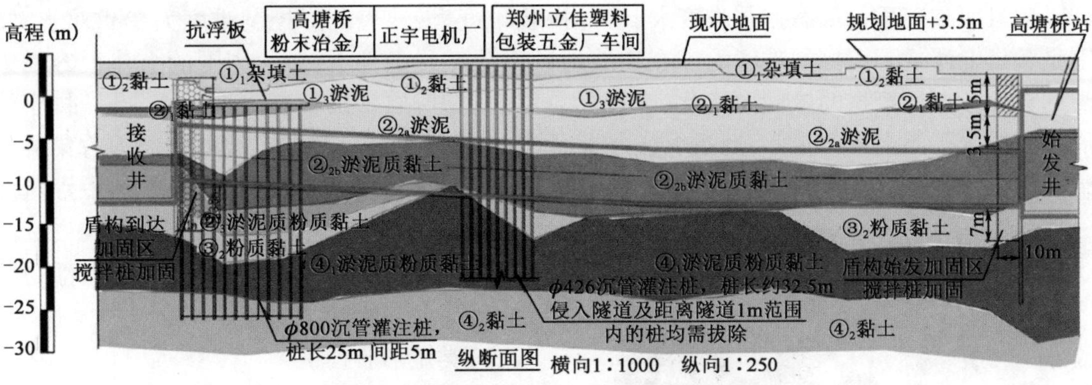

图3-79　宁波地铁3号线一期出入段地质纵断面图

如图3-80a）所示，本项目管片厚度为0.45m，外包尺寸为$W11.5\text{m}\times H6.937\text{m}$，开挖面积为$72\text{m}^2$。整环管片共分为11块，外形为4段圆弧相切形成的类矩形。环间采用错缝拼装，通过采用A、B型管片交错拼装形成错缝［图3-80b）］。环向缝通过球墨铸铁埋件与短螺栓连接，纵缝为斜螺栓，止水采用单道三元乙丙密封垫。

地层参数 表 3-16

土层	重度 γ (kN/m^3)	饱和度 S_t (%)	天然孔隙比 e	土粒相对密度 G_s	液限 w_L (%)	液性指数 I_L	塑限 w_p (%)	塑性指数 I_p	三轴固结快剪			
									总应力		有效应力	
									内摩擦角 φ_{CU} (°)	黏聚力 c_{CU} (kPa)	内摩擦角 φ_{CU} (°)	黏聚力 c_{CU} (kPa)
①$_2$ 黏土	18.3	97.2	1.095	2.76	47.1	0.62	25.5	21.9	17.7	25.0	25.0	15.0
①$_3$ 淤泥	16.7	97.8	1.583	2.75	46.5	1.43	25.6	20.9	18.8	8.5	25.0	5.1
②$_1$ 黏土	18.4	98.7	1.099	2.75	43.7	0.79	23.9	19.9	14.5	16.1	24.2	13.3
②$_{2a}$ 淤泥	16.6	98.5	1.616	2.75	45.1	1.61	24.8	20.2	13.0	7.8	22.1	4.3
②$_{2b}$ 淤泥质粉质黏土	17.3	97.5	1.314	2.74	40.3	1.35	22.6	18.2	13.8	8.4	27.8	5.2
②$_3$ 淤泥质粉质黏土	17.9	95.8	1.135	2.73	35.9	1.34	20.9	15.1	—	—	—	—
③$_2$ 粉质黏土	18.4	94.5	0.985	2.72	31.9	1.18	19.2	12.8	18.2	10.2	29.5	5.5
④$_1$ 淤泥质粉质黏土	18.0	96.2	1.104	2.73	35.0	1.27	20.3	14.7	3.8	8.8	26.6	5.2

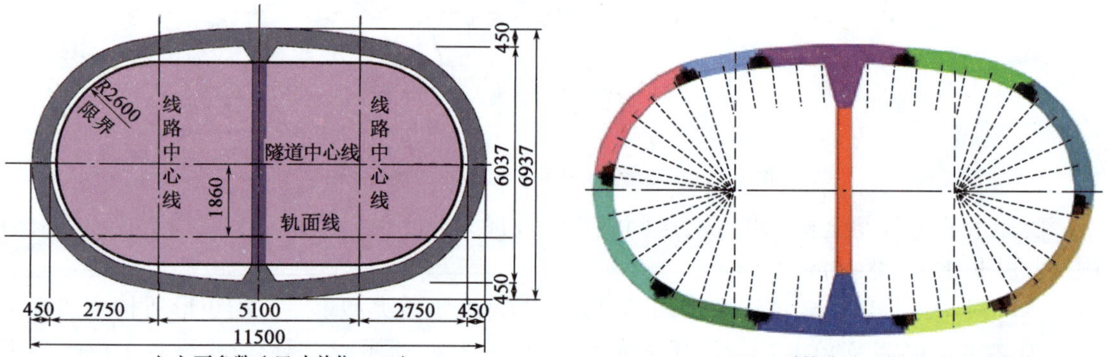

a) 主要参数（尺寸单位：mm） b) A 型管片（B 型与之左右对称）

图 3-80 管片示意图

项目面临着盾构姿态控制难度大、管片拼装难度大、地表沉降控制难度大等重难点，特别是整机上浮或下沉控制难度大。在宁波地区部分地质条件下，管片周围的土体很容易因受到盾构开挖所产生的振动而液化，表现为总浮力上升，盾构机就会出现上浮。同时，宁波局部土质由于渗水系数很低，地基承载力小，盾构机又易下沉。根据宁波地铁此前收集的单圆盾构机施工数据，曾出现过在盾构平推时每掘进 1 延米，盾构整机和已拼装管片上浮量约为 0.02m 的情况；也出现过 2d 内下沉 0.2m 的情况。综上所述，宁波地质同时存在上浮与下沉的风险，控制难度极大。

图 3-81 类矩形盾构机外形

2）类矩形盾构机

该项目使用的是一台开挖尺寸为 W11.83m × H7.267m、整机长 11.46m 的类矩形盾构机（图 3-81），为宁波轨道交通集团、上海隧道等单位联合研制。

设备主要有以下特点：

(1)针对类矩形管片拼装存在的拼装机回转空间小、部分管片超出拼装机的回转拼装范围、中立柱拼装困难、拼装机与盾构机其他部件需协调安装等难点,采用了全新结构的6自由度单机械臂式管片拼装机(3.2.4中已介绍)。这种拼装机结构本质上是回转盘体上附着1只多自由度机械臂,所以能够在占用空间不变的情况下大幅度提高工作范围,完成管片拼装。同时通过拼装轨迹跟踪技术,实现流程自动化、拼装微调化,通过协同作业完成超长中立柱管片的拼装。

(2)采用了2个X形辐条式圆形大刀盘加1个偏心多轴仿形刀盘组合式切削形式,大刀盘与偏心刀盘前后错层布置。2个大刀盘的中心距小于大刀盘半径之和,相位差90°布置,通过程序控制刀盘的转速,使之保持同步,并保证2个圆形刀盘不发生碰撞。偏心多轴驱动的仿形刀盘弥补大刀盘未能切削的区域,从而实现全断面切削。

(3)采用主动铰接方式,设计有28根铰接油缸,纠偏角度为上下±1.5°、左右±1.1°,其中14根油缸设置有行程传感器。铰接环的位置设有3道密封圈+1道紧急密封+1道钢板刷。3道密封圈之间由集中润滑系统加注油脂,起到润滑和止水效果,可更换的紧急密封和钢板刷密封,能起到更好的密封保护作用。

(4)盾尾的尾部安装了2道钢丝刷+1道钢板刷+1道反向止浆板。

(5)设计了可重构分区的推进系统,即需要上下左右单独调整时可为一个分区状态,当需要复合调整时,可重构为另一个分区状态。

(6)设计了可随动的螺旋输送机,即利用球铰的方式将螺旋输送机前部和后部分别固定在前盾螺旋输送机座和拼装平台上,当盾体调向时,螺旋输送机可跟着铰接随动,满足盾构姿态控制要求。

(7)设计了土压自动补偿系统,在盾构机停机的状态下,通过安装在土仓隔板上的筒体内的油缸伸缩,改变土仓的体积以实现土压的调节,进而控制开挖面的稳定性。

3)施工情况与总结

朱瑶宏等对该项目进行了部分总结:试验段盾构掘进共计326环,其中包括400 m半径曲线推进、流塑淤泥质地层浅覆土推进(<3.5m)、极浅覆土穿越河流推进(设抗浮板,<2.5m)、浅覆土下穿使用中的厂房(3层砖混结构,条形基础)等困难工况的施工。盾构机于2015年11月30日始发,中途由于接收井场地协调问题,经历了数次停顿,于2016年11月11日进洞。总体上,工程达到了预期效果,主要体现在以下几个方面:

(1)采用光滑粒子流体系学(SPH)无网格分析-模拟注浆试验-现场验证的方法对类矩形盾构机同步注浆问题进行研究。模拟分析显示,同步注浆在异形盾壳周围并非是均匀扩散的,而是与浆液材料、表面位置等因素有着复杂的关系。

(2)类矩形盾构在轴线控制方面的特点是除水平、垂直轴线控制外,还必须严格控制盾构机和隧道的滚转。结合以往双圆盾构机和矩形顶管机施工的经验,先后尝试了大刀盘正反转、偏心刀盘正反转、螺旋输送机出土量调控、千斤顶编组、单侧压重和壳体单液浆压注等多种手段。其中,偏心刀盘正反转效果不明显,螺旋输送机出土量调控与千斤顶编组组合使用有一定的效果,壳体单液浆压注效果明显但容易产生浆液流入土仓,影响排土。最终以措施大刀盘正反转和单侧压重为主,在转角产生之初要尽快反转刀盘,如果趋势持续发展,可采用单侧压重措施。工程中将最大转角实际控制在0.23°以内。

(3)成型隧道平面、高程偏差均控制在±100mm以内,横向、纵向收敛累计变形量全部

控制在 ±5mm 以内，后期沉降稳定。

(4)沉降控制效果优于宁波地区普通圆形盾构施工水平，隧道施工的沉降槽宽度约 22m，地表沉降值为 20～30mm。

(5)隧道质量优良，隧道防水指标高于国家二级防水标准。

(6)本工程的隧道上、下行线一起掘进完成，较单圆隧道减少了二次扰动，对周边环境影响范围小。

本项目在项目管理和技术开发方面创新实践的意义在于，通过政府主导，工程设计、装备制造、工程施工、技术研究等各单位协同，整体推动行业进步的模式得到再一次成功的实践。在成果的推广应用方面，还可用于综合管廊、地铁车站等工程，但还需进一步解决施工成本高、效率低等问题。

3.5.9 济宁电缆隧道工程

1)项目概况

该项目为济宁市市北 110kV 电缆隧道工程，标段分为两段，标段一：从古槐路与任兴路交叉口向北沿古槐路中间绿化带到铁路专线北侧约 89m，总长度 2405m；标段二：从古槐路与任兴路交叉口向东沿任兴路中间绿化向东，到共青团路口向南与任城大道原隧道口相连，长度为 1886m。地质为老黄土，管底埋深约 7m，施工隧洞内净空尺寸为 $L2.2\text{m} \times W2.5\text{m}$。

管片采用上下两半分块形式，直缝拼接，如图 3-82 所示。

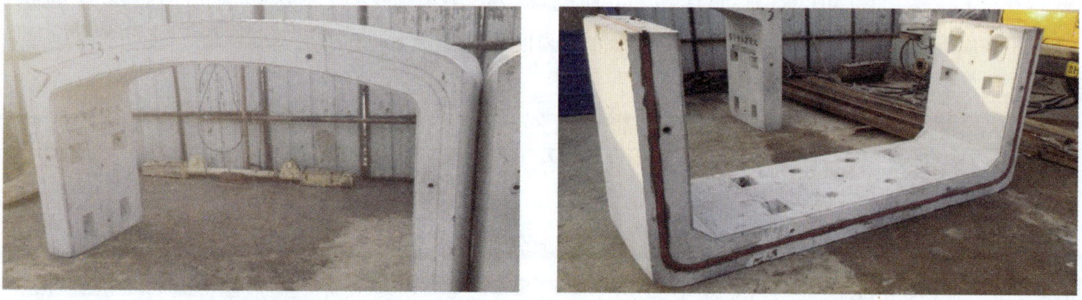

a)上管片　　b)下管片

图 3-82　上下两半分块的管片

由于管节运送到拼装区域后，需要进行 90°的旋转，为节省管片旋转所占用空间、减小超挖量，管节采用了削边倒角设计，如图 3-83 所示。

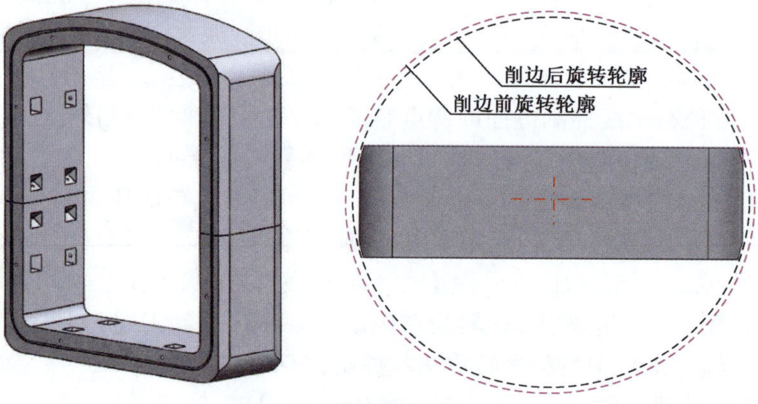

图 3-83　管片削边倒角处理

2)合口式矩形盾构机

我们把适用于上下两半分块拼装的矩形隧道的盾构机称为合口式矩形盾构机。应用于本项目的合口式盾构机(图3-84)的设计与其他类型矩形盾构机的主要区别在于管片拼装系统的设计,其他系统的设计原则基本一致。

图3-84 合口式矩形盾构机

本项目使用的管片拼装系统非常简易,采用自锁吊装套扣锁住管片的4个螺栓吊点,通过盾体顶部油缸伸缩控制钢丝绳对下管片进行安装,旋转动作由人工辅助完成(图3-85)。

采用管片运输小车上自带的顶升油缸,运输到位后人工辅助完成旋转动作,油缸顶升上管片,在推进油缸的作用下向后移动到位,连接管片螺栓,完成拼装(图3-86)。

图3-85 下管节拼装

图3-86 上管节拼装

该种类型的拼装系统机械化程度低、精度差,建议使用悬臂式拼装机械手、立式拼装小车等机械化程度更高的拼装机构(3.2.6已介绍)。

3)施工情况与总结

目前该项目已贯通,受到施工经验的限制,平均日掘进5~10m,总体上项目取得了成功,具有推广和示范意义。基坑如图3-87所示,成型隧道如图3-88所示。

但是施工过程中,也存在一些不足:

(1)本项目上下管节采用直缝拼接[图3-89a)],导致需要两套管片模具,增加了成本。经后期优化,设计人员提出了第二代斜缝拼接方式,如图3-89b)所示,节省了一套模具。

(2)盾体易滚偏,隧道出现轻微倾斜。分析可能存在的原因有:①盾体内设备布置不合理。自重大的主顶液压站和泥浆泵液压站布置于盾体同一侧,而对侧却仅有一自重小的控制台,造成盾体偏沉。针对这一问题,现场曾采取在轻的一侧加配重泥土袋的处理措施进行补救,但效果并不明显,仍存在倾斜。②施工人员未能做到勤测、勤纠,当出现大的滚转后,纠偏比较困难。主机内部布置如图3-90所示。

(3)隧道成型精度不高。主要原因是尾盾与管节间隙过大,水平方向单侧间隙在70~

80mm,管片拼装对正靠人为观察,隧道施工精度难以保证;管节仅有底部有一处注浆孔,不能保证泥浆套充盈,管节易发生偏移。建议改进拼装系统,提高拼装精度,在管节上下左右均设置注浆孔。

图 3-87　基坑

图 3-88　成型隧道

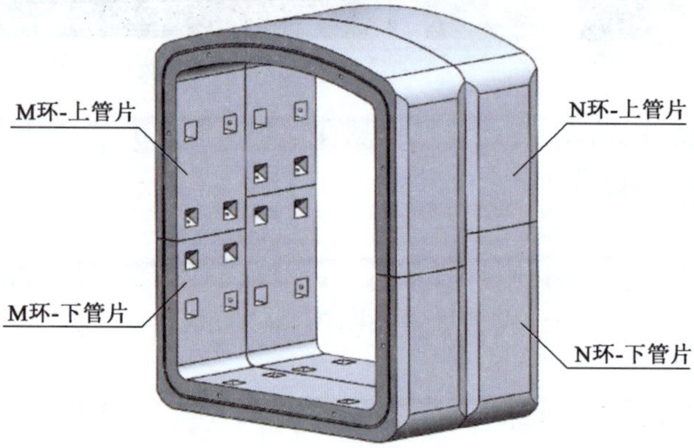

a)直缝管片

b)斜缝管片

图 3-89　管片错缝拼接

(4)运输小车(图 3-91)动力不足,仅能载 1 节小车,掘进 1 环需要来回运输 3 趟渣土、2 趟管片(一次拉一片),严重影响施工速度(2 班制施工,1 班仅能拼 4 环 3.2m,1 环 0.8m)。建议提高运输小车动力或者采用泵送出渣。

(5)管节密封条存在拼接段(密封条非模具一次加工成型),密封效果不佳,如图 3-92 所示。建议密封条采用模具一次加工成型。

图3-90　主机内部布置

图3-91　运输小车

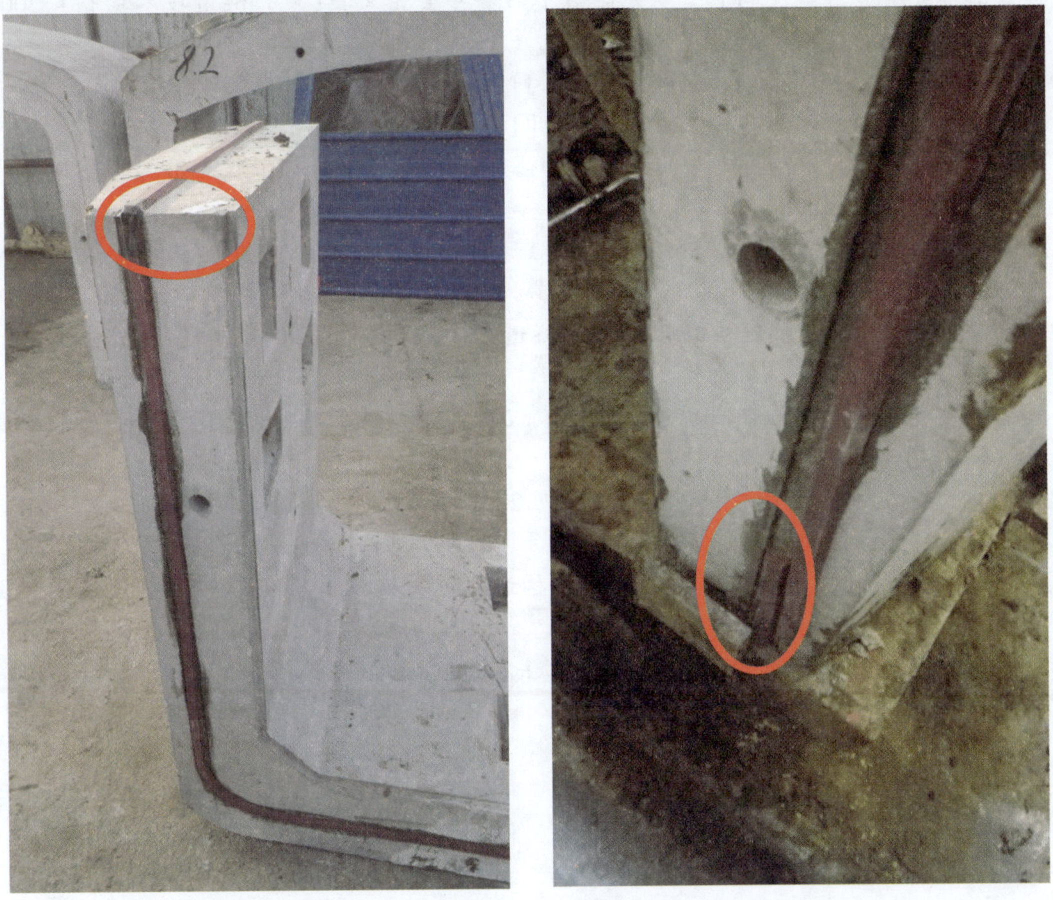

图3-92　管片密封情况

本章参考文献

[1] 杜在松. 矩形盾构施工新技术在隧道施工中的应用[J]. 建设监理,2017,(2):76-79.

[2] 于少辉,高毅,李洋,等. 大型矩形断面地下工程机械化建造技术综述及展望[J]. 隧道建设,2019,39(3):451-458.

[3] 滕延锋. 矩形盾构新型管片拼装设备与拼装技术的研究[J]. 建筑施工,2016,38(2):221-223.

[4] 庄欠伟,杨正. 类矩形盾构 1P5R 型管片拼装机研制[J]. 上海建设科技,2017,(3):4-8,13.

[5] 朱敏,牟瀚林. 挤压混凝土衬砌综述[J]. 隧道建设,2007,(4):30-32,51.

[6] 宋克志,王梦恕. ECL 技术在我国应用的可行性研究[J]. 建井技术,2004,(5):31-35.

[7] 黄均龙,田永泽. 矩形盾构 ECL 工法砼衬砌模板拼装机的设计与应用[J]. 西部探矿工程,2006,(12):226-230.

[8] 王强华,楼如岳. 超大型矩形盾构 ECL 工法钢模板支撑系统[J]. 中国土木工程学会第十二届年会暨隧道及地下工程分会第十四届年会论文集(现代隧道技术增刊),2006,436-439.

[9] 俞靓. 矩形盾构测量技术的研究与探索[J]. 建筑施工,2018,40(3):412-414,426.

[10] 姚伟峰. 大断面矩形盾构机的工程应用[J]. 建筑施工,2016,38(6):796-799.

[11] 孙巍,官林星,温竹茵. 大断面矩形盾构法隧道的受力分析与工程应用[J]. 隧道建设,2015,35(10):1028-1033.

[12] 周丰,曹辉林,陈蔚. 地铁隧道大断面矩形盾构设计与施工关键技术[J]. 施工技术,2017,46(20):65-69.

[13] 刘喜东. 城市轨道交通类矩形盾构法隧道施工技术研究[J]. 城市道桥与防洪,2017,(6):212-216.

[14] 邱波. 类矩形盾构与双圆盾构施工地表沉降变形规律对比分析[J]. 城市勘测,2018,(6):173-176.

[15] 朱瑶宏,石元奇,黄德中,等. 11.83m×7.27m 超级大断面类矩形盾构研发[J]. 现代隧道技术,2016,53(S1):13-19.

[16] 朱瑶宏,朱雁飞,黄德中,等. 类矩形盾构法隧道关键技术研究与应用[J]. 隧道建设,2017,37(9):1055-1062.

[17] 龙建兵,杨志豪,沈张勇. 类矩形盾构工法在宁波轨道交通工程中的应用探讨[J]. 地下工程与隧道,2016,(3):1-6,54.

第4章　马蹄形盾构技术

4.1　马蹄形盾构技术概述

在前面章节已经讲到，圆形隧道结构受力好，容易实现机械化，但是空间利用率最低；而矩形隧道空间利用率最高，浅覆土适应能力强，但由于顶板结构受力较差，一般适用于浅覆土项目，随着隧道埋深的增加，衬砌的成本会大幅提高。而马蹄形断面隧道（图4-1）综合了圆形断面结构受力好和矩形断面空间利用率高的优点，在公路、铁路、水利、城市地下空间开发等领域有非常好的发展前景。

但是目前的马蹄形隧道只能采用传统的矿山法施工（图4-2），在施工效率、成本、安全等方面受到很大制约，影响了马蹄形隧道的推广应用。所以对于能够实现马蹄形隧道机械化施工的马蹄形盾构机的研究十分必要。特别是对于改善山岭隧道的极其恶劣的施工条件、解放劳动力、提高施工安全、降低生产成本具有极为重要的意义。

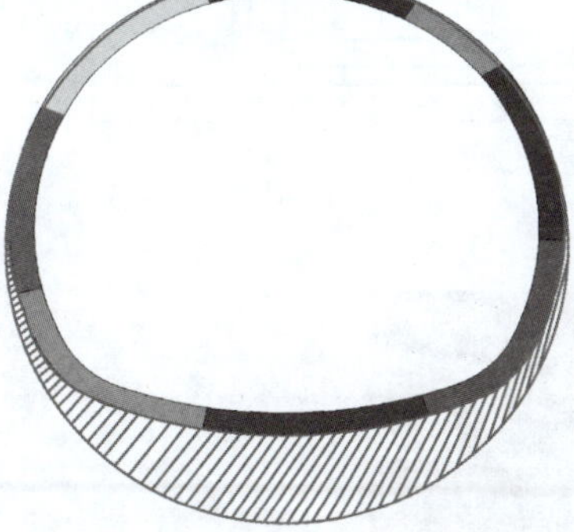

图4-1　常见的马蹄形断面

图4-2　马蹄形隧道传统施工工法

而用于马蹄形隧道施工的马蹄形盾构机技术还处于起步阶段。在国外，仅在日本有过相关研究的记录，但是也仅有初步概念设计，还停留在理论研究阶段，并无具体工程应用案例。如图4-3所示，其设计方案是在上部装有大圆形刀盘，下部装配2个圆形小刀盘，断面适应能力有限。在国内，2016年以前，马蹄形盾构机技术同样处在概念设计阶段，如在专利“一种马蹄形开敞式盾构结构”（CN204267036U）中公开了一种敞开式马蹄形盾构的概念设计，其核心仅为一马蹄形护盾结构，适用于掌子面极其稳定的敞开式挖掘；在专利“一种泥水平衡式马蹄形盾构机”（CN104153784A）中公开的概念设计与日本设计方案相似，刀盘结构为上部圆刀盘加下部摆动刀盘，如图4-4所示。2016年7月，由中铁工程装备集团有限公司研制的土压平衡马蹄形盾构机在郑州成功下线（图4-5），这是世界首台超大断面马蹄形盾构机。

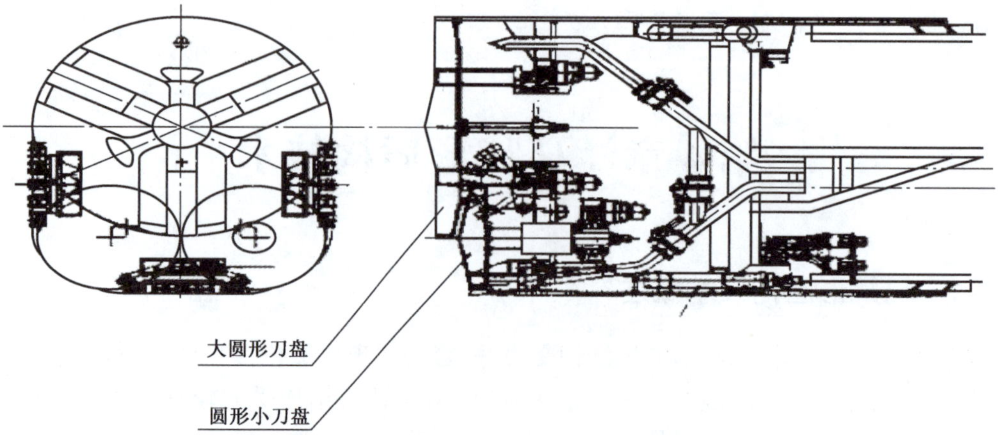

图 4-3　日本某马蹄形盾构机概念设计方案

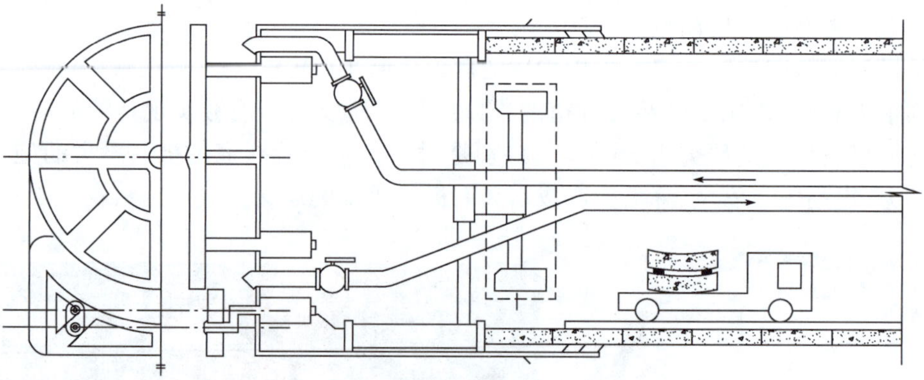

图 4-4　国内某马蹄形盾构机概念设计方案

图 4-5　世界首台超大断面马蹄形盾构机

与前文讲到的矩形顶管机、矩形盾构机类似，马蹄形盾构的分类也可从开挖断面大小、掘进方式、掘进长度、掘进地质等不同的角度作不同的分类。由于目前马蹄形盾构的案例十分稀少，还未能形成统一标准，故本章对马蹄形盾构的分类与选型不再详述。后面的内容将以中铁装备研制的并成功应用到蒙华铁路白城隧道的土压平衡马蹄形盾构机项目为依托，介绍马蹄形盾构机的设计关键技术、马蹄形隧道的设计关键技术、马蹄形盾构隧道施工技术及具体的应用情况。

4.2　马蹄形盾构机设计技术

4.2.1　马蹄形盾构设计的重难点

(1)超大马蹄形断面开挖与主机构造难题。传统单一圆形刀盘回转开挖无法实现马蹄形断面的全断面开挖,而多刀盘组合开挖的渣土流动难预测,需要进行深入研究。

(2)主机结构受力复杂,缺少既有分析模型,主机的稳定性和轻量化设计是需要重点考虑的。

(3)马蹄形盾构机偏转、滚转控制难题。马蹄形断面偏载预测难,联动纠偏约束条件多,控制难度大。一旦偏转,对隧道成型质量影响较大。

(4)马蹄形多曲率管片拼装难题。马蹄形管片多曲率、重心偏置、重量大,拼装难度大、构型复杂。

4.2.2　总体方案设计

马蹄形盾构机作为隧道盾构工法中的一种,结构组成与常规圆形盾构组成类似。超大断面马蹄形盾构机的整机设计,主要考虑由于隧道断面改变而引起开挖系统、盾体系统、出渣系统、管片拼装系统、后配套系统等系统的非常规设计及整机集成设计技术(图 4-6)。

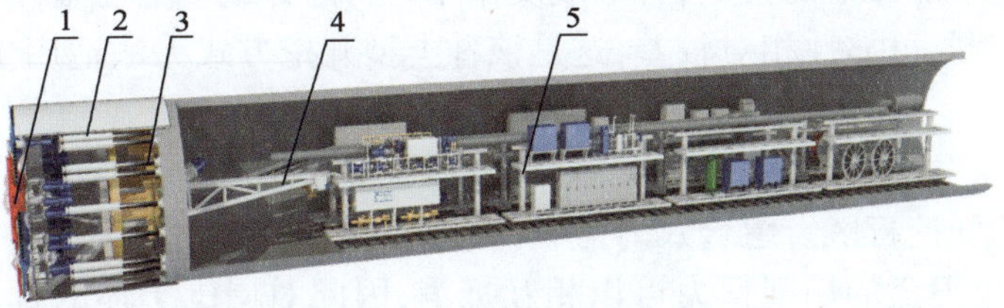

图 4-6　马蹄形盾构机整机系统

1-开挖系统;2-盾体系统;3-管片拼装系统;4-出渣系统;5-后配套系统

总体方案设计的总体目标是:稳得住(平衡工作面)、掘得进(切削工作面)、排得出(排出土仓渣土)、撑得牢(衬砌支护结构)。

4.2.3　马蹄形盾构机开挖技术

马蹄形隧道不同于普通圆形隧道,通过简单的中心回转圆形刀盘旋转开挖难以得到马蹄形断面。如何实现超大马蹄形隧道全断面高效切削的同时保证渣土改良的均匀性、施工精度的准确性是马蹄形盾构机研制过程中需解决的关键技术问题之一。

马蹄形盾构机开挖系统的方案设计主要考虑在马蹄形断面下(上部为圆拱,下部稍扁,左右两翼下侧弧度较小)针对开挖地层刀盘方案的设计,其主要涵盖开挖形式、开挖率、搅拌率、刀盘扭矩、刀盘寿命、刀盘转速等。

从理论上讲,可实现马蹄形断面开挖的方式很多,可参考 1.2.3 中介绍的各种开挖方式。选择何种开挖方式,主要考虑隧道开挖地质、覆土厚度、掘进里程和刀盘的可靠性等。需要说明的是,目前马蹄形断面的开挖技术还仅限于软土地层,对于岩层的马蹄形断面开挖技术还未能取得实质性突破。在软土地层,常用的开挖方式大致有两种(图 4-7),仿形刀盘开挖和多刀盘组合开挖。

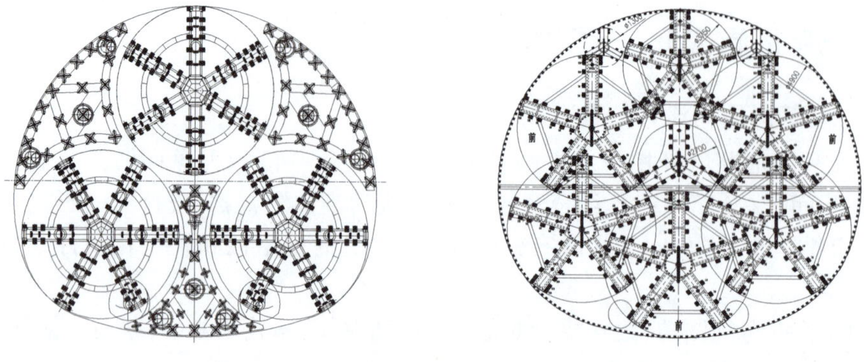

a）马蹄形摆动刀盘　　b）马蹄形旋转刀盘

图 4-7　马蹄形刀盘开挖方式

通过仿形偏心摆动刀盘开挖大断面马蹄形隧道，可以实现全断面开挖（无开挖盲区），但其缺点也是明显的，由于偏心摆动刀盘各个点都围绕各自的圆心做旋转运动，其上面布置的刀具受到的反力无法相互抵消，切削反力传递给盾体，容易造成对周边土体的扰动，若控制不好，极易造成开挖的沉降量超标。此外，其后部搅拌棒的运行轨迹也是以曲柄长度为半径的圆，其搅拌范围相对于整个开挖面来说极其有限，布置数量少起不到改良土体的作用，布置数量多则将大大增加刀盘的扭矩，且形成反作用力对盾体的姿态控制不利。同时，曲柄结构的抗冲击能力较弱，可靠性相对较差，这是该种类型开挖方式无法适用于坚硬地层的主要原因。

多刀盘组合开挖主要依靠前后刀盘错位安装，通过开挖面的相互弥补，来尽可能地减少马蹄形断面区域的开挖盲区。组合式刀盘驱动方式简单可靠，相对于偏心多轴刀盘，圆形刀盘开挖过程中，各个刀盘的切削反力可以相互抵消，因此对周围土体的扰动小，搅拌棒对渣土的改良效果更好，地面沉降比较容易控制。组合式旋转多刀盘的开挖特性决定了开挖盲区的存在，这也是该种类型的开挖方式无法适用于硬岩的主要原因，但是在软土地层盲区的影响完全可控。

不同的开挖形式对地层扰动、渣土流动等方面的影响差别很大，为了搞清楚这个问题，可利用 Fluent 仿真分析软件对马蹄形断面刀盘布置形式进行流场分析（图 4-8、图 4-9），得到对土体扰动最小、渣土流动性畅、有利于稳定土仓压力和控制地表沉降的刀盘布置形式。

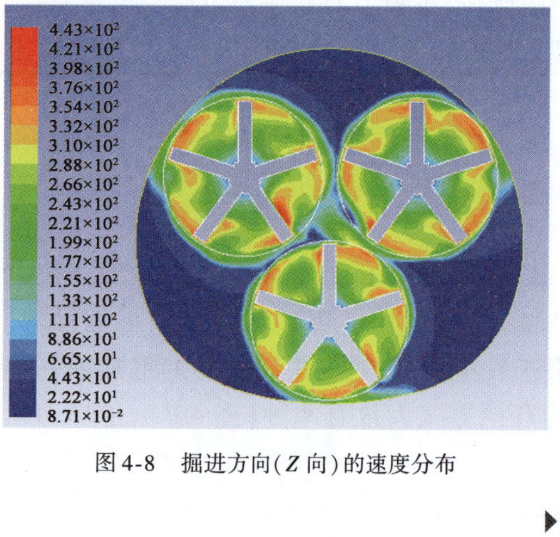

图 4-8　掘进方向（Z 向）的速度分布

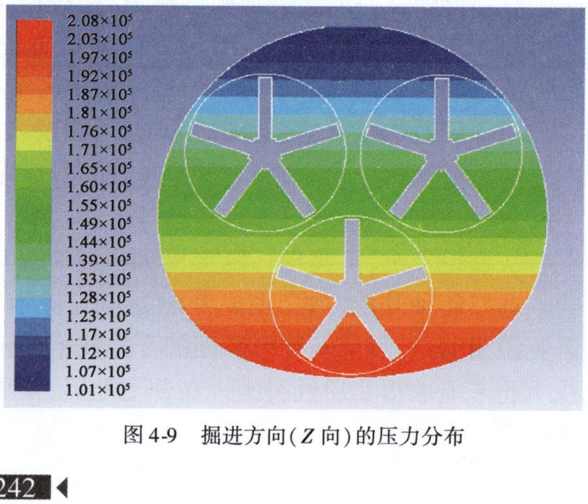

图 4-9　掘进方向（Z 向）的压力分布

图4-8和图4-9为组合式旋转刀盘在马蹄形某截面的土仓内土体速度和绝对压力的仿真计算结果。从图4-8中可以看出,刀盘主要影响自身旋转的区域,对周围土体影响较小;而在两个刀盘交接地方土体相互交融,均匀混合,但是盲区部分还是扰动较小,所以盲区土体有效开挖和搅拌尤为重要。从图4-9中绝对压力分布来看,旋转刀盘对土体压力影响微乎其微。

所以,在软土地层马蹄形盾构一般多采用多刀盘组合开挖,前后刀盘布置形式,如图4-10所示。在开挖盲区的位置以及搅拌作用较弱的位置通过布置高压水冲刷、改良孔或者搅拌器(图4-11),对盲区进行特殊处理,同时盾体周边通过布置盾体切刀,可保证全断面开挖。

图4-10 多刀盘组合开挖形式图

图4-11 搅拌器

对于单个刀盘及驱动的细节设计,与2.2.1中介绍的矩形顶管机的单个刀盘设计基本一致,可直接参考。

4.2.4 马蹄形盾构机薄壳体设计技术

马蹄形盾构机薄壳体是刀盘、驱动、螺旋输送机、管片拼装机等部件的支撑载体,为盾构机前进、衬砌拼装提供护盾保护作用。薄壳体结构的合理与否直接影响隧道建设的正常进行及施工人员安全,同时也关系到生产制造的成本,其仍应是设计人员研究探索的重要方面。

马蹄形盾构机薄壳体在设计时,首先应根据工程边界条件分析清楚壳体的承受荷载特性,然后重点考虑强度和刚度、轻量化、可拆卸性和运输的便利性、密封效果、可加工性等方面。

1)荷载分布特性分析

马蹄形盾构上部为圆拱,掘进时能够形成天然卸荷拱,周向荷载分布与常规圆形盾构类似。但马蹄形盾构开挖形式不同于常规圆形单刀盘旋转开挖形式,马蹄形盾构采用多刀盘开挖形式,轴向荷载分布差异较大。因此,对马蹄形盾构荷载特性的研究和对盾体结构的设计,使其满足强度、刚度的要求下尽量减小盾体重量,具有重大的指导意义。

(1)盾体周向荷载分布特性分析

以白城隧道项目为例,考虑到该隧道覆土较深,且地层为非沼泽土、淤泥土的原状土,可按普罗托基亚卡诺夫理论，建立马蹄形盾构机周向荷载分布模型，只计算土层内形成的天然卸荷拱以下高为 h_1 破坏区内的土压力，受力模型如图4-12所示。

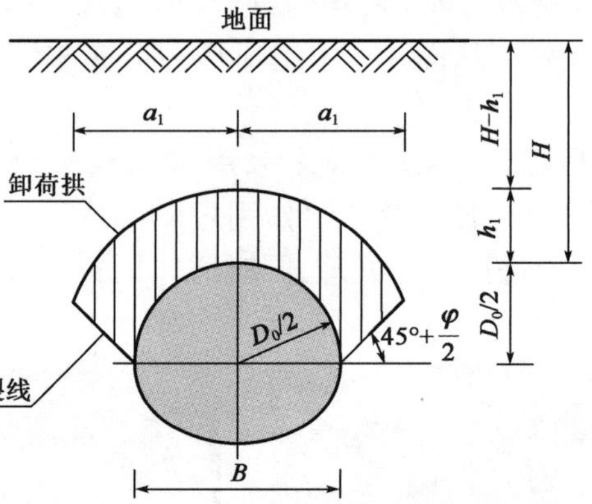

图4-12　马蹄形断面荷载模型

马蹄形盾构机顶部卸荷高度 h_1 可按下式计算：

$$h_1 = \frac{a_1}{f_{KP}} \tag{4-1}$$

$$a_1 = \frac{D_0}{2}\left[1 + \tan\left(45° - \frac{\varphi}{2}\right)\right] \tag{4-2}$$

式中：h_1——卸荷拱高，m；

$2a_1$——卸荷拱宽，m；

φ——土的内摩擦角，°，即 $f_{KP} = \tan\varphi$，f_{KP} 为土的坚实系数；

D_0——隧洞全高，m，对于马蹄形断面取上圆拱半径。

采用卸荷拱计算荷载时，一般要求满足 $f_{KP} \geqslant 0.6$（即 $\psi \geqslant 30°$）以及掘进机覆土 $H \geqslant 2h_1$ 两个条件（根据实践经验，H 可适当减小，但不得小于 $1.3h_1$）。这时作用在盾构上的荷载可按掘进机顶部以上 h_1 高的土柱考虑。此外，本工程覆土较深，不考虑地面动荷载的影响。因此，掘进机垂直土体压力按下式计算：

$$G_y = \gamma h_1 D_0 \tag{4-3}$$

式中：γ——土体重度，kN/m^3。

（2）盾体轴向荷载分布特性分析

马蹄形盾构开挖形式采用多刀盘开挖形式，刀盘的受力最终直接作用在盾体前隔板驱动环上，分析异形掘进机的刀盘受力情况对研究盾体的受力形式起到至关重要的作用。因此，我们将隔板压力分解为作用于驱动环上的刀盘受力传递和土仓泥土压力，而驱动环上的刀盘传力又可分为刀盘与土体切削的接触土压和掘进机所处埋深的静土压。

①刀盘与土体切削接触土压

鉴于马蹄形盾构机单个刀盘的受力同常规盾构刀盘的一致性，借鉴张茜提出的刀盘系统与掘进界面土体间相互作用的力学特征分析方法，通过建立掘进界面土体的平衡微分方程，根据系统相互作用界面力学特性确定边界条件，对刀盘系统作用于掘进面土体的荷载表达进行求解，实现刀盘系统荷载问题的解耦。

单个刀盘与掘进界面土体间相互作用的接触力学模型如图 4-13 所示，单个刀盘作用在掌子面（$Z=0$）土体上的法相应力为：

$$\sigma_z(r,0) = \frac{E}{(1-\mu^2)\pi\sqrt{R^2-r^2}}\delta \tag{4-4}$$

式中：$\sigma_z(r,0)$——土体上的法向应力，kN；

E——土体弹性模量，kPa；

δ——掘进进尺即刀盘每转切深，m/r；

R——刀盘半径，m；

μ——土体泊松比；

r——任意半径，$0 \leqslant r \leqslant R$，m。

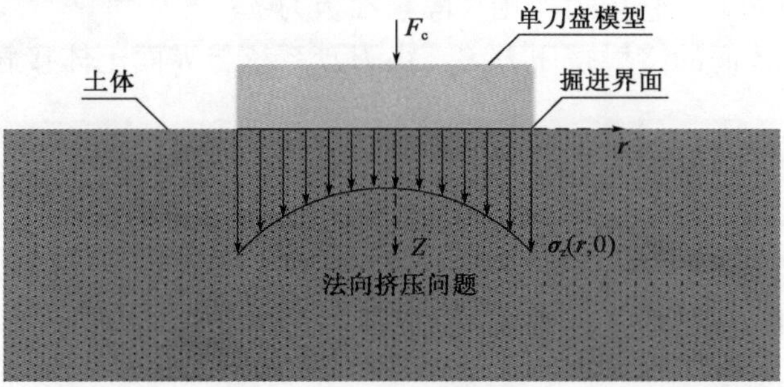

图 4-13　单个刀盘与掘进界面土体间相互作用的接触力学简图

②埋深刀盘静土压

在地下施工时，装备上方的覆土自重在掘进面上会引起静土压力，刀盘系统荷载与埋深有关，荷载示意如图 4-14 所示。埋深 H_0 处一点的静土压力 p_0 为：

$$p_0 = K_0\gamma H_0 \tag{4-5}$$

式中：K_0——静土压侧向压力系数；

γ——土体重度，kN/m³。

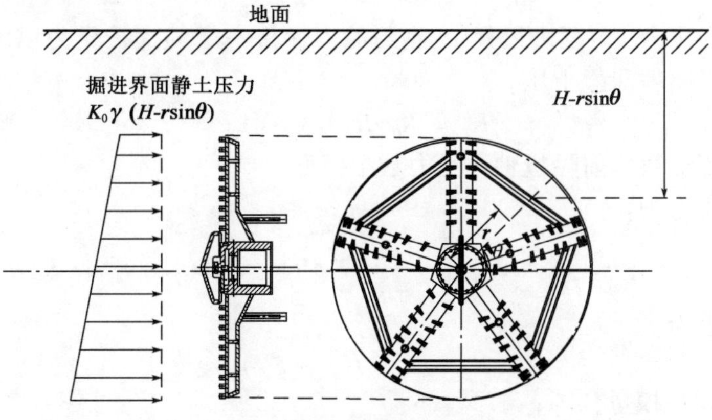

图 4-14　设备埋深对刀盘荷载的影响

掘进界面上坐标(r,θ)处的静土压力为：

$$p_{静}(r,\theta)=K_0\gamma(H-r\sin\theta) \tag{4-6}$$

式中，H为地表至设备某一刀盘中轴线处的埋深(m)，当$H\geqslant 2h_1$时，H取卸荷拱高度h_1。

③埋深隔板面板静土压

马蹄形盾构机前隔板开口诸多，包括驱动开孔、螺旋输送机开口、各种注浆孔等，其中各种注浆孔的大小相比盾体截面比较小，此处忽略不做参考。隔板开口率ξ是表征隔板拓扑结构的参数，马蹄形盾构机截面面积为A_0，则隔板面板静土压作用面积为：

$$A_p=(1-\xi)A_0 \tag{4-7}$$

④隔板整体受力分析

地质参数、埋深、掘进速度，及隔板拓扑结构是影响马蹄形盾构机盾体隔板受力的主要影响因素，盾体隔板法向推力主要包括如下三部分：推进中刀盘与土体间的接触挤压力F_{11}，埋深引起的静止土压F_{12}，土仓压力作用在隔板面板力F_2。

推进中刀盘与土体间的接触挤压力F_{11}：由刀盘系统与界面土体接触挤压应力沿有效挤压面积进行积分。

$$F_{11}=\sum_{i=1}^{n}\int_0^{R_i}\int_0^{2\pi}(1-\eta_i)\cdot\frac{E}{(1-\mu^2)\pi\sqrt{R_i^2-r^2}}\delta r\mathrm{d}\theta\mathrm{d}r \tag{4-8}$$

式中：η_i——第i个刀盘开口率；

n——单盘数量；

i——第i个刀盘。

积分可得：

$$F_{11}=\sum_{i=1}^{n}\frac{2E(1-\eta_i)}{1-\mu^2}\delta R_i \tag{4-9}$$

埋深引起的静土压力F_{12}：由掘进界面静土压沿面板部分积分计算：

$$F_{12}=\sum_{i=1}^{n}\int_0^{R_i}\int_0^{2\pi}(1-\eta_i)\cdot K_0\gamma(H-r\sin\theta)r\mathrm{d}\theta\mathrm{d}r \tag{4-10}$$

积分可得：

$$F_{12}=\sum_{i=1}^{n}\pi R_i^2(1-\eta_i)\cdot K_0\gamma H \tag{4-11}$$

隔板处的土仓压力F_2：掘进过程中，密封舱内保持一定的支护压力以维持掘进面稳定，即密封舱压力需平衡埋深静土压。

$$F_2=K_0\gamma H(1-\xi)A_0 \tag{4-12}$$

综上建立马蹄形盾体前隔板轴向受力数学模型：

驱动法兰座受力为：

$$F_1=F_{11}+F_{12}=\sum_{i=1}^{n}\left[\frac{2E(1-\eta_i)}{1-\mu^2}\delta R_i+\pi R_i^2(1-\eta_i)\cdot K_0\gamma H\right] \tag{4-13}$$

隔板面板受力为：

$$F_2=K_0\gamma H(1-\xi)A_0 \tag{4-14}$$

式中：E——土体弹性模量，kPa；

μ——土体泊松比；

K_0——静土压侧向压力系数；

γ——土体重度，kN/m^3；

η_i——第 i 个刀盘开口率；

R_i——第 i 个刀盘半径，m；

H——地表至设备中轴线处的埋深，m；

δ——掘进进尺，m/r；

ξ——隔板开口率；

A_0——马蹄形盾构机截面面积，m^2。

2）结构设计

如图4-15所示，为了便于加工、拆卸和运输，超大断面马蹄形盾构机壳体分为前盾、中盾和尾盾三部分，并均采用了分块设计，前盾因有隔板支撑采用上下分半，中盾分为上下左右4块，块与块间设置密封，采用螺栓连接；尾盾依靠形状保持架支撑，也设计为上下分半，施工现场上下半组焊后再与中盾焊接。前盾和与其焊在一起的承压隔板用来支撑刀盘驱动。前盾和中盾通过法兰以螺栓连接，中盾和尾盾采用现场焊接，尾盾末端装有密封用的盾尾刷（图4-16）。为克服大型盾构软土层卡盾问题，盾体创新采用梭式结构，在尾盾外尺寸基础上，中盾较尾盾、前盾较尾盾单边依次增大。

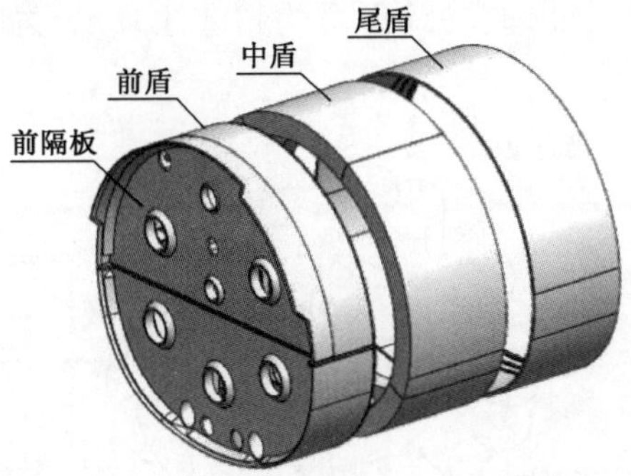

图4-15　马蹄形盾体示意图

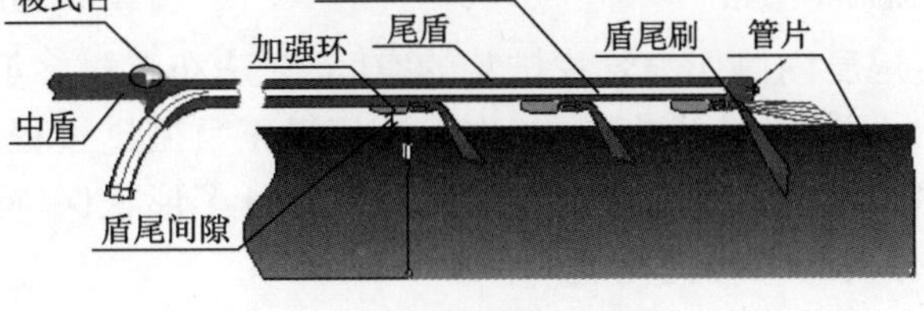

图4-16　尾盾局部示意图

马蹄形盾构机盾体功能同常规圆形盾构机类似，如图4-17所示，盾体结构具有能够支撑刀盘、驱动的连接座，安装螺旋输送机的连接座、安装人舱的连接座、安装管片拼装机"米"字梁的连接座及附属结构，除此以外，马蹄形盾构机盾体还做了如下诸多针对性设计。

帽檐设计：在前盾切口环端半圆顶部，盾体外侧焊接贴板，在贴板内预留有注浆通道口，如图4-18所示。盾构推进所需要的力必须克服迎面阻力和盾体摩擦阻力，设计帽檐结构一方面可以增长单向注浆单元寿命，另一方面还可以减小盾体摩擦阻力，并且防止减摩剂流入到土仓,造成浪费。

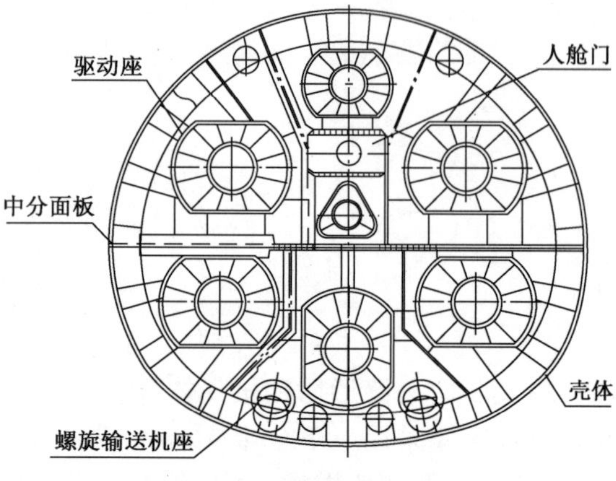

图 4-17　前盾结构示意图

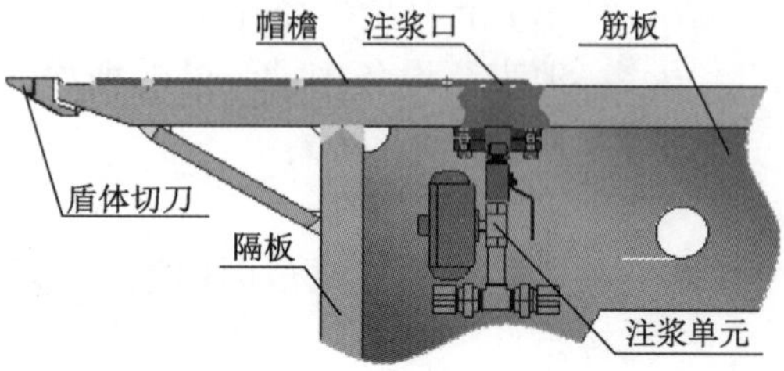

图 4-18　前盾局部示意图

环形筋板设计:中盾采用厚钢板,而内侧须悬挂较重的主顶油缸,考虑强度需求,中盾内侧设计环形筋板,其截面示意如图 4-19 所示。

超前注浆单元设计:为拓展马蹄形盾构在多种地层中的应用,也为在未知极端地质情况下人员进舱处理异物提供安全保障,盾体外周圈和前盾隔板设计多处超前注浆单元接口(图 4-19),可在需要时连接超前钻机进行预先地层处理,马蹄形盾构超前注浆示意如图 4-20 所示。

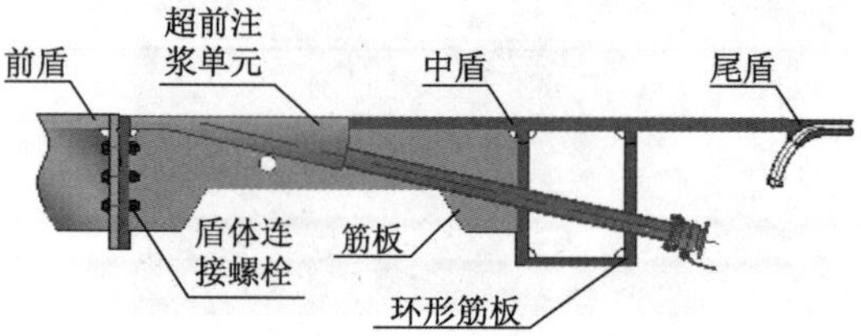

图 4-19　中盾局部示意图

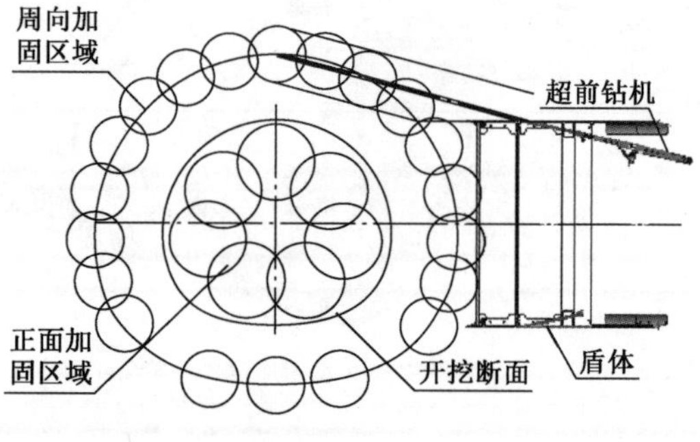

图 4-20　超前注浆示意图

形状保持架设计:尾盾内侧作为管片拼装的空间,无法布置过多筋板,在吊装、运输过程中无法依托与其焊接为一体的前盾为支撑,也无法依靠正常掘进过程中盾尾油脂压力支撑,其强度相对薄弱,为防止吊装、运输尾盾变形,针对性设计了形状保持架,如图 4-21 所示。

3)基于荷载仿真分析的结构优化设计

为确定马蹄形薄壳体在给定工况对应荷载作用下的变形趋势和变形量、应力分布趋势和应力值,我们采用有限元分析方法并对其强度、刚度进行校核,对其结构进行优化。前盾是超大断面马蹄形盾构机的核心结构部件,在掘进过程中承受刀盘传递过来的掘进阻力、来自土压舱平衡掌子面的泥土压力、壳体外表面与土体摩擦力、上部土体对前盾的正压力等,本文以前盾为例,对其进行仿真模拟分析。

(1)模型建立及网格划分

采用 Solidworks 三维软件对马蹄形盾构机前盾进行建模,并导入有限元仿真软件 AN-

SYS workbench，为得到接近实际情况的应力分布情况，兼顾计算精度和计算效率，使用二十节点四面体 solid195 单元，设定单元长度为 100mm，模型网格离散结构如图 4-22 所示。简化图纸中倒角、圆角，视各个焊接板材的焊缝没有缺陷，将螺栓连接法兰面视为固定接触，各类布线管路的通孔皆不考虑。

图 4-21　尾盾形状保持架示意图

图 4-22　马蹄形薄壳体网格划分

（2）相关材料的参数

前盾的制作材料为 Q345B 钢，弹性模量 $E = 2.06 \times 10^5$MPa，泊松比为 0.3，密度为 7800kg/m^3，重力加速度 $g = 9.8$m/s^2。Q345B 的力学性能见表 4-1。

前盾用钢板的力学性能　　表 4-1

钢　号	质量等级	屈服点 σ_b（MPa）				抗拉强度 σ_b（MPa）	许用应力 σ（MPa）
		≤16	16～35	35～50	50～100		
Q345	B	345	325	295	275	470～630	172.5

注：许用应力的确定考虑了 2 倍的安全系数。

（3）荷载施加方式

依据工业性试验项目的工况，将土体视为连续的线弹性的、各向同性体，初步计算出工业性试验条件下的竖直荷载与轴向荷载。我们对有限元模型进行加载面压力，前盾隔板及切口环施加 0.4MPa 轴向土压静荷载，所有驱动环施加刀盘反作用力平均荷载 3MPa。竖向荷载分上半盾体竖直向下的荷载 0.38MPa 和下半盾体竖直向上的荷载 0.42MPa。由于前盾与中盾通过静密封连接，所以这里将前盾与中盾的连接法兰处进行轴向约束处理，如图 4-23 所示。

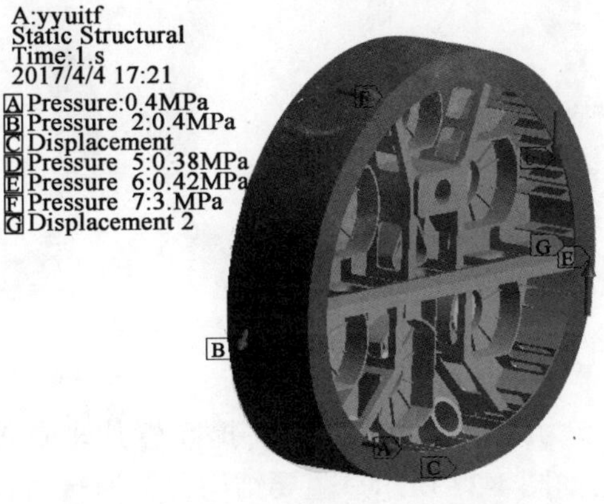

图 4-23　模型荷载加载方式、边界条件

（4）应力及变形量云图分析

马蹄形薄壳体为 Q345B 钢板焊接组对的

大型结构件，根据有限元分析结果，经多次优化前盾筋板大小及布置形式，最终使马蹄形薄壳体所承受应力主要在 166MPa 以下，满足使用要求。马蹄形前盾盾壳最大应力发生在盾体上下壳体的支撑筋板连接处 258.47MPa（图 4-24），且为压应力，后期经过筋板圆角、倒角处理，解决了应力集中问题。壳体变形量最大处发生在盾体箱体后部的中间位置，变形值 3.07mm（图 4-25），主驱动面板的变形很小，可以满足刀盘的正常运转，即强度和刚度上能满足使用要求。

图 4-24　马蹄形薄壳体应力分布云图

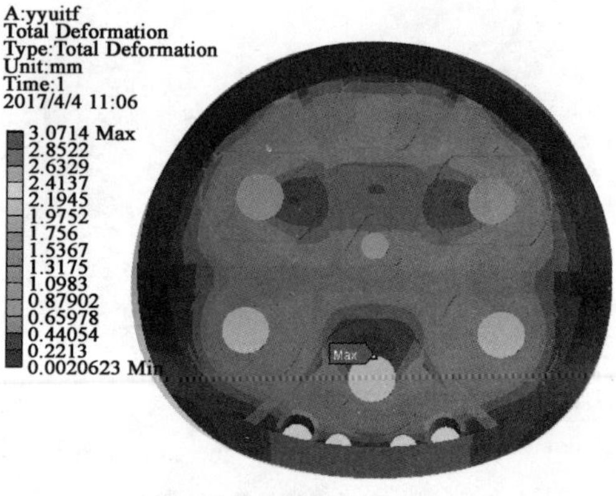

图 4-25　马蹄形薄壳体变形量分布云图

4.2.5　马蹄形盾构机多曲率管片拼装技术

马蹄形管片拼装机设计是马蹄形盾构机的设计重点和难点，由于马蹄形断面没有圆形断面的中心对称优势，导致每个分块管片内表面曲率大小不一、存在多个曲率中心、被抓举管片形状各异、运动轨迹多样、重心易偏置、质量大（最重单个管片约 12t）等特点，从而使管片安装时微调工作量很大、管片错位搭接现象多，且楔形块在最后拼装时周向压紧力不易传导等诸多难题。马蹄形管片分块形式如图 4-26 所示。

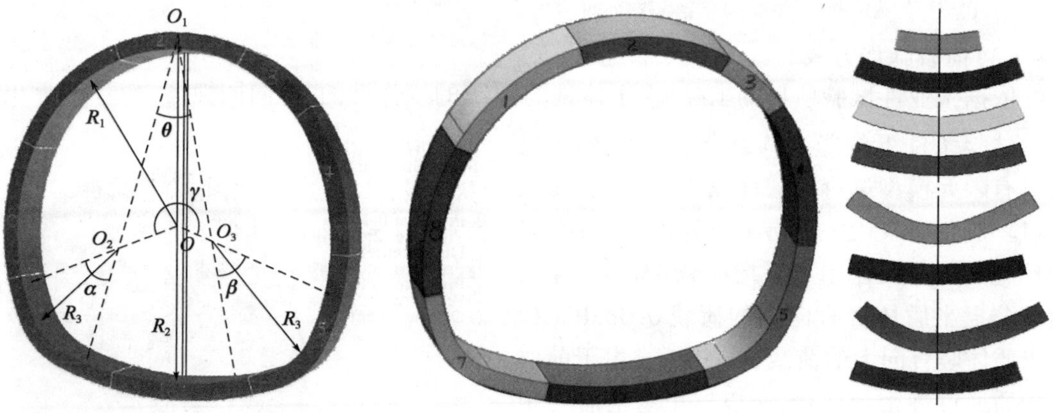

图 4-26　马蹄形管片分块形式

为减少管片组对误差，提高管片多点抓取的稳定性，设计了一种多自由度管片拼装系统，如图 4-27 所示。主要结构包括回转机构、径向伸缩机构和管片抓取机构。回转机构绕 Z 轴进行旋转运动，径向伸缩机构在油缸的驱动下实现伸出和回缩。

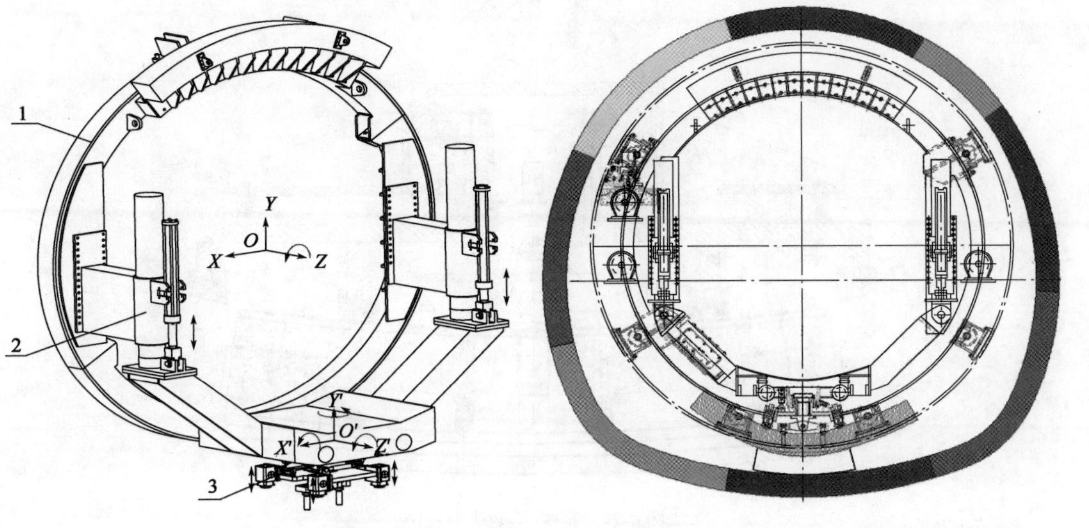

图 4-27　管片拼装系统

1-回转机构;2-径向伸缩机构;3-管片抓取装置

管片抓取机构安装于径向伸缩机构上,结构如图 4-28 所示。由平移油缸驱动沿 Z 轴移动,由横摇油缸驱动绕 Z 轴做旋转运动,由俯仰油缸驱动绕 X 轴做旋转运动,由偏转油缸驱动绕 Y 轴做旋转运动,多自由度运动最终实现对复杂管片拼装轨迹的适应。

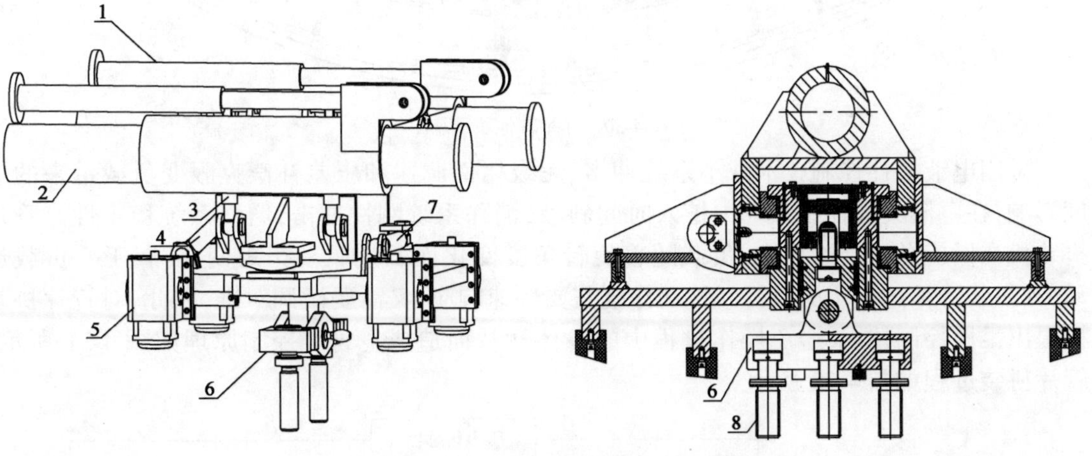

图 4-28　管片抓取机构

1-平移油缸;2-导向柱;3-横摇油缸;4-俯仰油缸;5-锁紧油缸;6-锁紧装置(扁担梁);7-偏转油缸;8-起吊螺栓

管片通过起吊螺栓的连接,挂到扁担梁上。锁紧油缸的伸缩带动扁担梁的伸缩,从而实现抓取、松开管片的工序。扁担梁与锁紧油缸之间通过销轴连接,锁紧后能够适应不同曲率的管片。

扁担梁设置有 3 个起吊螺栓挂接位置。在抓举 K 型块时,只需连接一颗起吊螺栓,抓举头通过下方中间的 2 个尼龙垫顶紧管片。在抓举其他块时,管片通过外侧的两颗起吊螺栓挂接到扁担梁上,抓举头通过下方外侧的 2 个尼龙垫顶紧管片,其工作过程如图 4-29、图 4-30所示。

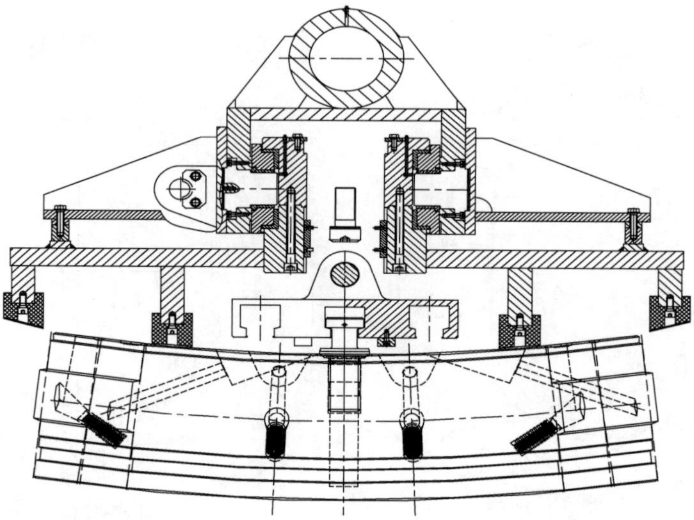

图 4-29　抓举 K 型块示意图

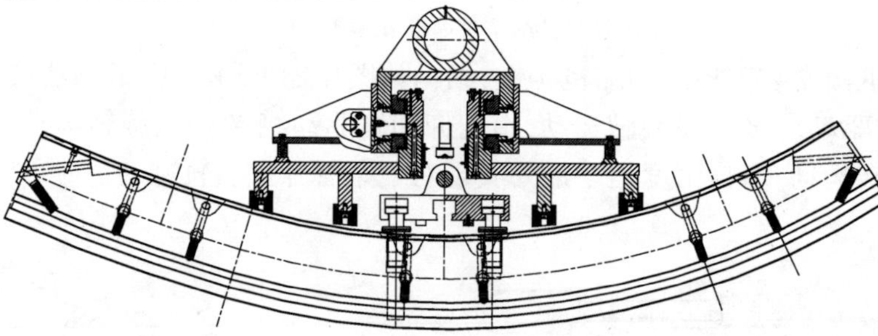

图 4-30　抓举其他块示意图

采用电液柔性控制技术减小系统冲击、无级比例调速和压差补偿克服变负载带来的速度影响，在电液集成控制系统中植入时间斜坡，消除系统刚性冲击，增强系统稳定性。管片拼装机在做旋转运动过程中，负载随着旋转角度变化而发生驱动扭矩变化，属于变负载运动，其拼装管片过程中的执行元件动作既需要快速响应，又需要微调对准，因此，对管片拼装机提出柔性控制技术，避免操作过程中的鲁棒性从而造成危害。控制原理如图 4-31 所示，管片拼装过程如图 4-32 所示。

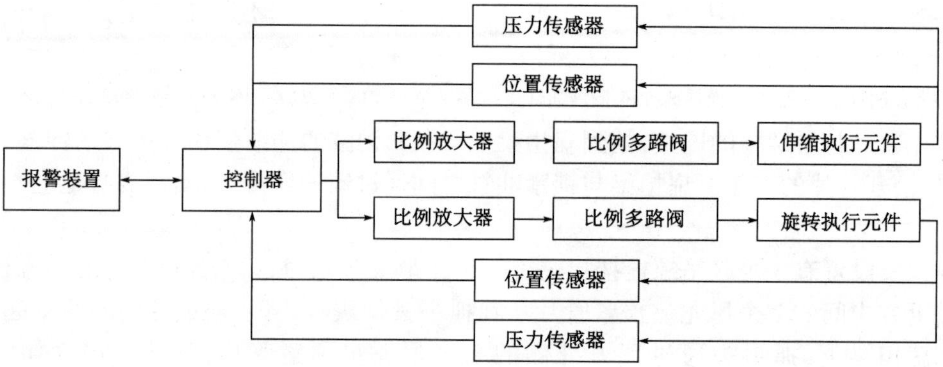

图 4-31　控制原理图

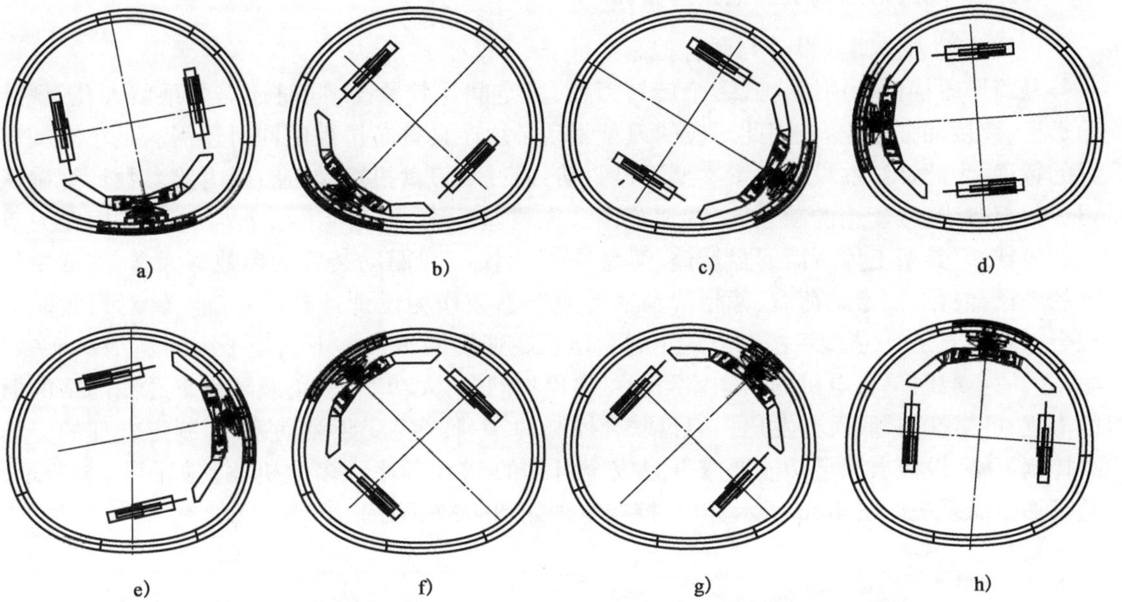

图4-32　异形管片拼装过程

①管片拼装机的旋转动作采用平衡负载技术，通过增加负向负载，使旋转动作平稳，通过比例调速控制实现旋转的无级调速，通过压差补偿让旋转过程中速度不受负载变化而发生变化，实现柔性控制。

②通过PLC控制放大器输出PWM(脉宽调制)信号给比例阀，精确控制管片拼装机的拼装动作，使操作安全可靠。

③电液集成控制系统中输入为斜坡信号，系统留有充裕的响应时间，避免了误操作，提高了系统的鲁棒性。

马蹄形管片拼装机的设计还包含：主梁系统、伸缩导向柱、回转架系统、连接梁系统(图4-33)、移动架系统、旋转编码器系统、动力系统支重轮系统(图4-34)等结构设计，动力学模型、运动学模型的建立，回转力矩等参数的设计计算与单圆回转拼装机基本一致，不再详述。

图4-33　连接梁系统

图4-34　动力系统支重轮系统

4.2.6 马蹄形盾构机其他系统设计

1)紧凑型刀盘驱动设计与联合控制

马蹄形盾构机选用组合式多个旋转刀盘,其空间比较紧凑,同时还需要预留人孔、螺旋输送机、铰接油缸等空间,因此对应的刀盘驱动必须在具备高扭矩的同时还需满足小空间布置的特点,为此针对性设计了紧凑型刀盘驱动,通过对刀盘扭矩、转速、受力等参数计算确认刀盘扭矩曲线、减速箱的减速比、调速范围及电机基频率,根据实际工况计算出作用在刀盘上的荷载、刀具切土体所需刀盘转速、刀盘外径大小、刀盘驱动装置的参数等因素,选取主轴承的外径、内径、额定动荷载、额定静荷载等主要参数作为设计计算的基础。针对刀盘驱动联合控制研究了"一拖多"控制方式下各台电机在速度同步条件下扭矩平衡问题,"一拖多"驱动同一负载时单台电机的状态监测和可靠保护问题,大功率、多负载环境下总线网络的通信干扰、可靠性问题等,开发出多刀盘联合控制的"一拖多"变频驱动系统,制定合理的变频器控制策略,设计出满足功能要求并且安全可靠的 PLC 程序。多电机驱动如图 4-35 所示,马蹄形驱动系统如图 4-36 所示,电气控制原理如图 4-37 所示。

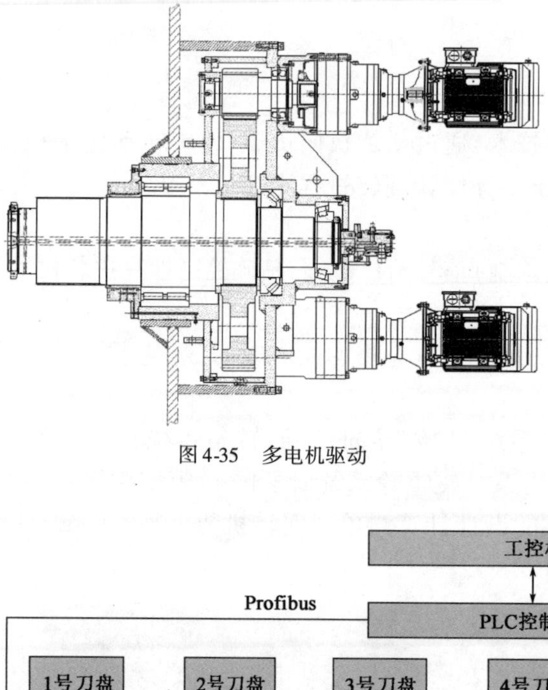

图 4-35 多电机驱动

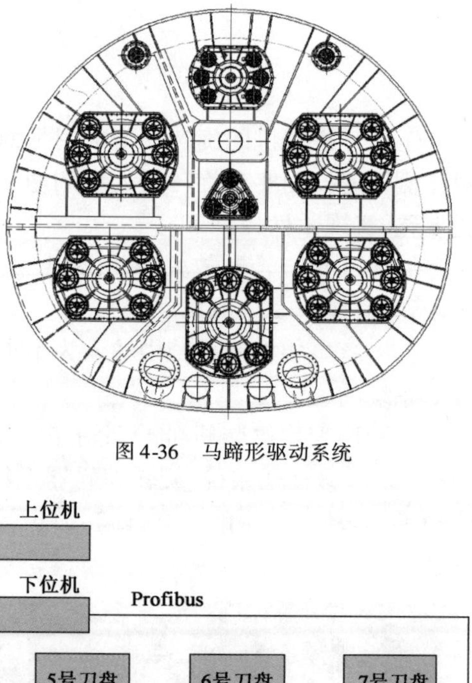

图 4-36 马蹄形驱动系统

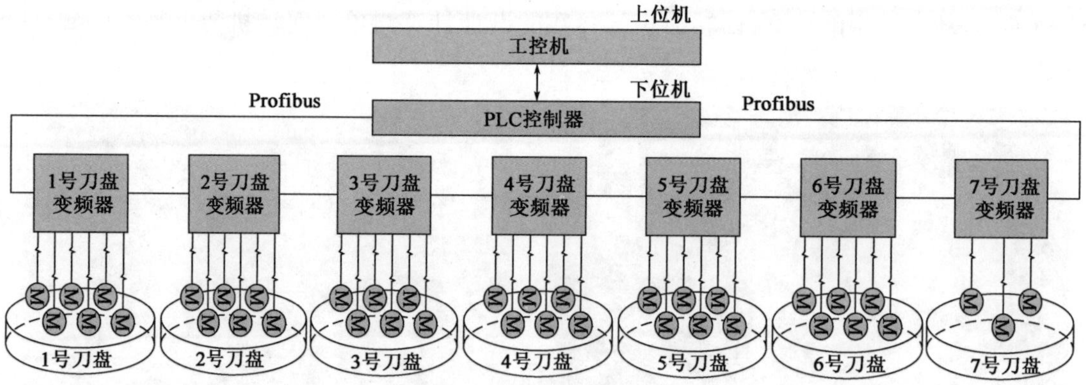

图 4-37 电气控制原理图

2)双螺旋输送机联合出渣技术

超大断面马蹄形盾构机横向跨度大,开挖量大,土仓左右土压力平衡控制难度高,对排渣系统的排渣能力及均匀性提出了新要求。为此，项目组通过探究设计了双螺旋协同排渣系统（图 4-38）。由于两个螺旋输送机同时对土仓渣土进行排渣工作时，每个螺旋输送机的速度都会影响土仓压力的平衡，如果每个螺旋输送机依然采用单个控制的传统方法必然会引起土仓压力的波动，不利于维持土仓压力的平衡。为了提高土仓全断面压力均衡性，实现双螺旋的自动控制，我们摒弃传统的单螺旋控制方法，对双螺旋的电气控制系统进行了深入研究，提出双螺旋出渣协同控制方法。

图 4-38　双螺旋输送机结构

掘进机在工作过程中涉及的变量很多，有很多不可预测的干扰，建立精确的数学模型难度很大，即使建立了数学模型也可能结构庞大且复杂，很难进行设计并进行有效的控制。预测控制作为一种新型的智能算法对模型要求较低，可以方便地实现在线计算，控制效果良好。将神经网络与预测控制算法相结合，形成了神经网络预测控制。在预测建模中，常见的神经网络种类很多，其中 RBF（径向基函数）网络在预测模型中的应用较多，与 BP 网络（一种按误差逆传播算法训练的多层前馈网络）相比，它在一定程度上克服了局部最优和训练速度慢的问题，可以很好地逼近非线性模型。实际应用中上位机通过 OPC 通信协议与控制器进行数据传送，上位机将训练及预测的参数发给控制器，然后控制器完成对双螺旋输送机的控制，同时控制器实时地将土仓压力等设备运行的状态参数采集并发送到上位机，图 4-39 为控制实现框图。

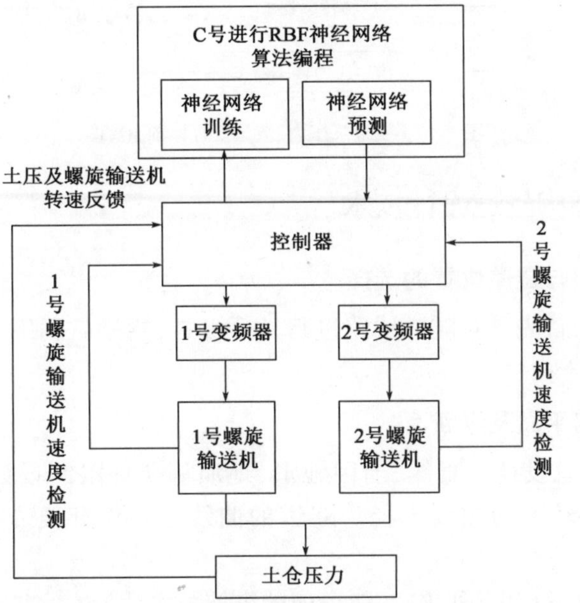

图 4-39　双螺旋输送机控制实现框图

为配合双螺旋输送机土仓压力控制，研究开发双闭环的压力流量泵控系统，提高顶推系统控制的荷载顺应性，实现推进系统控制响应特性的提升，进而提高土仓压力控制精度。

3）顶推系统电液控制集成技术

超大断面马蹄形盾构机电液控制系统是非常重要的一部分，电液集成控制技术的性能直接影响了马蹄形盾构机的施工进度及质量。为了使马蹄形盾构机推进过程中响应迅速，姿态控制精度高，能耗低，同时提高土仓压力的控制精度，减少系统的超调，对系统综合应用了基于压力、流量的变量泵、推进油缸复合控制方式，在压力流量复合控制器中采用了在线自调整模糊 PID 控制策略，提高了顶推系统的响应速度和荷载顺应性，开挖舱出现压力波动时，顶推系统能够快速响应。同时考虑到系统的大功率应用工况，为避免压力、能量损失，实现泵与负载间的功率匹配以实现节能的目的，采用内环电磁阀位置检测反馈，外环压力、流量检测反馈的双闭环电液比例控制方法，提高了顶推系统对负载的顺应性。变量泵压力、流量复合控制原理如图 4-40 所示。

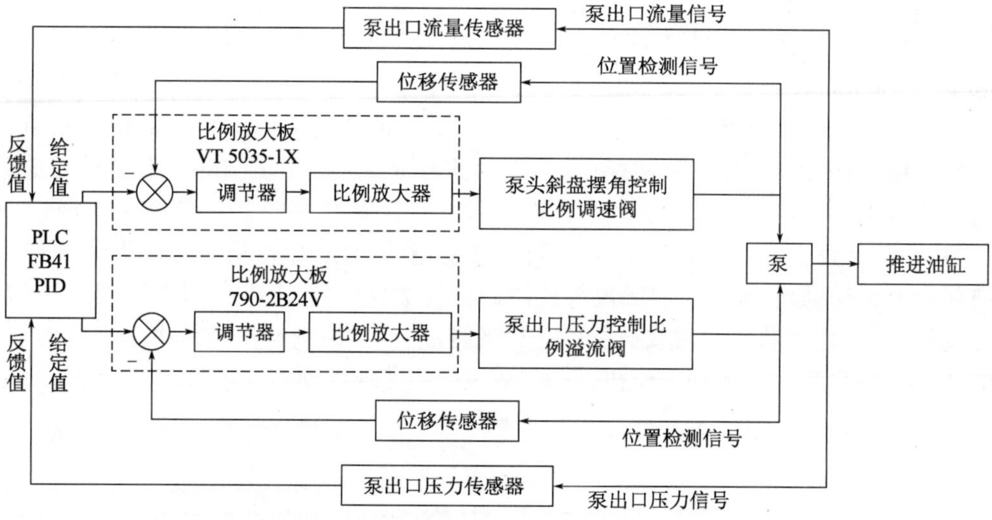

图 4-40　变量泵压力、流量复合控制原理图

4.3　马蹄形盾构隧道设计技术

4.3.1　地质勘察与隧道位置的选择

在隧道建设之前，首先是对隧道线路进行地质勘探，规避软弱围岩或不稳定地层，根据地质特点确定隧道的走向。

4.3.2　隧道线路平面及纵断面

隧道内线路平面宜设计为直线，当因地形、地质等条件限制设计为曲线时，宜将曲线设在洞口附近并采用较大的曲线半径。隧道的曲线半径设计要充分考虑盾构机的转弯半径。

隧道纵断面设计应符合下列规定：隧道内的纵坡可设计为人字坡或单面坡，地下水发育的 3000m 及以上隧道宜采用人字坡；隧道内坡度不宜小于 0.3%，对于盾构施工坡度也不宜大于 5%。

4.3.3　隧道断面设计

隧道断面设计一般需要综合考虑隧道内轮廓要求和盾构机的适应能力。

隧道内轮廓的确定一般包含建筑限界、隧道内股道数、空气动力学效应、列车密封性、接触网悬挂方式、轨道结构形式及其维护方式、隧道设备空间和结构受力条件。

1)内轮廓对比分析

马蹄形内轮廓和圆形内轮廓的净空尺寸和限界关系如图 4-41 所示。两种断面的净空面积比较见表 4-2。可以看出,采用马蹄形断面较圆形断面内轮廓可减少约 10% 的开挖面积,减少部位为圆形断面仰拱底部混凝土仰拱填充,马蹄形断面可显著减少传统圆形盾构的仰拱底部混凝土圬工,较圆形断面节省投资。

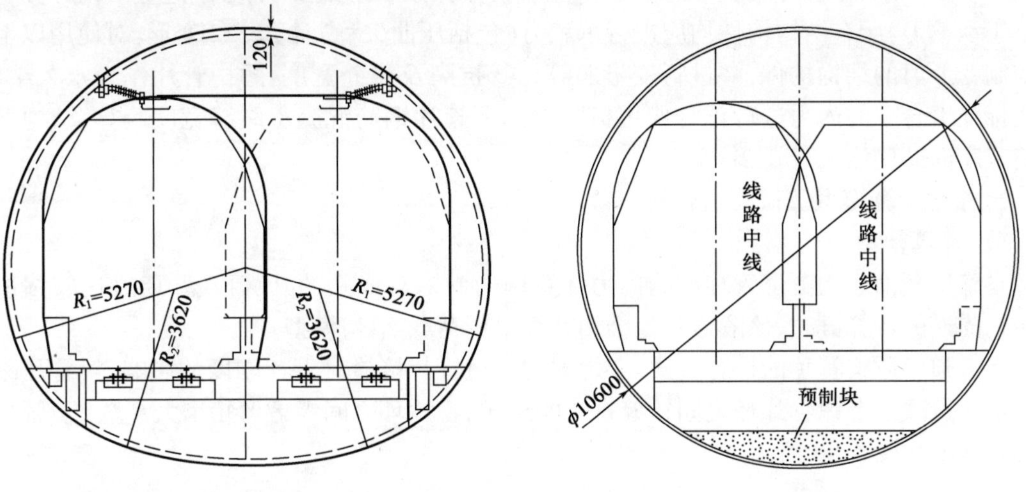

a) 马蹄形断面　　b) 圆形断面

图 4-41　盾构内轮廓对比(尺寸单位:mm)

马蹄形盾构与圆形盾构净空比较(无砟)　　表 4-2

盾构断面形式	轨面以上有效净空面积(m^2)	轨面以下有效净空面积(m^2)	全部净空面积(m^2)
马蹄形	66.1	15.1	81.2
圆形	69	19.3	88.3

2)与马蹄形盾构机的匹配性

对于马蹄形盾构采用的多刀盘组合形式,马蹄形隧道断面的设计需要考虑刀盘开挖形式,实现最佳的匹配性。若存在开挖盲区,需要尽可能缩小开挖盲区。

4.3.4　马蹄形管片环的计算

1)计算原则及标准

马蹄形管片的计算原则和常规圆形隧道管片的计算原则大致类似,主要包括以下几个方面:

(1)盾构管片结构计算应分别按施工阶段和使用阶段进行计算,取最不利值作为使用阶段内力控制值。

(2)隧道结构的安全等级为一级。

(3)隧道不可更换的结构设计使用年限为100年。

(4)抗震等级。

(5)地面超载以及人防荷载。

(6)抗浮本工程结构设计按最不利情况进行抗浮验算。抗浮安全系数考虑侧壁摩阻力时不小于1.10,不考虑侧壁摩阻力时不小于1.05。

(7)隧道结构防水等级和耐火等级。

(8)隧道结构采用以概率理论为基础的极限状态设计法,以可靠指标度量结构构件的可靠度,采用以分项系数的设计表达进行设计。

(9)结构构件根据承载力极限状态及正常使用极限状态的要求,分别进行下列计算和验算。①承载力:所有结构构件均应进行承载力(包括压曲失稳)计算。②变形:对使用以上需要控制变形值的结构构件,应进行变形验算。③抗裂及裂缝宽度:盾构管片作为永久结构,采用标准组合下的内力进行正常使用极限状态下管片钢筋混凝土裂缝宽度验算,结构最大裂缝宽度内外侧均大于0.2mm。

2)标准计算模型及荷载组合

(1)计算模型

马蹄形断面盾构隧道管片结构内力计算国内尚未有成熟的计算模型,通过比较圆形断面盾构隧道的计算方式,该隧道管片结构计算采用荷载-结构模型。

参考圆形盾构管片的计算方式,考虑盾构隧道管片接缝对管片刚度的影响,对管片刚度进行适当折减。考虑管片环之间错缝拼装的影响,管片环之间考虑弯矩增大系数ζ。管片结构计算模型如图4-42所示。

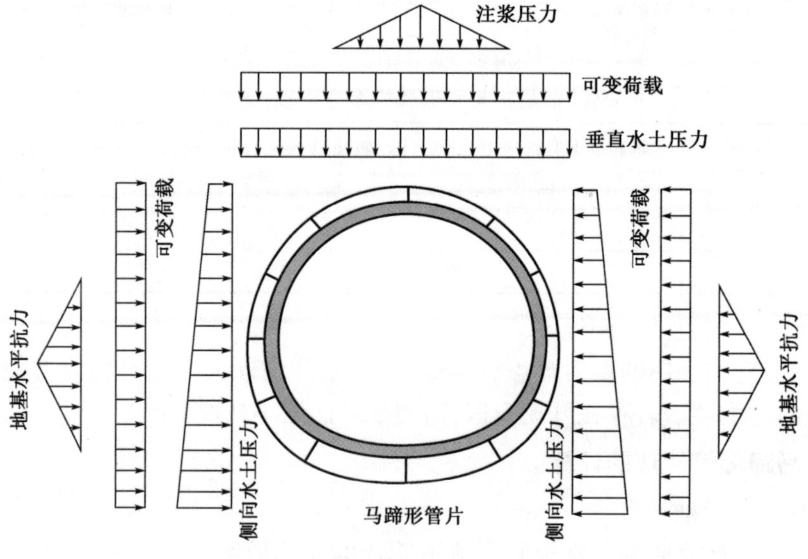

图4-42　管片结构计算模型

(2)计算荷载

计算荷载分为永久荷载、可变荷载、偶然荷载等3种。

①永久荷载

管片结构自重、土(围岩)压力、水压力、地面建筑物附加荷载、地基抗力。永久荷载按隧道断面及埋深分别进行计算,土压力结合地层特征采取水土合算或水土分算。

对于永久荷载的计算,可按如下方式进行:在砂性土地层中应采用水土分算;在黏性土地层中应采用水土合算。对于超浅埋、浅埋、中埋隧道,垂直土压力宜取全覆土荷载,当覆土厚度 $>2.5B$(B 为隧道跨度)时可以考虑按太沙基坍落拱理论计算垂直土压力。水平土压力作用在衬砌两侧,分布荷载的大小根据垂直土压力与侧向土压力系数来计算。管片钢筋混凝土自重取 $26kN/m^3$。

②可变荷载

可变荷载需要计入地面超载;施工荷载应考虑千斤顶推力、不均匀注浆压力、拼装误差、管片堆放及吊装等,计算暂不考虑施工荷载的影响。管片拼装过程中,管片环缝、纵缝产生错台,管片内力受拼装误差的影响较大,拼装误差产生的附加荷载会对管片的长期使用产生影响。因此,管片拼装误差产生的附加荷载可按永久荷载考虑。

③偶然荷载

地震荷载:抗震设防基本烈度按Ⅵ度计算,按Ⅶ度采取构造措施;人防荷载根据具体的情况选择是否计入计算。

(3)荷载组合

隧道结构设计时,分别就施工阶段、正常运营阶段可能出现的最不利荷载组合进行结构强度、刚度和裂缝宽度验算。但偶然荷载阶段每次仅对一种荷载进行组合,并考虑材料强度综合调整系数(不需验算裂缝宽度)。荷载组合见表 4-3。

荷载组合表　　表 4-3

荷载组合	永久荷载	可变荷载	偶然荷载
承载力极限状态(基本组合)	1.35	1.4	—
正常使用极限状态(标准组合)	1.0	1.0	—

3)马蹄形隧道计算断面分析

根据隧道纵断面确定的盾构段隧道埋深情况。隧道以有效覆土厚度进行分段:超浅埋($h_{有效}\leqslant 1.0B$)、浅埋($1.0B < h_{有效}\leqslant 1.5B$)、中埋($1.5B < h_{有效}\leqslant 2.5B$)、深埋($2.5B < h_{有效}$),分别对管片结构进行计算,$B$ 为盾构开挖跨度。分别根据地质纵断面及地质勘察报告,选取不同埋深段落内有代表性的地质钻孔资料进行管片结构计算。

4)管片内力计算

若某马蹄形盾构的宽度为 11.54m。对于中埋深隧道段,对马蹄形管片断面采用28.85m 进行内力计算。深埋段管片结构计算时,考虑该盾构顶部最大覆土厚度为 72.2m,考虑到洞顶覆土的成拱效应,隧道顶部有效覆土荷载计算根据太沙基公式求解。

中埋断面荷载计算

(1)永久荷载:

竖向(水)土压力 $P=\gamma h=15.8\times 28.85=455.8\text{kPa}$,

侧向(水)土压力 $e_1=\lambda\gamma h=0.477\times 15.8\times 28.85=217.4\text{kPa}$,

侧向(水)土压力 $e_2 = \lambda\gamma(h+H) = 0.477 \times 15.8 \times (10.59 + 28.85) = 297.2\text{kPa}$。

(2)可变荷载:

超载 = 20kPa,

超载引起的侧向土压力 = 20 × 0.477 = 9.5kPa。

(3)计算结果

①标准组合荷载模式(图 4-43)

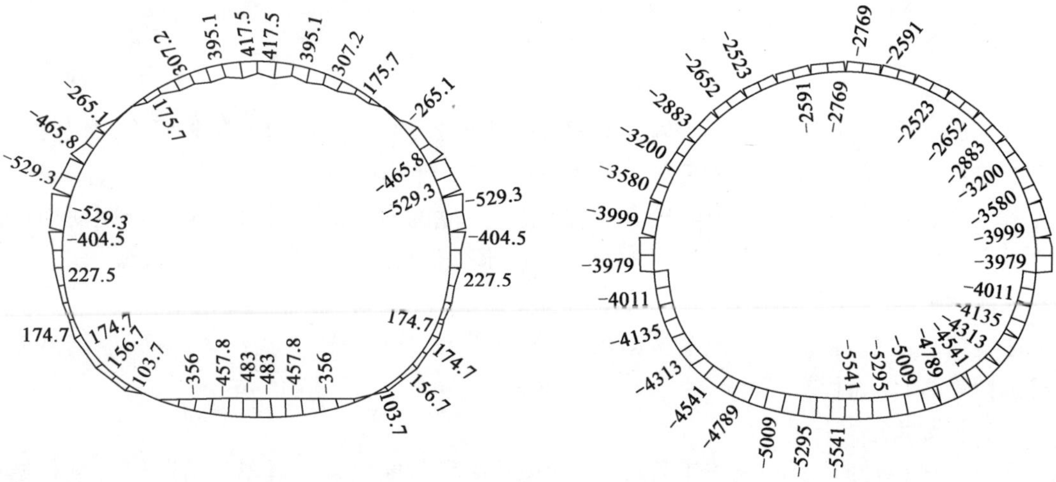

a)弯矩图　　b)轴力图

图 4-43　中埋断面标准荷载计算(单位:kPa)

②基本组合荷载模式(图 4-44)

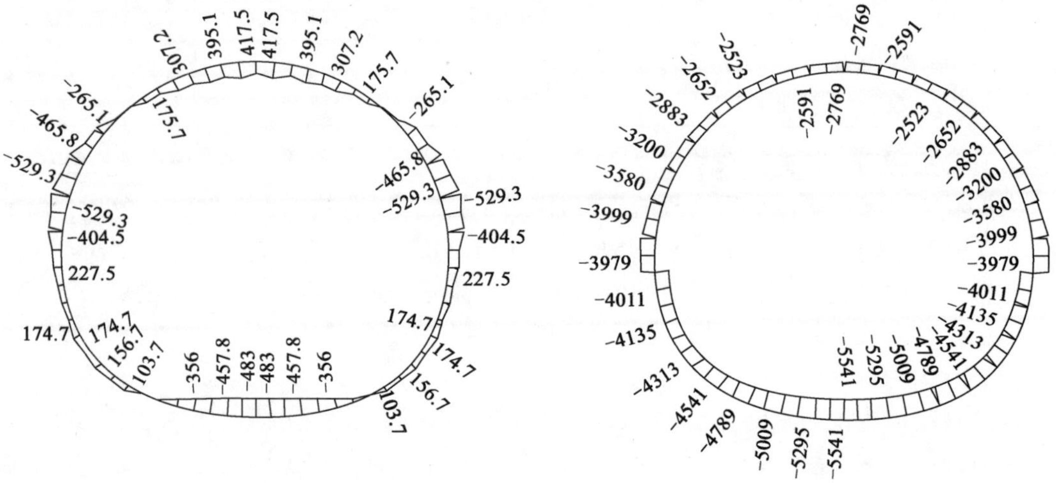

a)弯矩图　　b)轴力图

图 4-44　中埋断面基本荷载计算(单位:kPa)

5)深埋断面荷载计算

太沙基计算公式如下[参考《隧道标准规范(盾构篇)及解说》([日]土木学会编,朱伟译)],太沙基模型如图 4-45 所示。

太沙基垂直土压力计算公式：

$$\sigma_{\nu} = \frac{B_1\left(\gamma - \frac{c}{B_1}\right)}{K_0\tan\varphi} \cdot \left(1 - e^{-K_0\tan\varphi \cdot \frac{H}{B_1}}\right) + p_0 \cdot e^{-K_0\tan\varphi \cdot \frac{H}{B_1}} \tag{4-15}$$

$$B_1 = R_0\cot\left(\frac{\frac{\pi}{4} + \frac{\varphi}{2}}{2}\right) \tag{4-16}$$

式中：R_0——开挖半径，m；

σ_{ν}——太沙基松弛土压力；

K_0——水平土压力与垂直土压力之比（一般取 $K_0=1$）；

φ——土的内摩擦角，°；

H——松弛层的换算高度，m；

p_0——地面附加荷载，kPa；

γ——土的重度；

c——土的黏聚力。

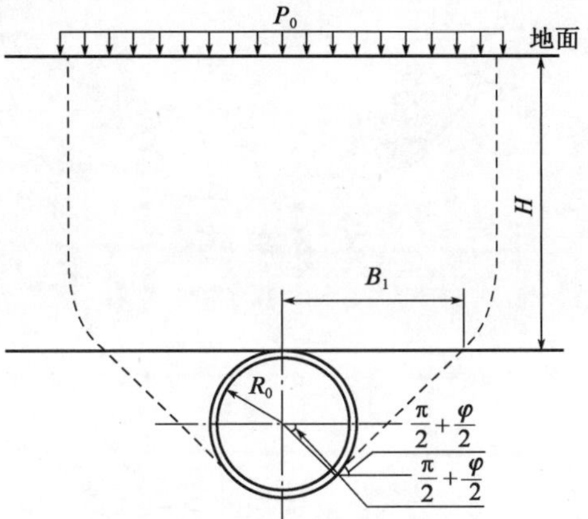

图 4-45 太沙基模型

根据隧道结构设计参数及深埋段隧道地层信息，太沙基各参数取值和公式的计算结果见表 4-4。

深埋段隧道结构设计计算 表 4-4

项目	代号	数值	单位	备注
太沙基松弛压力	σ_{ν}	284.18	—	17.76（等效土柱）
水平土压力与垂直土压力之比	K_0	1	—	—
土的内摩擦角	φ	25.7	°	—
松弛层的换算高度	H	72.2	m	—
地面附加荷载	P_0	20	kPa	超载
土的重度	γ	16	kN/m³	加权平均值
土的黏聚力	c	20.8	kPa	加权平均值
计算半径	R_0	5.59	m	开挖半径

经计算，深埋断面有效覆土厚度约为 17.76m。

（1）永久荷载：

竖向（水）土压力 $P=\gamma H=16.0\times17.76=284.2\text{kPa}$，

侧向（水）土压力 $e_1=\lambda\gamma H=0.47\times16.0\times17.76=133.6\text{kPa}$，

侧向（水）土压力 $e_2=\lambda\gamma(h+H)=0.47\times16.0\times(10.59+17.76)=213.2\text{kPa}$。

（2）可变荷载：

超载 = 20kPa，

超载引起的侧向土压力 = 20 × 0.47 = 9.4kPa。

（3）计算结果

①标准组合荷载模式（图 4-46）

②基本组合荷载模式（图 4-47）

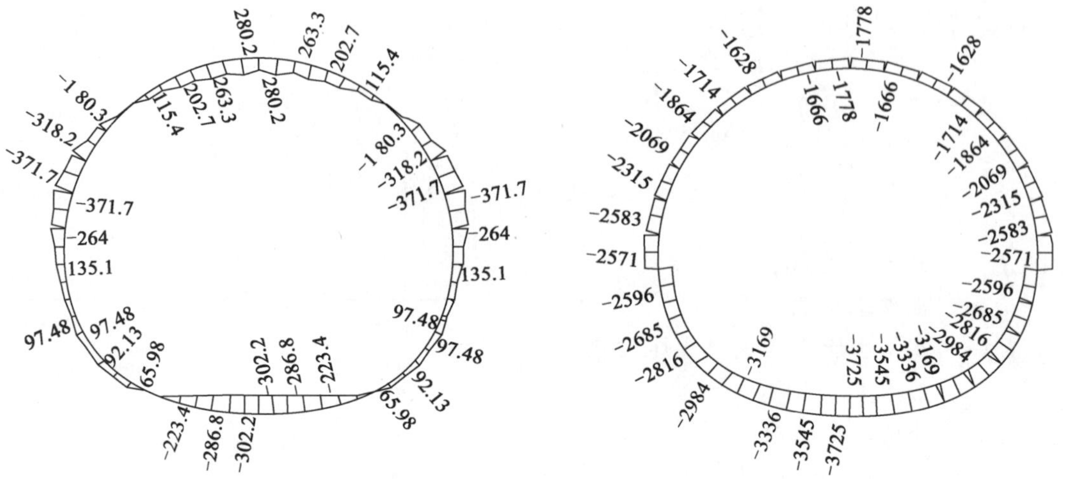

a) 弯矩图　　b) 轴力图

图 4-46　深埋段标准组合荷载计算(单位:kPa)

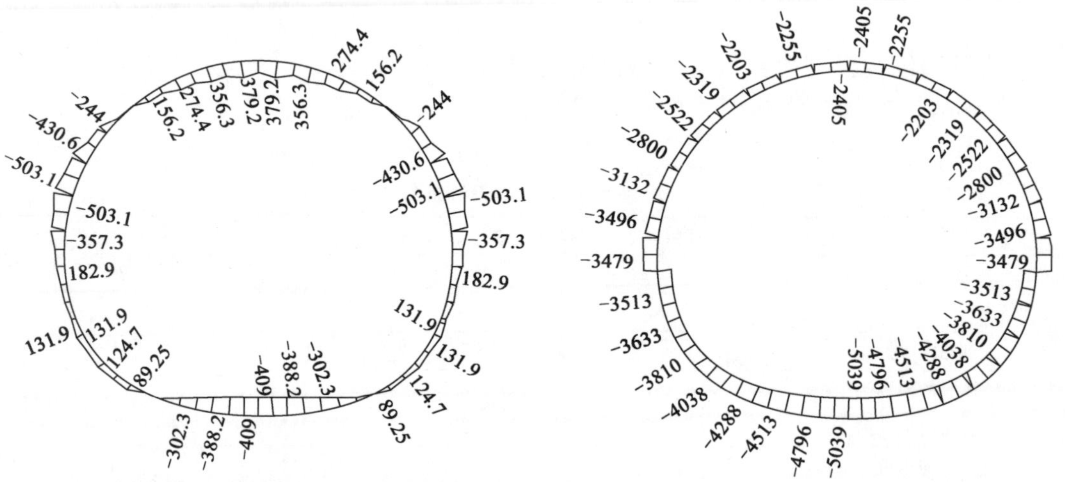

a) 弯矩图　　b) 轴力图

图 4-47　深埋段基本组合荷载计算(单位:kPa)

6) 管片试制及试验

管片设计完成后,在正式使用之前还须对各管片进行抗拔试验及抗渗试验,同时对管片进行三环预组装(图 4-48),检验其拼装可行性及精度。待上述工作完成后再进行管片的批量生产及养护(图 4-49)。

a) 抗拔试验　　b) 抗渗试验　　c) 三环拼装试验

图 4-48　管片试验

图 4-49　管片制备及养护

4.4　马蹄形盾构隧道施工技术

4.4.1　始发技术

马蹄形盾构机始发的成败是关系隧道开挖质量的重要前提。马蹄形盾构机始发技术主要包含:端头加固、始发基座设计、首环管片拼装、洞门密封装置安装等。

1)端头加固

马蹄形盾构机隧道端头加固和常规盾构类似,主要加固方法有水泥土搅拌桩、高压旋喷桩和素混凝土墙等工艺。根据具体地层特点和始发条件,比选盾构机始发段和接收端的端头加固方案。

2)始发基座设计

盾构机组装前,依据隧道设计轴线、洞门位置、盾构机的尺寸及门吊吊装盲区,然后反推出始发基座的空间位置开始施作。始发基座安装位置按照测量放样的基线,井下定位施工,基座上的轨道按实测洞门中心居中对称放置。盾构始发基座可以采用钢筋混凝土结构,主要承受盾构机的重力荷载和推进时的摩擦力,结构设计还需考虑盾构推进时的便捷和结构受力(图 4-50)。由于盾构主机组装完成后重量较大,所以始发基座必须具有足够的刚度、强度和稳定性。在盾构机主机组装时,在始发基座的轨道上涂硬质润滑油以减小盾构机在始发基座上向前推进时的阻力。

a)始发基座

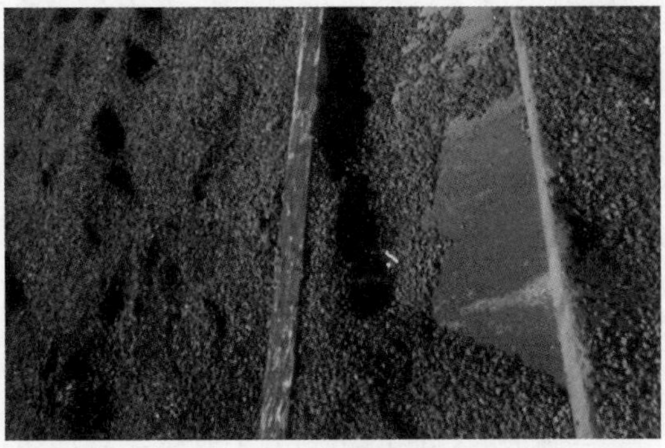

b)槽钢润滑

图 4-50　始发基座设计

当盾构在组装后，结构设计还需考虑盾构向前移动施工的便捷和结构受力。

图 4-51　首环管片拼装

3）首环管片拼装

管片拼装第一环必须注意断面的圆度和与隧道轴线的垂直度，为整环拼装做准备。一般情况下，第一环管片在盾壳内的正常安装位置进行拼装，如图 4-51 所示。在安装第一环管片之前，为保证第一环管片不破坏盾构机尾部的密封刷及第一环管片在拼装好以后能顺利向后推行，在盾壳内安设厚度不小于盾尾间隙的槽钢，以使管片在盾壳内的位置得到保证，如图 4-52所示。

a）盾尾槽钢

b）负环托架

图 4-52　管片支撑附件

盾构位于始发台上时尽量不要进行姿态调整，盾尾离开始发台后盾构已处于相对自由的状态，一般通过盾构推进千斤顶的合理选用来调整盾构姿态，必要时可通过调整管片楔形量来调整，以使盾构逐步沿隧道设计轴线推进。

整个盾构掘进过程中，纠偏实行“勤纠、量小”的原则，每环姿态调整量控制在 6mm 以内，盾构轴线偏离设计轴线不大于 ±50mm，地面隆陷控制在 +10 ~ −30mm。

在始发掘进时，严格控制盾构机的各组油缸压力、盾构机总推力、刀盘扭矩。

在始发基座上推进速度控制在 20 ~ 30mm/min，盾构进入原状土的前 12m，推进速度控制在 20 ~ 30mm/min，在盾构机盾尾完全进入原状土后可逐步提高到 30 ~ 40mm/min。

4）洞门密封装置安装

马蹄形盾构洞门密封方案要根据地质条件和施工方案做具体分析。采用的方案和圆形盾构类似，主要包括活动折页板式帘布橡胶密封和钢丝刷油脂密封（图 4-53）。活动折页板式帘布橡胶密封主要适用含水率不大的地层，钢丝刷油脂密封则适用于含有丰富地下水的地层。

a)活动折页板帘布橡胶密封　　b)钢丝刷油脂密封

图4-53　洞门密封装置

4.4.2　防滚转技术

常规圆形掘进机在发生滚转时，不会对隧道成型质量造成影响，通过刀盘的反转即可进行校正。而对于马蹄形盾构机来说，由于隧道非中心对称，在其推进过程中，土压的不均匀及地质的变化很容易造成盾构机发生水平轴线偏转或滚转，在发生滚转时，会导致隧道形状改变，故管片拼装精度要求高、姿态控制严格，且无法通过简单的刀盘反转来校正，需要多种手段共同作用，要求盾构的姿态控制做到微偏离小纠正。马蹄形盾构机的纠偏如图4-54所示。

图4-54　盾体偏转示意图

1)刀盘翻转纠偏

盾壳上设计有水平倾角传感器，实时监测滚转姿态，并设有预报警系统，每个刀盘的旋转速度及方向都可调，从而实现盾体滚转纠偏，纠偏示意如图4-55所示。螺旋输送机转速可实现无级调速，控制土仓左、右压力实现辅助纠偏。

2)打土泵纠偏

在前盾盾体周圈预留有压浆口，后配套配置有黏土泵。在盾体有滚转趋势时，进行压浆纠偏，如图4-56所示。

3)配重块纠偏

马蹄形盾构在设备姿态发生滚转趋势后，通过盾壳内加装配重块的形式进行滚转纠偏，如图4-57所示。

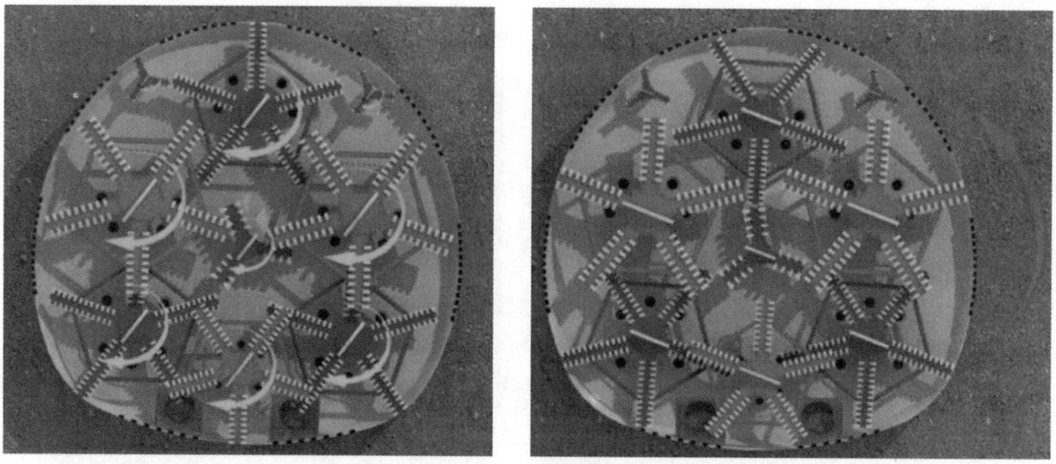

图4-55　刀盘正反转纠偏示意图

a)黏土注入泵

b)纠偏示意图

图4-56　打土泵纠偏示意图

a)设备配重块

b)纠偏示意图

图4-57　配重块纠偏示意图

4.4.3　土压平衡稳定性技术

马蹄形盾构开挖断面为马蹄形变曲率形状，开挖面土体各点的稳定性不同，同时采用9

个不同直径刀盘联合开挖，部分区域存在交叉扰动，而且每个区域土体的扰动灵敏性又不同，因此土压平衡稳定性存在波动性大的问题。

针对该项目穿越地层特性，采用以齿刀、刮刀和鱼尾刀为主切削土层，以低转速、小扭矩、小推力推进。

土仓内土压力值 P 应略大于静水压力和地层土压力之和 P_0，即 $P = K \times P_0$（K 值介于 1.0～3.0）。

土仓压力通过采取设定掘进速度、调整排土量或设定排土量、调整掘进速度两种方法建立，并应维持切削土量与排土量的平衡，以使土仓内的压力稳定平衡。

采用两台螺旋输送机（图 4-58）出渣，能够有效地匹配推进速度，防止超欠挖。螺旋输送机转速可无级调速，控制土仓左、右压力实现土压平衡，有效控制地表沉降。

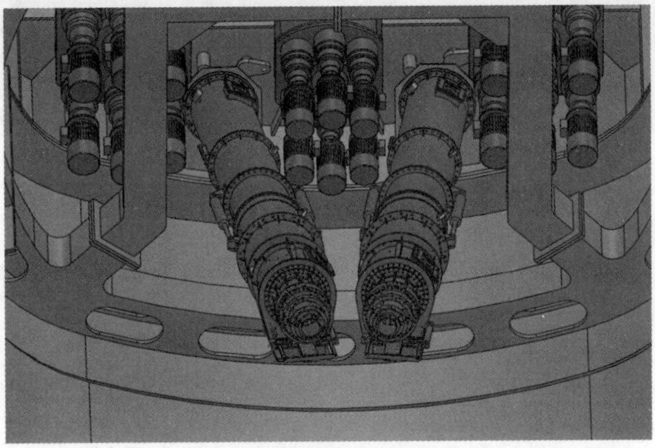

图 4-58　双螺旋输送机设置

在砂质老黄土地层段掘进时，需要添加泡沫剂、膨润土等改善渣土的止水性，以使土仓内的压力稳定平衡。

盾构机的土仓压力主要通过调整盾构掘进速度和出土量的平衡来控制，排土量则主要通过调整螺旋输送机的转速来调节。在实际掘进施工中，应根据地质条件、排出的渣土状态，以及盾构机的各项工作状态参数等动态地调整优化，此模式掘进时应采取渣土改良措施增加渣土的流动性和止水性。

4.4.4　渣土改良技术

针对砂土地层的开挖，土压平衡盾构机在穿越时，由于砂层土体流塑性差，摩擦系数较大，强度较高，盾构机的推力大大增加，导致出土困难，刀盘扭矩、螺旋输送机扭矩增大，使掘进速度降低甚至无法推进。同时在砂质新黄土地层中，盾构机刀盘可能出现升温过快，刀盘及螺旋器磨损较大的问题，这些问题会导致土压平衡盾构在砂层中施工十分困难。

同时，由于马蹄形盾构机开挖面积大、多刀盘同时开挖、搅拌效果不均、同时存在搅拌盲区，渣土改良存在很大的不均匀性，对盾体（姿态）方向控制影响大。因此保证渣土改良效果至关重要。而要实现此设备的姿态精确控制，最好的办法是通过渣土改良让渣土达到真正的流塑状。因此马蹄形盾构机的渣土改良技术非常重要。

针对马蹄形盾构机在白城隧道的新老黄土中极强的不适应性，拟通过渣土改良参数及配比的试验室测定，通过复合的渣土改良配比指导施工，再经现场实际掘进情况综合确定适合当前地层的渣土改良数据。具体为利用多功能试验台及其他测试仪器，对常用改良剂泡沫、膨润土浆液的特性进行试验研究，并通过坍落度试验、搅拌试验、透水性试验等分别研究了水、泡沫、膨润土浆液对粉土、粉细砂的改良效果情况。流体多功能试验台如图 4-59 所示，渣土改良试验技术路线如图 4-60 所示。

图 4-59 流体多功能试验台

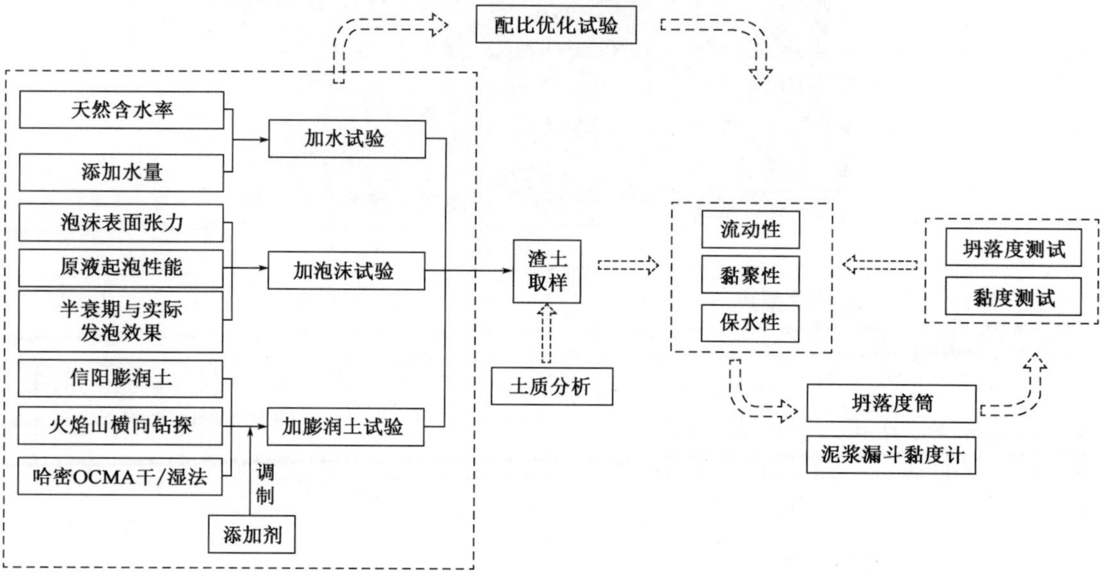

图 4-60 渣土改良试验技术路线

4.4.5 管片拼装技术

由于拼装管片为非圆管片，马蹄形管片拼装机在设计伊始，便是马蹄形盾构机的设计难点。由于马蹄形断面没有圆形的中心对称优势，导致每块管片内表面变曲率、重量大、惯性大、重心偏置等，从而使管片安装时微调工作量很大、管片错位搭接现象多，且楔形块在最后拼装时周向压紧力不易传导等诸多难题。

管片安装机（图 4-61）安装在盾体内部，由主梁、回转架、移动架、连接梁、抓举头等机构组成。管片安装机通过遥控器进行控制，均可对每个动作进行单独灵活的操作控制，通过这些机构的协同动作把管片安装到准确的位置。管片安装机的伸缩、旋转和移动等功能都是按比例控制的，可以对管片实现精确定位。管片安装机由单独的液压系统供应动力，并具有紧急状况的自锁能力，从而确保施工中的安全性。

图4-61　马蹄形环式管片拼装机

养护成型的管片，经平板车由管片厂运送至进口场地管片存放区后，进行防水材料的粘贴作业，经有轨电瓶车运送至盾构机，经过一次起重机卸车，放至设备桥下的临时存放区域，用高压气管清洗完成后，由二次起重机吊送至管片安装机正下方，由操作手控制安装机进行管片拼装。

各管片的拼装顺序从最下部管片开始，交替从左右侧往上拼。拼装顺序示意如图4-62所示。

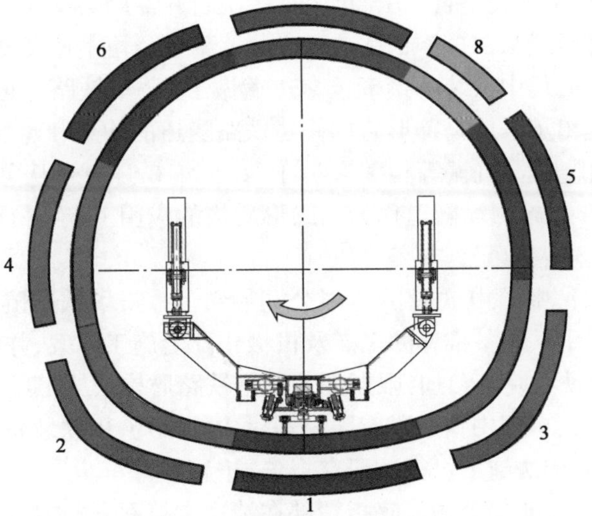

图4-62　拼装各块管片示意

管片安装时安装司机、螺栓安装人员要就位，首先安装最下方一块管片，先连接纵向螺栓，然后由下到上左右对称安装剩余管片，随每块管片的安装将纵向螺栓及环向螺栓连接好并进行紧固。封顶块安装时，先搭接1/3，再径向插入，边调整位置边缓慢纵向顶推。整环管片全部安装完后，用风动扳手紧固所有螺栓。盾构掘进时，在上一个循环管片脱出盾尾后，及时以风动扳手对所有管片环纵向螺栓进行复紧，安装流程如图4-63所示。

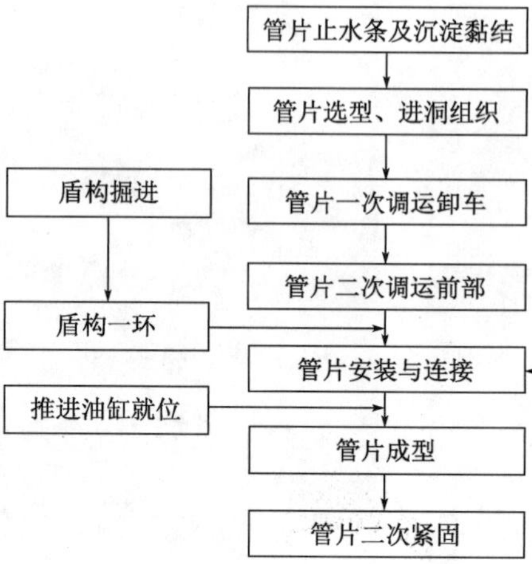

图4-63　管片安装流程图

4.5　马蹄形盾构隧道工程案例

4.5.1　项目背景

蒙西华中铁路煤运通道是国家“十二五”规划的重大交通基础设施和“十二五”铁路规划的重点项目，北起内蒙古鄂尔多斯市，途经陕西、山西、河南，进入湖北、湖南、江西，线路全长约1750km，投资约1700亿元，全线隧道众多。针对蒙华铁路隧道数量多、重难点隧道多、穿越地层复杂等特点，中铁装备自2015年7月多次召开专题会就蒙华铁路隧道施工机械化配套进行研讨和部署，并于2015年8月4日参加了蒙华公司主持展开的“蒙华铁路设计、施工专题论证会”，会上时任中铁装备董事长李建斌做了“蒙华铁路隧道机械化施工设备配套建议方案”的汇报，提出了采用马蹄形盾构修建铁路隧道的构想和建议。会后在蒙华公司的支持下，中铁装备安排土木、机械等相关人员于2015年8月8日从蒙华铁路起始标段进行现场踏勘和调研，初步选定白城隧道作为马蹄形盾构的应用工点，并向蒙华公司提交了蒙华铁路机械化施工工点建议和配套方案。

2015年8月19日，中国中铁股份有限公司召开了“蒙华铁路隧道机械化施工专题会议”，会议初步认可了中铁装备推荐的工点及机械化配套施工方案，并要求由中铁四局牵头，铁三院、中铁装备、中铁六院等参加，限期完善蒙华铁路盾构法施工可行性研究报告。

2015年9月20日，中国中铁股份有限公司对中铁四局、中铁装备及铁三院、中铁六院联合提交的《蒙华铁路盾构法施工可行性研究报告》进行了评审。

2015年10月15日，蒙华公司蒙陕指挥部在靖边主持召开《白城隧道盾构法施工专家论证会》，与会专家通过了中铁装备和中铁四局提交的方案。

2015年11月2日，中铁四局、中铁装备在北京向蒙华公司汇报了蒙华铁路白城隧道盾构法施工方案，蒙华公司同意采用马蹄形盾构进行隧道机械化施工。

2016年7月15日，世界首台超大断面马蹄形盾构在中铁装备郑州国家TBM中心工厂完成工厂组装测试。

2016年8月15日,设备运抵现场,开始组装。

2016年11月11日,始发掘进。

2018年2月16日,顺利贯通。

4.5.2　项目概况

1)工程概况

白城隧道位于陕西省靖边县内,隧道进口里程为DK206+365,出口里程为DK209+710,隧道全长3345m,是设计速度为120km/h的双线电气化铁路隧道,隧道最大埋深为81m,隧道断面尺寸为W11.9m×H10.95m。隧道全段位于直线上,隧道纵坡为人字坡,坡度及坡长依次为0.45%/1935m、-0.3%/900m、-1.1%/510m。隧道洞身范围内地层主要为第四系全新统风积层(Q_4^{eol})粉砂、细砂,第四系上更新统风积层(Q_3^{eol})砂质新黄土。围岩级别为Ⅴ、Ⅵ级,其中Ⅴ级2730m、Ⅵ级305m。隧道进口以细砂为主,隧道出口以粉砂为主。隧道区进出口地表覆粉砂、细砂,植被覆盖率40%~70%,为半固定及固定沙丘,轻度沙漠化,风沙危害轻微。未发现地表水和地下水,地下水位于隧道洞身以下,采用降雨入渗法计算,隧道范围内正常日涌水量Q_s为482m³/d,最大日涌水量Q_o为667m³/d。白城隧道横断面如图4-64所示,纵断面如图4-65所示,项目现场如图4-66所示。

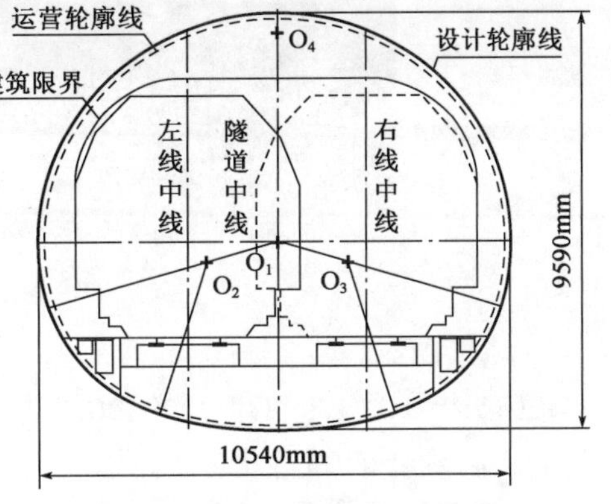

图4-64　白城隧道横断面图

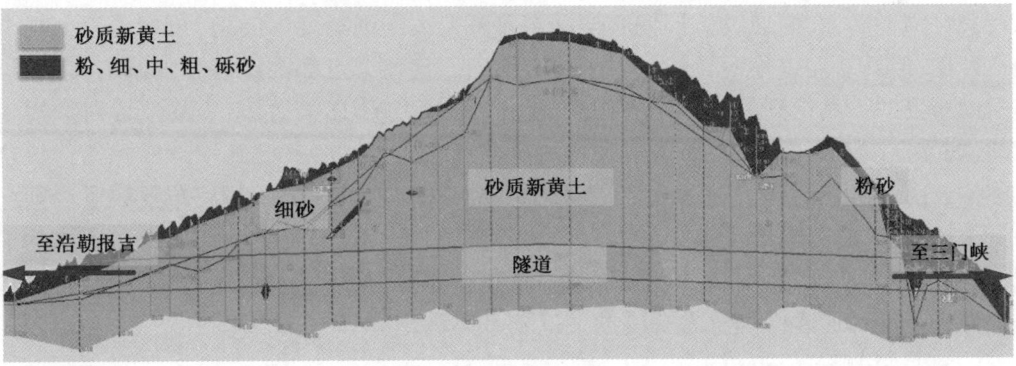

图4-65　白城隧道纵断面图

2)主要特点

隧道位于毛乌素沙漠边缘,地形平缓,隧道进出口浅埋段较长。隧道穿越的第四系上更新统砂质新黄土具湿陷性,洞身部分地段位湿陷深度以内,需进行基底处理。在隧道区DK206+265~DK206+600地表分布松散的细砂,极易发生浅层滑坡及大面积坍塌;隧道区DK206+600~DK209+330段分布第四系上更新统风积层(Q_3^{eol})砂质新黄土,稍密~密实,稍湿,具针孔状孔隙,呈松软结构,宜发生大面积坍塌乃至引起地表开裂;隧道区 DK209 + 330 ~ DK209 + 775 分布松散 ~ 密实的粉砂,极易发生中浅层滑坡及大面积坍塌。隧道洞顶 DK206 + 947.5 线路左侧 8m 及 DK206 + 996 线路右侧 28m 有高压线塔;DK207 + 143.5 下穿包茂高速公路,埋深 37.29m;DK206 + 624.6 下穿天然气管道,埋深 17.01m;DK206 + 693 下穿白城子供水管线,埋深 19.79m。

图 4-66　蒙华铁路白城项目现场

3)工期要求

2015 年 8 月 1 日工程开始,2018 年 8 月 31 日完成,共计 37 个月。其中,施工准备 2 个月,隧道洞身施工 33 个月。

4)工程施工难点

(1)超大断面马蹄形隧道全断面开挖问题

超大断面马蹄形隧道不同于普通圆形隧道,通过简单的中心回转圆形刀盘旋转开挖难以得到马蹄形断面,而通过仿形偏心摆动刀盘开挖大断面马蹄形隧道,虽然可以实现全断面隧道开挖,但其缺点也是明显的。由于偏心摆动刀盘各个点都围绕各自的圆心做旋转运动,其上面布置的刀具受到的反力无法相互抵消,切削反力传递给盾体,容易造成对周边土体的扰动,如果控制不好的话,极易造成开挖的沉降量超标;另外,其后部搅拌棒的运行轨迹也是以曲柄长度为半径的圆,其搅拌范围相对于整个开挖面来说极其有限,布置数量少则起不到改良土体的作用,布置数量多则将大大增加刀盘的扭矩,且形成的反作用力对盾体的平衡不利。因此,如何实现超大马蹄形隧道全断面切削的同时保证渣土改良的均匀性、施工精度的准确性也是马蹄形盾构机急需解决的关键技术问题之一。

(2)掘进机偏转、滚转问题

由于超大断面马蹄形隧道掘进机横断面尺寸大,开挖面各点压力可能存在差别,调向纠偏的难度大。在推进的过程中可能由于侧向受力不均或者地层不均匀导致马蹄形隧道掘进机产生扭转使姿态难以控制,当发生轴线偏转时,很难纠正,若纠偏过猛会造成土体扰动及增大顶进阻力。超大断面马蹄形隧道掘进机在掘进过程中,经常发生机头滚转,由于断面是马蹄形,发生滚转对管节质量及最终成型隧道的使用有很大影响,马蹄形隧道掘进机或管节发生滚转偏差对隧道净空影响明显,滚转的纠偏也因横断面尺寸增大而变得困难。

(3)超大马蹄形断面掘进时土压平衡控制问题

项目采用大断面马蹄形盾构机施工,无法像圆形盾构土仓全断面内进行渣土搅拌,渣土改良均匀性差,双螺旋输送机联合出渣,出土量控制难度大,土压平衡顺应性控制非常困难。

(4)马蹄形多曲率管片拼装问题

马蹄形管片拼装机设计是马蹄形隧道掘进机的设计难点,由于马蹄形断面没有圆形的中心对称优势,导致每个分半管片内表面变曲率大小不一、重心偏置等特点,从而使管片安装时微调工作量很大、管片错位搭接现象多,且楔形块在最后拼装时周向压紧力不易传导等诸多难题。

5)马蹄形盾构机特点及设备参数

该项目采用的是中铁工程装备集团自主研发的全球首台超大断面马蹄形盾构机(图4-67),与常规圆形盾构法相比,减少10%～15%的开挖面积,具有成本低、施工效率高的特点,马蹄形盾构示意如图4-68所示。

图4-67 超大断面马蹄形盾构

图4-68 马蹄形盾构示意图

该设备高10.95m、宽11.9m,总装机功率3726kW,其中驱动功率1980kW。由开挖系统、盾体结构、推进系统、管片安装系统、螺旋输出机出渣系统、皮带机、后配套拖车等组成。刀盘开挖形式采用平行轴式9刀盘布置方案,3前6后成"品"字形,开挖覆盖率能达到90%以上,大刀盘由6根刀梁组成,开口率达到58.2%。盾体设计为马蹄形,上部为圆拱,下部稍扁,左右两翼下侧的弧度较小。上下两半组合结构,方便吊装和运输。沿切口环周向布置切刀,以增加切土能力及耐磨性。每个刀盘配置一组驱动,每个驱动配置有6台电机和6台减速机,为刀盘提供可靠、足够的扭矩。顶推装置配置44根推力油缸,总推力达到139820kN。由于断面尺寸过大,设备配置2台轴式螺旋输送机,螺旋输送机筒径为0.8m,螺旋轴输出的额定扭矩125kN·m,额定转速为25r/min,出渣能力为335m^3/h。具体参数见表4-5。

超大断面马蹄形盾构机主要技术参数　　表4-5

序号	项目名称	性能/参数	单位	备注
1	盾构机型号	CTE11900×10950	—	—
2	开挖尺寸	W11.9×H10.95	m	—
3	刀盘转速	0~1.08	r/min	—
4	最大推进速度	60	mm/min	—
5	最大推力	139820	kN	—
6	主机总长	11.07	m	含刀盘
7	整机总长	≈118	m	—
8	整机质量	≈1600	t	—
9	最大工作压力	0.576	MPa	—
10	最大设计压力	0.7	MPa	—
11	水平转弯半径	1000	m	—
12	纵向爬坡能力	±5	%	—
13	超前注浆管数量	9+11	根	前盾+中盾
14	注浆管数量	8+8	个	备用
15	盾尾密封刷排数	3	排	—
16	注脂管数量	26	个	—
17	盾尾管片最小安装间隙	45	mm	—
18	管片拼装机形式	环式	—	—
19	管片拼装机-抓举头形式	机械式	—	—
20	管片拼装机-驱动形式	液压驱动	—	—
21	管片拼装机-自由度数量	6+1	个	—
22	管片拼装机-旋转角度	±200	°	—
23	管片拼装机-回转速度	拼装:0~0.7; 空载:0.7~1.3	r/min	—

4.5.3 盾构区间隧道施工方案

区间隧道采用1台大断面马蹄形盾构机施工。原计划由人工开挖施工暗挖正线隧道,经过变更后采用大断面马蹄形土压平衡式盾构机施工正线隧道,盾构机由小里程处隧道进口始发,掘进完成后在大里程隧道出口位置接收。

1)始发端头地层加固施工方案

始发端头地层加固:含1个始发端头和1个到达端头,端头隧道范围主要为细砂和砂质新黄土等不稳定地层。为保证盾构始发、到达和盾构组装的安全,盾构始发采用长大管棚,辅以喷浆进行加固。加固隧道范围为始发端外纵向长度30m。

2)管片预制方案

管片混凝土强度等级C50,抗渗等级P10;管片分奇数环和偶数环两种形式,管片环分块方式为7+1,错缝拼装(图4-69);封顶块OK/EK拼装方式为径向重叠2/3管片宽度,然后轴向推入;每环管片环宽1.6m,厚0.5m,根据隧道线形及坡度,管片不设楔形量。

图4-69　马蹄形隧道管片的错缝拼装

管片环缝螺栓采用RD30螺栓,纵缝螺栓采用RD36螺栓,螺栓产品等级为B级,机械性能等级为8.8级;每环管片需纵缝螺栓16套,环缝螺栓44套(1只连接螺栓+1只垫圈=1套);预埋螺栓套管采用PA66+FG,螺纹采用圆弧螺纹;垫圈材料为45号钢;所有钢连接件均需进行纳米复合粉末渗锌防腐处理,防腐层厚度不小于50μm,并采取有效措施避免磨损,以防止锈蚀;管片连接材料在拼装前应抽样进行拉拔试验,以便验证连接材料的各项技术性能指标。

为满足工程总体进度要求,投入4套管片模具(奇数环2套,偶数环2套),采取蒸汽养护提高管片质量、缩短管片生产周转周期。

3)盾构机组装始发方案

盾构机经过1次整机始发。

4)施工运输方案

施工水平运输采用43kg/m钢轨铺设单线(隧道内每1000m布置双线错车)。隧道每掘进一环,用编组列车完成材料和管片的水平运输,共配备2列编组列车,以缩短接料和长距离运输的等待时间,并配备1列金刚车,用以同步仰拱填充。

配备一台16t门式起重机完成材料、管片的垂直运输。渣土由连续皮带机完成。

5)监测方案

坚持监控量测跟踪,实施信息化施工,以控制地层变形和确保施工安全。

6)明洞及洞门施工方案

本隧道进口明洞段施工采用单个工作面分4个阶段组织施工:

第一阶段施工进口仰拱衬砌;第二阶段为施作盾构始发段,包含围护桩、门吊基础、始发基座和始发洞钢拱架等施工;第三阶段为待盾构机进场组装完成后,施工剩余段仰拱和拱墙作为盾构的反力结构段；第四阶段待进口明洞施工完成后，进行外防水和回填施工，且设备、机具材料转场至出口明洞施工。

第一阶段施工段由明洞洞门位置向大里程施作，同步施工盾构始发段，完成后进行第三、四阶段施工。

洞门在小里程第一模施作完成后随即展开施工。

7）无砟道床施工方案

本标段无砟轨道采用弹性支承块式无砟轨道，无砟轨道与有砟轨道的分界点一般设于隧道内距洞口30m处，采用长枕埋入式无砟轨道，过渡段采用直接过渡的方式。

8）水沟电缆槽施工方案

白城隧道边沟电缆槽实行双侧施工。边沟电缆槽采用整体式模板，一副长度12m，共投入2副模板，一次施工长度24m。边沟电缆槽施工完成后，预留0.3m浇注填充混凝土。

9）工程风险工点的专项方案及应对措施

根据设计概况及现场实际调查，本工程主要风险点为：下穿管线、下穿包茂高速公路、不良地质掘进。

4.5.4 施工顺序安排

1）施工阶段划分

根据本工程的规模及特点，施工期间主要分为3个阶段组织施工：

（1）前期准备阶段：主要进行营地建设、管片厂大临建设、围挡施工、现场布设、建（构）筑物和管线补充调查，并完成施工图设计、盾构机和管模采购工作后，进行管片生产。

（2）盾构隧道施工阶段：正线盾构掘进施工及附属工程的施工。

（3）退场及竣工验收阶段：工程实体完成后进行清理、缺陷修补及竣工交验。

2）施工顺序安排

进场后进行施工准备阶段工程［包括营地建设、施工图设计、管线建（构）筑物调查、管片厂建设、管片生产等］，待隧道进口明洞场地移交满足明洞施工后，隧道进口段正式开始施工，盾构机进场组装后，顺序开始始发掘进，经过掘进完成后在隧道出口吊出。附属工程在主体结构施工期间穿插进行。

4.5.5 盾构的组装与调试

1）盾构机组装场地及组装设备

盾构组装场地分成3个区：后配套拖车存放区、主机及配件存放区、吊机放置区。盾构机组装设备：250t履带式起重机1台，230t门式起重机1台，及相应的吊具、机具、工具。

2）盾构机组装顺序

白城隧道马蹄形盾构机采用整体始发。此次整体始发组装顺序由前向后，即先下盾体，再下螺旋输送机，然后依次下放各节拖车，如图4-70所示。

4.5.6 盾构始发方案

1）端头加固方案

通过人工钻爆法对端头向大里程方向采用大管棚加固，长40m。本工程进洞地层情况为：隧道范围内为砂质新黄土，原状土稳定性较好，地表约3m为细砂层。马蹄形盾构始发掘进时，通过洞门密封装置及掘进过程中的保压措施，可保证洞顶地层稳定，无须再进行端头加固施工。

a）主机组装图

b）后配套组装图

图4-70　盾构的组装

针对已施作的大管棚，需采取人工方式对水平范围及深度进行探测，保证大管棚不侵入隧道净空。

2）始发基座设计

始发基座安装位置按照测量放样的基线，井下定位施工，基座上的轨道按实测洞门中心居中对称放置。盾构始发基座采用C30钢筋混凝土结构，主要承受盾构机的重力荷载和推进时的摩擦力，结构设计还需考虑盾构推进时的便捷和结构受力。由于盾构主机组装完成后质量达985t，所以始发基座必须具有足够的刚度、强度和稳定性。在盾构机主机组装时，在始发基座的轨道上涂硬质润滑油以减小盾构机在始发基座上向前推进时的阻力。

在盾构组装后，结构设计还需考虑盾构向前移动施工的便捷和结构受力。本标段盾构始发基座底部连接在一起组成整体结构。在始发基座上设置3根120kg/m钢轨作为盾构机导向轨道，底部导轨居中，上部两根钢轨距中心4.8m。基座施工时，通过与底板植筋进行加固，保证始发基座与底板结构成为整体。在盾构进入始发导洞的过程中，防止盾构刀盘下沉，在洞门导洞中铺设3根导轨，导轨与始发导洞内导轨相连，并要焊接牢固，防止盾构掘进时将其破坏，而影响盾构的正常掘进。导轨位置以始发基座滑轨延伸对应的位置为准。

由于盾构质量较大，盾体放置于始发基座上后不能随意前后移动，盾尾与中盾需要焊接连接，故在盾尾与中盾连接处，预留宽0.8m，高0.7m的盾尾焊接槽，焊接槽处不设置导向钢轨，且在焊接槽前方的导轨打斜坡口处理。始发基座全长24m，宽16m，始发基座两侧高3m。始发基座断面结构示意如图4-71所示，始发基座配筋图如图4-72所示。

3）反力系统安装

根据现场施工条件及组装场地布局，盾构的反力由明洞提供。明洞加强段提供盾构机推进时所需的反力，盾构始发时，推力主要集中在下半部。明洞加强段与盾构机位置如图 4-73所示、管片与反力明洞合拢如图 4-74 所示。

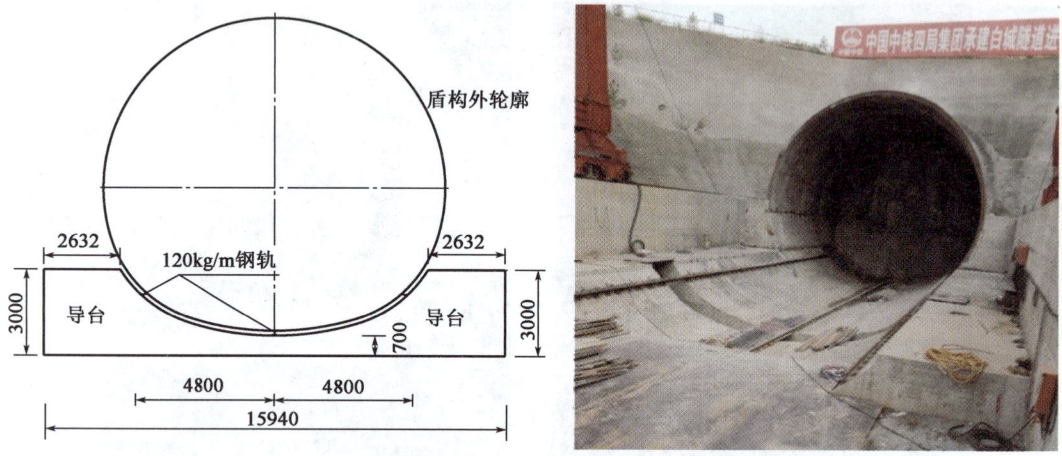

图 4-71　始发基座断面结构示意图(尺寸单位:mm)

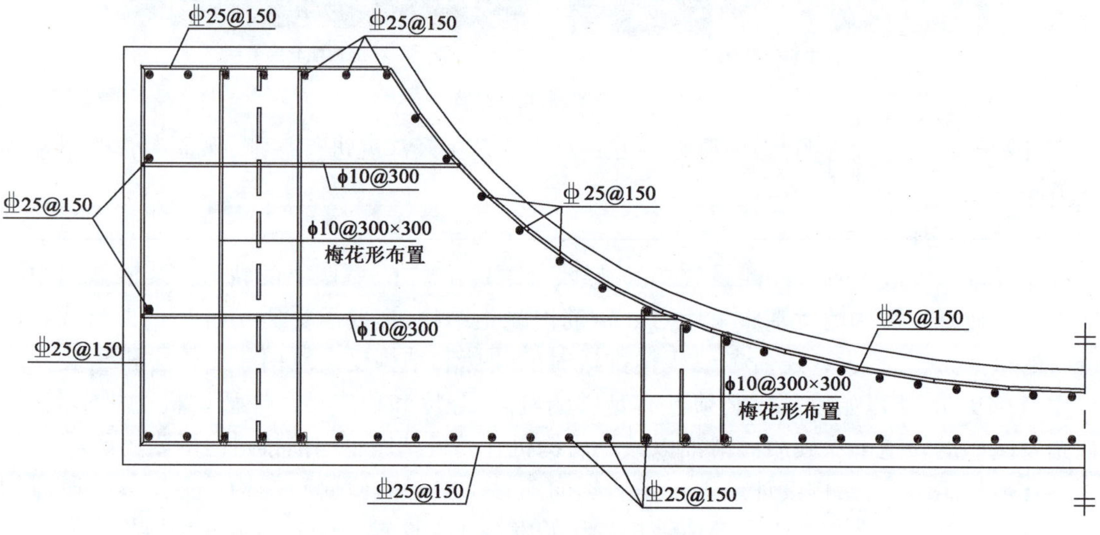

图 4-72　始发基座配筋图(尺寸单位:mm)

4)洞门密封装置

套拱向小里程方向施作始发导洞，拱架内径在开挖轮廓线外 0.155m。始发导洞大里程与套拱连接，小里程进洞端焊接预埋钢环，保证盾构在通过拱架区时呈密封状态，如图 4-75 所示。

拱架内径为 12.39m，即在开挖轮廓线外 0.155m，距管片外径 0.34m，在管片脱出盾尾后，按照要求进行洞门的密封，即将管片与套拱之间的缝隙进行封闭。

用 1mm 铁皮用于封闭盾构导洞拱架与管片之间缝隙，铁皮分块制作好，精确定位后焊接在导洞拱架上，同时在拱架内安设支撑，防止在喷浆或者同步注浆时，封闭块发生变形，铁皮必须牢固地嵌入喷浆料且单面紧靠拱架，灌注混凝土或砂浆填筑时不得松动而影响使用。在施作过程中：钢环位置的纵向偏差为 3mm，低于标准偏差 5mm。

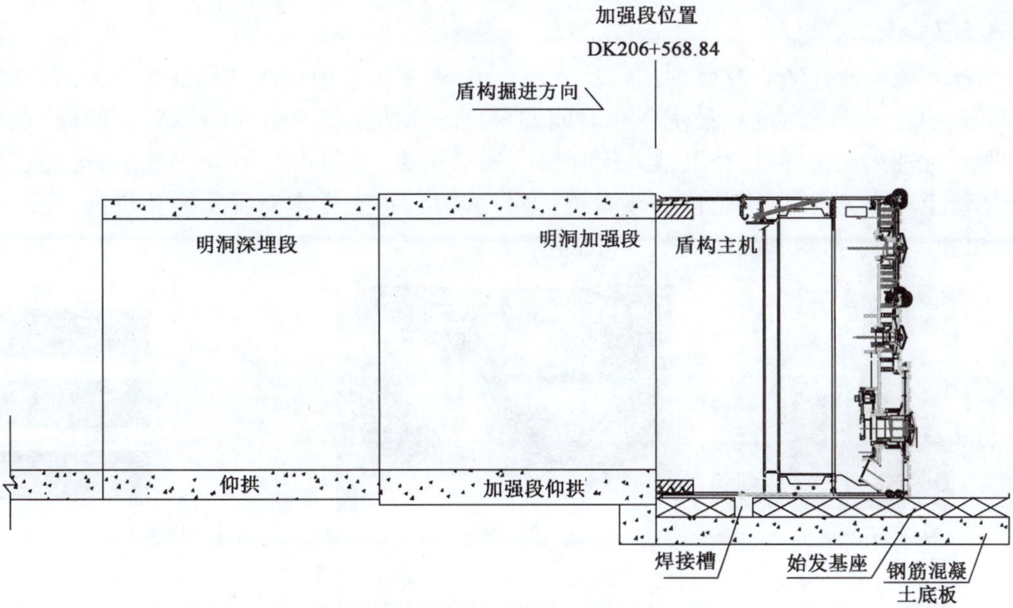

图 4-73　明洞加强段与盾构主机位置示意图

图 4-74　管片与反力明洞合拢图

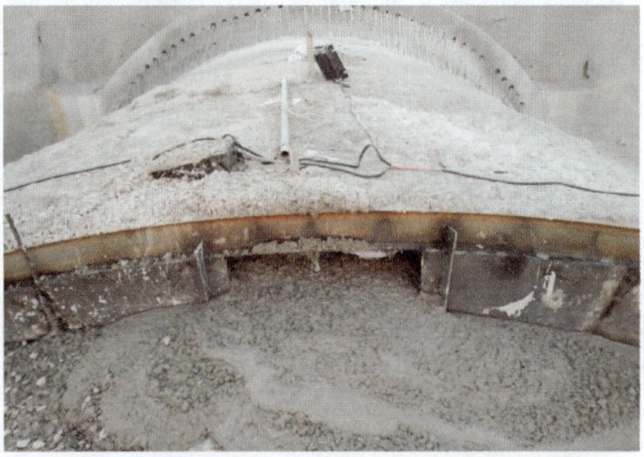

图 4-75　洞门预埋钢环

现场始发前的状态如图 4-76 所示。

图 4-76　始发前的现场状态

4.5.7 渣土改良

根据4.4.4所述渣土改良剂试验及制备方法,本项目采用加水或膨润土作为改良剂,得出膨润土的最优膨化浓度和最优膨化时间或最优加水方量。首先进行原状土取样,根据渣土的吸水性加入适量的水,将其放入搅拌机内记录扭矩,如图4-77所示。然后,把经过充分搅拌的渣土取出,测试其坍落度。接着进行对比试验,将土样重新置于搅拌机内,注入适量泡沫,并重新记录扭矩和测试坍落度(图4-78)。

a)原状土取样　　b)渣土搅拌　　c)动态扭矩测试

图4-77　打土泵纠偏示意图

图4-78　加泡沫改良后坍落度测试

经过上述加泡沫试验后,重新称取12kg散状土样,不掺加泡沫剂,只添加水,分别测试不同掺水量时测样的坍落度和搅拌扭矩,如图4-79所示。

针对砂质新黄土土样,根据试验室的系列试验以及得出的相关数据可以总结得出如下结论:

(1)土样注入30%的水后,扭矩明显下降,但功率波动较大,坍落度值小,所以单纯注水,不能将渣土改良出较理想的状态。

(2)加入35%的泡沫后,扭矩进一步下降,功率、扭矩平稳,坍落度值较为理想。

(3)该土样可以改良到较好状态,实际应用时可根据现场情况(实际含水率),出土状态(切削土块大小)适当调整水与泡沫的注入率。

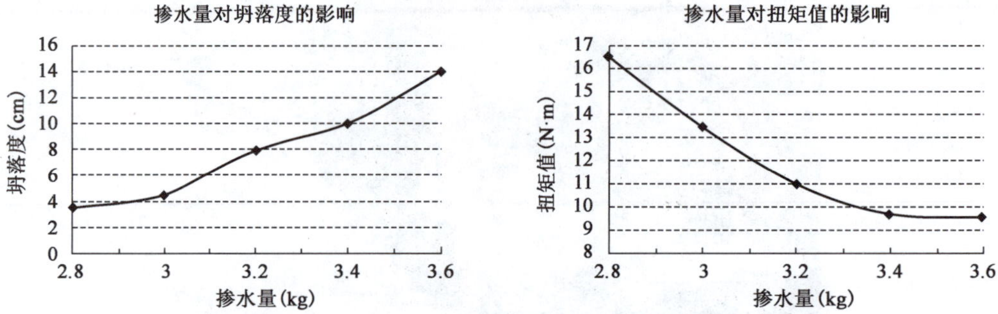

a)坍落度　　b)扭矩值

图4-79　加水后渣土的改良试验结果

故确定渣土改良采用加泡沫剂。掘进时每环(环宽1.6m)泡沫剂用量取200L左右,每环加入水量为50~60m^3,同时根据改良效果加入适当的水或外加剂。

如图4-80所示,渣土改良基本成流塑状,可见试验得到数据基本能满足现场掘进需求,在实际掘进过程中,结合埋深、地层及施工进度,对泡沫的参数进行了优化和细化,节省了费用,并且更适合当前地层变化。

图4-80　渣土改良实际效果

4.5.8　同步注浆

1)同步注浆量

白城隧道主要穿越地层为全断面新黄土地层,隧道断面面积大、同步注浆量大,管片脱出盾尾后的稳定性直接影响成型隧道的质量。盾构推进中的同步注浆是充填土体与管片圆环间的建筑间隙和控制地表沉降的主要手段,也是盾构推进施工中的一道重要工序。盾构推进施工中的注浆,选择具有和易性好、泌水性小,且具有一定强度的浆液进行及时、均匀、足量压注,确保建筑空隙得以及时和足量的充填。

注浆量的确定是以管片背部建筑空隙量为基础并结合地层、线路线性及掘进方式等考虑适当的饱满系数,注浆量与盾构掘进时扰动地层范围有关,扰动范围是变量,一般情况下充填系数为1.3~1.8。

同步注浆量经验计算公式:

$$Q = V \times \lambda \tag{4-17}$$

式中:V——充填体积(盾构施工引起的空隙),m^3;

λ——充填系数(宜取1.3~2.5)。

充填体积:

$$V = \frac{\pi(D^2 - d^2)L}{4} \tag{4-18}$$

式中:D——盾构切削外径,m;

d——预制管片外径,m;

L——回填注浆段长度(即预制管片衬砌每环长度),m。

根据马蹄形盾构断面和马蹄形管片外径进行计算得知:

$$Q = 10.5 \times 1.5 = 15.7m^3$$

2)改良同步砂浆

常规盾构同步注浆材料通常选用优质细砂进行拌和同步砂浆,因本工程主要地质为砂质新黄土,含沙量较多且细度模数(基本在1.8左右)稳定,通过项目自行试验,多次优化后,确定使用改良土代替细砂拌制砂浆的方案可行,并最终试验出满足填充砂浆的要求且适合项目施工的配比。

因改良土就地取材,随用随取,且改良土中的含泥量在配比试验(图4-81)中可适当取代膨润土的作用,节约了砂及膨润土的使用量及其采购和运输成本,另外通过此次试验的成功,也拓展了科研创新的新思路。改良土砂浆配比试验如图4-81所示,改良土砂浆取样试验如图 4-82 所示。

图 4-81　改良土砂浆配比试验

图 4-82　改良土砂浆取样试验

对于同步注浆的控制，现场值班工程师应严格控制单环浆液注入量，每环管片注入量基本控制在不小于 13m³，同时试验人员每天到搅拌站进行浆液配比检查及调试，在使用了改良土后及保证砂浆质量的前提下，使初凝时间尽量缩短，将浆液初凝时间基本控制在 4～5h，保证了管片在脱出盾尾几环后不出现因建筑空隙造成的管片周边受力不均情况，另外，在注浆的过程中做到注浆量与注浆压力双控并尽量优化双控标准，在注浆压力允许的情况下尽可能保证注浆量达到或稍微高于最低注浆量要求，使同步注浆达到稳定、可用的状态。同步注浆现场取样如图 4-83 所示。

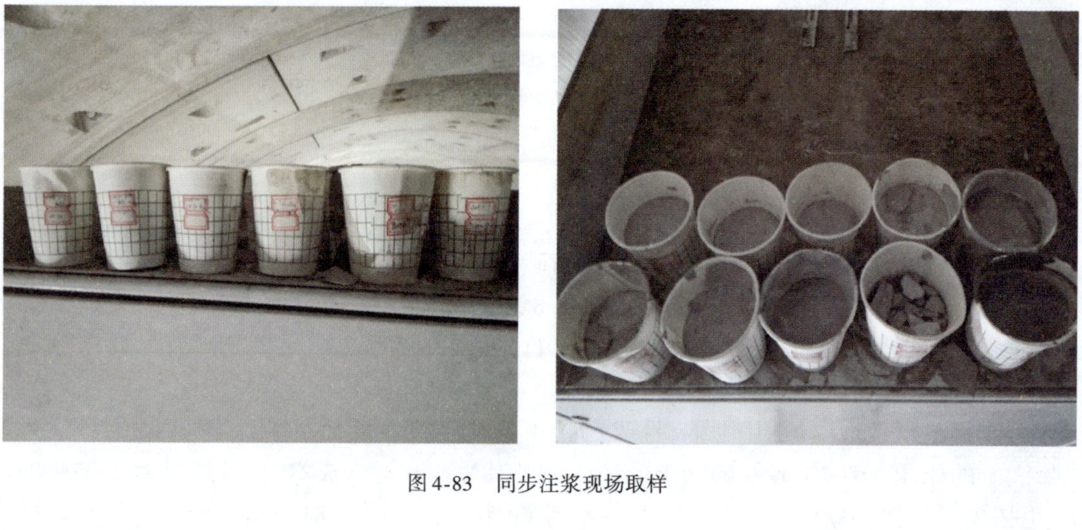

图 4-83　同步注浆现场取样

3) AB 液配合同步注浆

因传统的二次注浆采用水玻璃与水泥浆液的双液浆,每次施作最低配备 4 人方可进行,工序烦琐且费时费力,经常出现堵管和抱死盾壳的现象。经过多次试验,马蹄形盾构采用新型高分子材料 AB 料配合砂浆使用,代替传统的双液浆。

A 料直接在搅拌站拌制时加入,同质量代替同步注浆砂浆中的水泥;B 料在洞内溶解后导入储存罐中。注浆设备如图 4-84 所示。

a) 计量泵及搅拌桶

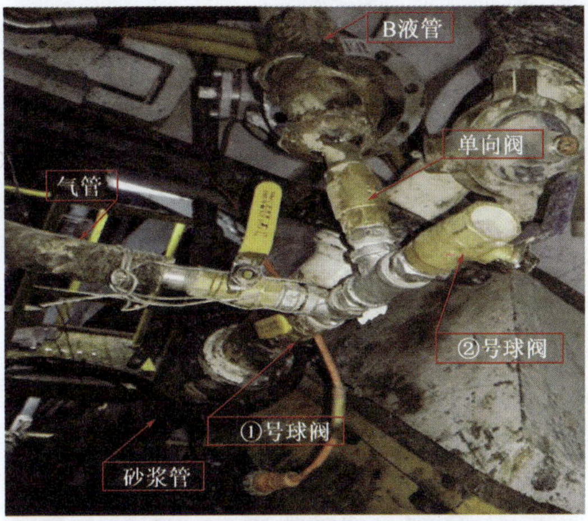

b) AB 液与盾尾注浆管路连接

图 4-84　注浆设备

对盾尾的同步注浆管路进行改造,在盾尾处使 B 料溶液与含 A 料的砂浆充分混合,达到控制管片背后砂浆凝固时间的目的,并通过计量泵使注入量及压力精确可控。

根据多次试验,在本工程中选用浆液效果最佳配合比(kg)为:

水泥:粉煤灰:膨润土:砂:水:A 料:B 料(与水 1:1 溶解) = 185:350:50:800:460:15:30。

初凝时间为 15min 左右。其中 AB 料的比例根据砂浆配比中水泥的含量变化而随之改变,且初凝时间可调节 AB 料两者的比例来进行控制,故在使用前,需根据当地气候、砂浆特性等方面实地进行调整。

计量泵与同步注浆泵采用联动系统,冲洗管路开关设置在同步注浆操作面板上,此套系统同步注浆司机 1 人操作即可满足施工需求。

4.5.9　管片拼装

管片安装施工人员共计 10 人,其中值班工程师 1 人,操作司机 1 人,一次起重机司机 1 人,二次起重机司机 1 人,螺栓紧固工 6 人。管片安装班组分为 2 个班组,24h 作业。管片拼装调试与现场施工如图 4-85 所示。

马蹄形盾构机在蒙华铁路白城隧道的施工,是马蹄形盾构工法在铁路山岭隧道黄土地层领域的首次运用。马蹄形管片在世界范围内属首次成功应用,在管片的生产、养护、型式检验、安装等施工过程中,均成功地克服了种种技术难题,形成了具有我国自主知识产权的大断面马蹄形盾构施工技术,实现异形盾构装备的自主化和智能化,为我国高端设备进军国

际市场提供了强有力的工程示范。近1200环的盾构掘进和管片拼装作业(图4-86),凸显出了以下优点:

1)安全性高

与传统钻爆法相比,隧道盾构法施工机械化程度高,盾构施工需要的管片由工厂进行预制,运送至施工现场由安装机进行安装,隧道一次成型,减少了锚杆支护、立拱、喷浆、二次衬砌等施工工序,确保了作业人员的安全。

2)管片成型精度高

盾构施工管片安装过程中,环向错台最大不超过5mm,纵向错台最大不超过5mm,安装精度高;在隧道成型上,环向错台最大不超过15mm,纵向错台最大不超过6mm,成型隧道精度高。

3)成型速度快

马蹄形盾构的管片拼装工艺在世界尚属首次,前期施工工人安装一环马蹄形管片最少需要120min,经过30环的拼装后,安装一环管片平均时间提升为80min,体现了马蹄形盾构管片安装机的先进性与合理性。目前,安装一环管片最快时间为52min,平均管片安装时间为70min/环,管片拼装时间的稳定与提升,使盾构掘进施工工序、质量可控。

图4-85　管片拼装调试与现场施工

图4-86　隧道内拼装成型的管片

4.5.10 盾构掘进参数优化

盾构施工的关键就是如何根据盾构机掘进的地质条件及时准确地确定盾构机的掘进参数,盾构机掘进参数确定的得当与否直接关系到盾构施工的进度、安全和质量。

本工程大断面马蹄形土压盾构机掘进参数主要包括:盾构机刀盘转速及扭矩;推进油缸总推力、各组行程差及推进速度;土仓压力的设定;泡沫剂等参数的调整;盾尾油脂、锂基脂消耗量的控制;注浆量及地表沉降的控制等。

1)盾构机刀盘转速及扭矩

本工程采用9个辐条式刀盘组合的形式(图4-87),采用前后交叉式布置,相邻刀盘的切削区域相互交叉,开口率约70%,开挖率91%,可适用于大部分软土地层:粉质黏土、黏土、黄土、砂层等。每个刀盘相互独立,可实现双向无级调速。在前盾切口环处布置切刀,对盲区进行辅助切削,同时在土仓隔板上预留高压水接口及连接风钻的万向接口(其摆动范围为±20°的圆锥面),始发时便于对盲区进行人工处理,提高设备的整体开挖率。

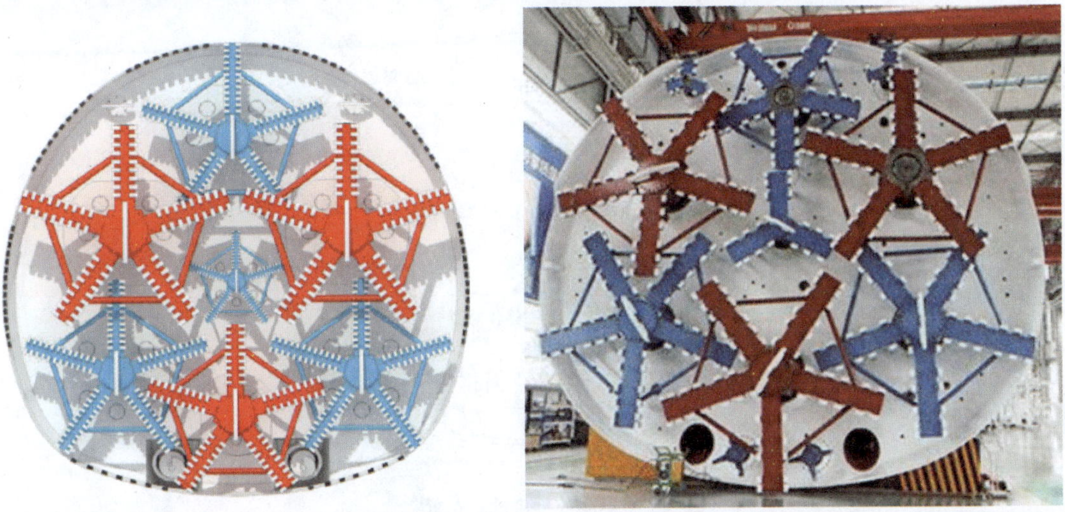

图4-87 马蹄形刀盘设计及组装图

盾构机刀盘转速及扭矩在不同的地质条件及不同的施工阶段所取的参数也随之改变。土压平衡盾构机掘进砂质新黄土地层时,为了防止地层扰动过大、保持土体的强度及自稳性,在掘进时刀盘转速不易过高,如果转速过高,会加大刀盘、刀具的磨损;刀盘转速过低时,刀盘切削下来的渣土和泥浆(或泡沫)未搅拌充分,刀盘扭矩高,推进速度慢,渣土在土仓底部堆积,造成出渣困难。

在砂质新黄土地层中,刀盘转速过高对周围地层的扰动较大,容易造成地层失稳,出渣量过大,地表沉降量超限。为此在不同掘进地段合理选择刀盘参数就显得特别重要,为方便对比,选取底部正中前刀盘的5号刀盘,在砂质新黄土地层中刀盘参数见表4-6。

刀盘掘进参数表 表4-6

掘进地段	始发段(1~100环)	正常段(101~1000环)
刀盘转速(r/min)	0.8~1.0	0.8~1.0
扭矩(kN·m)	600~1000	700~1200

2)推进油缸总推力、推进速度及各组油缸行程差

马蹄形盾构机必须拥有平行掘进、上下坡掘进、左右拐弯等施工能力，且横纵断面尺寸较常规圆形盾构大大增加，开挖面各点压力更加不均、盾构或管节发生滚转偏差对隧道净空位置的影响明显都对马蹄形盾构姿态控制及滚转纠偏功能提出更高的要求。

本项目吸取圆形盾构线性控制要点，针对性开展马蹄形盾构主推油缸布置研究，主推油缸分组研究，推进液压系统为盾构机提供向前掘进的推力，采用44根推进油缸，最大推进力139820kN。

推进油缸圆周方向分成6个分区，油缸成单、双缸布置，共18个小组，如图4-88所示。每个分组中的一根油缸有内置式位移传感器，位移行程可显示于上位机。装有位移传感器的推进缸控制阀组上还装有压力传感器，通过调整每区油缸的推进压力来进行盾构的纠偏和调向。

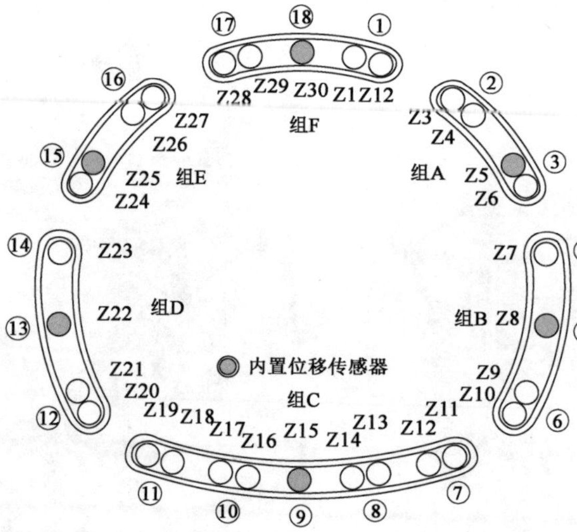

图4-88 推进油缸布置

盾构向前推进是靠安装在支撑环(即我们经常所说的中体)周围的千斤顶推力，各千斤顶的合推力即是盾构的总推力，在计算推力时一定要考虑周全，要将工程施工过程中对盾构可能产生的阻力都要计算在内。

盾构机的总推力必须大于各种阻力的总和，否则盾构机就无法向前推进。盾构机推进各种阻力和的理论计算比较复杂，在实际施工过程中盾构机的总推力一般按经验公式求得：

$$F_j = P_j \times S$$

式中：F_j——盾构机总推力，kN；

P_j——开挖面单位截面积的推力，kN，盾构机P_j的取范围：1000~1300。

土压盾构在砂质新黄土地层中的掘进速度一般控制在20~30mm/min。

盾构机推进油缸各组的行程差一般应控制在60mm以内。隧道设计曲线最小半径为500m，如果不考虑推力不均而引起的油缸行程差，则推进油缸具体参数详见表4-7。

推 进 油 缸 参 数　　表 4-7

掘进地段参数	始发段(1～100 环)	正常段(101～1000 环)
推进速度(mm/min)	15～25	15～25
总推力(kN)	45000～50000	50000～75000
行程差(mm)	≤60	≤40

4.5.11　工程总结

1)应用基本情况

马蹄形土压平衡盾构机在蒙华铁路白城隧道项目的成功应用,开创了全球马蹄形盾构机施工的先河,施工过程中,各系统运行稳定,各项设计参数均满足施工要求,实现了开挖、出渣、顶进、管片拼装、同步注浆等工序的一体化施工与主控室全程智能化控制。通过精心施工组织,最高月掘进 308m,最高日进尺 19.2m。马蹄形盾构机施工白城隧道施工进度表如图 4-89 所示。

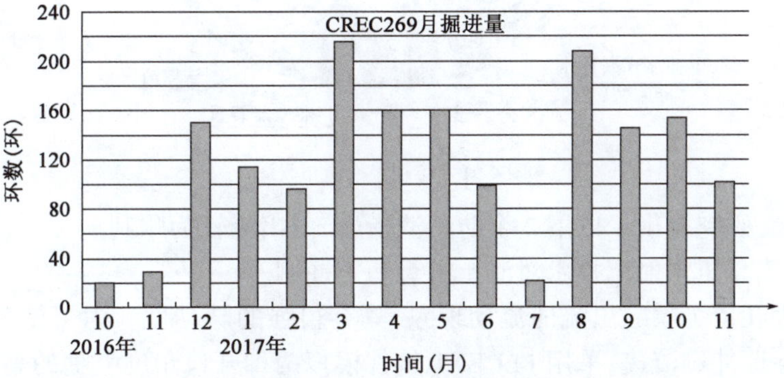

图 4-89　马蹄形盾构机施工白城隧道施工进度表

施工过程中,管片拼装系统能很好地适应马蹄形断面管片的拼装,隧道成型质量较高,管片错台控制在 3mm 以内。管片拼装平均用时 40min,实现了拼装的安全、高效。同时,姿态精度控制在 ±25mm,较好地满足实际要求指标。现场管片拼装如图 4-90 所示。

图 4-90　现场管片拼装

2)施工中出现的问题及设备优化

(1)积渣问题及解决方案

在施工过程中,出现了排渣不顺、螺旋输送机空转的问题,平均每天掘进 1 ~2 环,土仓内压力变化较大,影响了施工效率及地表沉降。经过停机检查发现,由于项目地质存在湿陷性黄土,遇水后在刀盘切削力作用下易大块坍塌,多刀盘前后布置形式为避免干涉存在搅拌盲区,大块渣土在土仓底部搅拌盲区位置容易堆积,如图 4-91 所示,形成较为硬实的土拱,影响渣土流动,导致排渣不畅。

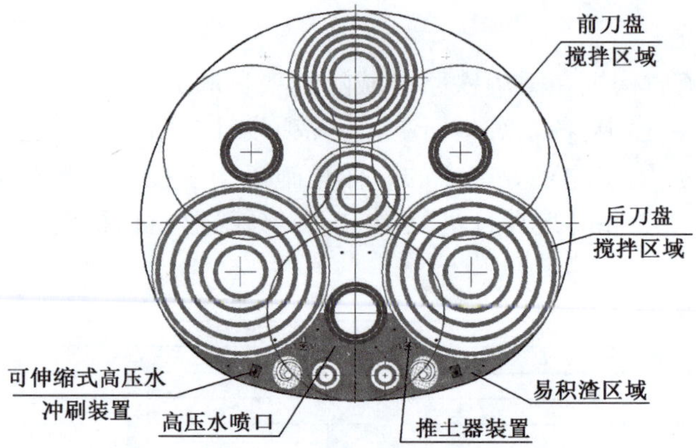

图 4-91　防积渣措施布置图

针对该问题,研究提出了以下 2 个防积渣措施,使出渣较为顺利。

措施一:利用高压水射流技术对渣土进行切割冲刷。

射流是一种孔口为狭缝出流的流动现象,具有很强的脉动性。为了使喷嘴的冲刷面积达到最大化且保证冲刷流速,采用 FLUENT 软件模拟两种开口角度喷嘴的高压水射流速度,研究喷嘴开口角度与冲刷效果之间的关系。

建立喷嘴的三维模型,使用 GAMBIT 进行网格划分,导入 FLUENT 软件,计算得到水射流速度云图,如图 4-92 和图 4-93 所示,可见两种开口角度喷嘴的水射流速度分布规律相似,即水射流的流速在离开喷嘴处迅速增大,达到最大值,离开出口后迅速减小,相同水射流压力下,喷嘴出口越大,流速及动压衰减越快,喷射面积越大。为了增大冲刷面积,选择增大喷嘴开口及水泵压力的方案,确定喷嘴开口角度为 170°,此时喷嘴开口宽度为 10mm,水射流起到水刀的效果,通过可伸缩装置增大冲刷范围。

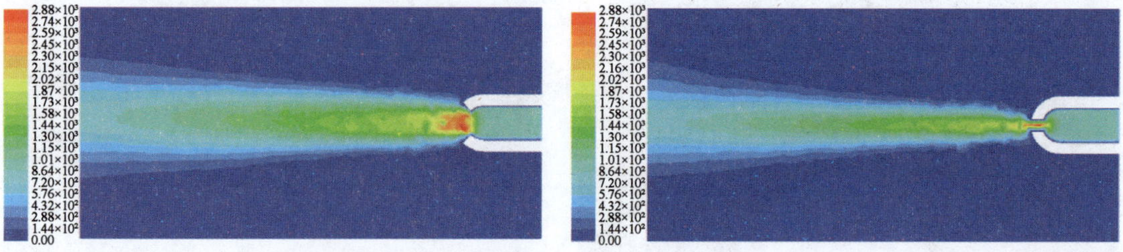

a)*x*方向　　b)*y*方向

图 4-92　喷嘴开口角度 90°时水射流速度的分布云图

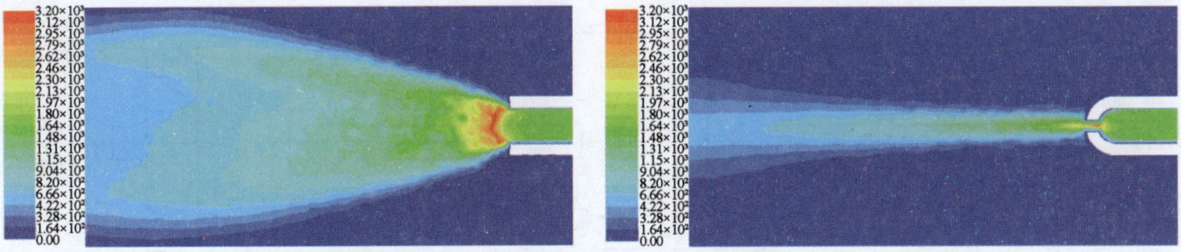

a) x方向　　　　b) y方向

图 4-93　喷嘴开口角度 170°时水射流速度的分布云图

在土仓隔板底部设置可伸缩式高压水射流冲刷装置两套，在搅拌盲区位置设置多个高压水射流喷口（安装位置见图 4-91）。该装置的结构如图 4-94 所示，高压冲洗喷嘴与喷管连接，通过油缸带动喷管前后伸缩，油缸通过支撑板和后座板固定，油缸与喷管铰接，密封组件内置于密封座内，通过压盖可调节密封效果。可伸缩式高压水射流冲刷装置冲刷范围较大，可有效解决土仓底部积渣的问题，提高渣土流动性。

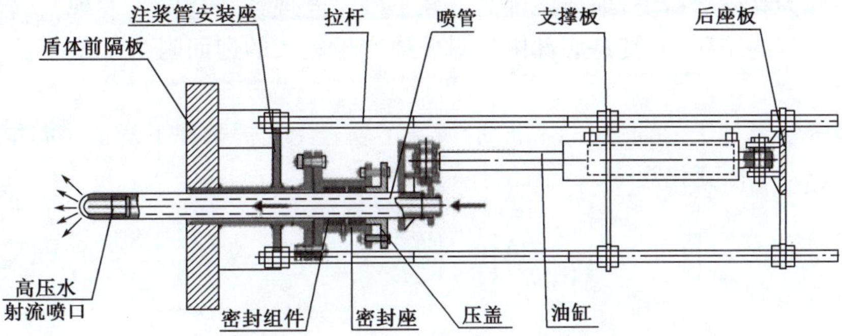

图 4-94　可伸缩式高压水射流冲刷装置

措施二：在螺旋输送机上部设置 2 个推土器装置，防止土仓内土拱的形成，保证顺利排渣。

推土器装置结构如图 4-95 所示，密封座通过螺栓连接在土仓隔板上，推土杆穿过密封座深入土仓与推土板方形卡槽及螺栓连接。推土器与土仓隔板成一定夹角向后上方倾斜，倾斜角度大于螺旋输送机倾斜角度。推土板（图 4-96）的迎土面焊接有切土条，便于推进切土。推土板的背土面做大倒角处理，减小回收分土阻力。在推土器的推动下渣土能够向下落入螺旋输送机出渣区域或搅拌器搅拌区域，破坏土拱。

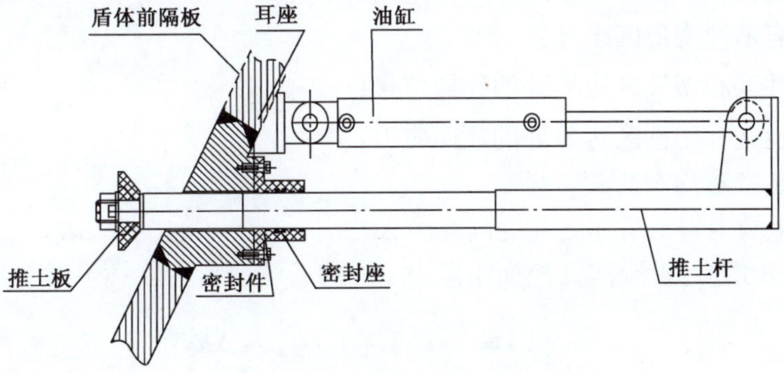

图 4-95　推土器装置

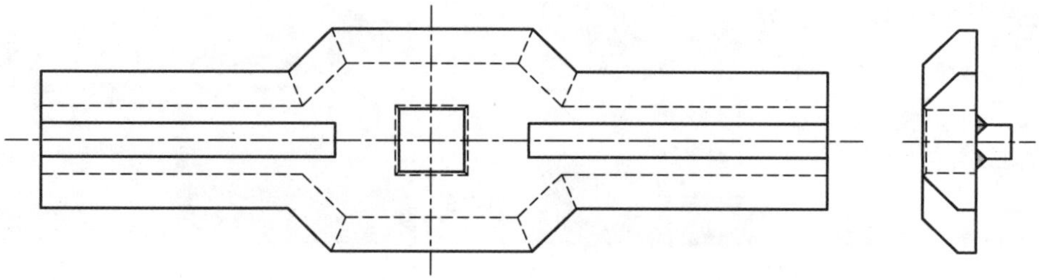

图 4-96　推土板结构

(2)顶推力过大等问题及其解决方案

①问题分析

在工程试验过程中,掘进第 1045 环时,出现下部 3 个大刀盘扭矩几乎为零,盾构机顶推力达到 90000kN 以上的情况,且姿态出现上浮现象,纠偏困难。分析发现,出现该现象的主要原因是掘进地质开始发生改变,开挖面下部为黏质老黄土夹姜石,姜石块无侧限抗压强度为 2MPa,中部为黏质老黄土,地质条件为上软下硬。经现场开仓检查发现,软岩地质围岩会对盾体产生强烈的挤压,尤其是底部围岩对盾体产生较大的迎面阻力及摩擦阻力。

②解决方案

刘泉声等学者基于 Hoek-Brown 准则,研究了软岩无支护条件下隧道径向位移量 u_r 沿掘进轴向方向(y 方向)变化规律,给出的计算公式为:

$$u_r(y) = \left[1 + \exp\left(\frac{-y}{1.1R}\right)\right]^{-1.7}\left\{\frac{R^{-\beta}}{2G}\left[B'(1-2\nu)\times(r_0^{\beta+1}-R^{\beta+1}) - C'(r_0^{\beta-1}-R^{\beta-1})\right] + u_r^{r_0}\left(\frac{r_0}{R}\right)\right\} \tag{4-19}$$

其中,$B' = \dfrac{r_0^2\sigma_r^{r_0}}{r_0^2-R^2} - p_0$;$C' = -\dfrac{r_0^2R^2\sigma_r^{r_0}}{r_0^2-R^2}$。

式中:R——隧道半径;

β——剪胀角系数;

G——岩石剪切模量;

ν——泊松比;

r_0——围岩塑性变形区半径;

$u_r^{r_0}$——弹性区和塑性区边界处的径向位移;

$\sigma_r^{r_0}$——弹性区和塑性区边界处的径向应力;

p_0——初始岩石均布荷载。

设超挖产生的围岩与盾体之间的间隙为 ΔR,当 $u_r(y)-u_r(0)\geqslant\Delta R$ 时,围岩与盾体开始接触,产生相互作用力,设距离开挖面距离为 y 处的盾体变形为 $u_s(y)$,则:

$$u_s(y) = u_r(y) - u_r(0) - \Delta R \tag{4-20}$$

盾构机掘进时,盾体与围岩之间的作用力 $p(y)$ 为:

$$p(y) = K_s u_s(y) = K_s[u_r(y) - u_r(0) - \Delta R] \tag{4-21}$$

式中：K_s——盾体刚度。

考虑到前盾、中盾、尾盾成阶梯形结构，则盾体受到的摩擦阻力 R_f 等于围岩压力 $p_i(y)$ 对盾体表面的积分加上盾体重量引起的摩擦阻力，即：

$$R_f = 2\pi\sum_{i=0}^{i=2}R_{i+1}\mu\int_{L_i}^{L_{i+1}}K_s[u_r(y) - u_r(0) - \Delta R_{i+1}]dy + \sum_{i=1}^{i=3}\mu W_i \tag{4-22}$$

式中：R_1, R_2, R_3——前、中、尾盾半径；

μ——盾体与围岩之间的摩擦系数；

$\Delta R_1, \Delta R_2, \Delta R_3$——超挖产生的围岩与前、中、尾盾之间的间隙；

W_1, W_2, W_3——前、中、尾盾盾体重量；

L_1, L_2, L_3——前、中、尾盾长度，$L_0 = 0$。

由摩擦阻力 R_f 可知，通过加大底部刀盘开挖直径，可以增大底部的超挖量 ΔR，减小摩擦阻力，此外，可以减小盾体切刀切削土体造成的迎面阻力，减小推力，辅助盾体进行向下纠偏，调整盾构机姿态。

根据计算结果采取的总体改进方案是：增大 4 号、5 号、6 号刀盘直径的（由原来的 ϕ4.9m增大到 ϕ5.5m）同时，考虑刀盘干涉问题，将中部 1 号刀盘（ϕ2.7m）刀盘直径缩小，开挖区域变化如图 4-97 所示。为了避免超挖造成的地表沉降，增加同步注浆量，减小土体扰动，加长 4 号、5 号、6 号刀盘的刀梁，在刀梁上焊接刀具，此外将 5 号刀盘中心的斜梁及搅拌棒割除，焊接新斜梁，避免与 4 号、6 号干涉，如图 4-98 所示。

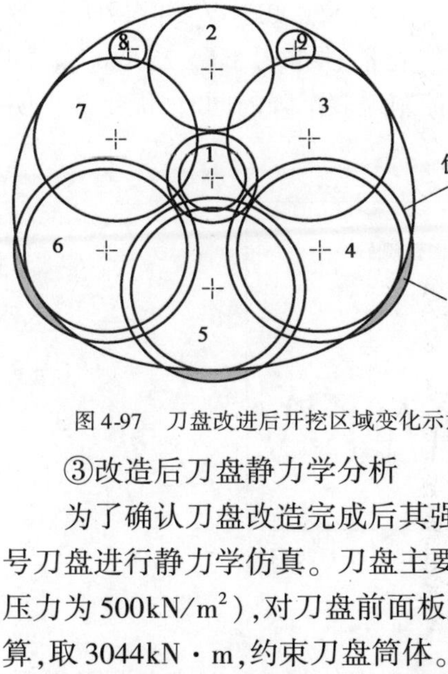

图 4-97　刀盘改进后开挖区域变化示意图

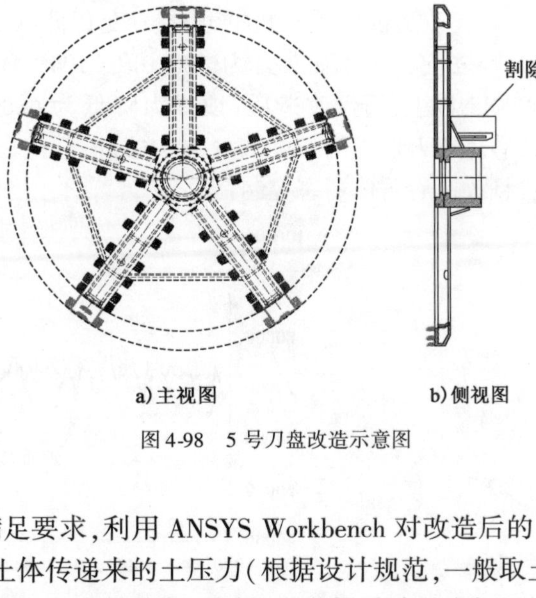

图 4-98　5 号刀盘改造示意图

③改造后刀盘静力学分析

为了确认刀盘改造完成后其强度、刚度满足要求，利用 ANSYS Workbench 对改造后的 5 号刀盘进行静力学仿真。刀盘主要承受前方土体传递来的土压力（根据设计规范，一般取土压力为 500kN/m^2），对刀盘前面板施加均布荷载，刀盘结构件承受扭矩根据设计最大扭矩计算，取 3044kN · m，约束刀盘筒体。

仿真结果对比见表 4-8，可以看到，改造后的结构刚度变弱，变形量变大，但最大应力小于材料的许用应力 295MPa，因此，可以确认改造后的刀盘满足刚度设计要求。

5 号刀盘改造前后刚度比较 表 4-8

时　　期	最大应力(MPa)	最大变形(mm)	变形率(%)
改造前	152.74	3.92	0.08
改造后	265.88	10.16	0.18

④刀盘改造前后盾构机的顶推力和扭矩

刀盘改造前后盾构机的扭矩变化曲线如图 4-99 所示。由图可知：刀盘改造后，扭矩由 650kN · m 增加到 1250kN · m，这是由于刀盘直径增大使得开挖面积增大，加上地质条件的变化引起的。5 号刀盘设计额定扭矩为 3044kN · m，仍能完全满足刀盘改造后的使用要求。

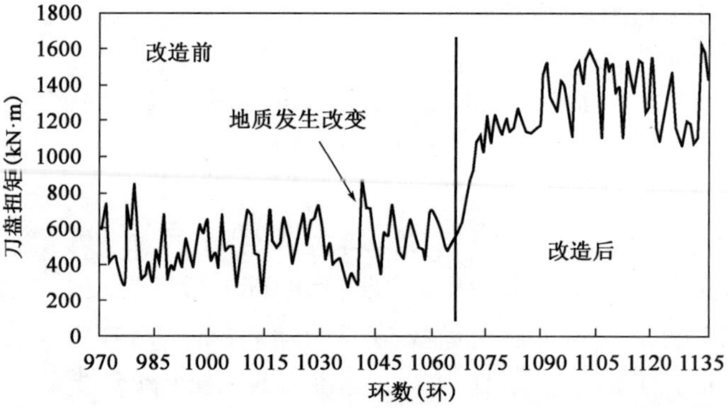

图 4-99　5 号刀盘改造前后扭矩变化曲线

刀盘改造前后盾构机的顶推力变化曲线如图 4-100 所示。由图可知：刀盘改造前，在 1045环之前，平均顶推力为 72000kN，1045 环后顶推力增加至 85000kN 左右，最大达到 90000kN以上；刀盘改造后，顶推力降低为 60000kN，相比优化前顶推力下降 25000kN。同时，盾体切刀切土的长度减少 10340mm，开挖盲区减小，在控制地表沉降的同时，优化效果明显，且改造后盾体姿态控制良好。

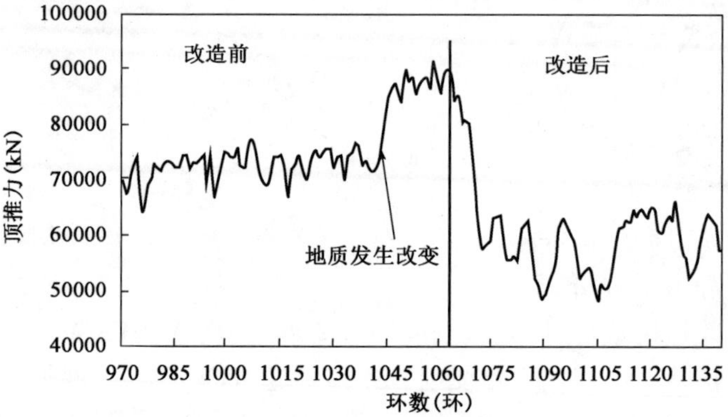

图 4-100　刀盘改造前后的顶推力变化曲线

总体上，马蹄形盾构机整个施工过程较为顺利，对过程中出现的特殊地质条件导致的排渣不畅问题，提出了利用高压水射流技术冲刷、在螺旋输送机上部设置推土器装置的改进措施，改造后出渣较为顺畅；对顶推力过大等问题进行分析，采用增大3个底部刀盘直径等的改进措施，通过对比表明优化后设备各系统运行良好，为后续马蹄形盾构机的设计及应用提供了借鉴。

3）工程特点及意义

目前我国在建和规划的超过40000km的隧道里程中，异形隧道占70%以上，总投资超过10万亿元，广泛应用于国防、能源、交通、水利、城市立体开发等重大领域。本项目实施前，异形隧道建设只能采用明挖法、矿山法等传统工法，存在高风险、高污染、低效率等重大社会、环境、经济问题。

相对上述问题，本项目所采用的马蹄形盾构机是一种用于马蹄形大断面、长距离隧道施工的重大装备，可实现双线铁路隧道开挖、排渣、管片支护等过程一次施工成型的工厂化连续作业，具有空间利用率高、高效、安全、环保等特点，可广泛应用于公路、铁路、水利、国防、综合管廊等领域。

在人机工学与环保性方面，细节设计上充分融入了人性化、绿色环保等理念，如开发了远程操控系统，可实现远程操作，大大降低了工人劳动强度和安全风险；在工作区特别设计了一个30多平方米的休息厅，让工人在隧道里很难得地也能喝上一杯浓香的咖啡；通过系统优化，人员工作更加便捷、舒适，同时彻底解决了明挖对地表环境的破坏问题等，实现了人、机、环境的高度协调，如图4-101所示。

图4-101　马蹄形盾构机施工特点

马蹄形盾构机的问世首次实现了公路、铁路异形隧道施工的机械化、自动化，革新了世界山岭公路、铁路隧道领域施工工法，引领了盾构技术发展前进的方向，并以其空间利用率高、施工速度快等特点，得到了国内外广泛好评与认可，获得国家科学技术进步奖，白城隧道项目荣获国际隧道与地下空间协会（ITA）“年度技术创新”奖，有效提升了我国高端装备的国际竞争力和国际知名度。贯通后的隧道如图4-102所示。

图 4-102　隧道贯通

本章参考文献

[1] 贾连辉. 矩形顶管在城市地下空间开发中的应用及前景[J]. 隧道建设,2016,36(10):1269-1276.

[2] 薛广记,董艳萍,范磊,等. 超大断面马蹄形盾构盾体系统研究设计及应用[J]. 隧道建设,2017,37(9):1179-1186.

[3] 张茜,蔡宗熙,黄干云,等. 盾构刀盘系统界面载荷力学表征与近似计算模型[J]. 力学学报,2012,44(5):861-868.

[4] 贾连辉,范磊,冯猛. 马蹄形盾构机研制关键技术及工程应用[J]. 中国铁道科学,2018,39(6):61-70.

[5] 林君. 基于神经网络的隧道掘进机预测控制研究[D]. 石家庄:石家庄铁道大学,2014.

[6] 申志军,夏勇. 黄土隧道马蹄形盾构工法选择及应用[J]. 隧道建设,2017,37(12):1518-1528.

[7] 苏晓文,陈来发,周丹. 武汉地铁 4 号线罗家港站主体结构设计研究[J]. 人民长江,2011,42(20):89-92.

[8] 毕清泉. 重载铁路黄土隧道盾构始发施工技术[J]. 安徽建筑,2019,26(4):57-60.

第5章　多圆盾构技术

在文献调阅和资料收集的基础上，本章主要介绍国内外多圆盾构机发展动态、装备设计要点、工程设计要点以及典型案例，对感兴趣的读者起到抛砖引玉的作用。

5.1　多圆盾构技术概述

5.1.1　多圆盾构机的发展及其特点

20世纪初以来，盾构技术在欧洲、美国、日本相继得到了快速的发展和推广应用，特别是日本在1967年和1974年相继研制出世界上第一台泥水平衡盾构和土压平衡盾构的样机，极大推动了单圆盾构技术并拓展了其应用范围。但随着社会的发展，在城市地铁隧道、地铁车站、多车道公路隧道等工程项目中出现了一些新的需求。如在城市地铁工程中，传统的盾构施工方法是用单圆盾构分别建造一条上、下行区间单洞隧道，在成功应用的同时也存在一些弊端：①两条隧道并行施工时，相互之间会产生干扰，如后施工的隧道对先施工隧道的衬砌往往会产生一定的附加内力和变形；②施工过程中，两条隧道相互扰动会造成沉降的加大；③为了减小相互影响，需要保证两条隧道之间有适当的间距（一般要大于1倍的隧道直径），这样既加大了车站盾构工作井的规模，又浪费了宝贵的城市地下空间，特别是在某些两侧受限制、狭长的地下空间里，导致施工难以实施；④区间隧道分两次施工，再加上盾构设备拆装、转换、吊运等工作，其费用较高，施工周期长等。采用大直径单圆盾构工法可以解决以上问题，但同时带来了一些新的问题：①开挖断面比所需断面大很多，空间利用率低，土方开挖量大，底部需浇捣大量的混凝土，对空间的有效利用和经济性而言都是不利的；②覆土深度要求更大，工程适应性降低；③沉降控制难度更大，对周围环境影响大；④对掘进设备要求更高，体型大，成本高，运输组装困难，提高了成本；⑤占用的地下空间大，对周围环境适应性差。

为了解决以上矛盾，20世纪80年代末，日本在单圆盾构技术的基础上开始研发多圆盾构，并取得了成功，在地铁区间隧道、地铁车站、多车道公路隧道等工程中得到了实际应用，其中双圆盾构应用最为广泛。

1987年，大丰建设、大成建设、小林组三家施工企业联合发起成立了DOT工法研究会，至1989年，由21家施工企业和13家盾构制造厂家成立了DOT工法协会。

1987年，在大丰建设公司的伊奈机材中心进行了DOT工法的横向二连体双圆隧道实证试验，试验盾构直径2.5m，宽4.185m，长4.37m，总推力9600kN，刀盘扭矩150kN·m。试验掘进长度35.2m，覆土深3.5m，穿越地层为细砂、粉砂。采用钢筋混凝土管片，环宽0.75m。

1989年，在日本广岛54号国道系统盾构工程建设中，首次采用石川岛（IHI）设计制造的尺寸为$\phi 6.09\text{m} \times W10.69\text{m}$的双圆盾构机施工了世界第一条DOT隧道，该隧道总长850m。

盾构主要穿越土层为黏土及砂土(N 值为 3 ~ 24)交错层。地下水位于地表下 2 ~ 3m,覆土深 5 ~ 8m,平面线形为最小曲线 $R = 135$m 的 S 形,该工程于 1994 年 5 月圆满完工。

1990 年,东京临海副都心共同沟工程采用大断面 DOT 工法掘进 249m,盾构断面尺寸为 ϕ9.36m × W15.96m。盾构穿越开挖施工的高速铁路隧道基坑,离围护钢管桩底仅 1m,还穿越了宽 100m 的土 357 号线国道。

DOT 工法应用于地铁隧道,始于 1999 年的名古屋地铁 4 号线,有 7 段区间采用了 DOT 工法,盾构断面尺寸为 ϕ6.5m × W11.12m,隧道衬砌环由 11 块管片拼装而成,管片直径 6.3m,厚度 0.3m,环宽 1.2m。第 1 条掘进施工的北木山隧道长 1238.4m,穿越地层分别为砂土和黏土,对应的覆土深度为 9.4m 和 32.3m,隧道穿越人口密集的居民住宅区,地面沉降控制在 ±2mm 以内。掘进工作日 171d,日掘进速度 7.2m/d。至 2003 年,应用工程 12 项,掘进总长度 9647m。表 5-1 列举了部分 DOT 双圆盾构的应用案例。

部分 DOT 双圆盾构的应用案例 表 5-1

序号	工程名称	施工地点	用途	盾构断面尺寸(m)	长度(m)	施工期间
1	54 号国道系统地铁	广岛县广岛市	地铁	ϕ6.09 × W10.69	850	1989.10 ~ 1994.05
2	干线管道	千叶县席志野市	下水道	ϕ4.45 × W7.65	703	1990.11 ~ 1994.02
3	有明北地区供给管线	东京都江东区	共同沟	ϕ9.36 × W15.96	249	1990.11 ~ 1995.08
4	高速铁路停车场及地下管线	兵库县神户区	地铁	ϕ5.48 × W9.76	304	1995.07 ~ 1999.11
5	高速铁路 4 号线	名古屋市砂田桥东	地铁	ϕ6.52 × W11.12	752	1999.02 ~ 2002.06
6	高速铁路 4 号线	名古屋茶屋板公园	地铁	ϕ6.52 × W11.12	1007	1999.02 ~ 2002.08
7	高速铁路 4 号线	名古屋市本山北	地铁	ϕ6.52 × W11.12	1238	1999.02 ~ 2002.06
8	高速铁路 4 号线	名古屋市大学南	地铁	ϕ6.52 × W11.12	876	1999.02 ~ 2002.06
9	高速铁路 4 号线	名古屋市八事北	地铁	ϕ6.52 × W11.12	782	1999.02 ~ 2002.12
10	高速铁路 4 号线	名古屋市山下通南	地铁	ϕ6.52 × W11.12	957	1999.08 ~ 2003.03
11	高速铁路 4 号线	名古屋市八事南	地铁	ϕ6.52 × W11.12	1025	1999.08 ~ 2003.03
12	道路新式设施改良	名古屋市	地铁	ϕ6.73 × W11.43	904	2002.03 ~ 2005.08

日本在研发应用 DOT 双圆隧道工法的同时,还进行了 MF 双圆隧道工法研究。1986 年在 JR 京叶线京桥隧道工程中首次采用 MF 双圆盾构(ϕ7.42m × W12.19m),成功掘进 619m。1991 年,大阪地铁 7 号线首次采用 MF 三圆盾构(ϕ7.80m × W17.30m)掘进施工大阪 OBP 停留场工程,掘进长度 107m。1992 年,东京地铁 12 号线饭田站工程采用 ϕ8.85m/8.14m × W17.30m MF 三圆盾构掘进 275m,中心圆直径 8.85m,两侧圆直径 8.14m。1995 年和 1999 年,在东京地铁工程又完成两项工程 MF 三圆盾构隧道工程,掘进长度分别为 528m 和 373m。

我国在 20 世纪 90 年代开始了双圆盾构隧道技术的开发应用。1995 年 12 月,上海隧道工程股份有限公司完成“上海双圆型盾构工法的可行性研究”并通过技术鉴定。1999 年,上海隧道工程股份有限公司在双圆盾构隧道可行性研究的基础上,进行了“双圆盾构隧道整环结构试验”。2001 年,上海隧道工程股份有限公司在上海地铁 M8 线工程中首次采用双圆盾构法施工,使中国继日本之后成为在世界上第二个采用双圆盾构掘进城市隧道的国家。

多圆盾构是由2个或2个以上的单圆盾构通过一定的形式联结构成的，不同的叠合方式可以提供不同的隧道断面形式，可以根据实际需求灵活规划隧道线路。如上下空间受限制，则可以选择横向叠合式，左右空间受限制，则可以选择上下叠合式。现阶段，相对成熟的多圆盾构主要包括DOT盾构、MF盾构、H&V盾构等。

DOT盾构机是由2个土压平衡式单圆盾构机横向或纵向并联而成，2个辐条式刀盘通过齿轮啮合的方式被安装在同一平面内，如图5-1所示。

MF盾构是由2个或2个以上单圆盾构横向或纵向并联而成，如图5-2所示。MF盾构机的开挖系统是由2个前后错开但相互平行的刀盘组成，刀盘面板间有一定间距并配有各自的刀具，隧道有效面积较开挖面积相等的单圆断面而言要大，是一种较为经济合理的断面形式，在隧道线路规划时对线形的选择有更多的灵活性，多采用泥水平衡式。

图5-1　DOT盾构法原理示意图

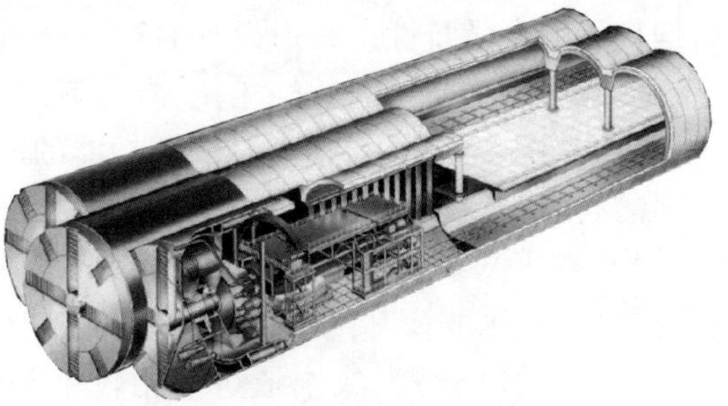

图5-2　MF盾构工法原理示意图

H&V盾构是由2个或2个以上可以沿周向相互滑动的独立的单圆盾构组合而成，既可实现像绳子一样互相纠缠在一起的螺旋式推进，也可实现让其中的某一个盾构从中独立出去的分叉式推进，如图5-3所示。H&V盾构可根据隧道的施工条件和用途在地下自由地掘进和改变隧道断面形式和走向，可同时开挖多条隧道。

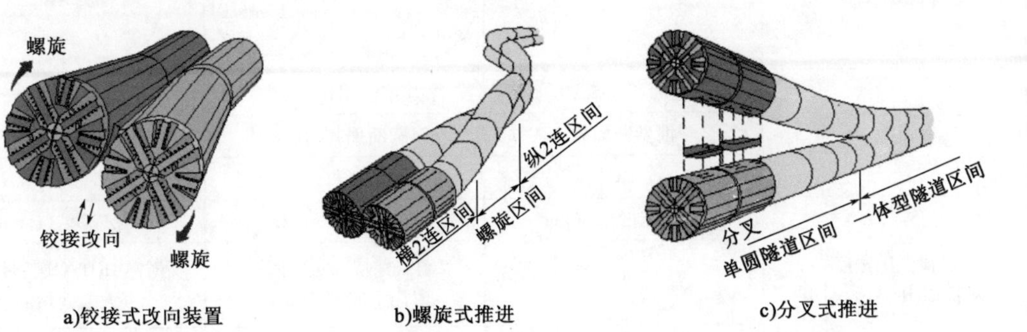

图5-3　H&V盾构法原理示意图

螺旋式推进原理：

相邻2个单圆盾构之间设置叉式铰接改向装置，使盾构机能各自沿着相反的方向螺旋式旋转。促使盾构螺旋式旋转是有效运用了盾构轴向偏转的特性，由偏心千斤顶提供旋转外力。在盾构改向侧迎土面通过局部超挖刀具进行局部开挖，使盾构顺利并稳定地进行螺旋式过渡。

分叉式推进原理：

H&V 中的各盾构配备有独立的驱动和排土设备。相邻 2 个盾构的前部分由锚栓连接，后部则由螺栓连接，两者均可在盾构机的内部拆除。盾构机之间在解除连接后由侧向千斤顶将需要分离的盾构顶出后各自沿着自身方向推进。

H&V 盾构的主要特点：

特制的铰接式改向装置，对盾构机的姿态以及方向的控制比较容易。各盾构的驱动装置和开挖装置相互独立，可根据不同土质情况对开挖面的稳定进行管理，可自由选择采用泥水式盾构还是土压式盾构。

从纵向到横向或从横向到纵向，隧道断面在地下可自由的过渡和转换，无须设置工作井，对缩短工期，降低成本有利。

可根据需要自由的选择断面形式，而断面的基本形状是圆形，所以在构造上保持了单圆盾构良好的力学特性。线形设计时可不受周边障碍物的限制。

多圆形盾构与单圆盾构相比，有如下优点：

(1)如图 5-4 所示，在满足同等功能的前提下，多圆盾构可开挖出合理的断面形状，提高空间的利用率，减小开挖面积，降低开挖、渣土运输以及回填的成本。

(2)隧道基本结构形式为圆形，保持了圆形断面的力学特性。表 5-2 总结了 3 种盾构隧道的特点，由此可看出，双圆盾构隧道的地下开挖面积最小、开挖宽度较窄、施工影响区域较小、工作井深度较浅、成本最少。相较于单圆盾构隧道（包括单圆单线隧道和单圆双线隧道），双圆盾构隧道施工具有独特的优势。

DOT 工法与其他工法的比较（以单圆单线隧道直径 6.42m 为例）　　表 5-2

项目名称	大直径盾构（单圆双线隧道）	中直径盾构（单圆单线隧道）	双圆 DOT 盾构（双圆盾构隧道）
隧道形式	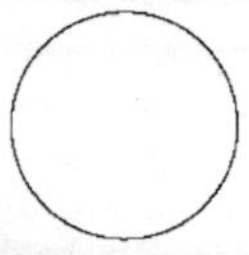	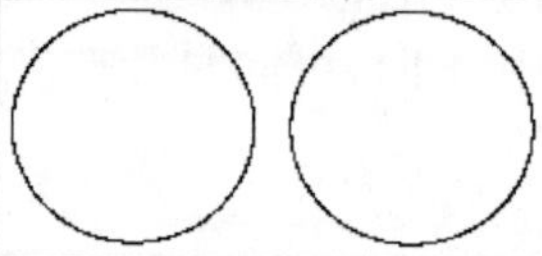	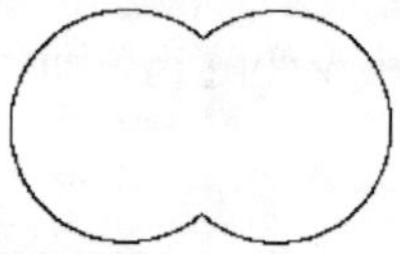
隧道断面	开挖面积 105.99m²	开挖面积 64.7m²	开挖面积 61.6m²
	浪费断面大	浪费断面相对较小	浪费断面最小
	△	○	◎
隧道占用宽度（地下空间的有效利用）	开挖宽度 11.62m	开挖宽度 23.24m	开挖宽度 11.62m
	大	双洞需保持一定线间距，占用空间宽度最大	横向 DOT 双圆盾构与大断面相同
	△	△	◎
隧道施工深度（竖井深度）	深	较浅	较浅
	△	◎	◎
经济性	普通	普通	优异
	△	○	◎

注：◎○△表示良好程度依次下降。

(3)多圆盾构可任意组合开挖出纵向和横向的双圆或多圆断面,能更好地适应周边受限、狭长的地下空间要求(图 5-5)。

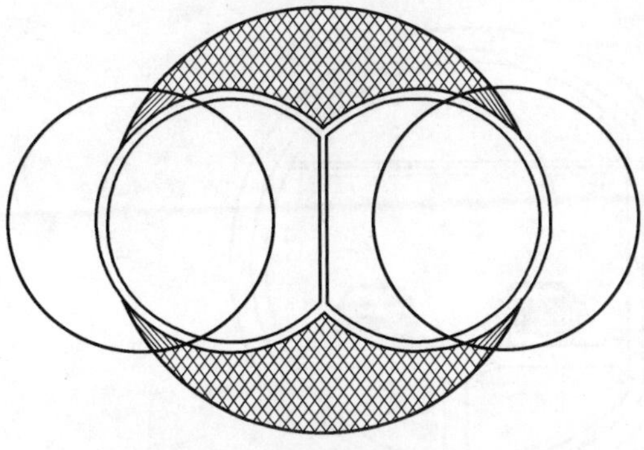

图 5-4　双圆隧道、单体双线隧道、大直径隧道断面对比

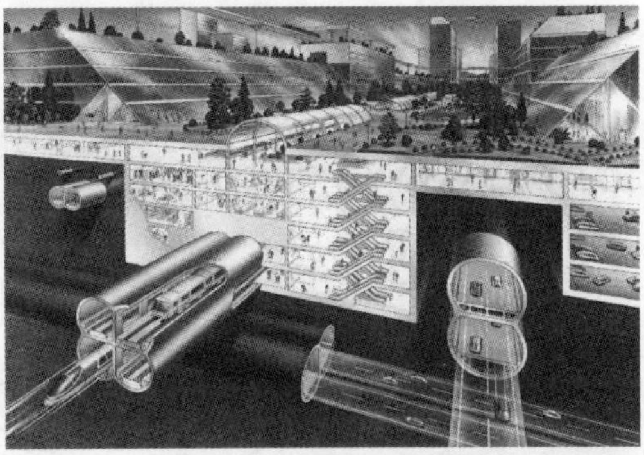

图 5-5　双圆隧道断面对比

(4)多圆盾构各个圆形单元独立控制,可根据各自开挖区域的地质情况调整控制参数。

(5)三圆或三圆以上的多圆盾构由于其开挖断面大,一次成型,能够应用于地铁车站、三线城市交通隧道等地下工程,也为大跨度地下空间开发提供了一种新的解决方案。

5.1.2　多圆盾构的适用范围

(1)适用的地层情况

DOT 双圆盾构为土压平衡式盾构,适用的地层基本上与辐条式单圆土压平衡盾构相同,主要为粉土、黏土等稳定的土层。在夹杂卵石的砂砾土、卵石层中,由于强度、最大砾径、砾石率等因素的影响会造成掘进效率下降。同时由于螺旋输送机的直径受盾构空间的制约,排出的最大卵石直径也相应地受到限制,会出现大直径卵石无法排出的风险,采用 DOT 盾构时需要对此进行充分的研究。

MF 与 H&V 多圆盾构既可采用土压平衡也可采用泥水平衡,可适用于绝大部分地层。但在既有的案例中 MF 多圆盾构大多为适用于淤泥、粉土、砂层、砂砾等地层的泥水平衡盾构。

(2)适用的埋深

横向多圆盾构的最小埋深一般是 $1D$(D:盾构纵向直径),实际工程案例中也有小于 $1D$ 的施工业绩。最小埋深根据土质、地下水、周边状况的不同而不同,因此进行规划时需要注意相应的施工条件,并根据需要同时采用地质改良等辅助工法。

(3)适用的最小断面

多圆盾构的最小断面既要满足在盾尾内部能够拼装管片,又能满足向洞外运出渣土,由于需要拼装重叠部分的接头管片和竖墙管片,因而拼装空间要比通常的大,现有案例中多圆盾构的最小直径是 2.5m。但是由于土质条件、卵石直径等的影响,考虑到必要的螺旋输送机直径、管片的拼装空间等,必须根据相应的条件确定最小断面。

(4)曲线施工适用情况

曲线施工中根据盾构直径、土质、施工环境等的不同必要时需采取不同的对策,重点需要进行铰接装置等系统的研究。从曲线施工业绩看,有采用 $\phi 6.73$m,$W11.43$m 的 DOT 盾构,完成了铰接角左右 1.2°、上下 0.5°,固结粉砂、砂质土层中最小曲率半径 $R=102$m 的施工案例。

5.1.3 多圆盾构的应用领域

(1)用于开挖地铁、公路、铁路隧道(图5-6、图5-7)

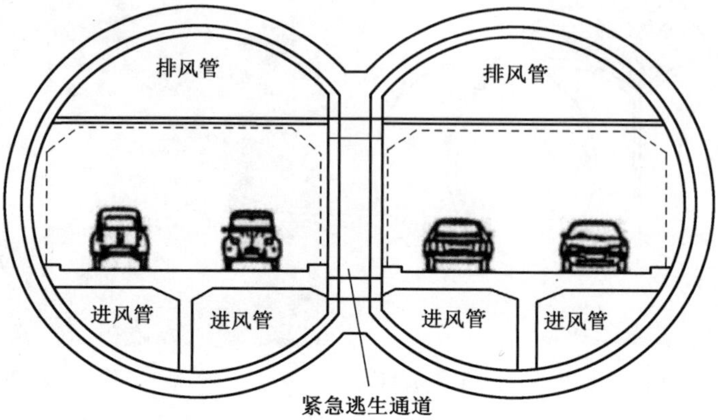

图5-6 双圆公路隧道

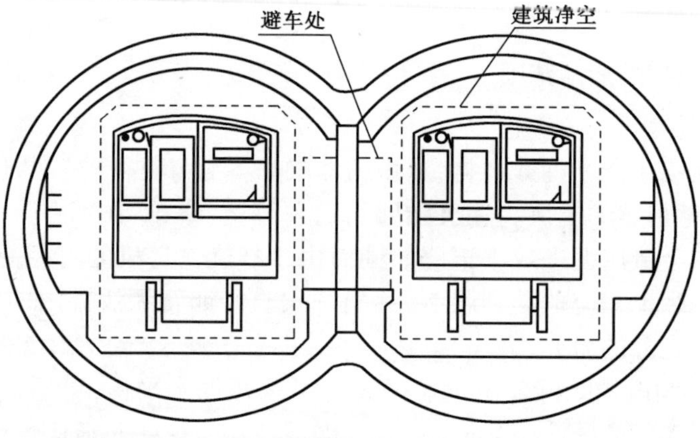

图5-7 双圆地铁隧道

(2)用于地铁车站建设(图5-8～图5-11)

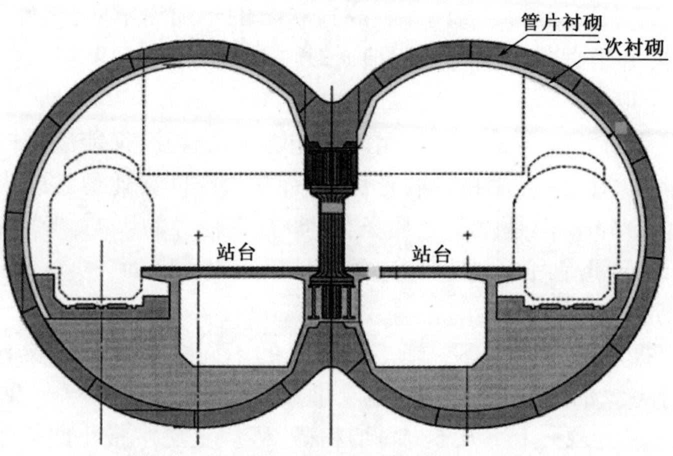

图5-8 大断面双圆隧道车站岛式站台断面

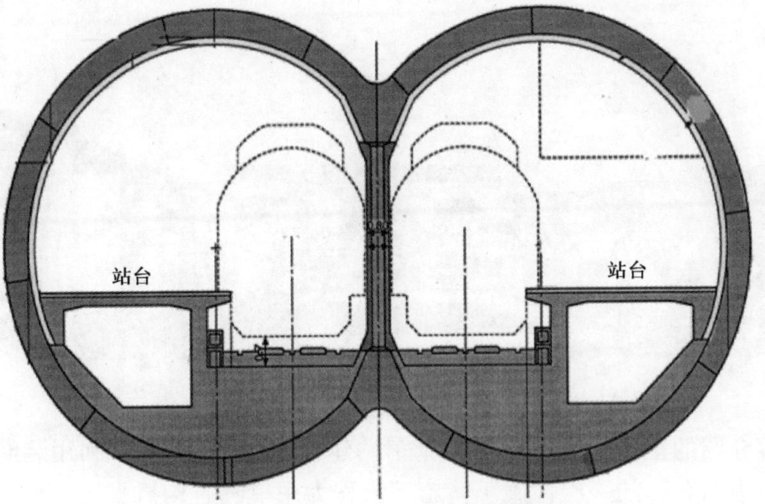

图 5-9　大断面双圆隧道车站侧式站台断面

图 5-10　三圆盾构岛式站台断面示意图

图 5-11　三圆盾构岛式站台断面实景

三圆盾构在地铁车站建设中应用案例比较多,3 个圆直径一样大时,可用于小型地铁车站,减少占用地下空间,提高空间利用率。中央大直径圆、两侧小直径圆,可用于大深度地铁车站,在中央大圆上部设立为站厅层,下部设为站台层,两侧 2 个小圆运行车辆。设计中,可根据车辆的限界尺寸选择断面,能够有效提升空间利用率,避免地下空间浪费,提高经济效益(图 5-12、图 5-13)。

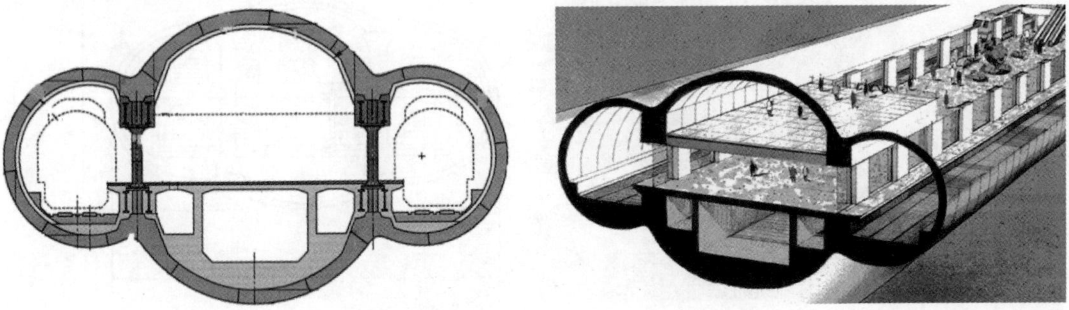

图 5-12　大深度三圆盾构岛式站台断面示意图

图 5-13　大深度三圆盾构岛式站台断面示意图

上述内容介绍的是多圆盾构单独用于车站建设,在此基础上可利用装卸式三圆盾构实现地铁区间隧道与车站的一次性施工。施工流程为用单圆盾构机掘进区间隧道到达车站端头井中,在端头井内通过在单圆盾构的两侧装配上小型盾构将其改造成三圆盾构,随后用三圆盾构掘进车站部分的整个断面后到达接收井中,在接收井中脱卸掉两侧 2 台小盾构恢复成单圆盾构,随后继续掘进另一段区间隧道。多圆盾构施工如图 5-14 所示。

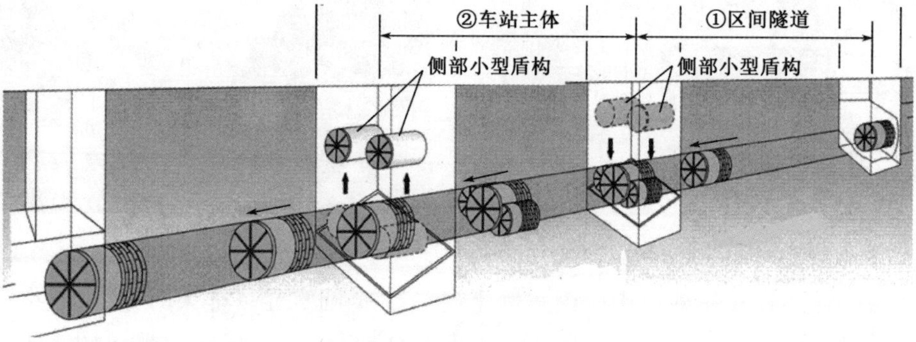

图 5-14　多圆盾构施工示意图

(3)用于地下停车场(图 5-15、图 5-16)

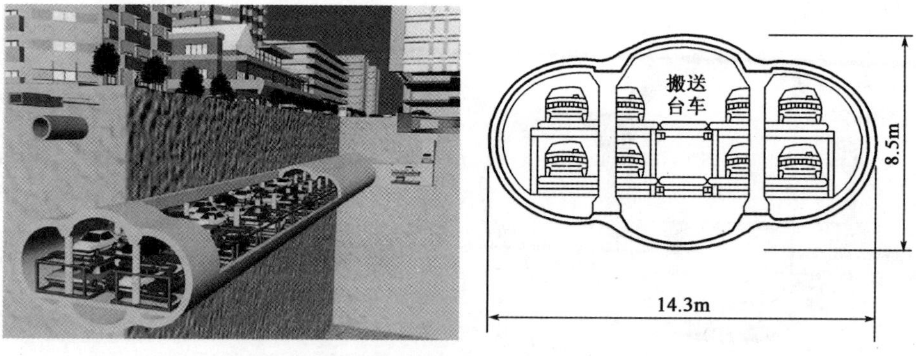

图 5-15　三圆盾构用于地下停车场建设

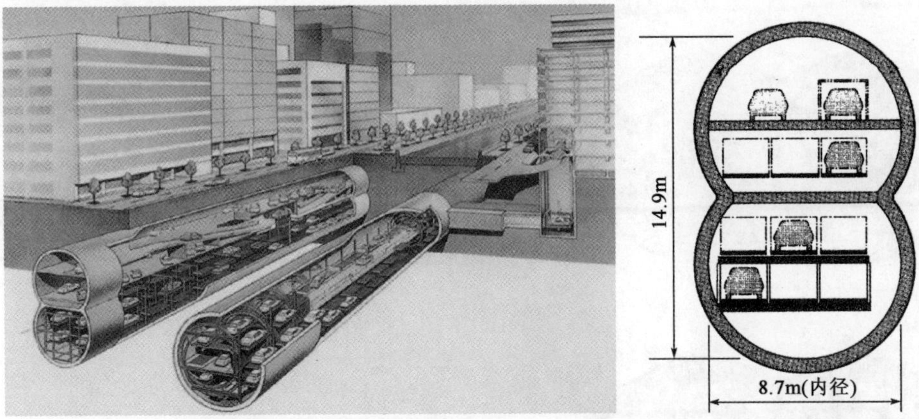

图 5-16　立式双圆盾构用于地下停车场建设

(4)用于开挖共同沟或综合管廊(图 5-17)

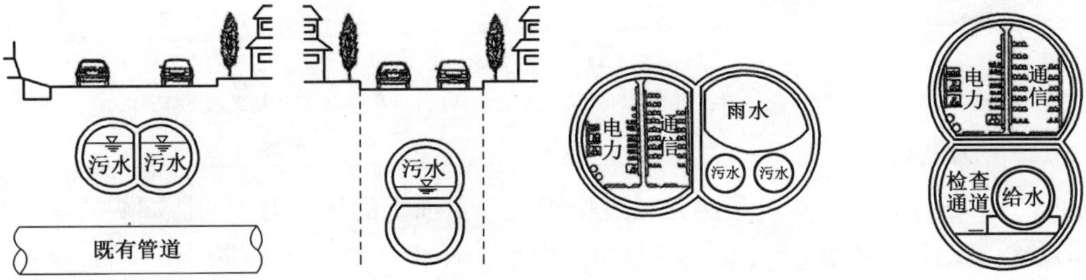

图 5-17　双圆下水道

5.2　多圆盾构机设计技术

多圆盾构的工作原理、结构组成与常规的单圆盾构机类似,主要包括开挖系统、驱动系统、盾体系统、管片拼装系统、出渣系统、推进系统、电气系统和流体液压系统等。但由于其断面形状的特殊性,各种类型的多圆盾构的结构和系统设计又都具有各自独特的要求。下面主要以 DOT 双圆盾构为例简述一下多圆盾构机的技术特点。

DOT 双圆盾构机主要结构组成如图 5-18 所示,在同平面协同运动的双刀盘结构设计、双刀盘同步控制系统设计、紧凑空间双单臂式管片拼装机和中隔竖墙拼装机联合拼装系统设计、滚转纠偏设计等关键技术研究方面具有鲜明的特点。

5.2.1　盾构机主机结构

由于盾体顶部凹槽部位的结构非常不规则,给铰接结构的加工和密封的设计带来了巨大的挑战和风险,同时考虑到盾体横向跨度大,利用铰接调向的效果也会不理想,故双圆盾构机一般采用无铰接的结构设计。盾体为包含了切口环、支撑环、尾盾的整体结构。盾尾密封刷设计为 3 道,内侧 2 道可更换,用于防止水土或浆液流入盾构机内部。盾构机的推进油缸设置在机头部盾壳内侧,可用于调整水平和轴向位置。土仓隔板上方设置有人舱及作业空间。

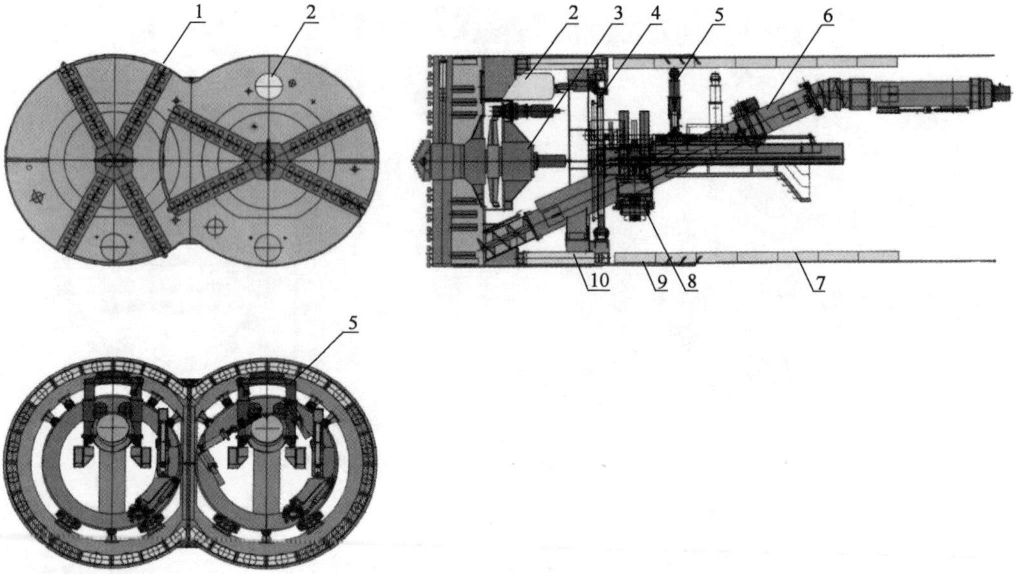

图 5-18　双圆盾构机

1-刀盘;2-人舱;3-驱动;4-管片顶托装置;5-形状保持器;6-螺旋输送机;7-管片;8-管片拼装机;9-盾体;10-推进油缸

5.2.2　刀盘切削装置

如图 5-19 所示,DOT 双圆盾构是通过位于同一平面上的 2 个刀盘的协同旋转运动完成土体的开挖。2 个刀盘均为辐条式结构,如同齿轮一样相互咬合并能够同步控制,设置 2 个刀盘以相同的旋转速度反方向旋转,始终保持原设置的相位角不变,从而避免两刀盘发生接触和碰撞。左右刀盘各设计有两套超挖刀,一方面是通过超挖实现曲线段施工,另一方面能够辅助盾构机进行滚转姿态的调整。

图 5-19　双圆盾构机刀盘

相互咬合的协同运动的要求决定了“双剪刀形”刀盘的结构形式,该刀盘结构最大的特点就是大开口率,一方面没有布置滚刀的空间从而不适用于硬岩地层,另一方面在流动性强的砂层等地质中由于无法保持掌子面稳定故也不适用。即使在流塑状的土层中施工时也极易出现超挖而引起地表沉降。为此,设计时需要加长盾体切口环的长度,使刀盘本体结构位于切口环的内侧,形成封闭的土仓,如图5-20所示。这样刀盘在旋转时,由于周边切口环的隔挡作用,限制了刀盘外侧土体的卸荷变形,减少了刀盘旋转外周径向流塑性土体的流入,利于地表变形的有效控制。

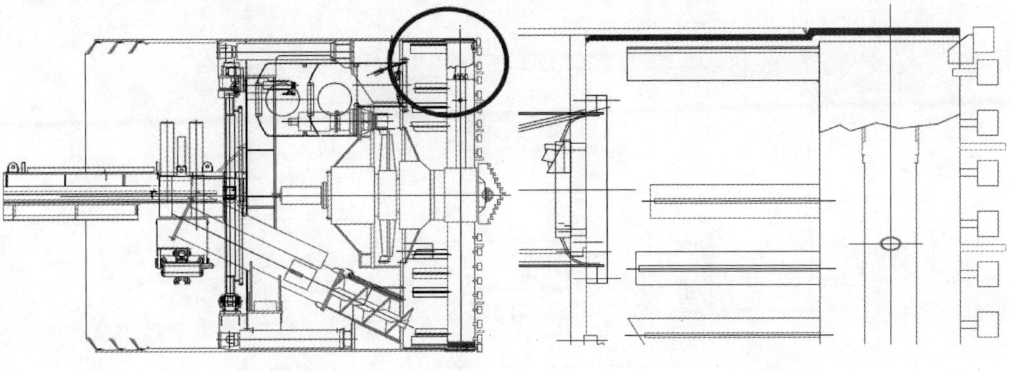

a)总图　　　　b)放大图

图5-20　内嵌式刀盘布置

5.2.3　刀盘同步控制技术

由于2个刀盘配置在同一平面上,为防止刀盘间冲突,需采用同步控制系统控制刀盘旋转速度,达到2个刀盘不接触、不干涉的目的。目前,刀盘同步控制多采用日本技术。

JFE工程株式会社开发的刀盘同步控制装置,首先定义了用来表示与各刀盘的同步中立状态之间的"容许偏移角 θ,如图5-21所示,使刀盘A和B旋转一周,把求出的其中各旋转位置上的最小值设为容许偏移角,刀盘A和B在该偏移角以内进行同步旋转。

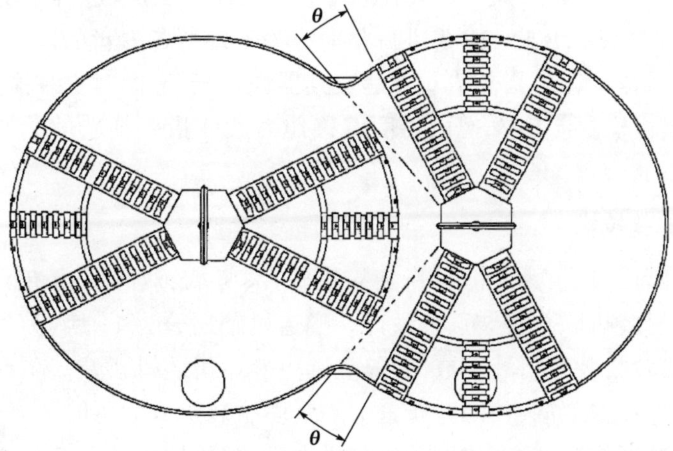

图5-21　双圆盾构机刀盘容许偏移角

系统构成如图5-22所示,主要原理是通过检测刀盘偏移角检验出前进速度快的刀盘和迟缓的刀盘,并将信号反馈给PLC控制系统控制刀盘转速,使前进速度快的刀盘速度降低,同时使迟缓的刀盘速度提高,刀盘之间不存在主从关系。比如某一个刀盘承受的荷载增大、速度变缓,无须进行主从关系的切换,而是能够直接对另一个刀盘的速度进行控制,使其与出现变化的刀盘的速度相一致,保持稳定的同步状态。

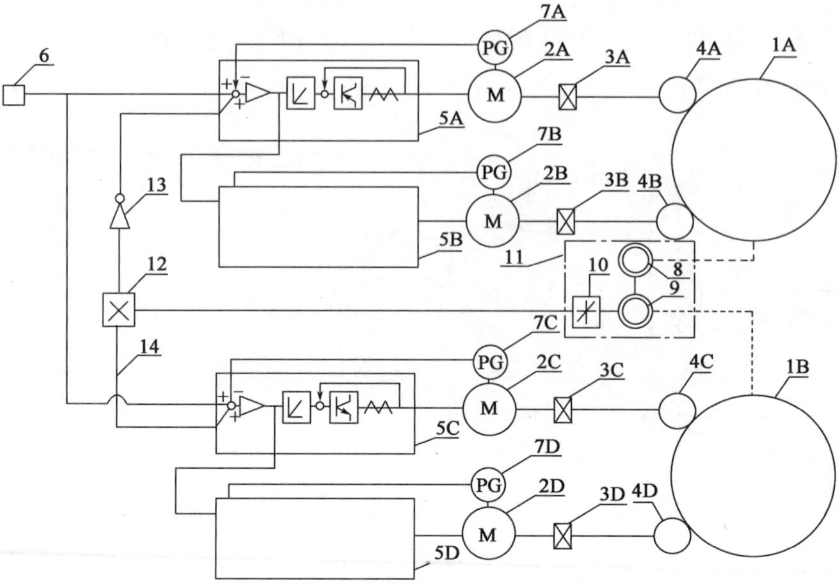

图 5-22　刀盘同步控制装置的系统构成

1A、1B-使刀盘的轴转动的齿轮(转动装置);2A、2C-母电机;2B、2D-子电机;3A、3B、3C、3D-减速机;4A、4B、4C、4D-小齿轮;5A、5C-控制母电机 2A 和 2C 的速度的变频装置;5B、5D-控制子电机 2B 和 2D 的扭矩的变频装置;6-速度设定器;7A、7B、7C、7D-测速用发电机;8-同步发信机;9-同步控制变压器;10-信号转换器;11-偏移角检出装置;12-补正偏移角检出信号的补正率调整器;13-逆变器;14-导线

此外,住友重机械工业株式会社和株式会社 IHI 联合开发了另外一种刀盘同步控制装置,系统构成如图 5-23 所示,刀盘 1A 采用通用电机 2A-1 ~ 2A-3 进行驱动,刀盘 1B 采用变频器 3-1 ~ 3-3 控制的电机 2B-1 ~ 2B-3 进行驱动。为了维持各刀盘的同步状态,把上述通用电机的速度检测信号作为速度指令值对上述变频器进行指令,同时安装检测刀盘 1A 和刀盘 1B 的角度偏移的偏移检测器 6、7,把该角度偏移作为速度指令补偿值添加到上述速度指令值,据此实现变速控制刀盘 1B。

5.2.4　管片拼装技术

由于双圆盾构断面较宽,为了能够拼装接头管片、竖墙,双圆盾构机采用 2 个单臂式管片拼装机和中隔墙拼装机联合拼装系统设计。隧道衬砌划分为 11 块,为预制钢筋混凝土管片,由 2 台单臂式管片拼装机拼装完成,中隔竖墙由专用拼装机拼装。单臂式管片拼装机的设计能够极大地确保作业空间,使同时布置中隔竖墙拼装机成为可能。

为实现管片的精确拼装,除上述管片拼装机外,双圆盾构机还配套有拼装辅助设备。为扩大拼装中隔竖墙时的间隙,在盾体尾部设计有管片顶托装置。在管片脱离盾壳时,有可能同步注浆未能充满整个盾尾间隙,缺少支撑的管片就容易变形;为保证管片的真圆度,在双圆盾构机后部作业平台上,左右各设置了一组形状保持器(也可称为整圆器)。

5.2.5　滚转纠偏设计

双圆盾构机除了通常的水平、垂直方向控制外,设备的滚转控制也很重要,如果发生过度的滚转，会对盾构和管片的姿态、隧道成型质量和功能(图5-24)、地面沉降控制、盾构的正常使用等造成相当大的影响，严重的可能造成无法继续掘进。

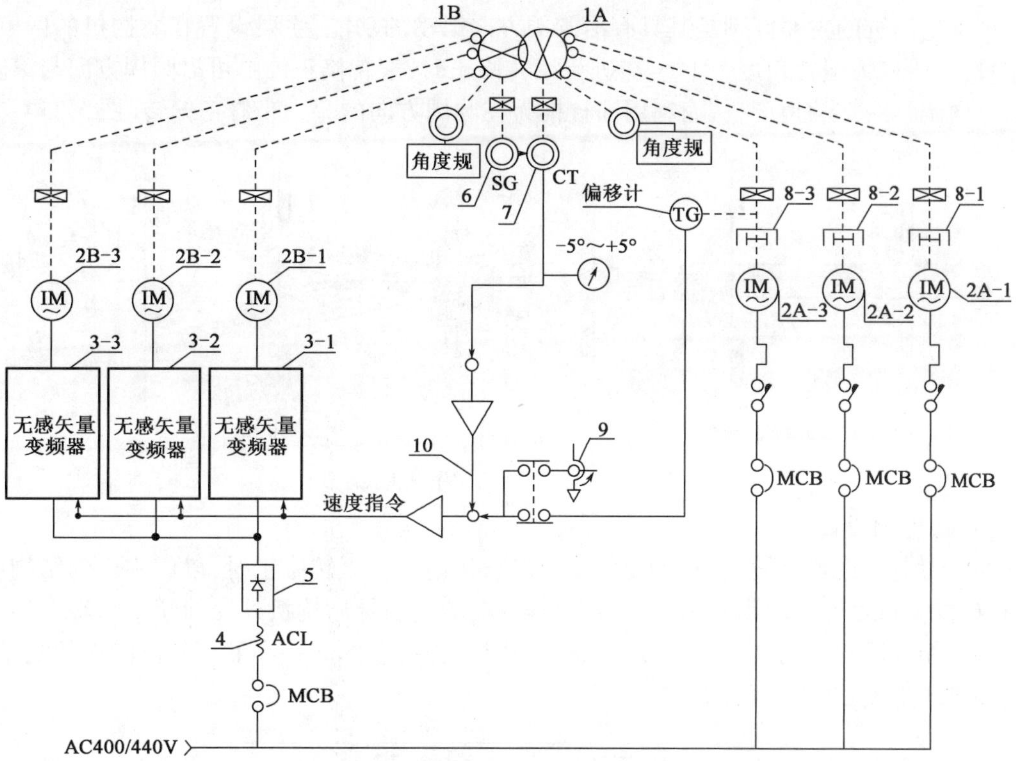

图5-23　刀盘同步控制装置的系统构成

1A、1B-刀盘；2A-1～2A-3-通用电机；2B-1～2B-3-变频电机；3-1～3-3-变频器；4-交流电抗器；5-整流电路；6-设置在刀盘1B上的位置检测器；7-设置在刀盘1A上的偏移检测器；8-1～8-3-联轴器；9-微动速度设定器；10-角度偏移量补偿

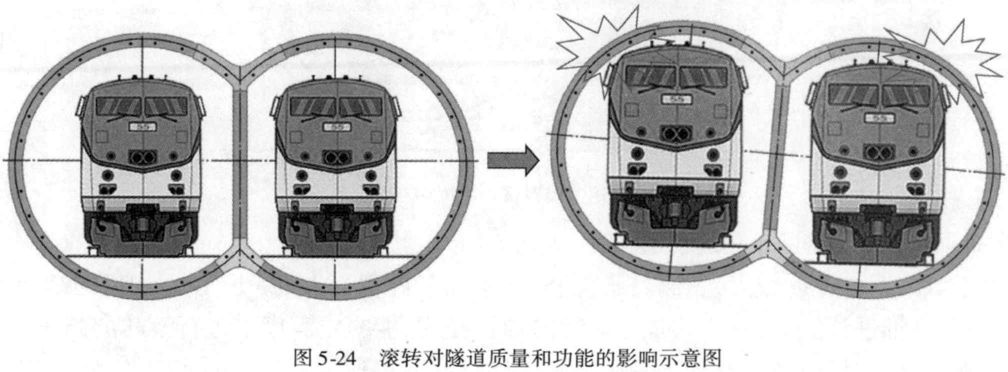

图5-24　滚转对隧道质量和功能的影响示意图

1)滚转产生的原因

导致滚转的原因众多，主要包括：①盾构机的左右重量不均衡；②盾构机的左右存在制造上的误差；③与盾构机接触的地层反力不均衡(行内多认为此原因为主要原因)；④掘进中左右切削扭矩不均衡；⑤盾构机油缸推力造成盾构机上产生转矩。

2）滚转修正的针对性设计

（1）滚转修正油缸设计

滚转修正油缸本身也是推进油缸，不进行滚转修正时能够为盾构机提供正常的推进力，与常规推进油缸的主要区别是其具有沿圆周方向滑动的功能，主要设置在盾构机的两侧，对称布置，一般最大偏转角度为1°。在进行滚转修正时，滚转修正油缸可沿圆周方向与滚转相反的方向调整一定的角度，从而利用油缸推力在圆周方向的分力来修正偏转（图5-25）。

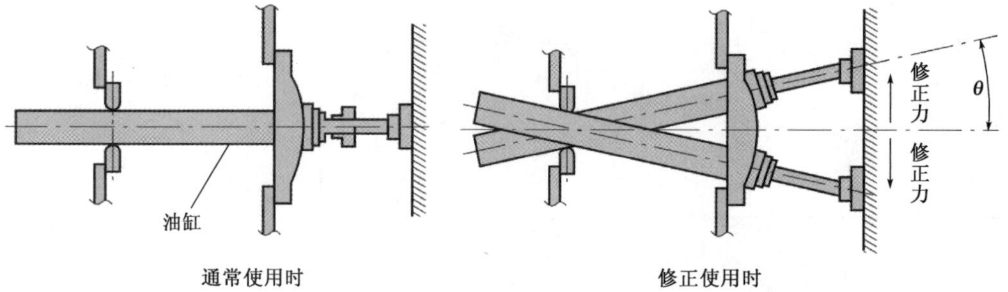

图5-25　滚转修正油缸工作原理示意图

（2）仿形刀设计

左右刀盘各设置有两把仿形刀，可实现定点超挖。在滚转修正时，以盾构机的结构中心为原点，按照点对称的原则使用仿形刀进行超挖，通过引导盾构机外壳向超挖部转动实现修正滚转。如当盾构机向左滚装时，通过超挖刀对盾构机左上部和右下部的范围进行超挖，可使盾构机产生朝右的转矩（图5-26）。

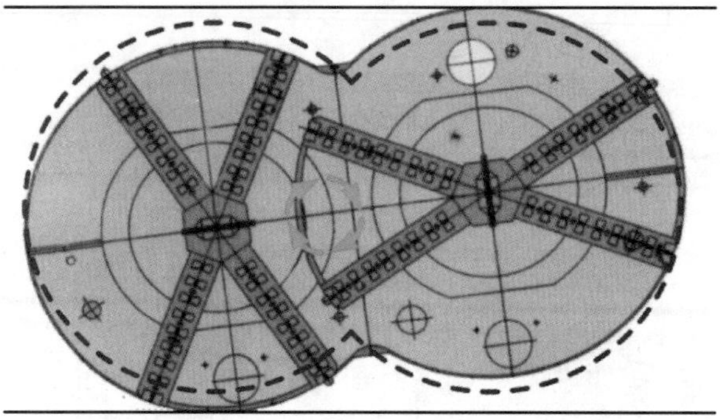

图5-26　使用仿形刀修正盾构朝右旋转翻滚

（3）推进油缸点对称油缸模式设计

由于双圆盾构宽度较大，在满足盾构姿态（平面和高程）的前提下，以盾构机的结构中心为原点，通过推进油缸的分组，实现点对称的油缸模式，能一定程度上进行滚转的修正。

此外，在盾构机盾体内安装了高精度倾角传感器可实现滚转角度的实时监测；左右螺旋输送机独立控制，进而可通过控制出土量控制偏转。

5.3　双圆盾构隧道设计技术

双圆盾构在21世纪初经过整环试验验证后引入我国，并进行了工程实践，目前已有少量针对双圆盾构分析模型的相关研究,但多集中在均质圆环模型或弹性铰模型的解析解上,由于没有针对双圆盾构接缝进行试验,相关接头参数的选取多凭借经验值进行定性分析,1986 年始建于日本东京的京叶线京桥隧道工程,成功开创了双圆盾构法的施工先例,该隧道根据梁-弹簧进行设计计算,是梁-弹簧模型应用到异形盾构隧道的成功工程案例。

王如路等以 1999 年进行的 3 次通缝和 3 次错缝拼装双圆盾构隧道衬砌模型 6 点集中加载的试验(1∶3 比例模型)为背景,结合上海地区的土层情况,进行了有限元模拟计算和对比分析,发现结构受力和变形匹配较好。

宋博运用梁-弹簧模型,对双圆盾构隧道衬砌在上海地质条件下的力学特性进行了理论分析,对特定的工程地质和水文地质条件下的力学特性进行理论分析,证明了现行的设计和技术规范是能够满足和实现结构对强度和刚度的要求。此外他还通过 1∶1 的单环管片的结构试验验证了目前采用的双圆盾构隧道衬砌的结构和构造形式,表明在强度和刚度上是满足设计要求的,在工程的实际应用过程中有足够的安全储备。但由于隧道设计模型为修正惯用法,他未将试验结果与计算模型进行对比,验证所采用的梁弹簧模型的可应用性低。

袁金荣通过实例对不同修正惯用法、梁-弹簧模型进行评价和对比,证明其都能满足双圆盾构隧道工程设计的具体要求,关键在于计算参数选择的合理性和匹配性。还重点讨论了双圆盾构隧道结构计算中拱背土压力的作用模式及其对计算结果的影响。表明拱背土压力的影响不能忽略,否则计算的结果将偏不安全,拱背土压力的不同模式对计算结果的影响差异较大,其作用模式不应简化处理。

狄永媚结合上海隧道轨道交通 M8 线工程方案研究,介绍双圆区间隧道衬砌圆环的计算和设计方法,采用修正惯用法对结构进行分析,考虑侧向地层抗力影响,分别就施工阶段、正常运行阶段和特殊阶段可能出现的最不利荷载组合进行结构强度、刚度和裂缝宽度验算,这是国内首次对双圆盾构隧道进行设计。

楼葭菲指出对传统的单圆隧道管片内力计算模型的结构形式、抗力范围等进行适当的改进后,基本都能应用于双圆形隧道管片的内力计算。提出适合于双圆盾构隧道的均质圆环模型,利用结构力学方法,根据自由变形圆环模型推导得出基于双圆盾构法隧道衬砌圆环的内力计算解析解公式。结合具体工程,应用有限元计算方法和相关模型试验对比验证该自由变形模型解析公式的正确性。同时分析归纳双圆盾构隧道衬砌内力分布的基本规律,并分析管片形式、管片外形特征对衬砌内力的影响规律。在此基础上李喆提出了考虑弹性铰的双圆盾构隧道衬砌解析公式,根据试验结果验证了该解析解的准确性。胡欣雨在已有的解析解基础上,建立了考虑不均衡力矩及侧力、竖力传播的双圆盾构隧道衬砌模型计算方法并推导出解析解。结合考虑土层作用的二维数值模拟和现场试验内力结果验证了解析解的合理性,同时对拱背土压力、侧向抗力等进行了参数分析。

颜离园采用荷载-结构法计算双圆隧道衬砌结构内力,将衬砌结构与周围土体的相互作用通过设置在衬砌全环的外法向链杆来体现。通过程序的迭代计算,合理区分衬砌结构的抗力区、脱离区范围。解决了在双圆盾构衬砌结构的内力计算中采用三角形抗力计算假定所带来的误差问题,根据最终计算得到的结构位移,计算出地层弹性抗力值。

常用隧道结构设计模型主要有4种，即地层-结构模型、荷载-结构模型、经验类比模型和收敛-约束模型。在隧道设计中，常常采用荷载-结构模型设计结构，其他模型辅以校核。近20年来，世界各国采用计算模型变化不大，通常采用的是弹性地基圆环法和修正惯用法。日本所采用的自由变形圆环法可看作是修正惯用法的一个特例。在1968年，久保（Kubo）提出了梁-弹簧模型模拟圆形装配式衬砌接头效应，随后村上博智（Murakami）和小泉（Koizumi）等人进行了进一步的研究。近年来，在日本梁-弹簧模型得到了广泛的应用。

用于横型二连型DOT工法的DOT管片的基本结构如图5-27所示，由圆弧（A型）管片、用于中央上部及下部的等V形连接（JL型、JS型）管片，以及立柱（P型）管片构成。

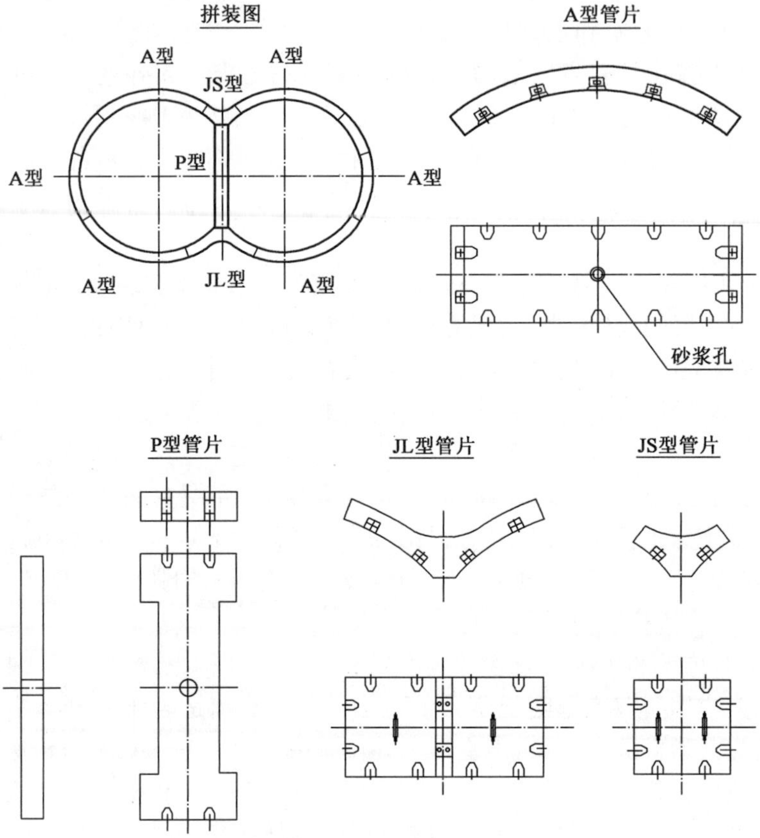

图5-27　横型二连型DOT管片

用于纵型二连型DOT工法的DOT管片的基本结构如图5-28所示，根据后述的拼装顺序的关系，圆弧管片由与原来圆形管片相同的A型、B型、K型3种构成。并且由于底板（P型）管片承担活荷载，所以根据设计条件，决定P型管片与连接（JL型、JS型）管片的连接部形状。

双圆盾构隧道目前主要在日本和中国有所应用，在日本有明北地区供应管共同沟建设工程和名古屋大曾根—新瑞桥之间地下铁道工程中得到使用，上海地铁线8号线的开鲁路站—嫩江路站—翔殷路站—黄兴绿地站3个地铁区间也有应用。不同工程中，双圆盾构隧道的衬砌结构有所不同。

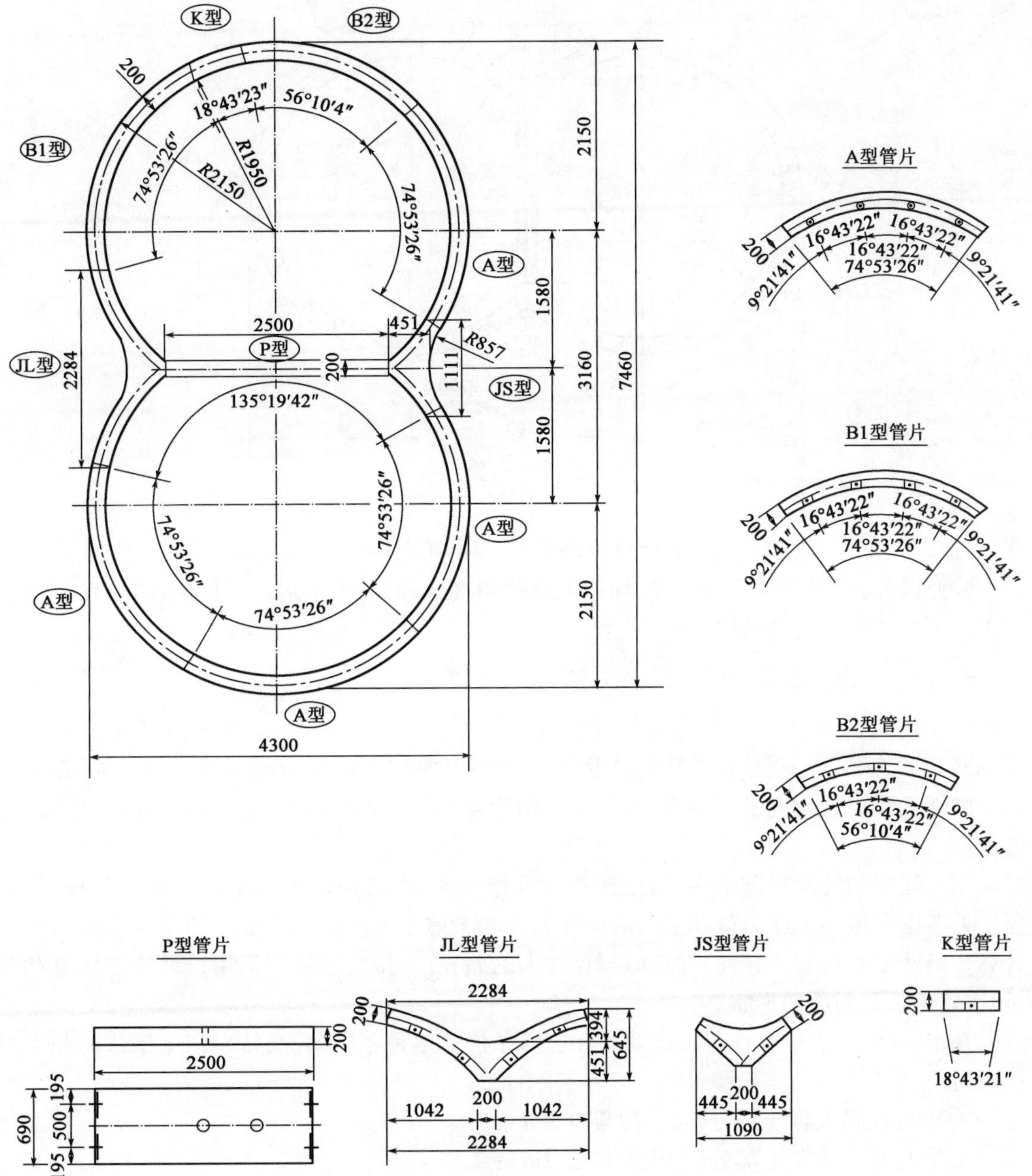

图 5-28　纵型二连型 DOT 管片(尺寸单位:mm)

5.3.1　有明北地区供应管共同沟建设工程

每环管片衬砌结构,由 10 块圆弧形 A 型管片,中央部分上面和下面、使用在接合处的 JL 型、JS 型管片各 1 块,并有成为柱子的 P 型管片 1 块,合计 13 块组成,如图 5-29 所示。

使用在曲线部分的管片,配合曲率、作为左右、上下修正用两种类型的锥形管片(锥形量 23mm)和标准型管片组合起来使用。

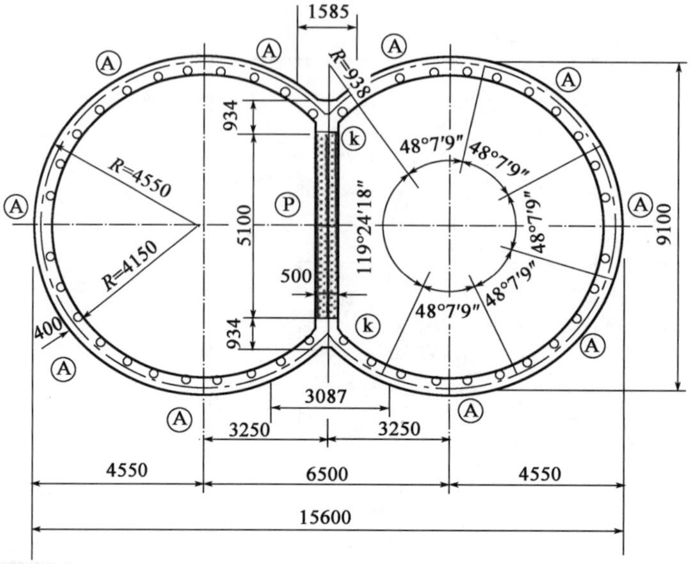

图 5-29　管片拼装图(尺寸单位:mm)

除此以外,在隧道部分和始发、到达工作井相接连部分,为了对付不同的沉降,各自使用了 1 环可绕性管片衬砌结构。

5.3.2　习志野市菊田河干线 DOT 工法

对于使用在该 DOT 工法中的钢筋混凝土管片衬砌的设计方法,是通过证实试验的整环加载试验,采用以往用于圆形断面设计中所使用的抗弯刚度有效系数 η 和弯矩分配系数 ξ 的惯用设计法和考虑接头旋转弹性常数等梁弹簧元设计方法,以确认为合理的设计方法。

本工程中的管片衬砌结构,是把这些结果作为参考,最初对国铁总武线横断部分、最大覆土处考虑了偏心土压力荷载工况的梁弹簧元和考虑了 $\eta=0.8$、$\xi=0.3$ 的惯用设计法作了计算。确认下来认为,两者的计算值不存在大的差异。对此,仅采用惯用设计法作计算和分析,决定出管片断面的形状。

在本线路中,由于存在着顶部荷载和土质条件等多种不同情况,特设定了下述荷载工况作研讨。

工况 1:在最大覆土部分(覆土厚度 9.9m);

工况 2:在最小覆土部分(覆土厚度 2.2m);

工况 3:新京成坡面部分(平均坡面厚度 6.5m);

工况 4:国铁线横断部分(覆土厚度 5.5m);

工况 5:京成横断部分(覆土厚度 2.6m)。

在所有工况中,都是按照左右隧道受到偏心土压力考虑。这种偏心土压力值,是考虑了迄今为止的圆形断面和二连型断面隧道的设计实例,偏心土压力比率值 $\rho=25\%$,如图 5-30 所示。

管片衬砌结构的分块和断面形状如图 5-31 和图 5-32 所示。

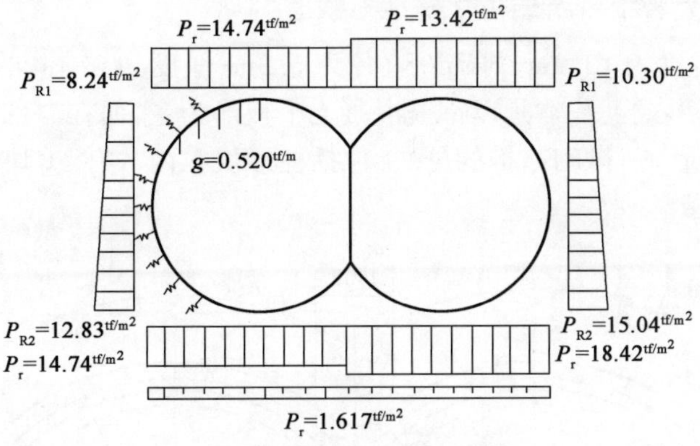

图 5-30　最大覆土部分的荷载计算图

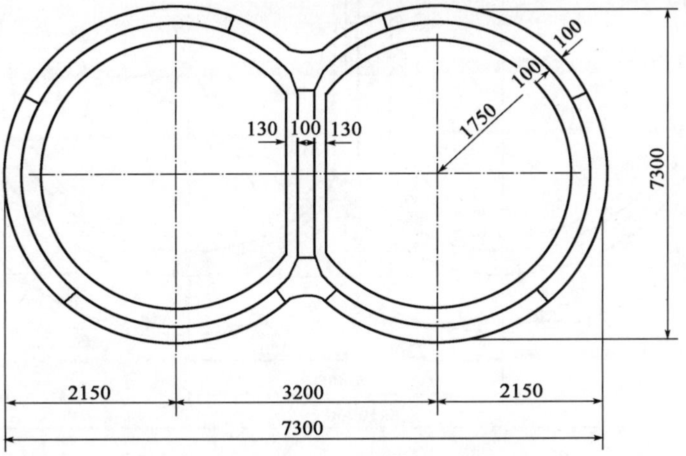

图 5-31　衬砌环管片分块图(尺寸单位:mm)

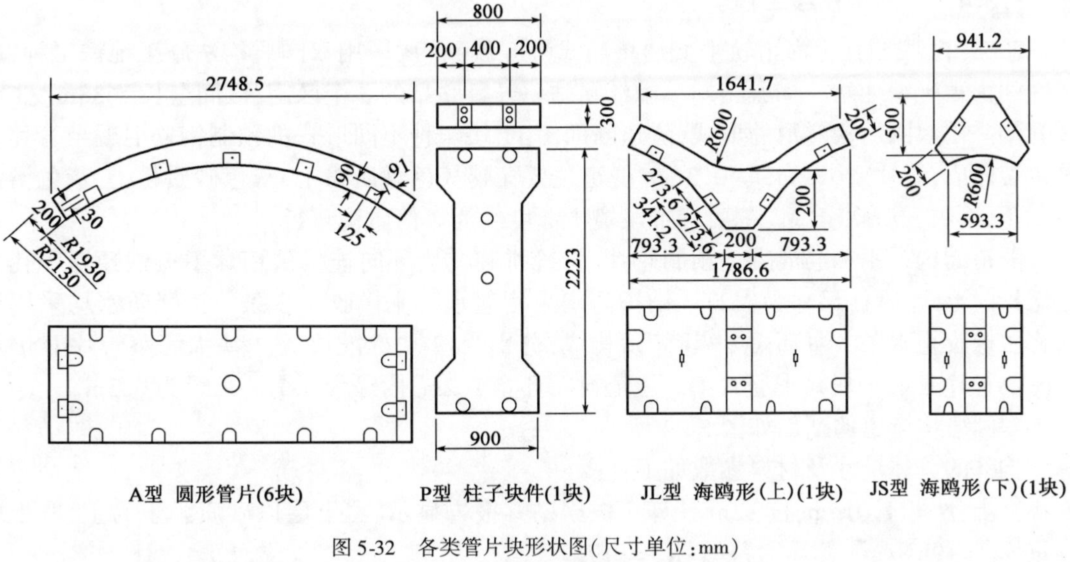

A型　圆形管片(6块)　　P型　柱子块件(1块)　　JL型　海鸥形(上)(1块)　　JS型　海鸥形(下)(1块)

图 5-32　各类管片块形状图(尺寸单位:mm)

5.3.3 名古屋大曾根—新瑞桥之间地下铁道

衬砌结构是总宽度为10.9m、衬砌外直径为6.3m、厚度为0.3m的双心圆断面，管片宽度以1.2m为标准。形式上基本是以钢筋混凝土平板形为主，而在一部分有需要处使用的是铸铁管片衬砌(波纹形)。衬砌结构的分块，包括柱形块在内共有11块。钢筋混凝土衬砌结构断面如图5-33所示。

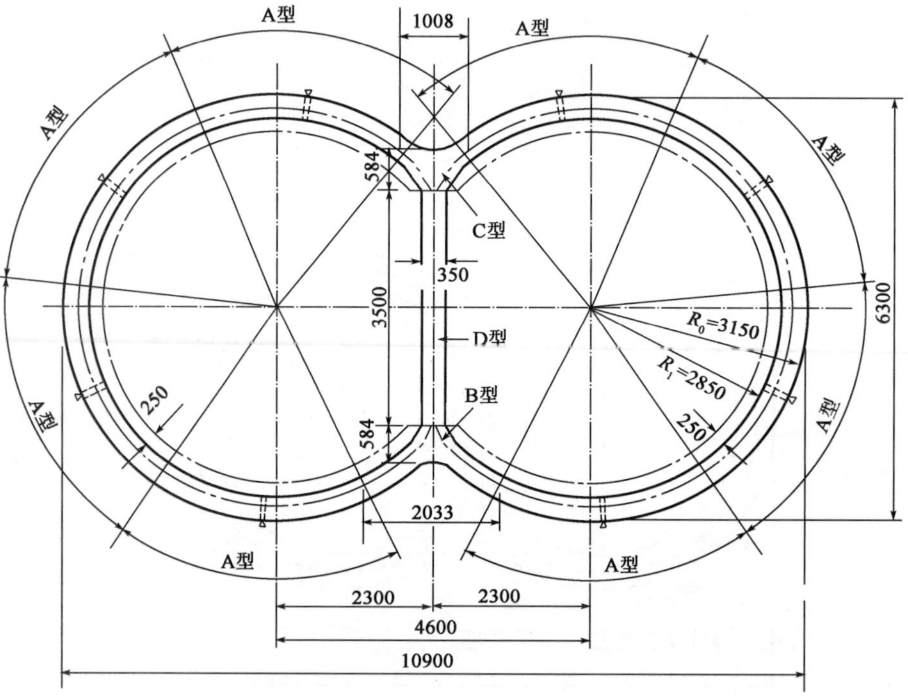

图5-33 双心圆钢筋混凝土衬砌结构断面图(尺寸单位:mm)

5.3.4 上海地铁线工程

2003年，我国在上海市轨道交通杨浦线(M8线)首次采用双圆盾构法施工地铁工程，施工区间为黄兴绿地站—翔殷路站—嫩江路站—开鲁路站的3个区间，区间全长2688m。3个区间均采用双圆盾构隧道的形式，隧道断面由11块4种不同形式的预制钢筋混凝土管片错缝拼装而成，管片宽1.2m，厚0.3m。隧道主要穿越灰色黏质粉土、灰色砂质粉土、灰色淤泥质黏土，地层土质软、含水率高，标准段覆土深度约为2倍盾构直径。

隧道结构采用钢筋混凝土预制管片，错缝拼装，纵、环向连接采用球墨铸铁预埋手孔+短螺栓的形式，螺栓尺寸为M27。结构防水采用遇水膨胀橡胶止水条。接缝防水均采用遇水膨胀橡胶止水条。每环由11块管片构成，分别为：8块标准块A、1块大海鸥管片B、1块小海鸥管片C和1块柱形管片D。隧道衬砌环宽1.2m，内径为5.7m，外径为6.3m。

双圆盾构隧道的断面如图5-34所示。

构件的具体尺寸及材料参数如下：

覆土：$H=11.015$m，按12m计算。根据勘察报告显示，覆土层以砂质黏土为主，取土层容重$\gamma_{土}=19\text{kN/m}^3$，侧压力系数：$K_0=0.7$。

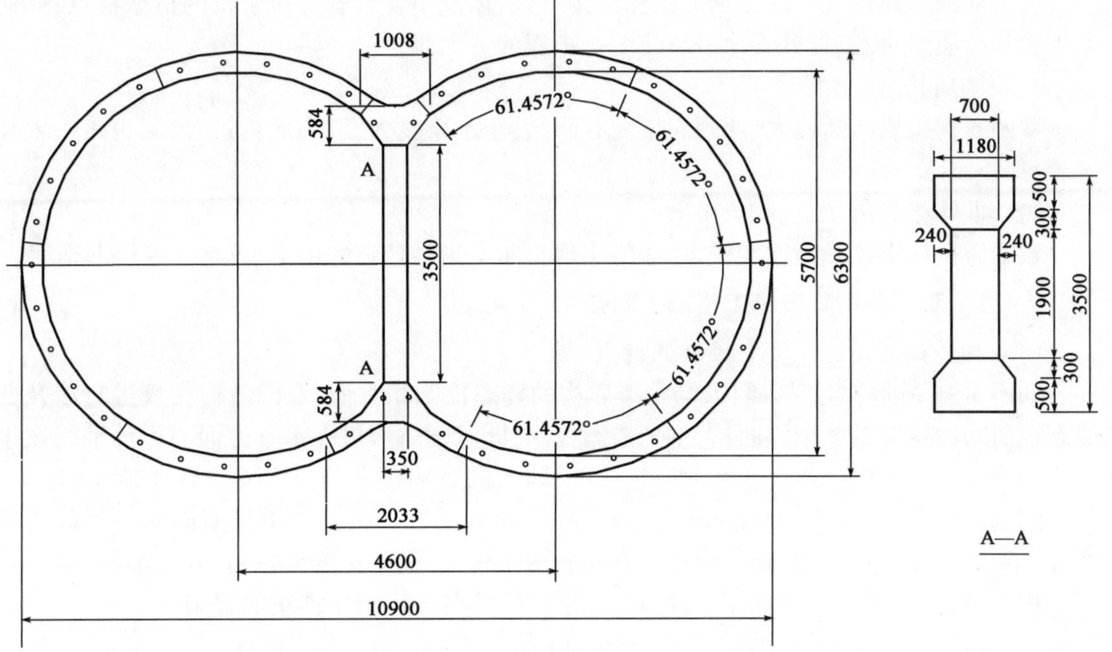

图5-34　双圆盾构隧道的计算断面(尺寸单位:mm)

计算后确定管片外径:$D=6.3\text{m}$,总宽度:10.9m。管片宽:$B=1.2\text{m}$;立柱部分 $B_{立}=0.7\text{m}$,管片厚 $T=0.3\text{m}$。立柱部分:$T_{立}=0.35\text{m}$。衬砌采用C50混凝土,钢筋HRB335。

双圆隧道衬砌采用短螺栓连接,与常规隧道管片相比,接头部分采用大量预埋件。该隧道管片采用新型连接形式,在接头部分预设球墨铸铁预埋件(材质为FCD－500),用于环间和块间连接。

5.4　双圆盾构隧道施工技术

5.4.1　双圆盾构隧道施工的重难点

1)姿态控制

双圆盾构隧道姿态控制与单圆质构类似,主要控制隧道水平和竖向姿态,另外需重视盾构滚转姿态的控制。双圆盾构滚转影响主要体现在以下几个方面:

(1)左右隧道成型后产生高程,中间立柱发生倾斜,影响成型隧道的正常使用功能。

(2)导致断面超挖,导致施工扰动范围扩大,对周边土体和地面环境产生不良影响,会引起地面沉降、地下管线变形,甚至危及周边建构筑物,大大增加了施工风险和施工难度。

(3)由于双圆盾构两刀盘相向旋转,不能采用类似单圆盾构刀盘正反转来控制盾构转角的技术手段,纠偏技术难度更大。

2)地层变形(地表沉降)控制

由于双圆盾构机具有特殊的盾体及刀盘结构形式,容易产生背土、超挖等问题,对地表沉降控制的要求比较高,特别是在浅覆土、软弱地层等复杂条件下难度很大。

3)双圆管片拼装

由于双圆形盾构管片的特殊形状和连接形式,以及单臂式管片拼装机的机械特点,如何实现管片高质量拼装、提升管片拼装速度是工程的一大难点。

4)双圆盾构进、出洞

双圆盾构机横向断面大、两圆连接间有凹槽,止水难度大,双圆盾构进、出洞也是一大技术难点。

5)小曲率半径施工

双圆盾构机半径和跨度均较大,如何实现小曲率半径隧道的施工,具有一定技术难度。

5.4.2 双圆盾构隧道施工姿态控制技术

1)双圆盾构隧道施工姿态控制的特点

如图5-35所示,与矩形盾构、马蹄形盾构的姿态控制相类似,双圆盾构在掘进时涉及的姿态控制问题主要有3个方面:①水平姿态控制,即双圆盾构机在水平方向与设计轴线产生α_1角度的偏差[图5-35a)];②竖向姿态控制,即双圆盾构机在竖直方向与设计轴线产生α_2角度的偏差[图5-35b)];③侧向滚转姿态控制,即双圆盾构机的水平横断面向一侧偏转角度α_3[图5-35c)]。因为双圆盾构隧道有左右两条轴线,横向跨度大,一旦发生滚转,将对管片的拼装、盾构的推进、地表沉降的控制、隧道功能等各方面产生严重的影响。

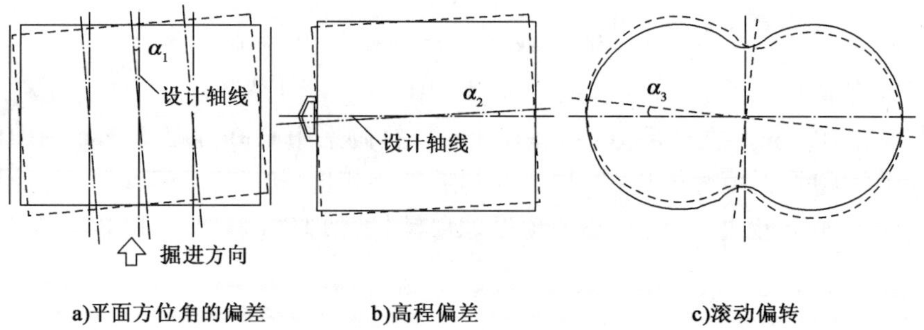

图5-35 双圆盾构掘进中轴线方向偏差的形式

2)双圆盾构隧道施工姿态偏差的原因

(1)土压力不均匀的影响

双圆盾构机在施工过程中主要受到以下几个外部作用力:正面阻力(包括正面土压力F_2和切口贯入阻力F_1)、四周土体与盾构壳体之间的摩阻力F_3、刀盘旋转开挖时受到土体的反向扭矩T_1、T_2等,如图5-36所示。

地层分布不均、隧道埋深变化、双螺旋输送机出渣等因素均会造成上述外力不均匀作用于盾构机,从而导致盾构推进时产生水平和竖直方向的偏差。左右刀盘接触的土层不同会造成作用于每个刀盘上的扭矩不同,进而造成盾构机发生滚转;另外盾构机左右两侧土体的地基承载力不同也会引起主机的滚转。

(2)盾构机主体结构的制造误差

双圆盾构的断面是中心对称结构的哑铃形,施工过程中会形成2个支点,相较于单圆盾构更加不容易偏转。但是设备制造过程中的误差很可能会改变这种优势,如:

①双圆盾构机在制造和组装过程中,由于误差就很难保证2个单圆的外形绝对平行和完全真圆,如果不进行严格控制,就容易造成盾构机滚转。

②双圆盾构机两侧的重量存在较明显的偏差,重心不在整机的中心,则盾构机容易产生滚动偏转。

③盾构机推进油缸安装时与盾构机的轴线不平行,则会对盾构的推进轴线产生不利影响。

④由于盾构机的刀盘及驱动等主要设备均安装在前部,整机的重心如果过于靠前,则有栽头的风险,会使盾构机推进时的轴线在高程上与设计轴线发生偏离。

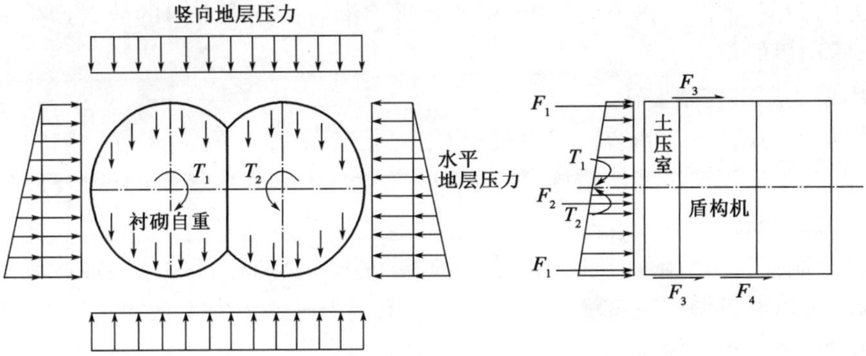

图5-36　作用于双圆盾构机上的外力(矩)

(3)后配套拖车的牵引重量不同

双圆盾构机施工时,在左右隧道内需各布置一套后配套拖车,由盾构主机拖拉一起前进。由于左右拖车放置有不同的设备,其重量会有差别,这就会造成左右拖车对盾构主机左右两侧产生的后拉力不对称,进而引起姿态偏转。

(4)已拼装完成的管片对轴线控制产生影响

由于拼装误差等原因,拼装好的管片与盾尾之间的间隙大小不一,甚至会接触,这种接触产生的摩阻力将影响盾构的轴线控制,并且会给管片的拼装带来困难,同时也会造成盾构机与隧道的滚转,如图5-37所示。

此外,盾构注浆的流失、操作不当等其他因素也会引起盾构姿态的偏差。

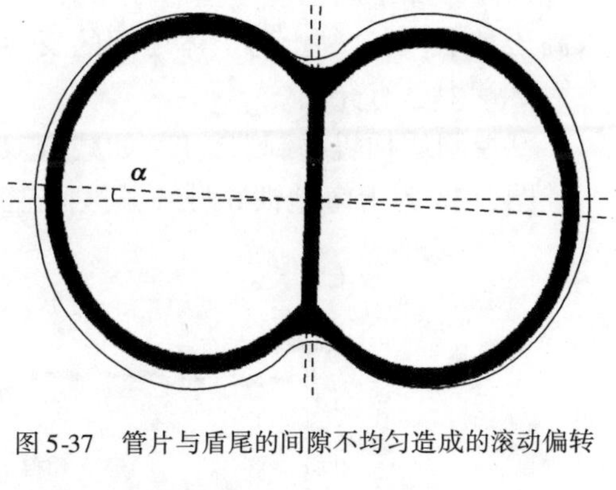

图5-37　管片与盾尾的间隙不均匀造成的滚动偏转

3)双圆盾构隧道施工姿态控制的措施

与其他类型盾构机一样,双圆盾构机为保持掘进姿态,施工过程中进行姿态控制是不可避免的,具体包括水平方向姿态控制、垂直方向姿态控制和滚转控制三部分。

(1)水平方向与垂直方向控制

由于双圆盾构机一般没有铰接系统,其水平方向与垂直方向的姿态控制均是利用左右或者上下的推进油缸的行程差产生偏转力矩来进行控制。施工过程中要进行随时监控并不断调整。需要注意的是,盾构机发生滚转时将导致左右圆的盾壳与管片间产生对角接触现象,造成盾构机水平和垂直方向姿态调整困难,故还须综合考虑滚转因素的影响。

(2)滚转的控制

由于双圆盾构机的横向尺寸大,在偏转角度相同的情况下,其纠偏量会明显大于单圆盾构的纠偏量,因此可能会引起较大的地表沉降,所以在双圆盾构机掘进过程中,应坚持"勤测""勤纠""少纠"的原则。

根据已有工程实例的经验总结,修正双圆盾构机滚转偏差主要有以下几种方法:

①提高监测的精度和频度,早发现、早纠正。

②采用推进油缸(滚转修正油缸)控制偏转。调整盾构机推进油缸的推进角度,具体为抬升一侧方向向下、下沉一侧方向向上,用油缸推力沿盾构圆周方向的分力产生一个偏转力矩,来修正盾构机的偏转。

③采用单侧压重控制偏转。

④采用仿形刀超挖控制偏转。利用仿形刀对抬升一侧的下方、下沉一侧的上方进行适量的超挖,配合单侧压重等其他措施,使盾构机产生与偏转方向相反的可控沉降或位移,进而修正盾构机的偏转。

⑤通过控制左右螺旋输送机的出土量控制偏转。双圆盾构机两侧的螺旋输送机是独立控制的,因此可以通过调整左右螺旋输送机的出土量来调整 2 个土仓的土压力,改变左右刀盘的反向扭矩,来实现纠偏。

⑥调整左右土仓土压力的设定值,通过左右圆盾构不同的受力状态控制盾构偏转。

⑦通过壁后注浆控制。根据偏转与超挖情况,将同步注浆改为壁后注浆,浆液与原状土产生的相互作用力,一定程度上有利于隧道的滚转纠偏。具体操作时主要是调整左右圆同步壁后注浆的位置和注浆量,如隧道向右偏转,就需在左上和右下注浆,反之则应是右上和左下;在保证注压浆量的前提下,抬升的一侧尽量少注浆,下沉的一侧多注浆。

⑧高压黏土纠滚。与壁后注浆类似,可在抬升一侧的上方、下沉一侧的下方向盾壳外注入高压黏土,通过黏土与土体之间的反力平衡偏转力矩。这种方法在顶管中应用非常广泛,在第 2 章中已有介绍。

⑨控制盾构机的制造精度,如减少双圆盾构左右外壳体的尺寸误差。

图 5-38 为上海地铁 6 号线某区间工程总结的不同滚转纠偏措施的效果。可以看出,由

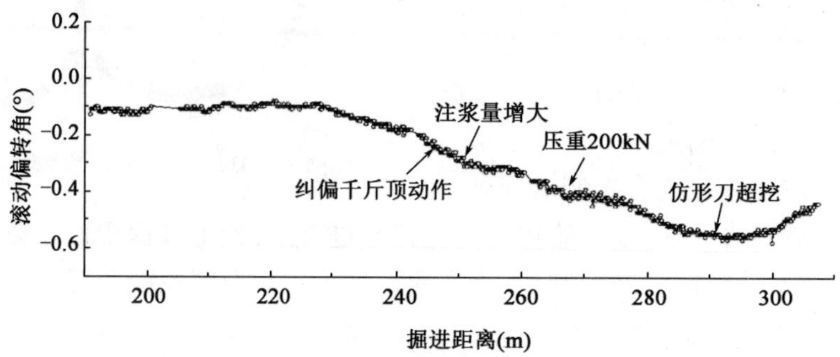

图 5-38　不同滚转纠偏措施的效果

于惯性,滚转纠偏是一个缓慢的过程。当偏转角为-0.28°时,开始实施顶推油缸纠偏,并增加盾尾同步注浆量,但效果不明显;随后在3d内偏转角扩大到-0.4°,此时采取了单侧压重的措施,取得了一定的效果。但1d后偏转角继续扩大,随后采取了仿形刀超挖和增加注浆量的措施后,取得了明显效果。

5.4.3　双圆盾构隧道施工沉降控制技术

1)引起双圆盾构隧道施工地层扰动与沉降最主要的因素

(1)双圆盾构为辐条形刀盘,开口率接近100%。刀盘无法有效支撑正面土体,对前方地质条件、地面附加荷载的变化反应灵敏。一旦出现土仓内设定压力值与实际土体压力值间存在较大压力差,将引起地层变形。尤其是在高流塑性土层、砂层等不良土层中,盾构掘进施工引起的沉降风险极大。

(2)双螺旋输送机出渣过程中,排渣量控制不到位,会出现超挖和欠挖的情况,导致土仓压力失稳。

(3)双圆盾构顶部凹槽处易产生背土现象,造成盾构机顶部土体整体随盾构机向前移动,以至于出现地面先隆后沉的现象,主要表现在施工引起的土体分层沉降、水平位移、土压力及孔隙水压力的变化。

(4)辐条式刀盘在旋转过程中,将在其背后形成真空地带,若盾构土仓内土体的塑流性较差,无法及时填补辐条后部不断出现的空隙,则将引起盾构正面或上方土体的涌入,最终导致地面变形。

(5)双圆盾构同步注浆孔设置的数量有限,浆液填满整环盾尾空隙所经过的路径相对较长,存在时间差。所以衬砌管片脱离尾盾时,局部的盾尾间隙可能呈无支撑状态,易引起周围地层的应力释放,造成土体的弹塑性变形。当地质条件较差、土体较软时,盾构与管片间的建筑空隙将迅速被周围土体所掩埋,最终导致地面变形。

(6)地下水位变化、衬砌变形、超挖掘进、姿态纠偏等同样会导致地层的扰动沉降。

2)控制双圆盾构地层变形的主要技术措施

(1)通过试掘进阶段的摸索和总结,务必使土压平衡控制系统设定的土仓压力值与外部原状土的水土压力相当。

(2)严格控制切口处的平衡土压力,尽量减少土压力的波动。建立推进速度、出土速度、总推力三者之间合理的匹配关系,同步调控两台螺旋输送机的出土量,避免超挖或欠挖。

(3)做好姿态控制管理,避免纠偏动作过大。

(4)加强渣土改良,增加土仓内土体的流塑性能,提高土压力检测的准确性,同时应及时填充辐条旋转时留下的空隙。

(5)在盾体顶部凹槽处及时填充黏土、膨润土、泥克效等润滑材料,减少凹槽处的背土现象。

(6)盾体上下两凹槽处的同步注浆应及时充足,使凹槽部位的土体得到及时和充分的支撑,以减少坍塌。

(7)设计壁后注浆备用系统,确保浆液及时填充盾构与管片间的建筑空隙。

(8)设置有效的地面变形监测系统,加强人工复测工作的管理,及时将地面变形的监测数据同步反馈至盾构控制室,以便及时进行施工参数的调整。

3)经验总结

(1)双圆盾构切口位置土层对土压力反应极为迅速、灵敏,利用盾构切口土压力控制盾构切口位置地层变形的效果比较明显。

(2)盾尾间隙的及时填充对沉降影响巨大,加强注浆管理十分重要,特别是在脱出盾尾后沉降较为严重的部位应及时采用壁后二次注浆手段控制地面沉降。

(3)双圆盾构施工对正面土体的塑流性要求较高,必须进行土体改良,以确保正面土压分布均匀且刀盘辐条背部等不断出现的建筑空隙能及时被填充,否则对地层影响较大。

(4)管片拼装阶段,由于缺少顶推力的挤压,土压力处于松弛下降的状态,将带来切口位置地面沉降的风险。为此,在管片拼装阶段必须采用螺旋输送机反转、气体保压等手段维持切口土压力值。

(5)通过施工数据统计,双圆盾构掘进过程中对其横断面地层的影响范围为2倍盾构宽度、1.5~2倍盾构覆土深度,图5-39、图5-40为某具体工程的沉降槽曲线。

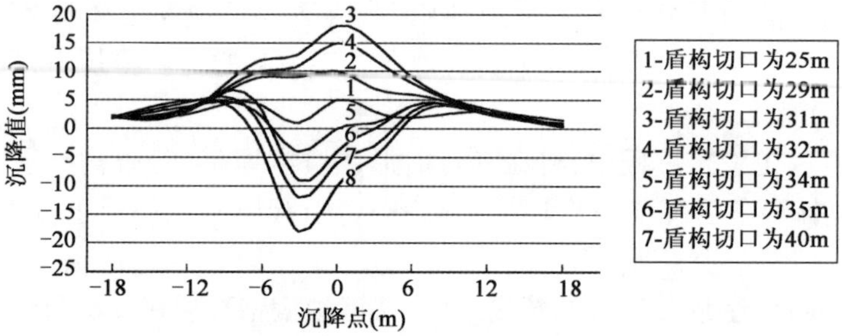

图5-39 横断面沉降槽曲线

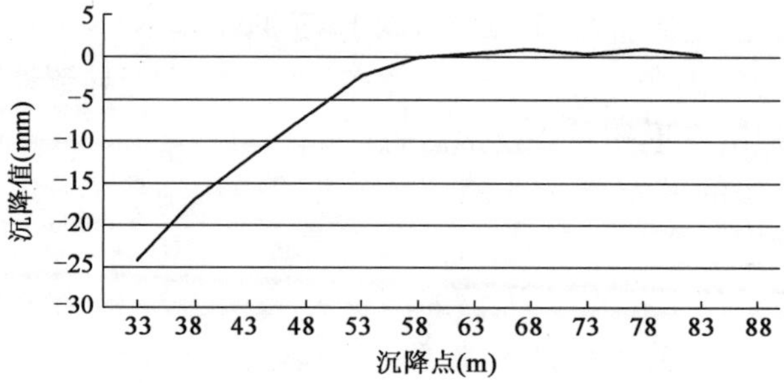

图5-40 盾构切口处于70m位置纵断面沉降槽曲线

5.4.4 双圆盾构隧道施工管片拼装技术

双圆盾构隧道管片拼装质量会改变管片的实际受力状况和变形状况,从而造成地表沉降,并且会影响到成型隧道的使用功能。因此,在施工过程中,必须严格控制管片的拼装质量。

双圆盾构管片在连接形式方面与单圆盾构管片存在很大差异。双圆盾构管片在纵、环向均采用球墨铸铁预埋手孔加短螺栓的连接形式,此种连接方式对拼装精度要求较高。此外,上下海鸥形管片和中间立柱管片的拼装难度也较大。因此,需合理解决以上问题,从而保证管片拼装质量。

以上海轨道交通8号线黄兴绿地站—翔殷路站双圆盾构区间隧道工程为例，该项目的衬砌由11块预制钢筋混凝土管片拼装而成，由于断面较宽，管片拼装由两台拼装机完成。正常的管片拼装顺序为：下部海鸥形管片（C管片）—两侧标准管片（A管片，同步完成，先下后上）—上部海鸥形管片（B管片）—中间立柱（D管片），如图5-41所示。

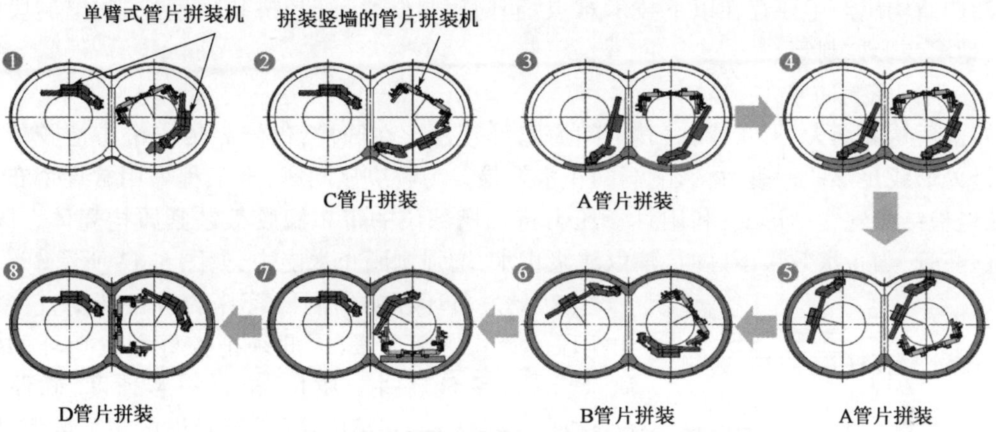

图5-41 DOT双圆盾构管片拼装顺序

为保证拼装质量，需要注意以下技术要点：

(1)下部海鸥形管片为第一块定位管片，其拼装质量将会直接影响整环管片拼装质量及其与盾构的相对位置，故必须严格确保此块管片的拼装精度。既要保证其与前环管片居中拼装、无踏步等一般要求外，还要保证其与隧道轴线的高度匹配（水平、纵向2个方向），旋转角度应控制在0.35°以内。

(2)两侧标准块的拼装与单圆管片基本类似，但由于其采用预埋手孔连接形式，确保每根螺栓紧固到位十分重要。

(3)成环管片均有纵、环向螺栓连接，其连接的紧密度将直接影响到隧道的整体性能和质量。因此每环拼装结束后应及时拧紧纵、环向螺栓，并及时进行复紧。

(4)在上部海鸥形管片拼装结束、立柱管片拼装前，紧邻上部海鸥形管片两侧的管片螺栓不宜拧紧，以便于立柱管片拼装时上部海鸥形管片有一定的上下调整余地。具体操作时，先启用安装在盾构内的管片径向调整油缸（左右各1台），将其伸至上部海鸥形管片两侧的管片下，然后向上顶伸、托住管片并进行微调；同时利用立柱调整油缸，对立柱的定位进行调整。

(5)拼装立柱管片时，必须时刻观测立柱周边间隙，防止立柱承受过大施工荷载。

(6)每环拼装完成后，应测量隧道的椭圆度，对不合格的应及时启用整圆器调整隧道圆度，保证成环隧道直径变化量应小于0.2%D（D为隧道内径），并应及时靠拢推进油缸，防止盾构后退。

(7)自负环起，要逐环检查环面平整度，相邻块管片的踏步应小于4mm。

(8)定期检查环面超前量，时刻确保管片整环环面与隧道轴线的垂直度。

(9)相邻环高差的大小直接影响到建成隧道轴线的质量及隧道有效断面，因此必须严格控制环高差，一般相邻环管片高差应小于4mm。

5.4.5　双圆盾构隧道施工进、出洞技术

与其他类型盾构一样,双圆盾构进、出洞是影响整个工程的关键环节。由于形状的特殊性,其进、出洞技术具有自己显著的特点。

1)出洞技术

双圆盾构出洞主要存在以下技术难点:洞门密封防水、管片拼装精度控制、出洞段轴线控制、地层变形控制等。

(1)洞门密封防水

双圆盾构断面大、形状特殊,其中间海鸥形管片存在凹槽,仅依靠传统帘布橡胶板无法在凹槽处形成足够的握裹力,影响洞门止水效果。为解决该问题,本工程采用常规帘布橡胶板、铰链板结合气囊的形式,利用气囊压力将凹槽部位的帘布橡胶板贴紧盾构壳体。同时,预留注浆管,当止水效果不好时,辅以注浆止水,增强洞圈止水能力,如图5-42所示。

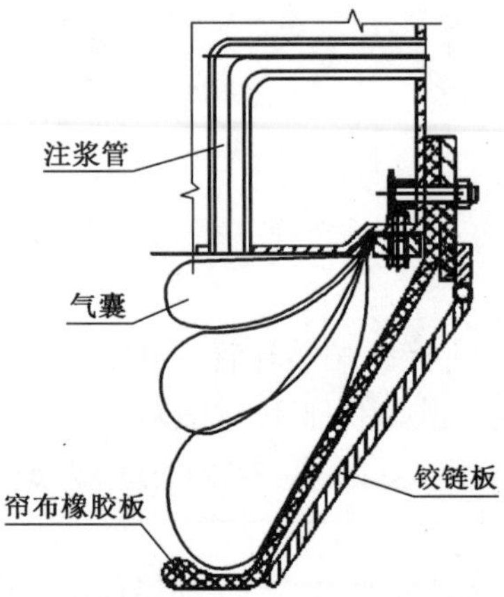

图5-42　双圆盾构出洞防水装置示意图

(2)始发负环和初出洞段管片的拼装精度直接影响出洞段的管片拼装质量,因此须把控好始发负环的拼装质量。①注重负环拼装质量,降低拼装速度,确保负环(特别是第一环)的高精度;②设置足够的限位装置,降低成环管片的变形量,保证被推动状态下的稳定性;③精准控制推进油缸编组,降低管片间的应力差。

(3)出洞段轴线控制

在盾构出洞阶段,盾构机受力状态由刚性线支撑逐渐向周边均布荷载支撑转变,轴线控制难度大。施工中,应调整土压力和推进油缸编组,从而减小盾构轴线偏差。

(4)地层变形控制

双圆盾构刀盘为辐条形式,对前方土体支撑效果差。因此,设定土压力应与外部土体压力值相当,降低土体扰动。这是盾构出洞的关键控制技术。

2)进洞技术

(1)端头加固及止水装置安装

为确保进洞安全,保护附近管线和建筑物,进洞前需对洞口土体进行加固,并在接收井洞圈部位安装挡板、插板、海绵条等密封装置。

(2)进洞段施工措施

①严格控制盾构机正面平衡压力

必须严格控制切口平衡土压力,严格控制与切口平衡压力有关的施工参数,如出土量、推进速度、总推力等,防止超挖、欠挖,尽量减少平衡压力的波动,使盾构切口处的地层有微小的隆起量,以平衡盾构背土时的地层沉降量。

②严格控制盾构的推进速度

盾构进洞段施工时,推进速度应放慢,以2~3cm/min最为适宜。尽量做到均衡施工,减少对周围土体的扰动,避免在途中有较长时间耽搁。如果推得过快,则盾构切口对地层的挤压作用相对明显,不利于地层的稳定。

③严格控制盾构纠偏量

控制前方地面沉降,均衡匀速掘进,盾构姿态变化也不应过大。施工中,检查管片超前量,隧道轴线和折角变化不宜超过0.4%。推进时,纠偏须缓纠慢纠,时刻观察管片与盾壳间隙。采用稳坡法、缓坡法推进,减少地面影响。

④严格控制同步注浆量和浆液质量

保证每环注浆总量,保证均匀合理地压注,浆液的配比必须符合质量标准。具体压浆量和压浆点根据压浆时的压力值、地层变形监测数据或管片姿态等因素选定。

⑤严控盾尾油脂的压注

保证注浆量充足后,须控制盾尾密封功能,切实做好盾尾油脂压注工作是顺利、安全进洞的保障。

(3)盾构穿越加固区的注意事项

①推进速度要慢,一般控制在1cm/min以内,土压力逐渐降至最低。

②由于加固区土体强度较高,穿越时需密切注意刀盘、螺旋输送机扭矩等参数。若刀盘或螺旋输送机的扭矩过大,可向刀盘正面或螺旋输送机内适当压注膨润土浆液或水。

③安排专人密切观察洞门变形和水土情况,加快信息反馈速度,有异常情况应立即停止推进,采取相应对策。

5.4.6　双圆盾构隧道小半径曲线施工技术

1)小半径曲线施工的难点分析

(1)隧道轴线控制难度大、纠偏困难

盾构机为直线刚体,转弯施工采用短直线加角度进行曲线拟合,曲线半径越小,每环的纠偏量就越大,轴线控制就越难。

(2)转向时管片在水平分力作用下易发生较大位移,造成轴线偏差

双圆盾构机转弯过程中,盾构机与管片之间存在一定的夹角,同时外侧工作的推进油缸数量多于内侧,导致管片受到侧向分力的影响向曲线外侧偏移,进而带动盾构机向曲线外侧偏离轴线。

(3)超挖容易产生较大的地面沉降

双圆盾构转弯施工中,开挖断面大于盾构机横断面面积,引起土方超挖。超挖增加了地层损失率,易引起地表沉降。同时,超挖施工进一步引起地层土体扰动,会加剧地表后续沉降。

(4)管片受力不均衡,容易产生碎裂和渗水

盾构转弯施工期间,成型管片受到不均衡的推进反压力,内弧面更易产生管片碎裂。同时,管片受到横向分力作用,相邻管片存在横向位移趋势,此时,螺栓和附近混凝土将产生挤压作用,进而引起附近混凝土开裂。管片的开裂或破碎,容易形成渗水通道。

2)小半径曲线施工措施

(1)优化盾构施工参数

①监控每环管片的行程差、累计行程差、转弯环管片尺寸差等数值,提前预判,指导施工。

②盾构掘进提前进入预备姿态,中心偏向轴线内侧2~3cm掘进,降低盾构机向外偏离的风险。

③观测记录盾尾管片间隙,及时进行纠偏操作,保证各方向间隙均匀。

(2)加强轴线控制测量

曲线施工段,应减小导向控制站的布置间距,降低测量误差。新的导向控制站启用后,应及时修正观测基准值,保证观测数据准确性。

(3)改进注浆方式

由于管片受到横向分力的作用容易向轴线外侧运动偏离隧道,进而对盾构机的轴线控制产生不利影响。可通过管片壁后注浆压力抵消油缸反力形成的水平分力,减小管片向曲线外侧偏离的趋势,进而达到控制盾构推进轴线及隧道轴线的目的。

(4)组合贴片纠偏

与单圆盾构管片纠偏不同,双圆管片需同时控制轴线和偏转角,其操作技术难度更高。与传统的0°、90°、180°、270°的贴片方式相比,双圆盾构机需要根据盾尾间隙、姿态、盾构偏转角、累计行程差等因素,综合采用变厚度、多角度、渐变式的贴片方法,进而完成轴线与偏转角的双重控制标准。

5.5 多圆盾构工程案例

多圆盾构经过几十年的发展,在日本应用的工程案例较多,在中国也有少量应用。多圆盾构机在国内外的发展情况在1.2.1“异形断面隧道掘进机在国内外的发展与应用”以及5.1.1“多圆盾构机的发展及其特点”中已进行阐述,本节重点选取几个典型的工程案例进行分析总结。

5.5.1 桃园机场捷运线横穿淡水河的隧道工程

1)工程概况

该项目为台湾桃园机场捷运线LATX03标新北市三重区A2车站至台北市城中区A1车站之间的路线段土建工程,是我国台湾地区首次采用DOT盾构开挖的工程。盾构隧道区间以新北一侧的明挖部为起点,从高速公路和河流堤防的正下方通过,进入到河床下方。横穿河流后,再次从台北一侧堤防的正下方通过,进入台北市,经过与高架桥桥墩、玉泉公园、城区医院等邻近的施工区到达台北市的站台接收井,线路设计如图5-43所示。隧道总长1585m,埋深7.6~26m,最小曲线半径280m,最大坡度为-4.9%,管片断面尺寸为H6.2m×W11.4m。

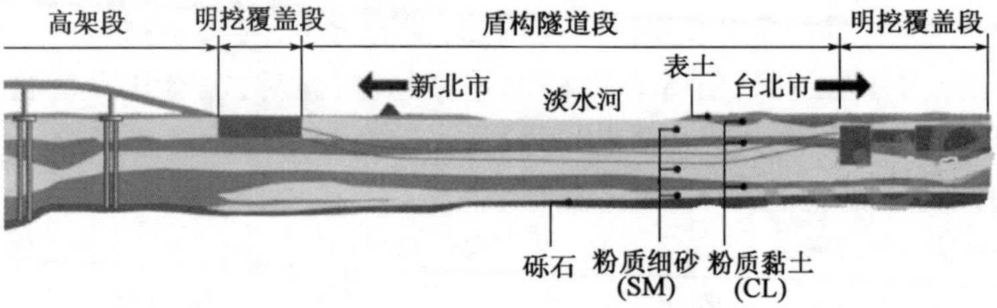

图5-43 线路设计

大部分地质为软弱第四纪冲积层,其厚度达到40~60m,其下方是作为支撑层的第三纪洪积层。隧道掘进全线的N值小于或等于10,粉砂质细砂和砂质粉砂占大部分,地质极其软弱。由于曾经是湖底,估计在河床正下方的施工中会遇到木块。

2)设备选型

一方面,工程施工所经台北市区道路狭窄,采用常规单圆盾构机施工,设计上下行两条隧道,所需道路宽度已侵入私有土地,补偿金额过高;如此设计,依据现行法规,将在淡水河河道下放设置联络通道,施工风险高。另一方面,常规单线单圆盾构隧道之间需要设置联络通道,联络通道的施工一般需要采用冷冻等辅助工法,其安全性、施工性方面也存在较多问题。由于该项目为软弱黏性地层且在河流正下方施工,要求联络通道的设计方案具备高可靠性。而DOT双圆盾构工法中的联络通道不需要开挖施工,安全性高。为了排除前述不利因素,本项目采用DOT双圆盾构工法施工。

本项目采用双圆形土压平衡式盾构机,盾构机主体断面尺寸 H6.42m × W11.62m,全长12.65m,机身长7.73m,盾尾间隙35mm,设计3道钢刷型盾尾密封止水。推进系统设计最大总推进力为70000kN,切削外径为6.44m。刀盘设置4组超挖刃,分别为常用及备用各2组,超切削量为0.15m。管片的分块设计与5.4.4中描述的一致,由A型×8块、B型、C型、D型各1块,共11块构成。并且管片环交错布置是标准型,所以在每环管片中按照置换方法拼装D型(中柱)的上下管片块,把C型管片安装到上部的情况称为甲组,把B型管片安装到上部的情况称为乙组。管片环之间及管片之间的接头采用的是具备可锻性(ductile)的插入式接头。环片厚度0.3m,宽度1.2m,设计28d强度为45MPa。图5-44为盾构机面板配置及隧道环片组成图。

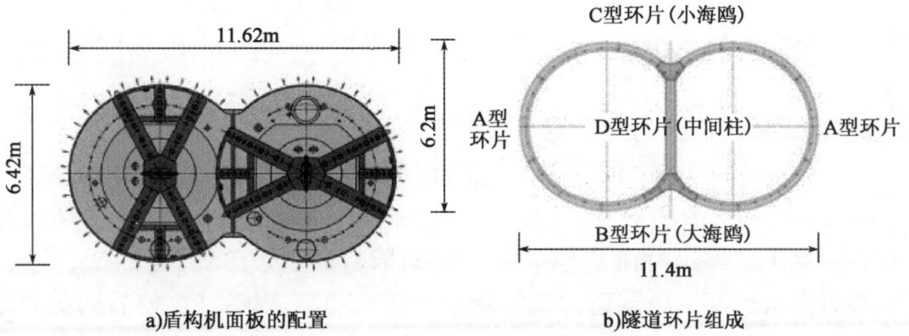

图5-44　盾构机面板及盾构隧道环片组成

排渣采用渣土泵送方式,每个单线设置了4台渣土压送泵,分别是P0、P1、P2、P3,共设置了8台,图5-45为洞内标准断面图。

3)工程重难点

(1)地质软弱,盾构机及管片的姿态控制难度大。

(2)小曲率半径施工,姿态与沉降控制要求高。

4)施工概况

(1)试掘进概况

2009年12月11日开始试掘进。试掘进采取了24h两班轮换制度,目的是为了防止改良土体发生再固结及渣土压送管堵塞。按照5mm/min的速度开始掘进1.5m后,盾构进入改良土体的时候洞门出现了轻微渗水。虽然通过壁后注浆处理了渗水,但是后来渣土压送泵发生了堵塞。在配管内塞满了大小不等的渣土块。虽然解除堵塞的同时重新开始掘进,但是由于堵塞频繁发生,所以应在适当的时候立刻投入中转的 P1 压送泵以便提高泵送能力,并且进一步通过变更添加剂的浓度和注入率应对堵塞。

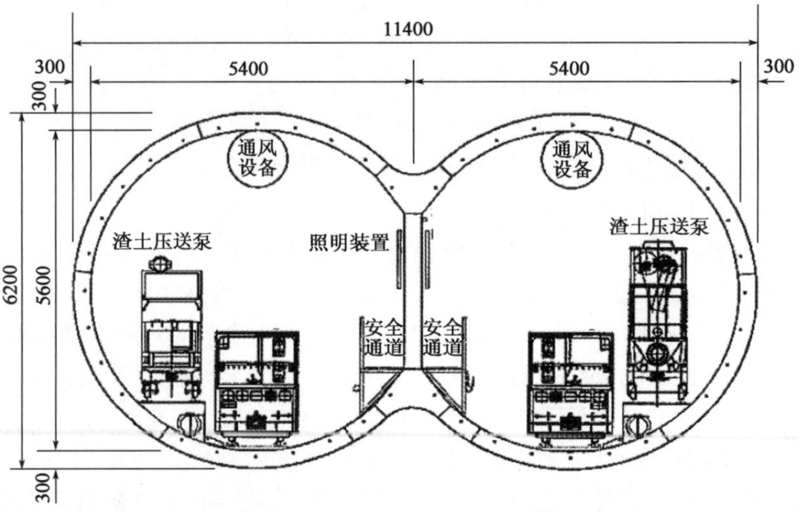

图 5-45　洞内标准断面图(尺寸单位:mm)

掘进开始时的日进尺是 4 环,平均每环为 2.5 ~3h,浪费较多时间。而管片拼装熟练后日进尺能够达到 8 环。试掘进时在明挖工程区间预先设置了后续台车等,尽量减少进入正式掘进时施工计划变更的工作量。盾构通过托换基础(underpinning)区间后,完成了 120m 的试掘进施工。

(2)试掘进最大坡度区间的翻滚控制

虽然坡度 −4.9% 以及 $R=280$m 右转弯的线形容易诱发朝左的翻滚,但是在试掘进的前半段充分控制了盾构机的翻滚,也未发生管片翻滚。可是在试掘进的后半段管片发生了向左 0.6°左右的翻滚。因此出现了连续的左下方盾尾净空较小的严重状况,造成管片拼装花费 4 ~7h,浪费大量时间。控制盾构机的翻滚与管片的翻滚相一致,使盾构机向左翻滚,确保了盾尾净空,然而这不是根本的解决对策,正常情况是必须提前抑制管片的翻滚。

管片翻滚的原因和对策如下:

①原因

a. 施工时的偏荷载

从开始掘进时为了降低对反力支护及管片的影响(翻滚),把盾构油缸推力(装备推力 70000kN)控制在 20000 ~22000kN 的程度,然而在盾构通过托换基础(underpinning)改良土体时推力上升到 28000kN 左右,由于盾构是斜着贯入,油缸推力对于管片发生了偏心,管片也就发生了翻滚。

b. 通过多次使用盾构机的翻滚修正油缸使管片产生了反力转矩。

②对策

a. 停止使用翻滚修正油缸

因为使用其他方法也能够应对盾构机的翻滚控制,所以为了降低对管片的影响,停止了翻滚修正油缸的使用。

b. 扩大管片环间螺栓孔直径2mm

利用管片环间螺栓以及扩大螺栓孔直径的松动间隙，朝着修正翻滚的目标每拼装1块管片修正一下翻滚，频率为1次/15环。

在拼装管片时，管片环间螺栓孔直径扩大，有利于纠正管片的压碎及扭曲等变形情况，通过适度采取该措施提高了管片的真圆度。

c. 壁后注浆方式的变更

把从盾构机的同步壁后注浆方式切换成从砂浆孔的即时注浆方式，以便使管片产生转矩（图5-46）。与同步壁后注浆方式相比，即时注浆方式的注浆率增加了，所以管片的翻滚修正结束后，每环一边切换注浆方向（右上注浆孔、左下注浆孔　右下注浆孔、左上注浆孔），一边继续采用即时注浆方式。

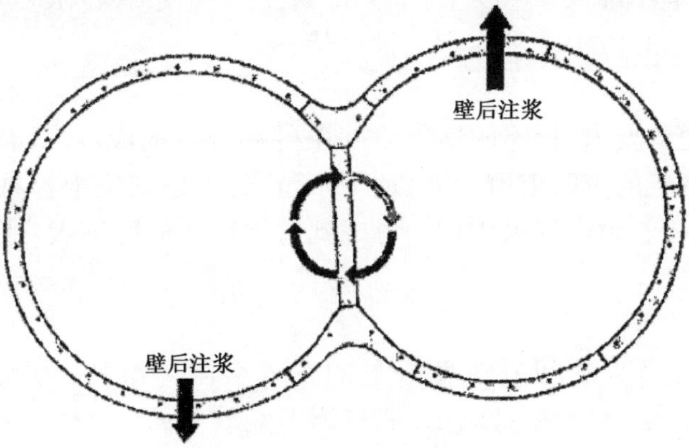

图5-46　通过壁后注浆产生转矩

d. 追加密封材料

伴随着翻滚的发展，管片呈现出三维扭曲的现象，管片拼装难度加大，所以在左上部和右下部追加密封材料，通过密封材料总厚度的差别化管理，修正管片面，消除扭曲。

（3）正式掘进

标准的施工循环是1环的掘进时间为50min左右（掘进速度30mm/min），管片的拼装时间为70min左右，1个循环为2h左右。因此昼夜运转的标准施工能力是每天10环（最大日进尺是11环）。

试掘进以后全线是砂质粉砂，即使添加剂注入率小于或等于5%，排出的渣土也接近于液体的状态，所以非常适合渣土泵送。

（4）盾构贯通

接收洞口的深度在30m左右，并且地质是砂质土和黏性土。为了接收洞口地质的改良效果的安全性，设置了遮水墙。

日本DOT盾构法的施工案例中，接收洞口以中长方形较多，而本工程一律采用盾构机外径+150mm的形状。在盾构到达时，地质改良区间要求高精度的线形管理，为了提高测量精度，邀请日本的测量公司进行了一次GPS测量和陀螺仪测量，补正了洞内基准点坐标值。

通过实施这些对策，盾构机于2010年12月5日安全贯通。误差为右7mm，下-20mm。

5.5.2 东京地铁京叶线京桥隧道工程

1)工程概况

该隧道工程全长620m，双线隧道，是世界上首个采用MF盾构工法的工程。在盾构区间水平方向上始发竖井端为$R=1200$m的曲线段，在接收竖井端为$R=400$m的曲线段，中间为直线段，曲线区间占60%。纵断面方向上，从始发竖井掘进开始约200m后到接收竖井之间有0.7%的坡度。隧道所处位置上方最高有15层的大厦，且距离电力管道、地铁3号线、东京都经营地铁1号线等大规模地下构造物8~9m，和首都高速路1号线、8号线的基础桩交叉而过。

隧道穿越的主要地质为洪积砂质土层(Dsc)和洪积砾层(Dg)，砾层中大部分为5~20mm的圆形石子，且含有30%以上的砂和黏土。隧道中心水压在盾构始发处约为0.15MPa，到达部约为0.13MPa，所有都呈被压状态。

2)设备选型

考虑到双线隧道的要求、紧凑的地下空间条件和合理的成本，适合采用MF双圆盾构。由于京桥隧道位于密集的市区街道下方，地下水位高，考虑到位于容易崩坏的砂层中，为确保开挖面的稳定，采用封闭式泥水盾构。考虑到盾构机横向跨度大，地层分布不均，采用左右土仓独立的形式。

(1)刀盘和土仓

先行土仓和后行刀盘的间隔随着石子的吞入会阻碍滚转，为此需要把间隙设计为150mm。为了使曲线施工时余掘量减小，把右侧刀盘放前面。又因为后行刀盘和先行土仓的背面面板容易附着黏性土，所以设有喷水冲洗装置。

(2)推进油缸

该盾构机和单圆盾构相比重心位置前移，容易造成俯仰，所以中央下部的13个盾构推进油缸推力为3000kN，其他31个油缸推力为2000kN。

(3)仿形刀具

左右刀盘上各设2个仿形刀具，考虑到有行程为$R=400$m的平面曲线施工，先行刀盘仿形刀超挖量为250mm，为保证后行刀盘仿形刀伸出状态时不和先行刀盘侧梁部干涉，设计为120mm。

3)施工概况

对于刀盘的旋转方向，考虑到隧道平面线形，$R=1200$m的曲线区间主要正转，直线区间主要逆转，$R=400$m的曲线区间主要正转。对于掘进速度，初期掘进区间(32环为止)掘进速度为1~2cm/min，正常掘进速度为3cm/min。送泥水浓度1.2×10^3kg/m^3，泥水压约为0.22MPa。

后行刀盘扭矩不论刀盘的滚转方向如何都显示相似数值，与此相对的是先行刀盘不同滚转方向对应的扭矩差距很显著。

对推进力的平均值在正转和逆转中比较发现，正转为47750kN，逆转为45600kN，正转稍大一些，但是差距不大。

姿态控制主要采用盾构推进油缸的不同组合方式进行调整,施工中的俯仰、滚转、偏转很小。

5.5.3 大阪市地铁7号线"商务公园站"车站工程

1)基本概况

大阪商街公园地铁车站(Osaka Business Park)是日本大阪市地铁7号线工程施工难度最大的一个车站,车站处于地下32m左右,也是大阪市地铁中最深的一个车站。车站站台总长155m,位于IMP摩天大楼及弁天下水道干线(盾构法施工的大断面下水道隧道)的正下方,存在埋深大、水压高、易塌方的地层中。车站采用了三连体泥水加压式MF盾构施工法,也是世界上首次将此工法应用在实际工程中。

车站的结构形式分为两大部分,即工作井和隧道部分。始发井尺寸为24m×22m×38.1m(深),接收井尺寸为24m×23m×38.0m(深),井坑均采用R.C地下连续墙,并为承重墙,逆作法施工。

该工区的地质为冲积层和洪积层(黏土与沙土的大阪层互层),中拱顶部为洪积沙土(均匀系数3~5),下半部分为黏土层。掘进段长度107m,隧道覆土27m,水头压力0.15MPa。

该隧道一次衬砌均采用球墨铸铁管片,除站台所处的拱顶部外,其余部分原则上不考虑施作二次衬砌,仅作内部装修处理。

管片断面尺寸为7.5m×17m,环宽1m,共105环,每环14片,管片的环间拼装形式为错缝式,搭接长度为14.1°圆心角弧长。管片的断面形状为(外弧侧)凹形,为解决盾尾与外弧间的连续密封性,铸铁管片的外弧面凹槽内由混凝土预先充填密实,构成类似于复合管片的形式。管片圆环接点处的轴向力垂直分力由站台立柱承担,立柱间距为4.0m,立柱间隔中间部分的管片圆环连接点处的轴向力合力由纵向梁(工字钢劲性钢筋混凝土梁)向立柱端部传递。

2)三连体泥水加压盾构掘进机

该盾构由3个圆形横向搭接叠合而成,正好构成横向三连圆断面的结构体,为泥水加压式盾构。具有3个掘进面,3个切削舱,3个环片安装机,3套形状保持装置。它们既可合而成整体,又可分而各自独立工作,因此被称为"3刀、3室、3臂、3孔盾构"。该盾构由日本Kajima公司和Hitachi Zoesn公司联合开发研制。三连体泥水加压盾构掘进机主机如图5-47所示。

图5-47 三连体泥水加压盾构掘进机主机图

每个圆刀盘设计为独立体系的转动机构,中心圆刀盘比两侧刀盘圆体超前1.4m,刀盘的支承方式均为中心轴支承方式。

该三圆盾构机断面尺寸$H7.8\text{m}\times W17.3\text{m}$,长9.4m,总推力144000kN,单位面积推力1231kN/m^2,刀盘切削速度0.86r/min,掘进速度40mm/min,技术规格见表5-3。

盾构机技术规格 表5-3

序号	名称		技术参数
1	制造商		日立造船
2	机型		泥水平衡盾构机
3	盾构尺寸		$H7.8m \times W17.3m$
4	主机长度		9.4m
5	尾盾盾壳厚度		0.11m
6	主机盾体分块		20块
7	推力		144000kN
8	刀盘	扭矩	4969kN·m
		转速	0.86r/min

3)施工情况与总结

(1)盾构出洞处理

①洞口土体处理

盾构出洞处上部是松下IMP(International Market Place)大楼,对沉降控制要求很高。在大楼的地下室中进行洞口施工安全防护处理保护的工作,采用高压喷射桩(CJG)处理,在纵向6.5m范围内满堂设置,桩径为1.6m。考虑到盾构刚进入土体时,盾构刀盘超出CJG处理区后,存在涌水风险。为确保盾构出洞安全,在CJG处理区前方6m左右进行冻结隔水处理,冻结管间隔1m。

②工作井洞口密封套圈处理

盾构出洞用密封套圈采用的是橡胶板+翻板的密封形式,这也是日本近年来常用形式。橡胶板为10mm厚的纤维加强板,起到套圈密封作用,翻板可防止橡胶板从盾构与洞口夹档间隙内外翻。

三连盾构机外弧圆形接点处为30cm左右的凹槽,在实体模型试验中,发现凹槽处为密封薄弱点。在盾构出洞施工时,该处采用了气囊充气形式的密封套圈。气囊充气后,可使凹槽部密封套圈与盾构外壳板密贴,实践证明,密封效果良好。

(2)盾构进洞处理

盾构进洞前需对影响区域进行加固处理,本工程将加固区分为A、B、C 3个区域进行处理。

①A区域CJG处理

对接收井井壁4.4m范围内,采用CJG法改良加固,处理后的土体具备自立和挡土能力。

②B区域化学注浆

距离井壁4.4~7.4m的范围内,采用化学注浆法处理洪积砂层,处理后的砂土层能够避免发生流沙和涌水现象,实现盾构进洞期间洞口土体稳定的目的。

③C区域砂浆回填

对预定洞口部40m范围内回填低强度砂浆,使盾构刀盘能够在常压条件下进入接收井。待盾尾空隙注浆处理后,凿除回填的低强度砂浆,固定盾构外壳与井壁。

(3)三圆盾构泥水管理技术

三圆盾构掘进机掘进中的开挖面稳定控制原理与单圆形盾构掘进机相同,要求对泥水压力和泥水物理性质(黏度、相对密度)进行适当管理。本盾构掘进机中的3个泥水舱,分别对干砂量及偏差流量进行管理同时,还安装了复数连通孔,以消除各土仓间的差压。

①3个独立泥水仓中的泥水管理

泥水系统中,设一路(ϕ300mm)总进浆管经分岔管分成三路(ϕ200mm),再送往各泥水舱,然后通过三路排浆管道排出;在各个泥水舱上部分别设置有开挖面水压计、电磁流量计及γ密度计。为了控制泥水舱间产生的压力差,不仅设置了连接各舱室的连通管,还在隔板上配置了连通孔。本盾构掘进机泥水管理系统的特征是,能分别设定各泥水舱开挖面水压和进、排浆流量等,能对掘进中的干砂量及偏差流量进行整体或分别管理。

②泥水的物理性管理

泥水的漏斗黏度在25s以上,为了防止排浆管堵塞,将上限50s以下作为目标值进行管理,在出洞端头加固的区间,可看到泥水中混入水泥成分后泥水黏度呈上升趋势。一进入自然土层后,因土体中黏土成分的影响,而使泥水黏度有一定的上升,但能维持在目标值范围内,此时的密度为$(1.2 \pm 0.05)g/cm^3$。

③开挖面泥水压力管理

自然地基区间的泥水压力为水压0.03~0.04MPa,它是以水压加上上半部洪积砂层的主动土压力所设定的值为基础。

④干砂量与偏差流量

各个泥水舱开挖面的水压在2%~4%范围内变动,各泥水舱之间的差压纳入仪器的误差范围内。3个泥水舱的干砂量和掘进量的相互关系都被纳入±5%的管理界限内,只要对进排泥系统进行调整,各泥水舱都能处于充分的管理状态。与左右泥水舱相比,中央泥水舱的偏差流量要略多一些,并引起泥水从中央到左右泥水舱的流动,但该情况影响的范围可控。通过连通管及连通孔的组合,不仅能控制开挖面水压在舱室之间的差压,还可以分别进行干砂量的管理。

(4)壁后注浆与地基稳定技术

在壁后注浆方面,开发了四处同步壁后注浆方法。在注浆材料上,采用了双液急凝性加气砂浆(仿凝固性)。

①注浆材料

在注浆材料方面,从拌浆设备开始压送到充填盾尾孔隙止,要求具有优越的压送性、不易硬化性和注入后兼有流动性和黏性的可塑性胶凝,并在充填后能具有足够的强度及不产生压密脱水性质的材料。为此采用了加气系双液壁后注浆材料。

②同步壁后注浆

同步壁后注浆,其注浆管根数和设置位置很重要,要求对可能发生土体坍方的上方圆弧结合部进行迅速注浆。共设计了6根注浆管,其中2根备用。

③壁后注浆的管理

对于壁后注浆的管理,其注浆率为120%以上,自动阀装置压力计的注浆压力为0.3~0.4MPa(上限值0.5MPa),并以上下方圆弧结合部为主从4处进行注浆。

④壁后注浆的充填性

由于三圆盾构的盾尾孔隙大,良好的注浆材料对于盾尾的充填性是很重要的。因此就注浆材料充填状况的确认方法,主要有从注浆孔进行直接调查的方法和新开发的采用无损调查的方法,如新的超声波法充填管理方法,对其进行有效性确认。

(5)盾构掘进机姿态控制

盾构掘进机姿态的俯仰、平面偏移通过纠偏油缸的动作是可以充分控制的。但滚转的控制效果不理想,仍是需要进一步研究的课题。

(6)地层变形和对邻近构筑物影响

地层变形和对IMP大楼的影响随着盾构掘进机的靠近,其沉降从盾构掘进机前端的开挖面到达距测点约3.3m时开始,当盾构掘进机在通过测点时,沉降在进行,当盾构掘进机通过后沉降倾向还在缓慢地持续,至沉降结束时的总沉降量为极其微小的数毫米左右。随着盾构掘进机的掘进而产生的地基沉降,大致可分为开挖面前方的早期沉降、盾构通过时的初期沉降及通过后的后续沉降,具体数值见表5-4。

地表沉降监测数据 表5-4

沉降时期	发生部位	原因	沉降量(mm)	比率(%)
早期沉降	开挖面	泥水压力不足、泥水压力波动、推力不足	0.1~0.6	平均0.37
初期沉降	盾构掘进机	切削扰动、泥水压力的临时变动	2.4~3.5	平均3.07
	盾尾孔隙	壁后注浆压力的变动、盾构千斤顶的操作		
	一次衬砌	由注浆压力与土压产生的变形		
后续沉降	壁后注浆一次衬砌周围地基	因压密与脱水而产生的变形、因土压而产生的变形松动传递到周围地区	0.9~1.2	平均1.023

注:早期沉降发生在开挖面前方;后续沉降发生在盾构的影响范围以外。

(7)总体施工情况

该项目掘进速度约为2~3环/d,1994年1月完成一次衬砌,同年11月顺利完成立柱的托换。尽管穿越已建大楼的正下方及邻近通过弁天下水道干线等,但由于事先所做试验准备,成功地进行了开挖面泥水压力、壁后注浆及姿态控制的管理,没有产生对周围结构物的不良影响。

5.5.4 上海轨道交通8号线双圆盾构区间隧道工程

1)工程概况

本工程施工范围为上海轨道交通M8线开鲁路站—嫩江路站—翔殷路站—黄兴绿地站区间隧道工程,双圆盾构自开鲁路站始发,轴线主要沿中原路、营口路布置,最后于黄兴绿地站出洞并完成施工任务。这是我国首次采用双圆盾构工艺来完成区间隧道掘进施工的项目,也标志着我国是世界上第二个掌握双圆盾构隧道施工技术的国家。该项目分3个区间,开鲁路站至嫩江路站929m,嫩江路站至翔殷路站893m,翔殷路站至黄兴绿地站866m,全长2688m。隧道断面的外尺寸为ϕ6.3m×W10.9m,内尺寸为ϕ5.7m×W10.3m,双线中心间距为4.6m。其中翔殷路站至黄兴绿地站隧道最大坡度2.8%,最小平曲线R=495m,隧道覆土厚度5.2~12m。

本工程盾构施工穿越的土层为:②$_{3-1}$灰色黏质粉土;②$_{3-2}$灰色砂质粉土;④灰色淤泥质黏土(表5-5)。

地层及物理参数　　表5-5

层号	土壤名称	层顶高程（m）	含水率 w（%）	天然重度 γ（kN/m^3）	孔隙比 e	直剪固快峰值强度		标贯击数 N
						内聚力 c（kPa）	内摩擦角 ϕ（°）	
$②_1$	褐黄色粉质黏土	3.10～1.60	30.1	18.9	0.874	17.0	31	
$②_{3\text{-}1}$	灰色黏质粉土	1.23～0.76	32.2	18.5	0.930	29.6	7	5
$②_{3\text{-}2}$	灰色砂质粉土	1.22～7.63	27.8	19.0	0.824	31.1	8	7.3
④	灰色淤泥质黏土	5.45～9.82	47.7	17.1	1.374	9.0	14	

2）隧道断面设计

隧道结构采用预制钢筋混凝土管片，错缝拼装。管片纵、环向连接采用球墨铸铁预埋手孔结合短螺栓形式（M27螺栓），接缝防水均采用遇水膨胀橡胶止水条。每环由圆形管片A（8块）、大海鸥形管片B（1块）、小海鸥形管片C（1块）及柱形管片D（1块）共11块管片构成。管片内径5.7m，外径6.3m，环宽1.2m，中心间距4.6m（图5-48）。

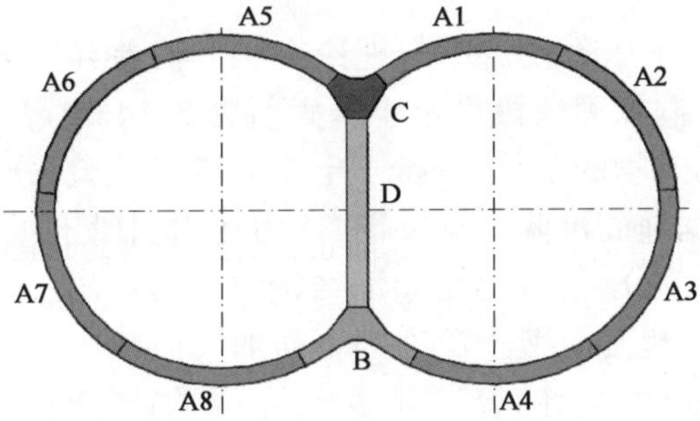

图5-48　隧道断面图

3）设备选型

本工程采用的是一台 ϕ6.52m×W11.12m的双圆土压平衡盾构机（图5-49）。结构上，刀盘以辐条（加劲肋）型为基本结构，由于左右2个刀盘配置在同一平面上，为防止刀盘相互干涉，采用同步控制系统控制刀盘旋转速度和角度；装备了两台拼装多联型管片拼装机和管片提升上顶装置。结构组成如图5-50所示，主要参数见表5-6。

图5-49　双圆土压平衡盾构机

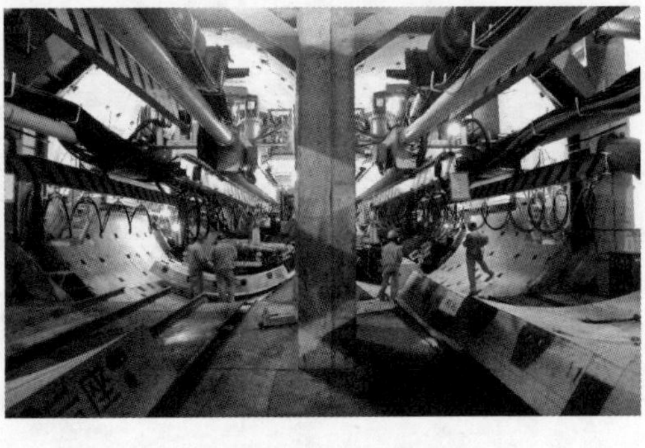

图5-50　结构组成

盾构主要参数　表5-6

名　称	技术参数	名　称	技术参数
盾体外径	ϕ6.52m×W11.12m	刀盘最大扭矩	5766kN·m
盾体内径	ϕ6.37m×W10.97m	超挖刀行程	120mm
盾体长度	12.745m	拼装机回转角度	±220°
盾尾密封数量	3道	拼装机旋转驱动	液压马达驱动
总推力	68600kN	拼装机数量	2套
刀盘支撑方式	中心轴支撑	螺旋输送机形式	轴式
刀盘控制	变频控制	螺旋输送机排土量	140m³/h
刀盘驱动方式	电机驱动	螺旋输送机数量	2台
刀盘转速	1r/min	修正油缸偏向行程	±65mm
刀盘额定扭矩	3844kN·m		

4)施工概况

(1)土压力控制情况

①根据双圆盾构实际土压力情况来看,实际土压力设定值与理论土压力值差异较大。本工程土压力理论计算值为0.13MPa,在盾构出洞加固区段设定土压力值为0.14MPa。盾构出洞穿越加固区后,根据地面无管线及其他构筑物的条件,进行了土压力摸索试验,分别设定为160kPa、180kPa、200kPa、220kPa,最后根据地面沉降数据反馈,认为在出洞段土压力设定值取180~200kPa最佳。根据实际数据汇总分析,可得出如下结论:$P_{设定值} \approx P_{理论值} + 50kPa$。在实际施工中,土的静止侧压力系数取值也随着覆土深度的不断加大而减小,在刚刚出洞的浅覆土工况下,静止土压力系数达到1.0左右,随着隧道覆土的不断加深,静止土压力系数取值不断降低,在隧道覆土最深处基本取0.8左右,即:

浅覆土阶段 $K_{0浅} = P/(\gamma h) = 1.0$;深覆土阶段 $K_{0浅} = P/(\gamma h) = 0.8$。

其中,K_0 为静止侧压力系数;P 为设定土压力;γ 为土的容重;h 为隧道中心覆土深度。

②在每环管片拼装阶段,盾构正面切口土压力会出现明显应力松弛下降的情况,且下降量较大,以致影响盾构切口处的地层变形。

③左右两边的土压力值无明显差异,总体比较稳定;在盾构姿态发生变化或地层出现变化时,左右土压力值存在少量差异,如图5-51所示。

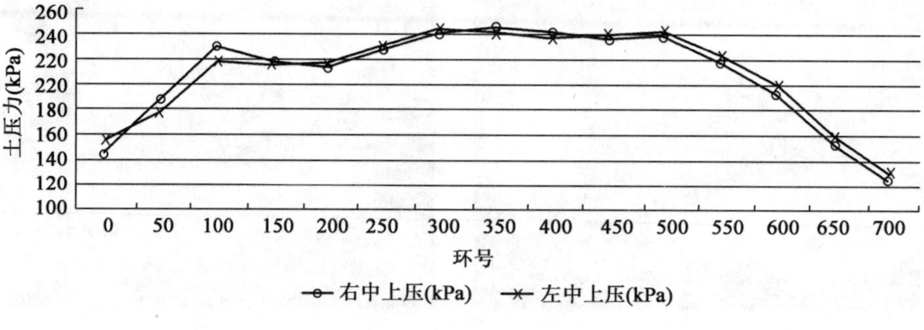

图5-51　土压力变化曲线

(2)刀盘扭矩

施工过程中,刀盘扭矩总体上比较稳定,随着隧道覆土厚度增大有小幅度升高,反之则稍微降低。在进、出洞段的加固区掘进时,扭矩较大,最高达额定扭矩的80%;正常掘进时,左右刀盘扭矩基本控制在额定扭矩的20%左右。刀盘扭矩曲线如图5-52所示。

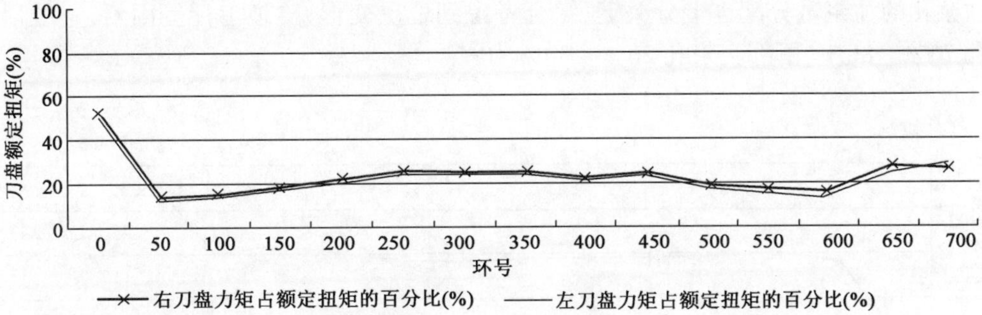

图5-52　刀盘扭矩曲线

(3)总推力

总推力比较稳定,一般控制在12000~17000kN之间,如图5-53,总推力的变化主要分为以下几个阶段:

①上升阶段:在盾构刚出洞的浅覆土段,总推力较低,但随着隧道覆土厚度的不断增大,盾构总推力也在不断上升。

②稳定阶段:覆土达到一定深度后,总推力相对稳定,无明显变化。

③再次上升阶段:进入上坡段施工后,其总推力逐渐增大。

④下降阶段:随着上坡段施工到一定里程,覆土厚度不断降低,总推力也逐渐下降。

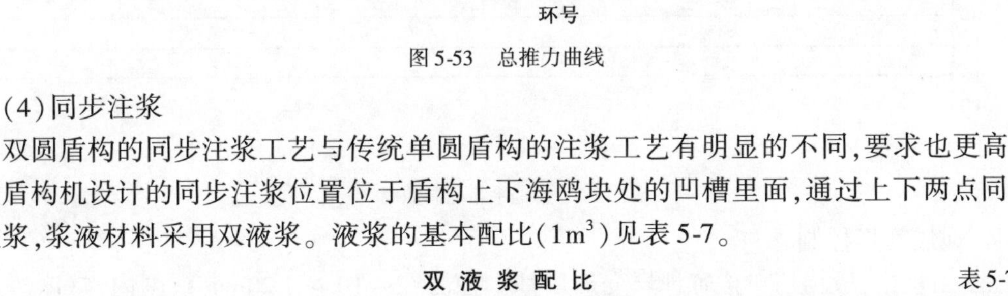

图5-53　总推力曲线

(4)同步注浆

双圆盾构的同步注浆工艺与传统单圆盾构的注浆工艺有明显的不同,要求也更高。本项目盾构机设计的同步注浆位置位于盾构上下海鸥块处的凹槽里面,通过上下两点同步完成注浆,浆液材料采用双液浆。液浆的基本配比($1m^3$)见表5-7。

双液浆配比　　表5-7

A液				B液(水玻璃)(L)	凝胶化时间(s)
水泥(kg)	陶土粉(kg)	稳定剂(L)	水(L)		
275	80	3.6	785	77	7~11

盾构刚出洞穿越加固区时,考虑到盾构背部土体比较疏松,同步注浆的浆液可能窜到盾构后部壳体上并固结,进而引起严重的地层变形,故直至推进到第 8 环时才开始使用同步注浆系统。

根据施工情况,同步注浆率控制在 180% ~200% 为最佳(图 5-54)。除总量控制以外,上下注浆孔的注浆量分配也十分关键,综合考虑到地层变形、隧道上浮等因素,一般以上部注浆孔 70% ~80% 、下部注浆孔 20% ~30% 为宜。

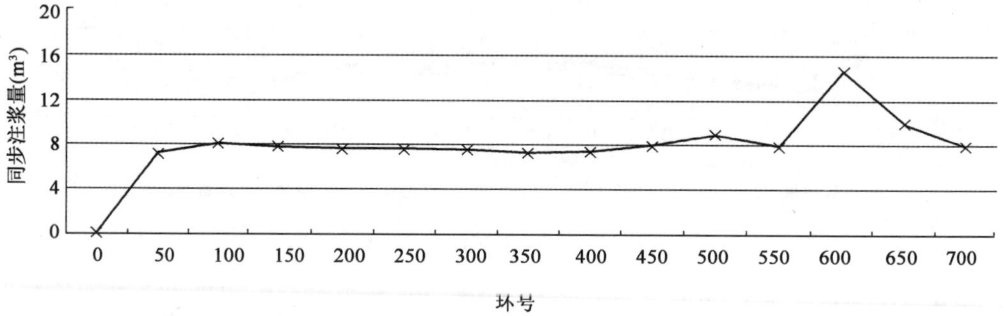

图 5-54 同步注浆曲线

注浆压力控制一般小于 0.3MPa 为宜,具体设置要时刻根据同步注浆过程中地面情况进行调整,以防止地面冒浆现象发生。

(5)盾构姿态控制

本工程盾构机平面轴线控制情况良好,基本控制在 ±40mm 以内,如图 5-55 所示;盾构机高程基本控制在 ±70mm 以内,如图 5-56 所示;盾构机偏转角度基本上能控制在 0.6°以内,如图 5-57所示。

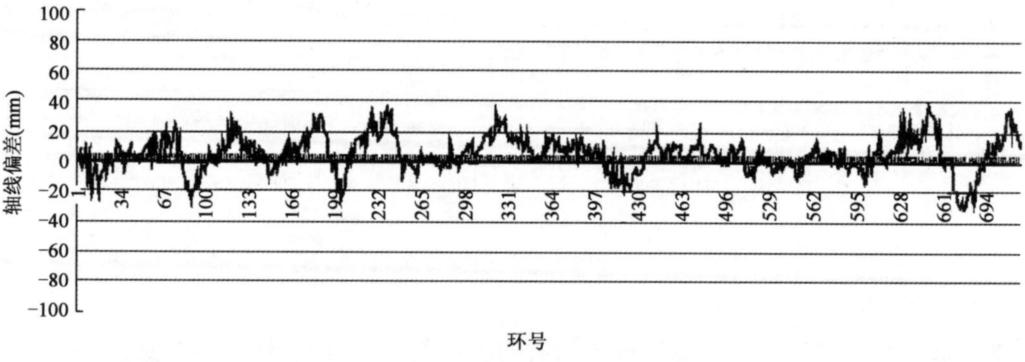

图 5-55 盾构平面控制曲线

(6)地层变形控制

在本工程中,盾构切口位置地层变形量基本控制在 -10 ~ +20mm 范围内,整体效果较好。在盾构出洞阶段,由于覆土较浅、缺乏经验,盾构切口地层变形波动比较频繁。在浅覆土上坡阶段,盾构切口位置的地层变形最为严重,单次波动量也最大,需加强观测,并随时调整施工参数。

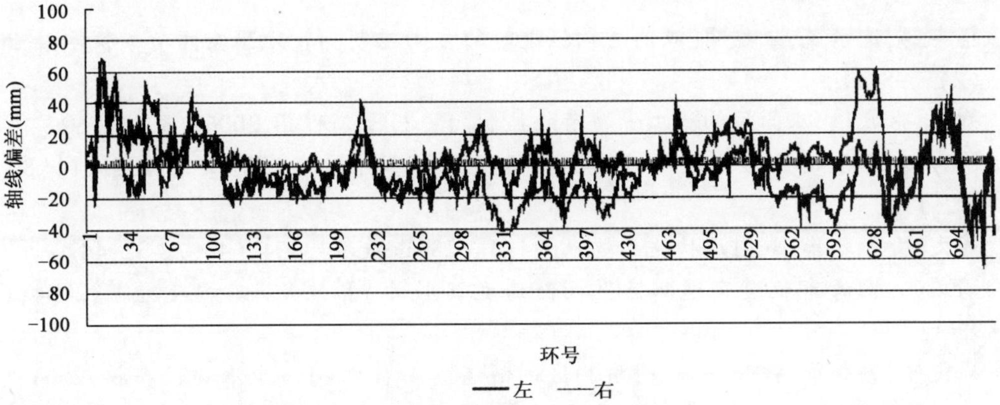

图5-56　盾构高程控制曲线

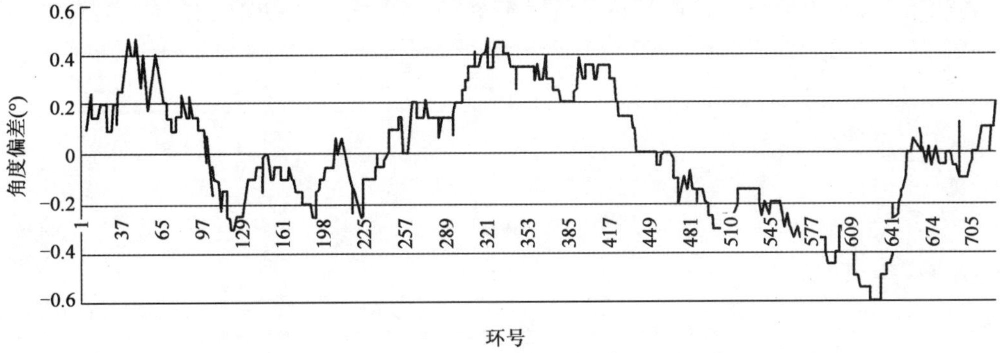

图5-57　盾构转角控制曲线

本章参考文献

[1] 张海,沈秀芳.多圆盾构工法与地铁工程建设[J].地下工程与隧道,2001,(4):2-5,47.

[2] 李惠平,夏明耀,胡伟伟.多圆盾构工法及其应用[J].地下工程与隧道,1999,(4):31-34,46-47.

[3] 朱洪高.双圆盾构隧道施工土体变形分析[D].南京:河海大学,2008.

[4] 刘学松.双圆盾构隧道施工引起的土体变形研究[D].重庆:重庆交通大学,2017.

[5] 宋博.地下隧道双圆盾构施工技术研究[J].建筑施工,2004,(2):150-152.

[6] 王如路,宋博,王祺,等.双圆盾构隧道衬砌错缝拼装整环试验及结构分析[J].地下工程与隧道,2001,(1):12-15,21,47.

[7] 袁金荣,周裕倩,刘学增,等.双圆盾构隧道衬砌结构设计及参数研究[J].岩土工程学报,2005,(6):638-641.

[8] 狄永媚,杨志豪,袁金荣,等.上海市轨道交通双圆区间隧道衬砌圆环设计探讨[J].地下工程与隧道,2004,(3):11-14,56.

[9] 楼葭菲.双圆盾构隧道管片衬砌内力计算与分析[D].上海:同济大学,2004.

[10] 颜离园,刘小兵,王鑫.不同型式的双圆盾构衬砌内力分析[J].路基工程,2010,(2):

157-159.

[11] 蔡丰锡,沈水龙,朱建明.双圆盾构掘进时的方向控制[J].地下空间与工程学报,2006,(2):298-301.

[12] 郑坚,张兆逵.双圆盾构施工中转角的控制[J].岩土工程界,2006,(3):59-60.

[13] 陈勇.双圆盾构偏转机理与纠偏技术研究[J].城市轨道交通研究,2011,14(8):99-102,112.

[14] 周文波,顾春华.双圆盾构施工技术[J].现代隧道技术,2004,(4):22-32,44.

[15] 周文波.上海市轨道交通双圆区间隧道施工技术[J].地下工程与隧道,2004,(4):28-32.

[16] 周文波,顾春华,楼如岳.双圆盾构区间隧道施工技术[J].上海建设科技,2004,(4):35-38.

[17] 张兆逵.新型双圆盾构机的进出洞施工技术[J].建筑施工,2006,(10):759-761,764.

[18] 刘纯洁.双圆盾构小半径曲线施工技术研究[J].建筑施工,2010,32(5):375-376.

第6章　U形盾构技术

6.1　U形盾构技术概述

随着城市化进程的不断加快，为了解决“马路拉链”“空中蜘蛛网”问题，实现架空线入地和各类城市地下管线统一规划、建设和管理，国家“十三五”规划纲要中提出，要大力推进城市地下综合管廊的建设工作。综合管廊的建设方法常用的主要有明挖法、盾构法、顶管法等，此外，还有近年来涌现的移动模架法、叠合板法等新工法。综合管廊建设的多种方法各自有其优缺点和适用条件，由于综合管廊大多都是在城市内建设，埋深较浅，综合考虑成本、效率等因素，目前应用最多的依然是明挖法。传统的综合管廊明挖法施工，普遍存在机械化程度低，施工效率不高，环境影响较大等问题，而且无论是明挖现浇法还是明挖预制拼装法，放坡开挖为土方开挖、回填量大，占地面积较大；基坑支护费用高昂，地下残留多，对环境影响较大。所以研究如何提高综合管廊明挖法施工机械化水平的新设备、新工法具有重要的意义。

如图6-1所示，U形盾构工法融合明挖法和盾构法的技术优势，将明挖法开挖与盾构法在盾壳内进行管节拼装相结合，通过研制相应装备——U形盾构机，将传统的固定支护结构转变为刚性可移动支护结构，完成综合管廊的建设，是一种新型综合管廊绿色建造技术。

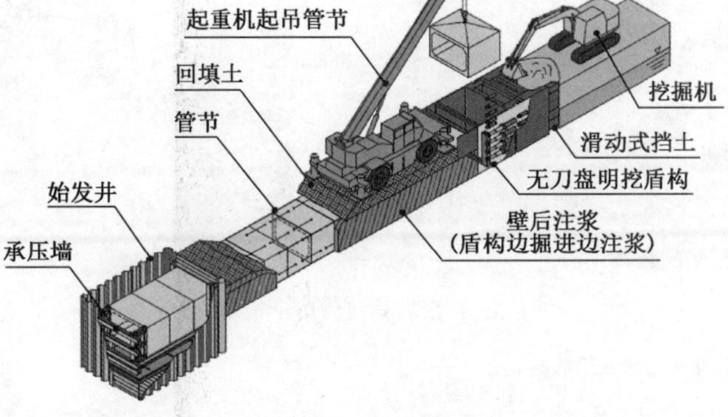

图6-1　U形盾构工法

U形盾构工法相比于传统明挖法，主要具有以下几点显著优势：

(1)浅覆土、单双舱：适用于软土地层，由于是模块化设计，所以可以组合变换适应不同的管廊截面；

(2)机械化、人工少：机械化施工，现场施工人员数量少；

(3)管预制、效率高：预制管节，避免现浇作业的等待时间；

(4)不放坡、省支护：可移动式支护设备，节省支护费用，节省成本；

(5)占地少、影响小：减少建筑垃圾周转，对周边环境影响小。

6.1.1 U形盾构技术的发展

6.1.1.1 国外发展情况

20世纪60~70年代,日本曾开发出一种明挖法与盾构法相结合的无刀盘明挖盾构工法(open shield method),主要应用于箱涵、排水管、明渠等的施工,如图6-2~图6-4所示,该工法采用挖掘机明挖土方,盾构机仅作为开挖和结构施工的临时支护,结构采用预制管节通过起吊设备放入盾构机敞开的尾盾中,盾构机通过千斤顶作用在预制管节上向前推进并同时使管节与已安装管节连接紧密。该工法可适应市区、邻近建筑物、软硬复合地层、地下水位高的地层等施工条件,是安全性高、经济性良好、环境友好型的施工工法,自20世纪80年代至今已应用于800多例工程项目。

图6-2 U形盾构机应用于箱涵敷设

图6-3 U形盾构机应用于明渠改造工程

图6-4 U形盾构机应用于综合管廊建设

6.1.1.2　国内发展情况

国内目前尚无此方法的应用案例。近年来，随着我国地下空间的开发加速和装配式建筑技术的不断发展，U形盾构机及其施工工法所具有的灵活、快捷、安全、经济、环保的技术优势使其受到越来越广泛的关注。

6.1.2　U形盾构机的分类与选型

U形盾构工法具有4个类型，见表6-1。

U形盾构工法分类　　表6-1

工法名称	类型	型号
箱涵反力型	壁后注浆型	NOS Ⅰ型
	无壁后注浆型	NOS Ⅱ型
顶进型	顶进型	NOS Ⅲ型
箱涵非反力型	自走型	NOS Ⅳ型

1)壁后注浆型(NOS Ⅰ型)

NOS Ⅰ型U形盾构机通过地面上的反向铲挖掘机进行开挖，使用地面上的起重机起吊安装箱涵，在箱涵的底部和两侧的盾尾间隙中填充注浆材料，在箱涵的上部直接回填原状土，并进行压实，盾构机通过油缸作用于已经铺设好的箱涵上获得的反力前进，如图6-5和图6-6所示。

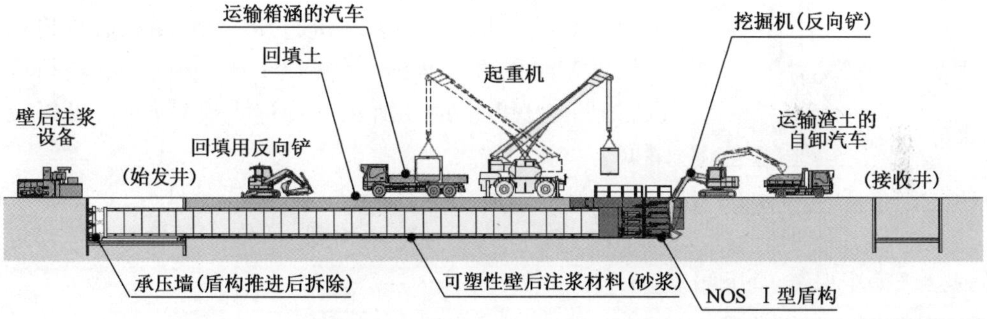

图6-5　NOS Ⅰ型U形盾构施工原理图

NOS Ⅰ型U形盾构机适用的施工条件有：

(1)在邻近住宅、公路设施等重要构筑物的地点进行综合管廊等的建设。

(2)重建栅渠、既有水渠的同时铺设箱涵。

(3)根据周边条件，明挖工法沉桩、拔出等施工困难，对周边影响大，不适宜采用明挖工法进行施工时。

适用的地质条件包括黏性土、粉砂、砂性土、硬质土等。

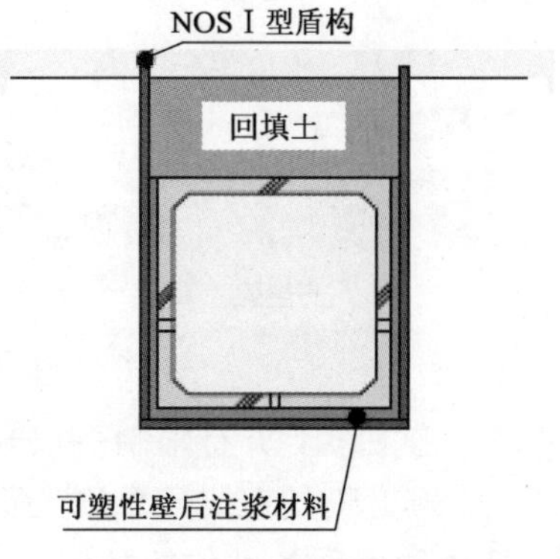

图6-6　NOS Ⅰ型U形盾构壁后注浆示意图

2)无壁后注浆型(NOS Ⅱ型)

NOS Ⅱ型U形盾构机的基本工作原理与NOS Ⅰ型

类似，区别是箱涵两侧的盾尾间隙不填充注浆材料，而是直接回填原状土并进行压实，箱涵的底部由碎石、干硬性混凝土或PC板+中间填充材等构成，如图6-7和图6-8所示。

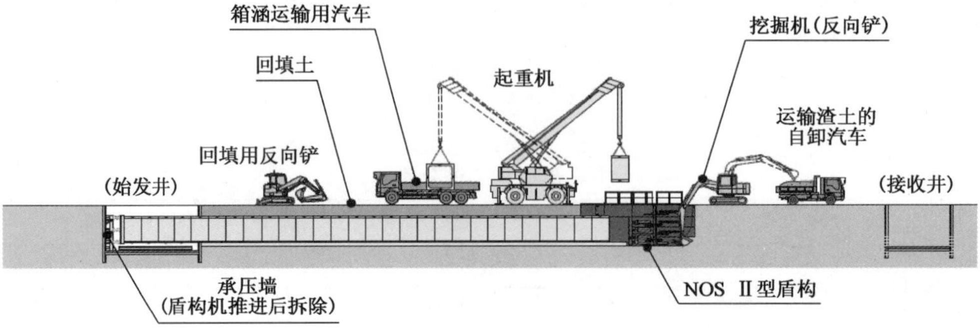

图6-7　NOSⅡ型U形盾构施工原理图

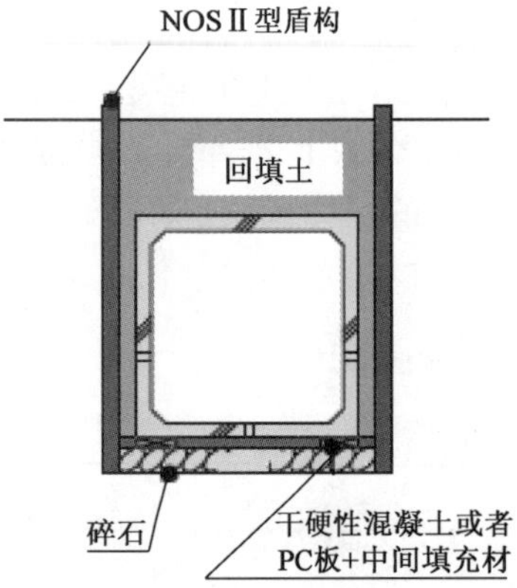

图6-8　NOSⅡ型U形盾构壁后回填原状土示意图

NOSⅡ型U形盾构机适用的施工条件有：

无邻近构筑物和埋设物的地点，适用的地质条件包括：地层具有自稳性，地下水影响小的地点。

3）顶进型（NOSⅢ型）

NOSⅢ型U形盾构机通过地面上的反向铲挖掘机进行开挖，在始发基坑使用起重机起吊安装箱涵，在箱涵的上部和侧部直接回填原状土，并进行压实，箱涵和盾构机由安装在始发基坑的油缸顶进，重复以上的施工步骤，进行箱涵铺设，如图6-9和图6-10所示。顶进距离较长时，可以设置中继间。

NOSⅢ型U形盾构机适用的施工条件有：

（1）施工宽度与箱涵相同，适宜于狭窄区域（邻近住宅等构筑物、狭窄水渠等）的施工。

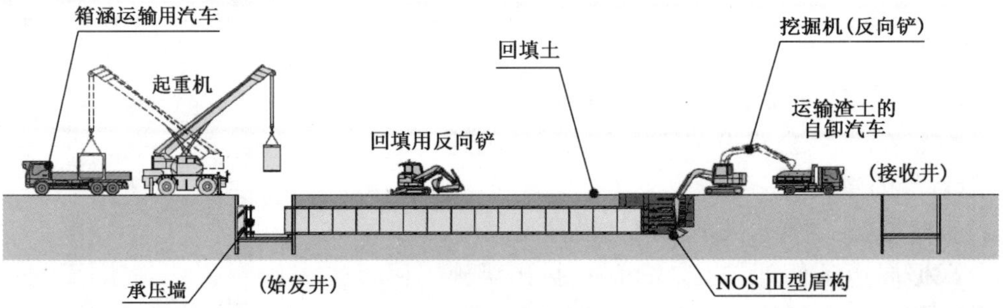

图6-9　NOSⅢ型U形盾构施工原理图

（2）施工段上方有限制（高压线、桥梁等）的施工地点。

（3）施工段是直线且总施工距离在150m以下。

适用的地质条件包括黏性土、粉砂、砂性土、硬质土等。

4) 自走型(NOSⅣ型)

NOSⅣ型 U 形盾构机通过地面上的反向铲挖掘机进行开挖,使用地面上的起重机起吊安装箱涵,在箱涵的上部和侧部直接回填原状土,并进行压实,盾构机通过其与地层之间的周面摩擦所提供的反力前进,如图 6-11 和图 6-12 所示。NOSⅣ型 U 形盾构机前后分为 3 个盾体,1 个盾体前进时,通过剩余 2 个盾体的自重及周面摩擦阻力作为反力前进,而不是从已铺设的箱涵上获得反力。

NOSⅣ型 U 形盾构机适用的施工条件有:

无邻近构筑物和埋设物的地点,适用的地质条件包括:原则上是地层良好的场所,地下水影响小的地点或者可以兼用辅助工法的地点。

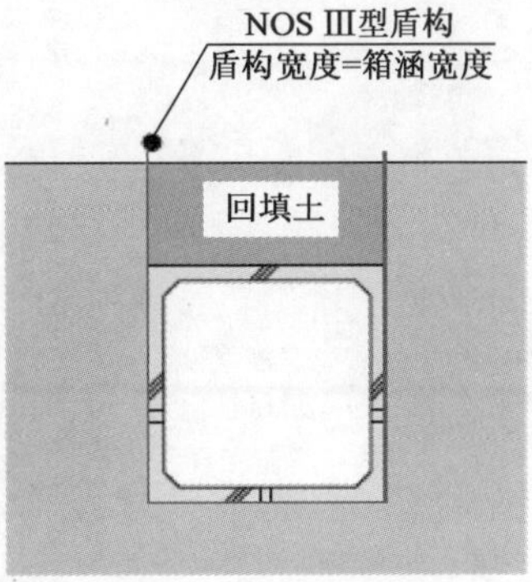

图 6-10　NOSⅢ型 U 形盾构回填原状土示意图

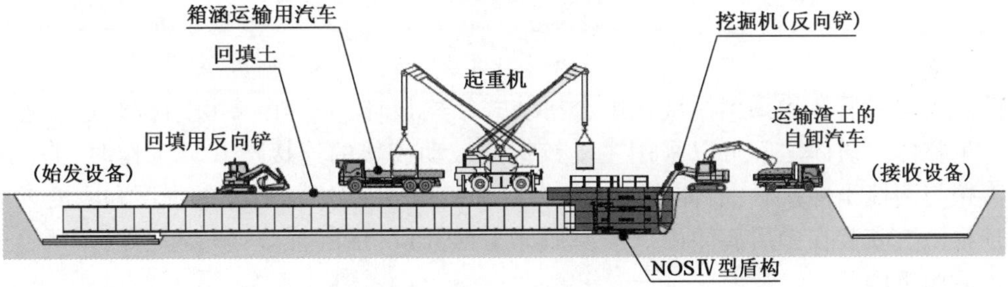

图 6-11　NOSⅣ型 U 形盾构施工原理图

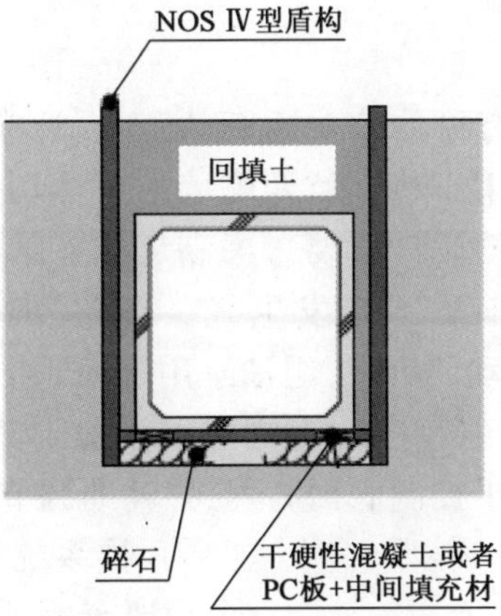

图 6-12　NOSⅣ型 U 形盾构回填原状土示意图

6.2　U 形盾构机的设计技术

6.2.1　U 形盾构机结构设计

(1) 主结构介绍

U 形盾构机的结构示意如图 6-13 所示,盾体截面呈"U"形,因此简称"U 形盾构机"。整机主要包括前盾、中盾、尾盾、内部横撑、顶推系统、铰接系统、辅助装置、电力系统、液压系统等。

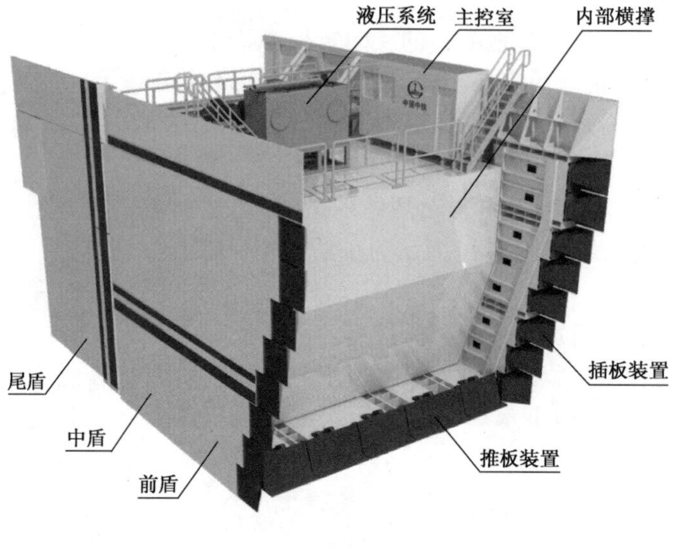

图 6-13　U 形盾构机

前、中、尾盾盾体均采用模块化组合拼装式结构设计，分别由多块结构通过螺栓连接组成为一个整体。盾体之间可以采用主动铰接或被动铰接的连接形式。工作时，前、中、尾盾盾体直接与两侧土体接触，盾体中间安装有内部横撑，用以增加盾体的强度和刚度。

顶推油缸安装在中盾盾体内。尾盾盾体上部开口，预制管节通过起吊设备从这个开口处吊入盾构机内部。

盾构机的主控室、液压系统、电力系统、辅助装置等均安装在盾体的内部横撑上，为整个设备提供动力源。

(2)前盾插板和推板

U 形盾构机前盾两侧设计有可伸缩式插板，底部设计有可伸缩和俯仰的推板。插板装置由油缸驱动，可以单独伸出，用于将基坑两侧墙的土体切削平整，并对两侧墙土体形成一定的超前支护。插板伸出长度的设计既要考虑满足前方掌子面放坡开挖的稳定性，同时也要兼顾前盾的重心位置，保证前盾不会发生栽头现象，插板伸出的长度一般设计为 1 ~ 1.5m。推板装置由 2 组油缸驱动，其中 1 组油缸用于控制推板伸出和缩回，另 1 组油缸用于控制推板绕一根固定的转轴上下俯仰，使之与水平面形成 ±5°的夹角，推板装置示意如图 6-14所示。推板装置主要用于控制底面高程，并辅助调节盾构机的姿态。

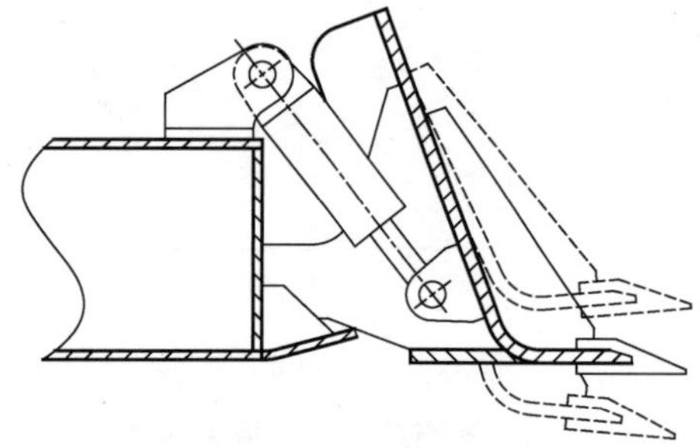

图 6-14　推板装置示意图

(3)顶推系统的设计

合理地布置顶推油缸对于维持设备的正常掘进状态十分重要。在盾构机整体向前推进时，由于侧部土体始终作用在盾体上，如果推进力的理论作用点不能与摩阻力的理论作用点重合，盾构机的行进轨迹就会发生偏转，进而远离设计轴线。实际工作中，由于施工标段地质情况的不均匀性，摩阻力的理论作用点始终是不断变化的，因此，在设计推进系统时，需要对推进油缸进行合理的分组控制，结合盾构机的姿态监控装置，不断地调节各组推进油缸的推进力状态，保持设备正确的推进方向。

(4)铰接系统的设计

铰接装置也称为“中折装置”，可以把盾体分成前后连续的 2 节。铰接系统的设计使得盾构机盾体的弯曲变得容易。U 形盾构机的铰接系统可以分为主动铰接系统和被动铰接系统。当盾构机的位置姿态发生偏转或远离设计轴线时，就需要通过协调控制推进油缸和铰接油缸，共同完成对设备的姿态纠偏或调向。U 形盾构机的铰接系统一般采用分组控制。

6.2.2　U 形盾构机的设计计算

1)U 形盾构机支护受力模式

U 形盾构机在断面上可以看作是一个由两侧盾体、底板和内部筋板共同构成的 U 形钢架结构，盾体两侧抵抗土体的钢板表面可以视为垂直光滑，另外，两侧盾体在支挡土体时是刚性的，不考虑其自身的变形，即可认为管廊明挖盾构机施工时的受力状态符合朗肯土压力理论的基本假设。

假定基坑开挖深度为 H，基坑宽度为 B，U 形盾构机总质量为 G，土的天然重度为 γ，结合盾构机实际施工时穿越的地质情况，采用水土合算原则计算盾构机两侧所承受的水土压力，则盾构机的受力分析如图 6-15 所示，盾构机两侧受水土压力作用，底部受均布的地基承载力作用。U 形盾构机在施工时，盾体与土体为密贴接触，盾体两侧主要承受土体的主动土压力，假定盾体外侧土压力达到极限应力状态，则根据朗肯主动土压力理论，对于无黏性土，深度为 z 时的土压力 $P_a = \gamma z K_a$，其中 $K_a = \tan^2(45° - \varphi/2)$ 为主动土压力系数，φ 为土的内摩擦角；对于黏性土，因为土体的内聚力会造成负侧向压力，形成高度为 h_0 的自稳层，$h_0 = 2c/\gamma\sqrt{K_a}$，其中 c 是土的内聚力，在自稳层以下，$P_a = \gamma(z - h_0)K_a$；若土层中含有地下水，设地下水位埋深为 H_1，土的饱和重度为 γ_{sat}，有效重度为 γ'，土的黏聚力 c 和内摩擦角 φ 在地下水位以下采用有效值 c' 和 φ'，即地下水位以下的主动土压力系数 $K_a' = \tan^2(45° - \varphi'/2)$，则在地下水位以下，$P_a = \gamma_{sat}(z - H_1)K_a' - 2c'\sqrt{K_a'}$。综上所述，按水土合算原则，U 形盾构机在施工时，深度为 z 时的盾体两侧所承受的水土压力 P_a 为：

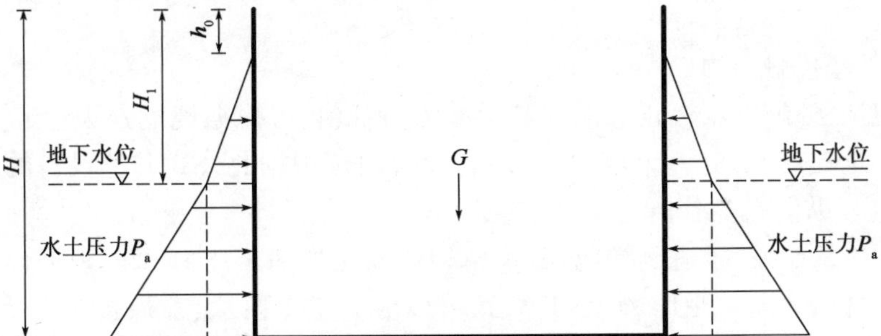

图 6-15　U 形盾构机受力分析示意图

$$P_a = \begin{cases} \gamma(z-h_0)K_a & (0 \leqslant z < H_1) \\ \gamma_{sat}(z-H_1)K'_a - 2c'\sqrt{K'_a} & (H_1 \leqslant z \leqslant H) \end{cases} \tag{6-1}$$

水土压力合力 E_a 为：

$$E_a = \frac{1}{2}\gamma(H_1-h_0)^2K_a + \gamma(H_1-h_0)(H-H_1)K_a + \frac{1}{2}(H-H_1)[\gamma_{sat}(H-H_1)K'_a - 2c'\sqrt{K'_a}] \tag{6-2}$$

以无地下水的砂性土为例，给出U形盾构机在上述受力模式下的弯矩、剪力，如图6-16和图6-17所示。由图可知，U形盾构机弯矩最大值发生在两端角点处，$M_{max}=\frac{1}{6}q_1H^2$，其中$q_1$为$P_a$的最大值；剪力最大值发生在底部中点位置，$F_{max}=q_2B$，其中$q_2$为均布的地基反力，大小为$P_z=G/BL$。

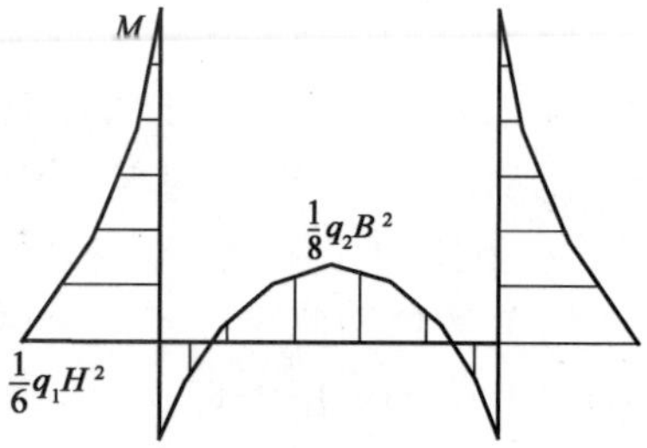

图6-16　U形盾构机弯矩

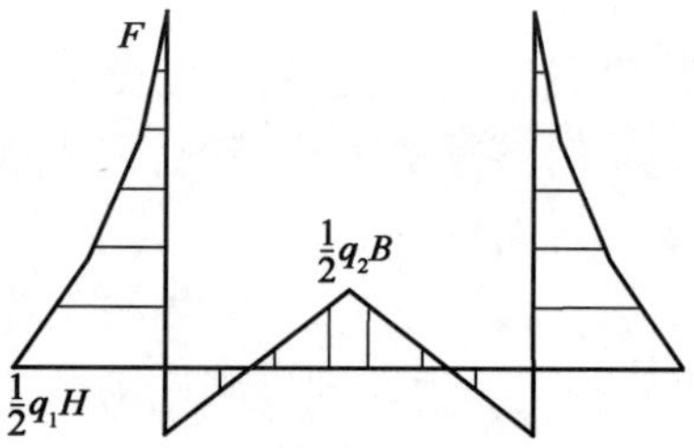

图6-17　U形盾构机剪力

2）地基承载力

对建于软土、松软土地层或地基承载力低于200kPa的粉质黏土之上时，应考虑地基承载力问题，如地基承载力不能满足设计要求，需在施作结构时对地基进行处理。U形盾构机中，盾体落于开挖完成的坑底平面上，地基承受的荷载即为盾体自重，且无其他偏心荷载，基底接触压力$P_z=G/BL$，以均布荷载的形式作用于底板。

根据地基承载力验算公式：

$$P_z < F_{az} \tag{6-3}$$

式中：P_z——基底接触压力；

F_{az}——基底处经深度修正后的地基承载力特征值，可根据规范方法确定。

设备的接地比压G/BL应小于F_{az}。设备设计时可根据此公式调整设备的质量和长度。

3）施工过程纵向受力分析

U形盾构机从始发、推进到接收，其设备构造简化如图6-18所示。根据设备结构特点和施工过程中盾体进入基坑土体的范围，大致可以分为4个阶段：前盾插板受力阶段、前中盾共同受力阶段、整个盾体受力阶段、尾盾受力阶段。

施工过程中，根据施工阶段的不同及相应阶段盾体内部支撑和支点的数量，将纵向盾体简化为具有不同支点的梁结构，其荷载为某一深度z处的土压力P_a，均匀分布，分析梁结构的受力特点如下：

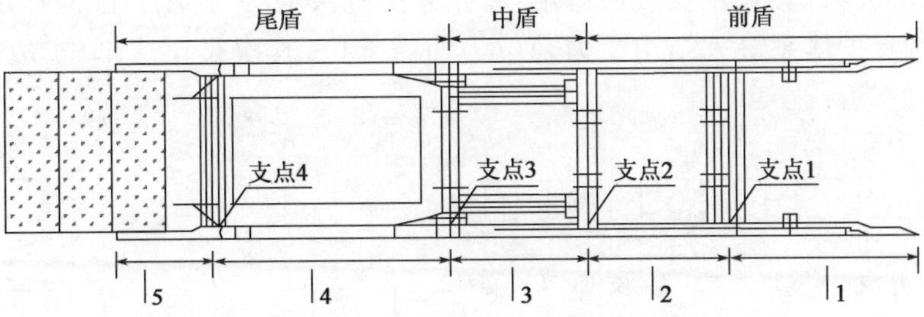

图6-18 U形盾构机构造简化图

(1)前盾插板受力阶段

U形盾构机从始发井始发时,两侧插板首先插入土体,在前盾范围完成土体的分层开挖,此时仅前盾插板承受两侧土压力,其单侧纵向受力可以简化为悬臂结构受力模型,某一深度 z 处的土压力 P_a 即为该结构上的均布荷载 q_z。如图6-19所示,最大剪力发生在插板中部支点1处,最大剪力 $Q_{max}=q_zl_1$,最大弯矩 $M_{max}=\frac{1}{2}q_zl_1^2$。

(2)前盾和中盾共同受力阶段

前盾和中盾进入基坑后,可看作一连续梁,具有支点1、2,中盾靠近洞门的一端看作固定支点3,如图6-20所示,最大剪力发生在前盾插板中部支点1处,最大剪力 $Q_{max}=q_zl_1$,最大弯矩 $M_{max}=\frac{1}{2}q_zl_1^2$。

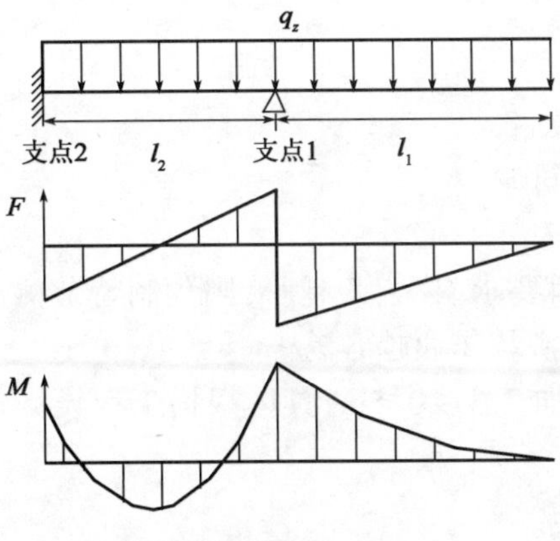

图6-19 前盾插板受力阶段

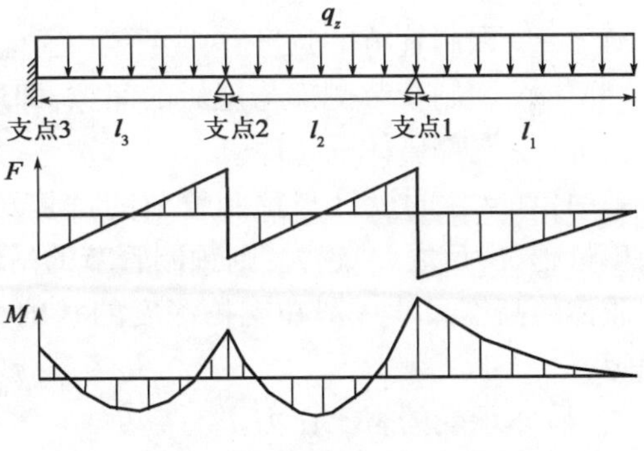

图6-20 前、中盾共同受力阶段

(3)整个盾体受力阶段

整个盾体进入基坑后,相当于是具有4个支点、两端悬臂的梁结构。由图6-21可知,前盾和尾盾的悬臂部分为受力最不利位置,支点1和支点4处承受的剪力和弯矩较大。

(4)尾盾受力阶段

尾盾进入接收基坑前,如图6-22所示,其受力特性与阶段1相似,均为盾体中部支点处受力最大,根据结构件长度不同,剪力及弯矩值不同。

由以上分析可以看出,U形盾构机施工过程中,前盾始终承受较大的剪力和弯矩,尤其是前盾中部的支点部位;随着盾体逐渐深入土层中,盾壳受到多个支点支撑,支点处承受较大剪力，支点间的中部位置承受较大弯矩；盾体完全进入土层后，尾盾段同样承受较大内力。由此，U形盾构支护体系最大结构受力部位为前盾部位，其次是尾盾部位，故在结构设计时应加强此部位的设计强度。

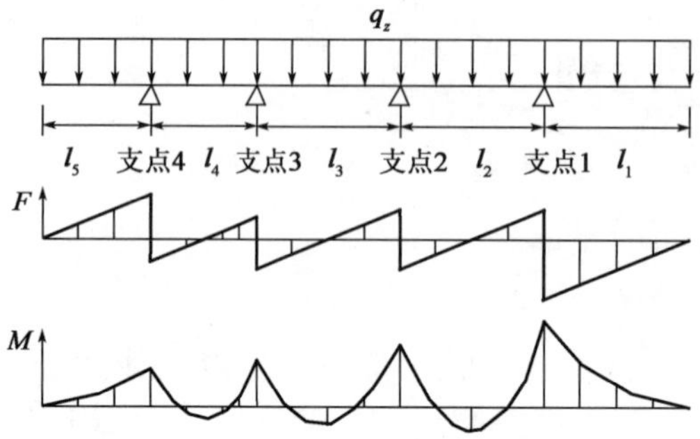

图6-21　整个盾体受力阶段

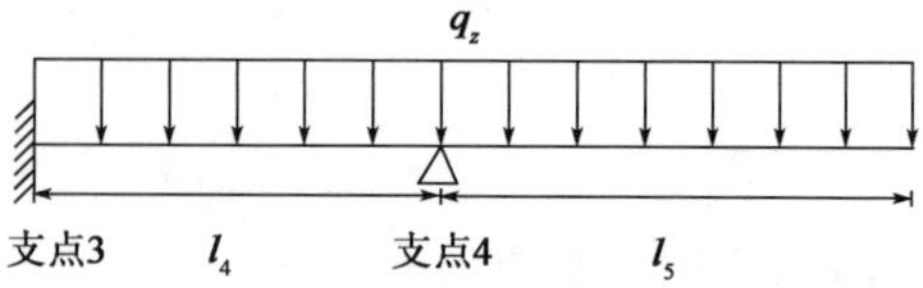

图6-22　尾盾受力阶段

4）推进力计算

U形盾构机属于非标定制产品，设备的宽度和高度需要根据内部预制管节的尺寸确定，而盾体的结构强度需要同时满足支护岩土的稳定要求和推进力的支撑要求。盾体承受的岩土压力一般按照被动土压力进行计算确定。设备的推进力一般按照经验公式进行计算。

（1）设备尺寸的确定

设备的宽度尺寸可由下式确定。

$$W_d = W_0 + 2(X + t) \tag{6-4}$$

式中：W_d——盾体设计宽度；

W_0——预制管节的宽度；

X——预制管节侧部与尾盾的间隙，即盾尾间隙；

t——尾部盾体的壁厚。

其中，X尺寸的设计与预制管节的拼装及密封要求有关，X越小，则预制管节侧部的土方回填量越少；反之，X越大，则预制管节的吊装和拼装作业越容易。

盾体的高度尺寸一般在支护深度的基础上增加0.3～0.5m，具体根据工程设计规划情况确定。

（2）盾体承受的岩土压力

U形盾构机工作时承受的岩土压力主要包含两部分：一是周边岩土的被动土压，二是周边结构或附属物产生的二次压力，比如周边构筑物或重型车辆的影响等，设计时应同时考虑这两个因素。

（3）设计推进力的确定方法

U形盾构机的推进力由推进油缸提供，主要用于克服盾体向前移动时的阻力，是设计环节非常重要的参数。推进力的确定有两种方法：一是理论计算法，二是经验计算法。

推进力的理论计算法主要是根据盾体支护的深度、周边构筑物的状况、盾体的自身质量等来计算总推力。

$$F_d = F_1 + F_2 + F_3 + F_4 \tag{6-5}$$

式中：F_d——设计推进力；

F_1——侧部岩土产生的摩阻力；

F_2——周边构筑物或移动荷载通过岩土压力产生的摩阻力；

F_3——盾体自重产生的摩阻力；

F_4——其他阻力。

其中，F_1 是侧部岩土产生的摩阻力，其大小与盾体支护深度和岩土的特性有关。

$$F_1 = p \times 2s \times u \tag{6-6}$$

式中：p——岩土侧压力；

s——盾体侧部与土体的接触面积；

u——盾体与侧部土体的摩擦系数。

F_2 的计算可以采用下式所示的近似计算法计算。

$$F_2 = m \times u \times \sin\theta \tag{6-7}$$

式中：m——周边构筑物或移动荷载的重量；

u——盾体与侧部土体的摩擦系数；

θ——摩阻力的理论作用夹角。

$$F_3 = G \times u \tag{6-8}$$

式中：G——盾构机的整机重量；

u——盾体与侧部土体的摩擦系数。

F_4 为其他阻力，比如开挖面底部欠挖，底部积土产生的附加阻力；盾构机纠偏或调向时，盾体侧部迎面土压力增大产生的附加阻力等。

推进力的经验计算法主要是结合经验数据总结出来的建议算法。具体算法如下：

$$F_d = 2 \times f \times s \tag{6-9}$$

式中：s——盾体侧部与土体的接触面积；

f——经验阻力系数。

f 的大小与岩土类型有关，见表6-2。

岩土类型对应的经验阻力系数 表6-2

土质	黏土	粉质黏土	黏土混砂	粉细砂	中粗砂	砂砾
f(kN/m^2)	1~2	3~4	4~7	8~10	11~14	15~20

(4)盾体接地比压的校核

物体和地面接触的单位面积上所承受的垂直荷载称为“接地比压”。一般根据下式计算设备的平均接地比压。

$$P = \frac{\frac{mg}{S}}{\cos\theta} \tag{6-10}$$

式中：P——平均接地比压；

m——设备整机重量；

g——重力加速度；

S——盾体底部与土体的接触面积；

θ——盾体最大允许倾斜角度。

依据工程地基土承载力特征值,校核盾体的接地比压。平均接地比压应小于工程地基土承载力特征值。

6.3 U形盾构管廊工程设计

综合管廊预制管节拼装示意如图6-23所示,预制管节类型见表6-3。管节拼装顺序应从现浇段一端开始依次拼装,管节预应力筋采用高强度精轧螺纹钢,管节拼装应确保接缝密闭、均匀,并且保证管节拼装后弹性遇水膨胀橡胶条界面应力不小于1.5MPa。预应力筋张拉力应通过计算及试验获得。张拉后通过预留的注浆孔对预应力筋孔进行灌浆,灌浆用水泥浆应采用普通硅酸盐水泥,水泥浆强度不低于M30,灌浆压力不小于0.6MPa。预应力张拉控制应力应不大于790.5MPa,且不小于465MPa。

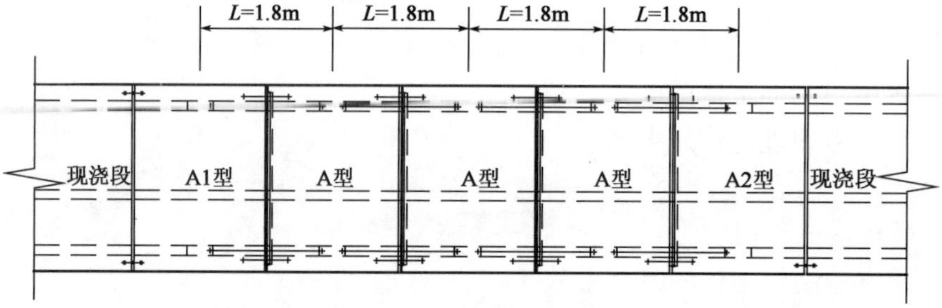

图6-23　预制管节前后拼装示意图

预制管节类型一览表　　表6-3

类　型	手　孔	承　口	插　口
A	设置	凹口	凸口
A1	设置	平口+止水带	凸口
A2	设置	凹口	平口+止水带

注:1. 预制段"平口+止水带"做法同现浇段变形缝接口做法。
2. 预制段"平口+止水带"变形缝处两侧壁厚不同时,则"A1"型、"A2"型和"平口+止水带"端壁厚需局部加厚。

预制管节拼装过程中必须严格做好防水工作,水性渗透型无机防水剂及防水卷材性能指标及施工要求亦须满足《地下工程防水技术规范》(GB 50108—2008)的相关要求。

预制管节断面如图6-24所示,预制管节制作应符合《混凝土结构工程施工质量验收规范》(GB 50204—2015)中有关规定。

预制管节拼装顺序为:①上段A和下段A竖向张拉形成整体;②下段B与上下段A整体水平张拉;③上段B与上下段A整体水平张拉;④上段B与下段B竖向张拉形成整体。

预制管节张拉方式为:①竖向张拉:两端对称张拉;②水平张拉:除第一节与第二节采用两端对称张拉外,其余各节均采用单侧张拉,张拉端设在后一节,锚固端设在前一节,且在张拉时保持对遇水膨胀橡胶条界面应力的检测,不能小于1.5MPa。

(1)管节吊装

预制管节在吊装、运输期间必须轻吊轻放,切忌野蛮施工。预制管节的吊装方式可以采用多种方案,如履带式起重机或门式起重机等,如图6-25和图6-26所示。

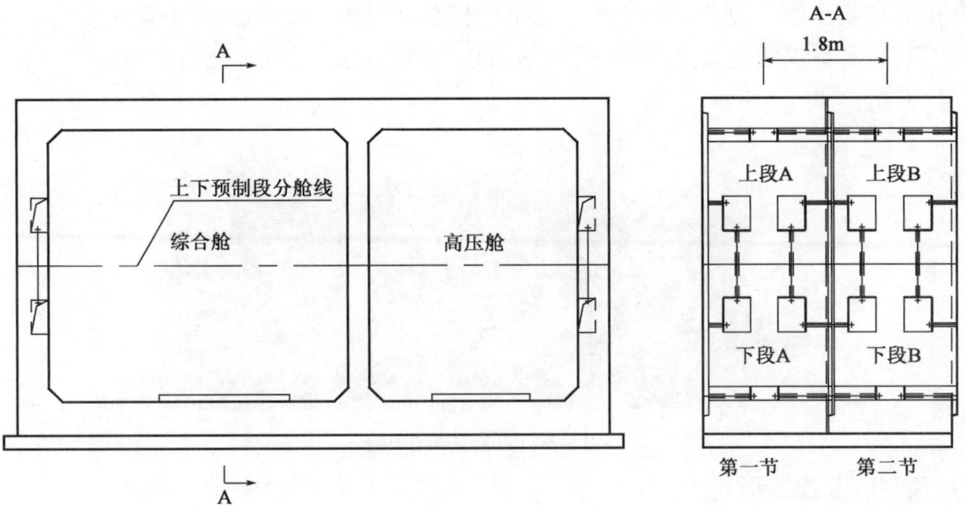

图6-24　预制管节断面图

图6-25　履带式起重机吊装方式

图6-26　门式起重机吊装方式

(2)管节形式

根据管廊功能及断面设计的不同,管廊具有单舱管廊、双舱管廊、三舱及以上管廊等多种形式。相应的预制管节的形式可以分为整体预制管节、两分块预制管节和多分块预制管节等,如图6-27所示。

a)整体预制　　b)分块预制

图6-27　管节形式

管节在专业预制厂制作，采用大型定制钢模板进行预制浇筑，如图 6-28 所示。管节预制的生产工艺主要包括四大关键部分：钢筋绑扎、模板安装、混凝土浇筑以及管节养护。

图 6-28　双舱管节的预制

(3) 预制管节连接形式

预制管节连接形式有企口型、凹凸榫型和平口型等，如图 6-29 所示，根据不同的工程地质条件可以进行不同的针对性设计。

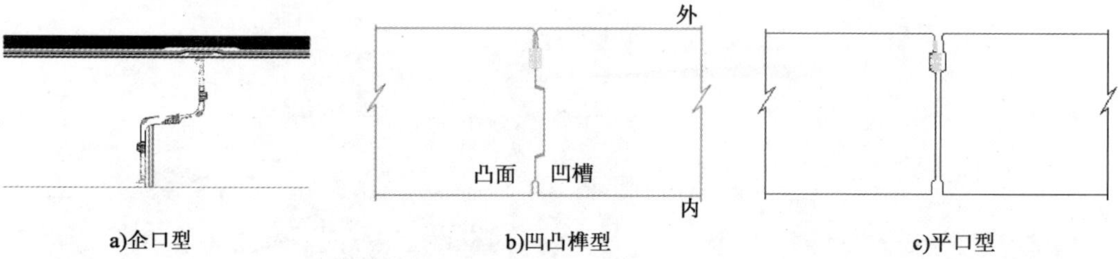

图 6-29　预制管节连接形式

(4) 预制管节张拉形式

预制管节的张拉包括两种形式：相邻管节连接张拉和多节管节连接张拉，如图 6-30 和图 6-31 所示。

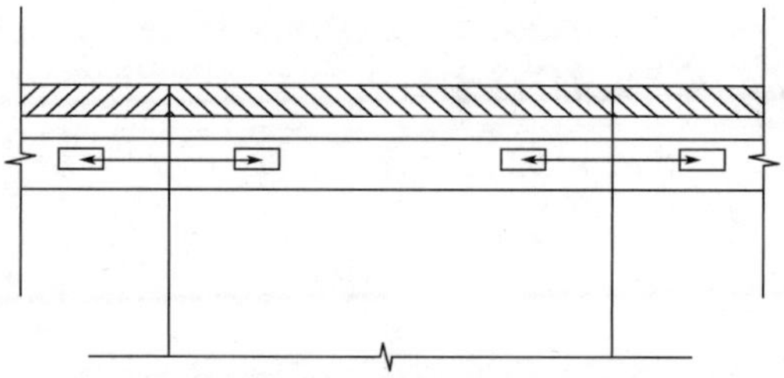

图 6-30　相邻管节连接张拉

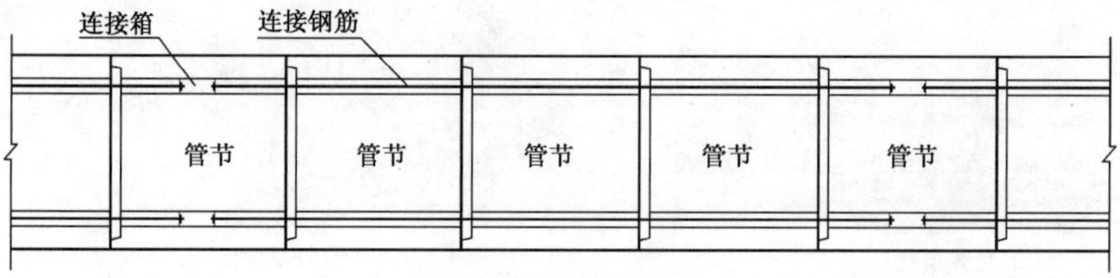

图 6-31　多节管节连接张拉

6.4　U 形盾构施工技术

6.4.1　U 形盾构施工流程

图 6-32 是 U 形盾构施工工序图，施工时，采用挖掘机明挖土方，盾构机前方的掌子面要根据地质情况进行放坡开挖。基坑较深时，则需要进行分层放坡开挖，防止土体坍塌，地质条件较差，土体自稳性较差时，还需要提前对土体进行一定的支护或超前加固作业，另外，挖掘机在开挖基坑两侧和底部的土体时均进行一定程度的欠挖，由盾构机前盾上的插板装置和推板装置负责精确控制整个开挖轮廓。盾构机作为一种移动式的支护设备，起到地下挡土墙的作用，对两侧墙土体形成临时支护。一般情况下，挖掘机开挖的同时，位于中盾盾体内的顶推油缸作用到盾构机后方已经拼装好的管节上，推动盾构机同时向前推进，盾构机推进完成后，测量底面高程，浇筑素混凝土垫层，平整地层并增加地层的承载力，之后位于盾构机侧后方的履带吊将预制好的管片从盾构机尾盾上部的开口处吊入，进行定位、拼装。待管片吊装到位之后，使用螺栓或钢绞线将相邻的两环管片连接起来，并张拉紧，保证管片之间橡胶止水条的密封可靠性。如此盾构机便可以继续进行下一环管片的推进。管廊内部安装有激光导向系统，用于实时监测盾构机的位置姿态，为盾构机的推进精准导航。

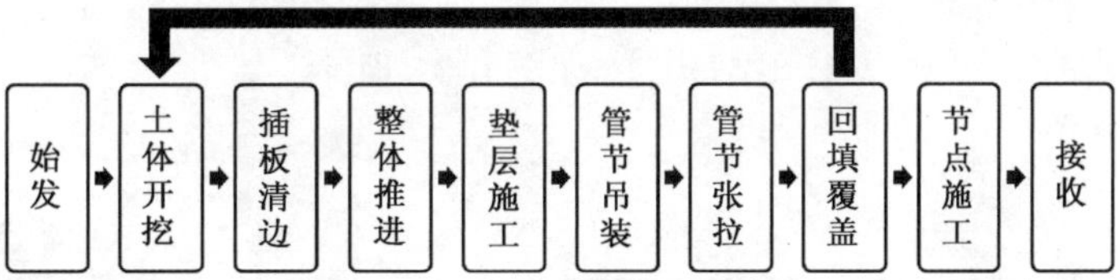

图 6-32　U 形盾构机施工工序图

6.4.2　施工前的准备工作

U 形盾构机适用于软土地层或软硬复合地层，施工前需要在施工标段勘探地质，评审并确定施工方案，排除安全隐患，降低施工风险。

6.4.3　始发井的修建

始发井设置在初始掘进位置，用于组装设备，并为设备的推进提供支反力。采用明挖法建造始发和接收工作井，围护形式可采用拉森钢板桩、SMW 桩以及钻孔灌注桩等结构，如图 6-33所示。在开阔区域，始发井也可以采用放坡基坑作为始发井，具体构筑方式根据实际工程状况选择。

始发井底部高程根据铺设管节的理论设计高程和铺设的垫层厚度确定。始发井的长度和宽度尺寸应预留足够的设备组装空间。

6.4.4　调试与始发

组装完成后，需要认真检查零部件安装的正确性，检查各部件安装是否牢固，各线路连接是否正常，确认无误后，必须由专业技术人员对整个设备进行工地现场空载调试，测试设备的基本动作和功能，排除安全隐患，安装后靠组件，为始发做好充分的准备。

盾构机司机必须经过专业技术培训合格后方可上岗作业。在施工现场的各项工作必须严格遵守工程施工的各项安全规定，保证设备及工作人员的安全。

图 6-33　U 形盾构机始发井

6.4.5　直线段推进

正常施工时,U 形盾构施工主要工序包括:土体开挖、插板清边、整体推进、垫层施工、管节吊装、管节张拉、回填覆盖等,具体的施工示意如图 6-34 所示。

6.4.6　节点穿越

在综合管廊特殊节点处,可先在该地段施作合适的围护结构,然后开挖基坑,待 U 形盾构机空推通过后,再在基坑内拼装预制构件,如图 6-35 所示。

a)土体开挖　b)插板清边　c)整体推进　d)垫层施工

图　6-34

e)测量高程

f)管节吊装

g)管节张拉

h)渣土转运

i)回填覆盖

图6-34　各工序施工图

图6-35　U形盾构机穿越特殊节点

6.4.7　纠偏与调向

当盾构机的位置姿态相对于管廊的理论设计轴线发生偏转或偏离时，就需要在盾构机推进的过程中，对盾构机的位置姿态进行纠偏。纠偏工作主要包括对盾构机的滚动角和俯仰角进行调节。管廊明挖盾构机的顶推油缸和铰接油缸采用分组控制，并创新性地设计了插板超欠挖控制系统、推板联动俯仰控制系统等，配合自主研发的导向系统，共同完成各种复杂地质条件下超大断面U形盾体的姿态控制与调向功能。盾构机的调向转弯示意如图6-36所示。

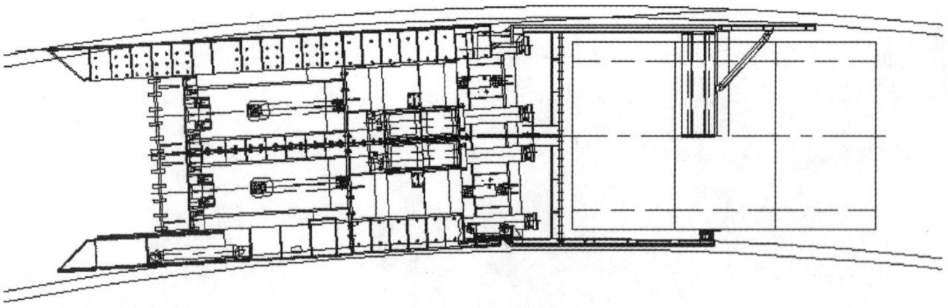

图 6-36　U 形盾构机调向示意图

6.4.8　管节的防水与抗渗

U 形盾构施工时,管节接缝处的防水抗渗处理是施工中的关键技术之一,直接影响到管廊整体的建造质量和使用寿命。一般情况下,若地下水较少,则可以在上下管片之间和相邻管节之间设置两道遇水膨胀橡胶条,相邻管节之间的接缝外侧粘贴 1 道防水卷材作为外密封,如图 6-37 所示。此外,相邻管节之间还可以设计 1 道注浆环槽,在管节之间出现渗漏时,可以向该环槽内填充密封材料以加强管节之间的密封。

a)前后管节之间密封　b)上下管节之间密封　c)管节外密封

图 6-37　预制管节的密封

若地下水丰富,则可以借鉴盾构法施工的原理,将盾尾底部和两侧封闭,并在管节壁后分两次进行注浆作业,以填充管节和地层之间的间隙,如图 6-38 所示。

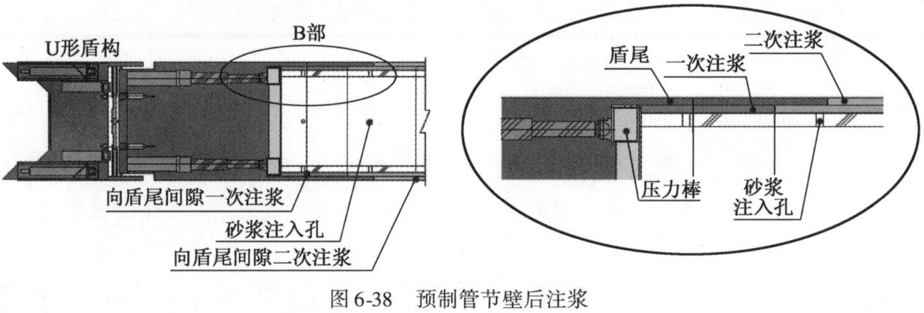

图 6-38　预制管节壁后注浆

6.4.9　土方回填

当盾构机向前推进几环之后,盾构机前部开挖出来的土体可以通过自卸车直接转运至盾构机尾部已经建好的管廊处作回填土用,盾构机尾部会放置一台挖掘机,进行管廊上回填土的作业,回填土填满之后,再用振动夯实机分层夯实,做到盾构机掘进、管廊装配建设、土方回填同步进行。

6.4.10　接收井接收与设备拆机

接收井的修建与始发井类似,构筑混凝土边墙基坑,或采用围护结构构筑接收井;在开阔区域,也可以采用放坡基坑作为接收井。

U形盾构机采用模块化设计,设备整体拆装、转场迅速,但是,设备拆解时应注意液压系统残余压力的释放,并及时对各部件进行检修、保养,尤其需要做好重要元器件的清洁防护工作。

6.4.11　U形盾构的应用范围

根据设备和工艺特点,该工法可适用于:

(1)土质地层:黏性土、砂质土、砂卵石、砾石土等 $N \leq 50$ 的地层。

(2)开挖断面:深度一般≤12m,宽度一般≤15m。

(3)线路:曲线半径≥100m,10m范围高差≤30cm。

(4)施工长度:一般一次施工长度≥150m时,经济效益较好。

6.4.12　U形盾构工法的优势

1)U形盾构工法与明挖放坡法对比

U形盾构工法与传统明挖放坡施工的对比如图6-39所示,采用U形盾构工法具有以下几点显著优势:

(1)土方开挖、回填量小;

(2)占地面积少,扬尘少,更环保;

(3)可邻近构筑物施工,更安全。

图6-39　U形盾构工法与传统明挖放坡法对比

2)U形盾构工法与明挖围护施工对比

U形盾构工法与传统明挖围护施工的对比如图6-40所示,采用U形盾构工法具有以下几点显著优势:

(1)省支护、省人工,减少渣土转运;

(2)地层扰动小,地下无残留,更环保;

(3)及时回填,可以更快恢复路面交通,这一点在某些特殊地段可能会优势显著。

图 6-40　U 形盾构工法与明挖围护施工对比

6.5　U 形盾构工程案例

6.5.1　海口市椰海大道西延段综合管廊工程

(1)项目概况

图 6-41　U 形盾构机始发现场图

2017 年 9 月,中铁工程装备集团有限公司和中铁四局集团有限公司共同联合研发的国内首台管廊明挖 U 形盾构机在海口地下综合管廊试验段正式始发,如图 6-41 所示,这是 U 形盾构机及其施工工法在国内综合管廊建设领域的首次应用。

项目位于海口市秀英区椰海大道西延段中央绿化带下方,如图 6-42 所示。

图 6-43 是综合管廊标准管节断面图,标准管节设计为双舱管廊,考虑到运输因素,管节采用上、下分半的形式,上半节管片质量约 30t,下半节管片质量约 31t。

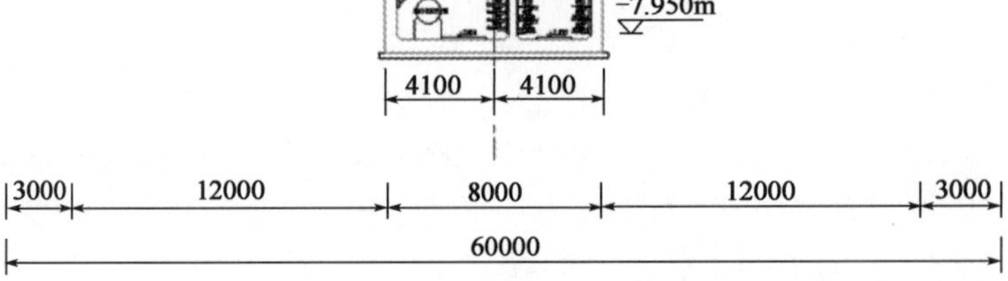

图 6-42　海口综合管廊试验段规划图(尺寸单位:mm)

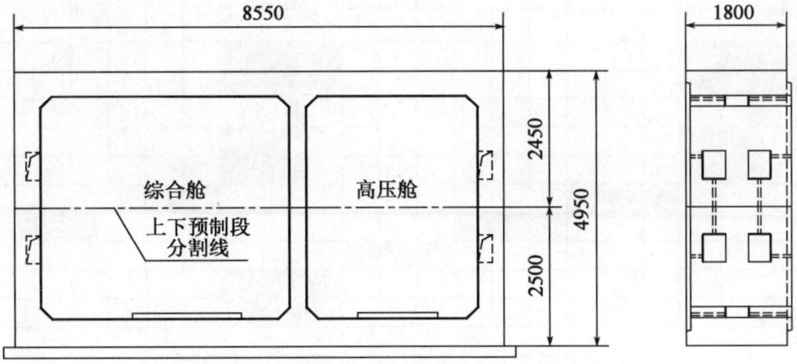

图6-43　标准管节断面图(尺寸单位:mm)

U形盾构机试验段综合管廊顶部埋深3.5m,盾构机穿越地质主要为素填土、杂填土、黏土、粉质黏土,地下水位深3~5m。

(2)施工进展

项目于2017年9月开始,施工现场如图6-44所示,截至2018年2月,U形盾构机成功完成第一阶段45环、第二阶段38环,共计83环管片的拼装作业,并穿越了一个50m长的特殊节点。

图6-44　U形盾构机现场施工图

U形盾构机在海口施工期间,工程前期由于管节断面尺寸较大,且采用分块设计,管片拼装、张拉、垫层施工等工序耗时较长,总体施工进度平均1~2环/d,后期随着对设备和工艺的掌握与操作熟练化,平均施工一环用时4~6h,单日最快施工4环,共7.2m。各工序施工用时统计如图6-45所示。

图6-46显示了U形盾构机在施工期间总推力的变化曲线,盾构机在第44~72环之间穿越了一个特殊节点段,在特殊节点段,基坑两侧预先施作了SMW工法桩,盾构机穿越时,两侧不受水土压力作用,因此总推力不超过500kN,其余阶段均为标准管节正常施工阶段,总推力保持在2500~3000kN之间。图6-47显示了U形盾构机在施工期间俯仰角和滚动角的变化曲线,盾构机在穿越特殊节点段,设计有1个1°的下坡段,因此在第44~72环之间,盾构机的俯仰角在1°左右变化,其余阶段均为正常水平推进阶段。

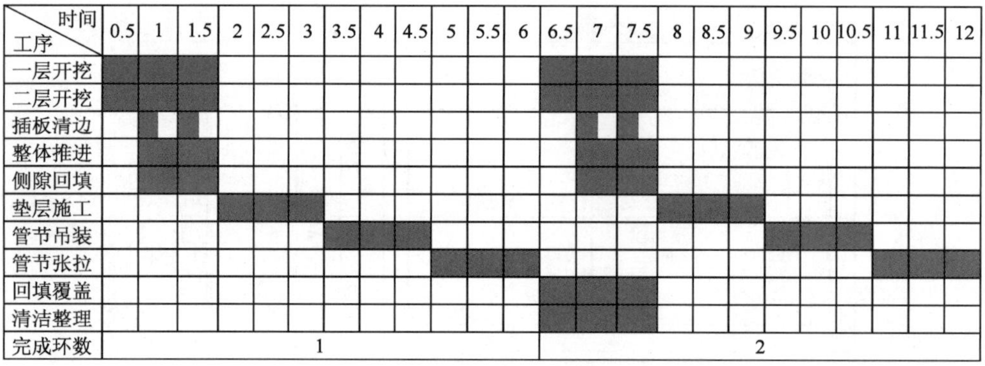

图 6-45　U 形盾构机施工用时统计

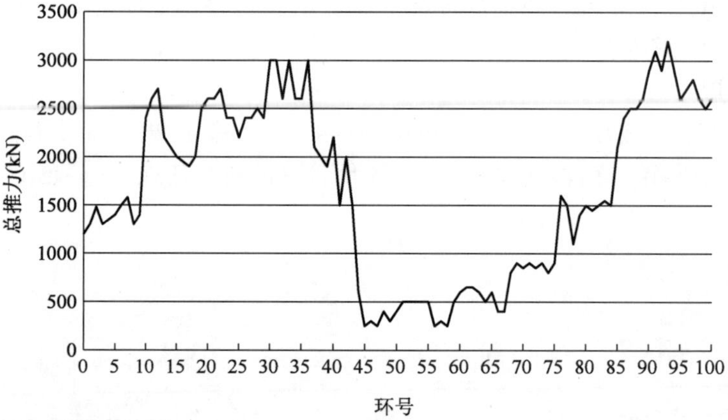

图 6-46　盾构机总推力变化曲线

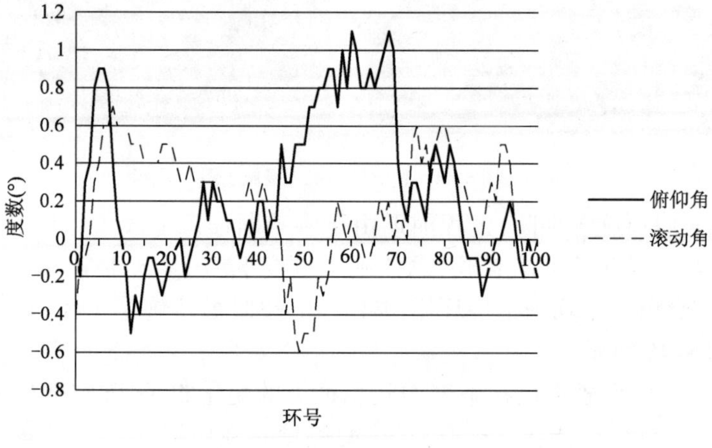

图 6-47　盾构机俯仰角和滚动角变化曲线

图 6-48 是 U 形盾构机施工完成的管廊实景图，从图中可以看出，U 形盾构机及其施工工法在此次试验段的施工中，整体施工质量较好，证明了该设备及施工工法的创新性和可行性。

图6-48　管廊实景图

(3)总结

U形盾构机及其施工工法取消了传统明挖法施工的基坑支护或边坡支护,提高了综合管廊明挖法施工的机械化、自动化程度,节省了支护成本,缩短了施工工期,减少了对周围环境的影响,经济性显著,设备及施工工法均具有较高的推广应用价值。

在工程应用中发现,预制管节断面尺寸较大,且采用分块设计时,管片的拼装、张拉工序耗时较长,通过完善盾构机管节拼装、张拉、垫层施工等工序的施工工艺,并进一步优化盾构机的铰接系统设计,还可以大幅提高U形盾构机的总体施工效率。

U形盾构机在管廊断面小、管节整体预制、施工宽度范围小的(城市老城区等)空间狭窄地带应用起来可能会更灵活、更具优势。

U形盾构机为城市地下综合管廊的建设提供了一种新型施工装备和施工工法,但是也有其自身的适用性和优缺点,盾构机施工过程中如何处理局部硬岩地层、富水砂性地层等不良地质条件,以及盾构机是否能够自身具备土体开挖、转运、回填功能等还有待进一步研究、验证。

因此,综合管廊的修建工法是成熟、多样的,且管廊断面也是变化的,在选择管廊修建工法时,还需要结合实际工程的规模、特点、工程地质与水文地质条件、道路交通及埋设管线情况、工程造价承受能力等具体分析,选择合适的修建工法。

本章参考文献

[1] 闫扬义,肖威,杨聚辉,等.管廊明挖盾构施工关键技术研究与应用[J].隧道建设,2019,39(7):1180-1186.

[2] 王全胜,李洋,杨聚辉,等.综合管廊U形盾构机械化施工工法研究与应用[J].隧道建设,2018,38(5):839-845.

[3] 杨聚辉,王全胜,肖威.U形盾构推进力的计算与应用分析[J].隧道建设,2019,39(S1):438-444.

第7章　悬臂掘进机技术

前文介绍了几种全断面异形掘进机的关键技术与应用，全断面异形掘进机机具有机械化、信息化程度高的特点，可实现异形隧道的一次成型，更安全、更高效。但是由于全断面异形掘进机整机体积大、结构复杂，运输、组装对交通和场地的要求很高，很多山岭隧道的位置比较偏僻，大型掘进机根本无法运输到现场。同时，全断面异形掘进机一般用于长距离隧道施工，但现实中有大量的短小隧道，如果采用全断面异形掘进机就显得大牛拉小车，增加了施工成本。所以结合传统暗挖工法施工的非爆小型掘进机的需求非常可观，悬臂掘进机就是应用最为广泛的一种。

悬臂掘进机属于部分断面隧道掘进机，相比于全断面隧道掘进机，悬臂掘进机在工作时，一次只切割隧道的一部分断面，在多机构的联动作用下，切割更加灵活，通过悬臂的多次摆动可以切割出矩形、拱形、梯形等多种断面。悬臂掘进机还具有施工准备时间短、投资少、适用性广、便于维修和运输等一系列优点，典型的悬臂掘进机外观如图7-1所示。

悬臂掘进机最早应用于煤矿巷道的掘进，近些年来，随着铁路、公路、城市地铁等基础建设行业的大力发展，悬臂掘进机的应用也快速推广到各种隧道领域，图7-2展示了悬臂掘进机在隧道工程中的应用。

图7-1　典型的悬臂掘进机

图7-2　悬臂掘进机应用于各种隧道工程

目前常见的悬臂掘进机有传统悬臂掘进机、悬臂立式刀盘掘进机、悬臂滚筒式掘进机、悬臂摇臂式掘进机、悬臂盘形刀盘式掘进机等机型，本章将对各种机型及其在隧道施工中的应用做简要介绍。

7.1　传统悬臂掘进机

7.1.1　传统悬臂掘进机简介

传统悬臂掘进机是一种集切割、行走、装运、喷雾灭尘等多种功能为一体的高效联合作业机械，主要由截割部、刮板运输机、行走部、机架等部件组成。工作时，安装在悬臂上的截割头上下、左右摆动，能够切割任意形状的隧道断面，因此也称为任意断面掘进机。传统悬臂掘进机开挖具有机械化程度高、对围岩损伤扰动少、超欠挖易控制、开挖出渣连续、作业人员少、劳动强度低、安全性高、适应断面灵活等特点，因其自带履带式的行走机构，便于转弯、爬坡，对复杂地质条件适应性强。

传统悬臂掘进机的主要技术参数包括整机外形尺寸、整机质量、总功率、切割功率、泵站功率、最大掘进高度和宽度、铲板宽度、最大工作坡度、卧底深度、喷水压力等。表7-1给出了中铁装备的CTR260悬臂掘进机的主要参数。

中铁装备 CTR260 悬臂掘进机主要参数　　表7-1

项目名称		参数	项目名称		参数
定位截割范围	高度	6.5m	外形尺寸	长	22.38m
	宽度	7m		宽	3.6(铲板)m 3.23(机身)m
	卧底	0.247m		高	3.728(驾驶室)m 3.733(除尘室)m
整机质量		125t	截割头转速		46/37r/min
爬坡能力		15°	供电电压		1140V
最大/可经济截割岩石单向抗压强度		100/80MPa	装机最大功率		530kW
掘进机适合巷道性质		软岩隧道、煤巷道	截割电机功率		260/220kW
装载形式		五齿形轮	油泵电机功率		160kW
运输机形式		变双链刮板	除尘风机功率		2×45kW
对地压强		0.183MPa	履带宽度		0.7m
星轮转速		0~30r/min	机身地隙		0.27m
第一运输机速度		66m/min	内/外喷雾水压		3~8MPa
行走速度		0~7/14m/min	最小冷却水量		50~150L/min
液压泵		260+145+145ml/r	油箱容积		1005L

传统悬臂掘进机按照用途来分，可分为煤矿掘进机和隧道掘进机。按照掘进机的质量，可分为特轻型掘进机（质量小于20t）、轻型掘进机（质量小于25t，切割强度小于40MPa）、中型掘进机（质量小于50t，切割强度小于60MPa）、重型掘进机（质量小于80t，切割强度小于80MPa）、超重型掘进机（质量大于80t）。传统悬臂掘进机应用于软岩和中硬岩隧道时，掘进效果很可观，但是应用于硬岩隧道中时，由于传统悬臂掘进机的切割形式、工作结构等因素，会有一系列的问题。目前，传统悬臂掘进机的最大切割岩石抗压强度可达到130MPa，经济切割岩石抗压强度为100MPa。

按照截割头回转方式，可分为横轴式［图7-3a)］和纵轴式［图7-3b)］。

a)　　b)

图 7-3　横轴式悬臂掘进机与纵轴式悬臂掘进机

7.1.2　传统悬臂掘进机在国内外的发展及趋势

1)在国外的发展

世界上第一台悬臂掘进机于 1947 年诞生于匈牙利,经过半个多世纪的研究、试验、改进,现已经成为煤矿巷道掘进的主要设备,并广泛应用于公路、铁路、地铁等其他隧道施工领域。国外较为著名的生产悬臂掘进机的厂家有:英国多斯克、德国保拉特、奥地利阿尔卑尼、日本三井三池等。

从地域和使用机型上来看,国外的掘进机设备可分为两大类:一类是欧洲国家大量使用的悬臂掘进机,其适应范围广,但掘进、支护不能平行作业,因此掘进效率比较低;另一类就是以美国和澳大利亚为代表使用的连续掘进机和掘锚机组,它们可以实现煤巷或隧道的快速掘进,掘进效率相对较高。

国外传统悬臂掘进机的发展经历了 4 个阶段:

第一阶段:20 世纪 40 年代末期至 20 世纪 60 年代中期。这个阶段,悬臂掘进机从无到有,形成了集切割、装运和行走于一体的结构雏形,主要用于软煤巷道掘进,机重 15t 左右。代表机型有匈牙利全国矿山机械研究所的 F5 和乌克兰的 AK-3 等。

第二阶段:20 世纪 60 年代中期至 20 世纪 70 年代末期。这一阶段是煤巷掘进机蓬勃发展时期。这个时期的掘进机主要是用于截割各种煤岩的中型掘进机,机重 20 ~ 40t。代表机型有英国安德森公司的 RH25、奥地利阿尔卑斯尼公司的 AM50 和日本三井三池公司的 MRH-100 等。

第三阶段:20 世纪 70 年代末期至 20 世纪 80 年代末期。这一阶段,半煤岩掘进机开始走向成熟,重型机大批涌现,煤矿巷道掘进机功能齐全,可靠性大幅提高,机重 50t 左右。代表机型有英国多斯克公司的 MKIIB、LH1300,奥地利阿尔卑尼公司的 AM75 和德国保拉特公司的 E169 等。

第四阶段:20 世纪 80 年代后期至 20 世纪末,这一阶段重型机质量进一步增加,一般在 70t 以上,切割岩石的抗压硬度可以达到 100MPa,掘进机采用了新技术,功能更完善,计算机自控装置更成熟,掘进机开始向岩巷进军。

目前,国外的掘进机正在朝着系列化和多样化发展,截割头的功率为 20 ~ 400kW,机重最轻有十几吨,最重可达 160t。国外新型的掘进机均配备有完善的工况检测和故障诊断系统,从而可早期发现故障,快速排除故障,大大减少停机时间。

2)在国内的发展

我国从20世纪60年代开始悬臂掘进机的研制工作,最初是仿制苏联的BK-3型,但技术落后,性能和可靠性都很差,未能在生产中广泛应用。

我国悬臂掘进机的研制和应用真正起步是在1979年引进了100余台国外掘进机之后。当时的国内煤机厂分别引进奥地利的AM-50型掘进机和日本的S-100型掘进机,同时引进了两种掘进机的制造技术和先进的加工设备,逐步实现了两种掘进机的国产化制造,至此基本上结束了中小型掘进机依赖进口的局面。但是由于引进的技术水平较低,机型相对落后,国产设备仅适合在工况较好的煤巷中使用,使用范围受到很大限制。

"八五"期间,我国又相继开发出了3种重型掘进机,它们是EBJ-160、EBJ-160H、EBJ-132型掘进机,其中EBJ-160型掘进机获得国家科技进步二等奖,达到了20世纪90年代初的国际先进水平。这款掘进机的成功研制标志着我国悬臂掘进机研究制造水平和综合机械化水平迈上了一个新台阶。进入21世纪,我国悬臂掘进机的生产制造企业遍地开花,掘进机型号不断完善,设计、生产及使用也进入了一个较高的水平。

2002年以来,受煤炭市场形势好转的影响,各重点煤矿对悬臂掘进机的需求迅速增加,客观上促进了我国悬臂掘进机的快速发展。在此阶段,我国煤岩巷及半煤岩巷掘进机大批出现,各种新技术和新结构应用其中,使我国悬臂掘进机的性能大幅度提高。

尽管我国掘进机技术有了较大的提高,但与发达国家相比还有一定的差距,在破岩能力、适应性及可靠性方面还存在不足,除总体性能参数偏低外,在基础研究方面也比较薄弱,无论是研究院所还是制造厂,更多重视追求应用技术,轻视基础理论的研究,计算机动态仿真模拟等方面尚处于起步阶段,自动控制技术运用不足。目前,国外的掘进机已经可以做到全功能遥控、截割断面监视、记忆截割、故障在线监测与诊断、数据远程传输等一系列自动控制技术。此外,国内的悬臂掘进机设备在材料、关键部件的使用寿命和可靠性等方面与国外也存在较大的差距,产品的制造工艺、检测实验手段、加工设备相对落后。

3)发展趋势

(1)重型化、大功率。随着科学技术的进步,掘进机的适用范围在不断扩大,掘进机正在慢慢进入铁路、公路以及城市地铁隧道等行业,发展前景广阔。这就要求除了继续致力于完善截割煤的功效外,还需努力提高有效截割岩石的能力。对于公路、铁路、地铁等隧道的开挖,采用的隧道掘进机与矿用掘进机相比,在功能上有如下特点:①截割部伸缩行程更长,使得机器覆盖的作业面更大,卧底量更深,以满足仰拱开挖要求;②更强的截割系统,以满足复杂多变地层要求;③一般自带二运转载皮带机,提高出渣效率。悬臂掘进机的截割臂在截割硬岩时会对机身产生较大的横向力矩,从而造成机身颤抖、侧翻等危险状况。增大掘进机机重,提高截割电机功率,改进掘进机与截割相关的技术参数,是推动悬臂掘进机应用于硬岩截割的重要因素。

(2)适应坡度的提升。当下的悬臂掘进机爬坡能力一般为18°~20°,个别能达到22°~25°,还不能完全满足矿山和隧道等工程建设的需要。目前各大科研单位和生产厂家为提高悬臂掘进机的爬坡能力,将大量精力倾注在优化悬臂掘进机的行走机构、制动技术、履带板形式、整机结构、重心等方面,以期提高悬臂掘进机的爬坡能力。

(3)机电一体化。随着实用型新技术的发展,新型掘进机机电一体化趋势越来越明显。

主要表现为:推进方向监控、截割电机功率自动调节、截割路径循环程控、离机遥控操作、截割断面轮廓尺寸监控及工况检测和故障诊断等。虽然还有部分技术尚需时间验证,但悬臂掘进机机电一体化的发展趋势不会改变。

(4)掘锚一体化。目前我国支护与掘进不能做到同步作业(在一个工作循环时间内,支护占50% ~60%,掘进占20% ~30%,系统故障占10% ~15%),因此,无法从根本上提高掘进效率。研制集掘、钻、锚为一体的综合设备,可实现掘进、支护平行作业,提高掘进速度,解决掘进机利用率低的问题。因此,掘、钻、锚一体化是实现巷道快速掘进,满足高产、高效需要的重要技术途径。

(5)提高掘进机喷雾除尘效果。目前,掘进机大多设有内、外喷雾装置,但喷嘴堵塞严重,对呼吸性粉尘降尘效果差。因此,在掘进机上配套机载湿式除尘系统或其他除尘方式,强化外喷雾的使用效果,将会使掘进机在工作时的粉尘浓度大大降低,有效改善工人的劳动环境。

(6)提高部件可靠性。需要研制满足1200 ~1500m长距离供电和抗振的电气系统、装置及元器件,重点对减振器、接触器、电机综合保护器进行攻关。在液压系统的研究方面,以消除系统漏油及发热,提高元件的耐污染、抗冲击能力为主攻方向,提高多联泵、液压马达及密封的可靠性。在机电液一体化及控制系统方面,应研制开发抗低频大振幅的电液(磁)阀和传感零部件,研究液压系统的工况监测技术和负载反馈控制系统。

(7)实行紧凑化设计,降低机器的高度和宽度。在加大机重、截割功率和提高截割硬度的前提下,较低的机型易于井下运输和适用于掘进中小断面巷道,同时为配置其他辅助设备(锚杆安装机、辅助工作平台等)带来了方便。我国很多地区的煤层为薄煤层,也需要实现机械化掘进,而现有的机型体积偏大,无法在薄煤层中使用。随着我国煤炭采掘业的不断发展,中、厚煤层将逐步减少,矮、窄机身掘进机的市场潜力巨大。

7.1.3 传统悬臂掘进机的研究与应用

1)悬臂掘进机的基本组成

图7-4为中铁工程装备生产的CTR260型悬臂掘进机,该机主要由截割、装载、运输、行走、机架、回转台、后支撑等机构组成,配套系统由液压、电气、水及润滑等系统组成。与钻爆法相比,采用悬臂掘进机连续机械式开挖,可减少开挖过程对岩层损伤,可实现多种隧道形状和直径的开挖,由于开挖后的岩石壁较为平整,表面质量好,能够较好地控制超欠挖,减少隧道的施工成本,保证隧道的施工质量。

图7-4 CTR260型悬臂掘进机

(1)切割机构

下面以截齿式截割头为例,介绍典型的悬臂掘进机切割机构(图7-5)。截割头与铣刀切屑过程类似,截割头旋转时,通过截齿与煤岩的相对运动,使截齿从加工表面切去多余的部分,以获得符合预定要求的断面。在切割过程中,截齿与煤岩断面的相对运动就是截齿的切割运动。

一个完整的切割过程可分解为纵向钻进和摆动切割两个部分。通过行走或伸缩液压缸的作用,纵向钻进煤岩表面一定深度后,进行摆动切割。

割头钻进工作需要掘进机提供一个推进力,推进力的来源有两个途径,一是利用行走机构提供一个向前的推力,二是利用液压缸的推力使截割头沿切割臂导轨或伸缩套筒向前推进。前者可以采用固定式截割臂,简化了截割臂的结构,但是需要频繁调动行走机构,对地板的破坏比较严重,且钻进时难以借助铲板和支撑机构的支撑力,履带易打滑,磨损加剧。后者采用伸缩装置,无须调动行走机构,且钻进时可以将铲板及支撑机构撑起以提高钻进时的稳定性。

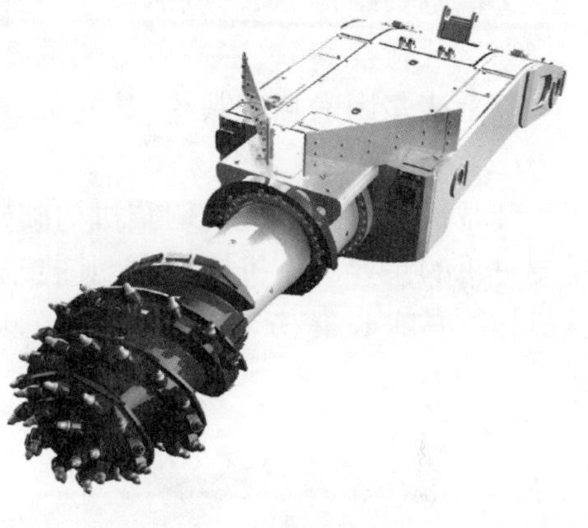

图7-5　切割机构

截割头有多种不同的形式,如图7-6所示。根据不同的地质,可选用不同的截割头、截割路线。对于易黏附于截割头表面、充填于截齿之间的泥岩,应选用螺旋叶片式截割头,配长型截齿,切割时从扫底开始截割,再按S形或Z形左右循环向上的截割路线逐级截割上部岩面。对于破碎的软岩(Ⅳ、Ⅴ级围岩)选用多螺旋线截割头,截齿排布密集,切割效率高,磨损少,截割时应沿岩石的节里方向逐步截割。对于硬岩(50~80MPa),选用单螺旋线或小直径截割头,配硬岩型截齿,可实现块状切割,降低截齿损耗,如选用右旋截割头,应先由右向左从底部开始截割,再按从左至右,自下往上的方式截割,依次循环。

图7-6　截割头结构

切割运动分为主运动和进给运动。主运动是指截割头体绕切割轴线的回转,它使某一个或数个截齿切入煤岩内部,使一部分煤岩破碎、掉落,形成新的工作面;进给运动是配合主运动使截割头体形成连续切削,从而切出符合预定要求的断面的运动,切割机构在切割过程中的水平摆动、垂直摆动及纵向钻进都是进给运动。

掘进机的减速机，主要作用是将切割电机的动力传递到截割头，并在传动的过程中完成“减速增扭”，使截割头拥有适宜的扭矩和转速。传动装置的箱体一般作为切割臂或切割臂的一部分，因此要求其具有足够的强度和刚度；内部的齿轮、轴承等零部件要能承受较大的冲击，并具有足够的过载能力。影响切割性能的主要因素有：

①被切割岩石的特性参数，包括物理性质和可切割性。

②截割头结构参数，包括尺寸、几何形状、截齿数目、截齿布置、截线间距等。

③工艺特性参数，主要指切削深度、切削厚度、摆动速度、截割头转速等。

以上诸多因素相互制约，共同影响了掘进机的切割性能。

(2)装载机构

装载机构是将掘进机切割机构破碎下来的物料加以收集后装载到运输机上的机构。它是掘进机的主要工作机构之一，其装载能力是否与整机匹配直接决定了整机的掘进速度，装载机构除具有收集、铲取、承载物料的功能外，还具有清底、支撑和稳定整机等功能，如图 7-7 所示。

图 7-7　装载机构

装载机构一般由铲板体、装载星轮、驱动装置、改向链轮等组成，各部分功能相互协调完成物料的收集与铲装。铲板体是承载机构，起到铲取、承载物料、清底和支撑整机的作用，包括主铲板、左副铲板、右副铲板，一般由高强度钢板焊接而成并通过螺栓将主副铲板连接在一起，表面覆盖一层耐磨合金钢板以提高铲板的耐用度。装载星轮是收料装置，利用星轮的连续旋转，将切割下来的物料通过星轮爪加以收集后装到运输机构上，星轮有 3 齿、4 齿和 5 齿之分，轮齿多采用耐磨合金钢拼焊而成以增强抗磨损性能。驱动装置是星轮旋转的动力源，为物料的收集提供足够的扭矩从而带动星轮连续旋转。改向链轮起到支撑、传递动力及换向的作用，通过它可以使运输机构的刮板链组件连续运转从而使物料不间断地运出掘进工作面。

装载机构位于掘进机前端，由一对销轴与本体架铰接，通过铲板液压缸的伸缩可使铲板绕铰接销轴上下摆动，当机器切割煤岩时，应使铲板前端紧贴底板以增加机器切割作业时的稳定性。

装载机构按照驱动方式可以分为电动机驱动和液压马达驱动两种形式。

电动机驱动式装载机构是通过电动机与星轮减速机相连从而把电动机的速度降低，进而驱动星轮连续旋转完成物料的装载。此种驱动方式过载能力大、动力强劲。掘进机作业时根据实际情况星轮可能会频繁启停，电动机在启停频繁时起动电流大，会对电动机寿命有一定的影响，若星轮被卡死、堵转时间稍长时可能造成电动机的烧损，因此设计时应考虑加装过流切断保护装置。星轮减速机多采用锥齿轮传动，其结构复杂、加工成本高、故障率高、安装及维护困难，设计时应根据实际情况考虑是否采用此种驱动方式。

液压马达驱动式装载机构，由低转速大扭矩液压马达提供动力，液压马达直接驱动星轮连续旋转完成物料的装载。这种驱动方式结构简单、运转平稳、工作可靠、故障率低、维护方便,对各种工程的适应性较好。目前,多数掘进机生产厂家都采用此种驱动方式。掘进机作业时若需星轮频繁启停或实现正反转时,只需拨动左右星轮控制阀的操作手柄即可实现,此过程只是改变了液压马达的进出油方向,不会对马达造成损坏。但此种结构若遇大块落料时会使马达进出口压力瞬间升高,超过设定压力时控制阀卸荷,造成马达堵转,此时会使液压油油温升高。另外,因马达通过花键直接与星轮相连,操作过程中在切割部下降时,抬起铲板会使切割部与星轮相撞致使马达轴损坏,所以应加以注意。

(3)运输机构

运输机构的作用是将装载机构收集的物料运至掘进机后部,再由其他设备(一般为第二运输机)将其运走。运输机构由驱动部件、运输本体、输送部件和其他部件(如张紧部、支撑部等)组成。

刮板输送机为掘进机的第一级运输部件,通常为第一运输机,由驱动装置、前溜槽、后溜槽、张紧装置、刮板链等部件组成,如图 7-8 所示。

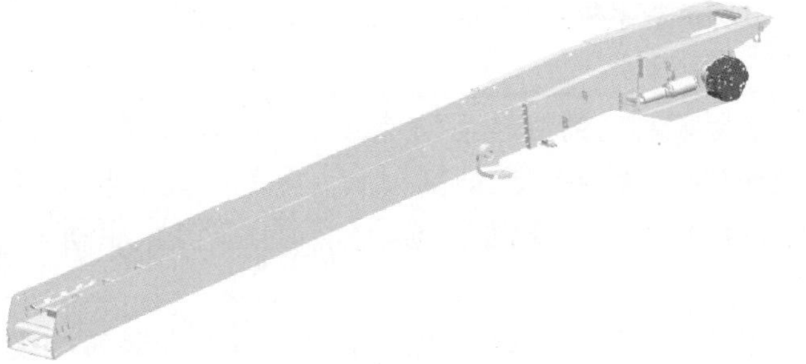

图 7-8　刮板运输机

刮板运输机的运输本体通常称为溜槽。溜槽从装载部延伸到机尾,长度较长,为方便下井和井下运输通常将运输本体做成分体式。如分成两段,前段是前溜槽,后段是后溜槽,如果溜槽长度过长可分成 3 段甚至更多,各段之间用螺栓连接。溜槽前端与装载部或本体部铰接,当与装载部铰接时,刮板运输机可与装载部联动,实现与装载部的精确连接,物料的运输更加顺畅;当溜槽与本体部铰接时,刮板运输机为固定铰接,刮板运输机定位可靠性更高。

刮板运输机的输送部件为刮板链,刮板链包括刮板、刮板链节、连接链节等。刮板链的速度必须适度,当链速高时,物料速度高,容易造成飞溅,刮板链也会造成飘链,当链速低时,驱动部件的驱动能力不能完全发挥,运输效率降低。

(4)行走机构

掘进机行走机构是整机的支承座,用来支承掘进机的自重,承受切割机构在工作过程中所产生的反力、倾覆力矩及动荷载,并完成掘进机在切割、装运、爬坡及牵引转载机时的移动。掘进机行走机构主要采用履带式,其优点是牵引力大、抓地能力强、接地比压小,适用于底板不平或松软的环境。行走机构如图 7-9 所示。

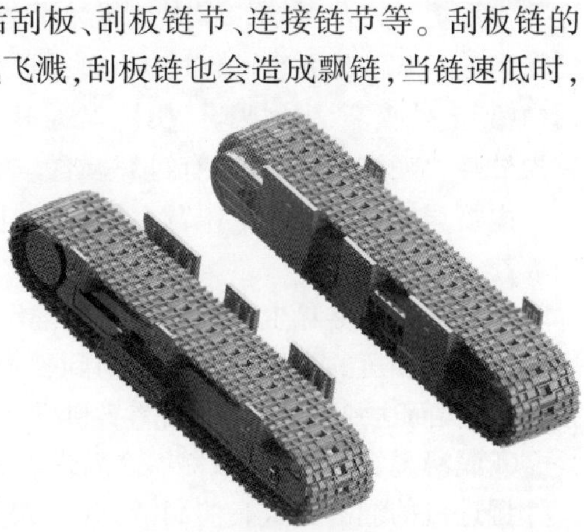

图 7-9　行走机构

履带行走机构包括左右行走机构,并以掘进机纵向中心线左右对称。单边履带行走机构包括涨紧轮、涨紧装置、履带架、支重轮、履带链、驱动装置等部件。其工作原理是由电机或液压马达通过减速带动驱动链轮,进而带动履带转动,从而实现掘进机的行走。

履带行走机构应满足掘进机作业和调动时的前进、后退、左右转向及爬坡等功能要求。

(5)机架、回转台和后支撑机构

机架又称本体部,位于掘进机的中央处,以厚钢板为主材料组焊而成,为掘进机的骨架。

回转台和后支撑机构均与机架连接在一起,处于掘进机中轴线上,是支撑整机和连接相关部件的重要部件。机架、回转台和后支撑机构的主要作用有:

①连接切割机构、行走机构、装载机构、运输机构,并为液压、电气、水及润滑系统提供安装平台。

②承受切割机构切割时所产生复杂交变的冲击荷载和倾翻力矩。

③稳定掘进机机身,减轻工作时产生的振颤。

(6)液压、电气、水及润滑系统

①液压系统

大部分悬臂掘进机除截割头的旋转运动外,其余各部分的动作均为液压驱动。掘进机液压系统要完成的动作包括:履带行走,截割头上下左右移动及伸缩,左右星轮的旋转,第一运输机的驱动,铲板升降,后支撑升降,喷雾泵驱动,液压转载机驱动等。

②电气系统

掘进机电气控制系统为整机的重要组成部分,与液压控制系统相配合,可自如地实现整机的各种生产作业,同时对掘进机的其他组成部分的工况进行监控和综合保护。掘进机电控系统大多采用 PLC 作为控制核心,人机界面采用文本显示器,这种系统可靠性高,编程简单,维修方便。

③水系统

水系统是掘进机的重要组成部分,主要是冷却掘进机水冷电机及液压油、喷雾和除尘,对提高工作面能见度,改善工作环境起到重要的作用。掘进机的水系统分为冷却系统和喷雾除尘系统。冷却系统的作用是通过流动的水带走液压油、电机等工作过程产生的热量,起到保护电机和液压系统的作用,从而保证掘进机良好的工作性能。掘进机喷雾除尘系统包括内喷雾、外喷雾、引射喷雾、机尾喷雾等几种形式。掘进机行业标准规定悬臂掘进机应设有内外降尘喷雾系统,并装有过滤装置。水系统如图 7-10 所示。

内喷雾的水从截割工作臂主轴进入,从截割头雾状喷嘴喷出,抑制煤尘和截齿摩擦产生的火花。

外喷雾在喷雾除尘系统中起到关键作用,由于从冷却系统流出的水有一定的压降,而经过加压水泵加压的高压水直接作用到外喷雾装置的雾状喷嘴,形成水雾对截割区域形成完全覆盖,从而达到灭尘效果,如图 7-11 所示。

④润滑系统

掘进机的润滑方式有油润滑和油脂润滑两大类。油润滑部位包括截割机减速机、行走减速机等机械传动件及液压件的润滑;油脂润滑部位包括回转轴承、各连接销轴处。

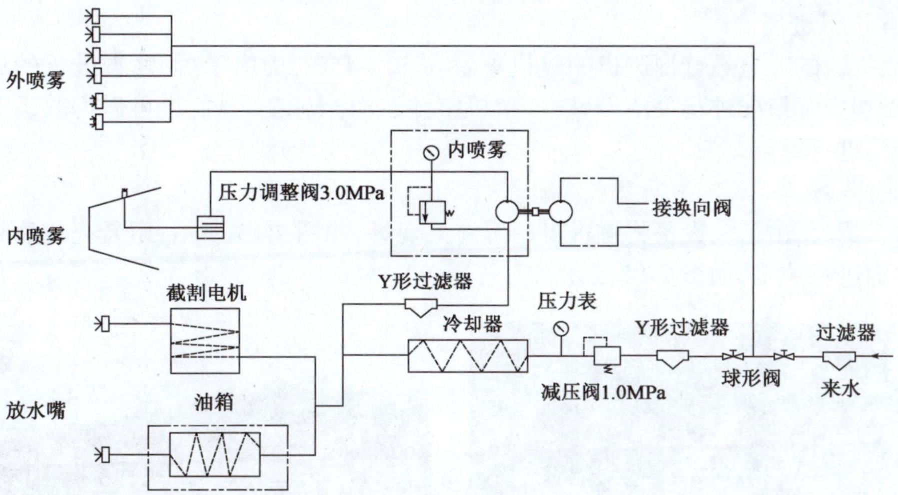

图7-10　水系统图

2)隧道悬臂掘进机施工工艺

在进行掘进机施工前，首先要选择适合的机型。选择机型的决定因素有：

①隧道岩石的种类及特性。包括岩石的抗压强度、抗拉强度、抗磨蚀性等。

②隧道断面大小和形状。拱形巷道、圆形巷道及梯形巷道等。

③隧道支护形式。如巷道支护为锚杆支护系统，那么掘进机应当装备有供锚杆钻机作业的动力源，如采用钢拱架支护，掘进机必须切割出正确的巷道断面形状，以利于钢拱架的安装，除此之外，掘进机应配备有助于钢拱架安装的机构，如在切割悬臂上附加托梁器等。

④隧道底板和倾角。掘进机要适用于上、下山道路及隧道的坡度，可在不同的倾角下作业。

⑤隧道转弯半径。所选机型应满足隧道的转弯半径要求。

在选定机型后，准备进行隧道的施工。典型的隧道悬臂掘进机的施工工艺流程如图7-12所示。由施工工艺可以看出，有很多的工艺流程并不是由掘进机来完成的，而是由相关的配套设备来完成的，因此隧道的施工效率，不仅受到掘进机效率的影响，还受到其他配套施工的影响。在配套系统的各个环节中，以支护和辅助运输难度最大。支护与掘进、渣土转运不能平行作业，辅助材料靠人力或其他机械运送，这就严重制约了掘进机效率，使综合掘进速度变慢。

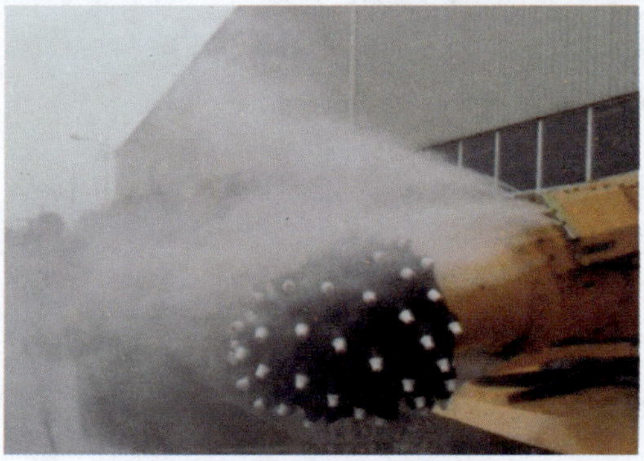

图7-11　截割头外喷水

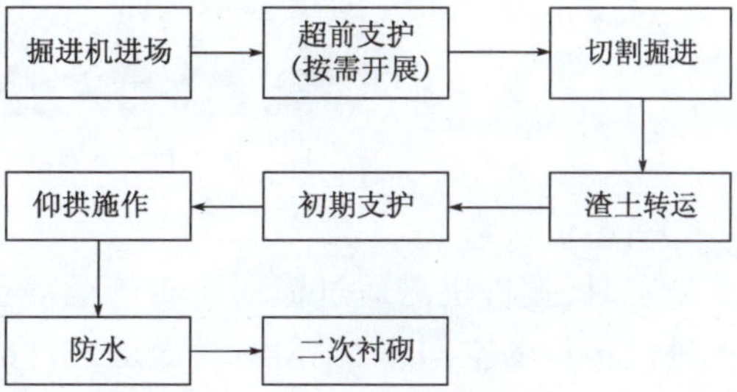

图7-12　悬臂隧道掘进机施工工艺

(1)掘进机进场

目前,主流的隧道悬臂掘进机的整机重量在50~150t,为便于拆卸,掘进机的运输和入场,可以根据实际情况进行灵活调整,可整机整体运送至施工现场,也可以拆散运至工作现场后在现场进行组装。

①斜井入场

斜井入洞时,由运输设备将掘进机运至施工现场,如图7-13所示,组装完成后将掘进机开至掌子面进行施工,如图7-14所示。

图7-13 悬臂掘进机洞外组装

图7-14 悬臂掘进机斜井入场

②竖井入场

竖井入场时,掘进机可拆散后在井下进行组装,如图7-15所示。对于地铁工程,竖井井口尺寸较小,至少需保证井口净空尺寸大于掘进机最大不可拆卸部件尺寸,以保证掘进机的不可拆卸部件可以顺利吊入作业竖井中,如图7-16所示。根据地铁断面尺寸及配套机型尺寸,同时为了减少拆卸和装配难度,一般竖井井口的尺寸需大于5.5m×3m。

图7-15 悬臂掘进机在竖井内进行组装

③横通道转弯

施工时,掘进机需通过横通道转弯至掌子面进行主洞施工,如图7-17所示。此时,需留足掘进机转弯的空间,一般需对横通道进行部分加宽,横通道及主洞均可由掘进机进行掘进施工。

图 7-16　吊装悬臂掘进机进入竖井

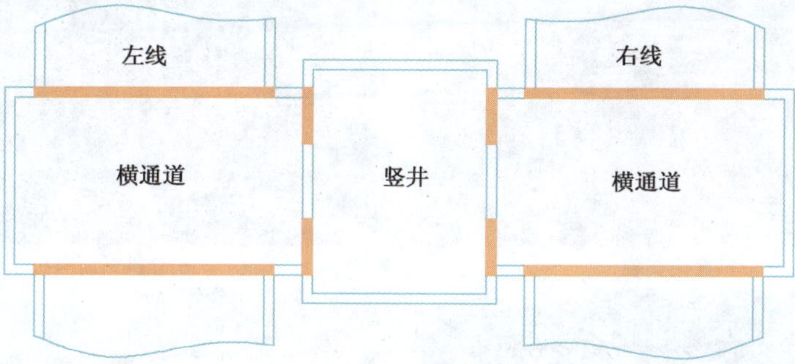

图 7-17　横通道示意图

(2)超前支护

对于地层较差的隧道施工,超前支护在隧道开挖前进行,是为保证隧道工程开挖工作面稳定而采取的超前于掌子面开挖的辅助措施的一种超前支护,主要包括超前锚杆、超前小导管、超前管棚、超前预注浆等,下面介绍一下几种超前支护方式。

①超前长管棚:利用钢拱架,沿开挖轮廓线,以较小的外插角,向开挖面前方打入钢管,构成棚架,形成对开挖面前方围岩的预支护,如图 7-18 所示。管棚与钢拱架组合成预支护系统,用以支撑和加固自稳能力极低的围岩,对防止软弱围岩的拱顶下沉、围岩收敛和坍塌等有显著效果。

管棚支护整体刚度大,对围岩变形的限制能力较强,且能提前承受早期围岩压力,即使管棚失稳,其破坏也较为缓慢,为隧道开挖提供了坚实的基础,管棚施工的工艺流程如图 7-19 所示。

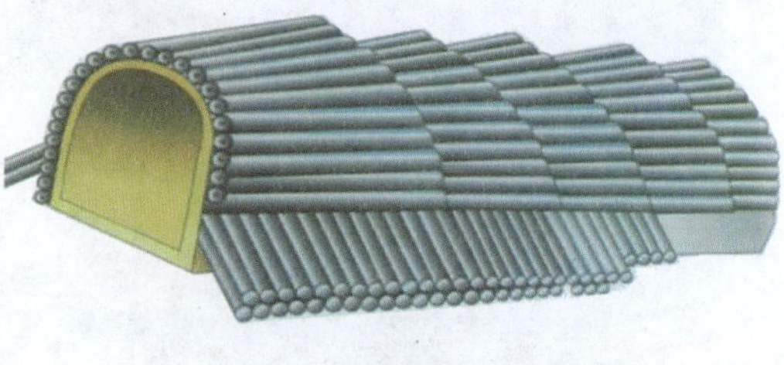

图 7-18　超前管棚示意图

②超前小导管:通过超前小导管向围岩压注起胶结作用的浆液,待浆液硬化后,坑道周围岩体就形成一个有一定厚度的加固圈,不仅将岩块或颗粒胶结为整体,起到加固作用,还填塞了裂缝,阻隔了地下水向坑道渗流的通道,起到堵水作用,以便施工的开挖。图 7-20 为超前小导管。

a)安装套拱中导向管

b)绑扎套拱钢筋网

c)套拱底模安装

d)套拱钢筋绑扎

e)套拱模板加固及泵管安装

f)套拱拆模后施钻管棚孔

g)套拱施钻管棚孔

h)利用挖机套拱送管棚施工

图 7-19

i)管棚注浆后封孔

j)套拱施作完成后开挖

图7-19 超前管棚施工流程

超前小导管不仅可以加固洞壁一定范围的围岩,也可与钢架组成小管棚系统支托围岩。在开挖掘进前,先喷射混凝土将开挖面和隧道一定范围内裸露的岩面封闭,然后由隧道拱部轮廓线打入带孔的导管,并向导管内注浆,浆液即由导管渗透到地层中,在隧道拱部形成固结体,达到加固围岩的效果,如图7-21和图7-22所示。超前小导管适用于自稳时间短的软弱破碎带、浅埋段、洞口偏压段、砂层段、砂卵石段、断层破碎带等地段的预支护。

图7-20 超前小导管

③超前锚杆:拱部超前锚杆用于支托拱上部临空的围岩。沿开挖轮廓线,以一定的外角打入开挖工作面,形成对前方围岩的预支护,如图7-23所示。主要适应于围岩应力较小,地下水较少,岩体软弱较破碎,开挖面有可能坍塌的隧道中和钢拱架配合使用。

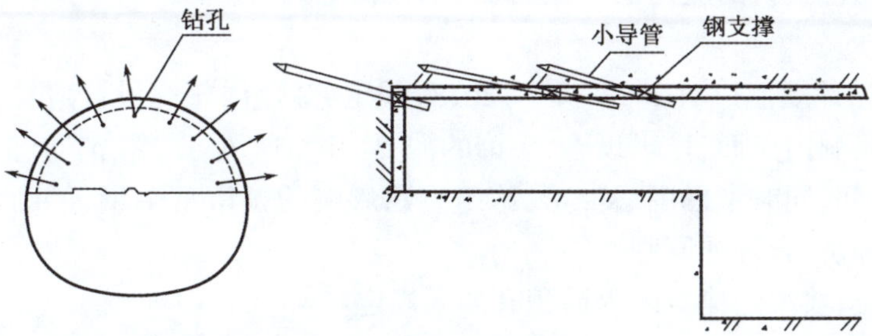

图7-21 超前小导管施工

④超前预注浆(深孔注浆):通过预注浆固结岩体,提高围岩承载力,并起到堵水效果,如图7-24所示。

深孔注浆是用水泥-水玻璃浆液从注浆孔道均匀的注入土体中,以填充、渗透和挤密等方式,驱走砂层和黏土颗粒间的水分和气体,并填充其位置,形成硬度大、稳定性好的土体。

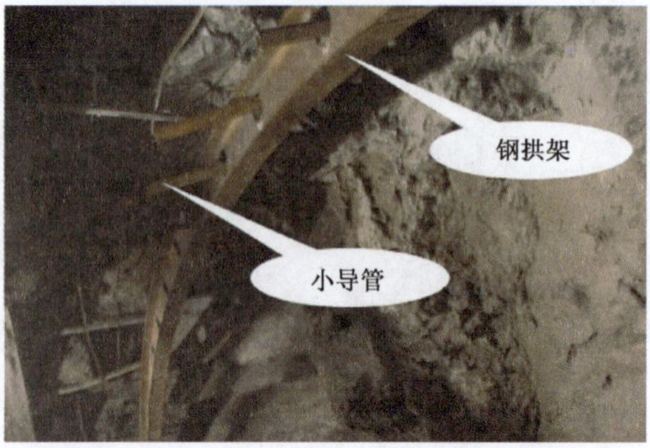

图 7-22　超前小导管与钢架

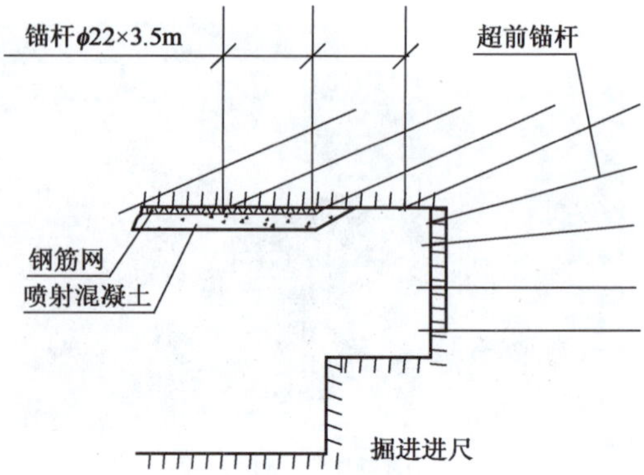

图 7-23　超前锚杆支护

图 7-24　深孔注浆

(3)切割断面

完成超前支护后,即进行掌子面的开挖。根据断面的大小与围岩的稳定性,同时考虑悬臂掘进机的截割面积,可选择不同的挖掘施工工艺,分为一次性全断面开挖和台阶法开挖。目前来说,国内主流的隧道悬臂掘进机的截割面积在 15 ~ 80m^2。

根据国际隧道协会(ITA)的分类标准,按照隧道断面大小可分为:

极小断面:截割断面 2 ~ 3m^2;小断面:截割断面 3 ~ 10m^2;中断面:截割断面 10 ~ 50m^2;大断面:截割断面 50 ~ 100m^2;特大断面:截割断面 100m^2。

隧道按照功能可分为水利隧道、地铁隧道、铁路隧道与公路隧道等。其中,水利隧道多为小断面、极小断面隧道;地铁隧道多为中断面隧道;铁路隧道、公路隧道多为大断面、特大断面隧道。其中公路、铁路隧道的开挖面积要求如下:

公路隧道:

《公路隧道设计规范》(JTG 3770.1—2018)规定:隧道内轮廓设计应符合隧道建筑限界的规定,还应满足洞内路面、排水设施、装饰的需要,并为通风、照明、消防、监控、运营管理等设施提供安装空间,同时考虑围岩变形、施工方法影响的预留富余量,使确定的断面形式及尺寸符合安全、经济、合理的原则。

其中公路隧道典型的建筑限界面积有如下规定:

建筑限界的高度:高速公路、一级公路、二级公路取 5.0m,三、四级公路取 4.5m;隧道建筑限界净宽:高速公路(设计速度 120km/h,设检修道)为 11m,内轮廓在此建筑限界的基础上,应综合考虑其他因素。

铁路隧道:

根据《铁路隧道设计规范》(TB 10082—2017)与《标准轨距铁路建筑限界》(GB 146.2—1983),对于旅客列车最高行车速度 160km/h,新建铁路隧道内轮廓尚应考虑机车类型、车辆密封性、旅客舒适度等因素确定，隧道轨面以上净空横断面面积，单线隧道不应小于 $42m^2$，双线隧道不应小于 $76m^2$，曲线上隧道应另行考虑曲线加宽。

近年来，随着我国高等级公路和高铁的快速发展，隧道断面尺寸越来越大，例如，三车道、四车道大断面公路隧道越来越多，如联络重庆市的几条高速公路，从一开始就采用三车道的大断面隧道，如铁山隧道、大梅沙隧道、大宝山隧道等都是三车道大断面，断面面积比双车道大得多，切割断面的面积可达 $150m^2$ 以上；高铁隧道在 350km/h 速度的条件下，考虑机车类型、车辆密封性、旅客舒适度等因素，V 级围岩隧道的开挖面积可达 $170m^2$，与三车道的高速公路的开挖断面大小一样，属于特大断面，此时，悬臂掘进机的截割面积不能满足一次开挖的需求，这就导致了使用隧道悬臂掘进机开挖时需要采用台阶法施工的工艺。

①一次性开挖

对于掘进机切割尺寸可以直接满足断面尺寸的，可进行全断面开挖一次切割成型。全断面法工序简单，能够充分发挥掘进机的优势，提高掘进机的施工效能。截割头摆动切割的运动轨迹为：水平向一侧摆动切割臂，达到预定边界后，沿垂直方向向上切割一定高度，水平反向切割，到达另一侧预定边界，再重复水平切割，如此反复多次，直到完成整个断面的切割，如图 7-25所示。

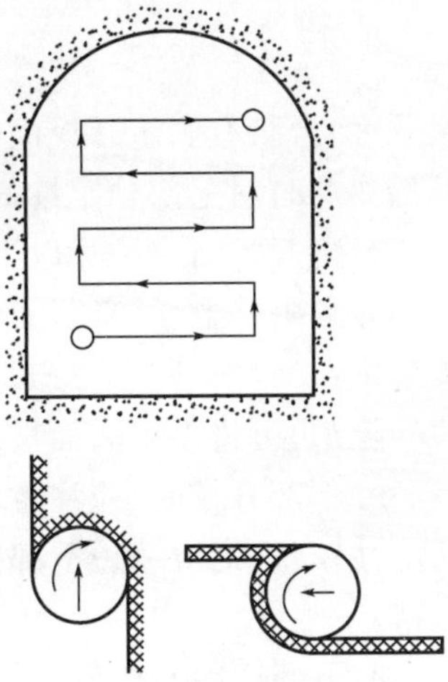

图 7-25　全断面一次开挖

②分层开挖

对于大型断面隧道，当悬臂掘进机的截割高度无法满足断面高度时，或当遇围岩较差地层，可采取台阶开挖的方法。将整个断面分为上下两层，悬臂掘进机首先截割上层断面，掘进一定深度后退出，再掘进下层断面，如图 7-26、图 7-27 所示。围岩稳定性差时，在开挖上层台阶时可采用预留核心土的方法，核心土成斜坡状，方便截割的物料下滑至铲板。

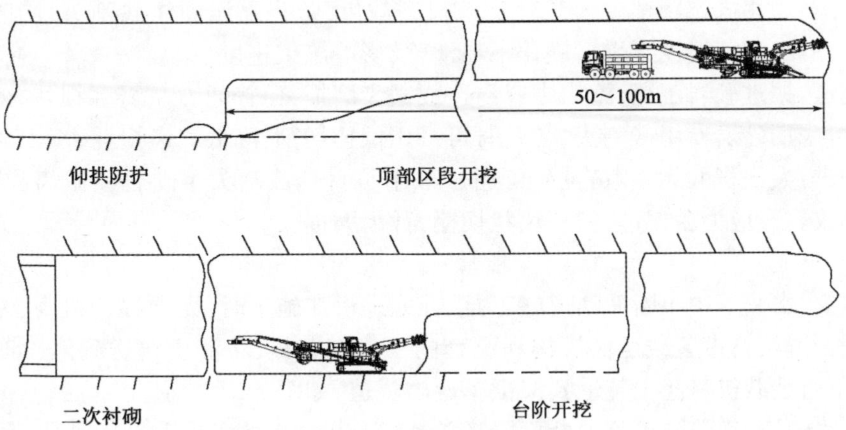

图 7-26　台阶开挖

近年由于大断面隧道的设计，出现了三台阶临时仰拱法，甚至多台阶法。至于施工中究竟应采用何种台阶法，要根据以下两个条件来决定：

图 7-27　台阶开挖

a. 初期支护形成闭合断面的时间要求，围岩越差，闭合时间要求越短；

b. 上断面施工所用的开挖、支护、出渣等机械设备施工场地大小的要求。

在软弱围岩中应以前一条为主，兼顾后者，确保施工安全。在围岩条件较好时，主要是考虑如何更好地发挥机械效率，保证施工的经济性，故只需考虑后一条件。

台阶开挖法的优缺点：台阶开挖法可以有足够的工作空间和相当的施工速度，但上、下部作业有干扰；台阶开挖虽增加了对围岩的扰动次数，但台阶有利于开挖面的稳定，尤其是上部开挖支护后，下部作业就较为安全，但应注意下部作业时对上部稳定性的影响。

台阶开挖时应注意以下几点：

a. 解决好上、下半断面作业的相互干扰问题。微台阶基本上是合为一个工作面进行同步掘进；长台阶基本上拉开，干扰较小；而短台阶干扰就较大，要注意作业组织。对于长度较短的隧道，可将上半断面贯通后，再进行下半断面施工。

b. 下部开挖时，应注意上部的稳定。若围岩稳定性较好，则可以分段顺序开挖；若围岩稳定性较差，则应缩短下部掘进循环进尺；若稳定性更差，则可以左右错开，或先拉中槽后挖边帮。

c. 下部边墙开挖后必须立即喷射混凝土，并按规定做初期支护。

d. 测量工作必须及时，以观察拱顶、拱脚和边墙中部位移值，当发现速率增大应立即进行仰拱封闭。

常见的悬臂掘进机的施工工况有如下几种：

泥岩掘进：采用大螺距螺旋线截割头 + 长型截齿，防止黏泥糊住截割头，同时及时清理截割头上的黏泥，避免淤泥干燥后硬化不易清除，影响施工进度。

砂岩掘进：掘进砂岩工况，施工中容易造成截齿磨损，比普通石灰岩磨损快，效率略有降低，施工时可采用砂岩专用截割头，必要时可采用低速切割，降低截齿损耗。

硬岩掘进：大面积的无裂隙岩层，可通过采用小直径截割头 + 硬岩型截齿，或辅助松动炮等方式释放岩石应力后掘进，实现块状切割，截齿磨损少。

(4) 渣土转运

对于地铁、水利等中小断面隧道施工，悬臂掘进机在施工时，无须移动机身，掌子面大部分渣土使用掘进机自带装载运输机构和配套的二运转载机，将渣土输送到渣土车上运出隧道，剩余渣土由装载机将渣土装运到渣土车运出隧道，如图 7-28 所示。

对于公路隧道、铁路隧道等大断面隧道施工，隧道宽度过宽或需采用分层开挖方式时，需要悬臂掘进机频繁移动机身位置，因此不适宜采用配套二运转载机出渣，工作的时候，掘进机在隧道一侧截割破岩的同时，另一侧由挖机或装载机把截割下来的渣土装入渣土车运出洞外，两侧交替施工，如图 7-29 所示。

图 7-28　小断面渣土转运

图 7-29　大型断面渣土转运

(5)初期支护

隧道开挖后,为控制围岩应力适量释放和变形,增加结构安全度和方便施工,隧道开挖后,立即施作刚度较小并作为永久承载结构一部分的结构层,称之为初期支护。

隧道初期支护需紧跟隧道开挖作业面及时施作,同时应按照设计要求进行监控测量的相关作业，对位于不良地质地段的隧道，初期支护应及时封闭成环（仰拱施作），保证施工安全。隧道的初期支护，应根据围岩特点、断面大小和使用条件等，选择喷射混凝土、锚杆、钢筋网和钢架等单一或组合的支护形式，是复合衬砌隧道的主要承载结构。

①喷射混凝土：喷射混凝土能及时、有效地防止开挖面岩层的松散、离层和掉落，是有效的保护围岩、防止塌方的重要手段。其是按照一定的比例，将水泥、砂、石、水及外加剂，经特定工艺方法混合搅拌再喷射到受喷面上，在30min甚至更短时间内凝结、硬化后达到一定强度的快速支护方法。根据施工工艺不同，分为干喷、潮喷和湿喷。此法施工简单，可在岩体开挖后立即喷射并与围岩密贴，具有加固、止水等多种效果，又能与金属网、锚杆、钢架等多种支护方式组合形成复合支护，是新奥法施工中不可缺少的重要支护手段。喷射混凝土如图7-30所示。

喷射混凝土应具有以下几个特点：必要的早期强度，以尽快对围岩提供支撑力，24h抗压强度不得低于10MPa；同时具有足够的后期强度，不得低于C25；与围岩具有足够的黏附强度，使混凝土与围岩尽快地形成整体，阻止围岩松动下滑，与围岩的黏结强度不应低于0.5MPa。

②锚杆：锚杆作为初期支护的另一主要构件，是设计施工中必不可少的，特别在软弱围岩中，其对围岩的加固作用非常明显。在围岩中单凭喷射混凝土往往难以抵抗围岩的巨大形变压力，不能有效地保证支护的可靠性。在这种情况下，需要锚杆与喷射混凝土联合使用，并把锚杆作为主要的支护措施。锚杆作业如图7-31所示。

图7-30 喷射混凝土

图7-31 锚杆作业

③钢拱架：钢拱架分为型钢钢拱架和格栅钢拱架两种，如图7-32所示，一般与锚杆和喷射混凝土联合使用。型钢钢拱架加工成所需要的形状，用整榀安装或拼装。格栅钢拱架是由钢筋焊接而成的构架，随着新奥法的发展，格栅钢拱架喷射混凝土支护也越来越多地被采用。

钢拱架的主要作用有：对于自稳时间很短的围岩，钢拱架可在喷射混凝土发挥作用前支撑围岩，避免围岩失稳或发生坍塌；对喷射混凝土进行补强；作为超前支护的支点；与锚杆、喷射混凝土共同发挥初期支护的作用。钢拱架最大的特点是刚度大，架设后能够立即承载受力。

④钢筋网：钢筋网喷射混凝土是在喷射混凝土之前，在岩面上挂设钢筋网，然后再喷射混凝土。钢筋网可以减少喷射层的裂缝数量和限制裂缝宽度，提高锚喷支护的整体性，使喷射层应力得到均匀分布，增加喷层的柔性，提高喷层的承载力。

图 7-32　钢架

目前，我国在各类隧道工程中应用钢筋网喷射混凝土支护的比较多，主要用于软弱破碎围岩，而更多是与锚杆或者钢拱架构成联合支护。挂钢筋网时，预先在洞外预制好适合施工的钢筋网片，锚杆施作好以后进行钢筋网的铺设，将洞外加工好的钢筋网片随高就低的贴近初喷面，打浅孔埋设膨胀螺栓，将钢筋网固定于螺栓上，并用电焊焊于锚杆尾部，固定牢靠。钢筋网如图 7-33 所示。

图 7-33　钢筋网

对于台阶开挖法，支护的形式也有不同，不能等到上下阶全部开挖完后再进行支护，需在上部开挖结束后即进行上部台阶支护，如图 7-34 所示。待下部台阶开挖进行后，及时进行下部台阶初期支护。

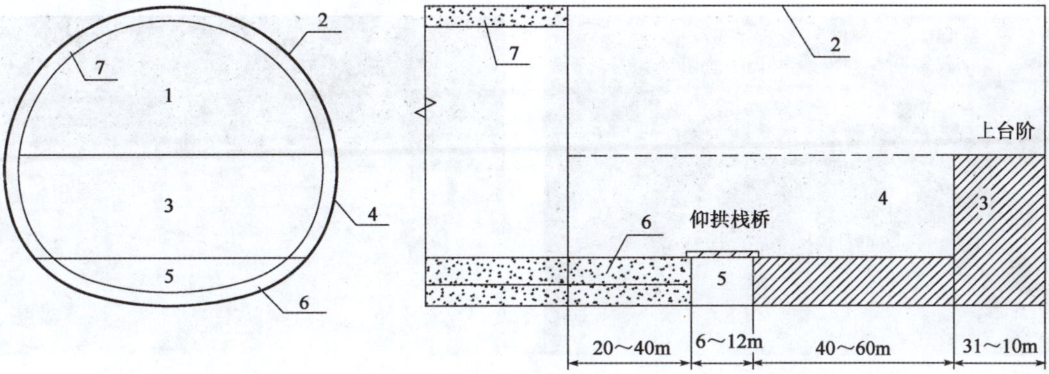

图 7-34　台阶开挖分层支护

1-上部开挖；2-上部初期支护；3-下部开挖；4-下部初期支护；5-底部开挖（检底）；6-仰拱及混凝土填充；7-二次衬砌

支护的合理选用与围岩的稳固程度有关，一般来说，Ⅰ级围岩不需要临时支护，Ⅱ级围岩采用锚杆支护；Ⅲ～Ⅳ级围岩采用喷射混凝土支护、锚杆喷射混凝土联合支护、锚杆钢筋网喷射混凝土联合支护；Ⅴ级围岩采用喷射混凝土钢拱架联合支护或其他支护。

根据支护作业与开挖面作业的形式，可分为及时支护和滞后支护。

Ⅰ～Ⅲ级围岩：地层较稳定，不易塌方，安全系数高，可采用前掘进后支护的滞后支护作业方式（图7-35）。

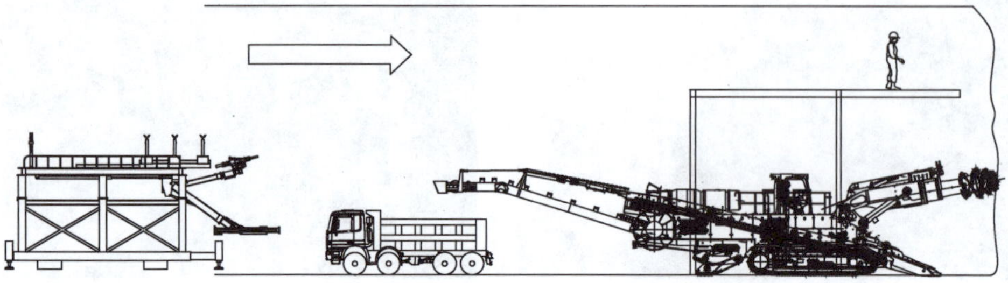

图7-35　滞后支护方式

对于Ⅳ～Ⅴ级围岩：易塌方，采用掘进与支护交替进行的及时支护方式，达到掘进规定进尺后停止掘进，掘进机后移或居中停放，临时支护台车跟进，实施支护作业。对于地铁、水利小断面隧道施工，掘进机占用大部分空间，一般采用简易门架台车，以人工立拱的方式为主，拱架安装完成后，喷射混凝土至设计厚度，如图7-36所示。

对于公路隧道、铁路隧道等大断面隧道施工，均采用及时支护方式，即掘进机掘进一定的进尺后退至临时支护台车的后部，支护台车移至掌子面进行临时支护、喷浆，然后台车后移，掘进机继续截割。

（6）仰拱施作

仰拱是为改善上部支护结构受力条件而设置在隧道底部的反向拱形结构，是隧道结构的主要组成部分之一，它一方面要将隧道上部的地层压力通过隧道边墙结构或将路面上的荷载有效地传递到地下，另一方面还有效地抵抗隧道下部地层传来的反力。仰拱与二次衬砌构成隧道整体，增加结构稳定性。仰拱钢筋网铺设，如图7-37所示。

图7-36　及时支护方式

图7-37　仰拱钢筋网铺设

仰拱施工时，隧道底部挖掘出弧形圆拱，铺设H型钢、钢丝网，并喷射混凝土，形成反向拱形结构，及时封闭成环。仰拱的开挖可采用悬臂掘进机进行，极大地提高开挖效率，悬臂掘进机向前掘进10个循环约30m后，后退进行连续30m的底拱开挖，后续由挖掘机进行渣土的装载转运。

仰拱施工过程中，为了保障前方掌子面的顺利开挖和出渣，同时又不影响仰拱的施工，常使用仰拱栈桥临时通行，如图 7-38 所示。仰拱栈桥配合前端掌子面开挖的流程如图 7-39 所示。

图 7-38　仰拱栈桥

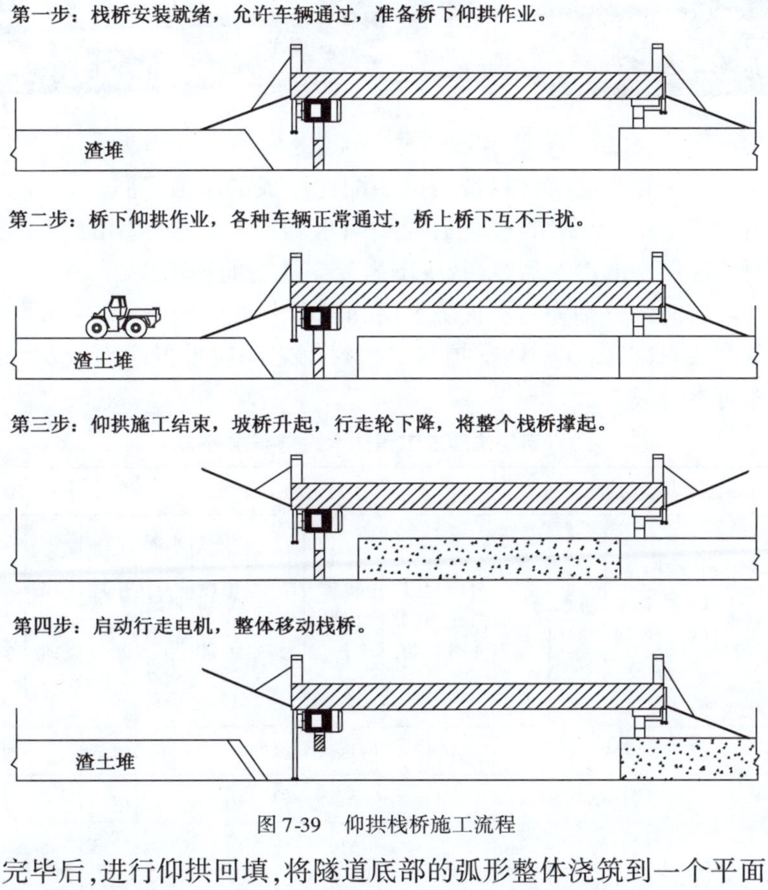

图 7-39　仰拱栈桥施工流程

仰拱施作完毕后，进行仰拱回填，将隧道底部的弧形整体浇筑到一个平面上以便通车和日后铺轨，同时也为后面防水板铺设台车和衬砌台车入场做准备。

(7) 防水施工

隧道属于地下工程，在施工过程中地下水会以多种形式表现出来，且地下水一般均有腐蚀性，对隧道支护构成很大的危害，特别是二次衬砌，如果地下水不能及时排出，一旦渗透到衬砌中，对衬砌混凝土及钢筋会造成严重的腐蚀，这将影响整个衬砌的强度，从而大大地缩短工程使用年限，造成无法挽回的巨大损失，所以隧道防排水施工非常重要。

我国《公路隧道设计规范》(JTG 3370.1—2018)与《铁路隧道设计规范》(TB 10082—2017)中均规定，隧道防排水应遵循“防、排、截、堵结合，因地制宜，综合治理”的原则，隧道工程的防水设计应该考虑地表水、地下水、毛细管水等作用，根据使用功能、使用年限、水文地质、结构形式、环境条件、施工方法及材料性能等因素合理确定。

完善的隧道防排水设计是做好隧道防排水工程的前提，一般隧道的防排水体系具有圈层构造，如图 7-40 所示。可用“一堵两排两防”来概括：即一圈围岩注浆堵水；喷射混凝土与防水层间、防水层与衬砌间两圈排水；专用防水层和衬砌混凝土两层防水。

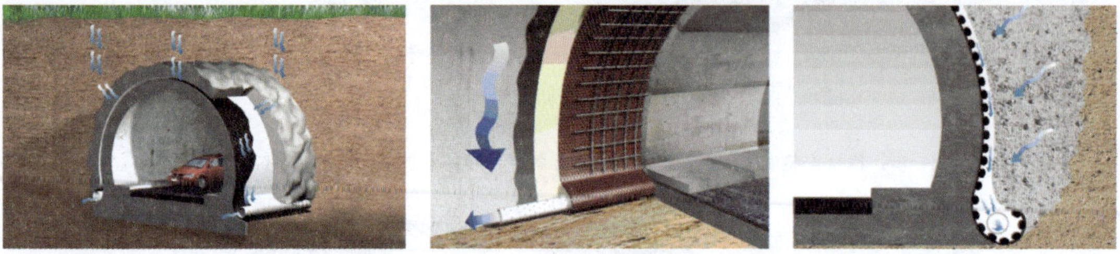

图 7-40　隧道防排水体系

①围岩注浆堵水。是将注浆材料按一定的配比制成的浆液，通过一定的方式压入隧道围岩或衬砌壁后的空隙中，经凝结、硬化后起到堵水和加固围岩作用的一种施工方法，围岩注浆堵水可以封堵地层中的渗水裂隙，减少围岩流向隧道的渗水。

②防水层。两层防水分别为防水板防水层和混凝土防水层。

隧道采用复合式衬砌时，在初期支护与二次衬砌之间应设置防水板及无纺布。暗挖法隧道的防水措施可参见表 7-2。

暗挖法隧道工程防水设防要求　　表 7-2

工程部位		二次衬砌结构						二次衬砌施工缝						二次衬砌变形缝(诱导缝)				
防水措施		防水混凝土	塑料防水板	防水砂浆	防水涂料	防水卷材	金属防水层	外贴式止水带	预埋注浆管	遇水膨胀止水条(胶)	防水密封材料	中埋式止水带	水泥基渗透结晶型防水涂料	中埋式止水带	外贴式止水带	可卸式止水带	防水密封材料	遇水膨胀止水条(胶)
防水等级	一级	必选	应选一至两种					应选一至两种						应选	应选一至两种			
	二级	必选	应选一种					应选一种						应选	应选一种			
	三级	宜选	宜选一种					宜选一种						应选	宜选一种			
	四级	宜选	宜选一种					宜选一种						应选	宜选一种			

防水板防水层是由防水板及其垫层组成，它能将地层中的渗水阻隔于二次衬砌之外，避免水与二次衬砌混凝土接触，防止地下水通过二次衬砌的薄弱环节渗入隧道。垫层的作用是保护防水板，使防水板免遭尖锐物的刺伤，同时充当渗水通道。

混凝土衬砌是隧道防水的最后一道防线，可分为普通防水混凝土和外加剂防水混凝土两种。普通防水混凝土是指以控制水灰比，适当调整含砂率和水泥用量的方法来提高其密实性及抗渗性的一种混凝土。外加剂防水混凝土指在混凝土中掺入适量的外加剂，使其达到防水的要求。

③排水系统。隧道的排水与防水具有同样的重要地位，对于已从围岩渗出的地下水，如果只堵不排，会造成水压升高，渗水会以两层防水构造的细微缺陷为通道，渗至衬砌表面。隧道的排水系统由环向排水管、纵向排水管和横向排水管组成，如图7-41所示。

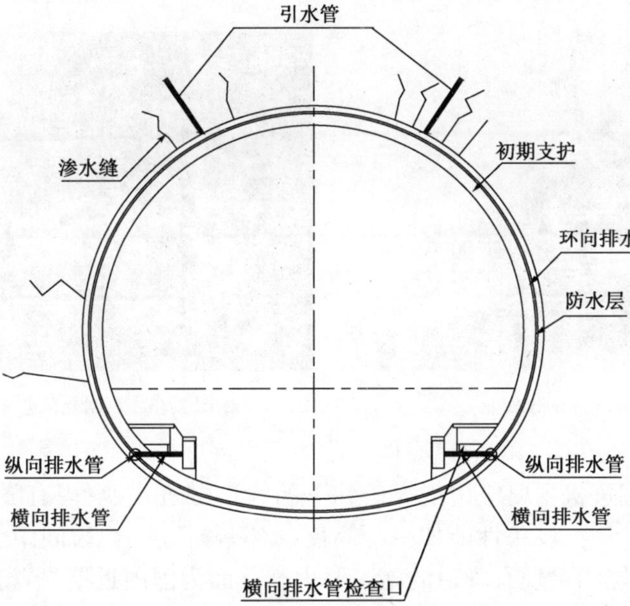

图7-41　隧道排水管网

环向排水盲管的作用是在岩面与初期支护喷射混凝土之间、初期支护喷射混凝土与防水板之间提供过水通道，并使之下渗汇集到纵向排水管，目前，工程上使用的环向排水盲管通常为弹簧排水管。

纵向排水管是沿隧道纵向设置在衬砌底部外侧的透水盲管，它将环向排水管和防水板垫层排下的水汇集并通过横向排水管排除。纵向排水管应按一定的坡度安装，中间不得有凹陷、扭曲等，以防止泥沙在这些位置淤积，堵塞排水管。

横向排水管位于衬砌基础和路面的下部，布设方向与隧道轴线方向垂直，是连接纵向排水盲管与中央排水管的水力通道。横向排水管通常为硬质塑料管，施工中先在纵向盲管上预留接头，然后在路面施工前，将横向排水管接长至中央排水管。

中央排水管是隧道最后的排水设施，它将衬砌背后的渗水汇集排出隧道，进入路基排水边沟。

防水施工的工艺，首先进行岩面处理，保证初期岩面整体平滑、清洁。岩面处理合格后进行环向排水盲管的铺设。然后铺设土工布，将其用热熔垫固定在喷射混凝土表面，如图7-42所示。最后铺设防水板。

(8)二次衬砌

二次衬砌是在初期支护内侧施作的模筑混凝土或钢筋混凝土衬砌,与初期支护共同组成复合式衬砌,主要作用是提供安全储备或承受后期的围岩压力。

二次衬砌是在围岩加初期支护稳定后施作的,二次衬砌的时间非常重要。过早施作会使二次衬砌承受较大的围岩压力,过晚施作则不利于初期支护的稳定。

二次衬砌多采用顺作法,即由下到上,先墙后拱顺序连续灌注。在隧道纵向,需分段进行,分段长度一般为 9 ~ 12m。

衬砌台车进行衬砌作业如图 7-43 所示。

图 7-42　土工布铺设作业

图 7-43　衬砌台车进行衬砌作业

3)隧道悬臂掘进机在国内的应用案例

长期以来,悬臂掘进机主要应用于煤矿井下的巷道掘进作业,现有隧道施工时,特别是在进行大断面隧道施工时,设备性能如机身高度、截割臂长度、截齿间距等因素都需要进行针对性的设计改进才能满足现有隧道的施工要求。下面为国内近期悬臂掘进机应用于隧道施工的几个案例。

(1)重庆地铁 4 号线某标段

工程概况:该项目位于重庆市区内,是地铁 4 号线的 1 个标段。隧道为拱形断面,宽度为 10m,高度为 9m。该隧道长度 220m 左右,且须下穿住宅区,只能采用非爆法施工。工程地质主要为砂岩,局部为砂质泥岩,且由于周围砂岩镶嵌有石英颗粒,如图 7-44 所示,导致岩石硬度很高,在 50 ~ 80MPa,围岩自稳性好,节理不发育,挖掘机械难以开挖。施工方现场采用 1 台徐工 XTR-260 悬臂掘进机,截割功率为 260kW,现场同时配备 1 台挖掘机及渣土运输汽车出渣。

设备使用情况:现场使用 XTR-260 悬臂掘进机在隧道底部掘进了 2 ~ 3m 的 1 个小拱形断面,如图 7-45 所示。掘进机初期采用国产硬岩截齿,每个截齿价格在 150 元左右。由于周围砂岩含石英,硬度很高,掘进机截齿损耗很大,在消耗了 30 ~ 40 把截齿后,该项目转而采用从澳大利亚进口的硬岩截齿,每个截齿价格在 300 元左右。根据现场作业人员讲解,更换进口硬岩截齿后,截齿损耗有所下降,但消耗量依然很高。由于该工程开挖断面在 $90m^2$ 左右,周围为完整的砂岩地层,预计单轴抗压强度不低于 70MPa,掘进机无法适应该地层切割,截齿消耗极大,暂时考虑其他形式掘进,中部核心土为砂质泥岩,遇水泥化,开挖量为 $30m^3/d$,截齿消耗为 0.4 个$/m^3$。

图 7-44　重庆地铁 4 号线某标段地质情况

(2)重庆洪崖洞公路隧道

图 7-45　重庆地铁某标段悬臂掘进机开挖

工程概况:该隧道位于重庆地区,隧道上方是商业中心、住宅区。隧道为拱形断面,宽度为 11m,高度为 7m,隧道长度只有几百米。工程地质以泥岩为主,硬度较低,围岩自稳性好。现场采用 1 台三一 EBZ318 悬臂掘进机进行开挖,该设备截割功率为 318kW,同时配备挖掘机及渣土运输汽车出渣。由于隧道断面很大,现场采用 CRD 工法施工,如图 7-46 所示。

设备使用情况:由于该隧道地质以泥岩为主,且围岩自稳性好,岩石硬度较低,使用悬臂掘进机掘进时速度很快,截齿损耗率较低,设备在现场运行情况良好。

(3)贵阳轨道交通 1 号线(火车站—沙冲路站)

工程概况:隧道位于贵阳火车站附近,为单洞单线 + 单洞单线,断面尺寸:宽度 6.52m、高度 7m,采用复合式衬砌,该标段左右两条隧道同时施工,隧道长度约 930m。工程地质以中风化白云岩为主,节理裂隙较发育,岩体较破碎,围岩自稳性好,局部伴有泥岩,掘进工程中工作面地质略有变化。岩石饱和抗压强度在 8 ~ 47.5MPa,现场配备 2 台徐工 XTR-260 悬臂掘进机进行隧道开挖，同时配备2台挖机及渣土运输车出渣。图7-47为掘进时的地质图片。从现场调研情况看，在该地层条件下，悬臂掘进机开挖效率较高，截齿消耗较低。掘进机不考虑出渣、底拱开挖等工序，理论掘进效率为25～40m^3/h，截齿消耗为0.03个/m^3。

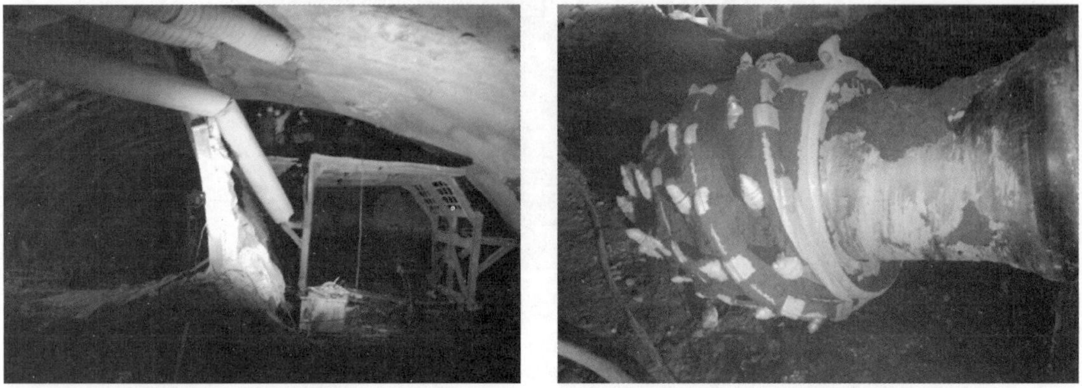

图7-46　重庆洪崖洞公路隧道

节理较为发育的白云岩地质

现场白云岩岩样

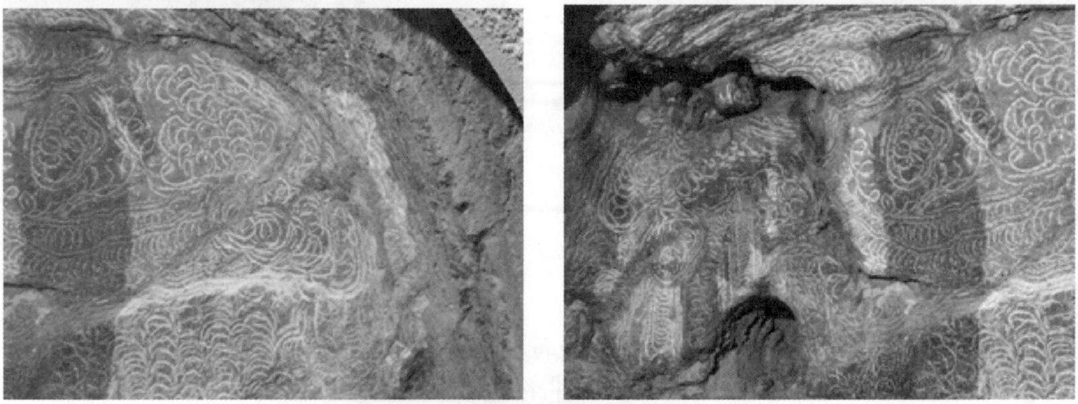

节理不太发育，但局部有较大的土质裂隙地层

图7-47　贵阳轨道交通1号线火车站附近地质情况

上述工程案例中，存在砂岩、白云岩、黄土3种地质，其中白云岩和黄土经济性较好。单轴抗压强度指标不能作为其可截割性的唯一指标，还应从岩石的类别、胶结形式、节理发育

等条件综合考虑,需进一步调研更多不同的地质工程,进一步明确经济截割地质。

另一方面也应注意到,在中等硬度以下节理较发育地层条件下,特别是在城市地铁或公路隧道必须采用非爆法施工时,隧道悬臂掘进机有广泛的应用市场。

4)隧道悬臂掘进机在国外的应用案例

(1)悬臂掘进机在印度铁路隧道开挖中的应用

印度公司的 Udhampur-Srinagar-Baramulla 铁路连线工程,需要穿越喜马拉雅山和大流量河流,隧道连接南边的 Bichlari 峡谷与北边的 Kashmir 峡谷。印度建筑股份有限公司(HCC)负责修建这条印度最长的铁路隧道——pirpanjal 隧道。

HCC 使用了变频驱动的维尔特(WIRTH)T3.20Q 悬臂掘进机(图7-48)用于隧道施工。这种变频驱动技术在世界上是首次用于悬臂掘进机,同时采用激光制导控制系统确定掘进方向。对于软弱岩体到中等强度岩体的地层中的隧道采用新奥法施工。T3.20Q 悬臂掘进机配有横向切削头,具有伸缩臂,是为中等到坚硬岩层的隧道挖掘而特别设计的,其掘进横断面能够达到7.69m 高、9.66m 宽,其伸缩臂使得该机器能够与新奥法施工方法一起使用,并确保能够进行低于履带920mm 的开挖。

图7-48　维尔特 T3.20Q 悬臂掘进机

表7-3、表7-4 给出了维尔特 T3.20Q 机型在此隧道施工中的表现数据。从表中可得,悬臂掘进机应用于隧道开挖中还是取得了较好的效果。

维尔特 T3.20Q 的实际性能　　表7-3

时间	掘进(m)	开挖量(m^3)	无侧限抗压强度(MPa)	工作时间(h)			截齿使用(个)	围岩级别	电量(kW·h)
				工作时间	非工作时间	合计			
2007年3月	60.53	3000.47	46.29	275	48	323	278	Ⅲ,Ⅳ	56980
2007年4月	17.67	867.10	56.51	132	44	176	143	Ⅲ	27030
2007年5月	由于对变频机动组进行改造,悬臂掘进机无法工作								
2007年6月	48.03	2572.89	41.25	119	33	152	66	Ⅲ,Ⅳ	20420
2007年7月	100.40	4926.83	42.26	345	47	392	763	Ⅲ	90610
2007年8月	101.50	5100.63	41.85	290	43	333	1010	Ⅲ,Ⅳ和Ⅴ	76465
2007年9月	90.70	4822.30	48.24	182	27	209	84	Ⅳ和Ⅴ	39580
2007年10月	120.00	5888.64	41.30	320	45	365	599	Ⅲ	81870
2007年11月	80.00	3925.76	—	200	22	222	99	Ⅲ	51810

维尔特 T3.20Q 悬臂掘进机实际使用情况　　表7-4

时　间	无侧限抗压强度(MPa)	掘进率(m^3/h)	截齿消耗(个/m^3)	电量消耗(kW·h/m^3)
2007年3月	46.29	10.9108	0.0927	18.9904
2007年4月	56.51	6.5689	0.1649	31.1729
2007年6月	41.25	21.6209	0.0257	7.9366

续上表

时　　间	无侧限抗压强度(MPa)	掘进率(m^3/h)	截齿消耗(个/m^3)	电量消耗(kW·h/m^3)
2007年7月	42.26	14.2807	0.1549	18.3911
2007年8月	41.85	17.5884	0.1980	14.9913
2007年9月	48.24	26.4961	0.0174	8.2077
2007年10月	41.30	18.4020	0.1017	13.9038
2007年11月	—	19.6288	0.0252	13.1974

(2)悬臂掘进机在肯塔基州分洪工程中的应用

美国肯塔基州南部的坎伯兰河经常洪水泛滥,为解决这一问题,有关部门决定修建4座分洪隧洞,隧洞断面为$60m^2$,由于该隧洞直接位于城市底部,所以放弃了使用全断面爆破的施工方法。

该隧洞的岩石类型主要为粉砂岩和砂岩,粉砂岩的抗压强度为2~40MPa,砂岩的抗压强度为130~155MPa,两者皆有的地层的抗压强度为70~80MPa,砂岩占岩石比例平均为2%~3%,最大为10%。最终该工程交由美国的Grassetto与Incisa的合股企业施工,施工方案为上部的$42m^2$使用悬臂掘进机开挖,底部台阶采用钻爆法开挖。

该工程使用的两台悬臂掘进机分别为Dosco MK和Paurat E242B。Dosco MK机身质量83t,使用一台250kW的水冷电机驱动,该机型的最大截割高度5.07m,宽度7.05m。Paurat E242B机身重量120t,切削头使用的是最大功率为300kW的双速电机,这台掘进机的悬臂可伸缩,伸缩长度1.2m,该机型的掘进的最大截割高度7.6m,宽度9m。

7.2 悬臂立式刀盘掘进机

悬臂立式刀盘掘进机的概念最初是由罗宾斯公司的长期顾问David Sugden提出的,虽然目前并没有得到广泛的应用,但是从第一台应用于硬岩的悬臂式立式刀盘掘进机问世至今已经有30多年的历史。这种形式的悬臂掘进机最初由美国罗宾斯公司(Robbins)设计并改进,后日本大成建设与罗宾斯公司合作,生产了其改进型号,2015年日本大成建设与三井三池公司合作,重新改进了悬臂立式刀盘掘进机,并于2016年进行了新机型的实地试验。图7-49为美国罗宾斯公司生产的悬臂立式刀盘硬岩掘进机。

图7-49　悬臂立式刀盘硬岩掘进机

传统的悬臂掘进机主要应用于煤矿巷道的掘进，使用截齿切割，随着悬臂掘进机越来越广泛地应用于公路、铁路、水力隧道等，需要进一步提高掘进机的切割能力。近年来，不断涌现出来截割强度在 100MPa 以上的截齿式悬臂掘进机，但是在此工况下，掘进机的工作环境更加恶劣，掘进机的截割机构受到猛烈的冲击，掘进机的机械部件、液压部件、电气元件等，都因掘进机动荷载过大而容易出现故障，降低了悬臂掘进机的可靠性。当掘进工作面的截割强度达到 100MPa 以上时，截割头经常会出现合金头容易脱落和过度磨损的现象，因此采用其他截割技术或截割刀具，是提高悬臂掘进机截割硬岩能力的关键。将盘形滚刀应用于悬臂掘进机上，是全断面硬岩掘进机切割技术在悬臂掘进机上的扩展，用装有盘形滚刀的立式刀盘代替镐形截齿的截割头，可将悬臂掘进机切割硬岩的能力大大改观。

7.2.1　悬臂立式刀盘掘进机结构组成及切割原理

以早期的罗宾斯公司生产的 MM120-3001 型号为例(图 7-50)，整机的主要组件由刀具、支臂装置、支臂底座、底架装置、支撑靴装置、排渣系统、液压系统、粉尘控制系统等部分组成。

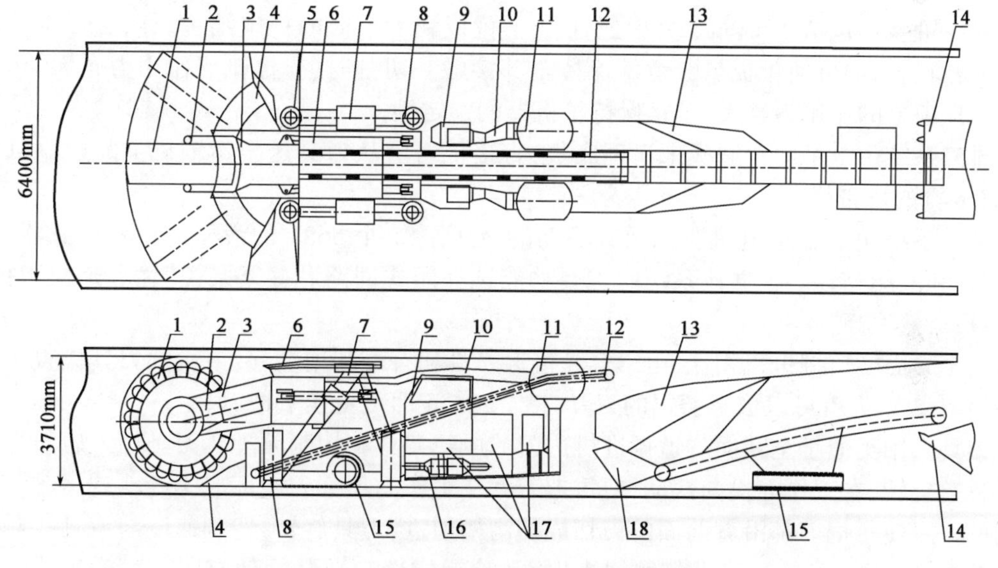

图 7-50　罗宾斯 MM120-3001 主要结构图

1-刀具；2-切割马达；3-支臂；4-集渣板；5-防尘罩；6-顶板支撑；7-支撑靴；8-底板千斤顶；9-驾驶室；10-排尘道；11-吸尘器；12-运输机；13-移动式调节舱；14-铲运机铲斗；15-履带；16-主驱动液压油箱；17-调节舱；18-储渣槽

刀具包括 1 个装在横向水平轴上的刀盘，它装有 28 把直径为 0.432m 的盘形滚刀。刀具装有 2 个大锥形滚子轴承，通过 1 根安置在支臂上的固定轴承受和传递切割力。减速装置由 2 个伞齿轮传递给 2 个双联行星齿轮系，整个装置装在刀具的密封空腔内。每个齿轮减速装置由 1 个 150kW 水冷电机驱动。

刀具切入岩石，然后左右交替摆动形成切割断面。切割可从右边或左边开始，并将刀具切入岩石约 0.1m 深。然后，操纵摆动臂油缸，使其在工作面横向摆动。实际上所有的刀具都是以这种形式运动的。在这种切割过程中，约有一半的刀具切割岩石。一个循环之后又朝相反的方向重复。切割时，底板千斤顶和支撑千斤顶将机器支撑在巷道的底板和顶板之间。支臂是靠安装在底座上的推进油缸向前推进，迫使旋转着的刀具切入工作面。推进缸总行程0.76m，松开支撑千斤顶和底板千斤顶之后，收回推进油缸，并向前推进履带底架，完成设备前移。岩渣由焊接在刀盘法兰组件上的集渣板刮到运输机平板上，再扒入漏斗溜至0.6m宽的带式运输机上，运至机器后方。液压驱动的运输机，运行速度可达1.5m/s。

支臂是与刀具连接在一起的板梁结构，其后端通过2个垂直轴销与底座相连。支臂转轴两侧安装2根油缸，油缸一端同支臂相连，一端同底座相连，该油缸提供支臂、刀具在水平面内摆动所需要的动力，支臂通过销轴和油缸将切割反力传递到底座装置。

底座为箱式结构，它提供支臂安装基础，并把切割力传递给履带和底架。该底座由2个连接在底架上的圆形导向柱支撑，并在底架前、后方向滑动，连接在底座和底架上的油缸使刀具产生向前的切入作用，并把它的推力传递给底架。

底架部分由履带的支撑结构框架组成。底架含有支撑靴装置和2个底板千斤顶。切割时，2个在前面、2个在后面，支撑着机器。支撑靴装置产生的力及设备重力由底架分配给底板千斤顶，撑紧隧道上下结构，产生设备推进反力。底架还为液压系统、电气系统、驾驶室和其他各种设备提供安装平台。

支撑靴装置包括2个油缸、2根连杆、2个靴板和1个横向稳定结构。该装置不管机器处于何种状态，均可使靴板与隧道壁保持全部接触。切割时，支撑靴反作用力越大，作用在底板千斤顶上的作用力越大，于是保持了机器的稳定性。

排渣系统由1个前集渣板来清理底板，直接把岩渣从刀具送至运输机上。运输机可采用0.6m宽的皮带机。

液压系统包括2个电机驱动及其驱动的液压泵，1个568L的液压油箱和过滤器、控制阀、油缸和液压马达。根据该系统的主要功能选择闭式回路和柱塞泵，其优点是便于控制，寿命较长，效率高。

与全断面隧道掘进机相比，由于容易接近刀具和有可利用空间，该机的刀具检查和更换均较简单，2个人就可以取下磨损的刀具，15～20min即可更换1把刀。

刀具采用类似于全断面隧道掘进机边刀的成熟刀具和切割原理。刀具切入岩石之后和刀盘一起旋转，在工作面横向摆动，使每把刀都从工作面顶部到底部成螺旋轨迹运动。刀具排列的位置使每把刀都沿着前面的刀切成的沟槽前进，刀具旋转、切割速度与刀具接触岩面的顺序配合，正好可保证刀具相继切入岩石（阶梯式切割），从而使有限功率产生最大切割效果。

粉尘控制系统有3个基本部件，即喷水器、防尘罩、抽风机。防尘罩前面共安装4个喷嘴，喷嘴直接把水以雾的形式喷到工作面上。粉尘控制靠防尘罩和抽风机产生的负压来实现，采用2台风速4.2m^3/s的610mm Engart抽风机，这种粉尘控制系统效果特别好。

该机工作时，4只底板千斤顶将机器抬起，使履带离开底板。两侧顶支撑靴将机器撑紧在隧道顶板计底板上。机头为脉冲式推进，每次推进2～4in（0.05～0.10m），当推进油缸达到1个行程后，4只底板千斤顶收回，将机器放到底板上，然后履带向前行走1个行程，使推进油缸缩回到最短位置，再重复下1个行程的掘进。

7.2.2 悬臂立式刀盘掘进机发展概述

美国的罗宾斯公司（Robbins）创建于1951年，是世界上第一台全断面硬岩隧道掘进机的发明者,也是世界上专门设计、制造、销售隧道掘进设备的国际知名企业。19 世纪 70 年代,采矿成本的上升及金属价格下跌激发了提高采矿生产率的要求,各采矿企业致力于开发高效率的地下采矿技术,决心把采矿成本降到最低限度。早在 1983 年,罗宾斯公司和芒特艾萨矿业有限公司合作,希望联合研制、试验出一种能切割硬岩、非常灵活实用的机器,以满足矿山生产的需要。

罗宾斯公司在多年生产圆形断面岩石掘进机的基础上,于 1984 年推出了一种命名为“MOBILE MINER”的矩形断面岩石掘进机(最初型号为 MM-120-3001),如图 7-51 所示。

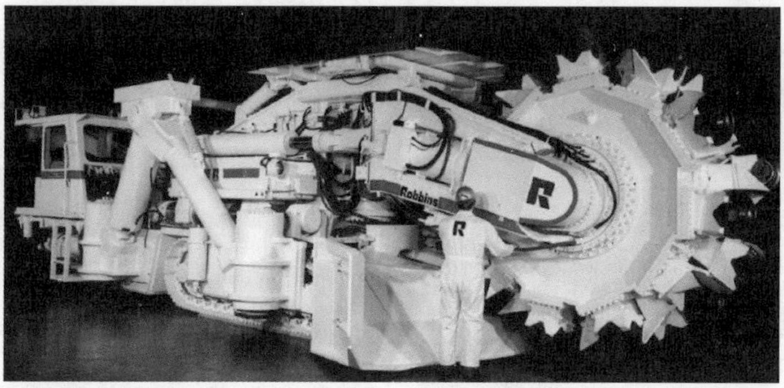

图 7-51　MM-120-3001

它实际上是综合了全断面岩石掘进机与部分断面掘进机的优点而研制成功的一种新型岩石掘进机。该机的特点是履带行走,机头部分为一可左右摇摆的刀盘,刀盘上装有盘形滚刀。利用周边装有盘形滚刀的大直径刀盘径向切割破岩,刀盘安装在铰接于机器主梁且可绕垂直轴线左右摆动的支臂上,其旋转平面垂直于底板且与巷道方向一致,作业时,刀盘由大功率电机驱动,围绕水平轴线低速旋转,由推进油缸将其压入工作面,再由支臂带动,做左右摆动,便可切割出带有圆角的矩形断面巷道,巷道的高度等于刀盘直径,宽度则取决于支臂的摆动。MM-120-3001 悬臂立式刀盘掘进机的主要参数可参考表 7-5。

MM-120-3001 主要参数　　表 7-5

名　称	参　数	名　称	参　数
机重	120t	切割功率	300kW
刀盘转速	13.5r/min	机器质量	115t
刀具数量	28 把	应用地质条件	石英岩:70 ~ 279MPa
每把刀上的轴推力	300kN	掘进效率	16.5m^3/h
切割面积	高 3.7m,宽 5 ~ 6.4m	掘进行程	0.76m
刀盘直径	3.7m		

在制造 MM-120-3001 掘进机之前,罗宾斯公司设计和安装了试验装置,包括刀具、支臂和安装在固定底架上的支臂底座,试验样机如图 7-52 所示。并在废采石场的抗压强度低于 170MPa 的岩石工作面掘进了几个孔洞。试验表明基本切割原理是可行的,且能用于中硬岩石。

上述试验结束后,罗宾斯公司即开始设计 MM-120-3001 移动式采矿机,部件组装是在西雅图的罗宾斯工厂进行的。组装时进行了大量的工厂试验,全部组装后,还进行了空载运行试验。然后把机器拆分,运到 index 采石场进行现场试验。index 采石场工作面的岩石是平均抗压强度为 160MPa 的中等颗粒的石英白云岩。整个工作表明移动采矿机可以在硬岩中切割一条符合要求的矩形巷道。专门进行的试验内容包括:机器定位、常规水平掘进试验、装载能力和斜坡掘进试验、测定环境参数。1984 年 3 ~ 5 月,共掘进了 60m 进尺。完成这些试验后,机器被拆开运到芒特艾卡矿,用于掘进 S60 斜坡道。从斜坡道到 4740N 线,掘进中 80% 是石英岩石,20% 为粗玄岩。图 7-53 为 MM-120-3001 在芒特艾卡矿掘进后的图片。1984 年 9 月开始掘进,掘进情况很快就表明了机器切割硬磨蚀性石英的能力。

图 7-52　立式刀盘硬岩掘进机试验

图 7-53　芒特艾卡矿巷道掘进

遗憾的是由于机器不断发生机械故障使持续作业受到挫折,该机器的工作进度情况见表 7-6(其中每 4 周为 1 个周期)。完成 1 个掘进行程(0.76m 进尺),在石英岩中实际的切割时间为 70 ~ 90min,在粗玄岩中为 45min,对于有经验的操作工来说,机器向前移动,定位和调整时间已经减少到 10min 以内。

M-120-3001 故障原因表　　表 7-6

时　期	进尺(m)	总进尺(m)	耽 误 原 因
1	7.5	7.5	前 3 周未工作
2	13.5	21	重焊刀具法兰盘,换刀具马达,换直角传动装置
3	42.9	63.9	矿山休息
4	22.4	86.3	换刀具马达和直角传动装置
5	51.6	137.9	维修顶板支护
6	42.5	180.4	维修顶板支护,修焊运输带裂缝
7	68.2	248.6	换直角传动装置,井巷支护
8	60.4	309	安装新的顶板支护,重焊刀具法兰盘
9	22.5	331.5	开挖矿仓,换刀具马达,直角传动装置损坏
10	52.9	384.4	重换主轴承,直角传动装置内的轴承损坏
11	53.1	437.5	换减速齿轮箱,拆出支臂修理
12	0	437.5	修支臂,重装主轴承
13	40.8	478.3	修支臂,装支臂

从表 7-6 中可以看出，该试验样机主要出现的问题在刀具马达、直角传动装置和顶板支护上，虽然出现了较多的机械故障，不过对于一台样机来说，这些都是可以预测并接受的。

1986 年，在昆士兰大学的指导下，罗宾斯公司与芒特艾萨矿进行联合研究，来精确确定硬岩巷道掘进机的结构应用和其他重要运转参数。掘进机上装有测量关键部位的应力和加速度的仪器，有 2 把滚刀装有仪器，以测量其转速和法向力。每次试验记录了有关地质、生产和滚刀磨损数据。并在罗宾斯公司标准试验场地（index test site）对改进型样机重复进行了这些试验。

这些研究确认了计算机模型的预测，即采用阶梯式刀盘结构会产生很大的不平衡荷载。1 把夹角为 120°的中心滚刀装有监测仪器，其最大推力超过 2000kN，造成驱动系统过大的扭矩波动，并对悬臂和悬臂支座的重要部位造成破坏力。为了适应变化的地层条件必须重新布置滚刀以便改变摆动速度和切入深度，从而使扭矩波动达到最小的强度。这便是在 2 条切割轨迹上布置同等数量的滚刀，其中边刀为 4 把。在硬岩中切入深度或减小到 0.01m，刀盘摆动速度从 0.9m/min 提高到 10m/min，以便在相同时间内切割下同等体积的岩石。这种切割方式与用阶梯式刀盘比较，由于垂直力平衡良好，因此运转平稳。此外，改变摆动速度和切入深度可适应不同地质条件。但是在石英岩石中过高的摆动速度会加速滚刀磨损。

8 年以后，罗宾斯公司供应了一台 MM-120-3001 的改进型号移动式采矿机（MM130），如图 7-54 所示。在地面试验成功之后，在澳大利亚新南威尔士帕明克采矿公司（Pasminco Mining's）布罗肯希尔铅锌矿进行井下岩石钻进试验。这台移动式连续采矿机是在罗宾斯公司指导下在澳大利亚阿德莱德加工制造的，将主要用于巷道掘进，但也将在采场进行采矿试验。

图 7-54　罗宾斯 MM130

这台新型连续采矿机与几年前在昆士兰芒特艾萨矿进行井下掘进试验的 MM120 型样机大不相同。MM130 型含 $8m^3$ 的缓冲仓，总长约 28m，这种新型硬岩连续采矿机安装在串接的履带车上。前后两部承载车借助于动力铰接转向的挂接装置接在一起，前承载车承接硬岩连续采矿机本体，后承载车承接电气、液压和自动控制设备，这些设备均封装在外罩内，铰接便于转向，更适于地下开采中所常见的转弯半径很小的弯道掘进。

MM130 型硬岩连续采矿机相比于芒特艾萨矿试验的 MM120 型采矿机，坚固性大，总质量 265t，而 MM120-3001 总质量仅 120t；刀盘功率显著增大，已从 MM120 的 300kW 加大到500kW;利用改进型刀盘切割破岩功率也有提高。预计这些改进会使MM130型掘进速度有显著提高。MM-130移动式采矿机的主要参数见表7-7。

MM130主要参数 表7-7

名　称	参　数	名　称	参　数
切割面积	高4.1m,宽5～6.4m	切割功率	500kW
刀盘直径	4.1m	机器质量	265t

刀盘的重型支臂铰接安装在连续采矿机的主梁上,刀盘直径4.1m,在单一的中心平面上配有6把盘形切刀用于一次切割。镶嵌有硬质合金齿的切刀装在中心布置的圆盘侧面,用以在每次摆动之后切割巷道的侧帮。刀盘的水平扫削动作可以形成高度不变(4.1m)而宽度可变(5.5～7.9m)的近似于矩形巷道(顶板和底板是平的,而两边是椭圆形的)。对地压力低则意味着MM130型连续采矿机可以在未胶结充填体上进行采矿活动。预计采矿速度可达200t/h,而巷道掘进速度可达1.5～3.0m/h以上。全部操作功能通过可编程逻辑控制器进行控制。当连续采矿机行走和调动时可通过可编程控制器提供手动控制,包括转弯的采矿控制也可进行预编程操作。图7-55为该机型应用于澳大利亚新南威尔士帕明克采矿公司矿道的情景。

图7-55　MM130掘进情景

日本大成建设公司,从1987年起开展了广泛的调研工作。调研发现罗宾斯公司制造于1984年在澳大利亚昆士兰州阿伊扎矿的MM120-3001型移动式矿用掘进机,实施了对抗压强度为100～430MPa的硅岩岩层,高3.7m、宽6.5m的矩形断面隧洞的开挖,取得了掘进2km的成绩,达到月平均进尺46.2m的纪录,8年后另一台做了多项改进后的MM-130型移动式矿用掘进机在澳大利亚另一座矿山成功地掘进了抗压强度100～170MPa的水成岩隧洞,于是得出了罗宾斯移动式矿用掘进机通过继续改进,有可能成为一种新型硬岩掘进机的结论。

1989年起,日本大成建设公司着眼于上述矿用掘进机具备适应硬岩的开挖能力,就共同开发新型硬岩掘进机的可能性,与罗宾斯公司举行了谈判,于1990年7月达成了联合开发新型MM-130R型移动式硬岩掘进机的协议,在1991年完成了原理设计、动态稳定分析、可行性研究和详细设计,制成了1∶20比列的掘进机模型,从1992年2月进入了实机制造阶段,随后又转入了实机试验,于1993年在日本投入使用(图7-56为MM-130R型移动式硬岩掘进机)。

相比于前两代机型MM-120-3001和MM-130,MM-130R主要的不同特点主要有如下几点:

(1)悬臂增加了上下摆动,断面的开挖形状更加多变,可挖掘拱形、矩形和马蹄形断面,如图7-57所示。

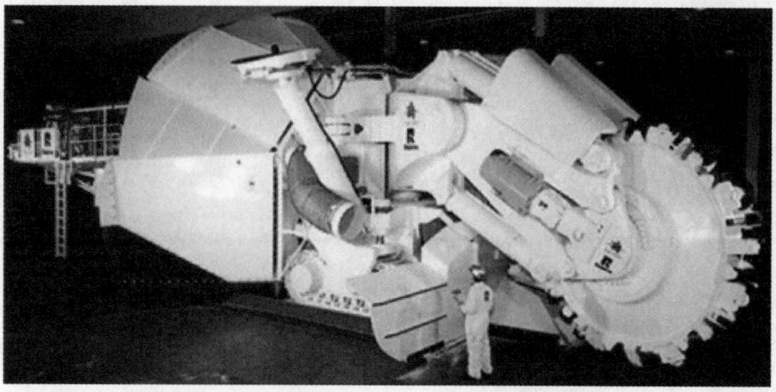

图7-56 罗宾斯与大成建设合作 MM130R 机型

(2)增设了防尘罩,明显改善了作业环境,靠近工作面的隧洞洞壁通过防尘护罩加以封闭,与作业人员相隔开,并将开挖中所扬起的岩尘用装在后机机架上的两台湿式集尘器吸走。

(3)装有开挖导向系统和掘进作业循环的可编程控制器,可实施自动化作业,而支撑操作、移动和定位都由手动操作。

(4)该机可分拆、解体,解体后最大部件单个质量不超过30t,其最大外形尺寸为高3.5m×宽3.5m×长6.0m。

MM-130R 的主要技术参数见表7-8。

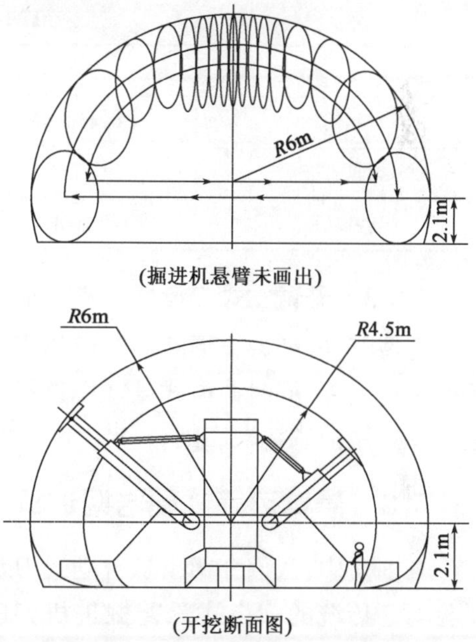

图7-57 MM130R 断面挖掘形状

大成建设的 MM130R,虽然有了较大的改进,可用于位于城市区域的山岭隧道施工现场。可是,这种掘进机整体的质量为368t,非常重,施工时掘进机本体下沉、机身的运输和组装都存在需要使用大型机械等问题,并且组装需要长达4个月的时间,所以这种掘进机并不易适时使用。每次掘进行程只有0.15m,非常短,掘进施工中,机身的移动过于频繁,导致作业效率低。所以自1996年以来就再也没有了 MM130R 的应用案例。

MM130R 机型主要参数 表7-8

名称	参数	名称	参数
切割面积	高6.6~8.1m,宽9~12m	切割功率	500kW
刀盘直径	4.1m	机器质量	325t

大成建设于2015年4月7日发布消息称,该公司与三井三池制作所联合开发出了能够开挖硬岩隧道的新型悬臂掘进机。

大成建设继承了20年前与美国罗宾斯公司共同开发的硬岩掘进机技术,为了缩短主机组装及拆机的时间，强化了模块化拼装系统和开挖控制系统的功能。并且灵活应用了三井三池所拥有的丰富的矿山开挖机械制造技术，开发出了大型掘进机"TM-100"，如图7-58所示。

图7-58 TM-100机型

其性能参数见表7-9。质量为280t，与MM130R相比，质量约减轻了90t，并且平均每个构件的质量低于30t，便于陆地运输。通过减轻机体质量以及构件的模块化设计，能够使用120t的起重机，耗费10个昼夜就能够完成组装和拆机。行程量也延长到了1.2m，大幅改善了作业效率。

TM-100主要技术参数 表7-9

名称	参数	名称	参数
切割面积	高6.45m，宽8.6m	机器重量	280t
刀盘直径	2.7m	应用地质条件	最大岩石抗压强度300MPa
切割功率	300kW		

7.2.3 悬臂立式刀盘掘进机前景

近些年来，随着异形断面隧道的需求不断增大，巷道施工形式的多样化增多，对灵活性的要求增大等，同时截齿式悬臂掘进机截割高硬度岩石存在局限性，因此，悬臂立式刀盘掘进机的应用前景比较广阔。

7.3 悬臂滚筒式硬岩掘进机

在前文中，我们介绍了悬臂立式刀盘硬岩掘进机，虽然相对于TBM来说其较为灵活，但是相对于传统的截齿式悬臂掘进机，其依然较为笨重。一方面，其机重较大，整机质量在300t左右，不利于运输和移动；另一方面，受限于机器结构与滚刀尺寸，其刀盘较大，导致断面形状自由度不够。

传统的截齿式悬臂掘进机在异形断面切割中具有非常大的优势，其移动更加灵活，机身质量100t左右，切割岩石抗压强度可达100MPa，截割功率可达300kW，切割断面形状更加多样，而且可以清晰地近距离观察断面情况。应该说在硬岩领域中，传统悬臂掘进机的结构也很理想。

国内外的相关人员在提高传统的悬臂掘进机的切割能力方面做了很多的研究，主要集中在增大机重，提高机体的坚固性，提高截割头的截割能力等，但是在各个领域中的应用表明，截齿的使用寿命还是限制其应用领域的主要因素，在岩石单轴抗拉强度增大时，机器的可靠性下降，截齿的损耗也会增加，经济性随之下降。

在硬岩领域中，滚刀应用已经非常成熟，于是人们提出用滚刀替代传统的悬臂掘进机的截齿来切割硬岩，于是便有了悬臂滚筒式硬岩掘进机的概念，如图7-59所示。

7.3.1 悬臂滚筒式硬岩掘进机概述

悬臂滚筒式硬岩掘进机是部分断面掘进机的一种，与传统的截齿式悬臂掘进机结构类似，它的截割头是滚筒状的。按照滚筒的装配方式，可分为横轴式和纵轴式，图 7-59 为横轴式滚筒掘进机。纵轴式的滚筒掘进机端面装有滚刀，类似于小型 TBM，旋转破岩将滚筒截割头钻入开挖面内，滚筒的圆柱面分布有滚刀，滚筒深入切割面以后，在平行于掌子面的平面内横向移动旋转破岩。

典型的应用于 TBM 的滚刀尺寸为 17in(0.432m)，为了将滚刀推入一定的深度，需要 TBM 提供很大的推力，这导致了相关设备的质量和尺寸均较大，灵活性不够。很显然，这种尺寸的滚刀是不适宜用在滚筒式悬臂掘进机上的，因为需要给滚刀提供很大的装配空间，同时也需要悬臂掘进机有较大的推力，传统的悬臂掘进机的参数是无法满足此要求的。

随着冶金和轴承技术的发展，小滚刀应用于硬岩切割得以发展。由于小滚刀与岩石的接触面积较小，切割所需要的推力大大减小，使得将滚刀应用于传统悬臂掘进机截割头上成为了可能。图 7-60 为典型的滚刀与小滚刀对比图片。

图 7-59　悬臂滚筒式硬岩掘进机(横轴式)

图 7-60　传统滚刀与小滚刀的对比图

小滚刀在滚筒上的布置形式如图 7-61 所示，滚刀装配在滚筒上的基座上，滚刀在基座上的安装方式如图 7-62 所示。较方便的基座安装形式，会使滚刀的间距变得更小，带来很多的优点：①更有利于切割硬岩；②小间距有利于安装更多的滚刀，减少切割时的振动，以获得更好的运行稳定；③可以获得更好的切割轮廓，使断面更加平滑。

图 7-61　安装 5in(0.127m)小滚刀的滚筒

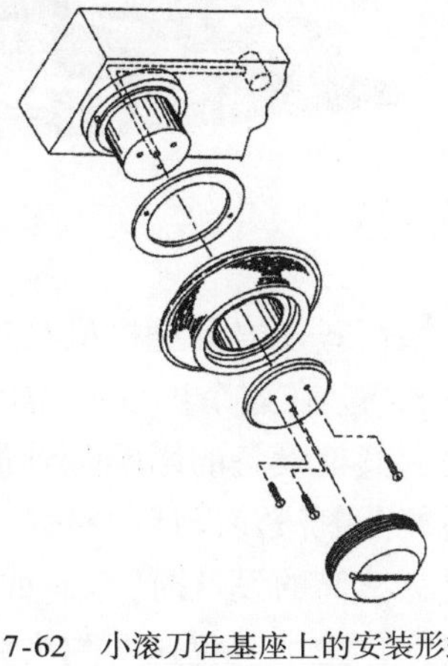

图 7-62　小滚刀在基座上的安装形式

早期设想的悬臂滚筒式硬岩掘进机的概念图形如图 7-63 所示,可以说到目前为止,还没有较为成熟的悬臂滚筒式硬岩掘进机的机型,仍停留在研究阶段。

7.3.2　悬臂滚筒式硬岩掘进机的研究发展

整个掘进机能给予截割头的最大推力取决于机器的自重和履带与地面之间的摩擦力,一旦截割头所需推力大于这个力,截割滚筒的滚刀将不能正常切入岩石中,不能保证切深,不能正常完成切割。保证 1 个截割滚筒进行有效切割深度的推力大概是 50kN 左右,这样同一时间,也仅有 3 个滚刀和工作面接触,这样的切割是低效的,而且,过少的滚刀数量会使滚筒在工作时振动剧烈,也有可能会损坏齿轮箱。滚筒式截割头如图 7-64 所示。

图 7-63　滚筒式悬臂硬岩掘进机概念图

图 7-64　滚筒式截割头

利用试验台可以测试截割滚筒的整体性能,包括纵向钻入和横向切割两种形式的试验,该设备同时可以采集推力、转矩、转速、切割长度、振动参数等一系列参数。DTF 试验台如图 7-65所示。

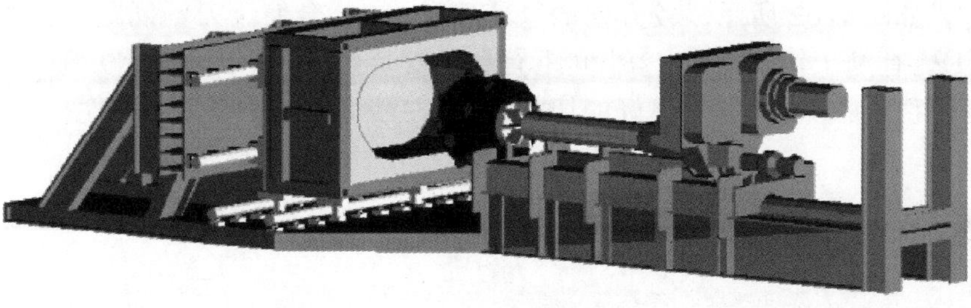

图 7-65　DTF 试验台

悬臂滚筒式硬岩掘进机最早的应用项目是 Energy's Yucca Mountain Experimental Study Facility(ESF)。在这个项目中,需要在 TBM 已经开挖好的隧道的侧面挖掘凹室,要求施工时对主隧道和其他设备的影响降到最小,于是便进行了悬臂滚筒式硬岩掘进机的设计。

在进行截割滚筒设计的时候,首先需要了解小滚刀在 Yucca 山硬岩切割中的力学特性。

在进行滚筒的设计时,考虑如果滚刀承受的侧向力减少,则滚刀使用寿命会延长并且破岩效果更好。为了避免在切割头纵向钻入时对滚筒圆柱面上的滚刀产生侧面推力,同时避免横向切割时对滚筒断面的滚刀产生侧面推力，滚筒被设计成图 7-66 所示的形式。这种设计将滚筒弯角处滚刀的设计为向外突出一部分，即可有效地减少了非工作滚刀承受的侧面力。

滚刀布置的间距，对切割头的平稳性和切割效果有很大的影响，间距要考虑破岩效果和进深等因素，应该在确定滚刀合适的间距与进深比之后，在此范围内选定合适的滚刀间距。一般来说，滚刀数越多（滚刀间间距越小），则滚筒的运行更加平稳，推进力更大；滚刀间距越大，则需要的推力就越小，滚筒运行冲击更大，这两者是相互矛盾的。应该选取最佳的间距/进深比，然后在此基础上选择最大的间距。

在 yucca 山将会挖 1 个 8in（0.203m）高，15in（0.381m）宽的隧洞，那么最终将会建造 1 个 48in（1.219m）直径的滚筒，挖掘时，滚筒切割头其横向移动两次即可挖掘出断面。

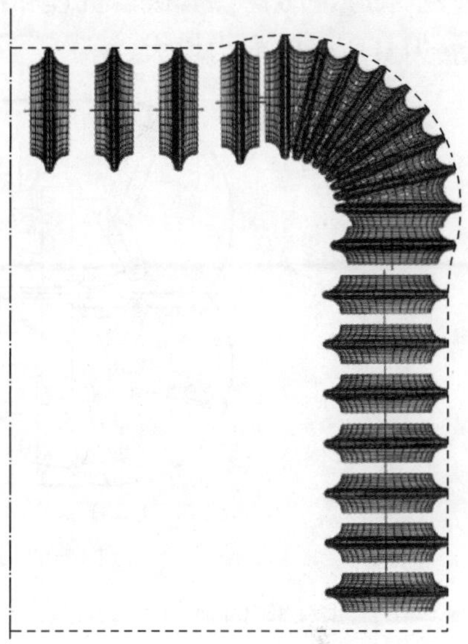

图 7-66　改进的滚刀布置

7.4　悬臂摇臂式硬岩掘进机

1964 年，法国工程师马塞尔・蒙塔西埃认为，全断面岩石掘进机的刀盘将整个工作面都覆盖，维修人员和设备很难进入掘进机前方工作面，提出了以末端装有单刃盘形滚刀的 3～4 个摇臂代替装有几十把盘形滚刀的全断面刀盘的新型掘进机。这些摇臂在随机头旋转的同时，还能进行摆动，在岩石上切割出同心螺旋线，从而达到破岩效果。

在 1970 年，卢森堡修建一条长 1.5km 的隧洞时制造了一台摇臂硬岩掘进样机，但在很长时间内，这种新型掘进机未能被掘进机制造厂商和隧道承包商采用，直到 1976 年，法国布依格公司承包了叙利亚大马士革一条长 5km 的输水隧洞工程，调查了那里的地质条件以后，认为这种新型掘进机最为合适，并制造了两台样机，命名为布依格掘进机。至此，摇臂掘进机才正式应用于实际隧道工程中去。

7.4.1　悬臂摇臂掘进机概述

悬臂摇臂掘进机，刀具和摇臂随机头一起转动，摇臂的摆动是通过液压缸活塞杆的伸缩来实现的，通过摇臂使刀具内外摆动，转动与摆动两种运动的合成使刀具以空间螺旋线轨迹破碎岩石，可掘进圆形或带圆角的矩形隧洞断面，如图 7-67 所示。悬臂摇臂掘进机与护盾式掘进机相比，造价低、质量轻、结构简单，机身有足够的空间进行辅助的钻锚、喷浆支护作业，由于采用敞开式掘进方式，与护盾式掘进机相比，转场、换装更方便。

悬臂摇臂掘进机的旋转机头上装有若干个顶部带有刀具的摇臂，刀具的布置有两种形式：一种是刀刃径向平面通过摇臂铰接支点，由法国布依格（BOU YGUES）公司制造，以下称布依格摇臂掘进机［图 7-67a）］；另一种是刀刃径向平面与刀具回转轴和摇臂铰支点连线之间有一近似 90°的夹角，由维尔特公司和加拿大 HDRK 公司联合研制，以下称维尔特摇臂掘进机[图 7-67b)]。其破岩机理和撑靴式硬岩掘进机基本相同,但由于切割岩石时摇臂的摆动,刀具所受侧向力增大。

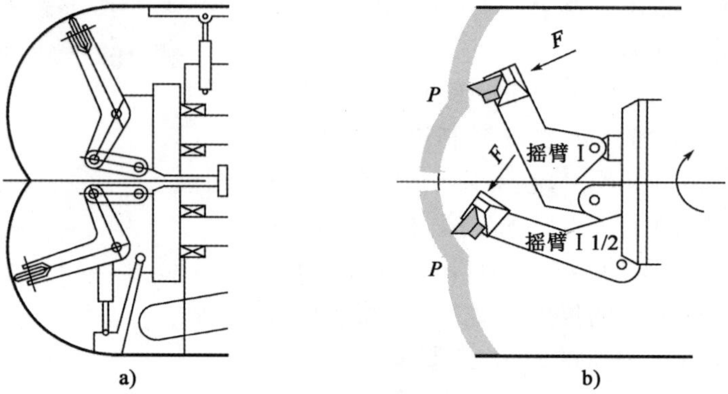

图 7-67　布依格摇臂掘进机与维尔特摇臂掘进机

相比于全断面掘进机,摇臂掘进机的刀具数量要少很多,这样,就会导致每个刀具上分配功率的增加,单个刀具的推力也会增加,转速也高于一般的全断面掘进机。其优点是:

(1)尽管单个刀具推力增加,但由于刀具数量减少,掘进机总推力减小。掘进机的质量很大程度上取决于推力值,因此,掘进机总质量更小,更加轻便灵活。

(2)摇臂掘进机的结构使得其机身可以小于所掘巷道,掘进机移位方便。

(3)工作面上操作掘进机人员可见度好,便于检查岩层的变化和刀具的工作情况。

(4)掘进机周围宽敞,有足够的空间布置钻机及注浆设备。

(5)摇臂由千斤顶控制,因此摆动速度可以选择。这样刀具的螺旋运动间距就可以调整,以适应岩层硬度的变化。

(6)机器的弯曲半径变小。

7.4.2　布依格摇臂掘进机

法国布依格集团,其核心业务是工程建设,目前已成为一家业务广泛的工业集团,具有自己独特的企业文化,在世界上 80 个国家设有分公司或办事处,拥有 12 万家合作伙伴,基地总部位于巴黎近郊。集团的起源最早可以追溯到 1952 年,由布依格创建了以其自己的名字命名的公司,1970 年上市,1978 年组建布依格集团。法国布依格集团是最早开始设计制造并使用悬臂掘进机的公司。图 7-68 为直径为 3m 的典型的布依格摇臂掘进机的整体结构示意图,除切割部分外,其他部分均与普通悬臂掘进机类似,本章中不再赘述。

1)布依格摇臂掘进机切割部主要结构

布依格摇臂掘进机前端切割部的主要结构如图 7-69 所示,由旋转机头、摇臂、刀具、连杆和摆动油缸组成。旋转机头由电动机带动,3 个 V 形摇臂与机头铰接,并随之一起转动,摇臂的一端装有盘形滚刀,另一端经连杆与机器中间的摇动液压缸相连。

当机头旋转时,摆动液压缸活塞杆前后伸缩,摇臂就绕着旋转机头上的铰点在垂直于机器轴线的平面中来回摆动,与此同时铰点又随着机头一起旋转,这两种运动的合成结果使刀具在岩石表面以螺旋线运动进行切割,每把滚刀各自负责一个切割区域,如图 7-70 所示。

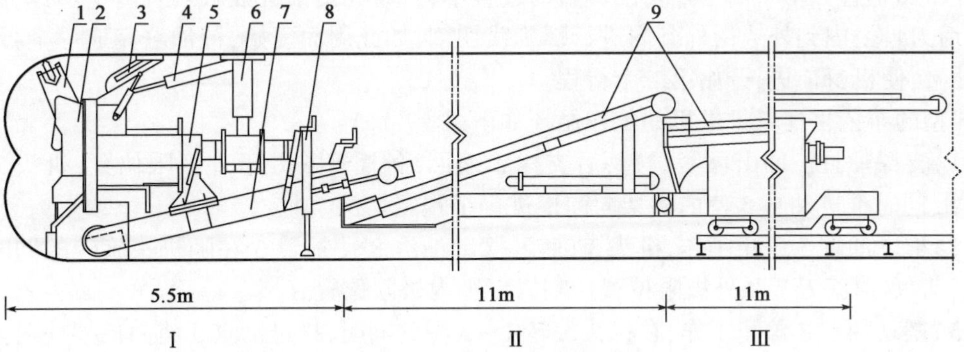

图7-68　布依格摇臂掘进机

1-摇臂刀盘;2-旋转机头;3-护顶靴板;4-推进油缸;5-机架;6-支撑靴板;7-链板运输机;8-后下支撑;9-出渣系统

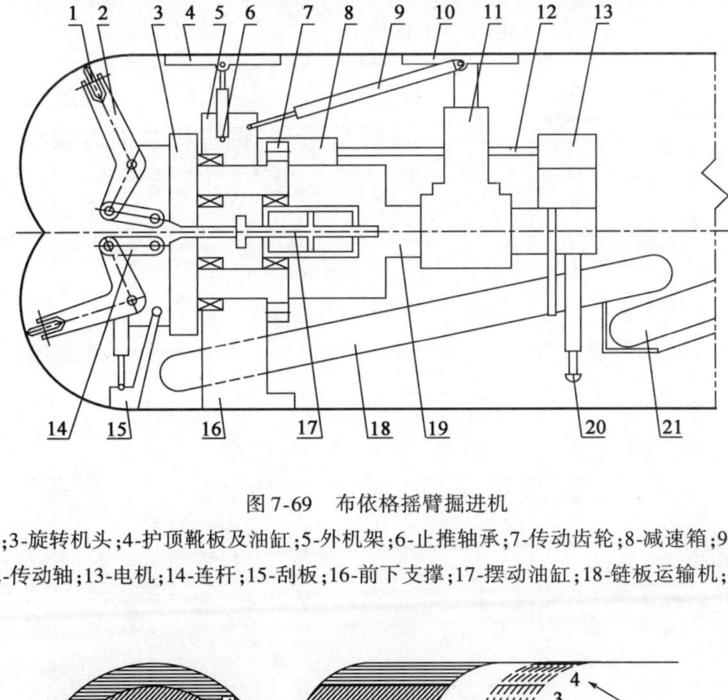

图7-69　布依格摇臂掘进机

1-盘形滚刀;2-摇臂;3-旋转机头;4-护顶靴板及油缸;5-外机架;6-止推轴承;7-传动齿轮;8-减速箱;9-推进油缸;10-支撑靴板;11-支撑油缸;12-传动轴;13-电机;14-连杆;15-刮板;16-前下支撑;17-摆动油缸;18-链板运输机;19-内机架;20-后下支撑;21-皮带机

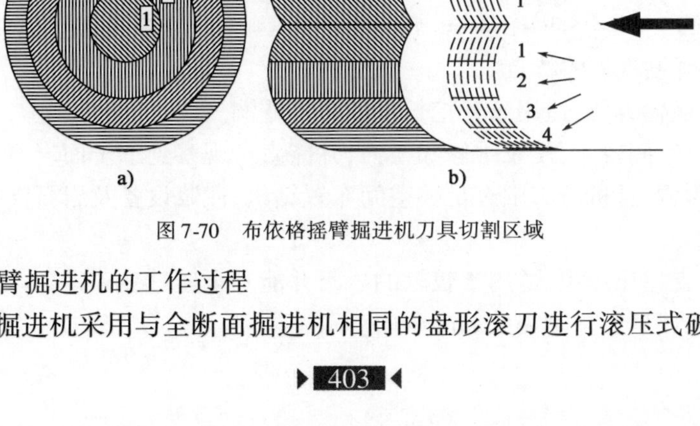

图7-70　布依格摇臂掘进机刀具切割区域

2)布依格摇臂掘进机的工作过程

布依格摇臂掘进机采用与全断面掘进机相同的盘形滚刀进行滚压式破岩,盘形滚刀刀刃所在平面垂直于掌子面。在切割岩石的过程中,刀具先由推进油缸切入一个切深,停止前进,然后刀具由内到外或由外到内进行螺旋线切割,如此周而复始,待油缸完成一个行程后,收缩油缸,使机身前进,开始第二个行程。

典型的布依格摇臂掘进机的工作循环如下(图 7-71):

(1)支撑油缸 1 伸出撑紧洞臂,后支撑 2 缩回,各摇臂 6 处于外极限位置;机头 3 旋转 1~2 圈,同时推进油缸 5 使内机架向前推进一个预定切深。

(2)推进油缸 5 停止工作,机头 3 旋转,摆动油缸 8 使摇臂 6 在随机头旋转的同时由外向内摆动,盘形滚刀 7 从外极限位置切割岩石至内极限位置。

(3)摆动油缸 8 停止工作,在机头旋转 1~2 圈的同时,推进油缸 5 将内机架往前推进一个切深后停止工作,然后摆动油缸 8 又使摇臂 6 从内极限摆向外极限。重复 1~3 达到推进油缸 5 的一个工作行程。

(4)机头 3 停止转动,摆动油缸 8 停止工作,后下支撑 2 伸出撑在洞底,支撑靴板 1 缩回,推进油缸 5 将外机架及支撑靴板拉向前,然后开始下一个循环。

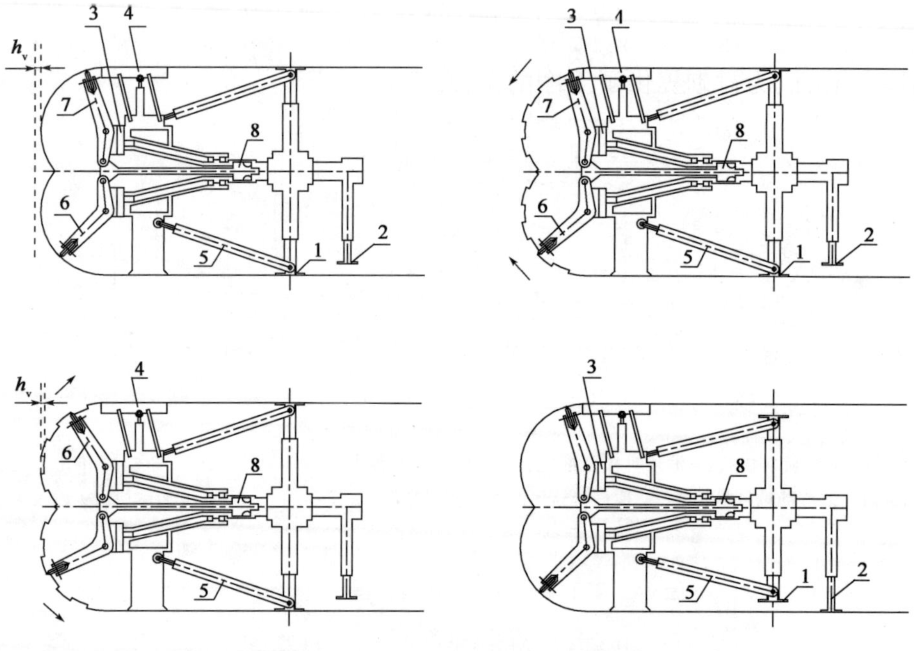

图 7-71 布依格摇臂掘进机工作循环

1-支撑油缸;2-后支撑;3-旋转机头;4-护顶靴板;5-推进油缸;6-摇臂;7-盘形滚刀;8-摆动油缸

3)布依格摇臂掘进机的特点

(1)机身轻、运输方便,适用于开挖长度较短的隧洞。

(2)机身前方空间较大,便于维修和换刀,并能直接观察到掌子面岩石的变化情况。

(3)刀间距可调,且机身周围有足够空间布置钻机、注浆设备及岩石支护设备,对岩石的适应性强。

(4)推力小,支撑比压小,适用于较软的岩石并能安全通过破碎带。

(5)机器可退回到已衬砌完成的隧洞内。

(6)造价较低,且只需要改变占主机1/4的部件即可改变开挖直径。

(7)和传统的全断面掘进机相比,掘进速度较慢。

4)布依格摇臂掘进机的应用

布依格公司从1976年开始生产了8台摇臂掘进机,开挖直径2.9~5.0m。1976年,布依格最早的一台直径2.9m掘进机在叙利亚大马士革水利工程中使用,平均月进尺200m,最高月进尺超过500m。

1977年,布依格公司为挪威奥斯陆排水工程制造了2台直径为3m的掘进机,该机的转速可在3~42r/min内调节,盘形滚刀切割出的螺旋线的轨迹的间距为40~100mm,切深为5~15mm,当岩石条件较为理想,转速固定在40r/min时,完成一个工作循环的时间约为40s。

1984年,布依格公司为比利时热代尔煤矿制造的掘进机,直径为4.8m,较重的8个主要部件都可以利用矿井的罐笼运到井下,在井下所需的安装场地和隧洞的直径相同,不需要专门挖掘1个大洞室,安装时间约为其他同直径掘进机所需时间的一半。该机装有4个摇臂,当摇臂的盘形滚刀都处在最里面的极限位置时,掘进机的直径比砌好隧道的直径小,掘进机停止作业后,可以完整地撤回。该机装有4个刮板,其中3个用于清渣,另1个用于将落地的岩渣刮向工作面,为衬砌提供了干净的洞面。在正常掘进条件下,日平均进尺为7.5~10m,刀间距的调节范围为20~130mm,最小转弯半径为75m。

布依格公司还生产了1台直径为3m的掘进机用于法国阿尔卑斯山区,月进尺达到了250~350m,1台直径为5m的掘进机用于印度洋中的留尼昂岛的水工隧洞。每台掘进机都根据不同的地质条件进行了改进,以满足施工的要求。

7.4.3　维尔特摇臂掘进机

Aker Solutions是全球领先的石油石化服务公司之一,在全球范围内为石油天然气领域的客户提供系统的解决方案。阿克维尔特作为艾克公司的子公司,从1985年起,就致力于成为采矿、工程机械领域的领导者,它同时也向石油、天然气行业提供核心技术产品,阿克维尔特有超过40年硬岩隧道掘进的经验,用于支持相关技术的发展。

近几十年来,关于硬岩隧道掘进技术,人们做了很多的尝试和研究,其中,最受关注的是一种称之为斜切(undercutting)的技术,如图7-72所示,维尔特将此技术应用在其很多产品中,其中之一便是摇臂掘进机。

相比于法国布依格悬臂掘进机,可以看到维尔特机型的切割角度有了明显的不同,这种切割将会消耗更小的力得到更大的切割效果。

一般掘进机上盘形滚刀的推力方向和掌子面是垂直的,刀具克服的主要是岩石的抗压强度。维尔特摇臂掘进机上刀具的推力方向和掌子面有一个很小的角度,刀具克服的主要是数值相对较小的岩石抗剪强度,切割下来的岩渣块度比一般的掘进机要大得多,而岩粉量却大为减少,开挖现场有不少尺寸为0.4m×0.2m×0.1m的岩渣块,图7-73为维尔特摇臂掘进机切割下来的岩块,其结果是能量的消耗大大减少。

表7-10为澳大利亚布里斯班某机构对36MPa的砂岩切割所做的对比,可以看出,斜切比传统的滚刀切割方式所需要的力更小,约为传统切割方式所需力的三分之一。

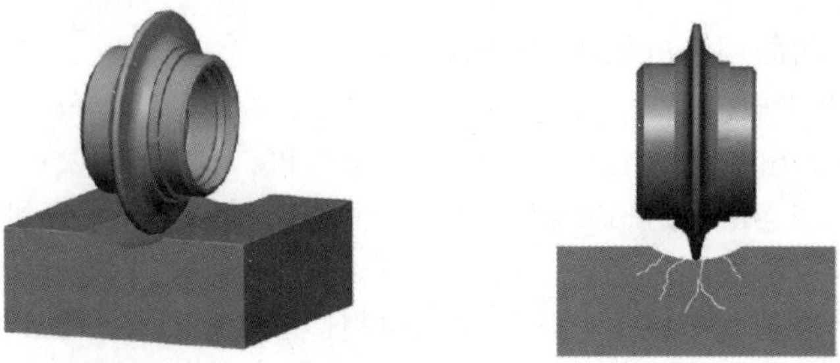

a)传统TMB切割

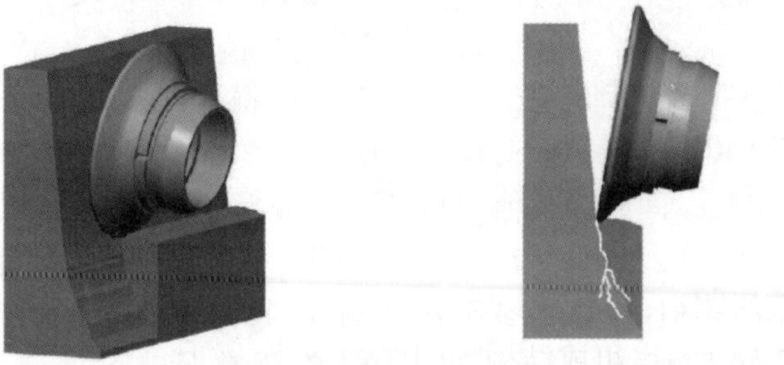

b)斜切技术

图 7-72　滚刀角度切割

传统切割方式与斜切方式的对比　　表 7-10

力 的 方 式	传统滚刀切割	斜滚刀切割
推力(kN)	18	6.8
切削力(kN)	4.5	1.8

1)维尔特摇臂掘进机的结构和工作原理

在 20 世纪 80 年代末,德国维尔特和加拿大 HDRK 采矿研究公司(加拿大的一个研究组织,隶属于加拿大 3 个最大的采矿公司)共同研制了一种新型的岩石掘进机,型号为 CMM(continuous mining machine,意为连续采掘机),如图 7-74 所示。

图 7-73　切割下来的岩石块

图 7-74　维尔特 CMM 摇臂掘进机

这种掘进机由切割机构、装载机构、运输机构等部分组成。机头上装有4个可以径向摆动的刀臂,每个刀臂的顶端装有一把盘形滚刀。内刀臂的最大切割半径大于外刀臂的最小切割半径,维尔特悬臂掘进机刀臂的张开极限和收缩极限如图7-75所示。

a)刀臂收缩　　b)刀臂张开

图7-75　维尔特悬臂掘进机刀臂收缩及张开图

机头的转动由液压驱动,转速可以无级调速,刀臂的运动靠摆动油缸来实现。CMM掘进机整体结构如图7-76所示,组成结构如图7-77所示。

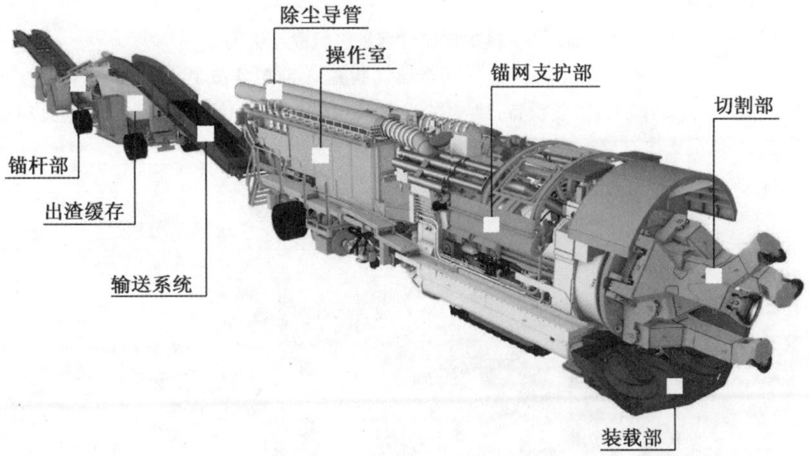

图7-76　CMM掘进机整体结构示意图

维尔特摇臂掘进机工作时,滚刀和刀臂随机头一起转动并做径向摆动,刀具的运动轨迹为螺旋线。掌子面的中心部分由装载内刀臂上的盘形滚刀从外向内进行切割,3把外刀臂上的盘形滚刀则由里向外进行切割,这3把刀始终处在同样的隧道半径上沿螺旋轨迹运动,切割到圆形轮廓的外缘后就按照设计所需的形状仿形切割圆角。图7-78为掘进机切割原理示意图,其中橘黄色部分为内刀臂切割区域,蓝色部分为外刀臂切割区域,图7-79为实际切割断面的图片。

为了获得各种不同的隧洞截面形状,所有刀臂都用液压单独驱动并由事先设定的程序进行控制,这是一个相当复杂的系统,因此采用了一组计算机来控制整机的切割。维尔特CMM型摇臂掘进机可切割的断面形状如图7-80所示。

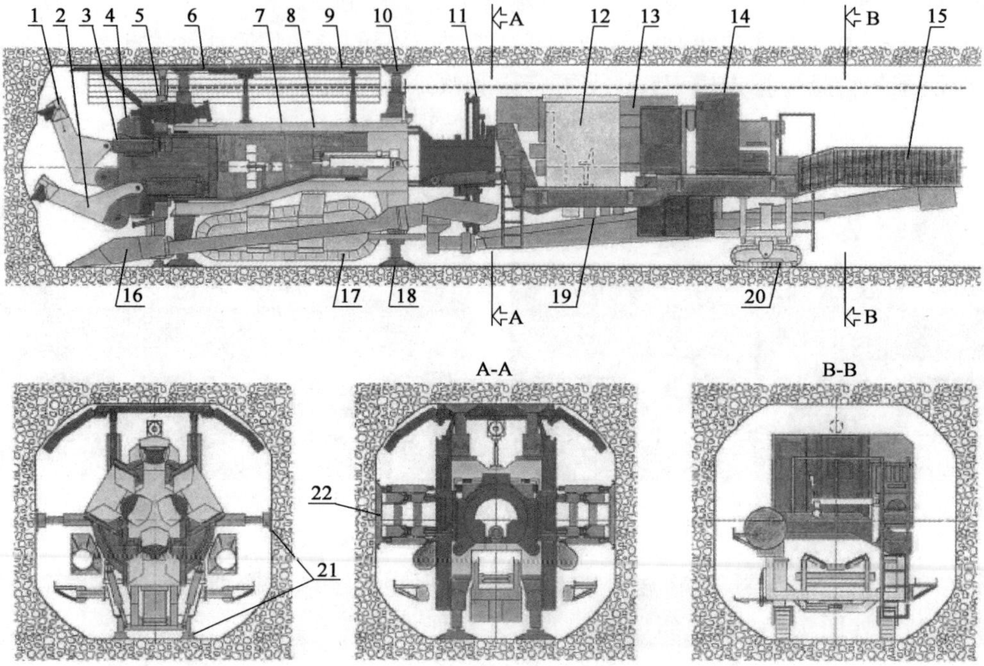

图 7-77 维尔特摇臂掘进机组成结构图

1-外刀臂(3 把);2-内刀臂;3-刀臂摆动油缸;4-刀盘;5-刀盘驱动装置;6-前护顶;7-内机架;8-外机架;9-机架护顶;10-顶支撑;11-锚杆支护设备;12-操作室;13-液压设备;14-电气设备;15-吸尘管道;16-出渣系统;17-履带行走装置;18-底支撑;19-托架;20-履带;21-稳定支柱;22-侧支撑

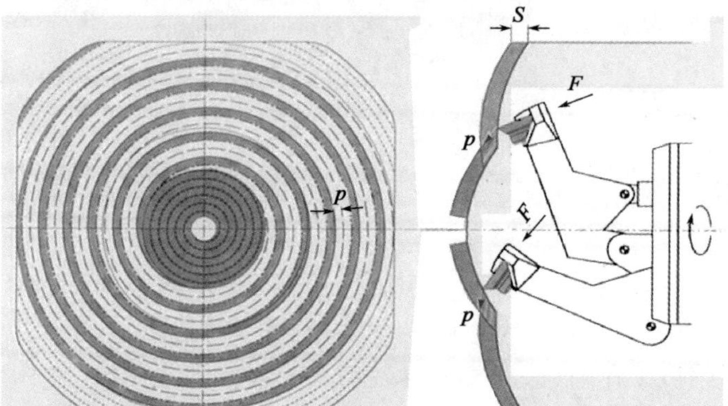

图 7-78 维尔特摇臂掘进机切割原理示意图

CMM 工作时,并不像传统掘进机那样连续地沿隧洞轴线向前推进,而是机器停留在原地,仅靠刀盘的转动和刀臂的摆动进行岩石切割,按照预先设定的厚度切割完一个隧道断面后再向前推进,因此它的行程是一步一步完成的,每次的推进距离由切割厚度决定,最大可达 0.2m。在整个行程中,机器的其他部分和外机架一起支撑在洞壁上,一个行程结束之后,向前移动 1m,用激光装置测定方向后重新支撑,然后再开始下一个行程的掘进。

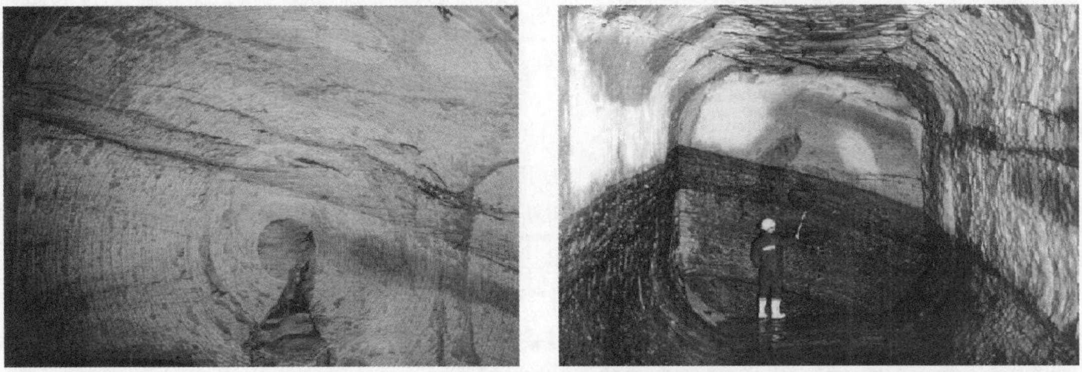

图7-79　维尔特摇臂掘进机断面图

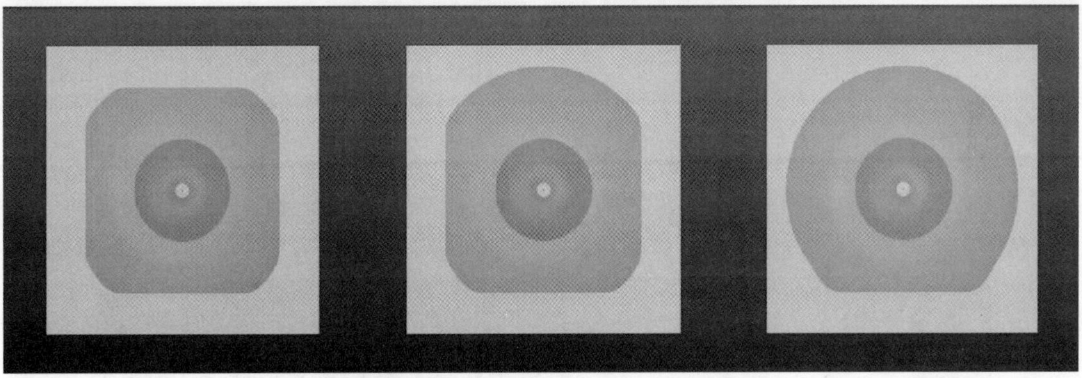

图7-80　维尔特摇臂掘进机断面切割形状

外机架由前后两组支撑，分别支撑在洞顶、洞底和隧道侧壁上。支撑刀盘的大轴承外缘也装有一组稳定支柱撑在洞顶、洞底和两侧。

电气装置、液压装置、动力装置和操作室都在机器的后部，与机架铰接，从而提高了机器的机动灵活性。机器为液压驱动，原动机为电机。

机器的前下部有清渣盘以清理切割下来的岩渣，并由转动的集渣轮将岩渣送至链式输送机上，再传到机器后部的带式运输机上。清渣盘和内机架连接，底部形状可随隧道底部形状改变，由液压油缸调整清渣盘的高度、两侧翼折起或展开。

由于开挖完的洞底是平的，机器本身又装有履带行走装置，因此可以自己行走而不需要专门的运输设备，机器在进洞及退出时比传统掘进机要灵活、方便。机器掘进时履带装置升离地面，靠各支撑装置承受工作反力。

维尔特摇臂掘进机和布依格摇臂掘进机相比有以下几点不同：

(1)旋转刀盘上装有1把内摇臂和3把外摇臂，内摇臂上的盘形滚刀从外向内切割隧洞掌子面的中心部分，3把外摇臂上的刀具则由里向外进行切割，且始终处在相同的隧洞半径上。

(2)所有的摇臂都用液压单独驱动，并由事先设定的程序用计算机进行控制。在3把外摇臂切割到圆形轮廓的外缘后，可根据设计，开挖不同形状的隧道断面。

(3)若开挖带圆角的矩形断面隧道，机器的支撑靴板以及机器前下方出渣系统清渣盘的形状应和隧道洞壁相匹配，此时由于隧道底部是平的，可采用无轨道运输系统。

(4)机器带有履带行走装置,可以自己行走,可方便地进洞及退出隧洞。掘进时履带装置升离地面,靠各个支撑装置承受工作反力。

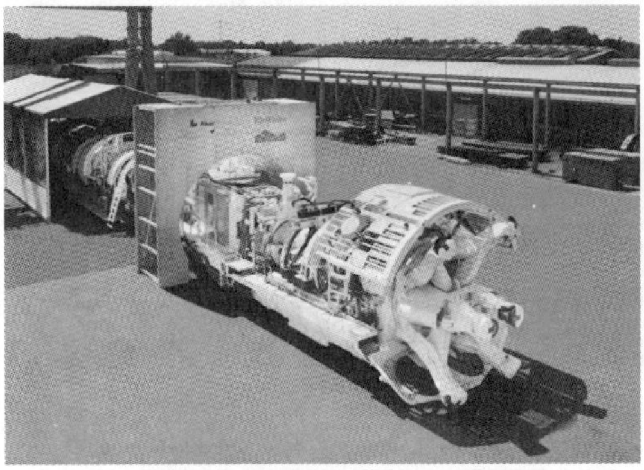

图 7-81　维尔特 MTM 机型

后期,维尔特又重新对原来的 CMM 机型进行了改进,称之为 MTM(mobile tunnel miner),借鉴维尔特早期的摇臂掘进机的理念,通过不断技术创新和试验,集合了全断面硬岩掘进机切割硬岩和巷道掘进机灵活性的优点,最终设计出具有自身特点的机型。相比于之前的 CMM 机型,新机型采用了 2 把内摇臂和 4 把外摇臂,如图 7-81 所示。

维尔特移动式连续采矿机采用特殊设计,能够在中硬岩采矿中达到高效掘进的效果。MTM 改进了 TBM 和巷道掘进机在掘进中的不足,它比 TBM 具有更多的功能和灵活性,相比于传统的悬臂掘进机可以掘进更硬的岩石,使用的地层条件更加广泛,如图 7-82 所示。

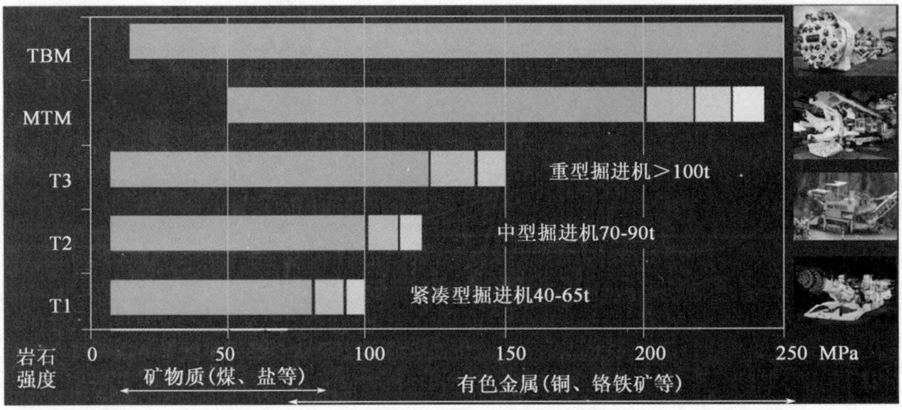

图 7-82　各种掘进机的应用范围

2)维尔特摇臂掘进机的应用

维尔特摇臂掘进机完成了工业性试验。一台开挖直径 5.6m 的维尔特摇臂掘进机在加拿大多特蒙德(Dortmund)以南的赫尔德克(Herdecke)矿进行边长为 4.54m 的圆角矩形断面隧道的开挖,岩石抗压强度为 120 ~ 140MPa,包括换步时间在内平均进尺 1.3m/h,每把盘形滚刀在砂中的破岩量为一般掘进机每把刀具的 6 倍,每把盘形滚刀的能耗是一般掘进机的 3 倍,则每把刀具的破岩耗能($kW \cdot h/m^3$)为一般掘进机的 1/2。

维尔特和智利国家铜业公司 Codelco(世界上最大的铜制造商),在 2012 年签订了一份使用 MTM 机型的合同,决定于 2014 年中旬将其机型应用于智利 Chuquicamata 矿中,用于其地下隧道网络建设的施工。关于其现在的使用情况,还未有公开的结果。

7.5　悬臂盘形刀盘式掘进机

悬臂盘形刀盘式掘进机搭载平面刀盘,刀盘直径根据隧道断面圆角尺寸设计,悬臂刀盘掘进机搭载的平面刀盘刀具的形式有两种，一种为搭载滚刀式，一种为搭载悬切刀式，这两种刀盘从破岩机理上有着本质的区别，搭载滚刀的刀盘破岩克服的是岩石的单轴抗压强度，悬切刀盘破岩克服的是岩石的抗拉强度，由于岩石的抗拉强度远小于岩石的抗压强度，因此，从能量方面考虑，在相同地质条件下采用悬切破岩方式更加节省能量，约为采用挤压破岩方式所需能量的15% ~20%。

7.5.1　悬臂滚刀刀盘式掘进机

悬臂滚刀刀盘式掘进机包括：刀盘、摆臂、回转台、主机、出渣装置、行走机构、反力支撑机构等部分组成，如图7-83所示。

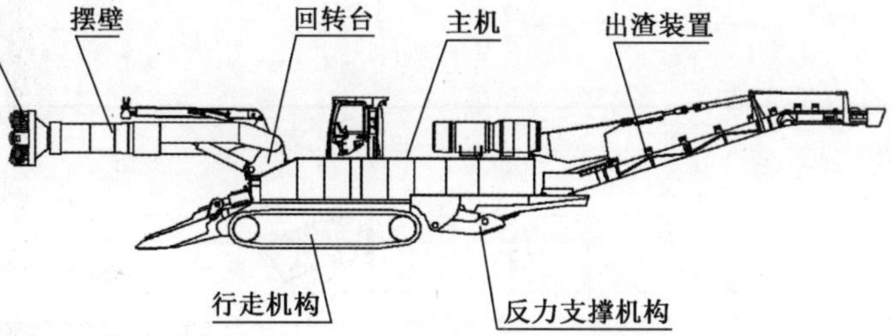

图7-83　悬臂滚刀刀盘式掘进机

悬臂滚刀刀盘式掘进机除刀盘外其他部件的结构、功能与普通悬臂掘进机相同，其刀盘结构(图7-84)与TBM刀盘的结构类似，滚刀刀盘采用前装刀安装方式，刀盘上布置的滚刀根据布置位置不同，分为正面刀和边刀，边刀在刀盘中心轴线方向布置长度(L_P)决定了摆动开挖时的最大开挖量。刀具轨迹如图7-85所示。

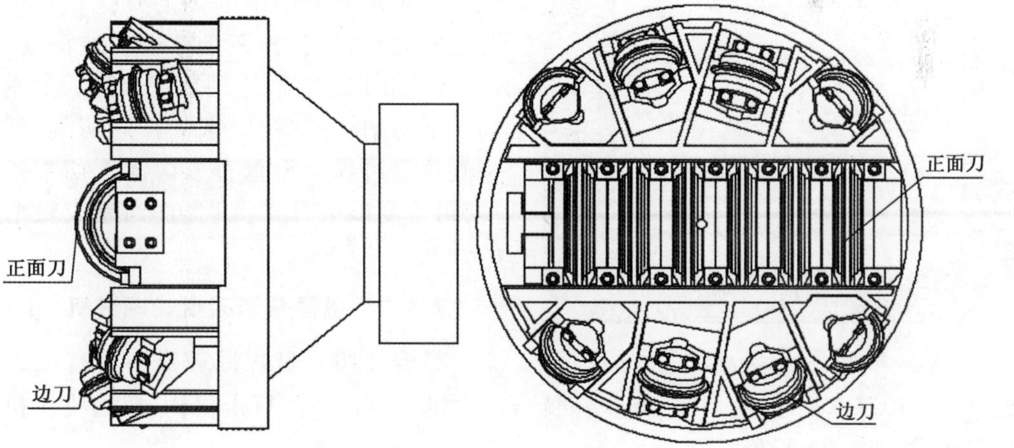

图7-84　(滚刀)刀盘结构

工作步骤：

(1)刀盘旋转接触掌子面，主机推进刀盘贯入掌子面一定深度(P)(图7-86)，该深度不大于边刀在刀盘中心轴线方向布置长度(L_P)。

(2)摆臂可以左右上下摆动，刀盘将侧面岩石开挖下来，直到覆盖隧洞的整个开挖断面，一个掘进循环结束。刀盘摆动路线如图7-87所示。

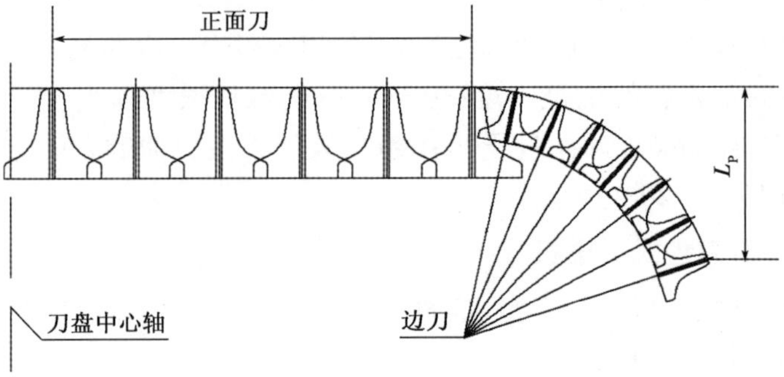

图 7-85　刀具轨迹

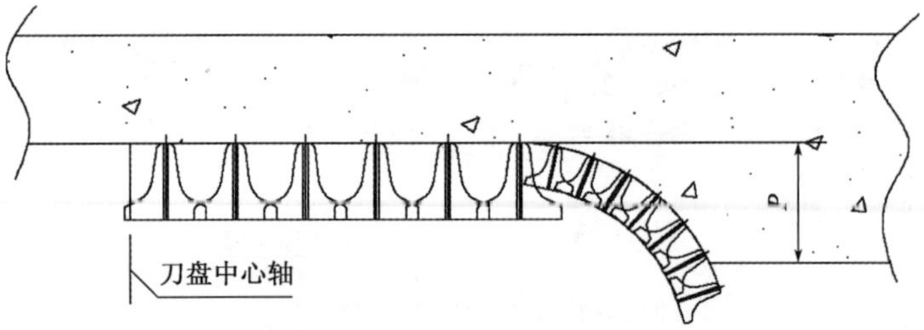

图 7-86　刀盘贯入深度

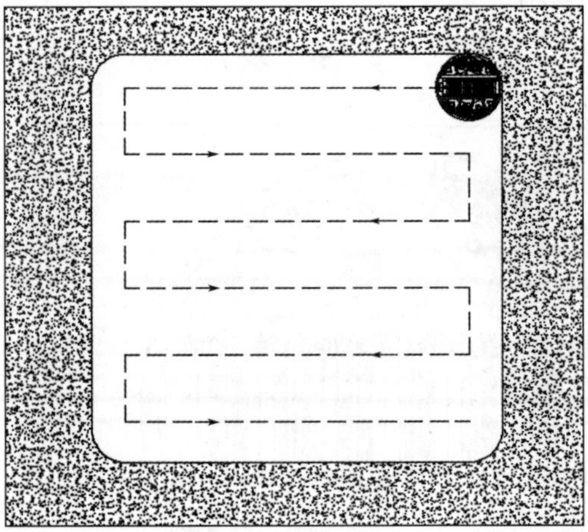

图 7-87　刀盘摆动路线

对于隧道断面尺寸不大，悬臂滚刀刀盘式掘进机开挖范围可以直接满足整个断面开挖的，不需要调整悬臂滚刀刀盘式掘进机的工位就可以满足整个隧道断面的开挖。刀盘摆动开挖的运动轨迹为：刀盘推进一定深度、水平向一侧摆动切割臂、达到预定边界后沿垂直方向向下切割一定高度、水平反向切割、到达另一侧预定边界后沿垂直方向向下切割一定高度，再重复以上开挖流程，直到完成整个断面的开挖。

7.5.2　悬臂悬切刀盘式掘进机

悬臂悬切刀盘式掘进机与悬臂滚刀刀盘式掘进机结构基本相同，由刀盘、摆臂、回转台、主机、出渣装置、行走机构、反力支撑机构等部分组成，如图 7-88 所示。

悬臂悬切刀盘式掘进机的刀盘结构与悬臂滚刀刀盘式掘进机的刀盘结构不同，悬臂悬切刀盘式掘进机刀盘结构搭载悬切刀具，通过螺栓将悬切刀具安装在刀盘的边缘，悬切刀具轴线与刀盘轴线平行或成一定夹角。为了使悬切刀具刀圈能楔入掌子面，刀盘与掌子面需成一定夹角，悬切刀具在摆臂提供的摆动力作用下克服岩石抗拉强度楔入岩石，随着悬切刀楔入岩石深度的增加，岩石从掌子面剥落，悬切刀破岩如图 7-89 所示。悬切刀盘结构如图 7-90所示。

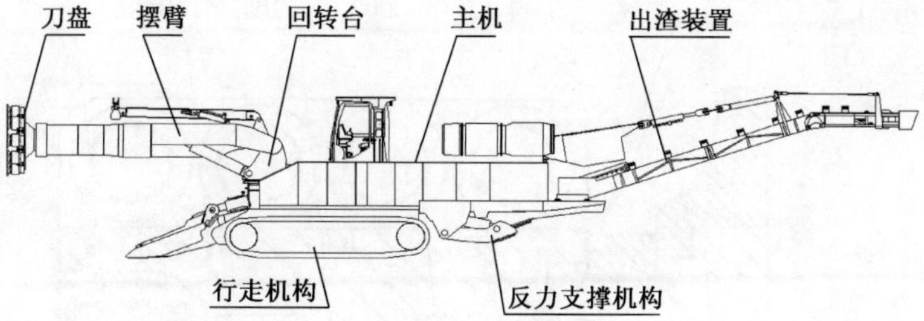

图7-88　悬臂悬切刀盘式掘进机

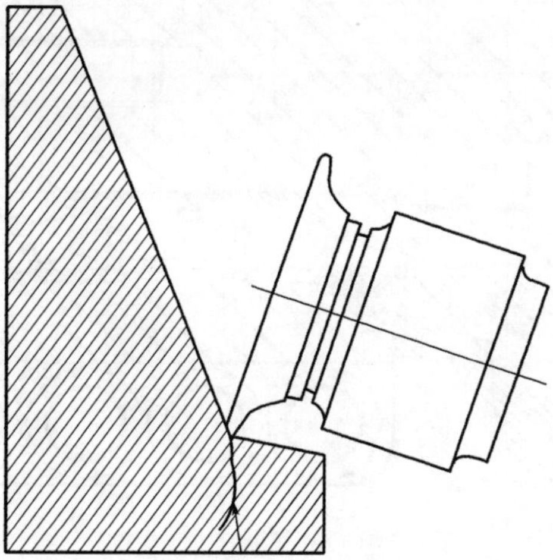

图7-89　悬切刀破岩

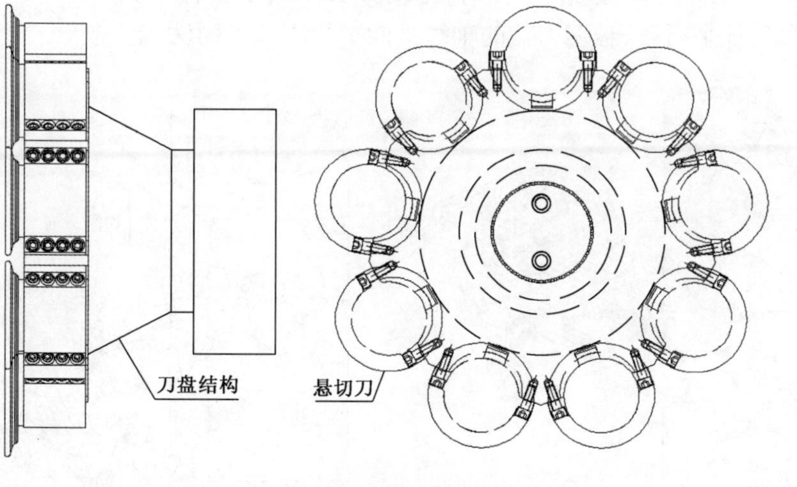

图7-90　悬切刀盘结构

悬切刀具由刀圈、刀轴、刀体、密封、轴承、端盖等组成,与滚刀结构不同,悬切刀刀圈在刀具的一侧,端盖1与刀圈左侧面平齐。端盖1起到固定刀圈的作用,更换刀圈时需将端盖1拆除。刀体上有安装法兰,用于悬切刀具与刀盘的连接,如图7-91所示。

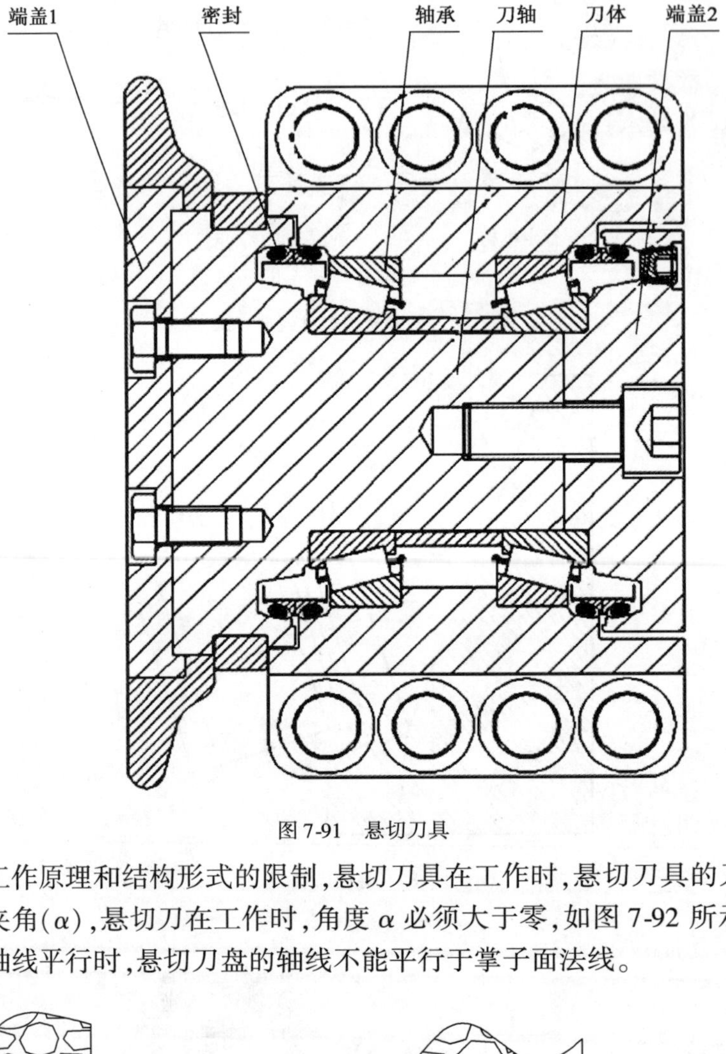

图 7-91　悬切刀具

受悬切刀工作原理和结构形式的限制,悬切刀具在工作时,悬切刀具的刀圈侧面需要与掌子面成一定夹角(α),悬切刀在工作时,角度 α 必须大于零,如图 7-92 所示。悬切刀具轴线与悬切刀盘轴线平行时,悬切刀盘的轴线不能平行于掌子面法线。

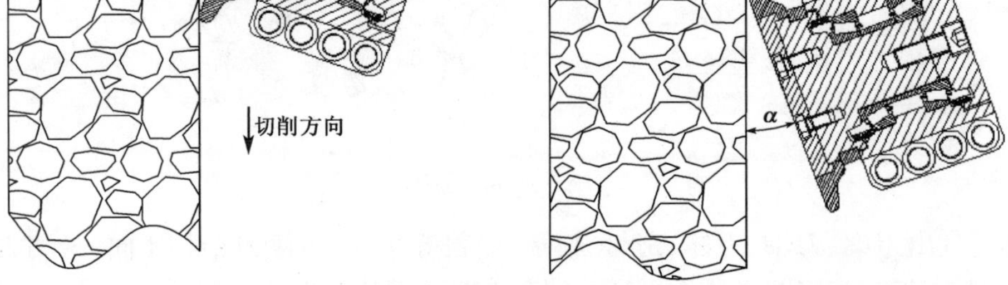

图 7-92　开挖角度

为了保证悬切刀盘在工作时刀盘轴线不平行于掌子面法线,悬臂悬切刀盘式掘进机的悬臂需要做成两段铰接形式,在掘进机工作时,不调整主机工位只需要调整两段摆臂之间的夹角,即可实现悬臂悬切刀盘式掘进机连续开挖。

7.5.3　悬臂刀盘式掘进机前景

目前,国内及国外悬臂刀盘掘进机在硬岩隧道施工中的应用还处于探索阶段,悬臂刀盘掘进机在硬岩领域较截齿式悬臂掘进机适应岩石强度高,且与 TBM 相比较施工作业更加灵活,适应围岩地质条件较广,在短距离、异形断面硬岩隧道施工中具有很大的优势。悬臂刀盘掘进机在国内还没有工程施工案例,中铁工程装备集团生产的首台悬臂刀盘掘进机即将进入工业试验阶段,应用情况值得业界关注。

7.6　新奥法隧道掘进机

中铁装备将包含以上悬臂掘进机在内的小型机械与盾构法施工理念及新奥法施工工艺相结合,提出了新奥法隧道掘进机的概念。

新奥法隧道施工是传统的隧道施工方式,主要施工装备有凿岩机、挖装机、多功能台架、湿喷机械手、移动栈桥、通风设备等,传统施工工艺及组织大家已熟知,不再赘述。

传统新奥法施工主要采用单行作业,为便于工作面管理及设备维护保养,工作面仅放置该工序的施工装备,其他装备一般放置在洞外或隧道后方位置,在施工工序转换时,进行相应设备的转运、更换。该工法成熟、设备要求简单,施工人员要求低,是目前主流的山岭隧道施工工法。但该工法也存在一定的问题,经过几十年的施工发展,各方面组织及配套已经成熟,进入发展瓶颈期,在现有基础上进一步地提高施工效率及安全性,难度较大。

为充分利用新奥法成熟的工法及优势,且可进一步提高施工效率、保障施工安全及改善施工环境,结合隧道掘进机设计、施工理念而提出新奥法隧道掘进机设计理念及施工工法。

新奥法隧道掘进机是一种适用于异形断面的新型隧道掘进机,设备采用集成化设计,将隧道的开挖、出渣、支护、通风降尘、仰拱施工等多种功能集成,实现隧道施工平行作业,集成化管理,减少工序衔接时间,提高施工效率,并且开挖、出渣实现远程操控,改善人员工作环境。机械化施工可减少隧道内施工人员数量,实现隧道高效、安全、绿色、环保的施工。

7.6.1　新奥法隧道掘进机概述

新奥法隧道掘进机是结合 TBM 的设计理念,充分融合传统新奥法施工技术,设备整体相比 TBM 结构简单、成本低,相比传统新奥法施工设备集成化、自动化程度高,人员劳动强度小、工作环境好,施工安全且效率高,适用于具有一定自稳性的软土、软岩、硬岩破碎等地层施工。

设备主要由开挖系统、出渣系统、支护系统、仰拱施工系统、通风除尘系统、设备移动系统、主机门架结构等构成,设备如图 7-93 和图 7-94 所示。

新奥法隧道掘进机采用步履式推进、门式框架结构,采用大型铣挖头进行隧道开挖,挖掘机械刮板链进行设备出渣,之后采用连续皮带机或矿车运送至洞外,设备后部可设计仰拱浇筑设备,进行仰拱施工。

针对隧道地质条件及施工断面要求,设备主要可进行以下针对性设计:

(1)根据悬臂掘进机选型办法,采用合理铣挖设备,设备截割功率最高可达 320kW,经济截割硬度可达 f9,岩层硬度小于 40MPa 的情况下,开挖能力为 25 ~ 40m^3/h,满足全断面快速施工的要求。

(2)设备配置双侧挖掘机械手,可机械辅助开挖、集渣,实现全段面清渣、集渣,保证及时出渣。

(3)配置刮板链出渣设备,可满足 300m^3/h 的出渣能力,满足设备 1m/h 的掘进能力。

(4)配置钢拱架安装机,完成快速立拱、锚固,减轻人工劳动强度,满足 20min/榀的立拱速度。

(5)配置钢网片安装装置,提高钢网片安装速度,降低人工劳动强度。

(6)配置锚杆钻机,实现钢拱、钢网片快速锚固。

(7)配置混凝土喷射设备,实现洞壁快速喷浆,及时封闭,降低隧道施工风险。

(8)配置仰拱浇筑模板及仰拱栈桥,实现仰拱同步施工。

(9)配置设备操控室,降尘、通风、供水等辅助设备,保障设备可靠、安全运行。

图 7-93　设备剖视图

图 7-94　设备外形图

7.6.2　新奥法隧道掘进机工法应用研究

新奥法隧道掘进机在施工中可通过控制设备开挖、支护装备,实现不同的开挖工序,适用于不同的工法施工。由于设备结构的限制,目前新奥法隧道掘进机在稳定地层可采用全断面开挖,在不稳定地层可采用分步开挖、及时支护的施工办法,设备单次施工进尺为 2m,整机可进行纵深 6m 长的隧道施工或 2m 长的三台阶施工,可以最大限度地保障施工安全。设计 3 套开挖装置,1 主 2 辅,实现多样化的隧道开挖,施工方式如图 7-95 所示。

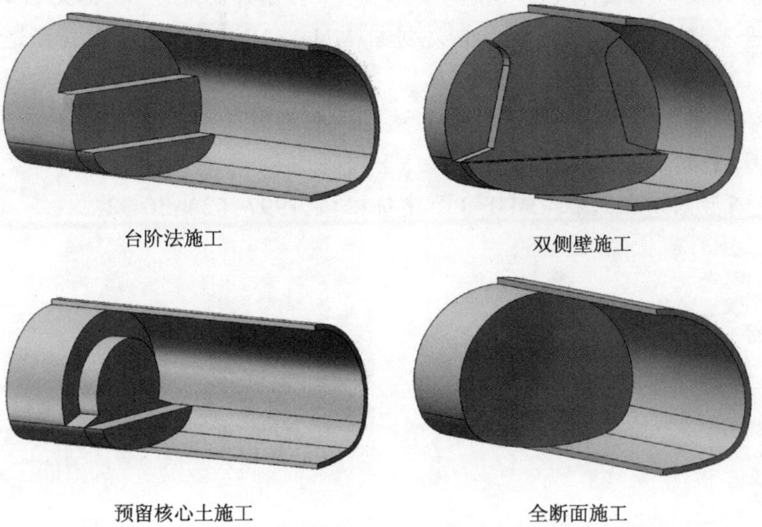

图 7-95　断面开挖图

设备底部设计有清渣装置,可对底部仰拱起到清理、临时支护、支撑设备整机实现换步等功能,在清渣后部及时安装底部钢拱架,实现拱架及时封闭,保证施工安全。

设备采用门架结构设计,渣土运输车辆可直接开至掌子面附近进行渣土运输,同时也可运送施工材料。在地层特别不稳定时,可直接采用传统的超前加固办法,如超前小导管、超前注浆、掌子面喷浆封闭等,设备内部、前部空间设计充裕,可大大提高设备的适应能力。

设备门架结构外部设计有支护平台,平台上可进行立拱、打锚杆、挂网、喷浆等支护施工,匹配开挖效率。

设备尾部紧跟仰拱栈桥,并设计有配套的移动仰拱模板,实现前部开挖支护,后部仰拱浇筑,多工序平行作业,提高施工效率。

新奥法隧道掘进机作为一种新型的隧道施工掘进机,在继承和发扬传统隧道施工方法简单、灵活、特殊情况易处理优势的同时,结合大型隧道掘进机施工装备集成化、智能化的优势,实现了传统隧道施工工法的工厂化施工,相信该设备将成为未来隧道施工的新装备。

本章参考文献

[1] 王卿权. 浅析悬臂掘进机的发展概况与趋势[J]. 矿业装备,2012,(10):108-109.

[2] S. D. Jeur, NitinKrishnaji Pathak, 康宝生. 悬臂掘进机在印度铁路隧道开挖中的应用[J]. 建筑机械化,2011,32(11):63-66.

[3] R. G. 格林尔斯,金细贞. 罗宾斯移动式采矿机[J]. 国外采矿技术快报,1987,(11):21-24.

[4] 叶之北. 罗宾斯矩形断面岩石掘进机[J]. 水利电力施工机械,1987,(4):50.

[5] 刘柏禄. 岩石破碎方法的研究现状及展望[J]. 中国钨业,2011,26(1):15-19.

[6] 温纪华,石华. 罗宾斯硬岩悬臂式巷道掘进机的发展[J]. 世界采矿快报,1988,(23):16-17.

[7] 王迪.移动式采矿机在布罗肯希尔矿的试验[J].国外金属矿山,1993,(4):99.
[8] 何信运.世界掘进机发展史上的重大创新-MM-130R 型移动式硬岩掘进机[J].华电技术,1993,(4):55-58.
[9] 叶定海,茅承觉.扩孔式和摇臂式掘进机——全面断面岩石掘进机讲座之五[J].建筑机械:上半月(1 期):42-46.
[10] 叶定海.新型岩石掘进机-CMM[J].建筑机械,1997,(2):30-32.

第 8 章　异形断面隧道掘进机生命周期的信息化

8.1　智能制造技术应用概述

异形断面隧道掘进机(以下简称“异形掘进机”)是光、机、电、液、控制、通信高度集成的先进智能化大型工程装备。根据不同的工程地质条件、客户定制要求、复杂特殊装配等特征,几乎每个隧道使用的掘进机都需要进行针对性设计,尤其是刀盘、盾体、主驱动和管片拼装机等重要的大型结构件。从制造的角度而言,即需要单件定制化生产,称为“一件流”。

智能制造技术是指在制造业的各个环节,以一种高度柔性与高度集成的方式,通过计算机来模拟人类制造的智能活动。异形掘进机制造过程的智能化实施是一个涉及物料、工位、车间、企业多个层次协调运行的综合工程。以信息物理融合系统(CPS)为基础,由 3 个层次的模块构成异形掘进机制造智能工厂,即企业层的智能管理模块、智能设计模块,生产层的

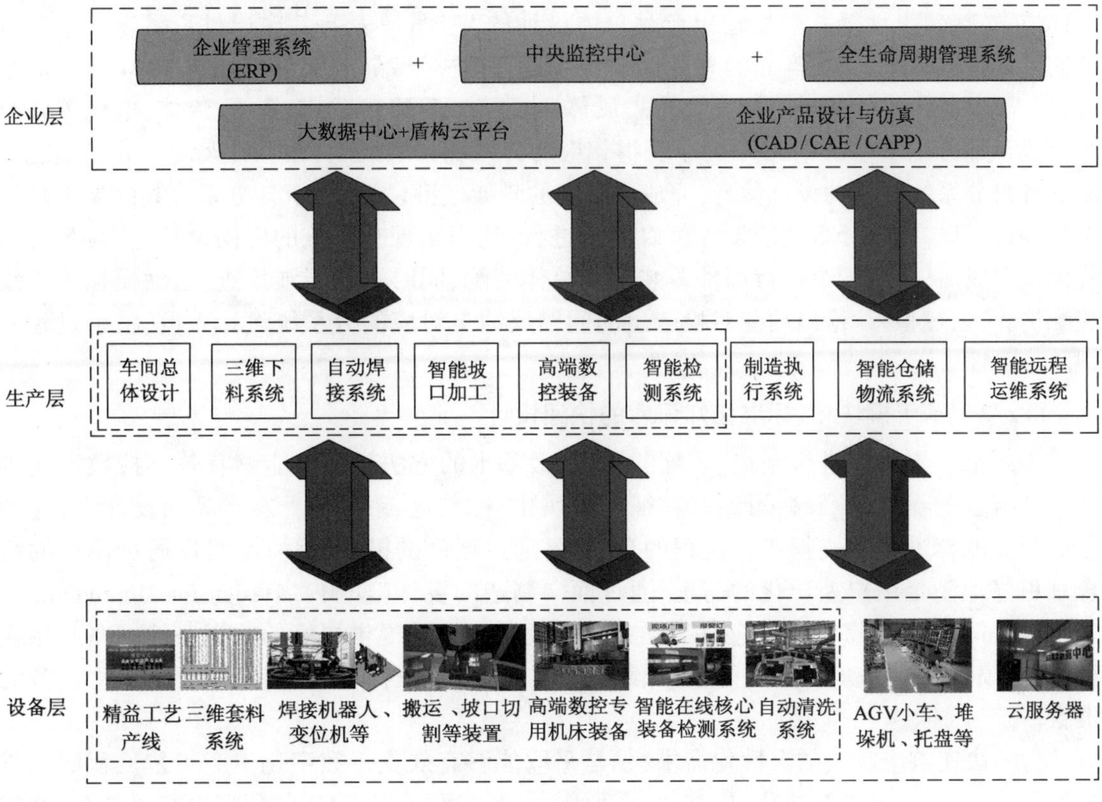

图 8-1　异形掘进机生命周期信息化基本架构

制造执行系统等模块,以及设备层的智能制造模块。异形掘进机生命周期的信息化包含智慧管理、智能设计、智能制造、智能运维4个方面。其中,智慧管理平台包含ERP(Enterprise Resource Planning)企业资源计划、MES(Manufacturing Execution System)制造执行系统、PLM(Product Lifecycle Management)产品全生命周期管理、CRM(Customer Relationship Management)客户关系管理系统等;智能设计模块包含异形掘进机三维协同设计,基于模块化、通用化、标准化的快速设计,基于MBD(Model Based Definition)的三维工艺设计与仿真、异形掘进机知识库、专家系统等;智能制造模块包含智能加工装备、数字化车间、智能检测等;智能运维通过大数据、物联网、云平台等实现异形掘进机运行维护的智能化。异形掘进机生命周期信息化基本架构如图8-1所示。

8.2 智能设计

8.2.1 三维协同设计

基于异形掘进机产品客户定制化、大型复杂装配体等显著特征,协同设计主要依托以PTC公司开发的集成应用软件(Windchill)为核心的全生命周期的数字化管理平台,通过导入TOP-DOWN(自顶向下设计方法),建立方案库、通用模型库、标准件库、外购件库等企业级知识库,实现多部门的三维在线协同设计,从而提升研发效率,缩短研发周期。

异形掘进机产品三维协同设计从客户需求导入开始,由总体设计师进行总体设计(包含总体方案、接口设计等),然后输出产品总体设计的"三图一表",其次通过三维设计平台自顶向下的设计方式,完成产品的总骨架模型设计并建立产品结构,然后依托PLM平台对带有设计要求的设计任务进行分发;刀盘、盾体、主驱动、后配套系统、液压、流体、电气等各分系统设计师分别从Windchill平台中获得相应的分系统骨架模型,在总骨架设计的基础之上添加各自分系统需要的设计信息,完成分系统的骨架模型设计,由于各分系统共同参考总骨架模型进行设计,各分系统的设计可以同步进行,从而实现分系统的协同设计过程;各分系统设计完成后,由装配组进行部件级装配和总体装配,同时进行干涉检查、运动模拟等在线装配仿真,通过检入/检出功能对检查出的问题反馈至对应的分系统设计人员,整个过程实现闭环可控。

8.2.2 基于模块化、标准化知识库的快速设计

为大幅度提高掘进机制造、装配的柔性,最基本的方法是采取能够有效支持数字化生产工艺流程的掘进机产品设计,其特征是模块化、标准化、系列化。在产品的设计上,应考虑尽量高的标准化来支撑工艺流程的自动化,通过产品的模块化设计,实现通过模块的组合来更好地满足用户差异化的需求,通过面向制造的设计(DFMA,Design for Manufacturing and Assembly)来为物料的供应、工艺的设计、设备的设计提供更好的前提条件。在产品线设计上,模块化、移动式和可重组的设计模式将会为未来的柔性和灵活性提供更多的机会。

为了快速响应客户的个性化需求,一是采取能够有效支持数字化生产工艺流程的掘进机产品设计,其特征是模块化、标准化、系列化;另一方面是将CAD与数据库技术结合,通过二次开发,建立基于MBD的掘进机零件数据库(图8-2),丰富的零件数据库能够大幅度提升

设计响应速度,快速满足不同客户、不同产品的不同需求。具体从以下几个方面提升在线设计的效率,解决设计协同与知识共享,从而提高效率,降低研发成本。

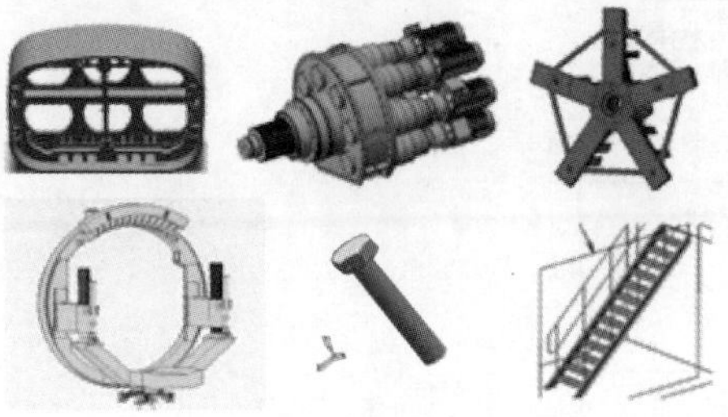

a)标准件/通用件库

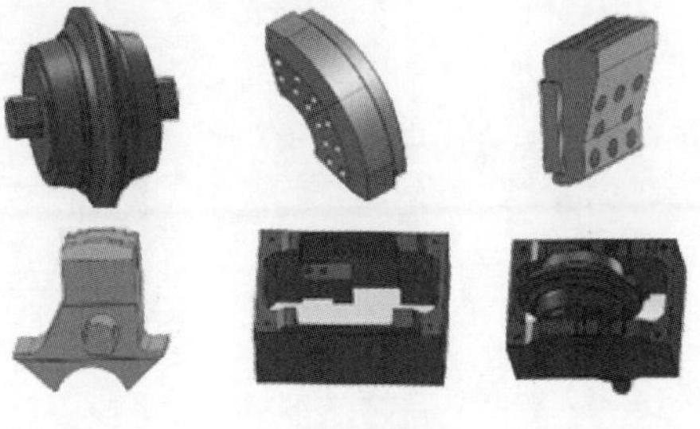

b)刀具模型库

图 8-2　掘进机零件数据库

(1)建立规范化的三维平台应用基础文件(如:三维模型库建库规范、三维导出二维规范等),转化为企业标准,作为在线协同研发的基础规范。

(2)建立在线协同设计应用的三维模型库(包括标准件、通用件、外购件等)。根据不同的掘进机类型,搭建不同型号和不同系列的导航专家系统库。搭建经过可靠性验证的产品模块化和参数化 3D 模型库提高产品设计质量。

(3)导入 TOP-DOWN 设计方法,实现快速设计的目标,提升变形设计的能力,最终实现全三维工程化应用。针对不同的产品设计特点,应用 TOP-DOWN 及模块化设计模式,实现不同类型产品快速设计及出图,形成规范化的三维设计平台,在此基础上导入设计导航系统,提高产品的设计效率及变形能力。

8.2.3　基于 MBD 的三维工艺设计与仿真

1)基于 MBD 的三维装配工艺设计

在三维 CAD 系统中完成最终的三维模型,标注添加 PMI 信息(产品制造信息,Product and Manufacturing Information)和装配要求后,制作基于 MBD 的三维模型。三维工艺设计系统接收基于 MBD 的三维模型后,需要进行模型数据轻量化,以保证三维工艺的轻量化传输和应用。然后进行基于 MBD 模型的装配工艺规划(包括装配工序概要设计、工序数模参数化、装配工序详细设计)、装配工艺仿真验证,生成三维可视的装配作业指导书,上传到 PDM 系统,通过 PDM 系统与 ERP 和 MES 之间的数据传递,来指导车间装配工作,如图 8-3 所示。

2)基于 MBD 的可视化装配工艺规划

从三维 CAD 系统中导入轻量化 MBD 模型,设计数据进入三维可视化工艺系统,在三维可视化工艺系统中进行工艺组件划分、工艺设计(装配序列、装配路径设计),工艺设计完成后,利用制造工艺仿真验证模块验证工艺设计是否合理,产品、工装设计是否合理,在进行三维可视化工艺设计过程中从制造资源库中获取工装等资源信息来支持三维装配工艺仿真验证工作的进行。最后进行三维可视化作业指令的编写和发布,三维作业指令发布后直接保存入 PDM 系统中进行流程审签和数据管理。最终通过 PDM 系统将三维作业指导书发布到车间现场去指导工人工作。

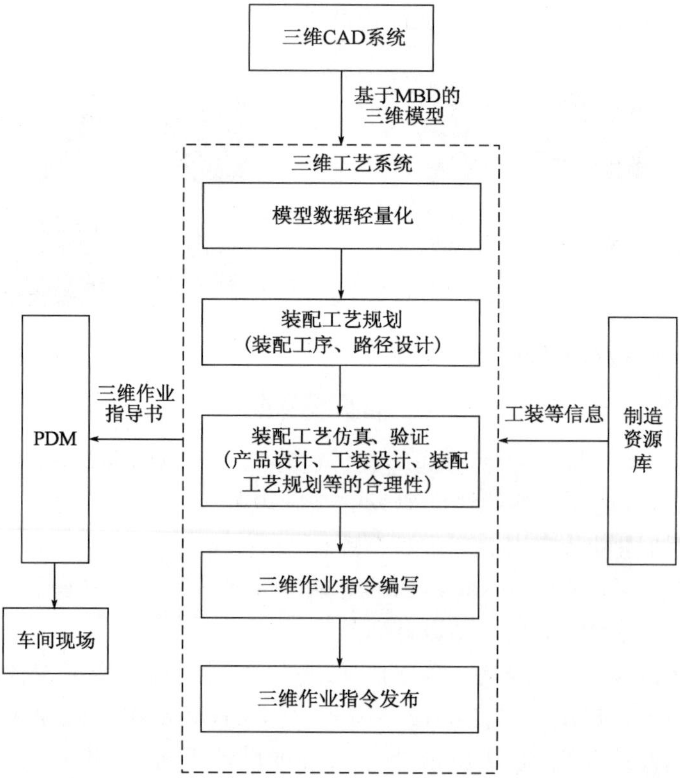

图 8-3　基于 MBD 的三维装配工艺设计总体框架

通过制造工艺优化后,进行三维可视化作业指导书的编制,将二维图转换为三维的带有工艺流程的作业指导书,现场生产人员依据作业指导书中的工艺步骤,结合更加直观的三维可交互的模型进行生产,每一步过程中,生产人员只看到当前步骤所需的信息,其他信息不显示。同时每一步骤中相关配套的零组件及物量信息都可提供。这减少了生产人员理解工艺信息的时间,提高了生产的质量,同时为精细化的生产管理提供支撑。

3)基于三维模型的仿真分析

盾构机一般用于地下暗挖施工,高水土压力、高磨损等工况恶劣,面临地层沉降、隧道坍塌等较高风险,均对盾构机的产品质量、地质适应性提出严苛要求。为确保盾构机产品性能,采用有限元分析手段,模拟盾构机在上述荷载工况下的性能表现,对设计方案进行充分的仿真验证,确保盾构机强度、刚度及动力学特性等满足要求。

盾构机仿真分析是在产品设计阶段有效提升设计质量、控制设备事故率的重要途径,仿真分析过程如图 8-4 所示。一般包括:

(1)结构力学分析:盾构机各关键部件的静力结构分析、动力学模态分析、瞬态动力学分析、扫频分析、随机振动分析等。

(2)流体力学分析:能够满足盾构机械中浆料的填充和注浆过程,可以分析泥水、砂石等多相流动运输过程,能够预测分析器件的冲击磨损。

(3)联合仿真分析:盾构机机电液耦合仿真分析,动作顺序仿真等。

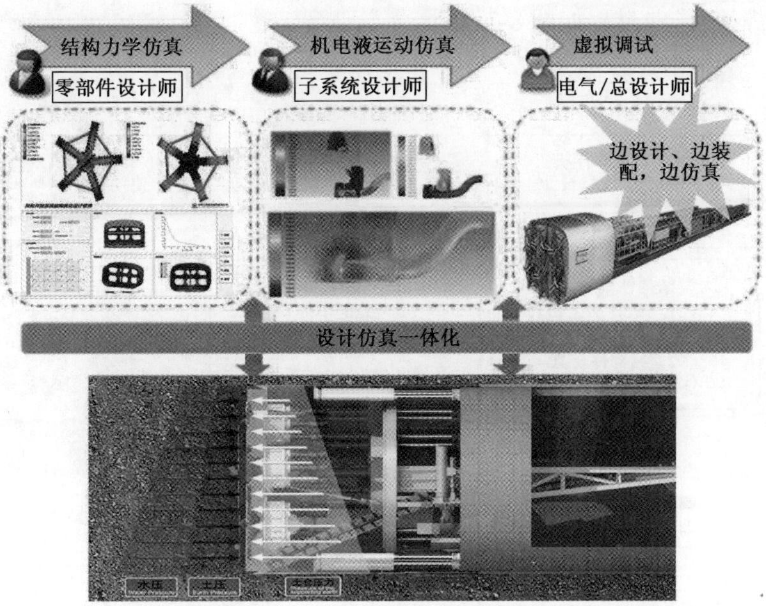

图 8-4　基于三维模型的仿真分析

8.3　智能制造

8.3.1　异形掘进机数字化生产工艺流程

采用 MBD 技术进行掘进机数字样机产品三维模型设计,进行三维装配设计与仿真之后,通过数据管理工具进行掘进机协同设计,与用户和供应商共享数据,供应商提供绝大多数零部件。刀盘、盾体、主驱动箱和管片拼装机等重要的大型结构件由总部制造,关键加工工序包括机加工、焊接。机加工之前的工作包括工艺设计与数控加工仿真,焊接除了机器人离线编程之外还需要进行多层多道焊接工艺仿真。建立掘进机数字样机与加工设备之间的数据关联,驱动数字化焊接车间的机器人、数控机床按照设计数据进行大型结构件的精准制造。外购件齐全之后,在掘进机数字化装配车间先进行部件装配、调试,然后和大型结构件进行掘进机总装。数字化车间全部加工设备和加工过程通过制造数据采集 MDC,在车间利用制造执行系统(MES)管理,并且建立 MES 向下与 MDC 现场数据、向上与企业资源计划(ERP)之间的高效协同与集成。掘进机数字化生产工艺流程如图 8-5 所示。

8.3.2　加工及装配

异形掘进机关键部件焊接采用焊接机器人。焊接机器人焊接作业时,工件定位精度高,机器人动作精准,焊接轨迹与焊缝重合度高。机器人焊接的刀盘焊缝与手工焊接的刀盘焊缝相比,焊缝成形美观、饱满、一致,产品质量得到明显提高;而手工焊接的产品,其焊缝不美观,容易出现虚焊、漏焊等不良缺陷,焊渣多。结构件整体拼装及焊接则由焊接机器人工作站完成。焊接机器人工作站采用多台关节式焊接机器人进行协同焊接。焊接机器人工作站如图 8-6 所示,采用双龙门架形式,使用 4 ~ 6 台弧焊机器人,在每个龙门架上平均布置。

在车间铺设轨道，龙门在轨道上移动到位之后制动，滑台到达合适位置，悬挂在下面的机器人进行结构件焊接，作业过程如图 8-7 所示。

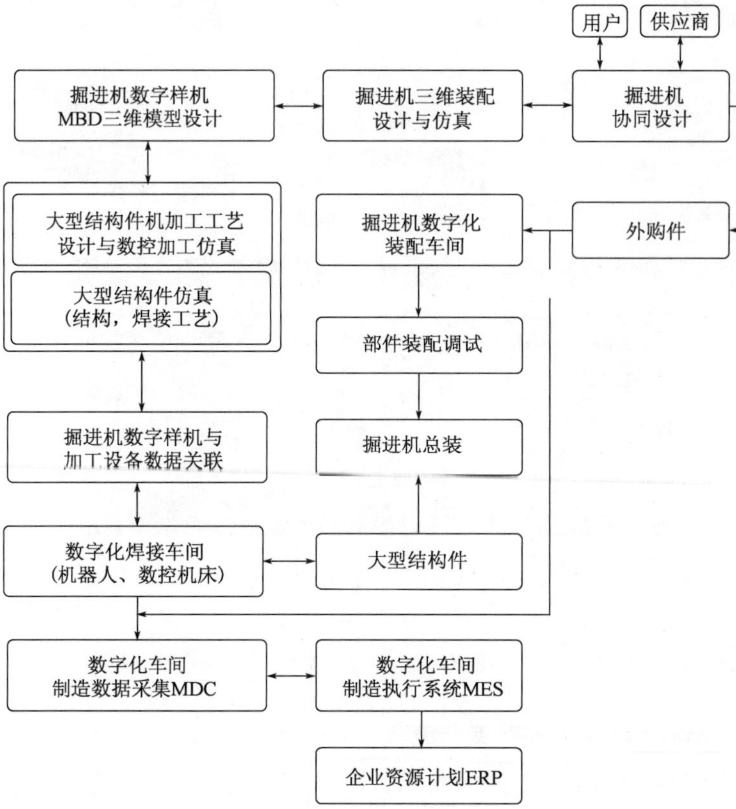

图 8-5　掘进机数字化生产工艺流程

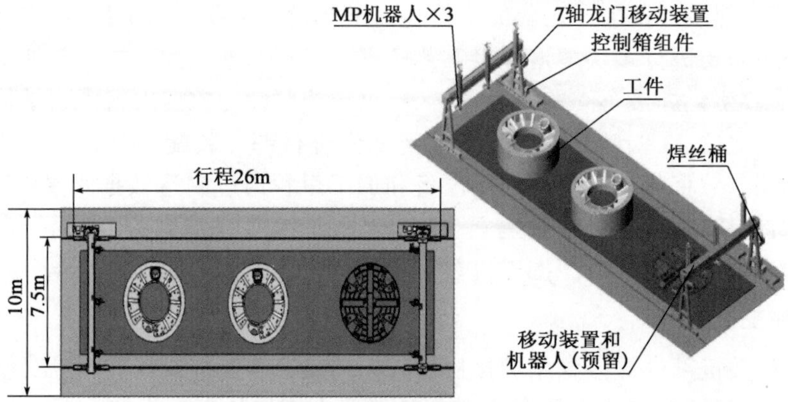

图 8-6　焊接机器人工作站

为了进行盾构刀盘组装焊接，一是需要进行大量的焊接工艺试验来研发与之相应的盾构刀盘组装机器人焊接软件，二是采用离线编程软件进行机器人的示教、大幅度提升机器人的应用效率。

a)部件吊装到位　　b)带机器人臂龙门架移动到　　c)多机器人臂协同作业

图 8-7　焊接机器人工作站作业过程

8.3.3　异形掘进机数字化装配车间

(1)异形掘进机数字化装配车间技术路线

异形掘进机数字化装配车间实施技术路线如图 8-8 所示。供应商外购件到货之后,叉车运输到立体仓库入口,经过条码扫描将物料重新装入托盘或者网箱,并将物料和托盘或者网箱进行绑定,托盘或者网箱经过输送链到达设定位置,机械手将托盘或者网箱搬运到堆垛机上,由堆垛机将其送到设定货架,出库过程与入库过程类似。物料出库之后,叉车将其运输到部件装配区域装配成为部件,然后与起重机运输来的大型结构件进行总装。立体仓库控制系统 WCS 对输送链/带/轨道、机械手、堆垛机等设备进行控制,仓储管理系统 WMS 与立体仓库计算机监控系统 WCS 无缝衔接,实现立体仓库的综合管理,WMS 具备与企业资源计划 ERP 管理系统兼容对接的能力,但在无 ERP 时,可以独立运行。

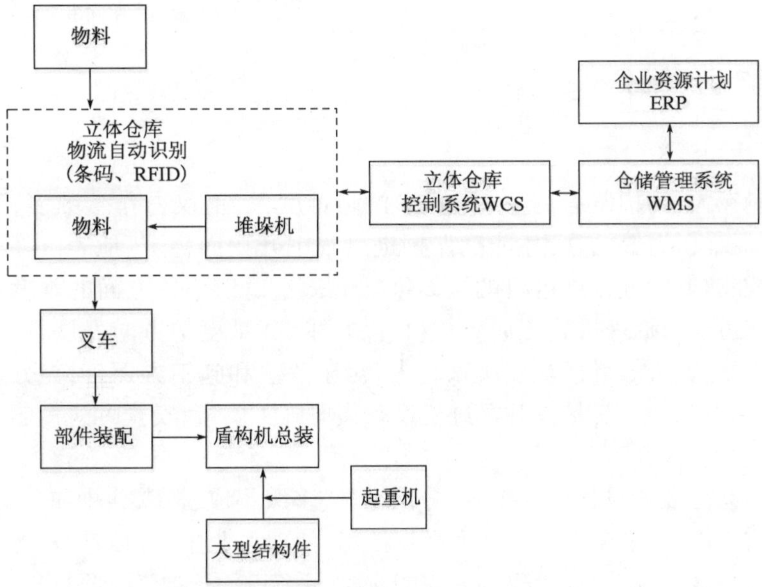

图 8-8　实施技术路线

除了建立以立体仓库为基础的智能化物流系统外,还将在以下两个方面提升掘进机装配水平:一是在对液压系统、电控系统等部件装配,以及掘进机整机装配过程中,尽量采用数字化检测仪器，提高装配过程数字化程度；二是研发智能装配系统，通过基于以往构建的知识库对数据进行大数据辅助决策，得出最优装配方案，协助工作人员进行整机装配。

（2）生产管控中心

异形掘进机数字化制造车间由焊接车间、装配车间组成，从功能上可以划分生产管控中心、生产车间现场两个组成部分。

从硬件的角度而言，异形掘进机生产管控中心放置了数据库服务器、应用服务器、控制台、电源柜等设备，并且配置了多个液晶电视组成的电视墙（图8-9）。生产车间现场的焊接机器人、数控机床等全部加工设备均配置工业触屏客户端，用于人机交互，并且在各个车间安装用于设备状态显示的电子看板（图8-10）、布置若干台监视CCD，设备状态信息通过网络和视频传输到智能管控中心，从而实现对全部设备的实时监控。

图8-9 生产管控中心监视画面

图8-10 车间电子看板

8.4 智能运维服务

8.4.1 目标和意义

掘进机体量庞大、结构复杂，操作和姿态控制难度大，不仅操作参数多，而且需要与注浆、土仓压力或泥水压力等结合，才能确保掘进过程中开挖面稳定、地表沉降控制符合设计的要求。此外，在隧道中进行掘进机的检修维护、安全、通信等各方面的难度均远远大于普通工程。随着隧道异形掘进机施工向大规模、高技术、高难度的方向发展，达成项目所要求的进度、成本、质量、安全等目标难度越来越大，对于业主和施工方而言，充分发挥信息化技术对掘进机施工的支撑作用，是提升掘进机设备集群施工质量、安全和进度管理水平的重要保障。

掘进机远程运行维护服务平台按照“分散采集、多级集成、按需共享和分层发布”的原则整合工程所有信息资源，运用云计算和大数据技术，使项目业主方、设计方、监理方、施工方、设备制造厂家、技术咨询机构等参建各方均能实时、系统、安全地获取项目施工信息，满足施工进度跟踪、设备运行维护、工程质量管理、安全风险管控等需求。同时，平台还围绕大数据服务、虚拟现实和模拟培训等功能展开深入研发，最大程度发挥远程运维服务平台信息化和智能化作用，平台建设目标如图8-11所示。

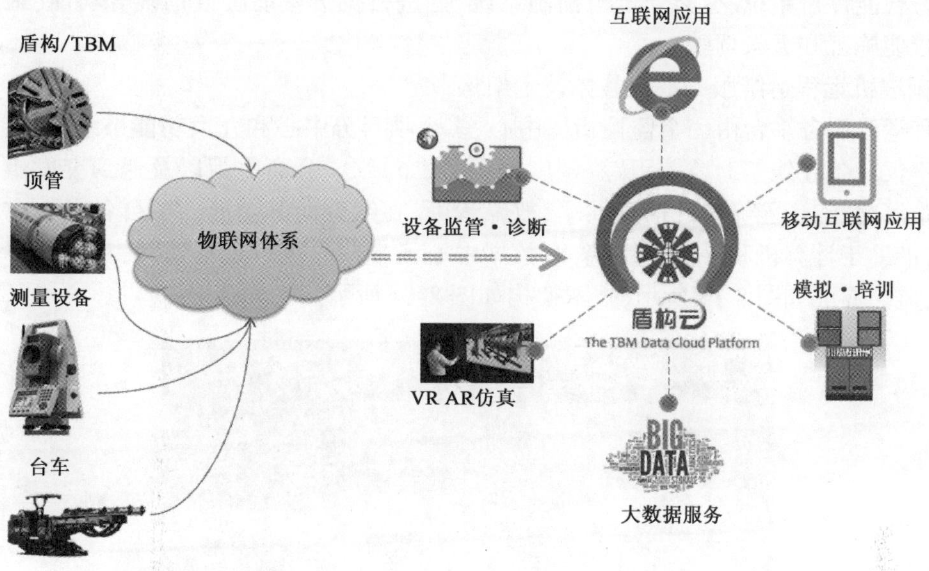

图 8-11　掘进机远程运行维护服务平台建设目标

8.4.2　总体规划

1)掘进机远程运维服务信息平台建设阶段

异形掘进机远程运维信息化建设经历了 4 个重要发展阶段,如图 8-12 所示。

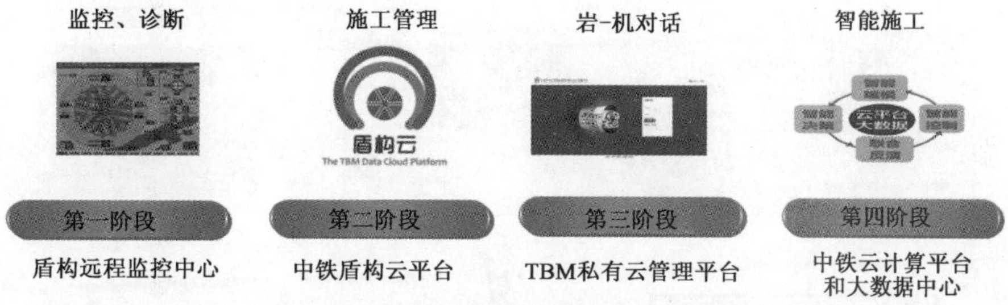

图 8-12　中铁工程装备异形掘进机远程运维服务信息化建设历程

(1)掘进机远程监控阶段:构建完善的异形掘进机机群在线运行监测系统,能够实现对在掘设备的远程在线监控、故障分析诊断、维保提示等功能,为设备正常施工保驾护航,提高了掘进设备开机率和掘进效率。

(2)云施工管理阶段:“云”能够实现在线监控、参数查询、数据报表、质量管控、安全管控、预报预警等功能,使得项目参与各方均可远程在线监测掘进机及工程实时情况,为项目管理和科学决策提供数据基础。

(3)异形掘进机混合云交互管理阶段:集成远程监控平台和云管理平台的所有功能,包含水溶洞、断层、破碎带等不良地质超前探测和掘进岩体实时感知、设备运行状态分析和故障自我诊断等功能,具备超前不良地质预报预警、施工进度预测和进度管理等能力。

(4)异形掘进机智能阶段:通过大数据中心和云平台,对海量掘进机/异形掘进机掘进数据和地质数据进行参数相关性、关系模型等内在规律的挖掘。结合新研发的渣片分析系统、掘进状态智能评价系统、智能分析与控制系统、掘进机掘进智能决策系统等功能，最终实现掘进机智能施工和无人驾驶。

2）掘进机远程运维服务平台整体技术架构

远程运维服务平台由一个监控指挥中心、多个项目分中心和九大功能系统构成，监控指挥中心不仅具备在线实时监控跟踪、调度资源、发布指令、会商决策以及遇到突发事件组织应急抢险等功能，还能够实现信息共享、故障诊断、在线会商等功能。项目各参建方根据用户授权，借助于计算机和手机等终端，对数据中心云端信息进行远程访问，实时共享各类施工信息，监控界面如图 8-13 所示，技术架构如图 8-14 所示。

图 8-13　掘进机监控指挥中心屏幕墙

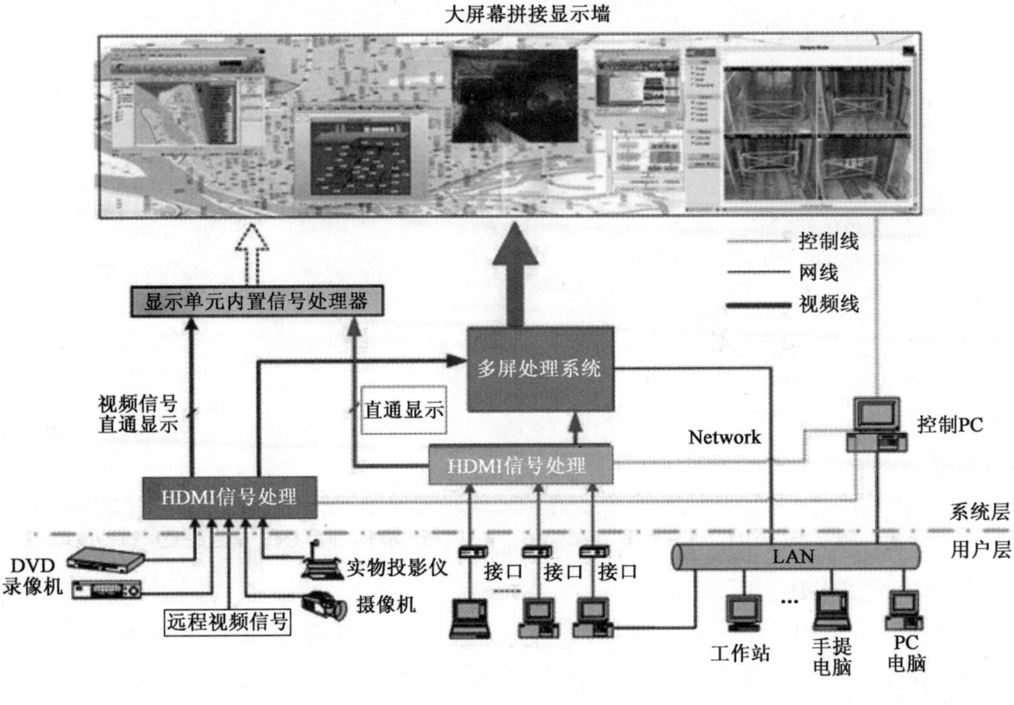

图 8-14　掘进机远程运维服务监控指挥中心架构图

掘进机远程运维服务平台由九大系统组成：信息实时监控系统、数据分析与共享系统、施工质量管理系统、安全施工管理系统、施工进度管理系统、故障远程诊断和维保系统、备品备件管理系统、施工全过程预警系统、专家知识库决策系统。

总体技术架构如图8-15所示。

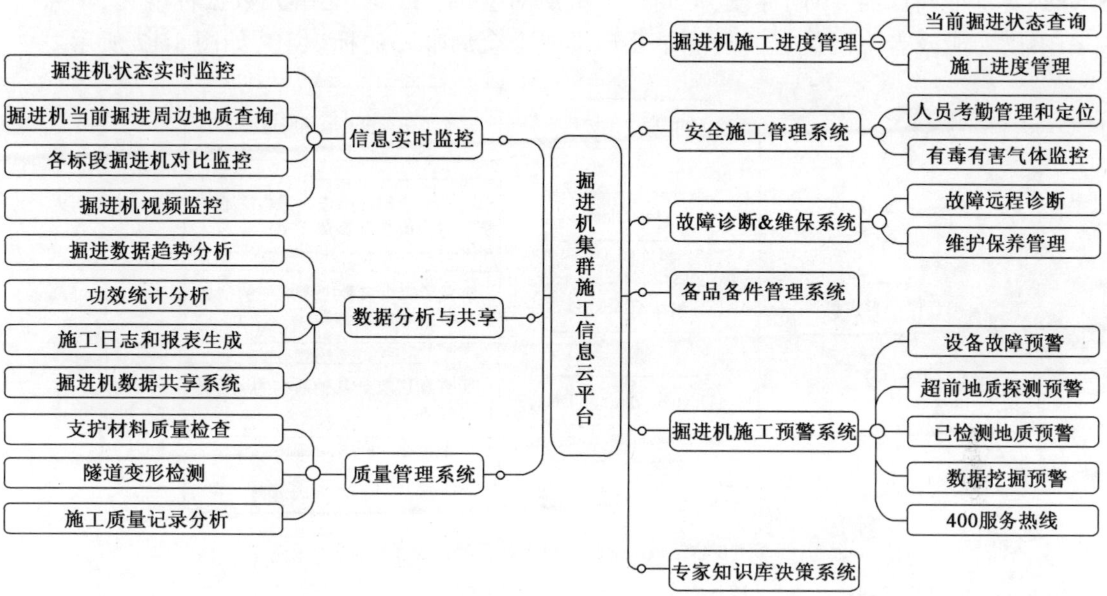

图8-15　掘进机(TBM)远程运维服务平台功能构成

8.4.3　系统功能建设

(1)设备数据的采集和传输

掘进机施工过程中通过PLC系统自动采集数据,采集频率为1次/s,主要利用WebService技术将现场掘进参数实时传输到地面服务器,然后通过互联网将数据实时从现场传输至中心服务器集群。施工数据传输过程如图8-16所示。

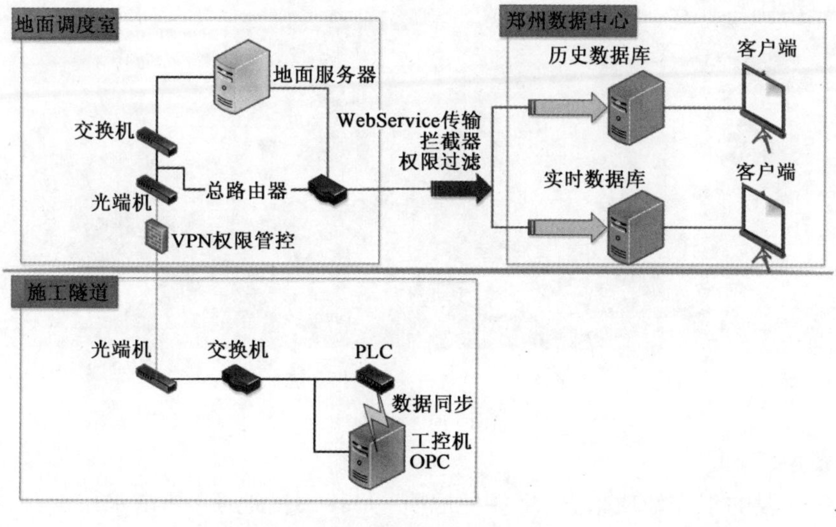

图8-16　掘进机数据传输系统技术架构图

(2)掘进机数据标准化

不同的参数分别对应着不同的功能模块,为了便于未来的数据存储、分析与对比,非常有必要将不同厂商、不同标段、不同掘进机所对应的 PLC 功能单元数据标准化,使得每一个不同功能或者不同位置的功能单元定义一个全局唯一的标识 ID,如图 8-17 所示。

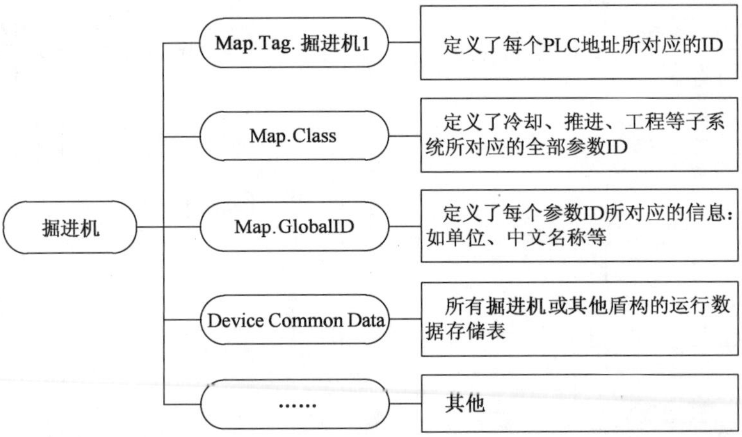

图 8-17　PLC 地址与设备数据映射关系图

(3)掘进机运行状态实时监控

实现实时跟踪、监控异形掘进机掘进参数变化,及时了解当前设备运行状态及周边地质信息,并与 GIS 系统结合,显示当前设备地理坐标位置,如图 8-18 所示。

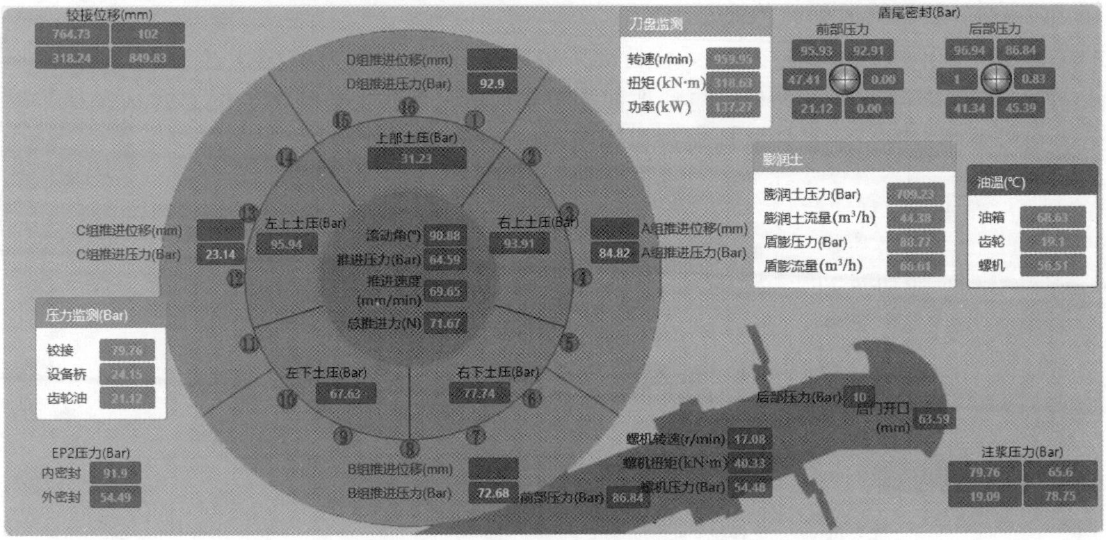

图 8-18　掘进机实时监控系统

注:1 Bar = 10^5 Pa

(4)工程地质查询

展现各个标段的工程地质信息,将各种地质(尤其不良地质)如富水层等标注在地质剖面图上,并设置风险提示,供用户随时查看。

(5)掘进机集群管理

与 GIS 功能结合,将掘进机作分层、树状管理,点击设备图标,可以切换到对应掘进机的具体页面信息。

(6)掘进机施工视频监控

采集掘进机施工隧洞内关键部件的视频数据,实现其在 WEB 网站或者施工信息监控中心的现场直播,并可以实现视频画面的任意切换、录像存储和录像查询回放等功能,如图 8-19所示。

图 8-19　关键部位视频监控画面

(7)数据分析与共享系统

选择指定时间或里程来展现掘进机各个掘进参数的变化趋势,分析整个掘进过程中相关参数最大值、最小值、平均值,以及各个数据段的占比分布。

通过相关算法实现不同时间段内的设备利用率、施工进度的统计分析,从而对异形掘进机施工过程中的功效进行统计评估,如图 8-20 和图 8-21 所示。

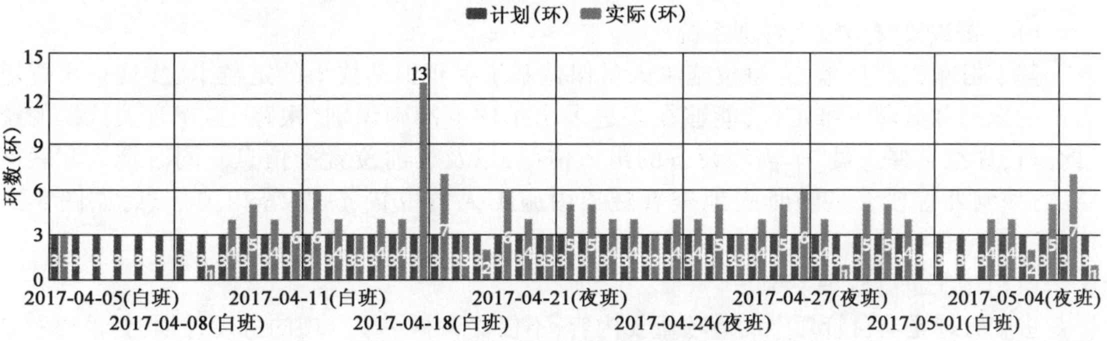

图 8-20　异形掘进机月度施工状况统计

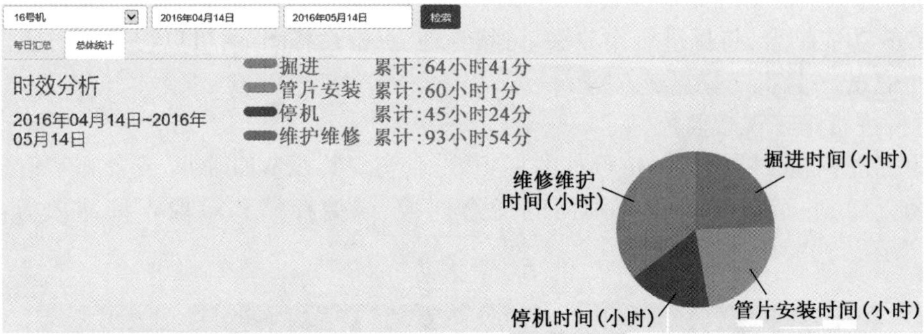

图 8-21 异形掘进机某天施工状况统计

(8)施工日志和报表生成

实现对掘进机施工全过程的重大事件记录,包括维护、停机等日志统计,并且能够根据需要自动生成施工进度、材料消耗、设备维保日报、周报和月报等报表,减轻办公人员工作的强度。

(9)施工质量管理系统

隧道轴线监测根据掘进机位置和姿态、检测数据自动判断报警阈值进行提醒,并对预警情况进行详细的记录。同时对隧道管片拼装质量进行记录和分析,如图 8-22 所示。

环号	里程	K块位置	质量情况	设计轴线			实测管片位置			盾构姿态				
				X	Y	Z	X	Y	Z	切口水平偏差	切口垂直偏差	盾尾水平偏差	盾尾垂直偏差	
14	232			1.440	1.550	1.660	1.110	2.220	3.330	1.700	2.000	1.800	15.000	查看/编辑
14	232			1.440	1.550	1.660	1.110	2.220	3.330	1.700	2.000	1.800	15.000	查看/编辑
14	232			1.440	1.550	1.660	1.110	2.220	3.330	1.700	2.000	1.800	15.000	查看/编辑
13	12			5.000	6.000	7.000	112.000	19.000	20.000	21.000	32.000	31.000	54.000	查看/编辑
13	12			5.000	6.000	7.000	112.000	19.000	20.000	21.000	32.000	31.000	54.000	查看/编辑
13	12			5.000	6.000	7.000	112.000	19.000	20.000	21.000	32.000	31.000	54.000	查看/编辑
12	12			5.000	6.000	7.000	112.000	19.000	20.000	21.000	32.000	31.000	54.000	查看/编辑

图 8-22 施工质量管理系统

(10)掘进机安全施工管理系统

基于射频识别技术,为每位施工人员佩戴基于射频识别技术的定位卡,实现进出隧道人员的识别和区域三维定位,能够在多进多出条件下准确识别、跟踪,实现有关数据的统计分析,详细掌握人员、车辆和设备的出入情况,以及当前位置等信息。同时接入互联网络,方便洞外管理人员随时随地查看隧道内施工人员位置、轨迹等相关信息,如图 8-23 所示。

(11)施工进度管理系统

进度管理是项目管理中的一项重要内容,不仅要编制一个合理的进度计划,更重要的是在计划实施过程中通过对进度进行定期检查、认真分析和及时调整来保证项目如期实现,如图 8-24 所示。

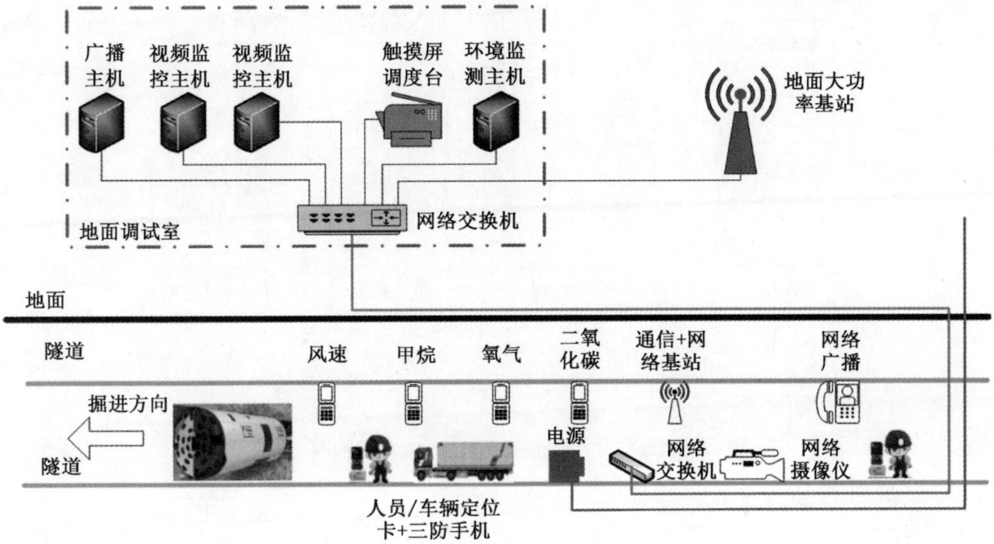

图 8-23　掘进机施工安全管理系统示意图

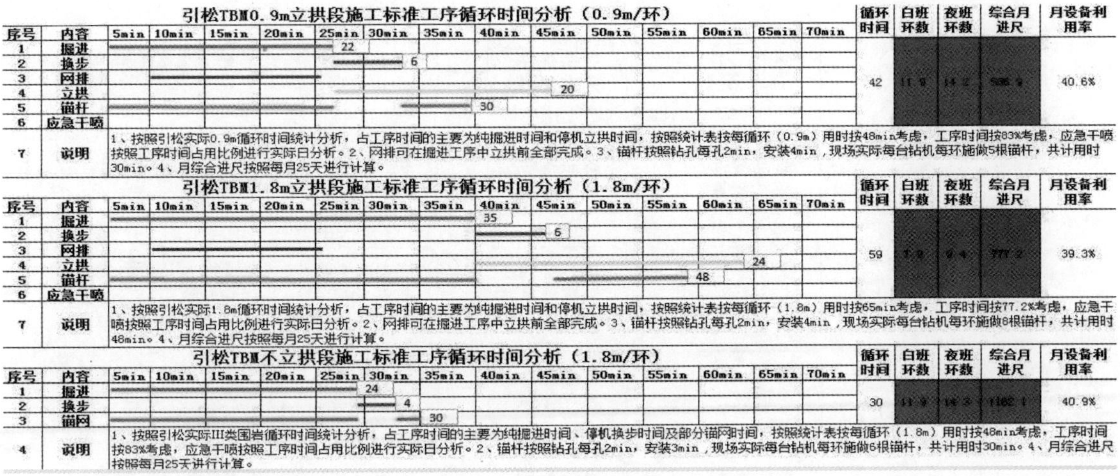

图 8-24　施工进度管理展示

(12)异形断面隧道掘进机故障远程诊断和维保系统

以异形断面隧道掘进机运行参数、特征参数和相关的专家知识为依据，对被诊断对象的运行状态作评判。将数据采集、信号分析处理、故障推理诊断、专家知识均存入数据库系统中，为企业管理人员提供故障诊断依据，为远程专家系统提供参考。图 8-25 为异形断面隧道掘进机故障远程诊断系统功能构架示意图。

设备的维护保养是异形断面隧道掘进机施工的日常工序，可以督促现场保养班工人及时、全面地完成所有维保、检查工作，防止延误和漏项。通过本系统可以在下一次维保之前提前向工作班组发送维护信息，由工作人员按信息提示进行，所有维保工作行程可追溯记录，做到职责明晰。

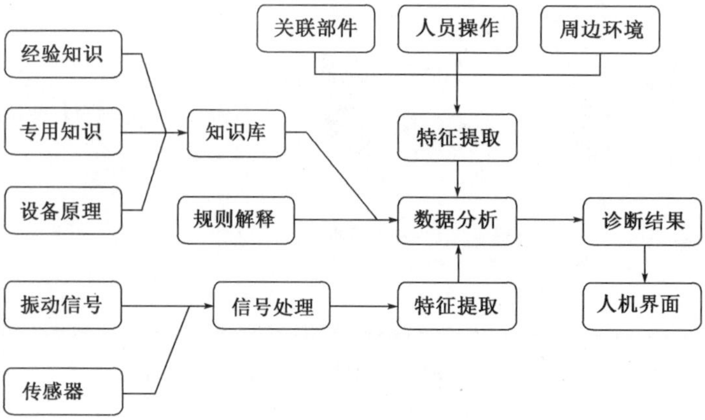

图 8-25　故障远程诊断系统功能架构图

(13)掘进机备品备件管理系统

设计并建立一套完备的备品备件管理系统,目的就是要分析、统计各种备件的需求差异,既能及时补充库存,又避免不必要的浪费,从而维持掘进机施工高效运转,如图 8-26 所示。

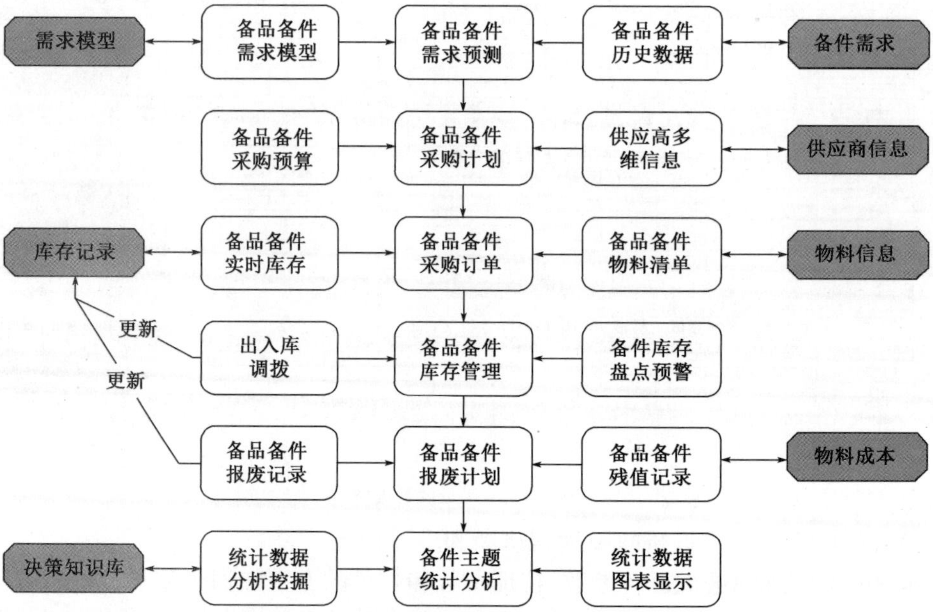

图 8-26　备品备件系统功能架构图

(14)掘进机施工全过程预警系统

掘进过程中,可能会出现卡机、油缸温度过高、滚刀磨损、有害气体浓度过高等事件,如不及时处理,可能会导致重大的设备故障发生,甚至导致人员伤亡。拟建系统将根据关键位置的参数监控,实时分析相关的参数变化,一旦参数超过临界值,随即触发报警事件,通知相关人员按照应急流程紧急处理,如图 8-27 所示。

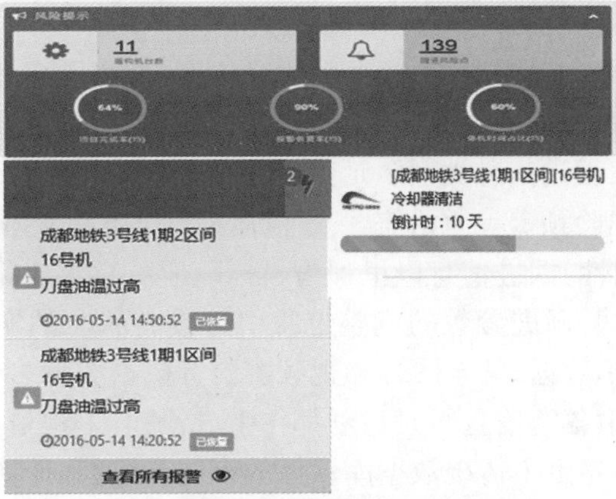

图8-27　掘进机设备预警提示系统

8.5　大数据中心与云平台建设方案

大数据和云计算已经成为当前最流行的互联网技术概念之一，越来越多的大型企业开始考虑运用大数据和云计算技术来构建自己的信息化平台，解决行业内存在的痛点问题。

掘进机实时产生海量数据，在掘进机远程运维服务平台基础上被完整地保存下来，通过对大数据的方法进行深入整合、系统分析，实现掘进机施工全方位的信息共享，包括数据集成、数据共享交换、数据检索、数据分析、数据开放等。进一步深化数据资源利用，解决政府、智慧城市、产业层面对大数据分析和决策支持的强烈需求。掘进机海量信息大数据生态系统如图8-28所示。

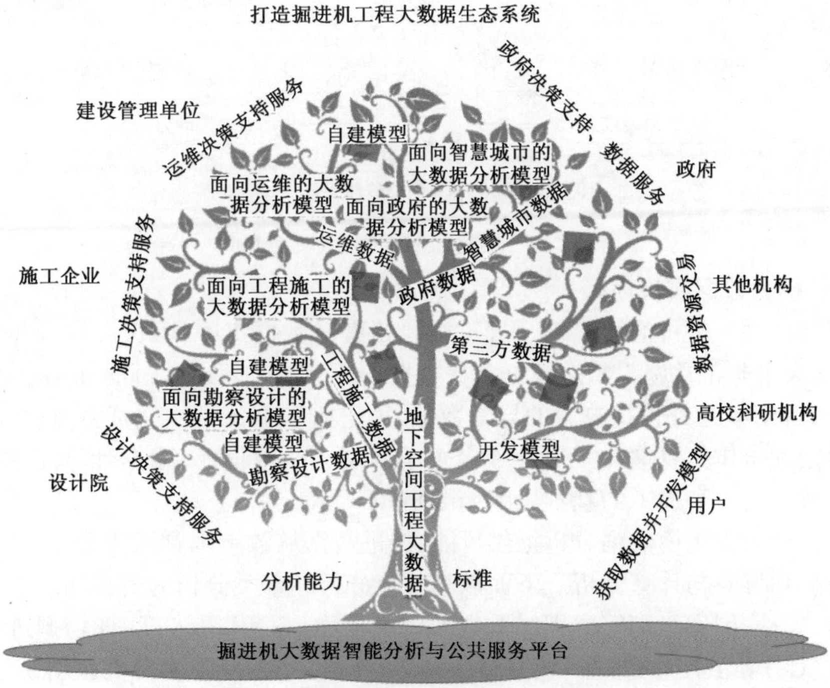

图8-28　掘进机海量信息大数据生态系统示意图

8.5.1 掘进机施工信息数据特点

大数据并非只由数据集规模决定,数据间关联程度、价值大小和发掘难度也是评判大数据规模的重要因素。其四大特征是体量大、类型多、处理速度快和价值大及密度低。掘进机施工涉及多专业、多工艺,掘进信息类型多元、关系复杂,不仅包括了地质信息、岩体信息、设备机电液参数、维保记录、风险预警等原始信息,还包括了由设备和岩体相互作用的衍生数据。

具体特点为:①空间性:掘进信息以里程为坐标随地质发生变化;②实时性:设备参数是地质信息变化的实时反馈,掘进参数的调整也将引起设备状态的实时响应;③多源异构性:地质信息、设备参数、施工数据、甚至图片和视频资料等数据类型多样,非结构化数据占比巨大;④海量性:施工过程中各类信息每时每刻都在生成,随着工程量和掘进里程的增加,信息总量也在迅速膨胀,远远超出了传统数据库软件的存储、处理和计算能力。

8.5.2 大数据业务内容及实现途径

(1)掘进机大数据业务内容

掘进机大数据以知识发现和建模为核心,对海量设备运行数据和对应岩体数据进行挖掘分析,得到设备运行与岩体变化的演变规律及细致特征,如图8-29所示,实现掘进机施工过程中多项业务的指导和优化。具体包括:施工进度预测和管理、刀具消耗和成本预测、地质感知和分类、控制优化和智能决策、故障预警和诊断、设备选型和设计计算。

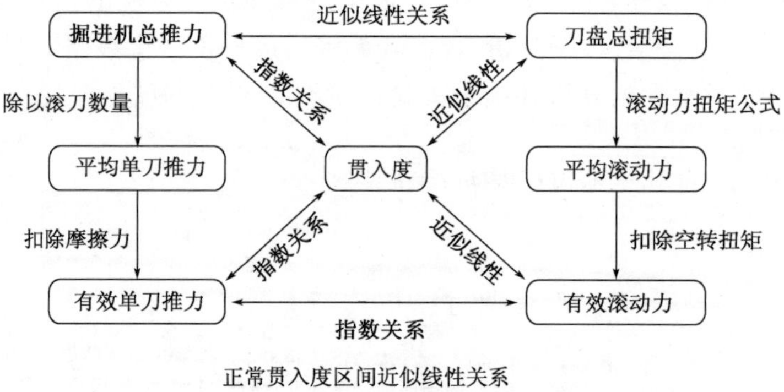

图8-29 掘进机主控参数相互关系规律

(2)掘进机大数据实现途径

大数据特征之一是价值密度低。掘进机原始海量数据集中,不仅存在大量空值和问题数据,也包含大量非正常施工状态数据。在数据分析之前必须设置过滤和判定条件,将数据集“瘦身”,去除对模型评价影响大的异常数据,即进行数据清洗。完成数据清洗后,掘进机原始设备数据和岩体信息被加工保存成多个不同层级的数据库,根据计算需求供数据挖掘人员调用。数据清洗和加工的基本思路如图8-30所示。

云计算平台为大规模数据分析提供可能,掘进数据从数十米到数十公里,甚至不同的掘进机工程数据均可参与计算分析。下面以相关性分析和聚类分析为例说明。

按工程、岩性、围岩级别等类别提取数据库中推力、扭矩、贯入度、现场掘进指数(FPI)、滚动力系数(Cc)等主控参数,获取任意两因素间的相关性,为后续岩机作用模型参数选取、建立和优化提供依据。

图 8-30　数据清洗和加工

建立聚类算法的分类模型,引入掘进机数据,以掘进机设备运行参数感知并划分对应地质类别。抽取异形掘进机设备运行参数进行聚类分析,划分 4 个类别作为围岩分类结果,与现场统计围岩类别比较发现,由推力和现场掘进指数 FPI 作为聚类指标与实际统计结果吻合较好,为解决异形掘进机设备实时感知岩体状态提供了一种新思路。

8.5.3　大数据云计算中心

大数据三层分析架构中的内层架构,即大数据挖掘平台,其核心主要集中于数据访问和计算过程,随着掘进机数据量、掘进机掘进数据量的持续增长,数据的分布存储将成为必然,而一个高效的计算平台在计算时必须将分布式的大规模数据存储纳入考虑,将数据分析及处理任务分割成很多的子任务,并通过并行的程序在大量的计算节点上执行。在架构的外层,首先要对异构、不确定、不完备、多源的掘进机大数据通过数据融合技术进行预处理;其次,复杂和动态的数据在预处理之后被挖掘;再次,具有普适性的掘进机研制、远程维护的全局知识可以通过局部学习和模型融合获得;最终,模型及其参数需要根据反馈进行调整。分析架构的中间层对于内外两层起到重要的联系作用,掘进机研制、远程维护大数据挖掘平台应该实现信息的共享与隐私的保护,而领域及应用知识的获取可以为数据挖掘工作提供参考。在整个过程中,信息共享不仅仅是每个阶段顺利进行的保证,同样是掘进机研制、远程维护大数据处理和分析的目的所在。基于云计算的大数据中心组织架构示意如图 8-31 所示。

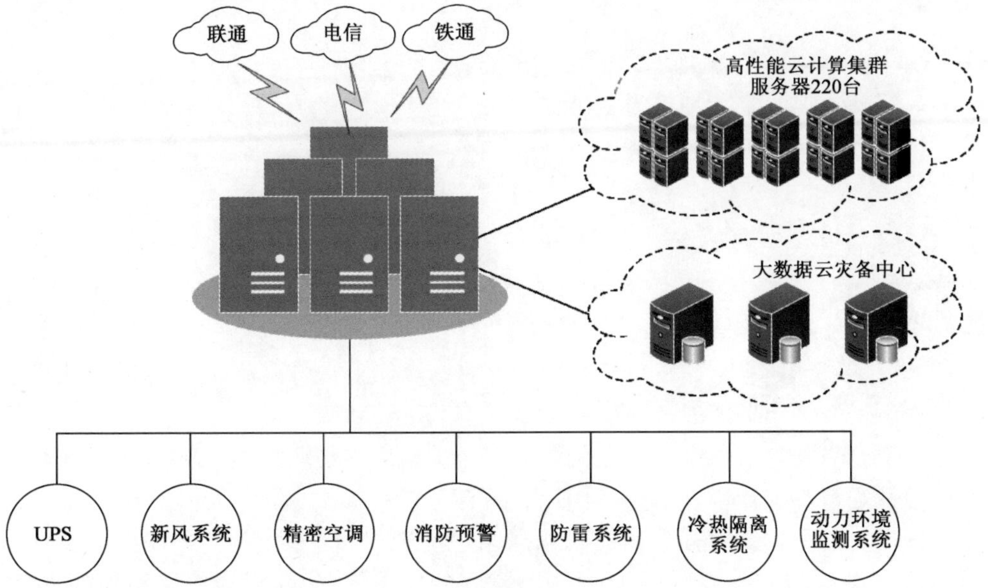

图 8-31　基于云计算的大数据中心组织架构

大数据运算服务中心主要承担数据加工、应用和灾备的功能,包括异形掘进机 cloud 云平台接入、数据智能决策系统、施工管理云平台、Hadoop&Spark 等主要内容。私有云服务中心主要承担数据存储、交换和集成的功能,包括基于 openstack/cloudstack 云计算平台、高效分布式统一存储平台、NoSQL 数据库平台等主要内容。云终端主要承担数据采集、网络汇接和响应的功能,包括现场数据实时加密传输、数据类型多样化、数据存储时间持久化等主要内容。

本章参考文献

[1] 党向东.BQ 公司向智能制造转型的方案设计研究[D].西安:西北大学,2016.
[2] 于太彰,李建斌,荆留杰,等.TBM 施工信息云计算平台的设计与实践[J].现代隧道技术,2018,55(6):33-41,52.

第 9 章　总结与展望

异形断面隧道掘进机与施工技术是伴随着人类对自然的认知改造和自身需求所不断发展的,随着人类科技和工程技术的不断发展,掘进机的发展从最初的矩形断面手掘式开挖发展到目前以圆形为主,异形断面为补充的智能化机械掘进时代。

隧道与地下工程作为交通建设、城市地下空间开发的一个重要组成部分,将在未来基础建设中发挥越来越重要的作用。为应对复杂的周边环境和工程条件的限制,国内外学者和工程技术人员通过不断努力和积极探索,特别是新的工程装备的研制和应用,极大地推动了隧道与地下工程的进步,并相继创造了适应不同工程条件的新技术和新工法。在日本,对矩形断面掘进机进行了深入和广泛研究,研制了一系列的工程装备,采用机械化取代了劳动密集型的施工方式,提高了工程效率,并利用外壳先行等理念,通过工法创新,开发了“口琴工法”“管幕工法”等利用小型成套装备完成大型地下空间建设的技术,有效实现了复杂环境下地下空间资源的开发和利用。在中国,通过研制和应用超大断面矩形掘进机,实现了下穿隧道、地铁区间隧道和地铁出入口的机械一体化建造,通过研制超大断面马蹄形盾构机实现了铁路软土隧道高效、快速和安全的建造,通过研制小型合口式矩形断面掘进机,实现了城市浅埋大跨框架地下空间——地下停车场的机械化装配式一体化建造。随着技术的不断进步和完善,异形断面掘进机的应用领域和适用范围必将更加广阔。

虽然我国异形断面隧道掘进机技术在设计和应用上获得了长足的进步和发展,但由于地下工程地质条件的复杂性、结构形式的多样性、周边环境的限制性等特点,异形断面隧道掘进机的应用还面临着诸多关键问题、难点和挑战。

(1)需要对工程结构和断面形式进行深入研究。通过对异形断面装配式构件结构体系的系统研究,解决装配式构件满足不同断面形式、不同结构类型和不同跨度、层高的整体受力合理性和可靠性,以及地下工程抗浮抗渗抗震等要求。

(2)需要对异形断面掘进机在硬岩地层的适应性进行研究。目前异形断面掘进机主要应用在黏土、粉质黏土、淤泥质土、新老黄土、砂层以及砂卵石等软弱地层,对于软岩和硬岩,以及软硬不均地层其适应性还有待进一步研究。

(3)需要研制超大、超小和更加轻巧可靠的成套掘进装备以满足不同周边环境条件和复杂建设条件下限制的需要。

(4)需要研究更加便宜的装备配件和新型的建筑材料,在保证设备可靠性和结构可靠性的基础上,尽可能降低工程成本。

(5)需要研究更加有效的工程施工配套措施,以便于施工过程的精确控制和长距离掘进的高效应用。

(6)需要研究开发基于异形掘进机技术的创新工法,以适应大跨度、大埋深,以及网络化地下空间开发和拓建的一体化建造需求。

“工欲善其事，必先利其器”。城市地下空间的开发和建设，离不开装备制造业的发展和壮大。中国掘进机设计制造已从“中国组装”发展至“中国制造”，并向“中国智造”蜕变，成为地下空间建设的强劲引擎。在“工法引领变革，装备创新市场”理念的引领下，异形断面掘进机的应用领域将更加广阔。随着我国城镇化建设的不断深入和对城市地下空间开发利用的不断重视，节约和集约利用土地资源、合理开发和利用城市地下空间必将成为今后相当长时期内解决城市交通拥堵、环境污染、停车难等“城市病”的首选，也是城市可持续发展的必由之路。伴随着工程建设的深入和特殊需求的增加，异形断面掘进机的独特优势将会在城市地下快速隧道、地下停车场、地下大型商场、地铁车站和区间隧道以及山岭隧道建设中获得更为广阔的应用。同时，异形断面的非全断面开挖技术具有适应性强、开挖断面灵活、设备简单、整机质量小、移动灵活等优势，将成为未来异形断面施工装备新的突破和增长点。